高等院校药学与制药工程专业规划教材

Pharmaceutics of biological drugs

生物药物制剂学

● 主　编　赵应征

● 副主编　唐　岚　张　蜀
　　　　　杜丽娜　孙　进

● 主　审　沈永嘉

ZHEJIANG UNIVERSITY PRESS
浙江大学出版社

高等院校药学与制药工程专业规划教材

审稿专家委员会名单

（以姓氏拼音为序）

序

我国制药产业的不断发展、新药的不断发现和临床治疗方法的巨大进步，促使医药工业发生了非常大的变化，对既具有制药知识，又具有其他相关知识的复合型人才的需求也日益旺盛，其中，较为突出的是对新型制药工程师的需求。

考虑到行业对新型制药工程师的强烈需求，教育部于1998年在本科专业目录上新增了“制药工程专业”。为规范国内制药工程专业教学，教育部委托教育部高等学校制药工程专业教学指导分委员会正在制订具有专业指导意义的制药工程专业规范，已经召开过多次研讨会，征求各方面的意见，以求客观把握制药工程专业的知识要点。

制药工程专业是一个化学、药学（中药学）和工程学交叉的工科专业，涵盖了化学制药、生物制药和现代中药制药等多个应用领域，以培养从事药品制造，新工艺、新设备、新品种的开发、放大和设计的人才为目标。这类人才必须掌握最新技术和交叉学科知识、具备制药过程和产品双向定位的知识及能力，同时了解密集的工业信息并熟悉全球和本国政策法规。

高等院校药学与制药工程专业发展很快，目前已经超过200所高等学校设置了制药工程专业，包括综合性大学、医药类院校、理工类院校、师范院校、农科院校等。专业建设是一个长期而艰巨的任务，尤其在强调培养复合型人才的情况下，既要符合专业规范要求，还必须体现各自的特色，其中教材建设是一项主要任务。由于制药工程专业还比较年轻，教材建设显得尤为重要，虽然经过近10年的努力已经出版了一些比较好的教材，但是与一些办学历史比较长的专业相比，无论在数量、质量，还是在系统性上都有比较大的差距。因此，编写一套既能紧扣专业知识要点、又能充分显示特色的教材，将会极大地丰富制药工程专业的教材库。

很欣慰，浙江大学出版社已经在做这方面的尝试。通过多次研讨，浙江大学出版社与国内多所理工类院校制药工程专业负责人及一线教师达成共识，编写了一套适合于理工类院校药学与制药工程专业学生的就业目标和培养模式的系列教材，以知识性、应用性、实践性为切入点，重在培养学生的创新能力和实践能力。目前，这套由全国二十几所高校的一线教师共同研究和编写的、名为“高等院校药学与制药工程专业规划教材”正式出版，非常令人鼓舞。这套教材体现了以下几个特点：

1. 依照高等学校制药工程专业教学指导分委员会制订的《高等学校制药工程专业指导性专业规范》（征求意见稿）的要求，系列教材品种主要以该规范下的专业培养体系的核心课程为基本构成。

2. 突出基础理论、基本知识、基本技能的介绍，融科学性、先进性、启发性和应用性于一体，深入浅出、循序渐进，与相关实例有机结合，便于学生理解、掌握和应用，有助于学生打下坚实的制药工程基础知识。

3. 注重学科新理论、新技术、新产品、新动态、新知识的介绍，注意反映学科发展和教学改革成果，有利于培养学生的创新思维和实践能力、有利于培养学生的工程开发能力和综合能力。

相信这套精心策划、认真组织编写和出版的系列教材会得到从事制药工程专业教学的广大教师的认可，对于推动制药工程专业的教学发展和教材建设起到积极的作用。同时这套教材也有助于学生对新药开发、药物制造、药品管理、药物营销等知识的了解，对培养具有不断创新、勇于探索的精神，具有适应市场激励竞争的能力，能够接轨国际市场、适应社会发展需要的复合型制药工程人才做出应有的贡献。

姚善泾

浙江大学教授

教育部高等学校制药工程专业教学指导分委员会副主任

前　言

随着生命科学的快速发展，药物制剂领域发生了重大变化。目前，药物制剂学已由原来的以化学药物和中药为主，演变为化学药物制剂、中药制剂和生物药物制剂三足鼎立的局面。生物药物制剂已成为药物制剂发展的重要组成部分。《中华人民共和国药典》(以下简称《中国药典》)分为三部，包括生物制品(三部)，及中药(一部)和化学药物(二部)。国家"863"计划、国家自然科学基金、国家重大新药创制项目等也将生物药物制剂列为重点支持和发展的对象。国内外制药企业为了降低污染、增加效益，也大力投资生物药物制剂的研究和开发。

我国现有的《药剂学》和《中药药剂学》教材分别针对药学和中药学专业教学。因此为满足制药行业对人才知识结构的要求，我们根据生物制药等专业学科的特点，参考相关文献和专利方法，组织编写了《生物药物制剂学》，有针对性地系统阐述了生物药物制剂学的基础理论和技术。

本教材在编写过程中突出应用性和实用性的原则，力图内容重点突出、详略得当、图文并茂，既紧扣药物制剂学基础原理，又紧跟生物药物制剂的前沿进展，对相关实例进行分析。

全书以生物药物递送载体为基础，阐述各种给药系统，重点介绍剂型和制剂处方设计与组成、制备工艺、质量控制等知识要点，同时介绍有关的新进展。在内容的编辑和组织上，重视教材的科学性、先进性、逻辑性、启发性、实用性和教学适用性。

本教材共分八章。第 1 章概述，介绍生物药物的概念、分类和生物药物制剂学的现状及研究热点。第 2 章生物药物递送载体，分别介绍了微球与微囊、纳米粒、脂质体、环糊精包合物、微乳、树状大分子、超声造影剂、原位凝胶等生物药物常用载体的特点、制备工艺和评价方法。第 3 章至第 6 章分别阐述了生物药物的注射给药系统、口服给药系统、黏膜给药系统和经皮给药系统。第 7 章靶向给药系统介绍了生物药物靶向给药系统的分类和常用靶向性修饰剂及实例等。第8章生物药物制剂的研究与开发介绍了生物药物制剂临床前的研究开发流程、新药注册申请、药物临床试验、药代动力学等的研究方法学内容。每章均含有本章重点、正文、相关思考题和参考文献。附录部分列出了常用药用辅料的结构特点和应用方向。

本教材第1章和第7章由温州医学院赵应征编写;第2.1节由温州医学院姜义娜和军事医学科学院杜丽娜编写,第2.2节由温州医学院姜义娜编写,第2.3节和第2.4节由温州医学院鲁翠涛编写,第2.5节由温州医学院姜义娜和沈阳药科大学孙进编写,第2.6节由沈阳药科大学孙进编写,第2.7节由浙江工业大学唐岚编写,第2.8节由军事医学科学院杜丽娜编写;第3章由广东药学院张蜀编写;第4章和第5章由温州医学院傅红兴编写;第6章由温州医学院杨伟编写;第8章由温州医学院赵应征和胡淑平编写。附录部分整理和全书文字校对由周志彩、徐艳艳等完成。

本书的编写、出版得到了“高等院校药学与制药工程专业规划教材”项目的资助,参与编写本教材的人员都是多年从事药剂学教学与研究,具有丰富教学经验的中青年骨干教师。教材在编写过程中得到所有参编同仁及所在院校的大力支持,在此表示衷心的感谢。特别感谢华东理工大学沈永嘉教授在百忙之中抽出时间审校全书,并提出了许多宝贵的修改建议。对书中引用资料的其他药学工作者,在此也表示衷心的感谢。

本教材适合药学、制药工程、生物制药、生命科学、生物技术等专业的本科教学使用,也可作为医药相关专业的参考用书。由于编写时间仓促,又限于编者水平,书中难免有不当甚至错误之处,殷切希望广大师生在使用过程中提出宝贵意见,以便进一步修改。

编　者

2011年4月

目 录

第1章

概　　述

本章要点

1. 生物药物的概念；
2. 生物药物按照化学本质与特性的分类；
3. 提高蛋白质或多肽类生物药物稳定性的方法；
4. 生物药物制剂的特点；
5. 蛋白质或多肽类生物药物不稳定的原因；
6. 生物药物主要给药系统的分类和特点。

1.1　生物药物的概念和分类

1.1.1　生物药物的概念

生物药物(biological drug) 是以现代生命科学为基础，结合生物学、医学、生物化学等的先进工程技术手段，从生物体(包括陆地和海洋的动物、植物和微生物)或其组织、细胞、体液中制取得到的可以用于疾病的预防、治疗和诊断的药物总称。广义的生物药物包括从动物、植物、微生物等生物体中制取的各种天然生物活性物质及人工合成或半合成的天然物质类似物。狭义的生物药物只包括生物技术药物(biotechnology drug)、生化药物(biochemical drug)和生物制品(biological product)。

生物技术，或称生物工程，是应用生物体(包括微生物、动物细胞和植物细胞)或其组成部分(细胞器和酶)，在适宜条件下生产有价值产物的技术。现代生物工程主要包括基因工程、细胞工程、酶工程、发酵工程(微生物工程)及生化工程。利用生物技术研制的药物称为生物技术药物，也称生物工程药物。

生物制品是指以微生物、寄生虫、动物毒素、生物组织为起始材料，采用生物学工艺或分离纯化技术制备，并以生物学技术和分析技术控制中间产物和成品质量而制成的生物活性制剂。

生化药物一般是指从动物、植物及微生物中提取的，亦指可用生物-化学半合成或现代生物技术制成的生命基本物质（如氨基酸、多肽、蛋白质、酶、辅酶、多糖、核苷酸和生物胺等）及其衍生物、降解物和大分子的结构修饰物等。

1.1.2 生物药物的分类

生物药物有三种分类方法：① 按药物的来源和制造方法分类；② 按药物的化学本质与特性分类；③ 按药物的生理功能和用途分类。

1. 按药物的来源和制造方法分类

(1) 人体组织来源

人体组织来源类药物疗效好，基本无副作用，但来源有限。例如，从死者的垂体中可提取生长激素（somatotropin，growth hormone，GH），从妊娠妇女与绝经妇女尿液中可分离制备绒毛膜促性腺激素。此类来源的药物有人血液制品、人胎盘制品和人尿制品等。

(2) 动物组织来源

许多生物药物来源于动物脏器。近年来植物和微生物来源的生物药物逐年增加，但动物来源的生物药物仍占较大比重。动物来源的生物药物原料丰富，价格低廉，可以批量生产。但由于种属差异，此类药物需要进行严格的药理、毒理等有效性和安全性试验。

(3) 植物组织来源

植物组织中具有药物功能的物质种类繁多，结构复杂，既包括小分子天然有机化合物，又包括多种生物大分子活性物质。本书主要指来源于植物组织的生物大分子，包括蛋白质、多糖、核酸及脂类等，如大豆胰蛋白酶抑制剂、大豆凝集素、蓖麻毒蛋白等。

(4) 微生物来源

微生物发酵法是生物药物的一条重要生产途径。利用微生物发酵法生产的生物药物种类繁多，如抗生素、氨基酸、维生素和酶等。土壤中的微生物是生物活性分子（尤其抗生素）的重要来源。

(5) 海洋生物来源

海洋生物来源类药物主要集中在海洋微生物中，如微藻、细菌、真菌等。海洋微生物具有生物多样性、生长环境特殊性和结构特异性等特点，因此有利于通过海洋微生物寻找新的先导化合物，发现新的药物。

(6) 现代生物技术产品

现代生物技术产品是指来源于细菌、酵母、昆虫、植物、哺乳动物等各种表达系统，通过细胞培养、重组 DNA 技术或转基因技术制备而成的药物。现代生物技术产品主要包括多肽类、蛋白质类和核酸类等。自 1982 年 Lilly 公司将世界上第一个基因工程药物——重组人胰岛素投入市场以来，已有 100 多种生物技术药物上市。生物技术医药产业正在蓬勃发展，利用现代生物技术生产生物药物将是今后生物药物生产的主要途径。

(7) 化学合成或半合成产品

应用化学合成或半合成的方法已能生产如氨基酸、多肽、核酸降解物及其衍生物等小分子生物药物，并且通过结构改造能够使药物达到高效、长效和专一的效果，对这类药物进一步化学修饰后可以提高药物稳定性和降低毒性等。

生物药物虽然可根据药物的来源和制造方法进行分类，但是许多实际应用的生物药物是由几种来源和制造方法相结合而产生的。

2. 按药物的化学本质与特性分类

按药物的化学本质与特性来分类有利于比较药物结构与功能的关系，便于阐述药物制剂的分离、制备和检验方法。

按此分类的生物药物主要有：① 氨基酸及其衍生物类，如可用于防治肝炎、肝坏死和脂肪肝的蛋氨酸，可用于防治肝昏迷、神经衰弱和癫痫的谷氨酸；② 多肽和蛋白质类；③ 酶与辅酶类，酶类药物按功能又可分为消化酶（如胃蛋白酶、胰酶、麦芽淀粉酶）、消炎酶（如溶菌酶、胰蛋白酶）和心血管疾病治疗酶（如激肽释放酶可扩张血管降血压）等，辅酶类药物在酶促反应中具有传递氢、电子和基团的作用，现已广泛应用于肝病和冠心病的治疗；④ 核酸及其降解物和衍生物类；⑤ 多糖类；⑥ 脂类，包括不饱和脂肪酸、磷脂、前列腺素以及胆酸类等；⑦ 生物制品类。

目前已上市的生物药物主要是蛋白质和多肽类药物、核酸药物、多糖药物，其中蛋白质和多肽类药物占大多数。

【知识拓展内容】

1. 蛋白质和多肽类生物药物

（1）细胞因子类

细胞因子（cytokine）是由细胞分泌的具有生物活性的蛋白质和小分子多肽的统称。在很多情况下，多种免疫细胞间的相互作用是通过细胞因子介导的。从不同的角度阐述细胞因子有多种名称。如由单核-吞噬细胞产生的细胞因子称为单核因子（monokine）；由淋巴细胞产生的细胞因子称为淋巴因子（lymphokine）；可刺激骨髓干细胞分化成熟的细胞因子称为集落刺激因子（colony-stimulating factor，CSF）。在天然免疫应答及获得性免疫应答过程中，细胞因子表现出重要的功能。目前，重组细胞因子已开始应用细胞因子调节机体的免疫应答以治疗某些疾病，从而成为生物应答调节剂（biological response modifier，BRM）中一类重要的治疗制剂。在国外，EPO、IFN、G-CSF、GM-CSF、IL-2及IL-11等细胞因子的基因工程产品已获准生产并用于疾病的治疗。细胞因子的种类繁多，生物学作用各异，可分为白细胞介素、干扰素、肿瘤坏死因子、集落刺激因子、生长因子和趋化性细胞因子等六类。

◆ 白细胞介素（interleukin，IL）最初是指由白细胞产生并在白细胞间发挥作用的细胞因子。虽然后来发现白细胞介素可由其他细胞产生，也可参与其他细胞（如造血干细胞、血管内皮细胞、纤维母细胞、神经细胞、成骨细胞和破骨细胞等）的相互作用，但这一名称仍被广泛使用。目前已报道的白细胞介素已有18种（IL-1～IL-18）。美国食品药品监督管理局（FDA）已批准上市的白细胞介素有IL-2和IL-11，分别用于治疗肾细胞癌和化疗导致的血小板减少症。

◆ 干扰素(interferon,IFN)是最先被发现的细胞因子,因其具有干扰病毒感染和复制的能力而得名。其根据来源和理化性质,可分为α、β和γ三种类型。IFN-α/β主要由白细胞、成纤维细胞和病毒感染的组织细胞产生,也称为Ⅰ型干扰素。IFN-γ主要由活化T细胞和NK细胞产生,也称为Ⅱ型干扰素。目前经FDA批准的干扰素有:① 重组α-2b干扰素,可以用于治疗Hairy细胞白血病、生殖器疣、Kaposi's肉瘤等;② 重组α-γ3干扰素,可以用于治疗生殖器疣;③ 重组γ-1b干扰素,可以用于治疗慢性肉芽瘤疾病;④ 重组β-1b干扰素,可以用于治疗多发性硬化症。

◆ 肿瘤坏死因子(tumor necrosis factor,TNF)是Garwell等在1975年发现的一种能使肿瘤发生出血坏死的物质。肿瘤坏死因子分为TNF-α和TNF-β两种,前者主要由活化的单核-巨噬细胞产生,抗原刺激的T细胞、活化的NK细胞和肥大细胞也分泌TNF-α。TNF-β主要由活化的T细胞产生,又称淋巴毒素(lymphotoxin,LT)。具有生物学活性的TNF-α/β为同源三聚体分子。TNF不仅对肿瘤细胞具有细胞毒性和生长抑制作用,而且能诱导产生IL-1、IL-6、IL-3、IL-8、IFN-R,促进IL-2Ra链的表达,介导内毒素休克和炎症反应。同时,它还能促进MHCⅠ和MHCⅡ类抗原表达。另外,TNF还诱导NF-κβ、c-fos、c-jun等的表达,抑制脂蛋白酶的活性,发挥启动破骨及抑制成骨的作用。TNF与许多临床疾病的发生和转归有关,同时其多效性也包括激活单核细胞(PMNs)、促进成纤维细胞生长等。

◆ 集落刺激因子(colony-stimulating factor,CSF)是在造血细胞的体外研究中发现的一类能刺激不同的造血干细胞在半固体培养基中形成细胞集落的因子。集落刺激因子能够刺激多种造血干细胞和不同发育分化阶段的造血干细胞进行增殖分化。其根据作用范围又分为:粒细胞集落刺激因子(G-CSF)、巨噬细胞集落刺激因子(M-CSF)、粒细胞巨噬细胞集落刺激因子(GM-CSF)和多集落刺激因子(multi-CSF)。此外,红细胞生成素(erythropoietin,EPO)、干细胞生长因子(stem cell factor,SCF)和血小板生成素(thrombopoietin,TPO)也是重要的造血刺激因子。美国FDA已批准不同重组形式的G-CSF用于增强经抗癌药物治疗的患者的免疫功能,GM-CSF用于治疗骨髓移植时所引起的中性粒细胞、白细胞减少症。

◆ 生长因子(growth factor,GF)是一些对机体不同细胞具有促生长作用的细胞因子,包括胰岛素样生长因子(IGF)、转化生长因子-β(TGF-β)、表皮细胞生长因子(EGF)、血管内皮细胞生长因子(VEGF)、成纤维细胞生长因子(FGF)、神经生长因子(NGF)、血小板源的生长因子(PDGF)等。其中EGF和FGF已获批准上市,一般用于治疗烧伤。

◆ 趋化性细胞因子(chemokine)是一个蛋白质家族,此家族由十余种在结构上有较大同源性、相对分子质量多为8～10kD的蛋白组成。这些蛋白在氨基端多含有一个或两个半胱氨酸。根据半胱氨酸的排列方式,又可将趋化性细胞因子分为各亚家族。两个半胱氨酸按Cys-X-Cys(半胱氨酸-任一氨基酸-半胱氨酸)方式排列的趋化性细胞因子属α亚家族,也称CXC趋化性细胞因子;以Cys-Cys方式排列的趋化性细胞因子属β亚家族,也称CC趋化性细胞因子。近年来,又发现了氨基端只有一个半胱氨酸(Cys)的趋化性细胞因子,这种趋化性细胞因子被命名为γ亚家族趋化性细胞因子，也称C趋化性细胞因子。趋化性细胞因子主要由白细胞与造血微环境中的基质细胞分泌，可结合在内皮细胞的表面，对中性粒细胞、单核细胞、淋巴细胞、嗜酸性粒细胞和嗜碱性粒细胞具有趋化和激活活性。IL-8是α亚家族的代表，对中性粒细胞有趋化作用。单核细胞趋化蛋白-1（monocyte chemotactic protein-1，MCP-1）是β亚家族的代表，可趋化单核细胞。淋巴细胞趋化蛋白（lymphotactin）是γ亚家族的代表，对淋巴细胞有趋化作用。

（2）激素类

激素是由内分泌腺或特异细胞产生的含量极少的一类生物分子，经血液循环到靶组织，作为一种化学信使或信号分子引发专一的生理效应。激素根据化学结构可以分为三类，即多肽蛋白质激素、类固醇激素和氨基酸类激素。重组激素类药物指的是多肽蛋白质类激素。如重组人胰岛素（recombinant human insulin）为蛋白质类激素，是FDA批准上市的第一个基因重组药物，用于治疗糖尿病。重组人生长激素（γhGH）于1985年上市，用于治疗侏儒症。此外还有多肽类激素药物，如重组人甲状旁腺激素、重组促胰岛素分泌素、降钙素、生长抑素、胸腺素、缩宫素和加压素等。

（3）凝血因子类与血液代用品

血液是人体的重要组成部分，在机体代谢中起着至关重要的作用，大量失血将造成严重代谢障碍，甚至危及生命。

目前，基因工程凝血因子类药物在国际上已经注册了三个品种：重组人凝血因子Ⅷ（recombinant human coagulation factor Ⅷ，rFⅧ）、重组人凝血因子Ⅸ（recombinant human coagulation factor Ⅸ，rFⅨ）和重组激活的人凝血因子Ⅶ（activated recombinant human coagulation factor Ⅶ，rFⅦa）。1984年，由美国基因技术公司和遗传研究所成功克隆出的FⅧ基因，推动了FⅧ结构及其体外表达的研究。现在人们已经成功地应用人凝血因子Ⅷ基因转染哺乳动物细胞-幼仓鼠肾（BHK）和中国仓鼠卵巢（CHO）细胞系，实现rFⅧ的大规模生产，其在临床上用于治疗甲型血友病。rFⅨ已经美国FDA批准上市。rFⅦa也在丹麦得到政府的批准，获得生产许可证。

人血液代用品（human blood substitute）是指具有携氧扩容功能的人工溶液，必须具备来源充足、无毒性、无免疫原性的特点，并具有良好的流变学性质、较长的循环滞留时间和正常的生理代谢途径等特点。人血液代用品主要有血红蛋白类和红细胞类。早期注重研究一些具有传递氧功能的高分子化合物，如全氟碳化合物（PFC），但PFC具有毒副作用；而以血红蛋白为基质的血液替代品比氟碳化合物更符合人体需要。但是，血红蛋白类替代品是以血红蛋白为基质的携氧剂（HBOC），血红蛋白在体内保留时间短、易迅速凝集而导致肾毒副作用，以及氧亲和力过高和纯化过程中残留红细胞碎片等因素阻碍了其在临床上的使用。为克服血红蛋白在体内半衰期短、具有免疫原性等缺点，人们相继采用化学修饰、交联、聚合和脂质体包裹以及基因重组技术对血红蛋白进行改造，如脂质体包裹血红蛋白（liposome encapsulated hemoglobin，LEH）、微囊化血红蛋白（hemoglobin，Hb）、无细胞基质血红蛋白溶液（化学修饰血红蛋白、基因重组血红蛋白、化学合成血红蛋白和转基因动物人血红蛋白)等,均已取得不同程度的进展,有些产品已进入临床研究阶段。

目前,红细胞替代品的开发主要包括制备万能型红细胞和通过造血干细胞体外培养获得定型红细胞。万能红细胞可以通过两种途径获得:一是用合适的工具酶将红细胞表面的抗原全部切除,或将A、B型红细胞表面糖链上比O型血细胞多的糖分子切除,使得A、B、O糖链结构变得一致,从而制备出O型(万能型)血细胞;二是用甲基聚乙二醇(mPEG)等高分子聚合物将红细胞膜上的抗原封闭,使其转变为无免疫原性的万能型红细胞。

造血干细胞具有自我更新和多项分化的能力,在适当条件下,造血干细胞可以分化生成各系定向祖细胞,然后分化增殖生成血细胞母细胞,最终发育成为各种具专一功能的成熟血细胞。目前,国外已利用造血干细胞体外扩增技术,通过体外培养干细胞,成功制备出具有正常生理功能的定型红细胞。

(4) 溶栓类药物与治疗用酶

急性心肌梗死等血栓栓塞性疾病的致残率和病死率都很高,严重威胁人类的生命和健康。溶栓是治疗血栓性疾病安全有效的手段。目前,国内外已有多种溶栓药物被批准应用于临床。占主导地位的溶栓药物有两类。一类是"纤维蛋白选择性"溶栓药物,该类药物首先与体内纤维蛋白溶酶原结合,在纤维蛋白的存在下激活纤维蛋白溶酶原,转变为纤溶酶,后者对血栓内纤溶酶原的作用大于血浆中游离的纤维蛋白酶原。这类药物主要有组织型纤溶酶原激活剂(tissue-type plasminogen activator, t-PA)、单链尿激酶型纤溶酶原激活剂(SCUPA)和葡激酶等。另一类是"非纤维蛋白选择性"溶栓药物,包括链激酶(streptokinase,SK)、尿激酶(urokinase,UK)和甲酰化纤溶酶原-链激酶激活剂复合物(APSAC)等。其中t-PA可以高效特异地与血栓中的纤维蛋白结合,激活纤溶酶原,形成纤溶酶,从而水解纤维蛋白,溶解血栓。t-PA比链激酶、尿激酶等定位更精确,一般不会因水解正常血液中的纤维蛋白原、凝血因子等而导致全身出血。

现有溶栓药物仍有一定局限性,如引起出血、再梗死及药物半衰期短等。随着分子生物学等相关学科和技术的快速发展,对现有溶栓药物结构和功能将有更加深入的了解,在此基础上将出现如突变体、嵌合体等新型溶栓药物,这些溶栓药物不仅优于传统溶栓药物的治疗效果,而且可以克服传统溶栓药物的一些缺陷(如出血等)。目前,许多新型溶栓药物正在研发中,如重组t-PA突变体、重组葡激酶、重组纤溶酶原激活剂的突变体和导向型溶栓药物等。

在使用溶栓药物进行溶栓治疗的同时,还联合应用一些溶栓辅助药物,如肝素、水蛭素、纤溶酶等。

(5) 抗体药物

抗体(antibody)是在免疫原(抗原)免疫动物体内产生的可与相应的抗原结合的免疫球蛋白。利用抗原和抗体之间高度特异性的识别和结合作用,可以将抗体用于治疗某些由抗原导致的疾病,降低、去除或中和抗原的毒性作用,由此产生抗体药物。1891年,德国医生首次将白喉毒素免疫血清用于治疗,并获得了成功,开创了抗体治疗的时代。1975年,Köehler和Milstein建立的杂交瘤细胞生产鼠单克隆抗体技术,为抗体药物的研究开发开创了一个崭新的时代。目前，各种抗体被广泛地应用于疾病的诊断、预防和治疗，如各种抗原的检测、肿瘤的诊断和治疗、感染性疾病的预防等。美国FDA已批准OKT3鼠单抗用于治疗器官移植排斥反应；德国已批准Panorex鼠单抗用于治疗大肠癌。除此之外，利用抗体与特殊抗原的结合能力还可将其用作器官和肿瘤的影像诊断制剂。

抗体药物可以是人源抗体及动物来源的抗体。按照抗体的构成、组成成分以及来源等不同，抗体药物可以分为多克隆抗体、单克隆抗体、嵌合抗体、人源化抗体和修饰抗体。

◆ 多克隆抗体(polyclonal antibody)：一般是由抗原免疫动物产生的，借助抗原的多种抗原决定簇，最后从血清中获得的含有多种抗体的混合物。多克隆抗体可以用于一般的抗原检测和被动免疫治疗。但这种抗体由于成分不均一，临床上已很少使用。

◆ 单克隆抗体(monoclonal antibody，McAb)：由识别一种抗原决定簇的细胞克隆所产生的均一性抗体。单克隆抗体由于具有特异性高、均一性好、亲和力强、效价高、血清交叉反应少、质量易于控制等优点，已被广泛应用于疾病的诊断和治疗，如抗肿瘤、抗器官移植排斥反应、抗感染等。例如已上市的OKT3单抗可用于治疗急性肝移植排斥反应；小鼠抗CD3抗体可以用于移植排斥反应的预防治疗。但由于大多数单克隆抗体是鼠源的，应用于人体时具有较强的免疫原性，并且一般单抗的半衰期较短，价格昂贵。这些缺陷阻碍了克隆抗体的进一步应用。

◆ 嵌合抗体：利用基因工程技术将鼠单克隆抗体编码的c区基因换成人免疫球蛋白c区的基因，同时保留鼠单克隆抗体编码v区的基因，从而得到在同一抗体分子中含有不同来源的抗体片段，经哺乳动物细胞表达后所获得的抗体，即为人-鼠嵌合抗体。由于鼠源单克隆抗体对人体而言是一种外源蛋白，所以应用于人体可能存在安全性问题。而嵌合抗体用于人体时的免疫原性大大降低。嵌合抗体是第一种基因工程抗体，构建嵌合抗体时可对抗体的亚类进行变换，提高抗体免疫治疗的效果。在人体内，嵌合抗体比鼠源单克隆抗体的生物半衰期长，介导细胞毒性所需的抗体浓度低，目前已经应用于抗肿瘤、抗感染等，如黑色素转移瘤治疗。

◆ 人源化抗体(humanized antibody)、CDR移植或改型抗体：即利用基因工程的方法，将鼠单克隆抗体除重链、轻链的互补决定区(CDR)以外的基因全部置换成人抗体的基因。这种抗体最大限度地降低了鼠单克隆抗体的免疫原性，其人源化程度可以达到97%，但在设计构建上难度较大。现在利用噬菌体表面展示技术构建噬菌体抗体库，可以从中筛选得到完全人源化的单克隆抗体。人源化抗体在人体内的生物半衰期与人抗体接近。

◆ 修饰抗体(modified antibody)：将放射性核素、生物毒素或毒性极强的合成药物或抗生素等共价结合至抗体分子上所得到的抗体药物。它利用抗体的特异性将药物、放射性核素、生物毒素等带至靶细胞所在部位，从而达到治疗的目的，其中与生物毒素共价结合的抗体又称免疫毒素。

(6) 疫苗

根据疫苗的发展过程，可将其分为三个时期：① 古典疫苗时期，即在病原体发现前据系统观察和经验摸索而研制的疫苗,如牛痘疫苗和狂犬病疫苗;② 传统疫苗时期,即病毒培养疫苗时期,如麻疹疫苗、脊髓灰质炎疫苗等;③ 现代生物技术疫苗时期,此时期占主导地位的是基因工程疫苗。

传统疫苗大致可以分为:① 活的或减毒的细菌;② 死的或灭活的细菌;③ 活的减毒病毒;④ 灭活病毒;⑤ 毒素;⑥ 病原体衍生抗原。

基因工程疫苗是应用DNA重组技术克隆并表达保护性抗原基因,利用表达的抗原产物或重组体本身制成的疫苗。基因工程疫苗包括基因工程亚单位疫苗、基因工程载体疫苗、基因缺失活疫苗、核酸疫苗等,如艾滋病疫苗、乙肝疫苗等。其中核酸疫苗属于核酸药物的范畴。

新型疫苗除基因工程疫苗外,还有合成肽疫苗、遗传重组疫苗等。

(7) 重组可溶性受体和黏附分子药物

细胞受体是指细胞表面与各种配体特异性结合的大分子,一般为糖蛋白。细胞受体一般由膜外区、跨膜区和膜内区三部分构成。其膜外区具有与特异性配体结合的位点,受体和配体的特异性结合将细胞外信号经受体的膜内区传递至细胞内部,引起细胞行为和功能的一系列变化。重组可溶性受体药物针对受体的膜外区部分,利用基因工程技术表达受体的膜外区,使其保留与相应配体结合的能力,但不具有信号转导能力,因此可溶性受体能与细胞表面受体竞争配体,从而可以起到阻断细胞表面受体的作用。

目前,可溶性受体药物主要有细胞因子受体、免疫球蛋白受体、补体受体、抗原受体等类型。其中,对细胞因子受体中的肿瘤坏死因子(TNF)受体研究较早。第一个被FDA批准上市的重组可溶性受体药物是重组可溶性TNF受体,用于治疗顽固性类风湿关节炎。

细胞黏附分子(cell adhesion molecules,CAM)是指由细胞产生的、介导细胞与细胞间或细胞与基质间相互接触和结合的分子的统称,黏附分子大多为糖蛋白。黏附分子通过与细胞表面分子或基质分子的相互结合,介导细胞-细胞、细胞-基质之间的黏附。黏附分子参与了细胞的信号转导、生长、分化、运动以及炎症、血栓形成、肿瘤转移等一系列重要的生理和病理过程。采用基因工程技术表达可溶性的黏附分子可以阻断细胞表面黏附分子介导的黏附作用,从而治疗黏附分子功能异常导致的疾病。

2. 核酸类药物

核酸类药物包括核酸疫苗、反义核酸药物和小干扰核酸药物,其中核酸疫苗又包括DNA疫苗和RNA疫苗,反义核酸药物包括反义DNA、反义RNA和核酶等。

由于近十几年来基因治疗技术的飞速发展,基于病毒载体和非病毒载体的基因治疗药物已取得了很大的进展。按用途来看,反义寡核苷酸药物也归属于基因治疗药物。

(1) 核酸疫苗

核酸疫苗(nucleic acid vaccine)也称基因疫苗,它可分为DNA疫苗和RNA疫苗两种,由于RNA容易降解,不易保存,所以核酸疫苗主要指DNA疫苗。核酸疫苗将编码某种蛋白的外源基因与质粒载体连接后直接通过注射等方法导入人体或动物体内，使其在宿主细胞中表达抗原蛋白，诱导机体产生免疫应答。核酸疫苗是继减毒/灭活疫苗和基因工程亚单位疫苗之后的第三代疫苗。与传统疫苗相比，核酸疫苗虽然优越性显著，如免疫效果可靠、不存在毒力回升危险、可制成DNA多价疫苗、制备简单和使用方便等，但作为新一代的疫苗尚有许多问题有待解决，如使用后质粒DNA是否会随机整合入染色体等安全性问题。1995年，美国FDA批准世界上第一例DNA疫苗，即治疗性艾滋病DNA疫苗进行人体Ⅰ、Ⅱ期临床试验。我国于2004年批准第一个艾滋病DNA疫苗进入Ⅰ期临床试验，2006年治疗性双质粒乙肝DNA疫苗进入Ⅱ期临床试验。

(2) 反义核酸药物

能与特定的DNA或RNA以碱基互补配对的方式结合，并阻止其转录和翻译的短核酸片段，称为反义寡核苷酸(antisense oligonucleotide)，包括反义DNA、反义RNA、核酶(ribozyme)及三链寡核苷酸等。利用这一技术研制的药物称反义药物，通常指反义寡核苷酸。

反义DNA，或称反义脱氧寡核苷酸，是人工合成的一小段反义寡核苷酸。反义DNA在DNA结合蛋白(如甲基化酶、激活子和限制性内切酶)的识别位点处，通过与靶DNA结合形成三螺旋，并且位点专一性地干扰DNA和蛋白的结合、激活子的转录起始或转录延伸等，进而阻止基因转录和复制。反义DNA也可以通过与mRNA杂交形成核糖核酸酶H(RNase H)的底物，激活RNase H特异性剪切杂交分子中的mRNA。另外，通过对反义DNA进行化学改性，在铜离子和还原剂的存在下，可实现对靶基因的诱导切割等不可逆的反应，如在反义DNA的3′-末端连接上化学切割试剂、乙二胺四乙酸、二价铁离子或邻菲罗琳的衍生物，从而导致靶基因的失活。

反义RNA是指体外合成的寡核苷酸，它能与mRNA互补，通过与靶RNA碱基互补，抑制与疾病发生直接相关的基因的表达。反义RNA只阻断靶基因的翻译表达，具有特异性强和操作简单的特点，可用于治疗基因突变或过度表达导致的恶性肿瘤以及严重感染性疾病等。

核酶是能够催化生化反应的核酸类物质，又称催化RNA。它们具有水解酶、激酶和氨基乙酰转移酶等各种酶促活性。目前，核酶有发夹核酶、锤头核酶、内含子、核糖核酸酶P(RNase P)、环形RNA核酶等类型。除RNA核酶外，人们还发现一些具有催化活性的DNA分子，称之为DNA核酶。

反义寡核苷酸的稳定性和生物利用度是影响其功能的两大主要因素。在体内生理条件下，反义寡核苷酸很容易被各种核酸酶降解，其半衰期很短。另外，反义寡核苷酸的负电性使其难以与带相同电荷的靶细胞接触，也不利于其通过细胞膜进入细胞内。因此必须通过化学修饰等手段以提高其稳定性和利用度，增加对核酸酶的抗性。寡核苷酸的修饰方法有多种，其修饰方式包括骨架修饰、糖环修饰和碱基修饰，其中最易进行的是骨架修饰，即对反义寡核苷酸磷酸二酯键骨架进行修饰。第一代反义寡核苷酸是硫代反义寡核苷酸，它以一个硫原子取代磷酸二酯键上的一个氧原子。第二代反义寡核苷酸是2′-反义寡核苷酸，它是将糖环的2′-羟基用甲氧基或乙氧基替代。第三代反义寡核苷酸称为肽核酸，它是将肽链与寡核苷酸相连接用以增加寡核苷酸的稳定性和生物活性。

(3) si RNA 药物

RNA 干扰(RNA interference,RNAi)最初是指动物体内双链 RNA(double-stranded RNA,dsRNA)介导的对基因表达的阻抑作用,特征是产生约 21nt 的小分子双螺旋 RNA,又称小分子阻抑性 RNA(small interfering RNA,siRNA),并作为指导序列以介导对同源序列 mRNA 的降解。后来发现 RNA 干扰与多种物种的基因沉默现象有关,还参与基因表达与细胞分化的调节。

RNAi 可以直接用于抑制疾病相关基因,达到治疗疾病或预防的目的,也可用于抑制癌基因的表达、敲除点突变激活的癌基因和抑制基因扩增等。

很多疾病与膜表面分子或受体异常表达有关,如果对这些膜表面分子的跨膜区序列或近膜区序列进行 RNAi 介导的打靶,就可能产生分泌型分子,可以切断信号传递,以及与其余的膜表面分子产生竞争作用,封闭配基的结合。

3. 多糖类药物

多糖是生物体内除蛋白质和核酸以外的重要生物信息分子。越来越多的研究发现,人的整个生命过程几乎都与糖链有关,糖链携带生物信息,在细胞表面的分子识别过程中起着决定性的作用,如细胞间通讯、识别和相互作用,细胞的运动和黏附,病原与宿主细胞的作用等。

多糖是自然界中含量最丰富的生物聚合物,几乎存在于所有的生物中。多糖的相对分子质量较大,有直链和支链两种,多可溶于水,能被酸、碱或酶水解成单糖和低聚糖。多糖具有能量贮存、结构支持、防御和抗原决定性等多方面的生物功能。多糖作为药物的最大特点是毒副作用小。动物来源的多糖(如肝素、硫酸软骨素、透明质酸、硫酸皮肤素等)已在临床上应用多年。此外,来源于真菌的多糖(如香菇多糖、云芝糖肽、裂褶菌多糖)及来源于海洋生物的多糖也已在临床上使用。

均多糖、杂多糖、肽聚糖以及多糖衍生物或复合物均具有抗肿瘤活性,其中又以高等真菌细胞壁中的β-D-葡聚糖活性最显著。多糖具有多方面的免疫调节活性,通过提高机体免疫功能而发挥抗肿瘤活性,如促进网状内皮系统的吞噬功能、增强天然杀伤性细胞的活性、活化巨噬细胞、诱导免疫调节因子的表达等。目前,香菇多糖、裂褶菌多糖和云芝多糖已应用于肿瘤的免疫治疗。

利用结构较复杂的多糖具有抗原性的性质可以制备相应的多糖疫苗。目前在临床上应用的主要有预防脑炎的 Meningococcal AC 型多糖疫苗和 ACY-W135 型疫苗及肺炎链球菌多糖疫苗、流感嗜血杆菌 Hib 多糖疫苗等。这些多糖疫苗一般是多种菌株荚膜多糖的混合制剂,可刺激机体产生针对相关多种菌株的抗体。荚膜多糖属于 T 细胞非依赖性抗原,能刺激已成熟的 B 细胞分化、繁殖,产生抗体。近 10 余年来,多糖疫苗的另一研究重点是将多糖和细菌毒素或外膜蛋白等蛋白偶联形成免疫复合物,它可以克服新生儿对荚膜多糖抗原的无反应性。目前已用于临床的主要是 Hib(PRP)的复合物,如 PRP-D(PRP-白喉类毒素)和 PRP-T(PRP-破伤风类毒素)等。

3. 按药物的生理功能和用途分类

按生理功能和用途，生物药物大致可以分为以下四大类。

(1) 治疗药物

治疗疾病是生物药物的主要功能。尤其对于疑难疾病(如肿瘤、艾滋病、心脑血管疾病等)，生物药物有着其他药物不可比拟的治疗优势。

(2) 预防药物

许多疾病的预防比治疗更为重要，尤其是传染性强的疾病。因此，以预防为主的方针是我国医疗卫生工作的一项重要战略。常见的预防性生物药物有疫苗、菌苗、类毒素以及冠心病防治药物。

(3) 诊断药物

大部分的诊断试剂来自生物药物。诊断用药有体内(注射)和体外(试管)两大使用途径。生物药物作为诊断试剂具有速度快、灵敏度高、特异性强的特点，如免疫诊断试剂、单克隆抗体诊断试剂、酶诊断试剂、器官功能诊断药物、放射性核素诊断药物和基因诊断药物等。

(4) 其他生物医药用品

生物药物应用广泛，已经拓展到生化试剂、保健品、化妆品、食品、医用材料等各个领域，并产生了一系列新产品。

1.2 生物药物制剂学概述

1.2.1 生物药物制剂概述

生物技术的崛起极大地促进了生物药物的发展。1982年，第一个基因工程药物重组人胰岛素上市，标志着生物技术制药产业的兴起。虽然各种生物药物不断进入市场，但生物药物制剂学方面的研究还相对比较落后，在药物新剂型和新给药途径方面没有实现实质性的突破。调查显示，美国的生物技术产品中90%以上的蛋白质和多肽类药物为注射用药，而以其他用药形式存在的生物药物则很少，如图1-1所示。

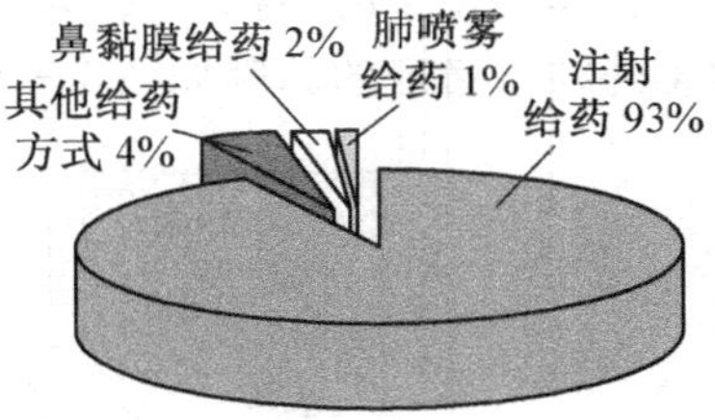

图1-1 生物药物给药方式

1. 蛋白质和多肽的稳定性

与传统的小分子有机药物相比，生物大分子(尤其蛋白质或多肽类生物药物)大多稳定性较差，因此其生物药物制剂研究较为困难。本节以蛋白质和多肽类药物为代表阐述生物药物的稳定性。上市的生物药物大多为蛋白质或多肽类药物，蛋白质的基本组成单位是氨基酸，10个以上的氨基酸组成多肽。

(1) 蛋白质和多肽的不稳定性

蛋白质大分子化合物是一种两性电解质，相对分子质量大，质点大小为1～100nm，达到胶体质点范围，在水中表现出亲水胶体的性质。蛋白质大分子形成的复杂而特定的空间构象，表现出特异的生物学功能。一些理化因素可以使蛋白质分子的空间构象发生改变或破坏，造成蛋白质和多肽的不稳定。蛋白质和多肽类生物药物的不稳定性包括化学与物理两方面原因。

蛋白质和多肽的化学不稳定性包括脱酰胺、氧化、水解、二硫键交换、外消旋作用和β-消除等。

1）脱酰胺反应：在脱酰胺反应中，Asn/Gln残基水解形成Asp/Glu。Asn-Gly-结构中的酰胺基团更易水解，位于分子表面的酰胺基团也比分子内部的酰胺基团更易水解。

2）氧化：多肽溶液易氧化的主要原因包括溶液中存在过氧化物的污染和多肽的自发氧化。在所有的氨基酸残基中，Met、Cys、His、Trp和Tyr等最易氧化，氧分压、温度和缓冲溶液对氧化反应也有影响。

3）水解：多肽中的肽键易水解断裂，由Asp参与形成的肽键比其他肽键更易断裂，尤其是Asp-Pro和Asp-Gly肽键。

4）形成错误的二硫键：二硫键之间或二硫键与巯基之间发生交换可形成错误的二硫键，导致三级结构改变和活性丧失。

5）消旋：除Gly外，所有氨基酸残基的α碳原子都是手性的，易在碱催化下发生消旋反应。其中Asp残基最易发生消旋反应。

6）β-消除：β-消除是指氨基酸残基中β碳原子上基团的消除。Cys、Ser、Thr、Phe和Tyr等残基都可通过β-消除降解。在碱性条件下易发生β-消除。另外，温度和金属离子对其也有影响。

物理不稳定性是指生物药物分子丧失三级结构或二级结构、自身凝聚或从溶液中沉淀出来等，即发生变性、吸附、聚集或沉淀现象。变性一般与三级结构以及二级结构的破坏有关。在变性状态，多肽往往更易发生化学反应，活性难以恢复。在多肽变性过程中，首先形成中间体，通常中间体的溶解度低，易于聚集，形成聚集体，进而形成肉眼可见的沉淀。在某些情况下，蛋白质会吸附到贮存容器上，从而降低溶液中蛋白质药物的浓度，甚至造成活性损失。

物理和化学的不稳定性都将导致生物活性丧失，某些情况下还会产生毒性。蛋白质和多肽类药物不稳定的原因如图1-2所示。

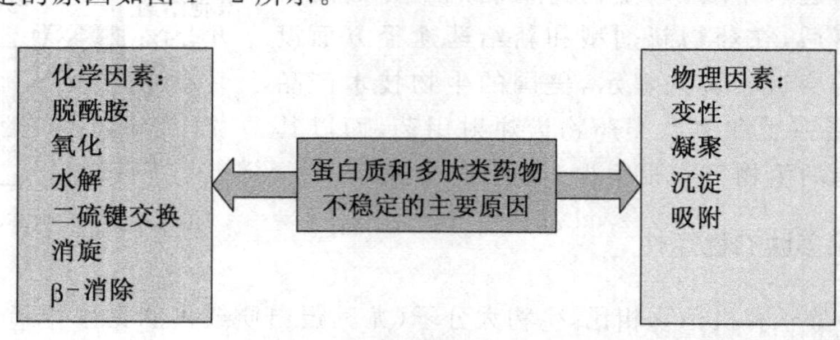

图1-2 影响蛋白质和多肽类药物稳定性的主要因素

(2) 提高生物药物稳定性的途径

可以通过以下途径提高蛋白质和多肽类生物药物的稳定性。

1）定点突变：通过基因工程手段替换引起多肽不稳定的残基或引入能增加多肽稳定性的残基，以提高多肽的稳定性。

2）化学修饰：多肽的化学修饰方法很多，目前应用最多的是聚乙二醇（PEG）修饰。PEG是一种水溶性高分子化合物，在体内可降解，无毒。PEG与多肽结合后能提高热稳定性，抵抗蛋白酶的降解，降低抗原性，延长在体内的半衰期。选择合适的修饰方法和控制修饰程度可保持或提高药物生物活性。

3）添加剂：通过加入添加剂，如糖类、多元醇、明胶、氨基酸和某些盐类，可以提高多肽的稳定性。糖和多元醇在低浓度下迫使更多的水分子围绕在蛋白质周围，因而提高了多肽的稳定性。在冻干过程中，上述物质还可以取代水与多肽形成氢键来稳定多肽的天然构象，而且还可以提高冻干制品的玻璃化温度。此外，表面活性剂，如十二烷基硫酸钠（sodium dodecyl sulfate，SDS）、吐温（tween）和普朗尼克（pluronic），能防止多肽表面吸附、聚集和沉淀。

4）冻干：多肽发生的脱酰胺、β-消除、水解等一系列化学反应都需要水参与，水还可以为许多反应提供溶液环境。随着水含量的降低，多肽的变性温度逐步升高，因此冻干处理有利于提高蛋白质和多肽类药物的稳定性。

2. 生物药物的特点

蛋白质和多肽类药物的药理活性依赖于其特定的空间结构，因此大部分生物药物具有如下特点：① 由于结构关系，蛋白质或多肽类生物药物一般稳定性较差，在酸碱环境中容易被破坏，在体内酶存在的条件下极易失活；② 生物药物相对分子质量较大，并经常以多聚体形式存在，因此很难透过胃肠道黏膜的上皮细胞层，吸收较差；③ 生物药物一般不能直接口服给药，常注射给药，不适于长期给药的患者；④ 生物药物的体内生物半衰期很短，注射给药后在血中消除很快，在体内的作用时间短，没有充分发挥其应有的药理作用。

1.2.2 生物药物体内过程及剂型设计

生物药物虽然具有很好的药理活性，但直接应用并不能保证疗效的充分发挥，同时也不适用于临床。生物药物往往需要制备成合适的给药形式，才能最大限度地发挥药效，同时最低限度地降低毒副作用。这种为适应治疗或预防的需要而制备的药物应用形式被称为药物剂型，简称剂型。

给药系统或称药物递送系统（drug delivery system，DDS），是为了适应给药途径而设计的一系列药物剂型的总称。目前，生物药物应用的给药系统主要有注射给药系统、口服给药系统、黏膜给药系统、经皮给药系统和靶向给药系统。各种给药系统中可以包含相关的一系列药物剂型，而剂型中存在的药物可以是原始形态的药物，也可以被包载于各种微粒载体中，用以改善药物的物理化学性能，提高制剂的稳定性、安全性和有效性。

药物通过不同给药途径进入体内后，对机体产生影响，同时机体也不断地转运或代谢药物，药物最终将以不同形式离开机体，这一过程被称为药物的体内过程。药物的体内过程包括吸收、分布、代谢和排泄。其中，吸收和分布过程对生物药物剂型设计影响最大。

生物药物主要给药系统的体内过程如图1-3所示。生物药物进入体内，除血管内直接给药（如静脉注射和动脉注射）外，都要经过吸收过程，即药物从给药部位进入体循环的过程。不同的生物药物以不同制剂形式吸收进入体循环时，要经过各种生物膜屏障，因此，吸收过程是影响生物药物疗效的一个重要因素。

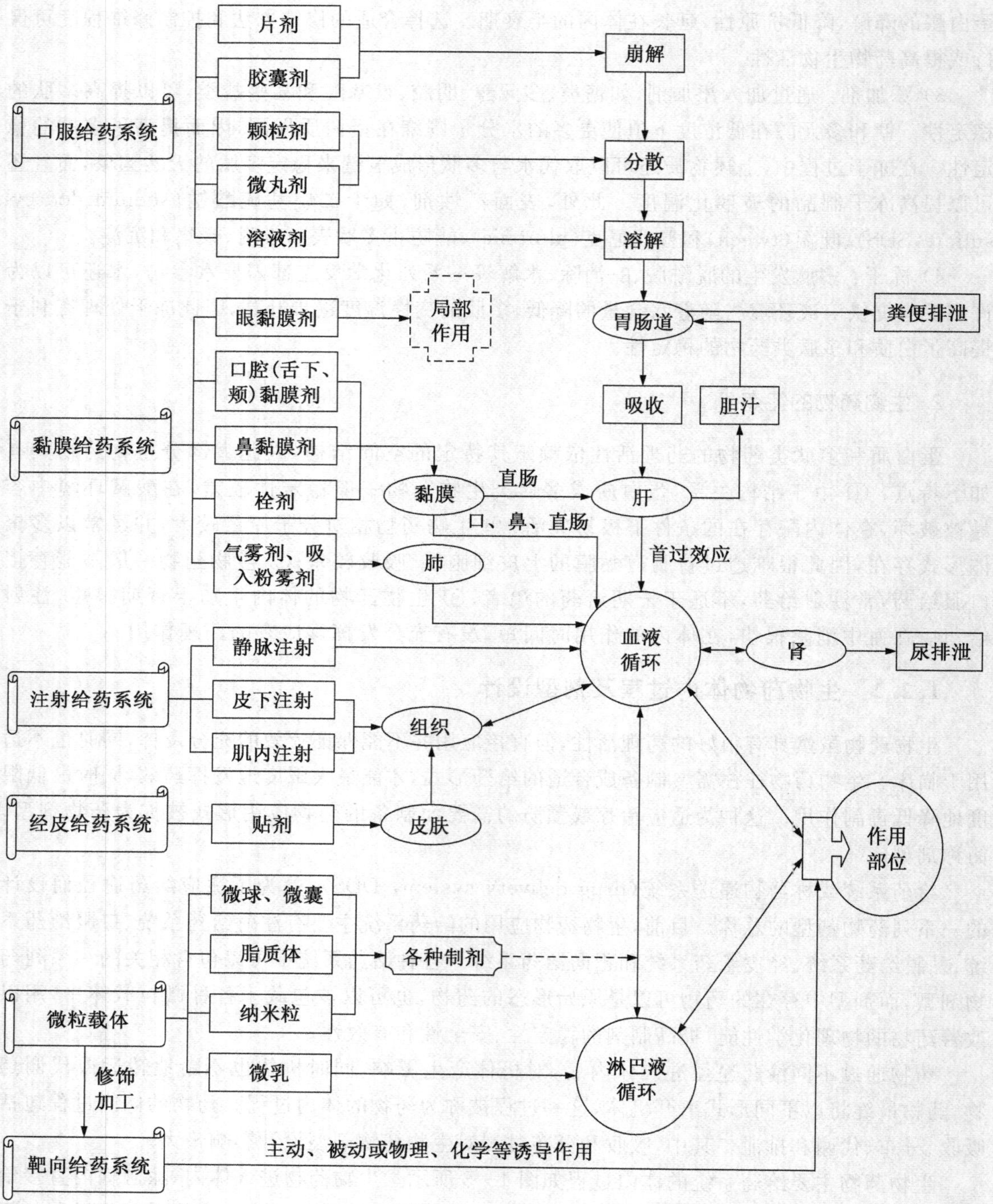

图 1-3 生物药物主要给药系统的体内过程

此外,进入体循环的生物药物能否即时起效并维持治疗作用,还受药物分布过程的影响。药物分布过程是指吸收入血后的药物通过血液循环被转运到身体的不同部位,进入不同组织、器官的细胞间液或细胞内液中的过程。近年来,随着现代药物治疗学的发展,对药物制剂提出了更高的的要求,靶向制剂、定时和定位释放制剂逐渐成为生物药物制剂发展的重点方向。这些制剂利用微球、脂质体、微乳、纳米粒等微粒载体系统,包载生物药物,通过控制微粒的粒径,调节微粒所用的高分子材料物理化学性质,并结合外界物理、化学诱导作用,改变药物原有的体内分布特性,达到药物定位或靶区聚集和控制释放的目的。

但相对于化学药物而言,生物药物相对分子质量较大,脂溶性较差,渗透性较低,难以透过生物膜。体内吸收和分布过程的好坏决定了生物药物制剂的成败,因此生物药物剂型设计主要考虑以下两方面。

1. 依据生物药物的治疗目的和自身特点,选择给药途径,确定给药系统。

生物药物在设计剂型时,应充分了解其治疗目的和自身结构特点,结合现有给药系统的特点,确定符合治疗要求的给药途径,选择稳定性高的给药系统。例如用于治疗糖尿病的普通胰岛素是具有生物活性的大分子多肽类药物,在贮存过程中不稳定,易降解或聚合。考虑到普通胰岛素需要迅速发挥全身治疗作用,必须选择起效快的给药途径,因此可以选择注射给药系统或黏膜给药系统。又考虑到普通胰岛素物理稳定性差,采用固体粉末形式的制剂较好。因此综合来看,最好将胰岛素制成供注射使用的粉针剂,也可以制成肺部黏膜吸入的粉雾剂,两者都具有稳定性高、速效、生物利用度高的特点,可以满足临床治疗需要。

2. 依据吸收和分布部位的生物学特点,选择辅料和微粒载体,设计制剂。

人体内的局部微环境对生物药物的吸收和分布影响很大。设计生物药物制剂时,应根据吸收和分布部位的生理环境特点,选择生物相容性辅料或利用脂质体、微球、微囊、纳米粒等微粒包载技术改善药物的稳定性、水溶性或体内分布性质,通过优化试验调整制剂工艺条件,保证药物释药行为符合治疗要求。然后建立制剂质量控制标准,进行制剂稳定性考察,最终得到稳定的药物制剂。这个过程较为复杂,尤其可灵活选择生物相容性辅料或微粒包载技术,没有固定的模式。经试验筛选出的工艺条件构成了生物药物制剂的关键技术。

总之,保证生物药物在体内吸收过程中的稳定性,及提高生物药物在体内分布过程中的靶向性,是保证生物药物用药安全性和有效性的主要考虑因素,也是生物药物制剂研究的主要内容。

【知识拓展内容】

以下简述生物药物各个给药系统的体内过程及制剂设计的主要考虑因素。

1. 注射给药系统

生物药物在常温下稳定性差,在体内生物半衰期短、易降解,且人体对其有一定的屏障作用,故常规给药途径中以注射给药起效最快。常用的注射给药剂型有溶液型注射剂和冻干粉针剂，给药方式以静脉注射、皮下注射和肌肉注射为主。

当采用肌肉注射或皮下注射给药时，生物药物可通过组织液进入毛细血管或毛细淋巴管。通常，相对分子质量大于5000的大分子物质，经淋巴管转运的倾向很强；相对分子质量小于5000的低分子物质都能进入血管和淋巴管，但由于血流量大大超过淋巴流量，故几乎全部由血管转运。因此，大部分生物药物由于相对分子质量大，容易通过淋巴液循环被转运。

生物药物的活性取决于其特殊的空间构象。而环境因素(如温度、湿度、光照、pH值、盐、表面活性剂)和制剂工艺(如冷冻、机械剪切、冻融)都会影响生物药物空间构象，导致其变性、聚集或表面吸附。因此制备生物药物注射给药系统时，需要加入一些添加剂以提高生物药物的稳定性。常用的添加剂包括：① 防止酸、碱催化药物水解所用的缓冲液；② 防止药物氧化降解的抗氧化剂、螯合剂及惰性气体；③ 冷冻干燥过程中保持药物疏松的冻干支持剂；④ 提高生物药物在溶液中稳定性的氨基酸；⑤ 为减弱蛋白质类药物对惰性表面(如玻璃)吸附，降低界面变性效应的表面活性剂、白蛋白等。注射给药系统所用的添加剂并非越多越好，应尽量保持剂型简单。每种添加剂应有明确的使用理由，并且应是经国家批准可注射使用的添加剂。

目前，注射给药系统是生物药物应用最多的给药系统，已上市应用的生物药物品种有：免疫球蛋白、白介素、干扰素、人生长激素、促红细胞生成素、抗血友病因子、尿激酶、维生素K依赖性凝血因子、人绒毛膜促性腺激素、肝炎B疫苗、醋酸亮丙瑞林、阿昔单抗(abciximab，抗血小板凝聚单克隆抗体)、依替巴肽(eptifibatide，血小板糖蛋白GPⅡb/Ⅲa受体拮抗剂)、非格司亭(filgrastim，重组人粒细胞集落刺激因子)等。

2. 口服给药系统

口服给药系统使用方便，患者顺应性高，是目前应用最多的给药途径。然而生物药物相对分子质量大、稳定性差，直接口服给药的生物利用度很低，难以达到临床治疗效果。除自身因素外，生物药物口服给药生物利用度低的原因还包括体内pH值的影响、消化酶降解、生物膜屏障作用等。目前，提高生物药物口服生物利用度的措施主要集中在以下几个方面。

(1) 吸收促进剂

通常，生物药物的相对分子质量大、极性强，很难透过生物膜。口服给药时，生物药物透膜的限制因素主要有黏膜黏液层、不流动水层、细胞间的紧密连接处和生物膜。黏膜黏液层可延缓生物药物的扩散；不流动水层限制生物药物在绒毛间的扩散；生物膜的类脂结构限制低脂溶性生物药物的透过；紧密连接处则阻碍水溶性生物药物的通过。为解决这些问题，增加口服生物药物的吸收速度和吸收量，生物药物口服制剂中需要加入吸收促进剂。吸收促进剂是一些特异性或非特异性地增强药物胃肠道透过性的小分子化合物，它们通过跨细胞膜途径或细胞旁路途径提高生物膜对生物药物的通透性。理想的吸收促进剂应具备以下特点：① 无毒；② 可逆、特异地提高药物的通透性；③ 具有合适的理化性质；④ 价廉易得。目前应用的口服吸收促进剂主要有水杨酸类、胆酸盐类、表面活性剂、脂肪酸类、氨基酸类衍生物、金属螯合剂等。

(2) 酶抑制剂

生物药物口服给药后要达到一定的血药浓度,必须克服胃肠道蛋白酶的作用,保证生物药物在胃肠道中的稳定性,因此生物药物口服给药时常联合使用酶抑制剂。常用的酶抑制剂有甘胆酸钠、卡莫司他甲磺酸盐、杆菌肽、抑肽酶、大豆胰酶抑制剂等。酶抑制剂的使用时要注意以下两点:① 选择特异性的酶抑制剂,即针对胃肠道酶屏障选择酶抑制剂;② 选择合适的剂量。

(3) 口服定位释药制剂

为了改善生物药物在胃肠道的吸收状况,提高生物药物治疗胃肠道局部疾病的效果,避免其在胃肠道生理环境下灭活,则需要将口服后的生物药物"滞留"于特定部位,这类制剂被称为口服定位释药制剂或口服迟释制剂。这类制剂制备方法很多,例如在片剂中添加黏膜黏附剂,制成的片剂口服后可以黏附或结合于胃肠道特定部位的黏膜上,改变黏膜上皮细胞的通透性,增强非特异性受体介导的细胞内吞作用,增加生物药物的摄取和吸收。目前,根据药物吸收部位与胃肠道病灶部位不同,口服定位给药系统分为口服胃滞留制剂、口服小肠定位释药制剂和口服结肠定位释药制剂三种。

口服给药系统是一种方便且容易被患者接受的方式,已有多种生物药物实现口服给药,如干扰素、胰岛素、胸腺肽、脑蛋白水解物等。但是口服的生物药物透过胃肠道生物膜吸收后经过肝门静脉入肝,在肝药酶作用下药物会发生生物转化,导致其降解或失活,这种效应称为肝首过效应(liver first pass effect)。由于口服给药系统存在较强的肝首过效应,造成生物药物在进入体循环前大部分失活,药效受到明显影响,因此,如果能解决胃肠道对生物药物的降解、生物膜吸收屏障和肝首过效应等问题,提高生物药物的生物利用度,生物药物口服给药系统将具有非常广阔的发展前景。

3. 黏膜给药系统

黏膜给药系统是替代传统全身给药途径而发展起来的一种新型给药途径,其有诸多优点,因此日益受到人们的重视。黏膜给药系统可通过鼻腔、肺部、口腔、阴道、直肠等途径给药,这些部位的黏膜具有如下特点:① 角质化程度低,通透性好;② 毛细血管相对比较丰富,吸收迅速;③ 药物可以避开肝首过效应,生物利用度高。不同部位黏膜的生理结构状况不相同,因此生物药物黏膜给药系统应根据具体情况选择合适的剂型。

(1) 口腔黏膜制剂

口腔黏膜制剂主要指通过颊黏膜和舌下黏膜吸收的制剂。作为全身给药途径,与其他部位黏膜制剂相比,口腔黏膜制剂具有方便、快捷、易被患者接受且易停药的优点。但口腔黏膜的通透性较差,因此口腔黏膜制剂中需要加入吸收促进剂,以增强药物的通透性,提高药物生物利用度。

目前,口腔黏膜制剂分为三类。① 舌下给药:药物通过舌下黏膜进入体循环;② 颊黏膜给药:药物通过颊黏膜进入体循环;③ 局部给药:药物到达黏膜、牙组织、牙周袋,起局部治疗作用,如口腔溃疡、牙周疾病等的治疗。口腔黏膜制剂的剂型有片剂、喷雾剂、贴剂、粉剂等。已报道的生物药物产品有硝酸甘油舌下片、干扰素口含片、胰岛素舌下粉剂等。

舌下黏膜渗透能力强，药物吸收迅速，给药方便，并且不存在口服给药的肝首过效应和胃肠道降解问题，因此经舌下黏膜吸收的药物生物利用度显著提高。但舌下黏膜制剂的主要缺点是易受唾液冲洗作用影响，保留时间短。舌下片剂是舌下黏膜制剂的主要剂型，舌下片剂在舌下仅能保留几分钟，因此要求舌下片剂中的药物溶出速度快、剂量小、作用强。

颊黏膜表面积较大，但渗透性比舌下黏膜差，经颊黏膜吸收的药物生物利用度一般不如舌下黏膜。药物颊黏膜制剂同样能够避免胃肠道的酶解和酸解作用，并且受口腔唾液冲洗作用影响小。因此，在颊黏膜制剂中添加生物黏附性材料制成生物黏附贴剂或生物黏附片后，能够在颊黏膜上保持相当长时间，有利于生物药物吸收。

(2) 鼻腔给药制剂

鼻腔给药制剂是生物药物非注射给药系统中最有前途的给药途径之一。鼻腔黏膜的特点：① 细胞表面有大量的微细绒毛，可大大增加药物吸收的有效面积；② 鼻腔黏膜中的毛细血管和淋巴管十分丰富，有利于药物被吸收入血液循环并避免肝脏的首过效应；③ 鼻腔中酶的含量很低，对大分子蛋白质的分解作用远低于胃肠黏膜。研究表明，一些药物鼻腔给药制剂的生物利用度远高于口服给药，起效速度仅次于注射给药方式。鼻腔给药制剂主要剂型有气雾剂、吸入粉雾剂、滴鼻剂等，已上市的生物药物有布舍瑞林、去氨加压素、降钙素、催产素、胰岛素等。药物在鼻腔黏膜的吸收与药物相对分子质量密切相关。研究发现，相对分子质量小于1000的药物较易通过人的鼻腔黏膜吸收，而相对分子质量大于1000的药物在鼻腔黏膜的吸收率明显降低。

生物药物相对分子质量一般远大于1000，因此单独应用的生物利用度较差。生物药物鼻腔给药制剂通过联合应用吸收促进剂来增加其对鼻黏膜的穿透作用。良好的鼻黏膜吸收促进剂应该对鼻黏膜刺激性小而促进吸收作用强，对鼻纤毛功能影响小，无毒副作用。鼻腔吸收促进剂主要有胆酸盐、表面活性剂、螯合剂、脂肪酸、蛋白酶抑制剂等，它们的作用机制主要有以下几方面：① 与膜蛋白结合，引起磷脂膜紊乱，改变膜结构，增加膜的流动性和通透性；② 降低鼻黏液黏度；③ 酶抑制剂（如杆菌肽、硼霉素等）可减少蛋白水解酶对生物药物的降解。

(3) 肺部给药制剂

肺部给药制剂有作用迅速、及时、有效及生物利用度高的特点。由于肺泡壁很薄，细胞间存在较大的细孔，大分子药物可通过这些孔隙被吸收，也可先被肺泡中的巨噬细胞吞噬进入淋巴系统，再进入血液循环。因此，水溶性大分子药物的肺部吸收速度比其在小肠、直肠、鼻腔和口腔颊黏膜中的吸收速度快。药物在肺部的吸收以被动扩散过程为主，药物的相对分子质量、脂溶性和油水分配系数等是影响药物肺部吸收的主要因素。药物相对分子质量大于1000时，药物在肺部吸收的速度随相对分子质量的增大而减慢。

肺部给药制剂分喷雾剂、吸入气雾剂和粉雾剂。目前，肺部给药制剂中用于全身治疗的生物药物有胰岛素、重组人生长素、亮丙瑞林醋酸盐、鲑降钙素，用于局部治疗的生物药物有白介素、干扰素、环孢素A等。可以利用制剂手段将生物药物包载到微粒载体上，如胰岛素羟乙基淀粉微球，通过控制微粒粒径，可以改善生物药物在肺部的分布，延长其作用时间。

(4) 眼部黏膜制剂

眼部黏膜制剂主要用于眼科疾病的治疗。眼部黏膜制剂常用剂型为滴眼剂，如用于治疗单疱角膜炎、疱疹性角膜炎的干扰素滴眼剂。眼部的生理限制因素较多，如眼部的容量小、泪液的稀释等，因此药物的生物利用度低。目前，正在开发结合功能材料的生物药物眼部黏膜制剂，以延长药物在眼部的作用时间。

(5) 直肠给药制剂

直肠给药制剂是指通过肛门将药物制剂送入肠管，使药物通过直肠黏膜吸收入血，发挥治疗作用。常用的直肠给药制剂主要是栓剂，用于局部或全身治疗。栓剂用于全身治疗时有许多优点，如减轻药物对肝和肾的毒副作用、避免胃肠道的分解与肝脏的代谢、吸收和起效快、适于不能口服用药的患者等。对于儿童，直肠给药比其他给药途径效果好，欧美国家的儿童普遍采用栓剂作为主要给药剂型。

栓剂中的药物经直肠吸收主要有两条途径：一条是通过直肠上静脉，经门静脉进入肝脏，在肝脏代谢后再转运至全身；另一条是通过直肠中、下静脉和肛管静脉进入下腔静脉，绕过肝脏而直接进入血液循环。因此栓剂塞入直肠的深度影响药物的吸收：当栓剂塞入距肛门口2cm处时，其给药量的50%～70%可不经过门静脉而直接进入血液循环，避免肝脏首过效应。对于生物大分子药物，直肠给药具有两大优点：① 直肠内pH值接近中性或微碱性，且水解酶活性低，生物药物极少被破坏；② 可基本避免肝脏的首过效应。因此，直肠给药是生物大分子药物的一种较好给药途径。

生物大分子药物在直肠具有较好的吸收率。结合吸收促进剂后，生物大分子药物制成的直肠栓剂可以发挥全身速效治疗作用。目前，已有一些生物药物(如干扰素、低分子肝素)采用直肠给药制剂，避开胃肠道酶的消化作用和肝首过效应，取得全身治疗效果。

4. 经皮给药系统

经皮给药系统(transdermal delivery system，TDS)，是指药物以一定的速率透过皮肤经毛细血管吸收进入体循环产生药效的给药系统。经皮给药系统可以避免胃肠道的分解与肝脏的代谢，延长半衰期较短药物的作用时间，具有给药速率稳定和维持时间长的特点。但是皮肤的角质化程度远高于黏膜，相对分子质量较大的生物药物很难透过。生物药物经皮给药的透过量和透过率远不及黏膜给药，有时甚至达不到给药要求。因此，生物药物经皮给药系统的研究开发难度很大，提高生物大分子药物透过皮肤进入血液循环的效率是目前经皮给药系统需要克服的重要难点，促进生物药物经皮吸收的方法有药剂学、化学和物理学方法，常用的经皮吸收促进方法有以下几种。

(1) 使用渗透促进剂

渗透促进剂可以改变角质层细胞的紧密排列，增加细胞脂质双分子层的流动性和扩大细胞间通路，提高皮肤的通透性，从而增加药物的透皮吸收率。常用的渗透促进剂有月桂氮革酮、月桂酸、香芹酮、N-甲基吡咯烷酮、油酸、油酸乙酯、丙二醇、桉叶油、萜烯等。它们在释药系统中可单独使用或联合使用，但要避免对皮肤产生过强的刺激和不可逆的伤害。

(2) 微针技术

透皮给药的最大障碍是皮肤表层的角质层，而神经处在更深层的组织中。微针技术是指利用微加工技术将硅、金属或聚合物制作成一种微针阵列，使其穿透皮肤的角质层，又不触及深层组织中的神经，从而形成一种渗透性好且无任何痛苦的新型透皮给药方式。微针可以是实心针或空心针，微针的高度要求既保证透过皮肤角质层，又不触及痛觉神经，因此可以导入生物大分子药物。目前，生物大分子药物应用微针技术研究最多的是一种结合皮下注射与透皮贴片的双重释药优点的微针阵列贴片，所用微针为中空针，内充填药物溶液。微针阵列贴片与电子控制的微泵连接，可按释药程序快速释药，尤其适用于胰岛素给药。微针阵列贴片也可以结合离子导入使用，有报道称这种方法可使人生长激素的透皮速率显著提高。

(3) 离子导入技术

离子导入技术在临床上已有100多年的应用历史，最早应用于局部组织疾病的治疗，近年来作为多肽和蛋白质等生物大分子药物的经皮吸收促进方法。离子导入技术是利用生理学上可接受的电流来增加药物经皮渗透速率的方法。离子导入装置由电源、药物储库系统和回流储库系统三部分组成。在离子导入装置中，一对很接近的电极被置于皮肤上，在皮肤和皮肤下的毛细血管间建立了一个电极电位，药物在电场的驱动作用下透过皮肤进入血液循环。由于电极电流开关是可以控制的，所以应用离子导入装置时可以随时调整药物给药剂量，实现个体化给药。目前研究较多的应用离子导入装置的生物药物有胰岛素、降钙素、甲状旁腺激素、促黄体生成素释放素及其类似物、血管加压素及其类似物、生长激素释放素及其类似物、生长抑素及其类似物等。

(4) 电致孔技术

电致孔技术是指在瞬时高电压脉冲处理下使细胞膜发生可逆性电击穿，形成促进药物渗透的暂时性孔道，使大分子药物通过扩散、局部电泳或电渗方式从细胞外进入细胞内的方法。电致孔技术保持了药物的生物活性，有望克服生物大分子药物透皮难的问题，成为生物大分子药物经皮给药系统的研究热点。

(5) 超声促渗技术

超声促渗技术是指运用超声波对人体皮肤产生的空化效应、热效应、声微流、辐射压等作用，促进药物透皮吸收的过程。1995年，美国科学家首次报道利用低频超声波介导成功地将胰岛素透入皮内，此后利用低频超声波介导经皮给药的研究引起广泛重视。超声波的频率越低，穿透力越强，药物透入皮肤的量也越多。研究发现，采用20kHz低频率超声波可使胰岛素、γ-干扰素和红细胞生成素对皮肤的渗透性提高近千倍，而撤去超声波后皮肤的通透性恢复正常。超声促渗技术具有无痛、无皮肤损伤、使用方便等优点，应用前景广阔。

5. 微粒载体和靶向给药系统

随着新型药用材料和相关技术的快速发展，各种微球、微囊、微泡、脂质体、环糊精包合物、微乳、纳米粒、树状大分子等微粒载体广泛应用于生物药物制剂中。这些载体大多采用生物相容性材料将药物包裹在微粒中，而微粒的粒径从数十个纳米至数十个微米不等。微粒载体依据自身材料特点，在溶解性、粒径、组织亲和性、生物膜穿透性等方面具有一些特性。因此，利用这些微粒载体包载生物药物后，改变了药物原有的性质，如提高药物对生物膜的穿透性、改变药物原有的体内分布特性、延长药物体内循环时间等，从而提高药物的生物利用度。

微粒载体技术应用于已有的给药系统中有助于解决生物药物制剂存在的稳定性差等问题。尽管有些微粒载体具有一定的组织亲和力，可以将药物定向释放到某些组织或器官中，具有一定的靶向性能，但大多数微粒载体不具备特异靶向性能，因此不能达到高效治疗的目的。近年来通过控制微粒载体的粒径或对其表面进行修饰，发展出一系列靶向制剂靶向给药系统，它能将药物运送到靶器官和靶细胞，使药物可以在病变部位高度集中，而正常部位只有少量的药物，从而最大限度提高治疗效果，减少全身性毒副作用，尤其适用于治疗癌症等重大疾病。靶向制剂是继传统制剂、缓释制剂、控释制剂后发展起来的新型药物制剂。

但是几乎还没有真正上市的生物药物靶向给药制剂品种。只有做到以下几点，生物药物靶向制剂才能真正应用于重大疾病的临床治疗。① 生物药物制剂在规定的贮存条件和使用时间内保持药物活性；② 制剂的载药量要准确，保证生物药物发挥药理活性；③ 生物药物靶向递送效率高，对于正常组织器官的毒副作用小；④ 选择合适的生物药物微粒载体，释药速率需符合临床需要；⑤ 生物药物制剂体内检测方法要准确，保证临床药物浓度的监控。

总之，生物药物与其他药物在结构、功能和作用机制上的不同决定了它们在临床使用中的复杂性和困难性。这些问题绝对不是靠单一的给药途径或简单的制剂形式所能解决的，需要应用药剂学及数学、化学、物理学、生物化学、微生物学、药理学、物理化学等多学科的知识和技术，设计最佳给药途径和剂型，在充分考虑生物药物自身特性的同时，结合药物作用靶点的位置和生理结构特点来确定其最终的给药形式，使药物的生物利用度和药效得以最大限度的提高。

为了便于理解和学习，本书各章采用先介绍微粒载体，然后依次介绍主要给药系统的方式。

【思考题】

1. 生物药物狭义概念指的是什么？原料来源有哪些？
2. 按照化学本质与特性的分类，生物药物可以分为哪几类？

3. 蛋白质和多肽类药物不稳定性的原因有哪些？如何提高蛋白质和多肽类药物的稳定性？

4. 生物药物给药系统主要分为哪几种？不同给药系统的优缺点是什么？

5. 什么是药物剂型？生物药物剂型设计主要考虑哪些问题？

【参考文献】

[1] 梅兴国.生物技术药物制剂基础与应用.北京：化学工业出版社，2004.

[2] 梁文权.生物药剂学与药物动力学.第三版.北京：人民卫生出版社，2007.

[3] 凌佩学，王凤山.生物药物研究进展.北京：人民卫生出版社，2004.

[4] 王旻.生物技术与生物药物：蛋白质药物与基因药物.北京：化学工业出版社，2006.

[5] 崔福德.药剂学.第六版.北京：人民卫生出版社，2007.

[6] 梅兴国.药物新剂型与制剂新技术.北京：化学工业出版社，2007.

[7] 胡显文，马清钧.生物制药产业发展现状与趋势分析.生物技术产业，2007(1)：16-31.

第 2 章

生物药物递送载体

本章要点

1. 微囊、微球的概念、载药特点及主要应用范围；
2. 微囊、微球的常用载体材料；
3. 微囊、微球的常用制备方法及关键工艺；
4. 微囊、微球的释药机制及质量评价；
5. 纳米粒的概念、分类与载药特点；
6. 纳米粒在药剂学上的主要应用；
7. 纳米粒常用的制备方法及表面修饰方法；
8. 纳米粒的体内、体外质量评价；
9. 脂质体的概念、组成材料及类型；
10. 脂质体的制备方法；
11. 脂质体质量评定的内容；
12. 脂质体与细胞作用的机制；
13. 脂质体的理化性质；
14. 脂质体的载药技术及分离技术；
15. 脂质体的给药途径；
16. 脂质体的作用特点；
17. 新型脂质体的类型；
18. 脂质体作为现代生物药物载体的特点和应用；
19. 环糊精的结构及环糊精包合物的特点；
20. 环糊精包合物的制备；
21. 环糊精包合物在生物药物制剂中的应用；
22. 微乳的定义、分类及处方组成；

23. 亚微乳、自乳化药物传递系统的定义；
24. 微乳的形成原理；
25. 微乳与乳剂、胶束的区别与联系；
26. 微乳、亚微乳的制备方法；
27. 微乳、亚微乳的应用及质量评价；
28. 树状大分子的概念、结构、物理化学特性及其分类；
29. 树状大分子的合成方法；
30. 树状大分子作为药物载体的研究进展；
31. 树状大分子的性质及其作为基因药物载体的特点；
32. 超声造影剂的概念及分类；
33. 各代超声造影剂的优缺点及应用；
34. 超声造影剂的原理和制备方法；
35. 超声造影剂的应用前景；
36. 原位凝胶的基本概念、形成机制、特点及分类；
37. 原位凝胶的适用范围、局限性及常用的材料；
38. 原位凝胶的质量控制与评价方法；
39. 原位凝胶的发展趋势。

2.1 微球与微囊

2.1.1 概述

1. 概念和特点

微球(microsphere)和微型胶囊是目前生物药物缓控释制剂最常用的载药体系。微型胶囊(microcapsule,简称微囊)是指利用天然的或合成的高分子材料(称为囊材)作为囊膜壁壳,将固态药物或液态药物(称为囊心物)包裹而成的直径为1～250μm的药库型微小胶囊。微球是指使药物溶解或分散在高分子材料骨架中,形成的骨架型微小球状实体。微囊和微球的粒径均属微米级,统称为微粒(microparticle),其结构如图2-1所示。

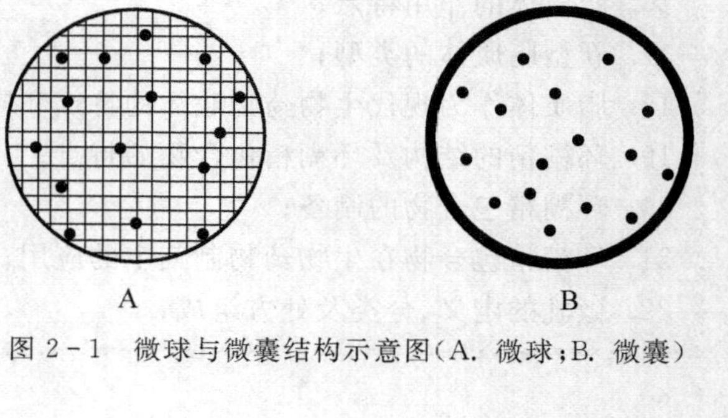

图2-1 微球与微囊结构示意图(A. 微球;B. 微囊)

微囊的制备过程称为微型包囊术,简称微囊化(microencapsulation)。微囊化是20世纪50年代发展起来的技术,60年代初期开始应用于药剂学,并成为药物的载体技术。近年来已经有 30 多类药物被制成微囊，如解热镇痛药、抗生素、避孕药、维生素、抗肿瘤药、多肽类、蛋白质等。

药物微囊化后主要有以下几个特点。

(1) 可掩盖药物的不良气味及口味，如大蒜素、鱼肝油、氯贝丁酯、生物碱及磺胺类药物等。

(2) 可提高药物的稳定性。囊壁能够在一定程度上减小光线、湿度和空气中的氧的影响，将一些不稳定药物制成微囊，可防止药物降解。如将易氧化药物 β-胡萝卜素、易水解药物阿司匹林制成微囊化制剂，可提高药物的化学稳定性；将易挥发的药物（如挥发油等）制成微囊能够防止挥发，可提高制剂的物理稳定性。

(3) 防止药物在胃肠道内失活，降低药物对胃肠道的刺激。如防止尿激酶、红霉素在胃肠道失活，克服氯化钾对胃的刺激。

(4) 可使液态药物固态化，便于制剂的生产、贮存和使用，如油类、香料和脂溶性维生素等。

(5) 减少药物的配伍变化。如阿司匹林与氯苯那敏配伍后，阿司匹林降解速度加快，而分别包囊后这种状况可以得到改善。

(6) 调整释药速度如缓释或控释。采用缓释、控释材料将药物微囊化后，可以延缓药物的释放，延长药物作用时间，达到长效目的，如复方甲地孕酮微囊注射剂、美西律微囊骨架片等。

(7) 使药物浓集于靶区。将抗肿瘤药物制成微囊型靶向制剂后，可将药物浓集于肝或肺等靶区，减少不良反应，提高疗效。

(8) 提高相容性和稳定性。将活细胞或活性生物材料包囊，从而使其具有很好的生物相容性和稳定性。

2. 研究应用概况

发达国家早在 20 世纪 90 年代就将微球技术应用于临床治疗，陆续上市的抑那通（醋酸亮丙瑞林微球）、达菲林（曲普瑞林微球）等产品在肿瘤、代谢性疾病及慢性病等治疗方面得到了广泛应用。注射用微球剂型，作为控释及靶向治疗的发展方向，被各大国际医药巨头所推崇。

到目前为止，国内的微粒技术进展仍与国外有较大差距，大多数停留在试验室阶段，还达不到产业化生产要求。其主要原因就是微粒技术的门槛高，国内的辅料以及生产工艺不过关；而在研究方向上，目前主要集中在多肽微球注射剂和疫苗微球注射剂两大类。

(1) 多肽微球注射剂

多肽类药物在低浓度时就有高活性，且半衰期短，所以需频繁给药才能维持体内的血药浓度；经消化道给药时，药物在低 pH 值环境下易失活，且肝脏的首过效应严重。因此，可将多肽类药物制成微球以提高药物的稳定性，通过缓慢释放药物以维持血药浓度，同时还可通过控制微球的粒径使其具有靶向作用。近 10 年来，各国药剂学者大力研究采用生物可降解聚合物，特别是乳酸-羟基乙酸共聚物（PLGA）为骨架材料，包裹多肽类、蛋白质药物制成可注射微球，使其在体内达到缓释目的。

在诸多多肽缓释注射剂中，研究最为成功的品种之一是黄体生成素释放素（luteinizing releasing hormone，LHRH）类似物微球。1971 年，Schally 和 Guillemin 两个试验室分别从猪和羊的下丘脑提取物中分离得到LHRH，并确认其结构及功能（该工作获1977年诺贝尔化学奖），此后为了开发相关的药物，科学家就致力于对其分子结构进行化学修饰和改造，并先后合成了3000多种LHRH类似物，是迄今研究最多的多肽类药物之一。1988年，Ipsen生物技术公司生产的黄体生成素释放素（LHRH）类似物——曲普瑞林（triptorelin）成为第一个上市的缓释多肽微球制剂，缓释时间可达1个月。之后，亮丙瑞林（leuprorelin）、干扰素、促红细胞生成素等缓释微球注射剂也纷纷上市。

2009年8月，我国引进国外技术研发的“注射用醋酸亮丙瑞林缓释微球（博恩诺康）”获得了国家食品药品监督管理局（SFDA）的生产许可，成为我国首个自己生产的微球注射剂，是瑞林类药物首仿产品，也为我国在微球技术应用于临床治疗方面迈出了坚实的一步。该注射制剂采用可降解生物高分子聚合物制成，临床上应用于治疗子宫内膜异位症、子宫肌瘤、闭经前乳腺癌以及前列腺癌等疾病。其微球平均粒径为20μm，载药量为5%～18%，包封率大于95%，使非长效性药物变为长效性药物，提高了药物疗效，消除了普通注射剂多次给药产生的体内药物浓度峰谷现象，降低了用药的毒副作用，且可在室温下贮存3年而微球药物含量基本保持不变。

(2) 疫苗微球注射剂

传统的疫苗必须多次给药以刺激机体的免疫系统，才能使机体获得持久的免疫力。因此，研发单次接种即可获完全免疫的疫苗，成为疫苗控释制剂研究的新领域和新方向。

采用微囊化技术将疫苗或佐剂包裹在可生物降解的聚合物中，一次注射后，抗原在体内连续释放数周甚至数月，由此维持持续较高的抗体水平，甚至可相当于疫苗多次注射的脉冲模式释药新剂型。第一个被WHO批准的一次性注射疫苗是破伤风类毒素微球注射剂。

3. 给药途径

根据临床治疗需求的不同，生物药物的微球或微囊载药系统可采取口服、静脉注射、肌肉注射、皮下注射及黏膜给药等多种给药途径。

(1) 静脉给药与肺靶向分布

微球或微囊冻干粉与注射溶剂混悬静注后，首先与肺部毛细血管网（直径为3～11μm）接触，因此粒径大于3μm的微球或微囊将被肺有效地截留。已有研究证实，大小合适的微球或微囊制剂静注后可以产生肺部靶向作用，这在肺部疾病治疗方面有较好的临床应用前景。

(2) 口服给药与胃肠道定位释药

微球或微囊可制成片剂、胶囊等供口服给药，以达到在胃肠道定位释药的目的。采用不同的载体材料和制备方法可以制备出在胃、肠道定位释药的微球或微囊，如胃释微球、肠释微球等。包裹材料对药物的保护作用可使药物在胃肠道受到的破坏和损失减小，从而提高生物利用度。另外，酶抑制剂的加入也可起到一定的保护作用。例如在胰岛素微球中，加入胰蛋白酶、抑肽酶或抑凝乳蛋白酶抑制剂后，微球中的胰岛素在胃肠道内将更稳定。

(3) 黏膜给药

鼻腔、口腔、眼等部位的黏膜均是药物吸收的良好部位，因为在这些部位药物可直接进入循环系统，避免了肝脏的首过效应。黏膜给药多用于治疗局部疾患，也可用于治疗全身性疾病。目前研究最多的是微球鼻腔给药制剂。鼻黏膜表面存在大量的微绒毛，表面积较大，利于药物吸收。但是鼻腔对异物消除很快，液体和固体粉末在其中滞留半衰期仅为 15min。因此，提高药物疗效的关键在于延长药物在鼻黏膜的滞留时间。黏性微球能够显著延缓鼻腔对药物的清除作用，如淀粉微球在鼻腔的滞留半衰期为 4h。

4. 制剂要求

理想的微球或微囊制剂应该符合以下要求：① 载药进入靶部位后在靶区域的毛细血管中分布均匀；② 药物在进入靶区域的过程中不失活、不渗漏；③ 表面具有生物相容性；④ 能以预期的速率释放药物，基质可生物降解，其本身和降解产物对机体无活性；⑤ 供注射的微球或微囊必须不堵塞针头，且易制备、载药量大、贮存期稳定等。总之，成功的微球或微囊靶向性给药系统应具备定位蓄积、控制释药、可生物降解三个要素。

2.1.2　处方设计

微球或微囊的处方主要由载体材料、主药和稳定剂等三部分组成。其中，载体材料的选择是处方设计的核心，对微球或微囊的成型和释药有关键作用。

1. 载体材料

微球或微囊载体材料应具备以下条件：① 良好的生物相容性。② 在体内可降解成无毒物质排出体外。③ 能达到较高的包封率及载药量，增强药物的稳定性，减少其毒副作用。④ 靶向微球材料应能增强药物的定向性和在靶区的滞留性。靶向性可通过偶联抗体来实现，因此，材料应具有可偶联性。理想的微球材料还应对组织具有一定亲和性以增加靶区域的滞留性。⑤ 能与药物配伍，不影响药物的药理作用及含量测定。⑥ 具有符合要求的黏度、渗透性、亲水性、溶解性等。

微球或微囊的载体材料按来源可分为天然高分子材料、合成高分子材料和半合成高分子材料。

(1) 天然高分子材料

天然高分子材料性质稳定、无毒、成膜或成球性较好，是目前常用的载体材料。

1) 淀粉：主要是从水稻、小麦、玉蜀黍、马铃薯中得到的一种多糖类颗粒，一般由支链淀粉(占 80%～90%)和直链淀粉(占 10%～20%)组成。常用的是玉蜀黍淀粉和马铃薯淀粉，粒径为 10～100μm，前者粒径较小。淀粉虽易吸水，但并不潮解，在空气中较稳定，与大多数药物不起作用，可保持药物稳定性。

2) 明胶：一般约含 16%水分、0.5%以下的脂肪和灰分，平均相对分子质量在 10 万左右。明胶为两性化合物，在酸性溶液中以阳离子存在而带正电荷，在碱性溶液中以阴离子存在而带负电荷。碱法明胶(B 型)等电点为 4.7～5.2，酸法明胶(A 型)等电点为 7～9，两者的成囊性或成球性无明显差别。明胶在等电点时的许多物理性质(如黏度、渗透压、表面活性、溶解度、透明度、膨胀度等)均为最小，而胶冻的熔点最高。

3) 白蛋白：从人或动物血液中分离提取而得，变性后无抗原性，是一种较理想的微球或微囊载体材料。常用的有牛血清白蛋白。

4) 阿拉伯胶：是阿拉伯胶树上的自然渗出物经干燥而得的白色细粉或略呈球形的小粒

或碎块。其相对分子质量为22万～30万，具有高分子电解质特性，不溶于醇，能在两倍量的冷水中缓慢溶解。阿拉伯胶的主要缺点是易染菌而导致发霉、酸败。同时，阿拉伯胶中含有氧化酶，可能会影响某些药物的稳定性。

5）海藻酸及其盐类：海藻酸是从海藻中得到的多聚物，由D-甘露糖醛酸和葡萄糖醛酸组成，常用其钠盐即海藻酸钠。海藻酸钠是一种亲水胶体，为棕色或黄白色粉末，溶于水后形成黏稠性凝胶，常用浓度为2.5%，其能与少量醇、甘油、湿润剂和碱金属碳酸盐的溶液配伍，pH值为4.5～10时性质稳定。少量的可溶性钙盐（如葡萄糖酸钙、酒石酸钙和枸橼酸钙）能使溶液变稠，成为稳定凝胶。低浓度的碱土金属和重金属离子能使海藻酸钠溶液变厚或凝固，高浓度则可使之沉淀。

6）壳聚糖：在酸性条件下，壳聚糖为一种线性高分子电解质，溶液具有一定黏度，因含有游离氨基成为带正电荷的聚离子。壳聚糖氨基属于一级氨基，氨基上的氢较活泼，在中性介质中能与醛或酸酐等形成希夫碱，其交联产物不易溶解，性质很稳定。由于它有良好的成球性、生物相容性且在体内可被溶菌酶等酶解成低聚糖，近几年在药物缓释载体材料中的研究应用日益广泛。

天然高分子材料具有来源广泛、价格低廉等特点，但由于来源、品种等方面的差异，导致其在纯度和理化特性上有较大的差别，因此作为制剂辅料时，会明显地影响质量控制。而另一方面，作为骨架材料，此类材料还需经化学或物理方法交联，这可能在不同程度上导致聚合物或药物发生变性或被破坏，使微球质量发生变化或用药后引起免疫反应或其他不良作用。因此，近年来天然来源聚合物的应用逐渐减少，而化学合成的可生物降解聚合物则成为微球骨架材料的主要来源。

(2) 合成高分子材料

合成高分子材料作为微球或微囊载体时，有如下优势：① 通过规范的化学聚合工艺，能很好控制产品质量和保证质量重现性；② 作为微球骨架材料，可通过改变单体的摩尔比或改变相对分子质量和黏度等参数来调节聚合物的降解速度，控制药物在体内外的释放速率；③ 可大批量生产，成本较低。

筛选合适的聚合物，如首先选择均聚物（homopolymer）或共聚物（copolymer），对微球或微囊的研发至关重要。共聚物是由许多不同单体组成的聚合物。根据单体排布方式不同，共聚物可分为四类：无规共聚物（random copolymers）、交替共聚物（alternating copolymers）、接枝共聚物（graft copolymers）和嵌段共聚物（block copolymers）。需注意的另一个问题是聚合物的热力学属性。例如，玻璃化转变温度（T_g）和熔点（T_m），在温度低于T_g时，聚合物以无定型玻璃态存在；温度高于T_g时，聚合物空间体积增大，支链分子沿主链分子方向运动增强，使聚合物骨架内包埋的药物迁移速度加快。设计微球或微囊时通常需要考虑许多聚合物的理化性质（表2-1）。

微囊常用的合成高分子材料有聚酯类（polyester）、聚酸酐类（polyanhydride）、聚原酸酯类（polyorthoester）、含磷聚合物类（phosphorus-containing polymer）、水凝胶类（hydrogel）等。此外还有聚酰胺（polyamide）、聚氰基丙烯酸酯（polycyanoacrylate）、泊洛沙姆（poloxamer）、聚氨基酸（polyaminoacid）等。其中，有的能生物降解（如聚酯类），有的不能生物降解（如聚酰胺），而非生物降解的高分子材料常用作栓塞微球的载体材料。聚酯类是迄今研究最多、应用最广的可生物降解的合成高分子材料。聚酯类聚合物含有共同的链段结构如图 2－2 所示，其中 R 为不同基团。

表 2－1　影响聚合物选择、制剂及其特性的有关因素

影响因素	举　例
聚合物的化学结构	由相同单体构成的均聚物或由不同单体构成的共聚物
聚合物的安全性与生物相容性	是否通过注册成为药用辅料
相对分子质量	重均相对分子质量 M_w，数均相对分子质量 M_n
相对分子质量分布	可用多分散系数(M_w/M_n)表示
分子结构	线型聚合物，支链聚合物，交链网状结构
立体异构	顺式立体结构，反式立体结构，非立体结构
次级结构	α 螺旋结构，β 折叠结构
晶型	无定型，半晶型，晶型
热转化温度	熔点(T_m)，玻璃化转变温度(T_g)
离子化作用	可解离的侧链，主链端基

聚酯类中最常用的两类材料为丙交酯-乙交酯共聚物（polylactide-co-glycolide，简称 PLCG）与聚乳酸-羟基乙酸共聚物（polylactide-co-glycolic acid，PLGA），如图 2－2 所示。

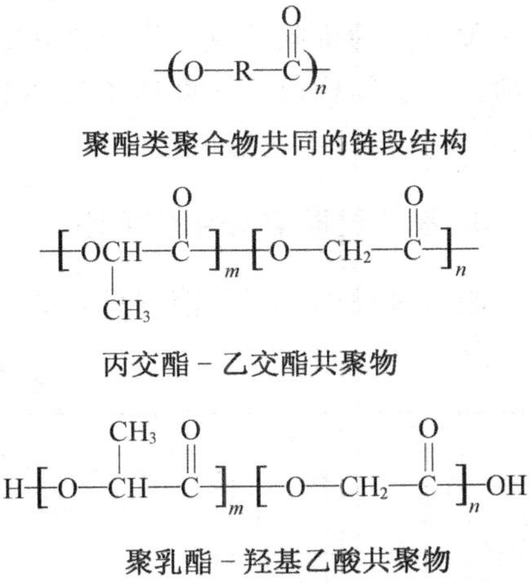

图 2－2　PLCG 与 PLGA 结构式

虽然一般资料将 PLGA 与 PLCG 统称为聚乳酸-羟基乙酸，但两者在结构与理化性质上是有区别的。严格地说，PLGA 是以羧酸封端的，PLCG 是以酯基封端的。羧基封端的共聚物极性较高，亲水性较强，降解时间也较短；而酯基封端的共聚物极性较低，亲水性较差，降解时间较长。当包封含有正电荷部分的药物时，PLGA 包封率往往要比 PLCG 高，这是因为在水性介质中，PLGA 的羧基（带负电荷）易与药物中的正电荷发生静电结合，形成的复合物降低药物在水中的溶解度。

近年来，生物可降解嵌段共聚物成为研究热点。生物可降解嵌段共聚物通过调节嵌段组成比例或加入符合要求的新嵌段来调控其物理、化学性质，具有良好的生物相容性。随着研究的不断深入，它越来越多地被用作多种药物释放体系的载体，包括生物药物，如蛋白质、多肽、抗原等。嵌段共聚物由多个同聚物片段组成，根据组成片段连续排布方式不同，可分为以下四类。① AB 型二嵌段共聚物：为最简单的嵌段共聚物，由一种同聚物片段 A 与另一种同聚物片段 B 连接而成。② ABA 型三嵌段共聚物：由 B 片段的两末端分别与 A 片段连接而成。③ $(AB)_n$ 型多嵌段共聚物：由 A、B 片段多次连接形成。④ 星型嵌段共聚物：拥有多个功能臂的同聚物 A 与片段 B 呈星形连接。

目前虽然已有很多聚合物材料应用于药物释放体系，但生物可降解嵌段共聚物作为药物释放载体材料有如下独特优点：① 在蛋白质、多肽类聚合释放体系中（如微球），体系表面一旦破坏将导致药物突释或不完全释放，引入两亲性嵌段共聚物后，可修饰系统，避免突释及不完全释放现象。② 可通过改变共聚物性质，如嵌段比例、嵌段长度等调控药物释放速率，根据治疗或人体机能调节的要求设计药物释放时间，满足短期和长期治疗需要等。③ 嵌段共聚物大多由疏水性片段与亲水性片段嵌合而成，具有两亲性。亲水性可提高难溶性药物溶解度，疏水性可提高疏水性药物包封率及细胞膜脂质双分子层对药物的通透性。④ 在体内降解为无毒性单体，有很好的生物相容性和较高的安全性。

(3) 半合成高分子材料

制备微球或微囊的半合成高分子材料多是纤维素的衍生物，如羧甲基纤维素、甲基纤维素、乙基纤维素、羟丙甲纤维素、丁酸醋酸纤维素等。这些高分子材料的主要特点是毒性小、黏度较大、成盐后溶解度好。乙基纤维素常用作非生物降解的栓塞微球的载体材料。

2. 稳定剂

许多研究表明，在蛋白质溶液中添加保护剂，能有效地保持蛋白质的活性。这些保护剂一般是亲水性的多羟基糖类或表面活性剂，它们之所以能在蛋白质药物制剂的生产过程中起稳定蛋白质活性的作用，可能是因为其能改变水溶液的表面张力，继而引起表面自由能的改变；另一种可能的机制是氢交换理论，一些多羟基类物质能替代水的作用，在蛋白质周围固定蛋白质的天然空间构象。在微球中应用较多且效果较好的保护剂主要有海藻糖、环糊精、聚乙二醇、吐温、BSA（牛血清白蛋白）等。

3. 制备过程中常用的溶剂

制备过程中常用的溶剂见表 2－2。

表 2－2　常用溶剂的物理性质

性　质	溶　剂		
	二氯甲烷	乙酸乙酯	乙醇
分子式	CH_2Cl_2	$C_4H_8O_2$	C_2H_6O
相对分子质量（Mav）	84.93	88.11	46.07
25℃时的密度（g/cm^3）	1.3	0.89	0.79
25℃时的黏度（$\times 100^{-3}$ Pa·s）	0.404	0.426	1.1
沸点（℃）	39.6	77.1	78.4
溶剂在水中的溶解度（质量百分数）	1.85	6.79	100（混溶）
水在溶剂中的溶解度（质量百分数）	0.15	3.4	100（混溶）
挥发速度（以乙酸正丁酯挥发速度为 1）	14.5	3.9	2

2.1.3　制备方法与工艺

1. 相分离法

相分离法是制备药物微球或微囊的主要工艺之一，其中，界面大小、膜的多孔性、扭曲度、厚度与结构等对质量都有影响。该方法也存在一些问题，如微球或微囊聚集和黏连问题。从目前的研究结果来看，相似工艺所得的微球或微囊在粒径分布范围及释放曲线方面有很大的差异，这说明工艺过程某些方面控制不严，或者是由于反应对有些条件过分敏感，这些条件的微小变化都可引起明显的效果差异。

(1) 基本原理

相分离法是在药物与材料的混合溶液中加入另外一种物质或不良溶剂，使材料的溶解度降低，自溶液中产生一个新相(即凝聚相)，这种制备微球或微囊的方法称为相分离法，可分为单凝聚法、复凝聚法、溶剂-非溶剂法和改变温度法。

1) 单凝聚法(simple coacervation)：在一种高分子材料(如明胶或 CAP)中加入凝聚剂(降低溶解度)使之凝聚成球/囊，这时凝聚相为高黏度、半流动的凝胶。凝胶是可逆的，凝聚的条件一旦解除，就会发生解凝聚而使微球或微囊消失。得到满意的微球或微囊后，通过固化成型即可。

2) 复凝聚法(complex coacervation)：使用两种可带相反电荷的高分子材料作为复合材料，如明胶与阿拉伯胶(CMC 或 CAP)，海藻酸盐与聚赖氨酸，海藻酸盐与乙酰壳多糖，海藻酸与白蛋白，白蛋白与阿拉伯胶等，在一定条件下改变系统的 pH 值，使两材料相结合而溶解度降低凝聚成囊(如图 2－3 所示)。

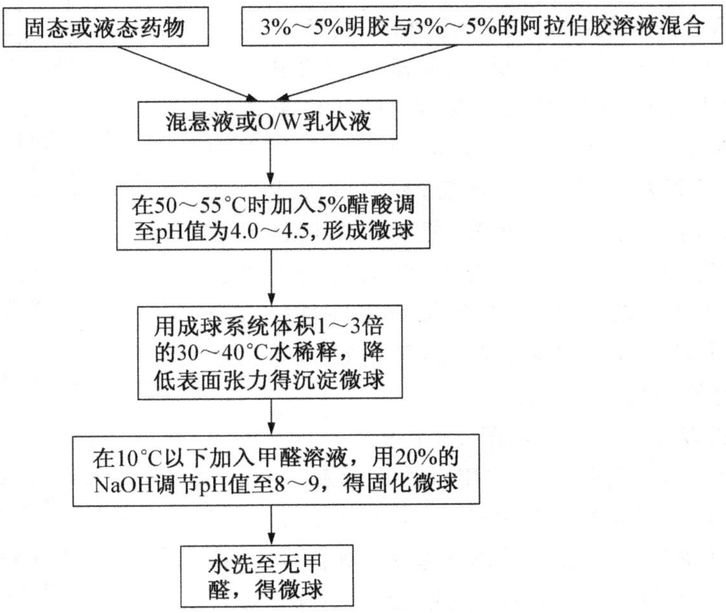

图 2－3　以明胶-阿拉伯胶为囊材的复凝聚法制备微球工艺流程图

3）溶剂-非溶剂法（solvent-nonsolvent）：在材料溶液中加入一种对材料不溶的溶剂（即非溶剂），引起相分离，而将药物包裹成球/囊。药物可以是固体或液体，但必须在溶剂和非溶剂中均不溶解，也不起反应。疏水性材料要用有机溶剂溶解，疏水性药物可与材料混合。若药物是亲水性的，不溶于有机溶剂，则可混悬在材料溶液中。加入争夺有机溶剂的非溶剂使材料的溶解度降低而从溶液中析出，形成微球或微囊，分离，除去有机溶剂即得微球或微囊。该法所制得的微粒直径一般在 2～250μm。

另外可以先用相分离法制备空白微球或微囊，然后将药物用吸收或吸附的方法载入空白微粒。

4）改变湿度法：本法是利用素材在一定溶剂中溶解度随温度不同而不同的原理来制备的。

(2) 制备工艺

相分离法的工艺基本步骤可归纳为以下三步。

1）在高分子材料溶液中，将药物溶解或分散成混悬液或乳状液。

2）通过降低温度、调节 pH 值或加入脱水剂、非溶剂等凝聚剂的方法，降低高分子的溶解度，使高分子材料从溶液中析出，形成新的凝聚液滴。

3）固化成微球或微囊。

2. 液中干燥法

从乳状液中除去分散相中的挥发性溶剂以制备微球或微囊的方法称为液中干燥法（in-liguid drying），亦称溶剂挥发法。

(1) 工艺流程

液中干燥法的干燥工艺包括两个基本过程：溶剂萃取过程（两液相之间）和溶剂挥发过程（液相和气相之间）。液中干燥法按操作可分为连续干燥法、间歇干燥法和复乳法。前两种方法多应用于 O/W 型、W/O 型、O/O 型乳状液，而复乳法则常应用于 W/O/W、O/W/O 型复乳。它们都要先制备高分子材料的溶液，乳化后，材料溶液成为乳状液中的分散相，与连续相不宜混溶，但应注意材料的溶剂在连续相中应有一定的溶解度，否则，萃取过程无法实现。在连续干燥法及间歇干燥法中，如果所用的材料溶剂也能溶解药物，则制得的是微球或微囊，否则得到的就是微囊，复乳法制得的一般都是微囊。

连续干燥法的基本工艺流程如图 2-4 所示。

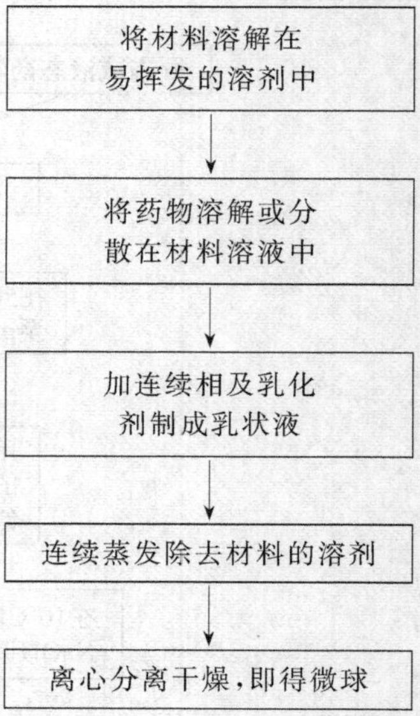

图 2-4　连续干燥法的基本工艺流程图

若材料的溶剂与水不混溶，则多用水作连续相，加入亲水性乳化剂（如极性的多元醇），可制成 O/W 型乳状液；也可用高沸点的非极性液体如液状石蜡作连续相，制成 O/O 型乳状液。若材料的溶剂能与水混溶，则连续相可用液状石蜡，加入油溶性乳化剂（如司盘 80 或司盘 85），制成 W/O 型乳状液。根据以上连续相的不同，液中干燥法又可分别称为水中干燥法及油中干燥法。

用 O/W 型乳状液的连续干燥法，即将溶有聚合物材料的有机溶液分散至药物水溶液中形成 O/W 型乳状液，在不断搅拌下，有机溶剂挥发，形成聚合物微球或微囊。这种方法制备的微球或微囊中，亲水性强的药物容易从内油相中扩散至外水相中，致使所得微囊（球）表面常有药物的微晶体，这往往是造成突释的主要原因。如果严格控制干燥速率，使溶剂缓慢挥发，也可得到满意的微球或微囊。

采用间歇干燥法可明显减少药物微晶体的出现。其基本工艺流程与连续干燥法的差异在于"连续蒸发除去材料的溶剂"。如果连续相为水，将连续干燥法中的这一步改为"蒸发除去材料的部分溶剂→用水代替乳状液中的连续相→进一步除去材料的溶剂"，最后分离得微囊（球），即为间歇干燥法。

在间歇干燥法工艺中，蒸发除去部分溶剂后，已初步形成微球或微囊，再用水代替连续相，水对材料的溶剂起迅速萃取作用，可使材料析出，从而在分散相与水的界面形成较坚固的薄膜，该膜阻止分散相内的药物向外扩散，但允许材料的溶剂扩散，继续萃取材料的溶剂，这样药物便不易在界面析出微晶体，从而可以制得较为满意的微球或微囊。

若连续干燥法或间歇干燥法用水作连续相，则不宜制备水溶性药物的微球或微囊，因为微球或微囊中的药物易进入水相而降低药物包封率和载药量，此时可考虑用 O/O 型乳状液。但是用 O/O 型乳状液的药物可能会在微球或微囊表面形成微晶体，或者仍有药物进入连续相，因为所用亲油性乳化剂会增大水溶性药物在连续相中的溶解度。另外，用 O/O 型乳状液可产生新的缺点，如所用的连续相在分离时未完全除尽，易降低所得微球或微囊的流动性。复乳法可克服以上缺点，W/O/W 型复乳法工艺流程见图 2－5。

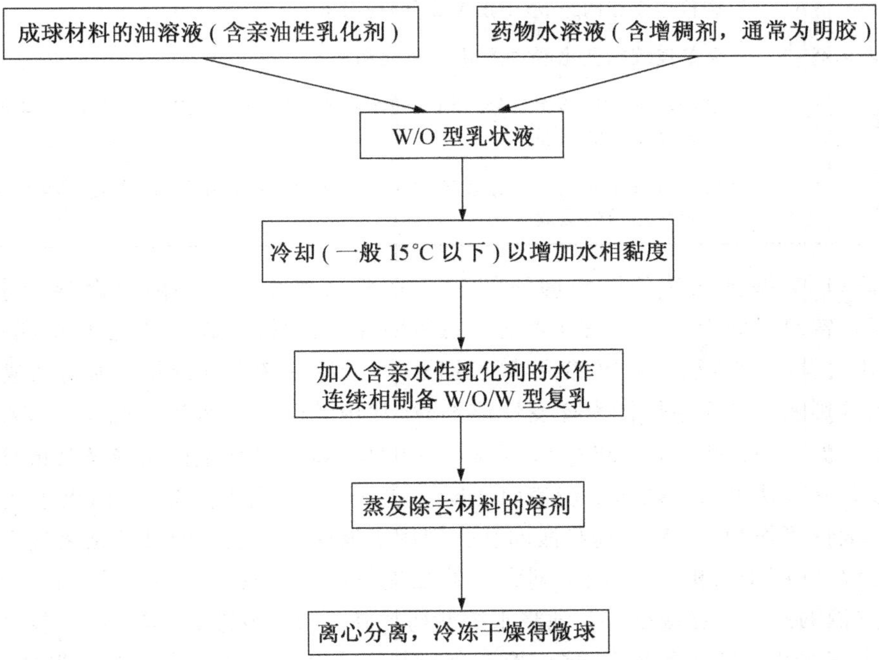

图 2－5　W/O/W 型复乳法工艺流程图

复乳法也可用于油溶性药物，先制成 O/W 型乳状液，再分散在另一油相得 O/W/O 型复乳，蒸发除去水后，即可分离出水溶性膜的微球或微囊(图 2-6)。

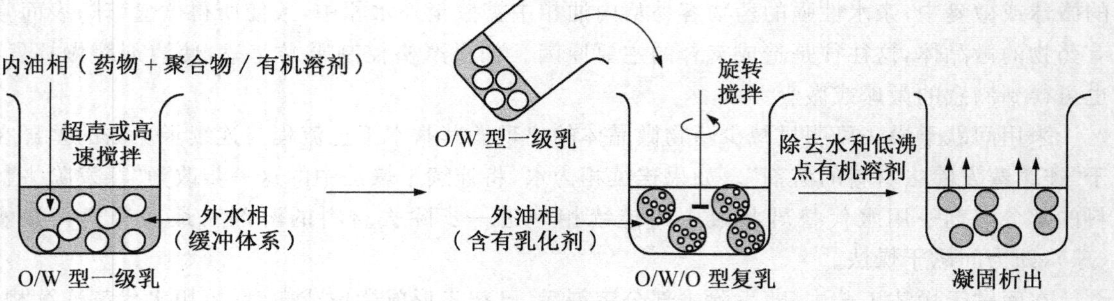

图 2-6 O/W/O 型复乳法制备微球或微囊示意图

(2) 工艺影响因素

1) 共同的影响因素：液中干燥法主要应控制在成囊(成球)过程中多种物质转移的速率和程度，通常需要考虑的影响因素见表 2-3。

表 2-3 液中干燥法影响成囊(球)的因素

影响因素	相应的调控方法
挥发性溶剂	调整挥发性溶剂的用量，控制其在连续相中的溶解度，改变与药物及聚合物作用的强弱
连续相	调整连续相的组成(浓度及成分)与用量
连续相的乳化剂	调整连续相乳化剂的类型、浓度及组成
药物	根据药物在连续相及分散相中的溶解度调整药物结构和用量，改变其与材料及溶剂相互作用的强弱
材料	根据材料在连续相及分散相中的溶解度调整材料用量，改变其与药物及挥发性溶剂相互作用的强弱

2) 制备 O/W 型乳状液的影响因素如下。① 挥发性溶剂：一般应微溶于水(溶解度＜10%)，且正常沸点低于 100℃，常用的有二氯甲烷、丙酮、氯仿、氯乙烯、乙酸甲酯和乙醚等。② 亲水型乳化剂：其对维持 O/W 型乳状液的稳定性及除去挥发性油相后所得微囊(球)的质量均有重大的影响。二氯甲烷作为挥发性溶剂时，常用的乳化剂为聚乙烯醇(PVA)、海藻酸钠、油酸钠、吐温 80 及 Pluronic F68 等。目前，在具体系统中乳化剂的选择及其最佳用量还处于试验阶段。有人认为亲水亲油平衡值(HLB)不低于 10 的亲水高分子、阴离子或非离子型的表面活性剂都可作为 O/W 型乳状液的乳化剂用于液中干燥法。但试验结果显示，明胶、阿拉伯胶或吐温 20 用于水相时，只能得到大量的黏连体或粗的聚集微球。③ 药物性质：应用 O/W 型乳状液的液中干燥法已成功地将水溶性药物制成微球或微囊，但药物的包封率往往不太理想，损失在水相中的比例较大，这可能是由于药物溶解于水或者在水相中形成药物结晶。其具体影响因素包括单位质量药物所用水相的体积，试验条件下药物在水相中的溶解度以及

药物与所用载体材料的混溶能力等。

要降低药物在水相中的溶解度，可使在水相中溶解的药物预先达到饱和，也可以在水相中加入无机盐[如 37%的$(NH_4)_2SO_4$、30%的 $CaCl_2$ 及饱和 NaCl]降低药物的溶解度。

(3) 液中干燥法用于制备聚酯类微粒

1）形态：液中干燥法所制得的聚酯微粒形态多样，有的是表面光滑的完整圆球，有的表面粗糙或者呈多孔状结构，偶尔也可能为不规则的形状，还有的在表面有药物的微晶体或者表面多孔、内部多孔等。

影响微粒形态的因素有聚合物的结晶度、药物含量、药物能否溶于挥发性溶剂中、药物与材料的互溶性、乳化剂的性质、挥发性溶剂被萃取及挥发的速率等。

有一定结晶性的聚合物易形成有孔的微粒，若其波动化转变温度(T_g)远高于室温的无定型聚合物常形成表面光滑的圆球，尤其当药物含量不高又以分子态分散在微粒中时。药物如果易溶解于挥发性溶剂而设计的含量超过 20%，则所得微粒的表面或外形可能不规则；如果药物含量超过 50%，则更难避免外形不规则，另外也易在表面形成药物的微晶体。溶剂挥发太快时，微球表面也易出现药物的微晶体。间歇干燥法可提高药物含量而降低表面出现药物微晶体或外形不规则的可能性。如果挥发性溶剂除去太快，形成的微粒往往多孔。

2）药物存在的形式：液中干燥法多用于固态药物的微囊化。药物晶体不溶于溶剂而以混悬液形式存在，则药物结构不易变化；药物易溶于挥发性溶剂而不溶于连续相，则在除去挥发性溶剂后药物往往会出现结晶，微晶体可在微球内、微球表面或连续相中生成；药物与材料形成真溶液，或在材料中呈亚稳态分散，药物也可不结晶或仅有部分结晶。药物在微粒中的不同状态，对微粒的形态、包封率及药物的稳定性都有影响。

光学显微镜可检测连续相中及微粒表面有无药物微晶体形成，扫描电镜可测得微粒表面、裂缝及截面内的微晶体。热分析与 X 射线粉末衍射可测得药物晶型或贮存后的变化。

聚合物与药物无相互作用且无溶剂存在时，聚合物的 T_g 不会发生变化；药物能降低聚合物的 T_g 时，表明它与聚合物有亲和力；残留的溶剂也会明显降低聚合物的 T_g。热分析法可确定聚合物 T_g 降低是由于聚合物与药物作用还是残留溶剂的存在，同时也可确定存在于微粒中的药物是平衡态结构还是亚稳态结构。因此，热分析法可常规测定载药微粒的特性。由于热分析的加热过程可引起微粒结构的改变，所以热分析通常与 X 射线粉末衍射结合使用。

3）聚酯微粒的释药特性：除可以用改变聚酯组成的化学法控制释药外，也可以在制备过程中加入附加剂等影响释药特性。如将微粒制成片剂，则释药特性还受压片时压力的影响。

4）聚酯微粒的降解：聚酯在体内降解的断键位置通常是不确定的，但酶对于断键的位置可能具有决定性作用。聚酯微粒的降解，除受聚酯性质影响外，还受药物的量及性质、微粒的制备工艺及使用方法等影响。

3. 喷雾干燥法

制备微粒的物理机械法有喷雾干燥法、喷雾冻结法、多孔离心法及锅包法等，其中以喷雾干燥法最常用。喷雾干燥是将液体成分在热气环境中雾化成小液滴再干燥成固体颗粒的过程。该技术在制药工业中用于干燥热不稳定药物，或用于改善水中溶解度较低的药物的溶解性、改善片剂制备用颗粒的流动性、改善药物在高分子材料中的分散性，也可用于制备药物微囊。喷雾干燥技术是药物微囊化的一个有效方法，其对水溶液中成分的干燥尤其简单实用。

喷雾干燥法包括流化床喷雾干燥法（又称空气悬浮法）与液滴喷雾干燥法。流化床喷雾干燥法通常将囊材溶液从流化床的底板孔隙喷出，在流化室中心固定的开口圆筒内，喷在被向上气流吹动的固态囊心物上；在包裹粒径较小的囊心物时，可改进为从顶上喷液，故利用该法制得的是微囊。相较于其他方法，喷雾干燥法黏连较少、干燥较快。流化床工艺中使用的易燃有机溶剂有引起爆炸的危险，有时需要昂贵的防爆装置或将流化气惰性化（包括用燃烧排空、凝结或吸收的方法回收以免污染环境）。近年来，快速崩解膜、肠溶衣、缓释膜等几乎所有能控制释放的膜，都可由水溶液处方用流化床喷雾干燥法制备。流化床喷雾干燥法制得的微囊粒径范围一般为 35～5000μm。

液滴喷雾干燥法可用于固态或液态药物的微囊化，粒径通常在 600μm 以下。其工艺流程是先将囊心物分散在材料的溶液中，再用喷雾法将此混合物喷入热气流使液滴干燥固化。如囊心物不溶于囊材溶液，可得到微囊，反之可得微球。

4. 缩聚法

缩聚工艺将单体或高分子通过聚合反应或缩合（交联）反应产生囊膜或基质，从而制成微囊或微球。

(1) 乳化缩聚法

1）聚乙烯醇微球：用不同浓度的戊二醛与聚乙烯醇（PVA）在含稳定剂的液状石蜡中制成 W/O 型乳状液，再用酸催化可得交联聚乙烯醇微球。

2）淀粉微球：以甲苯、氯仿、液状石蜡为油相，以司盘 60 为乳化剂，将 20％的碱性淀粉分散在油相中，形成 W/O 型乳状液，然后升温至 50～55℃，加入适量交联剂环氧丙烷，反应数小时后，去除油相，再分别用乙醇、丙酮多次洗涤干燥，得白色粉末球状微球，粒径范围为 2～50μm。

(2) 界面缩聚法

界面缩聚法，亦称界面聚合法，是先使连续相中的聚合物单体聚集在囊心物与连续相的界面上，然后单体再聚合成膜，或通过交联剂进行缩合反应在界面成膜。

1）二胺或亚胺缩聚法：例如，分散相中含有 1,6-已二胺和碱（如硼砂），连续相是对二甲苯酰氯的环已烷氯仿溶液，当两者相互混合搅拌时，1,6-已二胺和对二甲苯酰氯在两相的界面上接触并迅速发生缩聚反应，所生成的聚酰胺几乎完全沉积于液滴界面，即包裹囊心物形成球状膜壳型微囊。由于上述缩聚反应在碱性条件下进行，所以本法只适用于对碱稳定的药物。

采用新的乳化技术可制备粒径分布很窄的聚酰胺微囊，即分散相用氮气加压通过管状的微孔玻璃膜（孔径分别为 1120nm、720nm、520nm）成滴后，进入流动的分散介质中。分散相是含 0.1mol/L 二乙烯二胺、0.1mol/L 碳酸钠、10g/L 葡聚糖（T-500）及适量氯化钠的水溶液，分散介质则是含 10％（体积分数）山梨醇倍半油酸酯的环已烷溶液。在形成的 W/O 型乳状液中加入溶有 0.2g 对苯二甲酰氯的混合溶剂（氯仿：环已烷＝1：4）20mL，使界面缩聚，离心 5min，微囊用环已烷洗涤，在表面活性剂存在下转入水中，再用水反复洗涤即得。

用搅拌法得到的乳状液的跨距（表示粒径分散度的参数，跨距越大，粒径分布越宽）一般约为 0.75；而用微孔玻璃膜技术制备的乳状液跨距仅为 0.38，粒径范围为 2.2～6μm。

乳滴的平均粒径与膜的平均孔径呈直线关系，与分散相的黏度、分散介质的组成、表面活性剂的类型和浓度（应使用 HLB 值较小的表面活性剂）无明显关系，但随着分散相中盐浓度的增加，乳滴平均粒径逐渐降低。当盐浓度达 0.4mol/L 或更大时，乳滴粒径不再降低；但当盐浓度达到 0.8mol/L 以上时，乳滴的粒径又逐渐增大，微粒粒径也增大。

2）蛋白质缩聚法：蛋白质用苯二甲酰氯进行界面交联，可制备微囊。例如，将 12mL 人血清白蛋白（HSA）、小牛纤维蛋白原或卵白蛋白的溶液（pH＝9.8）分别加到 60mL 混合溶剂中（氯仿∶环己烷＝1∶4）再加 80mL 苯二甲酰氯作为交联剂。搅拌 30min 后，加水稀释终止反应，将微囊用混合溶剂洗几次，使之混悬在混合溶剂中。再依次用含 2％聚山梨酯的 95％乙醇溶液、95％乙醇和水洗涤。最后用碱性羟胺处理，使囊膜中的酯键和酸酐键裂解，即得微囊。

又如，天冬酰胺酶微囊的制备：取 L-天冬酰胺酶及天冬氨酸溶于人体 O 型血红蛋白液（其比酶更易与二甲酰氯反应并且结合到壁膜中）和 pH 值为 8.4 的硼酸盐缓冲溶液中，加 1,6-己二胺碱性硼酸钠溶液，置反应瓶中，再加混合试剂（环己烷、氯仿、司盘 85）摇匀，置 4℃ 冰浴搅拌，加入对苯二甲酰氯，继续搅拌，最后加入混合溶剂再搅拌，显微镜下观察已形成的微囊后，立即转入离心管中离心，倾去上清液，加入分散液（吐温 20 加蒸馏水），搅拌，加入蒸馏水再搅拌，倾去上清液，即得平均粒径为 20μm 的微囊。

5. 低温喷雾提取法

(1) 基本原理

低温喷雾提取法是制备微球或微囊的一种较新的方法，其操作是将多肽及其稳定剂的粉末或冻干品和生物可降解聚合物的二氯甲烷溶液均匀混合，混悬液经喷头以雾状喷至冰冻的乙醇溶液中，后者界面封以液氮。在－70℃下，乙醇不断抽提微球中的二氯甲烷，最后经过滤除去乙醇，干燥待用。此方法的药物包封率较高，但仪器复杂，成本较高。

低温喷雾提取常用仪器设备为超声雾化-低温萃取装置。本装置微囊化原理分四个步骤：① 药物分散于适当溶剂形成乳浊液（或混悬液）；② 乳浊液（或混悬液）超声雾化；③ 冷冻条件下乳浊液（或混悬液）扩散入冷冻介质中，药物及载体析出成囊；④ 分离包载药物的微囊，干燥。其装置见图 2－7。

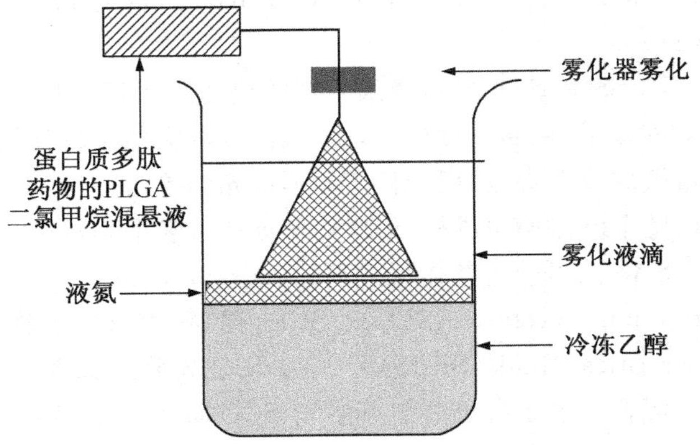

图 2－7　雾化-低温萃取制备蛋白质、多肽类微球或微囊示意图

(2) 实例

传统 W/O/W 方法制备的重组人生长激素（rhGH）微球易导致蛋白质及多肽类药物的多相释放，且突释比较严重，运用新型的低温萃取工艺可实现 rhGH 的持续释放且突释较低。具体步骤：首先将 rhGH∶锌（6∶1）形成的不溶性复合物冻干，然后混悬在 PLGA 的二氯甲烷溶液中，超声分散后，经超声雾化喷至在液氮保护下冷却至－80℃的乙醇中，rhGH 在该超冷环境中十分稳定，微乳中的二氯甲烷很快被乙醇萃取，rhGH-PLGA 微球析出，最后经真空过

滤、干燥得成品。该设备工艺简单，重现性好，美国 Sono-Tek 公司已有批量达几百克微球规模的装置。尤其，中试装置和试验室装置制备的产品均有较好的重现性。

有学者对超声雾化-低温萃取成囊工艺与复乳-液中干燥工艺进行了多项指标的比较，结果表明，前者具有药物包封率高、突释效应较低等优点。

6. 超临界流体技术

(1) 原理与特性

物质达到一定的临界温度和临界压力以上所形成的流体称为超临界流体(supercritic fluid,SCF)。SCF 兼有气体和液体的优点，其特殊的物理性质使其成为一种优良的溶剂。SCF 的特性包括：① 具有良好的溶解、渗透性能，表面张力远远低于液体；② 介电常数随压力急剧增大，有利于溶解低挥发性物质；③ 密度与液体相近，比一般气体大两个级别，有利于溶质的相转移，在临界点附近，温度、压力的微小变化能使其密度发生显著变化，有利于人为控制条件，得到预期特性颗粒；④ 黏度比液体小一个数量级，扩散系数又比液体大两个数量级，类似于普通气体，因而有较好的流动性和传质性。

SCF 制备技术基本原理：在 SCF 形成的条件下，使溶质充分溶解成饱和溶液，降低压力，致过饱和，使溶质微粒均匀成核，制备出的微粒具有粒径分布窄、结晶度高、表面圆整等特点，同时还能提高药物的化学纯度，降低溶剂残留量。由于 SCF 具有巨大的可压缩性，因此可以通过调节压力、温度来调节溶液的过饱和度，将粒径尺寸控制在一定范围内。另外，通过控制生产条件，微粒的晶型纯度也能达到很高水平。

(2) 超临界流体技术制备微球或微囊的分类与方法

超临界流体技术制备微球或微囊的常用方法有两种：超临界溶液快速膨胀过程(rapid expansion of supercritical solution,RESS)和超临界反溶剂过程(supercritical antisolution,SAS)。

RESS 是 SCF 经过微细喷嘴的快速膨胀过程。该法是将溶质直接溶于 SCF 中形成超临界溶液体系，在膨胀过程中，压力、温度的突然降低使溶质溶解度降低，形成过饱和溶液，析出大量微球或微囊，适用于任何能形成超临界溶液的溶剂-溶质体系。由于此过程在瞬间完成，因此整个流体均匀成核，形成的微球或微囊平均粒径小而均匀。

SAS 又可分为气体反溶剂法(gas antisolution,GAS)、气溶胶溶剂萃取法(aerosol solvent extraction system, ASES)、SCF 提高溶液分散法(solution-enhanced dispersion by supercritical fluids,SEDS)等。GAS 是先将溶质溶解在某种有机溶剂中，然后将此溶液与 SCF 混合。由于有机溶剂可溶于 SCF 而溶质不溶，于是溶质析出形成微球或微囊。如液态 CO_2 可溶解于有机溶剂中，故先将药物与高分子材料溶解在有机溶剂中，当将此溶液与液态 CO_2 混合后，载有药物的高分子材料则析出形成微球或微囊。GAS 法中溶液和反溶剂的接触可通过梯度添加 SCF 到溶液中。ASES 借助喷嘴将溶液喷入流动的反溶剂中。由于作为反溶剂的 CO_2 不能与水互溶，因此上述 GAS 和 ASES 法均不能用于含水的体系而发展了 SEDS 法。SEDS 是将水溶液与 SCF 通过同轴的喷嘴同时引入，使溶液与流体高度混合，一并喷入微球或微囊生成器制得微球或微囊。

SCF 技术是最近发展起来的一门新兴技术，其在颗粒和微球或微囊制备方面的应用正处于研究开发阶段。其主要优点有：① 所使用的 SCF-CO_2 安全、无毒、无污染，被称为"绿色工艺"；② 生产过程温和，适用于热敏性、怕撞击、易改变的生物活性药物（如蛋白质）的微粉化和缓控释微球或微囊的制备；③ 生产条件易控，易制得亚微米级、纳米级的均匀颗粒，改变生产条件，可控制粒径范围。关于 SCF 的研究正日渐深入，并逐渐向产业化发展。

【知识拓展内容】

制备工艺对生物药物结构及活性的影响

研制适合长期保存的蛋白质药物配方并非易事，这主要是由蛋白质内在的物理性质（例如构型）与化学性质的不稳定性所决定的。与低分子质量的化合物不同，要想保持蛋白质的活性就必须保持其三维结构不变。另外，组成蛋白质骨架的氨基酸残基很容易发生化学降解，因此，要开发一种具有合适药效和存放期的蛋白质药物制剂就必须把这种多因素造成的药效损失降至最低限度。

迄今为止，从生物可降解聚合物中连续释放出蛋白质的成功案例还是很有限的，从根本上说这是由于蛋白质相对脆弱的理化性质所决定的。以 W/O/W 方法（即复乳法）为例。首先，要将蛋白质水溶液加入到一种溶有聚合物的有机溶液中，进行超声波乳化或匀化，将所形成的乳化液迅速转移到另一种含有乳化剂的水相中，然后进行聚合物的固化，收集所形成的微球，洗涤，最后还要进行冷冻干燥（脱水）。整个过程中，许多步骤都会对蛋白质结构造成有害的干扰。因为蛋白质表面有活性，所以其趋向于吸附在 W/O 所形成的界面上。这种表面吸附造成了在第一次乳化过程中蛋白质结构的展开、失活以及不可逆的聚集。乳化过程中所使用的机械力也能引起蛋白质结构的改变，进而造成蛋白质分子的不可逆聚集。很多蛋白质也会吸附到疏水性的聚合物如 PLGA 上，产生如同吸附到疏水性界面上一样的结果。而且，在制备的最后一步，要将生成的微球冷冻干燥（脱水），以便在长期保存时维持蛋白质的稳定性。然而，采用的脱水操作通常也会造成蛋白质结构可逆或不可逆的变化。对于已经发生这种结构紊乱的蛋白质，即便将其固体重新溶于缓冲溶液后其结构能发生可逆的变化，也会在制备微球的过程中再次发生不可逆的固相聚集。这种制备方法导致的吸附或聚集已经影响了蛋白质从聚合物包封体系中的释放。

(1) W/O/W 技术中界面诱导的生物药物失活和聚集

W/O/W 技术已广泛用于药用蛋白质、多肽类和疫苗抗体的包封研究。这种技术的一大缺点就是易于形成亲水性界面，导致界面吸附，进而导致蛋白质的展开和聚集。蛋白质在 W/O（水/二氯甲烷）界面的失活和聚集是蛋白质不能被包封入 PLGA 微球中的主要原因之一。

既然蛋白质在 W/O 界面会发生展开和聚集，那么稳定蛋白质的直接策略就是使蛋白质与这种界面的接触减少到最低限度。为达到此目的，可以在维持界面面积相等的情况下降低蛋白质浓度。在应用 W/O/W 技术对胰岛素样生长因子进行包封时，随着蛋白质浓度的增高会产生一种胶体，这种胶体在蛋白质从 PLGA 聚合物微球中释放的过程中将产生很好的稳定作用。然而，蛋白质浓度过高又会促使蛋白质之间发生聚集作用，而且这种聚集作用是很难完全阻止的。

另一种类似策略是应用两性赋形剂，如另一种蛋白质，这种蛋白质将与药物蛋白质争夺W/O界面。然而，在这种条件下，"蛋白质赋形剂"本身很可能会发生聚集，使得这种探索在医疗应用中失去意义。而且从医学角度考虑，任何具有潜在免疫原性的蛋白质都应该避免进入体内。表面活性剂是另一类有潜力竞争界面结合并由此降低蛋白质-界面相互作用的赋形剂。但是在实际应用研究中，蛋白质包封过程中使用表面活性剂至今还未成功。

阻止界面吸附导致的蛋白质变性和聚集的另一种策略是：在蛋白质水溶液中添加多羟基化合物或糖类赋形剂以产生选择性水化作用。应该指出，这种选择性水化作用机制是由于在赋形剂浓度相对较高的情况下溶液的热力学稳定性发生了改变，但并不能确定在赋形剂浓度较低时的作用机制与此有关。

(2) 非水介质包封技术

经典的基于乳化作用(如W/O/W)的操作中，改进各种配方以提高蛋白质的稳定性已取得一定进展。但是，按这种操作要完全保持蛋白质的原有活性是非常困难的，因此，需要探索其他方法来发展商业化的蛋白质连续释放的配方。为了实现此目标，开发了非水介质包封技术。在这种技术中，蛋白质以固体的形式进行处理，这样，可以避免任何O/W界面的形成。例如固/油/油(S/O/O)包封方法，其基本原理是：溶于有机溶剂中的脱水蛋白质粉末是非常"刚性"的，被限制在它们自身的构象移动限度内，结构不易发生变化。例如，当把脱水酶粉末悬浮于不能溶解蛋白质的有机溶剂中时，在升高的温度下，酶活性还能保持较长时间，这是因为在该条件下，酶活性的热变性温度比在水溶液中要高得多，因此限制了有机悬浮液中固体蛋白质构象的变化。这样，尽管热力学上有利于蛋白质的展开，但因为构象柔性的降低阻止了大的结构变化，从而使初始结构得以保持。

1) 非水介质、低温包封技术：如前所述，非水介质、低温技术方法已被用于PLGA微球连续释放锌-rhGH复合物的研究。该方法首先将蛋白质粉末悬浮于溶有PLGA的有机溶剂中；然后通过雾化的方法形成小液滴后用液氮冷冻，再用另一种冷的有机溶剂(如乙醇)萃取以除去溶解聚合物的溶剂。

傅里叶变换红外光谱研究显示，包载锌-rhGH的微球中锌配位的rhGH紊乱。这表明，微球包封及释放过程中rhGH被稳定的作用机制与固体状态中的蛋白质结构无关。在使用非水介质、低温技术时，蛋白质结构得以稳定的原因可能是在这种极低的处理温度下，包封过程中没有潜在的造成蛋白质不稳定的界面，并且与锌盐的作用也限制了蛋白质结构的流动性。近年研究结果还表明，尽管采用了这种非水介质、低温包封技术，锌配位的BSA也还是发生了结构紊乱。应该指出，干燥导致的rhGH和BSA(以及其他许多蛋白质)结构的紊乱在性质上是可逆的。

2) 非水介质包封操作技术存在的问题：迄今为止，有关在PLA微球或其他释放体系中包封蛋白质的非水介质操作技术的研究还不多。1998年，有研究者指出了此领域仍然需要探索的课题，"肽和蛋白质独有的理化性质以及稳定性问题，特别是它们与聚合物溶剂、乳化剂、固化剂之间的相互作用将是所有包封处理中必须弄清楚的关键参数"。在使用S/O/O技术将蛋白质包封到聚合物微球中所遇到的一个问题就是蛋白质严重的初始释放。这种初始释放是由于在水合作用时接触到溶剂，微球外表面的蛋白质颗粒或能通过微球表面的微孔发生扩散的蛋白质颗粒快速游离出来而导致的。减少初始释放的解决办法之一是减小蛋白质颗粒相对于微球半径的尺寸，以减少微球外表面上的蛋白质数量。产生小蛋白质颗粒的理想方法之一是雾化冷冻干燥，生成非常多孔的、结构非常脆弱的蛋白质颗粒，后者在超声波乳化或均质化过程中能够被分解成更细小的颗粒，并已证明其能减少微球包封后蛋白质的初始释放。但仅减小蛋白质颗粒的尺寸并不能确保减少初始释放，这可能是因为在这种条件下生成的微球半径本身也很小。在 PLGA 中加入 Poloxamer 也能有效减少初始释放，因为其增加了微球的半径，使得蛋白质颗粒的尺寸相对于微球的半径减小，初始释放减少。

(3) S/O/W 技术

S/O/W 方法介于非水介质方法和 W/O/W 方法之间。在此方法中，无水蛋白质粉末首先被悬浮于一种溶有聚合物的有机溶剂中，然后该悬浮液与含有乳化剂的水溶液一起乳化，通过萃取或蒸发掉有机溶剂的方法使微球固化，然后洗涤和冷冻干燥。虽然其第一步是将蛋白质粉末悬浮于有机溶剂中，但微球的形成和固化是在水溶液中进行的。这样可能适用于蛋白质药物的包封，因为其不涉及 W/O/W 方法中的 W/O 乳化所造成的蛋白质失活，同时也避免了操作过程中额外的固化剂和骤冷剂的存在。尽管在 O/W 乳化步骤中，蛋白质在有机溶剂的存在下遇到了水溶液环境，但是聚合物的固化时间很短，不会造成蛋白质溶解或变性。例如，利用S/O/W包封方法，与海藻糖或甘露醇糖一起冷冻干燥的 rhGH 能保持其原有生物活性并被完全从 PLGA 微球中释放出来。

S/O/W 操作技术需要解决的问题主要有以下几方面。

1) 亲水蛋白质药物的包封效率不高。这是由于悬浮在油相深层的蛋白质在 O/W乳化步骤中不易溶解到水相。改进处理条件，尤其减小蛋白质颗粒的尺寸，能够减少蛋白质的损失。在包封前或在 O/W 乳化作用期间使用赋形剂都能有效减小蛋白质颗粒尺寸，蛋白质的包封率可从 20%提高到 80%。

2) 赋形剂从含有蛋白质的固相中丢失。这些赋形剂是一些典型的具有亲水性的小分子(如海藻糖)，它们可能渗漏到水相的外层或从含有蛋白质的固相中剥离出来，然后在固化阶段陷在聚合物基体中。这样，赋形剂在操作过程中，尤其在最后的干燥阶段，就不再起稳定蛋白质结构的作用。

已有试验证据显示赋形剂的渗漏及其对 S/O/W 操作方法所带来的后果。如采用S/O/W方法包封干燥的 BSA-海藻糖时，大部分的海藻糖在 O/W 乳化步骤中渗漏到水相，结果由于蛋白质暴露到水中使得蛋白质在包封过程发生了结构紊乱。为了减少这种损失，可采取两种方法：一种方法是在 O/W 乳化步骤中用赋形剂使水溶液饱和；另一种方法是选择一种能减少蛋白质和赋形剂与水接触的低水溶性有机溶剂(如氯仿)。在包封 BSA 时，这些方法没有产生因操作导致的结构紊乱，并减少了体外释放时可溶性聚集物的形成。

7. 微球或微囊上目前存在的问题

(1) 生物大分子本身结构复杂,且分子质量越大,分子的稳定性越差

微球或微囊制备过程中,水、pH 值、有机溶剂、温度对生物药物的活性都有较大影响。生物大分子药物在体内半衰期很短,在体液中易降解,还易形成聚集体或吸附在容器表面而降低活性,以上问题可以通过衍生化方法得到稳定性高的分子,或加入适当的稳定剂(如人血白蛋白等)予以解决。微球释药的方式主要有以下几种:① 从聚合物表面释放;② 从聚合物微球的膜孔扩散;③ 聚合物降解或溶蚀(erosion)后释药。大多数释药过程是上述多种方式的结合。微球的释药常存在双相(biphase)现象:第一相中镶嵌或松散结合在微球表面的药物分子快速释放,造成突释效应(burst effect),接下来为释药相对缓慢的稳定期;第二相释药开始于聚合物降解至相对分子质量小到某一阈值时,此时微球骨架松散,水分大量渗入,释药速度加快。这种释药模式对疫苗类大分子药物是十分有益的,可以避免第二次给予加强剂量的麻烦,但对多数药物而言,突释现象比较严重,且后期释放不完全的问题应当设法消除或尽量避免。

(2) 给药模式的问题

生物药物与化学合成药物在给药模式上有很大不同。以黄体生成素释放激素(LHRH)为例,其间歇脉冲式(90min/次)小剂量给药的药理作用与持续大剂量给药正好相反。当外源性 LHRH 或其类似物以生理脉冲频率(90min/次)短期、小剂量给药时,对垂体性腺系统起促进作用,临床用于治疗性功能低下、不排卵、青春期延缓等症状;而以非生理脉冲频率长期、大剂量给药时,可抑制垂体分泌黄体生成素(LH)和卵泡刺激素(FSH),导致性腺分泌激素能力下降、性器官萎缩,临床用于治疗一些激素依赖性疾病,如前列腺癌、子宫肌瘤、乳腺癌、子宫内膜异位及青春期性早熟等。所以应根据临床治疗的不同需要制备不同剂量规格的制剂。

(3) 多肽类、蛋白质制剂体内、体外检测的准确度与精密度的问题

生物分析法灵敏度高但无特异性;免疫法特异性虽高,但只能检测出具有免疫活性的分子,不能检测出不具有免疫活性但仍具有生物活性的分子,因此各分析方法对微球或微囊中多肽或蛋白质药物的检测各有优缺点,相关性差。

(4) 体内、体外给药模型建立的问题

生物大分子药物由于稳定性差,在研制和生产其长效制剂时,体外给药模型的建立是一个棘手的问题,体内酶等多因素的影响使得其体内药代动力学的检测更为困难。

(5) 制备工艺较为复杂,难以适应工业化大生产的要求

不管哪种方法,中间所采取的操作都过于繁琐,影响因素也颇多,很难建立科学的参数来控制工艺。

2.1.4 生物可降解聚合物微球与微囊的释药机制

1. 生物降解聚合物的降解机制

(1) 生物降解聚合物控制药物释放的类型

1) 降解控释系统:本系统利用表面降解聚合物,将药物均匀分散于骨架中,通过聚合物由外及里地降解释放药物。

2）扩散控释系统：均匀分散于骨架中的药物在聚合物生物降解过程中从骨架通过扩散过程而释放。

3）扩散控释储库系统：指聚合物包裹药物而形成的膜控型储库系统，药物通过聚合物膜扩散而释出，控释膜在药物完全释放后才逐步降解。

(2) 生物降解聚合物控制释药的机制

受聚合物降解方式以及药物在聚合物中扩散的影响，生物降解聚合物的主要释药机制可以分为两类，即降解控释机制和扩散控释机制。

1）降解控释机制：药物均匀分布在降解聚合物中形成整体系统。当降解速率高于扩散速率时，释药速率主要与降解速率有关。如果该聚合物的降解仅在表面进行，则药物释放速率受系统表面积/体积比以及形状的影响。如果该聚合物的降解方式为本体降解，则其降解速度与控释系统的表面积/体积比无关，在降解开始阶段，释药速率比较慢，随着聚合物的迅速溶解，释药速率大大加快。

2）扩散控释机制：① 整体分散系统：假定降解速率远小于扩散速率，则药物释放主要以扩散方式进行，降解聚合物组成的整体系统可以用 Higuchi 方程表示释药速率。与不溶性聚合物不同的是，药物在本体降解聚合物中的扩散系数以及溶解度并非常数。在本体降解时随着降解的发生，聚合物分子质量减小而溶解度增加，扩散系数亦随之改变，改变程度与聚合物不稳定键断裂数有关。但是渗透系数随时间延长有一定程度的增加，这又使释药速率得到了一些补偿。所以，根据聚合物本体降解的快慢，扩散控释整体系统的释药速率随时间变化可能降低、可能保持恒定，也可能升高。② 储库系统：相较于整体分散系统，以降解聚合物制备的扩散储库系统可能具有更多的优点。只要聚合物控释膜在有效释药时间内不发生明显溶蚀，就能取得稳定的释药速率，聚合物在预定时间内降解并从体内消除。

(3) 生物降解聚合物对药物释放及包封率的影响

1）载体材料的浓度：有研究认为，微球载体材料聚乳酸(PLA)的浓度影响成球过程中 PLA 的沉积速率。PLA 浓度越高，沉积速率越慢，微球结构越疏松，释药速率越快。有研究发现聚合物在载体溶液中的浓度降低，包封率也随之降低。

2）相对分子质量：聚乳酸(PLA)的相对分子质量与其玻璃化转变温度(T_g)有关，相对分子质量低的 PLA 玻璃化转变温度也低，导致药物释放加快。相对分子质量低的乳酸-羟基乙酸共聚物(PLGA)微球的粒径大于相对分子质量高的微球粒径，这可能与载体浓度、黏度以及相对分子质量的改变有关。此外，相对分子质量低的 PLGA 微球表面光滑且无明显的药物结晶。药物从 PLA 微球中释药速率快于 PLGA 微球，将相对分子质量低的 PLA 与相对分子质量高的 PLGA 以适当比例混合，释药速率则介于 PLA 和 PLGA 微球之间，随着相对分子质量低的 PLA 在混合载体中比例的增加，突释效应逐渐加重。

3）乳酸-羟基乙酸共聚物(PLGA)中乳酸(LA)/羟基乙酸(GA)的比例：研究表明，共聚物中 GA 含量增加，则降解加快。通过调节 LA/GA 的配比可控制载体的降解时间，借以与药物的释放时间保持同步。

4）载体其他性质的影响：有研究测定，用 W/O/W 法制备重组人骨形态发生蛋白-2(rhBMP-2)的 PLGA 微球时载体的相对分子质量、LA/GA 比例及其酸值对药物包封率的影响作用，结果表明，其影响作用从大到小依次为：载体酸值、相对分子质量、LA/GA 比例。其中，载体的酸值越大，包封率越高。

5）聚合物的交联度：对于以不稳定交联键水解为基础的生物降解性控释系统而言，聚合物的交联度必然对体系的释药性能产生一定的影响。例如，^{125}I标记的牛血清白蛋白从与N-乙烯基吡咯酮交联的富马酸聚酯中的释放就呈现出显著的交联度依赖性：在低交联度时，聚合物迅速膨胀并水解，药物很快释出；而在高交联度时，聚合物吸水膨胀减慢，降解和药物释放也相应减慢。因此，生物降解聚合物交联度的各种影响因素（如交联剂的种类和用量）非常重要。

2. 微球或微囊释药的模型拟合

微球或微囊中药物的溶出过程比较复杂，可以通过表面蚀解、骨架扩散、整体崩解、水合膨胀、解离扩散及解吸附等若干途径进行。影响药物释放的因素有很多，如药物在微球或微囊中存在的状态、载体材料的类型和数量、微球或微囊的大小及其致密程度、交联程度、药物分子的大小和浓度、添加剂、药物与载体材料相互间的作用以及释放环境等。下面以微球为例，介绍几种常用的药物释放模型。

(1) 一级速率方程

药物均匀分布或呈分子态分布在微球基质中，释放过程多用公式(2-1)表示。

$$F = 1 - \frac{6}{\pi^2}\sum_{n=1}^{\infty}\frac{1}{n}\mathrm{e}^{n^2 k_r t} \tag{2-1}$$

公式(2-1)中，F 为药物的释放分数；k_r 为释放速率常数，$k_r = \pi^2 D/r$；D 为微球中药物的扩散系数；r 为微球的半径。

(2) 平面模式理论

假设微球中的药物均匀分散或部分溶解于载体材料中形成骨架型，而不集中于核心形成储库型，则在载体材料不溶时药物的释放符合 Higuchi 骨架释药公式，其前提是：① 药物均匀分散于骨架中，骨架中药物浓度 C_o 比药物溶解度 C_s 大得多，即 $C_o \gg C_s$，且骨架与溶出介质界面的药物浓度为零；② 固体药物首先从表面溶出，待其溶出完全后，再溶出下一层药物。

Higuchi 骨架释药可用公式(2-2)表示。

$$M_t = A[DC_s t(2C_o - C_s)]^{1/2} \tag{2-2}$$

当 $C_o \gg C_s$ 时，公式(2-2)可简化为公式(2-3)。

$$M_t = A[2C_o DC_s t]^{1/2} \tag{2-3}$$

对于药物不均匀分散的骨架，可用 $D\varepsilon/T$ 代替 D，εC_s 代替 C_s。其中，D 为扩散系数；ε 为骨架孔隙率；T 为骨架曲率；A 为微球表面积；M_t 为 t 时间内药物的释放量。

(3) 球型模式理论

以平面模式为基础，Higuchi 进一步建立了具有均匀和非均匀性溶蚀性整体微球的释药公式。假设 $C_o \gg C_s$ 且达到稳态，则可用公式(2-4)表示。

$$1 - 3(r'/r_0)^2 + 2(r'/r_0)^2 = Bt \tag{2-4}$$

公式(2-4)中，$B = 6D \times C_s/(C_o \times r_0{}^2)$；$r_0$ 为微球半径；r' 为残留微球半径；r'/r_0 代表药物

残留分数。

(4) 双相模式理论

尽管有些微球中药物的释放可以用 Higuchi 方程以及一些改进公式来描述，但是，尚有些微球仍然无法用此类公式描述药物的释放行为。例如蛋白微球中的药物释放机制就不太清楚，如微球的溶胀、水合、降解、蚀解以及与蛋白结合等许多因素使药物释放机制变得复杂，这时仅用扩散模式来解释是不够的。蛋白微球中药物的释放具有双相特征，开始释放快，然后释放减慢，两相均符合一级方程，即释放速率与微球中残留的药量成正比，可用公式(2-5)表示。

$$M_t = A\exp(-\alpha t) + B\exp(-\beta t) \tag{2-5}$$

公式(2-5)中，M_t 为微球中残留的药量；A、B 为常数；α、β 为药物释放速率常数。

另外，也有两相均为零级释药的药物；也有三相释药的：第一相为快速释药相，第二相为骨架溶胀中间相，第三相为慢速释药相，这主要是由于溶胀以及微球中残留药量减少而造成的。

3. 微球或微囊中药物的释放机制

(1) 药物释放的速率与机制

微球或微囊中药物释放的规律视微囊的种类和药物的性质而定，有的是零级释放，有的是一级释放，也有的符合 Higuchi 方程。要深入了解释药的规律，应考虑释药机制。释药机制通常有以下三种。

1) 扩散：药物经囊壁或载体材料(或其中的孔隙)扩散进入介质，该过程属于物理过程。在体内，体液向微球或微囊中渗透并使药物逐渐溶解经囊壁或材料(或其中的孔隙)扩散出来。也有理论认为药物释放的过程首先是已溶解在囊壁中的药物发生短暂的快速释放，形成突释效应，然后囊心物溶解成饱和溶液而扩散出微球或微囊。

2) 囊壁或载体材料的溶解：囊壁或载体材料溶解的速率主要取决于囊壁或载体材料的性质、体液的体积、组成、pH 值以及温度等，不涉及酶的作用，亦属于物理化学过程。

3) 囊壁或载体材料的消化降解、水解或酶解：这是化学过程或生化过程。当微囊进入体内后，囊壁可受胃蛋白酶或其他酶的消化与降解成为体内代谢产物，而使药物释放出来，但仍需溶解和扩散后才能进入体液。

(2) 药物释放速率的影响因素

一般用合成的可生物降解聚合物作载体材料的微球或微囊，在降解之前，药物早已开始释放。如对聚酯的降解研究认为，聚酯最初阶段的降解为水解，之后才同时发生酶解和水解。酶解开始时主要使聚合物的相对分子质量降低，后来微囊才开始失重。释药的最初阶段主要靠扩散，此后释药速率主要取决于聚合物的降解(蚀解)。例如明胶微囊的释药机制包括酶的作用，囊壁的水合(膨胀)、降解，药物的解附、扩散等。因此，微球或微囊的释药特性受许多因素影响，包括：① 与药物有关的因素，如药物的解离常数、药物在聚合物相及水相的溶解度、扩散能力和分配系数、药物的粒径和多晶型等；② 与载体材料有关的因素，如聚合物的相对分子质量或平均相对分子质量、结晶度、交联度、多孔性、孔隙的弯曲度、膨胀特性及降解特性、囊壁的厚度、聚合物基质的几何形状及尺寸、水合界面厚度等；③ 其他因素，如载药量、增塑剂、填充剂、稀释剂、扩散剂、介质的 pH 值等。这些因素比较复杂，许多尚未深入研究。以下以微囊为例，对其释药的常见影响因素作进一步分析。

1）微囊的粒径：在囊壁材料和厚度相同的条件下，一般微囊粒径越小则表面积越大，释药速率也越大。也有研究表明，微囊粒径增大时释药速率也增高，其原因是大的囊心物在制备微囊时未能包封完全。

2）囊壁的厚度：囊壁材料相同时，囊壁越厚，释药越慢。也可以说，囊心物与囊材的质量比越小，释药越慢。增大药物与囊材投药比例会增加药物含量，提高释药速率。

3）囊壁的物理化学性质：不同囊材形成的囊壁具有不同的物理化学性质。孔隙率较小的囊材，形成的微囊释药慢。如明胶形成的囊壁具有网状结构，孔隙很大，药物嵌入网状孔隙中，释放较快；聚酰胺形成的囊壁孔隙较小，药物释放比明胶慢得多。几种常用囊材所形成的囊壁的释药速率顺序如下：明胶＞乙基纤维素＞苯乙烯-马来酸酐共聚物＞聚酰胺。

复合囊材的释药速率亦有不同。如磺胺噻唑微囊化时，以明胶-海藻酸钠形成的囊壁释药最快，明胶-果胶形成的囊壁释药最慢。

4）药物的性质：药物的溶解度与微囊中药物释放速率有密切关系。在囊材等条件相同时，溶解度大的药物释放较快。药物在囊壁与水之间的分配系数大小反映了药物在水中溶解度的大小，故分配系数亦影响释放速率。因此使药物缓释的方法之一，是先将药物制成溶解度较小的衍生物或缓释型固体分散体，然后再微囊化。

5）附加剂的影响：用疏水性物质（如硬脂酸、蜂蜡、十六醇以及巴西棕榈蜡等）作附加剂，能够延缓药物释放。

6）工艺条件：成囊时的工艺条件不同，对释药速率也有影响。如冷冻干燥或喷雾干燥的微囊的释药速率比烘箱干燥的微囊大。

7）pH 值的影响：在不同 pH 值条件下，微囊的释药速率也可能不同。如以壳聚糖-海藻酸盐为囊材的尼莫地平微囊，在 pH 值为 7.2 时的释药速率明显快于 pH 值为 1.4 时的释药速率，这是由于囊材中的海藻酸盐在 pH 值较高时可以缓慢溶解以致微囊破裂。

8）溶出介质离子强度的影响：在不同离子强度的溶出介质中，微囊释放药物的速率也不同。

2.1.5 质量控制指标及评价方法

1. 形态、粒径大小及其分布

微球或微囊粒径的大小影响其在体内的分布，不同粒径的微球或微囊具有不同的体内分布特征。粒径为 1～7μm 的微球或微囊的主要靶器官一般为肝和脾，粒径大于 12μm 的则主要蓄积于肺。粒径越均匀越好，因此粒径大小及其分布是此类制剂的一项极为重要的考察指标。其主要标准：形态为球形、外形圆整、表面光滑、粒径分布较窄。微球或微囊的粒径及其分布的测定方法有筛析法、电子显微镜法、光学显微镜法、超速离心法、沉降法、库尔特计数法、激光粒度仪法及空气透过法。这些方法测定的粒子的粒径范围各不相同，适用对象也不一样，常用的测定方法是光学显微镜法、电子显微镜法和库尔特计数法。

常采用跨度（Span）评价微球或微囊的粒径分布，其定义为公式（2-6）。

$$\text{Span}=(D_{90}\%-D_{10}\%)/D_{50}\% \tag{2-6}$$

公式(2-6)中，$D_{90}\%$、$D_{50}\%$、$D_{10}\%$分别指低于一定百分率的微球或微囊粒径值，Span 越大，粒径分布越宽。

不同给药途径的微球或微囊制剂对粒径的要求也不同，如用于制备注射剂的微囊，其粒径应符合药典中混悬型注射剂的要求，并提供粒径及其粒度分布试验数据。

用于微球或微囊粒径测定的光学显微镜测定方法是：取试样置载玻片上(必要时用甘油或液状石蜡稀释)，直接观测至少 500 个微球或微囊，并将微球或微囊粒径范围划分为若干单元(如 5～10μm、10～15μm、15～20μm 等)，即可求得微球或微囊的平均粒径及其粒度分布。例如，左炔诺孕酮微囊的粒径测定时，每批观测 600 个粒子(共 3 批)，结果求得算术平均径为 18.8μm，其中小于 5μm 的占总质量的 0.5%，10～40μm 的占总质量的 95%以上，符合正态分布。

微球或微囊粒径大小的影响因素因制备方法不同而异，如制备微球通常采用乳化分散技术，微球粒径与下列因素有关。

1) 油水比例：油水比例决定乳剂的性质是 W/O 或 O/W，当内相含高分子聚合物且比例较大时微球粒径大，反之则小；当外相为水相含有高分子物质时，比例大，浓度高，黏度大，粒径小。

2) 乳化剂的用量：微球粒径随乳化剂用量的增加而减小，但油相黏度随之增大，故不宜过量。

3) 搅拌速度：搅拌速度越快，微球粒径越小。一般超声处理比搅拌法制备的微球粒径小。

4) 乳化时间：乳化时间越长，微球粒径越小，粒度分布越均匀。超声处理的时间对微球大小的影响更显著，如超声处理制备白蛋白微球时，超声时间延长一倍，微球粒度减小近 1/2。

5) 基质的浓度：基质的浓度高，则微球粒径大。亲水性基质(白蛋白)微球的含水量多，粒径大。

此外，固化时间和温度、交联剂(催化剂)用量和种类、γ 射线的强度和照射时间等均对所制备的微球大小有影响。

2. 载药量与包封率

载药量(drug-loading rate)是指单位质量或单位体积微球所负载的药量，其中能释放的药量为有效载药量，除药物与基质发生不可逆结合外，载药量可看成是微球的含药量。通常，微球的载药量比脂质体高，蛋白微球中水溶性药物的含量可达到冷冻干燥载体质量的 35%，水不溶性药物使用微型混悬或乳化方法也可达到较高的载药量。微球或微囊制剂的实用性在很大程度上取决于其中药物的含量。微球或微囊中药物含量越低，所需微球或微囊量越大；而当微球或微囊量大时，常对给药造成极大困难。

微球或微囊的载药量可由公式(2-7)求得。

$$\text{载药量}=\frac{\text{载药系统(如微球、微囊、脂质体或纳米粒)中所含药物的质量}}{\text{载药系统的总质量}}\times 100\% \quad (2-7)$$

包封率(entrapment rate)的计算可由公式(2-8)、(2-9)求得。若得到的是分散在液体介质中的颗粒(如微囊、微球、脂质体或纳米粒)，则应通过适当方法(如凝胶柱色谱法、离心法或透析法)进行分离后测定,按公式(2-9)计算包封率,包封率一般不得低于80%。

$$包封率=\frac{载药系统(如微球、微囊、脂质体或纳米粒)中包封的药量}{载药系统中包封与未包封的总药量}\times 100\% \quad (2-8)$$

$$包封率=\frac{载药系统中包封与未包封的总药量-液体介质中未包封的药量}{载药系统中包封与未包封的总药量}\times 100\% \quad (2-9)$$

一般而言,微球或微囊的包封率越大越好。影响微球或微囊载药量的主要因素有如下几方面。

1)药物与基质的相互作用:药物与基质结合的程度越大,潜在的载药量也越大;而药物与基质的结合为不可逆化学键时,药物实质上是不能利用的。药物与基质的相互作用主要有以下几种。① 药物与基质的电性作用:如蛋白微球在等电点时,非极性药物嵌入量增加。② 药物在基质与溶剂中的分配作用:药物在基质/溶剂中分配系数大,载药量高;分配系数小,载药量低,并随溶剂用量增加而下降。

2)药物的稳定性:药物在制备过程中不稳定(水解、氧化、光分解和热分解或聚合等)时载药量低,因此制备过程中必须严格控制温度、pH值,要注意避光并且缩短制备时间。

3)药物与基质的比例:药物比例增大,载药量升高,反之下降。但必须注意,最大载药量时不应有药物结晶析出,并且不改变分散相的物理性状。

3. 含量测定

微球或微囊中的药物含量也是重要的质量指标之一。为了保证测定的准确性,通常增加取样量,提高测定结果的可靠性,每次测定取三个以上样品的平均值。

药物含量测定前要先将微球或微囊的囊膜或囊材破坏,将药物提取出来,再进行含量测定。若微球或微囊的囊膜或囊材破坏不完全,主药提取可能不彻底,就会影响含量测定的准确性。因此,需要根据囊材及囊心物的性质用不同的方法处理。例如,以明胶为囊材制备的微囊,常用胃蛋白酶或胰酶消化使膜破坏,再进行含量测定,并用超声波进行处理,能够解决溶剂提取不完全的问题,使主药回收率显著提高。

(1) 微球中药物含量测定前的常用处理方法

1)易降解的微球,如白蛋白微球、明胶微球等,取一定体积或质量的微球置于(0.1mol/L)氢氧化钠溶液或含蛋白酶的水溶液中,进行碱或酶消化至澄明,即可用于含量测定。

2)难降解的微球且所载药物水溶性低时,可用适宜的有机溶剂(适度乙醇、异丙醇、乙醇胺等)进行回流提取或溶解微球,再取样用HPLC、UV等方法对药物进行定量分析,含量测定常以空白微球为对照。

(2) 微囊中药物含量测定前的常用处理方法

1)含挥发油类药物微囊的含量测定方法:通常采用提油法,如牡荆挥发油微囊片的含量测定,样品颗粒首先用人工肠液在37℃水浴中消化,使油完全释放,然后用蒸馏法或索氏提取器提取挥发油,计算出每片所含挥发油。

2)有机溶剂提取法:此法应用较广,根据所包裹药物的性质,可选用不同种类的有机溶剂提取药物。常用的溶剂为乙醚、三氯甲烷、甲醇、二氧六环等。如鹤草酚微囊的含量测定,先用消化酶消化明胶与阿拉伯胶,显微镜下观察微囊膜完全消失,再用三氯甲烷提取主药鹤草酚，提取后用紫外分光光度法测定含量。

3）水提取法：被包囊药物如果是水溶性的，常用水提取主药。如美西律微囊中美西律为无色结晶性粉末，易溶于水。若以硬脂酸和乙基纤维素为囊材，采用喷雾冻凝法制备微囊，主药便可以用水提取液进行含量测定：将载药微囊粉碎后，超声水浴中以水提取主药后进行含量测定。

4. 体外释药动力学

《中国药典》指导原则中规定微球或微囊不应有突释效应，即在开始 0.5h 内的药物释放量应低于 40%。为了掌握微球或微囊中药物的释放规律、释放时间以及起效部位，需要测定微球或微囊的体外释药动力学。下面以微球为例介绍常用的释药测定技术。

(1) 膜扩散技术

膜扩散技术是指将微球混悬于少量介质中，经透析膜将其与释放介质分开，随时间延长药物会扩散至释放介质中，定时测定释放介质中药物量。

(2) 动态透析技术

动态透析技术（dynamic dialysis system）是指在膜扩散技术基础上，在透析膜内外加以搅拌，使溶出介质处于动态，保证微球在透析膜内的药物浓度与释放体系中的药物浓度趋于平衡（装置见图 2－8）。在透析膜（即透析袋）内放微球 100mg，同时加入一定量（一般为 5～15mL）的缓冲液，膜外容器放 50mL 释放介质，温度 37℃，搅拌速率 100r/min。利用此种透析膜，还应同时进行未微球化的原料药的释药试验，以考察膜本身是否有控释作用。

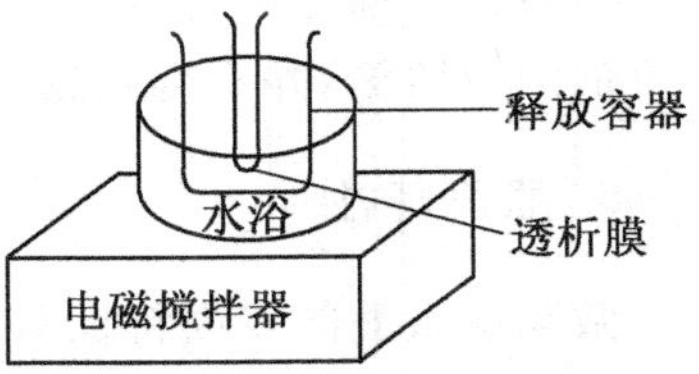

图 2－8 动态透析系统示意图

(3) 连续流动测定技术

连续流动测定技术（continuous-flow system）是指将微球置于装有少量释放介质的滤池中，滤池底部装有大面积滤器。新的释放介质不断补充进入滤池，释放介质连续滤过后，流经监测系统，测定药物浓度。通过搅拌保证微球在释放介质中成混悬状态，避免堵塞滤孔（常用装置如图 2－9 所示）。释放管为带夹套的玻璃柱，夹管内充满 37℃的恒温水，恒温水通过循环泵供给。将样品置于玻璃棉上，释放介质通过蠕动泵以一定的流速（5.5mL/h）进入玻璃柱，浸泡样品，释放出的药物自接收管分次收集，测定释放液的浓度，计算释放药量。

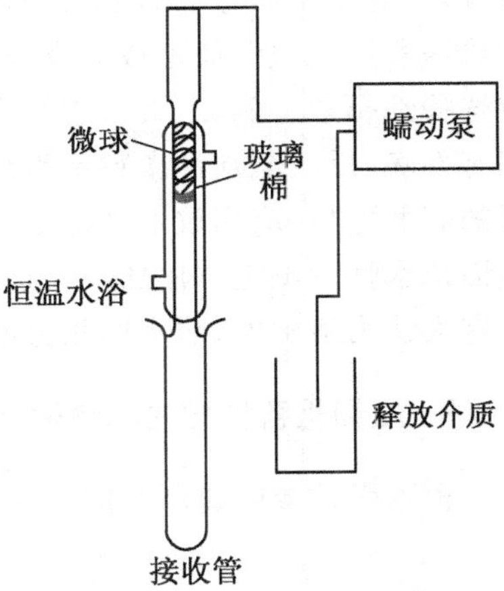

图 2－9 连续流动系统示意图

(4) 定时取样技术

定时取样技术是指将微球置于大体积释放介质中，定时取样，经过滤或离心方法使微球与释放介质分离，测定介质中药物浓度的方法。

(5) 桨法

可参照《中国药典》中释放度测定法中的桨法进行。

5. 体内分布试验

微球或微囊体内分布试验常用同位素标记法。具体操作为：将含放射性^{99}Tc、^{3}H、^{125}I和荧光素等标记药物的微球或微囊注射（口服或插管导入）入实验动物后进行全身扫描，或处死动物后对各脏器组织进行含量分析。

6. 稳定性考察

按新药有关规定，微球或微囊的稳定性考察应进行温度（40℃、60℃）、湿度（75%RH、92.5%RH）与光照（4000Lx）等多项为期 10 天的影响因素试验（不带包装）。关于温度范围，国外在固体药物试验中一般控制在 60℃以下进行。同时还应进行常规加速试验，即在 40℃与相对湿度 75%的条件下，按市售包装加速试验 6 个月，定期取样检测有关质量指标。微球或微囊产品质量检查应包括外观、粒度、含量、色谱检查降解产物、释放度等项，同时应进行留样观察试验。

7. 有机溶剂的残留

残留在微球中的有机溶剂可能导致毒性和副作用。当工艺中采用有机溶剂时，应测定有机溶剂的残留量，并不得超过《中国药典》规定的残留溶剂限度。

8. 表面特性

微球或微囊的表面特性对其制备、注射途径和体内处置都很重要。例如微球的表面电位会影响微球的清除率和聚集部位：带负电荷的微球大多被肝摄取；而带正电荷的微球则首先聚集于肺，然后到达脾。同样，微球表面的疏水性及对大分子物质的吸附作用也很重要，一般来说，静脉给予微球或微囊后，血液成分首先被吸附到这些微粒的表面（称调理作用），被吸附的难易程度取决于微球或微囊表面的性质（主要是疏水性），然后微球或微囊被网状内皮系统有选择地摄取。例如，具亲水性表面的微粒吸附免疫球蛋白后，可使之具疏水性而易于被巨噬细胞吞噬，反之疏水性微粒不需调理过程就能被巨噬细胞所摄取。常用电泳仪测定微球或微囊的表面电位，应用放射性标记物质测定血液成分被微球或微囊吸附的情况。对微球或微囊表面疏水性的测定方法还没有达成统一认识，有待于进一步探讨，有人利用接触角来测量，但也有人认为溶解度、油水两相分配的测定更适合用层析法。

9. 生物相容性和生物降解性

根据微球或微囊制剂的应用特点，制订相关的生物相容性和生物降解性检测方法。

2.2 纳米粒

2.2.1 概述

在药剂学领域，纳米粒的尺寸一般界定在 10～1000nm，也有人将粒径为 10～100nm 的固态胶体颗粒称毫微粒，将粒径为 100 ～1000nm 的纳米粒称为亚微粒，本书所指的"纳米粒"是指包含了毫微粒和亚微粒的广义纳米粒。当然，更广义的纳米级载体不仅包括纳米粒，还包括后来发展及研究较多的固体脂质纳米粒(solid lipid nanoparticle, SLN)、纳米脂质体、聚合物胶束、纳米乳、药质体等新型载体。

1. 概念

纳米粒(nanoparticle,NP)是指粒径为 10～1000nm 的固态胶体颗粒，一般由天然高分子物质或合成高分子物质构成，可作为传导或输送药物的载体。由于材料和制备工艺的差异，纳米粒可以形成纳米球(nanosphere)与纳米囊(nanocapsule)。纳米球为基质骨架型结构，药物分散其中或吸附在其表面；纳米囊属药库膜壳型，有一个聚合材料构成的膜壳，药物(一般为液状核)包封于其中，但也可以吸附于其表面。

理想的纳米粒应具备以下性质：① 具有较高的载药量，如>30%；② 具有较高的包封率，如>80%；③ 有适宜的制备及提纯方法；④ 载体材料可生物降解，毒性较低或没有毒性；⑤ 具有适当的粒径与粒形；⑥ 具有较长的体内循环时间。一般而言，纳米粒的表面亲脂性越大，其对调理蛋白的结合力越强，容易被清除。所以增加纳米粒表面的亲水性可以延长纳米粒在体内的循环时间。

2. 分类

(1) 按作用机制分类

1) 免疫纳米粒：纳米红色元素硒是一种纳米粒子，粒径为 20～60nm。研究者通过对小鼠灌喂纳米红色元素硒观察对小鼠免疫功能的调节作用。结果提示，纳米红色元素硒对小鼠免疫功能有明显的调节作用。

2) 磁性纳米粒：利用磁性纳米粒表面包覆制造定向医疗药物是目前医药学研究的热点。磁性纳米粒表面涂覆高分子材料后与蛋白质结合，作为药物载体注入到人体内，在外加磁场的作用下，通过纳米磁性粒子的磁性导向性使其向病变部位移动，以达到定向治疗的目的，从而改变目前放疗和化疗中正常细胞和癌细胞同时被杀死的状况。10～50nm 的 Fe_3O_4 磁性粒子表面包裹甲基丙烯酸，尺寸约为 200nm，这种亚微米级的粒子携带蛋白、抗体和药物可以用于癌症的诊断和治疗。动物试验证明，带有磁性 Fe_3O_4 的纳米微粒是肿瘤诊断和治疗技术最有前途的载体，纯金属磁性 Ni、Co 纳米粒子由于有致癌作用而不宜使用。

3) 光敏纳米粒：TiO_2 纳米粒子具有高氧化还原能力，能分解组成微生物的有机物(蛋白质)，从而杀死微生物，且动物试验证实 TiO_2 微粒对动物无生理毒性。

(2) 按释药方式分类

1) 普通载药纳米粒：它通过药剂学的方法将一些药物与纳米技术高度结合，使原本因理化性质不稳定而易被降解破坏或因不良反应较大而影响其使用的药物经特殊的方法高度分散于药物载体中。制成这种微粒后以液体载体的流动形式给药，弥补了传统给药方法的诸多不足。有研究表明，用纳米粒做药物或抗体的载体，可以提高某些药物对天然或人造膜结构的透过率，并蓄积于小肠，使其生物利用度与水溶剂相比有显著的改善。

2) 控释载药纳米粒：与常规的控释剂不同，载药纳米微粒的控释过程具有特定的规律，囊壁的溶解及酶和微生物的作用均可使囊心物质向外扩散。根据不同的控释目的，选择合适的囊材及成囊工艺，使微粒在局部驻留并达到有效浓度，同时不引起全身毒性反应。

3）靶向定位载药纳米粒：靶向定位载药是依临床需要选用对机体各种组织或病变部位亲和力不同的载体制作载药纳米粒，或将单克隆抗体与载体结合，以使药物能输送到期望到达的特定部位。如将药物溶于脂肪油中，经乳化分散于水相后制成的脂质乳剂，是一种以脂质为软基质而被磷脂膜包封的微粒分散系，其在组织分布上与脂质体相似，可选择性地在肿瘤及炎症部位蓄积。

4）载药磁性纳米粒：靶向定位给药因受基质选择性的限制而并非尽如人意，由此出现了载药磁性纳米粒。通过其运载药物，以适当的方式引入人体，在外加磁场的作用下，在特定部位聚集并释放药物。现已研制出阿奇霉素免疫磁性毫微粒，免疫活性检测和体外抑瘤试验证实它除了有抗体导向功能外，还有较高的磁响应性，可以聚集于特定的磁场区，释放药物杀伤靶区内的肿瘤细胞。

3. 特点

纳米粒给药载体在改变药物性质方面具有很多优势。

(1) 粒径纳米化增加药物吸收度

药物的吸收度常常由药物在吸收部位的溶出速度所决定，而减小粒径可以增大药物暴露在介质中的表面积从而促进溶解，进而提高药物的吸收度。药物的大分子被粒化成纳米粒径级的小分子后，就能穿透组织间隙，也可以通过人体最小的毛细血管，而且分布面极广，大大提高了药物的生物利用度。

(2) 纳米控释系统改善药物药代动力学性质

对于一些免疫系统和中枢神经系统药物来说，它们所治疗的疾病是慢性病，需要长期服用。而纳米控释系统能够起缓释作用，所以特别适用于这些药物。研究者以链脲霉素糖尿病大鼠为模型，对胰岛素纳米囊进行药效学评价。实验中，给大鼠皮下注射胰岛素纳米囊，其降糖作用持续了3天，并与药物的吸收相具有明显的量效关系。3天1次给药的降糖作用可接近1天3次常规的胰岛素治疗效果，从而证明将胰岛素制成纳米囊后经皮下给药可延长胰岛素降血糖的作用时间，药效优于相同剂量的胰岛素($P<0.05$)。

(3) 纳米控释系统建立新的给药途径

随着分子生物学及其技术的发展，多肽类药物显示出优于传统药物的治疗效果，但多肽类药物有其固有的缺点，如口服时易被蛋白水解酶降解、$t_{1/2}$极短需重复注射给药等，限制了其临床应用。而纳米控释系统可以较好地克服这些缺点，可使多肽类药物口服有效。

(4) 纳米控释系统增强药物靶向作用

药物靶向性是指药物能高选择性地分布于作用对象，从而增强疗效，减少副作用。其作用对象从靶器官、靶细胞到最先进的细胞内靶结构，而这三级靶向治疗的方法均可通过纳米控释系统得以完成。根据不同的治疗目的，将药物设计成特定的纳米复合物后，通过不同的方式进入机体，经血液循环选择性定位于特定的组织和细胞，以达到治疗的目的。

2.2.2 制备方法以及表面修饰

1. 制备方法

纳米粒的制备方法类似于微囊和微球的制备，常用的有乳化聚合法、天然高分子聚合法、液中干燥法、自动乳化溶剂扩散法等。

(1) 乳化聚合法

乳化聚合法系将单体分散于含乳化剂水相的乳滴或胶团中，单体遇到引发剂分子或高能辐射发生聚合，使聚合物的链进一步增长。胶团或乳滴作为提供单体的储库，乳化剂对于相分离以后的聚合物微粒起到防止聚集的稳定作用。虽然也有在有机相中采用乳化聚合法制备，但其使用大量有机溶剂后，难以除去，而最终使纳米粒有毒。以水作连续相的乳化聚合法是目前制备纳米球最主要的方法。在聚合反应终止后，相分离并形成固态纳米球，一个固态纳米球通常由 10^3～10^5 个聚合物分子组成。

(2) 天然高分子聚合法

1) 白蛋白纳米球：200～500g/L 的白蛋白溶入或分散于水中作为水相，在 40～80 倍体积的油相中搅拌或超声乳化得 W/O 型乳状液。将此乳状液快速滴加到 100～200mL 的油相(100～180℃)并保持 10min。白蛋白变性形成含有水溶性药物(或同时包含有磁性粒子)的纳米球，再搅拌并冷却至室温，分离纳米球，离心，洗涤，即得。制得的纳米球的粒径及其粒径分布主要受乳状液加入速度的影响，乳状液应快速滴加，否则粒径大且粒径分布很宽；而油相用液状石蜡(得到纳米球平均粒径为 820nm)或棉籽油(得到纳米球平均粒径为 560nm)的差异并不大。但提高变性温度会降低释药速率，所以此方法不适宜制备对热不稳定的药物。

2) 明胶纳米球：将乳状液中的明胶乳滴冷却至胶凝点以下固化，形成明胶纳米球后，再以甲醛交联。此种方法避免了加热，可用于对热敏感的药物。将 300g/L 的明胶溶液 3mL 在 3mL 芝麻油中乳化，形成的乳状液在冰浴中冷却，使明胶乳滴完全胶凝，再用丙酮稀释，用 50nm 孔径的滤膜过滤，弃去大微球。用丙酮洗去纳米球(＜50nm)上的油，加含 10% 甲醛的丙酮溶液 30mL 使纳米球固化 10min，然后再用丙酮洗涤，在空气中自然干燥，即得。所得的纳米球粒径范围为 100～600nm，平均粒径为 280nm，纳米球为单个球形，比 50nm 孔径滤膜过滤时得到的纳米球大。原因可能是在用丙酮洗去油后及用甲醛固化完成之前，由粒径小于 50nm 的小球缓慢聚集、融合形成较大的球体。

(3) 液中干燥法

从乳状液中除去分散相中的挥发性溶剂以制备纳米粒的方法称为液中干燥法，亦称溶剂挥发法。多种化学结构不同的聚合物均可用作液中干燥法的材料，其中以可生物降解的聚酯类和聚合酸酐类材料最为常用。

液中干燥法的干燥工艺包括两个基本过程：溶剂萃取过程(两液相之间)和溶剂蒸发过程(液相和气相之间)。按操作，液中干燥法可分为连续干燥法、间歇干燥法和复乳法，前两者应用于 O/W 型、W/O 型、O/O 型复乳，复乳法应用于 W/O/W 型、O/W/O 型复乳。三种方法均要先制备高分子材料的溶液，乳化后，材料溶液处于乳状液中的分散相，与连续相不宜混溶，但应注意材料溶剂在连续相中应有一定的溶解度，否则萃取过程无法实现。在连续干燥法及间歇干燥法中，如果所用的材料溶剂也能溶解药物，则制得的是纳米球，否则得到的就是纳米囊；复乳法制得的一般是纳米囊。

纳米球的粒径取决于溶剂蒸发之前形成的乳滴粒径，可通过搅拌速率、分散剂的种类和用量、有机相及水相的量和黏度、容器及搅拌器的形状和温度等因素控制纳米球粒径。

(4) 自动乳化溶剂扩散法

自动乳化溶剂扩散法是将一种既可溶于有机相又可溶于水相的混溶性溶剂（如丙酮与聚合物）一起加入到油相中，然后制备成O/W型乳剂，在外界减压下，混溶性溶剂迅速扩散进入水相，使水相及有机相间的界面张力明显降低。相界面的骚动增大了界面积，使有机相液滴粒径进一步减小，形成纳米乳滴，从而自动乳化。自动乳化溶剂扩散法既可包封水溶性药物，也可包封水不溶性药物。

用DL-丙交酯/乙交酯共聚物制备多肽类药物促黄体激素释放激素类似物（luteinizing hormone-releasing hormone analogs，简称LHRHa）的纳米球时，将120mg DL-丙交酯/乙交酯共聚物、3mg LHRHa混悬于经0.2μm滤膜过滤的水1.5mL中，加混合溶剂（15mL丙酮、0.5mL二氯甲烷）形成油相，转入抽气减压、中等速度搅拌的50mL PVA水溶液（20g/L）中，丙酮迅速扩散进入水相，使水相与有机相间的界面张力明显降低；与此同时，界面面积增大，使有机相液滴粒径进一步减小，形成纳米级的乳滴。吸附在所形成的纳米球表面的PVA分子可阻止搅拌时纳米球的黏连与合并。丙酮进一步扩散出纳米球而水扩散入内，引起聚合物在纳米球内的沉积。经3～4h，二氯甲烷从混合溶剂中挥发，乳滴在水中固化形成纳米球；经1.0μm孔径的滤膜过滤后，滤液超离心1h，以便除去游离的药物并洗去PVA，所得的纳米球再分散在水中，超离心，即得200～300nm粒径的纳米球。

2. 表面修饰

对纳米粒进行表面修饰可以改变其表面性质和作用，表面修饰用材料有以下三类。

(1) 以PEG、PEO、Poloxamer为表面修饰材料

PEG是应用最广泛的微粒表面修饰材料。实现修饰的方法大多是预先将PEG与聚乳酸或磷脂酰胆碱等化学结合，然后再制备纳米粒。也有的采用疏水键吸附或电性结合的方法。PEG的相对分子质量或包衣厚度及包衣密度对长循环效果有明显影响。以PEG 5000修饰的聚乳酸（PLA）纳米粒的衣层厚度约为4.3nm；以PEG 20000修饰的PLA纳米粒的衣层厚度为7.8nm。两者可以更有效地避免肝脏巨噬细胞的吞噬。

(2) 以壳聚糖、环糊精等多糖为表面修饰材料

多糖类表面修饰材料除其亲水性可以延长纳米粒在体内的循环时间和减少巨噬细胞的捕获外，这类材料尤其两亲性的环糊精作为纳米粒表面修饰剂时，还可以起到增加药物包封率和载药量的效果。阴离子多糖类聚合物肝素也可作为亲水性部分，与聚甲基丙烯酸甲酯形成两亲性共聚物纳米粒，肝素的抗凝活性作用可以阻止血液成分对纳米粒的黏附以及对抗血浆蛋白质与药物的结合而延长循环时间。

(3) 以聚山梨酯等表面活性剂为表面修饰材料

大量治疗性药物难以透过血脑屏障（BBB），纳米粒本身可因脑内皮细胞的内吞作用而进入 BBB，因此将纳米粒用聚山梨酯 80 等表面活性剂修饰后可以进一步增加药物对 BBB 的渗透作用，显著提高脑内药物浓度而减少全身血液循环中的药量。

2.2.3　关键工艺技术

纳米粒的理化性质评价方法与微粒基本类似，在此着重讨论纯化、灭菌及冷冻干燥等关键工艺的影响。

1. 纯化

因为多数纳米粒是供注射用的，所以对纳米粒混悬液的纯化十分重要。初步制备的纳米粒混悬液中往往可能带有如下潜在的毒性物质：有机溶剂、表面活性剂、残留的单体、聚合物启动剂(initiator)及聚合物的多聚体等。微米级的聚合物聚集体一般可用垂熔滤器过滤除去。有机溶剂，特别是含氯有机溶剂，必须除去，一般产品中的含量不能超过 10^{-4} 浓度。多数表面活性剂也是潜在的毒性物质。迄今为止，FDA 仅认可在注射剂中加入 Poloxamer 188、吐温 20、吐温 40 及吐温 80。一般认为由聚合法制备的纳米粒中的残留单体也必须除去。分离游离药物和与纳米粒键合的药物也需要纯化。常用的纯化方法为凝胶过滤、透析、减压蒸发及超滤。有研究用逆流滤过法对用盐析法制备的 PLA 纳米粒进行了精制。在用此法时，可用再生纤维素或聚烯烃类薄膜作滤膜，待精制的流体在滤膜面上垂直而过，以防止在滤器上结团。在实际应用中，用泵将纳米粒粗混悬液抽入过滤器中，将含有可溶性杂质的滤液除去，混悬液在滤器中连续循环几次，同时以与滤过速率相同的速率向装液桶中补加蒸馏水，使纳米粒保持在混悬液中。这种纯化方法的优点是速率快(12g 纳米粒所需时间不超过 3h)，粒径大小不会改变，加大膜面积就可以扩大滤过规模。

2. 灭菌

用于注射的纳米粒必须无菌和无热原。用热压法灭菌时，对混悬液加热时间过长会致使明胶水解形成更短的肽链，但对明胶纳米粒混悬液热压灭菌 15min 则不会有明显的变化。

用 γ 射线对微球进行灭菌也可能会影响微球的某些性质。为了避免灭菌过程中结构及理化性质的变化，有的研究者在无菌条件下制备了纳米粒制剂并进行冻干处理。所用材料在使用前都进行干热灭菌，并进行无菌过滤。目前，尚未见用干热法对亚微米级粒子进行灭菌的报道，而且也不能用无菌过滤法处理纳米粒混悬液，因为纳米粒与微生物的大小接近。纳米粒的热原及菌检一般按《中国药典》中的方法进行。菌检通过将过滤后的膜放在培养液中培养进行；细菌内毒素检验则通过给兔静脉注射纳米粒样品后测其体温升高来进行。

3. 冷冻干燥

如将纳米粒贮存于水中会发生聚合材料的生物降解、药物泄漏及药物降解，故多数情况下将纳米粒混悬液进行冻干处理，通常在低于 10Pa 的条件下冷冻干燥 24～90h。

为了避免纳米粒变化可加入低温防冻剂(如葡萄糖、海藻糖、甘露醇)，这些物质在冷冻时能促进生成大量的微小冰晶，有利于保持微粒的完整性。在 ACA 单体聚合介质中加入葡萄糖及右旋糖酐，其目的是保证聚合过程中的空间稳定性、冻干过程中的防冻作用及所得再分散产品的等张性。

聚氧基丙烯酸烷酯(PACA)及 PLA 纳米囊也可冷冻干燥。据报道，避免微粒改变的最好方法是加低温防冻剂(如海藻糖)并用液氮将样品速冻。简而言之，加入低温防冻剂后可以很方便地对纳米粒进行冷冻，防冻剂也起调节剂作用，但用于工业制备纳米粒时，这种方法成本很高，能耗也大。

2.2.4 纳米粒的质量评价

研究纳米粒的体内过程，首先要研究纳米粒的质量及理化特性。纳米粒的质量评价参数主要有粒度分布、表面电荷(Zata 电位)、载药量、包封率。此外，体外释药动力学的研究也为体内药代动力学的研究提供了重要的理论依据和参数。

1. 物理特性

用来描述纳米粒理化特性的主要参数有粒度分布(包括粒径和多分散性)、表面电荷(ζ-电位，Zeta 电位)等。粒度分布及表面电荷等理化性质能够影响纳米粒的载药性、体内分布、靶向性及稳定性，是评价纳米粒的重要质量参数，并为试验设计和研究工作提供依据与指导。

(1) 外观形态

观察纳米粒的形态一般用透射电镜(transmission electron microscopy，TEM)或扫描电镜(scanning electron microscopy，SEM)。用透射电镜观察时，一般取样品溶液适量，经超速冷冻离心后，取沉降物，加少量蒸馏水混合分散，用 1.5% 的磷钨酸负染后，滴于镀膜后的铜网上，自然干燥后，放入透射电镜观察形态并拍摄照片。若采用扫描电镜，则将少量胶体溶液涂布于载玻片上，自然干燥，乙醇脱水，喷金后观察、拍照。

(2) 粒径大小及粒径分布范围

可以直接用测微尺随机测量电镜照片上的粒子粒径，经放大倍数折算后得粒子直径及其分布，一般每张照片的测量数目不少于 500 个。另外，可以直接将一定量的样品溶液加入样品池，用激光粒度分析仪测定粒径及分布。光子相关光谱(photon correlation spectroscopy，PCS)也是常用的方法之一。后两者并不像电镜一样直接测量粒径，而是通过测光强等光效应参数进而折算出粒子的大小，属于光感应方法。

(3) Zeta 电位

Zeta 电位的测定方法通常用 U 型管电泳法。取纳米胶体溶液适量于透析袋中，用蒸馏水透析，多次换水至电导值低于规定值后移入 U 型管中，以相同电导值的氯化钾溶液为辅助液，插入铂电极，接通稳压电源，调节电压电泳一定时间后，测量溶胶移动距离。并按一定公式计算 Zeta 电位。另外，Zeta 电位可以用仪器直接测量，如激光多普勒仪(laser doppler anemometry)等。

(4) 内部结构

对于纳米粒结构的分析可以用 X 射线衍射和热分析技术，如差示扫描量热(DSC)、差示热分析(DTA)、热解重量分析(TGA)等。相对分子质量可以用凝胶渗透色谱等进行测定。

NP 表面的疏水性可以用疏水作用色谱直接测定。对于固体脂质纳米粒(SLN),除了测定粒度分布和 Zeta 电位外,还必须检测其结晶程度以及共存的其他胶体结构(胶束、脂质体、超冷熔融物等)。结晶程度以 DSC 或 X 射线衍射仪进行测定,其他胶体杂质用核磁共振(NMR)或电子自旋共振(ESR)技术等进行测定。

2. 载药量和包封率

测定纳米粒载药量和包封率时,对于冻干品应分散在液体介质中再测定;对于载药纳米粒的胶体溶液,通常用超速离心、超滤等方法先分离纳米粒,然后用适当的溶剂溶解聚合物,再用 HPLC、UV 等方法对药物进行定量分析,测定时应先测总药量再测上清液或滤液中的游离药量,然后作差计算;对于干燥的纳米粒产品,可以直接加入适当溶剂溶解聚合物,再用适当溶剂对药物进行萃取后定量分析。

纳米粒的载药量和包封率计算见公式(2-7)和公式(2-8)。计算得到的载药量既包括包埋、镶嵌在其中的药物,也包括吸附在表面的药物。纳米粒贮存一定时间后再测定包封率,可以计算贮存后的渗漏率。纳米粒的载药量和包封率越高,且渗漏率越低,则纳米粒越稳定。

3. 体外释药行为

研究纳米粒制剂的体外释药先要了解载药纳米粒的释药行为,纳米粒释药的机制主要有表面药物的溶解释放、药物经骨架或聚合膜扩散、聚合物材料的溶蚀或降解而释药以及扩散和溶蚀(或降解)相结合等方式。通过体外溶出可以了解药物的释药速率、持续时间、释放规律,并可推断释药机制,用累积溶出量对时间进行拟合,可得到释药动力学方程,寻找与体内相关的体外参数,作为制剂质量控制的指标。设计时以最大限度模拟体内条件为基础。根据体内释放环境的不同,溶出介质采用不同 pH 值的缓冲液或蒸馏水。《中国药典》指导原则中规定纳米粒不应有突释效应,即在开始 0.5h 内的释放量应低于 40%。

体外释药动力学的研究方法包括利用人工或生物膜的扩散技术、透析袋扩散技术、超速离心、超滤、离心超滤技术等。透析袋扩散技术是最常用的方法,透析袋可以很好地将纳米粒与释放介质(生理盐水或 pH 值适宜的缓冲液)分离。将 5mL 纳米粒的水分散物及 5mL 释放介质装入透析袋中,置于盛有一定量溶出介质的具塞容量瓶中。将容量瓶放入 37℃±1℃的恒温水浴中恒速振荡,定时取样,同时补液,用 UV 等测定样液中药物含量。在动态膜透析法中,须扎紧透析袋两端,悬置于盛有释放介质的具塞容量瓶中,保持漏槽状态。体外释药的研究还可以用"给室"和"受室"分开(用人工或生物膜)的扩散技术。在这种方法中,动力学研究不是在完美的漏槽条件下进行的,因为膜的阻滞作用,受室中测得的药量并不能反映真实的释药量。

通过各种方法测得的释药数据要分别按单指数函数、双指数函数、Higuchi 模型等拟合,综合评价拟合情况后选出具有最佳拟合效果的函数模型,进而计算出释药动力学参数。体外释药的研究对体内的药代动力学及生物药剂学研究具有十分重要的意义。

4. 有关制剂通则的规定

纳米粒制剂除应符合上述要求外,还应符合有关制剂通则的规定。

2.2.5 纳米粒的给药途径

用高分子材料包封不稳定的药物后(如多肽类物质),即可保护不稳定的药物使其不被快速代谢,下面按剂型及给药途径进行阐述。

1. 肌肉及皮下注射给药

以纳米粒的形式经肌肉或皮下注射途径给药,除有缓释作用外,还可以提高多肽类药物的生物利用度。其原因为单独给药时,多肽类很快在注射部位代谢;而包封在纳米粒中后,药物则受到了保护,避免了酶的降解作用。

2. 口服给药

药物制成口服制剂可大大提高治疗期间患者的依从性,且降低全程治疗费用。但口服制剂必须使用载体(通常为高分子材料)以保护敏感药物免受胃肠道的降解。以纳米粒载药,既可防止药物在胃酸性 pH 条件下水解或被胃肠道内消化酶降解,也可减小药物对消化道的刺激和毒性,此外还有利于延长药物与肠壁的携载时间,增加接触面积,提高口服吸收的生物利用度。纳米粒携载药物口服后,其可能的吸收机制主要有以下三种:① 被胃肠道派尔结(Peyer's patches,PP,主要是 M 细胞)吸收而进入循环系统;② 通过肠上皮细胞的内吞作用吸收;③ 可穿过肠系膜的细胞间通路进入循环。其中,通过 M 细胞吸收是口服纳米粒被肠道吸收的主要途径。纳米粒粒径越小越易吸收,粒径 100nm 的纳米粒吸收率是粒径 0.5～10μm 的 15～120 倍,PP 组织比相邻的非 PP 组织多吸收 200 倍的纳米粒。总之,纳米粒的口服吸收主要依赖于纳米粒的粒径、亲脂性、表面电荷及聚合物的组成等。

生物黏附性纳米粒已成为药剂学领域的研究热点。"生物黏附"是在 20 世纪 80 年代早期由日本、欧洲和美国的一些学者提出的,即药物借助于某些高分子材料对生物黏膜产生特殊的黏合力而黏附于黏膜上皮部位,从而延长药物在重点部位的停留和释放时间,促进药物的吸收,提高药物的生物利用度。这种给药系统被称为"生物黏附给药系统"(bioadhesive drug delivery systems,BDDS)。生物黏附作用的发生是一个连续的过程,主要分两个阶段:首先由于生物黏附剂的吸水膨胀或表面湿润作用,与黏膜产生紧密接触;随后黏附剂渗透入组织表面的缝隙,或者与黏液发生相互渗透,产生低能量(如静电引力、范德华力或氢键等)的相互作用而产生黏附特性。用壳聚糖、卡波普等黏膜黏附性材料在纳米粒表面进行包衣可使纳米粒具有黏膜黏附性从而延长药物在胃肠道内的滞留时间,大大提高了生物利用度,使生物药物的口服给药成为可能。

3. 透皮给药

固体脂质纳米粒(SLN)由人体耐受性好的辅料制成,粒径很小,可黏附在皮肤表面形成一层膜,对皮肤有闭合作用,增进水合效应,使角质层肿胀疏松,提高药物对皮肤的穿透率。

4. 肺部给药

目前,有关 SLN 肺部给药的研究已有报道。SLN 水溶液雾化前后粒径分布几乎相同,只观察到少量粒子聚集，不会对肺部给药产生影响。SLN 经喷雾干燥也可制成粉末吸入剂。SLN 在肺部有良好的耐受性，可控制药物的释放，并靶向于肺部巨噬细胞，治疗肺部巨噬细胞系统感染。

2.2.6 纳米粒给药载体的应用

1. 多肽类和蛋白质类药物的递送载体

随着分子生物学及其技术的发展，多肽类药物显示出优于传统药物的治疗效果，但多肽类药物有其固有的缺点：① 口服时易被胃肠道内的蛋白水解酶降解，所以必须注射给药；② 生物半衰期极短，所以需要重复注射给药；③ 多数多肽类药物不易通过生物屏障。这些缺点限制了它们的临床应用，而纳米递送载体可以较好地克服这些缺点。

纳米递送载体可使多肽类和蛋白质类药物口服有效并维持较长时间的药效。胰岛素纳米囊通过胃部输送到肠腔，由于其体积超微小，可被肠道黏膜吸收并进入肠壁。由于有纳米囊的保护，胰岛素在肠腔中可免遭蛋白水解酶的破坏，而在肠壁缓慢地释放出来。此外，胰岛素纳米囊通过门静脉被转运到肝脏，可以被肝脏的 Kupffer 细胞和脾脏的巨噬细胞摄取，这些细胞再分布的过程可能很缓慢，所以胰岛素从纳米囊释放的过程也很缓慢。

2. 抗原或疫苗的递送载体

表面修饰的纳米粒能够使蛋白抗原的表面充分暴露，同时能使抗原结构更趋稳定。已有试验证实，表面修饰的纳米粒在兔体内能引起强烈的、特异性的免疫反应，而常规佐剂引起免疫反应较弱。由于纳米递送载体能保护抗原并能促进派伊尔结淋巴细胞(PPL)的摄取，因此用于口服免疫制剂应该相当有效。纳米粒的粒度大小和所用的聚合物材料直接影响免疫效果。

3. 核苷酸的递送载体

用纳米递送载体输送核苷酸有许多优越性，如：保护核苷酸，防止降解；有助于核苷酸转染细胞，并可起到定位作用；能够靶向输送核苷酸。无论在缓冲液还是在细胞培养基中，结合在纳米粒上的寡核苷酸都具有对抗核酸酶的作用，防止核苷酸的降解，并且通过细胞对纳米粒的吞噬作用增加了寡核苷酸进入细胞内的量，同时增加其在细胞内的稳定性。

有研究表明，表面连有细胞配体运铁蛋白的明胶纳米粒与 DNA 形成凝聚体时，纳米粒可以与 98%的 DNA 相结合。凝聚体中 DNA 的电泳流动性没有受到明胶纳米粒的影响，并且纳米粒可保护 DNA，使其不被脱氧核糖核酸酶 Ⅰ 所分解。被纳米粒包裹的 DNA，具有较强的细胞转染作用。

4. 免疫调节剂、抗肿瘤药和抗病毒药的递送载体

纳米递送载体最有发展的应用之一是用作抗肿瘤药物的输送系统。细胞活性的加强和肿瘤内脉管系统的衰弱导致静脉内纳米粒聚集。已有研究报道，包载抗肿瘤药物的纳米粒延长了药物在肿瘤内的滞留时间，减缓了肿瘤的生长，与游离药物相比延长了肿瘤动物的存活时

间。由于肿瘤细胞有较强的吞噬能力，肿瘤组织血管的通透性也较大。所以，静脉途径给予的纳米粒可在肿瘤内输送，从而可提高疗效，降低给药剂量，减少毒性反应。另外，通过对纳米粒的修饰，可以增强其对肿瘤组织的靶向特异性。

5. 眼科药的递送载体

用载药纳米粒的胶体悬液滴眼后，能使药物经角膜吸收增加，作用增强，药效时间延长，非角膜的吸收减少，副作用减少。有学者制得阿昔洛韦的壳聚糖纳米粒，并与市售阿昔洛韦滴眼液进行了比较试验(图 2-10)。在体外释放试验中，与市售阿昔洛韦相比，阿昔洛韦的壳聚糖纳米粒具有明显的缓释作用(市售阿昔洛韦因为处方中含有玻璃酸钠，也具有一定的缓释作用)，2h 时阿昔洛韦滴眼液释放约 80%，而阿昔洛韦壳聚糖纳米粒仅有不到 60% 的释放。在生物利用度试验中，阿昔洛韦壳聚糖纳米粒和市售阿昔洛韦滴眼液给药后，分别测定阿昔洛韦在家兔眼内房水中的浓度。结果显示，纳米粒给药后的阿昔洛韦浓度明显高于普通滴眼液。两者均在 1h 达到最大浓度，统计学分析结果表明，C_{max} 有显著性差异($P<0.05$)。由此可见，相较于市售滴眼液，阿昔洛韦壳聚糖纳米粒具有更高的生物利用度。

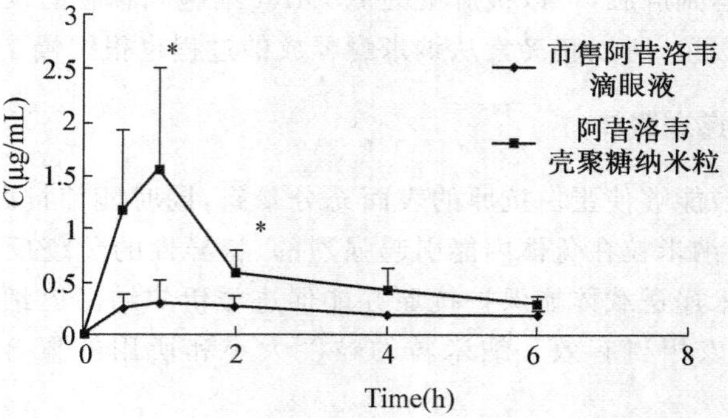

图 2-10 家兔眼部给予市售阿昔洛韦滴眼液和阿昔洛韦壳聚糖纳米粒后房水中的阿昔洛韦浓度($n=4$，* 表示 $P<0.05$)

6. 中枢神经系统药物的纳米递送载体

众所周知，血脑屏障(blood-brain barrier，BBB)限制了药物或基因治疗的核苷酸片段进入脑内，使其不能发挥有效的治疗作用。如何使药物更容易通过 BBB 已是神经系统疾病治疗的难题。

研究发现，用纳米粒包载药物后有助于药物通过血脑屏障。其机制可能包括以下几方面。① 胞吞作用：载药纳米粒易于穿过 BBB，可能与脑毛细血管内皮细胞低密度脂蛋白(LDL)受体介导的胞吞作用有关。LDL 受体既能结合载脂蛋白 B(Apo B)，又能结合载脂蛋白 E(Apo E)。纳米粒的摄取与 Apo E 密切相关。② 被动扩散：当药物溶解于内皮细胞脂溶性细胞膜时，药物可通过被动扩散穿过 BBB 进入脑内。在 BBB 中能否发生被动扩散，主要取决于药物的脂溶性、表面电荷、相对分子质量以及在 BBB 两侧形成的药物浓度梯度等。③ 抑制泵回作用：载药纳米粒易于透过 BBB 还可能与抑制 P-糖蛋白的泵回作用有关。在脑毛细血管内皮细胞膜上的 ATP 依赖性 P-糖蛋白，能将药物泵回 BBB 外。表面活性剂(如聚山梨酯-80)可抑制这种 P-糖蛋白的泵回作用，从而促进药物透过 BBB。④ 缝隙扩张：聚合物纳米粒能使大脑内皮细胞连接处的缝隙张开，以便载药纳米粒顺利透过 BBB，进入脑内。⑤ 溶解细胞膜聚合物：纳米粒具有表面活性剂效应，能溶解脑内皮细胞膜，使药物易于通过 BBB。

有些中枢系统疾病时(如炎症反应、脑肿瘤、帕金森病等)，BBB 的通透性会有不同程度的增加，这种增加更有利于纳米粒介导药物穿透血脑屏障。

另外，中枢神经系统疾病多属于慢性疾病，需要长期给药，纳米粒的缓释作用可以降低用药的频率，提高患者的顺应性。

7. 其他应用

纳米粒除用作药物和基因载体外，在其他方面的用途也越来越广泛。纳米粒包裹的造影剂或放射性物质(如放射性的碘、铟、锝等)已经在肿瘤和身体其他部位的定位中用作显影剂。将可生物降解的天然高分子(蛋白质、多糖等)与低沸点液体或难溶气体，采用先进的声振交联微球技术，可以制备出新型心肌造影材料。该造影材料具有以下特点：① 无创性，可静脉注射；② 体内稳定性强，使左心腔及心肌均满意显影；③ 直径均一性好，浓度高，贮存稳定性强；④ 类似红细胞在人体的血流动力学特点；⑤ 无生物活性，对人体无毒副反应。经静脉的心肌声学造影剂应用广泛，可以用于估算冠状动脉阻塞后危险心肌面积和梗死面积，可以用于负荷超声心动图判断缺血心肌和存活心肌，还可以用于解剖病理结构的鉴别。

2.2.7　实例

1. 促甲状腺素释放激素纳米粒的制备

将 100mg PLGA 和精确称取的 5mg 促甲状腺素释放激素(TRH)溶在 2mL 丙酮和 1mL 甲醇的混合溶剂中。所得有机溶液倾入 25mL 1.0%(质量分数)PVA 溶液中，用螺旋桨搅拌器以 400r/min 的速率搅拌 5min。将此分散液离心 10min，然后重悬在蒸馏水中，冻干，即得 TRH 纳米粒。所得微球平均粒径为 250nm，多分散指数(PDI)为 0.02。

2. 干扰素可生物降解纳米粒的制备

用 W/O/W 复乳法制备含有泊洛沙姆(用量为 PLGA 的 10%)和人血清白蛋白(HSA)(用量为 PLGA 和泊洛沙姆之和的 1%)的干扰素 α 的 PLGA 纳米粒。具体方法为：干扰素 α、HSA 和泊洛沙姆的溶液 100μL 与含 PLGA(50mg)的二氯甲烷(1mL)溶液超声乳化 15s(输出功率为 20W)；然后在此乳液中加入 2mL 胆酸钠溶液(1%，质量分数)超声 15s(输出功率为 20W)形成 W/O/W 乳液；将此复乳加入到 100mL 胆酸钠溶液(0.3%，质量分数)中，在减压条件下快速挥发溶剂；最后离心收集微粒，离心条件为 30min；水洗 3 遍，冷冻干燥即得。所得纳米粒粒径约为 280nm。

3. BSA 纳米粒的制备

用改良的 W/O/W 法制备亚微米粒径范围的纳米粒。0.5mL BSA(牛血清白蛋白)溶液

(10mg/mL)与含 PEG-PLGA(100mg)或 PLGA(100mg)的二氯甲烷溶液 5mL 在冰浴条件下以 5000r/min 乳化 3 次,10s/次。将此一级乳加入到 50mL PVA 溶液(0.4%,质量浓度)中,然后在冰浴条件下以 10000r/min 乳化 3 次,10s/次。将所得复乳加入到 150mL(0.1%,质量浓度)PVA 中,减压条件下迅速挥发溶剂。最后,将所得纳米粒离心收集,水洗两遍,冷冻干燥,即得。所得纳米粒粒径约为 200nm。BSA 从 PLGA、PEG-PLGA 纳米粒中释放的曲线如图2-11所示。^{125}I 标记的 BSA 的 PLGA、PEG-PLGA 纳米粒中血浆清除率曲线如图 2-12 所示。

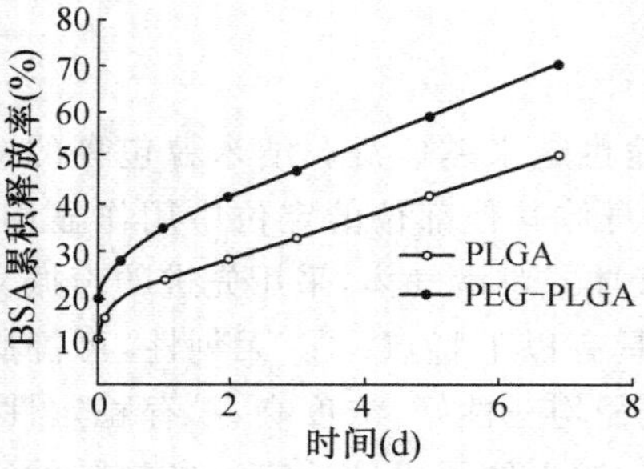

图 2-11 BSA 从 PLGA、PEG-PLGA 纳米粒中释放的曲线

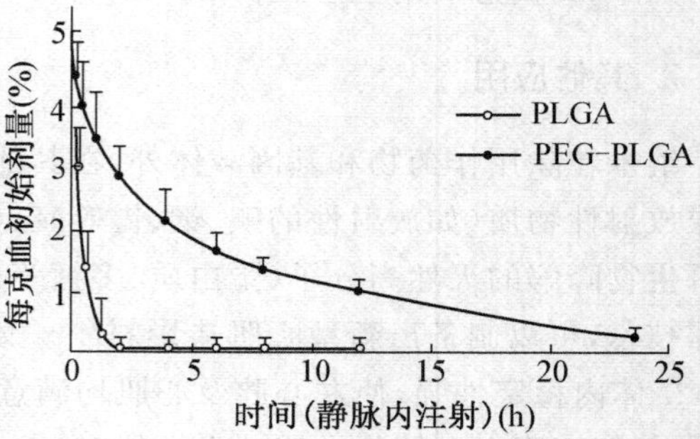

图 2-12 ^{125}I 标记的 PLGA、PEG-PLGA 纳米粒中血浆清除率曲线

【知识拓展内容】

纳米粒展望

纳米控释系统由于其特有的性质,在药物输送方面具有如下许多优势: ① 可缓释药物,从而延长药物作用时间;② 可达到靶向输送的目的;③ 可在保证药物作用的前提下,减少给药剂量,从而减轻或避免毒副反应;④ 可提高药物的稳定性,有利于贮存;⑤ 可保护核苷酸,防止其被核酸酶降解;⑥ 可帮助核苷酸转染细胞,并起到定位作用;⑦ 可用以建立一些新的给药途径,包括体内局部给药、黏膜吸收给药、多肽类药物的口服给药等。这些都是其他输送体系无法比拟的。所以,纳米控释系统是一种非常有前途的药物新剂型,对其研究也越来越深入,用途也将会越来越广泛。但目前大多数研究尚处于体外和动物体内试验阶段,欲应用于临床还需要大量的研究和临床试验。纳米控释体系用于局部定位给药、靶向给药以及蛋白和基因载体的研究是控释材料的重要研究课题,研究的目标包括: ① 纳米粒载体材料的筛选与组合,以获得适宜的给药速度;② 改善纳米粒组织和细胞黏附性,以便提高局部定位的效率;③ 改善纳米粒表面的血液相容性,延长其在血液循环中的时间;④ 提高纳米粒子与靶细胞的识别和结合能力;⑤ 提高基因的转染和表达能力;⑥ 将人造类病毒体系用于基因载体。以上这些问题的解决,将大大促进纳米控释体系的临床应用。

未来的纳米药物制剂主要有以下几类。

(1) 智能化的纳米药物传输系统

智能化的纳米药物传输系统,如超小型的血糖检测系统,通过植入皮下监测血糖水平，可适时准确地释放出胰岛素。一种称之为"微型药房"的微型芯片，具有上千个小药库，每一个小药库里可容纳25nL的任何药物，并装有智能化的传感器，可以适时和适量地给药。一种仅有20nm左右的智能炸弹，可以识别癌细胞的化学特征，进入并摧毁单个癌细胞。

(2) 人工红细胞

设计一种装备纳米泵的人工红细胞，携氧量是天然红细胞的200倍以上，当心脏发生意外突然停搏时，可将其注入人体，提供生命赖以生存的氧。这种细胞是约1μm大小的金刚石氧气筒，内部有1.01×10^{8}Pa(1000个大气压)，泵动力来自血清葡萄糖。它输送氧的能力是同等体积天然红细胞的236倍，并可维持生物活性。

(3) 纳米生物药物输送

对于癌症治疗，现今的化疗药物无法单纯杀灭癌细胞，药物的作用往往会伤及正常细胞。为此，科学家正积极研究如何利用纳米技术人工合成具有特定功能的"超分子"，让它们成为药物的"搬运工"，使适当剂量的药物仅仅作用于所需部位，即"药物定向释放系统"。利用纳米技术把新型基因材料输送到已经存在的DNA，而不会引起任何免疫反应。树性聚合物是提供此类输送的良好候选材料，因为它是非生物材料，不会诱发患者的免疫反应，没有造成排异反应的危险，所以作为药物的纳米载体，携带药物分子进入人体的血液循环，可使药物在无免疫排斥反应的条件下，发挥治疗效果。

(4) 捕获病毒的纳米陷阱

树性聚合物还可用于制备能够捕获病毒的纳米陷阱。纳米陷阱的原理是装载有与病毒结合的超小分子，使病毒丧失致病能力。例如，人体细胞表面含有硅铝酸受体结合位点，而病毒则可能具有硅铝酸受体，把能够与病毒结合的硅铝酸位点覆盖在陷阱细胞表面，当病毒结合到陷阱细胞表面时，就无法再感染人体细胞，即在病毒感染细胞之前就可将其捕获。陷阱细胞能够繁殖，由外壳、内腔和核三部分组成，可以在其内腔充填药物分子，使其能被直接送到肿瘤内。研究者希望发展针对各种致病病毒的特殊陷阱细胞和用于治疗的陷阱细胞库。

(5) "分子马达"

"分子马达"是由生物大分子构成的，利用化学能进行机械做功的纳米系统。驱动蛋白、RNA聚合酶、肌球蛋白等都是天然的"分子马达"，参与胞质运输、DNA复制、细胞分裂、肌肉收缩等一系列重要生命活动。"分子马达"包括线性和旋转式两大类。其中，线性"分子马达"是将化学能转化为机械能，并沿着一条线性轨道运动的生物分子，主要包括肌球蛋白、驱动蛋白、DNA解旋酶和RNA聚合酶等。典型的旋转式"分子马达"是F1-ATP酶。F1-ATP酶与纳米机电系统的组合已成为新型纳米机械装置，可完成在血管内定向输送药物、清除血栓、进行心脏手术等复杂工作。

(6) 纳米机器人

纳米机器人(nanorobot)是纳米生物学中最具诱惑力的内容。

第一代纳米机器人是生物系统和机械系统的有机结合体，如酶和纳米齿轮的结合体。它们可以进行全身健康检查，疏通脑血管中的血栓，清除心脏动脉脂肪沉积物，吞噬病菌，杀死癌细胞，监视体内的病变等。

第二代纳米机器人是直接由原子或分子装配成具有特定功能的纳米尺度的分子装置。

第三代纳米机器人将包含纳米计算机，这是一种可以进行人机对话的装置。纳米机器人还可以用来进行人体器官修复工作，如：修复损坏的器官和组织；做整容手术；进行基因装配工作，即从基因中除去有害的DNA或把正常的DNA安装在基因中，使机体正常运行；或使引起癌症的DNA突变发生逆转从而延长人的寿命或使人返老还童；通过修复大脑和其他脏器的冻伤而使低温储藏的人复活。

2.3 脂质体

2.3.1 概述

1. 基本概念

脂质体(liposome)是一种由排列有序的脂质双分子层组成的多层微小囊泡，具有类似生物膜双分子层的近晶型液晶结构。随着膜模拟化学的发展，人们在水溶液中用超声等方法处理表面活性剂分子，也获得了与脂质体结构相同的囊泡(vesicle)，一般称为表面活性剂囊泡。由于结构相同，常将其与脂质体一起研究。脂质体与囊泡的研究主要集中在三个领域：模拟膜的研究；药品的可控释放和在体内的靶向给药；在体外培养中将基因和其他物质向细胞内传递。

近年来，随着生物技术的不断发展和脂质体作用机制的逐步阐明，脂质体作为生物药物载体的研究越来越受到重视，一些专门从事生物药物开发的公司相继成立，用脂质体包封的抗肿瘤药、新疫苗、酶系统疾病治疗药、免疫增强剂等陆续上市。以脂质体为载体的生物药物现已涵盖核酸、激素、酶、疫苗、质粒、基因物质和多糖等多种类型。脂质体不仅作为一种新技术应用于疾病的治疗和诊断，而且在生物物理、生物化学、免疫学诊断等许多领域中有应用。目前，脂质体已应用于蛋白质与生物膜的相互作用、生物膜中离子的转运、药物与膜受体作用、酶催化活性模拟、包载药物、基因转移等多个方面研究中。

2. 脂质体的组成

脂质体的主要成分是磷脂和胆固醇。磷脂主要包括磷脂酰胆碱、磷脂酰丝氨酸、磷脂酰乙醇胺等。不同的磷脂均能独自或以一定物质的量的比形成脂质体。磷脂分子中含磷酸基团的部分具有强烈极性，称为亲水的极性头部或头基(head group)；而磷脂分子中的两个长碳氢链具有非极性，称为疏水的非极性尾部或尾基（tail group）。由于这种典型的双亲分子特性，使脂质体具有亲油亲水性（如图 2－13 所示）。

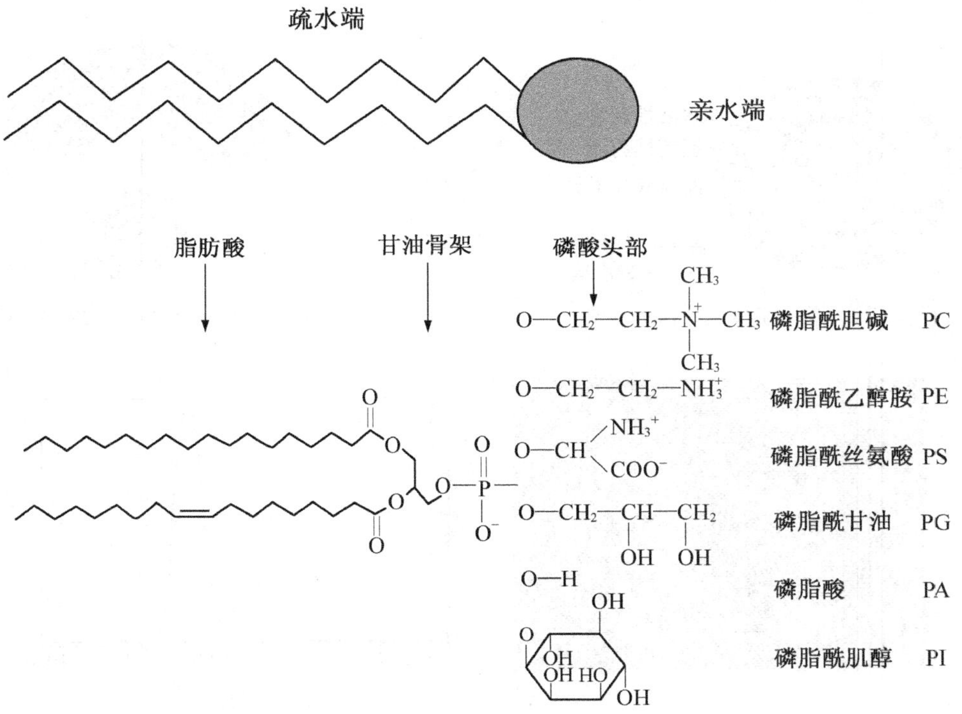

图 2－13　常见磷脂的分子结构

3. 脂质体的类型

根据结构特点、荷电性质、用途和制备方法等的不同，脂质体有不同的分类方法。

（1）按脂质体的结构分类

1）单室脂质体：如图 2－14 所示，单室脂质体又分为小单层脂质体（small unilamellar vesicle，SUV），大单层脂质体（large unilamellar vesicle，LUV）和中等大小单层脂质体（intermediate-sized unilamellar vesicle，IUV）三种。

小单层脂质体是具有脂质双分子层的最小单位，其大小根据介质的离子强度和膜的脂质组成不同而异。在生理盐水中，单纯由蛋黄卵磷脂组成的脂质体直径约为 15nm，由 DPPC 组成的脂质体直径约为 25nm。大单层脂质体是指直径大于 1000nm 的由单层磷脂双分子层膜组成的脂质体。中等大小单层脂质体是指直径为 100～1000nm 的单层脂质体。

2）多室脂质体（multilamellar vesicles，MLV）：如图 2－15 所示，这些脂质体大小范围较宽，一般直径为 100～1000nm，组成 MLV 的磷脂双分子层有五层或更多，层数较少的有时也称少层脂质体。

3）多囊脂质体（multivesicular liposomes，MVL）：1983 年，Sinil K. 等首次采用复乳法制备出一种不同于传统脂质体的结构，称为多囊脂质体（multivesicular liposomes，MVL）。如图

2-16所示，多囊脂质体由许多非同心的囊泡构成，每个囊泡包裹着被装载的药物。由于药物被不连续的囊泡包裹，因此具有缓释作用。多囊脂质体典型粒径范围为5～50μm，大于传统脂质体，其载药量也较传统脂质体高。

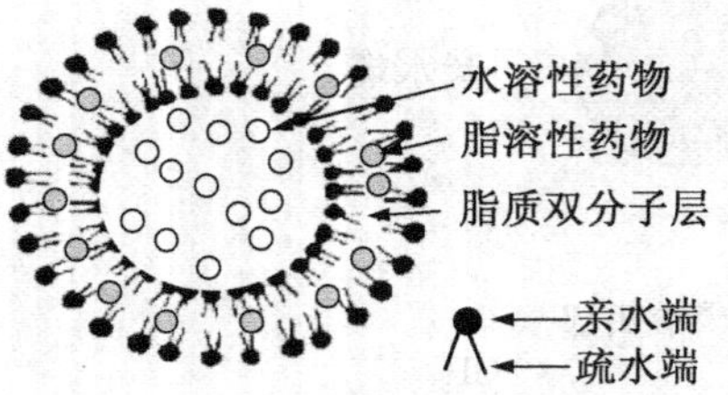

图2-14　单室脂质体结构示意图

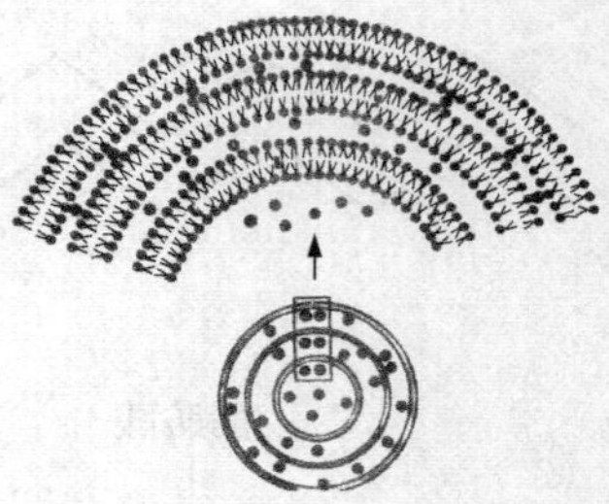

图2-15　多室脂质体(三层)结构示意图

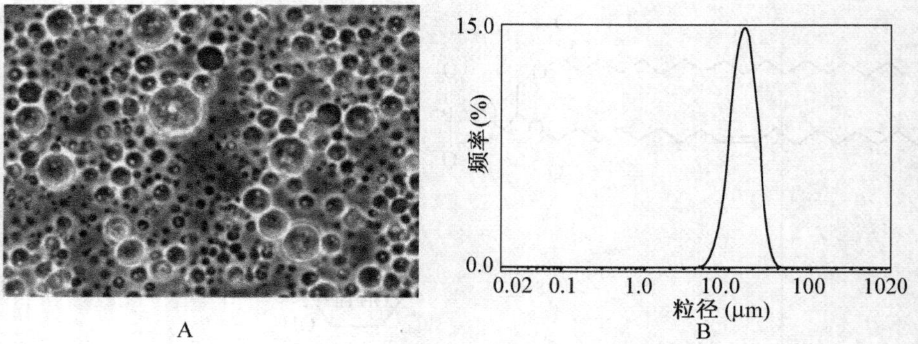

图2-16　多囊脂质体显微图片(A)和粒径分布(B)

(2) 按脂质体荷电性质分类

脂质体按荷电性质可分为中性脂质体、负电性脂质体和正电性脂质体。

(3) 按脂质体性能分类

脂质体按性能可分为一般脂质体和特殊性能脂质体。

(4) 按用途和给药途径分类

脂质体按用途和给药途径可分为：肺部吸入脂质体，静脉滴注脂质体，口服给药脂质体，眼部用药脂质体，黏膜给药脂质体，外用脂质体、经皮给药脂质体，肌注和关节腔、脊髓腔、肿瘤内等局部注射用脂质体，免疫诊断用脂质体，基因工程、生物工程用脂质体。

脂质体的外形除常见的球形、椭球形外，还有长管状结构，直径变化从几十纳米到零点几毫米，并且各种大小和形状的结构可以共存。

4. 脂质体的理化性质

(1) 相变

脂质体膜的物理性质与介质温度有密切关系，在不同温度下，磷脂膜以不同的相形式存在。当温度升高时，脂质双分子层中酰基侧链从有序排列变为无序排列，磷脂膜从紧密排列的"胶晶"态变为"液晶"态。在转变过程中，膜的横切面增加，双分子层厚度减小，膜流动性增加，这种转变时的温度即为其相变温度（phase transition temperature，T_c），如图 2-17 所示。

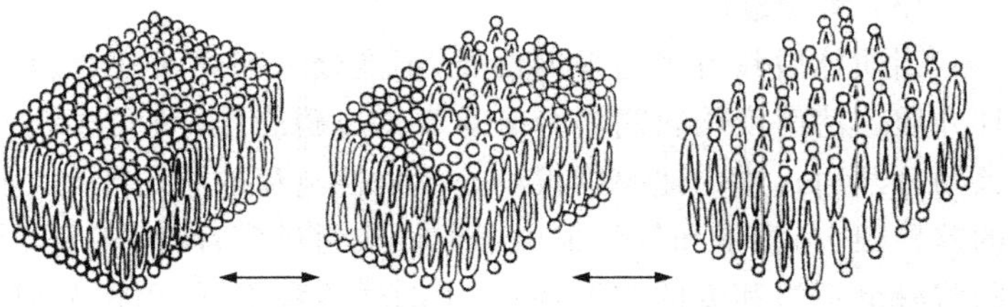

图 2-17　脂质体相变示意图

相变温度的高低受磷脂碳氢链长度及不饱和度的影响，一般而言，碳氢链越长，且饱和度越高，相变温度也越高（如表 2-4 所示）。

胆固醇具有调节膜流动性的作用，胆固醇低于相变温度时，可使膜减少有序排列而增加膜流动性；而高于相变温度时，则可增加膜的有序排列而减少膜流动性，因此有人称胆固醇为磷脂膜的"流动性缓冲剂"（fluidity buffer）。

表 2-4　常用磷脂的相变温度

磷脂种类	相变温度(℃)	磷脂种类	相变温度(℃)
蛋黄卵磷脂(EPC)	－15～－7	二棕榈酰磷脂酰甘油(DPPG)	41
氢化蛋黄磷脂(HEPC)	45	二硬脂酰磷脂酰甘油(DSPG)	55
二月桂酰磷脂酰胆碱(DLPC)	－1.8	二油酰磷脂酰甘油(DOPG)	－18
二肉豆蔻酰磷脂酰胆碱(DMPC)	23	二肉豆蔻酰磷脂酸(DMPA)	45(pH9.0)；51(pH6.0)
二棕榈酰磷脂酰胆碱(DPPC)	41		
二硬脂酰磷脂酰胆碱(DSPC)	55	二棕榈酰磷脂酸(DPPA)	58(pH9.1)；67(pH6.5)
1-肉豆蔻酰-2-棕榈酰卵磷(MPPC)	27		
1-棕榈酰-2-肉豆蔻酰卵磷脂(PMPC)	35	二肉豆蔻酰磷脂酰乙醇胺(DMPE)	50
1-棕榈酰-2-硬脂酰卵磷脂(PSPC)	44	二棕榈酰磷脂酰乙醇胺(DPPE)	60
1-硬脂酰-2-棕榈酰卵磷脂(SPPC)	47	二肉豆酰磷脂酰丝氨酸(DMPS)	38
二油酰基卵磷脂(DOPC)	－22	二棕榈酰磷脂酰二丝氨酸(DPPS)	51
二月桂酰磷脂酰甘油(DLPG)	4	脑磷脂酰丝氨酸(BPS)	6～8
二肉豆蔻酰磷脂酰甘油(DMPG)	23	脑神经鞘磷脂(BSM)	32

(2) 相分离

脂质体膜常由两种以上磷脂组成，它们各有特定的相变温度，在一定环境下它们可以同时存在不同的相（即液晶相及胶晶相），称之为相分离（phase separation）。有人用冰冻蚀刻技术直接证明磷脂酰胆碱与磷脂酸混合膜为一光滑表面，当加入 Ca^{2+} 或赖氨酸时引起两者相分离，导致膜表面产生区块结构（domain structure），这种区块结构与膜的通透性有关。脂质体中添加不同物质，可诱发区块结构的产生，如药物、离子均有可能影响脂质体膜的相变温度变化，从而引起相分离，增加膜的通透性。

(3) 膜渗透性

脂质体膜具有半透膜的性质,不同分子和离子透过膜的扩散速率不同。在有机溶剂和水性介质中溶解度均较高的分子易于透过磷脂膜;一些极性分子(如葡萄糖)或相对分子质量较大的分子通过膜的速率则很小。具中性电荷的小分子(如水)可以很快通过膜扩散;带电离子的差异很大,质子和氢氧根离子可很快通过膜,而钠离子和钾离子则通过十分缓慢。随着磷脂脂肪酸链不饱和度的增加,钠离子的通透性下降,而葡萄糖分子稍有增加。若链长度增加则分子层膜厚度增加,所有物质的通透性将有所下降。在相变温度时,质子的通透性增加,并随温度升高而进一步增加。

因为磷脂膜是半透膜,膜两侧物质浓度的不同会产生渗透压,导致水分子在一侧聚集。当脂质体内包封较高浓度物质,而该物质在外相的浓度较低时,由于水分子的渗入引起脂质体膨胀,扩大了相邻磷脂分子间的空间,磷脂膜的面积也随之增大。在这种情况下,那些包封在脂质体内的相对分子质量较小的物质易发生渗漏,甚至导致磷脂膜的破裂。

(4) 脂质体表面电性

含酸性脂质[如磷脂酸(PA)和磷脂酰丝氨酸(PS)等]的脂质体表面带负电荷,含碱基(氨基)脂质(如十八胺等)的脂质体表面带正电荷,不含离子的脂质体显电中性。脂质体表面电性影响其包封率、稳定性及靶器官分布,测定方法见第 2.3.7 节“脂质体的质量评价方法”。

5. 脂质体的作用特点

脂质体是具有多种功能的靶向性药物载体,包封范围很广,既可以包封亲脂性成分也可包封亲水性成分,如酶、激素、抗生素、细胞因子等。但有两类物质极易渗漏,难以被包封:一类是在水相和有机相均不溶解的物质,另一类是在水相和油相中的溶解度都很大的物质。由于磷脂是生物膜的组成成分,生物体内存在分解酶,很容易代谢,因此脂质体具有对人体毒性小、体内可降解、生物相容性好等特点。此外,脂质体还具有制备工艺简单、体内可实现药物靶向分布、延长药物作用时间、增加药物的体内外稳定性、降低药物毒性、增强药理作用等特点。

(1) 控制药物释放,延长药物作用时间

试验证明,脂质体包封的药物在血液循环中的保留时间大多比游离药物长。体内动力学研究指出,不同的脂质体药物在体内的滞留时间从几分钟到几天。因此可以根据需要,设计不同半衰期的脂质体作为长效的药物载体,还可以利用脂质体作为药物载体的长效作用和缓慢释放药物的特性将脂质体做成药物储库。应用不同类型脂质体也可以控制药物释放速率。

(2) 降低药物毒性

药物被脂质体包封后,主要被网状内皮系统的吞噬细胞所摄取,在肝、脾和骨髓等网状内皮细胞较丰富的器官中集中,药物在心脏和肾中的累积量比游离药物低得多。因此,如将对心脏、肾有毒性的药物,尤其是对正常细胞有毒性的抗肿瘤药物包封成脂质体,则可以明显降低药物的毒性。

(3) 保护药物的生物活性,改变药物体内分布

试验证明,将一些不稳定、易氧化的药物包封在脂质体中,药物受到脂质体双层膜的保护,可以大幅度提高药物体外稳定性。同时脂质体也能增强药物在体内的稳定性,这是由于药物进入靶区前被包在脂质体内,使药物免受机体酶和免疫系统的分解;进入靶区后,脂质体和细胞相互作用或被细胞内吞，经溶酶体的作用，使脂质体解体并释放出药物。包载细胞因子的脂质体能降低细胞因子的清除率，避免抑制剂的抑制和灭活作用，并能改变细胞因子的体内分布。

(4) 提高药物的靶向性

脂质体静脉给药时，主要被肝和脾中网状内皮细胞(phagocytic cells)吞噬，即对肝和脾具有天然靶向性，因此脂质体是肝寄生虫病、利什曼病等网状内皮系统疾病治疗药物的理想载体。使用脂质体包封药物治疗这些疾病可显著地提高药物的治疗指数，降低毒性，提高疗效。此外，脂质体的天然靶向性也被广泛用于治疗肝肿瘤等，及防止淋巴系统肿瘤等的扩散和转移，因此脂质体也广泛地作为肿瘤化疗药物或免疫激活剂的理想载体。

除天然靶向性外，脂质体还可以通过连接某种识别分子，即所谓的配体，形成主动靶向脂质体，利用配体分子的特异性与靶细胞表面的互补分子相互作用，使脂质体在靶区释放药物。

2.3.2　脂质体的作用机制

脂质体属于胶体系统，具有类似细胞的结构，与细胞膜亲和力强，可以增加被包封药物透过细胞膜的能力。脂质体生物相容性好，可实现药物体内靶向给药，具有延长药物作用时间、增加药物的体内外稳定性、降低药物毒性、增强药理作用等诸多优点。

脂质体与细胞作用机制尚未完全阐明，但目前认为脂质体的主要作用机制有吸附、脂质交换、内吞、融合、渗漏和扩散等。

1. 吸附

吸附(adsorption)是脂质体与细胞作用的主要机制。在适当的条件下，脂质体通过静电疏水的作用，非特异性吸附到细胞表面，或通过脂质体特异性配体与细胞表面结合而特异吸附到细胞表面(如图 2-18A 所示)。这是一种稳定的吸附结合，只有在蛋白溶解酶作用下才会使细胞表面的脂质体脱离出来。细胞表面由于吸附了药物，造成药物在局部的高浓度，通过被动扩散可慢慢渗透入细胞内而发挥疗效。研究表明，正电荷脂质体(含十八胺)吸附作用大于负电荷(含磷脂酸)脂质体。

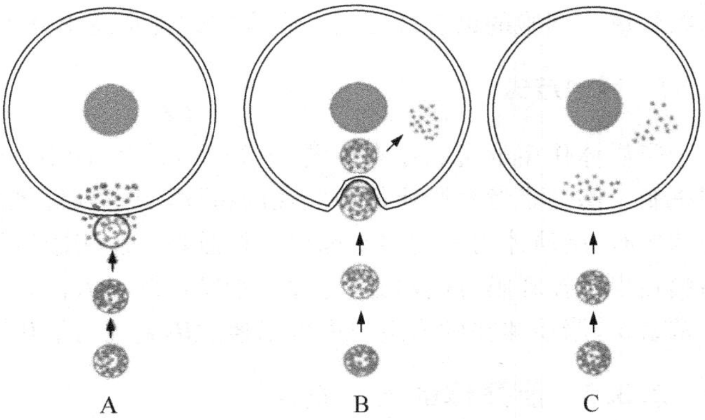

图 2-18　脂质体与细胞作用机制示意图(A. 吸附；B. 细胞内吞；C. 融合)

2. 脂质交换

脂质交换(lipid exchange)是指脂质体的脂质成分与细胞膜的脂质成分进行交换而不释放水相内容物进入细胞。磷脂与细胞膜脂质交换可能是通过细胞表面特异交换蛋白介导的，因为某些磷脂（如 PC、PE）在用膜蛋白酶处理后，交换过程减慢。脂质交换过程：脂质体首先吸附在细胞上，然后在细胞表面特异交换蛋白介导下，特异性地交换脂质的极性头部基团或非特异性地交换酰基链。交换仅发生在脂质体双分子层中外部的单分子层和细胞质膜外部的单分子层之间。

3. 内吞或吞噬

内吞或吞噬（endocytosis 或 phagocytosis）是脂质体作用的主要机制（如图 2－18B 所示）。具有吞噬活动的细胞摄取脂质体进入吞噬体（endosome），质膜内陷形成亚细胞空泡，由于膜结合质子泵的作用，使空泡内 pH 值为 5～5.5，这些吞噬体与溶酶体（lysosomes）融合形成次级溶酶体（环境的 pH 值约为 4.5），发生细胞消化，溶酶体溶解脂质体，释放药物。磷脂被水解成脂肪酸，重新循环再渗入到宿主质膜磷脂。包封在脂质体内的内容物如能抵抗溶酶体的作用则可释放到胞浆中。除吞噬细胞的吞噬作用外，非吞噬细胞通过受体介导内吞摄取脂质体，如果脂质体表面覆盖低密度脂蛋白或转铁蛋白，脂质体通过这些分子的表面受体与细胞结合，然后内趋化，配体降解后再循环，脂质体亦可进入亚细胞器而不是溶酶体。内吞作用与脂质体的粒径有关，易发生内吞作用的脂质体粒径为 50～100nm。

4. 融合

融合（fusion）是指脂质体膜与细胞膜在一定条件下相互融合，使水溶性药物释放到细胞浆内（如图 2－18C 所示）。在多层脂质体情况下，脂质体内膜层与胞浆接触，脂质体与亚细胞器之间相互作用。在体外条件下，膜中掺入融合剂（如溶血卵磷脂、PS、去污剂和表面活性物质）后，容易发生融合。但这些材料对细胞有一定的毒性。目前为止，融合是脂质体所包封的药物释放入细胞的最有效方法。融合方式特别适于分子生物学基因转移。

5. 其他方式

脂质体作用的机制还有渗漏（leakage）、扩散（diffusion）和磷脂酸酶消化，但不是其主要作用机制。渗漏是考察脂质体稳定性的指标，当受到纤维细胞、肝癌细胞、肝细胞和胆囊细胞等的诱导时，脂质体内容物容易漏出。扩散是皮肤用脂质体凝胶剂中药物释放的方式，脂质体类脂膜相当于控释膜，内容药物通过类脂膜扩散入人体。在肿瘤组织中，磷脂酸酶水平明显高于正常组织，脂质体在肿瘤组织中可以通过磷脂酸酶消化方式释放药物。

2.3.3 脂质体的给药途径

生物药物由于多属于多肽类和蛋白质类，生物利用度低、生物半衰期短，易受酶等因素影响，因此临床应用受到很大限制。以脂质体包封这些大分子药物后，可经静脉注射、口服，及眼、鼻腔、肺部、皮肤和黏膜等途径给药，延长药物的生物半衰期，提高生物利用度。目前，虽然脂质体仍以注射应用为主，但近年来随着制备技术的完善和应用途径的拓展，口服等非注射给药方式正逐渐成为研究的热点。

1. 口服给药

口服给药十分方便，但脂质体易受体内酶、胆盐、pH 值和黏膜渗透性等因素影响，生物利用度通常小于 2%。

2. 眼部给药

脂质体眼部给药可以采用滴眼液、混悬液或软膏给药三种方式。生物大分子药物脂质体眼部给药的报道较少。粒径为 0.02～5μm 的脂质体，滴入眼部无异物感，不影响眼睛的正常生理功能。

3. 鼻腔给药

鼻腔给药的优点是给药方便，鼻黏膜通透性高，药物迅速吸收后能直接进入血液循环，避免肝脏首过效应。脂质体作为鼻腔给药的一种新剂型，具有刺激性小、生物利用度高、不良反应小和可持续缓慢给药等优点，也可作为将胰岛素、激素、基因等大分子携带入体内的有效载体，在基因工程上具有广阔的应用前景。

4. 肺部给药

脂质体肺部给药方式有气雾剂给药、吸入冻干粉或混悬液雾化给药三种。脂质体肺部给药不仅能有效减少药物对呼吸道和肺部的刺激性和毒性，增加药物疗效，并可使药物通过磷脂双分子层控制释放速度，脂质体肺部给药有利于提高药物的生物利用度，发挥药物的全身或局部治疗作用，避免首过效应。脂质体肺部给药的缺点是给药量不易准确掌握，反复应用会增加对肺部的刺激性。

5. 皮肤给药

皮肤以其巨大的表面积和给药方便的优势，为多肽类和蛋白质类药物的非侵入性给药系统提供了广阔的前景。近几年，关于脂质体作为多肽类和蛋白类药物皮肤给药载体的研究越来越受到重视。

尽管脂质体可以通过多种途径给药，包括胃肠道和非胃肠道途径，但由于胃肠道或局部给药时只有少量的脂质体能够进入体循环，因此应用最多的还是注射给药。

2.3.4 脂质体的制备技术

近年来，脂质体因其良好的靶向性和长效性已被广泛用作生物大分子药物的载体。由于脂质体的表面特性（如大小、双层膜流动性、表面电荷等）与体内行为有着密切的关系，所以要制备理想的脂质体还具有相当的难度。脂质体制备的关键是采用温和手段使磷脂膜形成均一的脂质体，达到需要的大小，形成合适的结构，并保证被包封的生物大分子药物具有较好的活性和较高的包封率，且不易从脂质体中渗漏。目前脂质体的制备方法颇多，以下介绍几种常用的方法。

1. 机械分散法

机械分散法就是利用机械方法增加脂质膜表面积，将机械能转化成表面能的过程，这种转变的完全程度取决于药物的性质、机械能方式和强度。采用此类方法制备的脂质体一般形成多层脂质体，包封在脂膜内的水相容积仅占总容积的很小部分(约 5%～10%)，因此不太适于水溶性药物的包封。而对脂溶性药物，其包封率可高达 100%。根据具体实施过程，机械分散法可分为高速乳匀法、超声波分散法、粉末床研磨法、喷雾干燥法、加压挤出法(french press extrusion) 和离心法。

结合离心法来说明机械分散法制备脂质体的原理。如图 2-19 所示，含磷脂和胆固醇的有机溶剂加入到水溶液中，在超声作用下分散为小水滴。磷脂、胆固醇吸附在水滴表面形成一层单分子膜，生成油包水(W/O)微乳。微乳转移到缓冲水溶液上后，有机溶剂中多余的磷脂、胆固醇再与缓冲液的油水界面迅速生成一层单分子膜，在离心作用下，油相中的小水滴穿过油水界面的单分子膜并被其包围，在水相中形成脂质体。

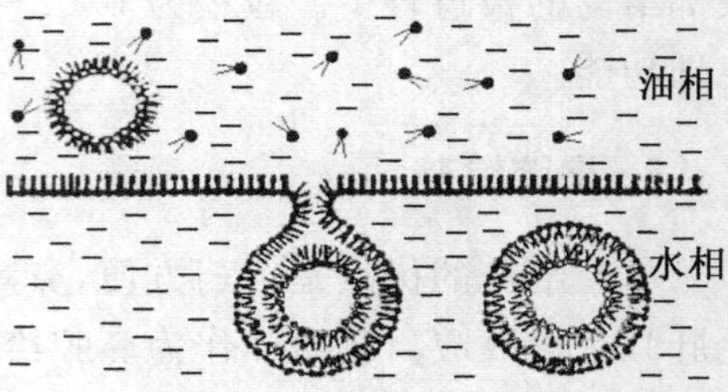

图 2-19 脂质体形成原理图

机械分散法操作简单、重现性好，不需要凝胶过滤、透析、浓缩等操作，可用较高类脂浓度来制备大容积的脂质体，包封率比较高。

例如超声波分散法制备低相对分子质量的肝素纳米脂质体：取适量磷脂、胆固醇溶于无水乙醇，与含药磷酸盐缓冲液混合，将此混悬液进行超声(80W)处理一定时间，0.45μm 微孔滤膜过滤，即得。

2. 薄膜法

薄膜法是将类脂和脂溶性药物混合溶于有机溶剂中，通入氮气或减压去除有机溶剂，使脂类在容器底壁上形成薄膜，然后加入含水溶性药物的缓冲液使脂质膜水化，吸水膨胀、弯曲封闭形成脂质体，可挤压通过 0.2～0.6μm 的聚碳酸酯滤膜除去粒径大的脂质体和胶团，通过各种分散方式使载药脂质体粒径分布均匀后即得。根据不同的分散方式，薄膜法又可分成以下几种。

(1) 薄膜-超声法

薄膜-超声法制备过程如图 2-20 所示，将薄膜法制成的大且多层的脂质体以超声方式处理，根据所采用超声时间的长短而获得粒径为 0.25～1μm 的小单层脂质体。薄膜-超声法制得的脂质体小而均匀，适合于包封生物活性物质和蛋白质，但包封率不高。

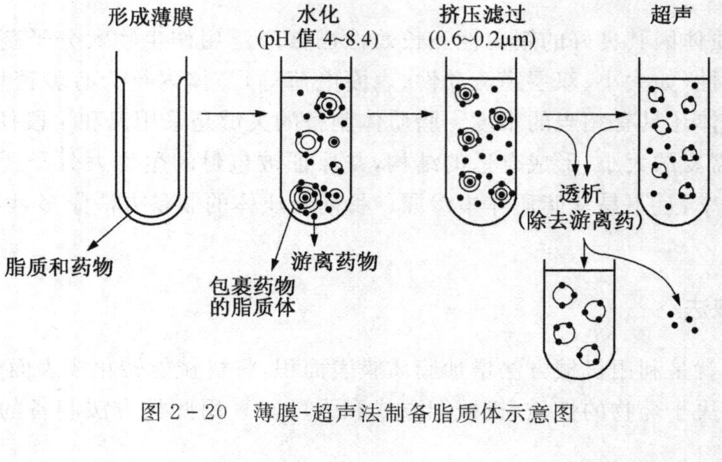

图 2-20 薄膜-超声法制备脂质体示意图

用薄膜-超声法制备基因转染的 pH 值敏感脂质体：将磷脂和 DC-胆固醇(物质的量的比为 6∶4)溶解在乙醇中，置于茄形瓶，减压旋转蒸发除去有机溶剂，制得脂质膜。加入 0.01mol/L 磷酸盐缓冲液(pH 值 5.4)，系统在 N_2 保护下，经过超声分散溶解，过滤，无菌分装，干燥，密封，即得 pH 值敏感脂质体。

(2) 薄膜-分散法

薄膜法制备的大小不一的脂质体通过振摇、搅拌、混旋、匀化、挤压滤过等分散方式，制成粒径均匀的脂质体。所使用的设备有磁力搅拌器、旋转蒸发器、液体快速混合器、微流态化器混合室、组织捣碎机、高压乳匀机、微孔滤膜或滤器(孔径 0.1～1μm)等。主要方法有薄膜-搅拌法、薄膜-旋转法、薄膜-挤压滤过法。

(3) 薄膜-喷雾干燥法

先以薄膜法制成脂质体混悬液，然后采用喷雾干燥法将此混悬液制备成干燥的粉末。该法干燥时间短，成本低，适用于工业化生产。

3. 逆相蒸发法

逆相蒸发法(reverse-phase evaporation vesicles, REV)最初由 Szoka 提出，是指将磷脂等膜材溶于有机溶剂(如氯仿、乙醚等)，加入待包封药物的水溶液进行短时超声，直至形成稳定的 W/O 型乳剂；然后减压蒸发除去有机溶剂，达到胶态后，滴加缓冲液，旋转以助器壁上的凝胶脱落，然后减压继续蒸发，制得水性混悬液，再结合匀化、超声、挤压滤过等方法使脂质体粒径均一。未包封的药物利用凝胶色谱法或超速离心法除去。此法适合于包封水溶性药物、大分子生物活性物质(如各种抗生素、胰岛素、免疫球蛋白、碱性磷脂酶、核酸等)。适当调节磷脂、有机溶剂和含药缓冲液三者比例，可获较高包封率。

4. 复乳法

复乳法由 Matsumoto 等首先报道，是指将少量水相与较多量的磷脂油相进行乳化(第 1 次)，形成 W/O 的反相胶团，减压除去部分溶剂，然后加较大量的水相进行乳化(第 2 次)，形成 W/O/W 型复乳，减压蒸发除去有机溶剂，即得脂质体，包封率为 20%～80%。另有改良复乳法，是将油水两相混合后，边乳化边蒸发有机溶剂，制成的脂质体包封率较高。

采用复乳法制备载药脂质体：按 7∶2∶1 的物质的量的比取磷脂、胆固醇和磷脂酸溶于有机溶剂，加入一定的药物溶液，置于高速组织捣碎机(10000r/min)，乳化 3min，再加入 PBS (pH 7)再一次高速乳化(8000r/min)得乳状液，在减压通氮条件下，除去有机溶剂，即得载药脂质体。

5. 熔融法

熔融法是将磷脂、表面活性剂加少量水相溶解，胆固醇熔融后与之混合，然后滴入 65℃左右的水相溶液中保温制得。该法不使用有机溶剂，比较适合于工业化生产。如黄芪多糖脂质体就是用该法制备的。

6. 注入法

注入法(solvent injection)是指将类脂质和脂溶性药物溶于有机溶剂(油相)中，然后把油相匀速注射到恒温在有机溶剂沸点以上的水相(含水溶性药物)中,搅拌挥干有机溶剂,乳匀或超声得到脂质体。所得成品大多为单室脂质体,少量为多室脂质体,粒径绝大多数在 2μm 以下。注入法常用溶剂有乙醚、乙醇等。根据溶剂不同,注入法可分为乙醚注入法和乙醇注入法。

7. 冷冻干燥法

冷冻干燥法分为常规冷冻干燥法(freeze-drying method)、重建冻干法(dried-reconstituted vesicle,DRV)和冻结融解法(freeze-thawing sonication method,FTS)三种。

常规冷冻干燥法(冻干法)是指利用高速匀化等手段将脂质高度分散在水溶液或磷酸盐缓冲液中,加入支持剂进行冷冻干燥;再分散到含药的水性介质中,形成脂质体。此法尤适用于过热不稳定的药物。冷冻温度、时间和冻结保护剂(cryoprotectant)等因素可影响脂质体的包封率和稳定性。

重建冻干法是先制备空白的脂质膜或小单层脂质体,加入将被包封的水溶性药物、磷酸盐缓冲液和冻干支持剂,超声或振荡使其重新水化、融合,获得较高包封率的脂质体,然后一起冻干。与前体脂质体制法不同的是重建冻干法没有载体,所制得的脂质体通常是单层或少层的,粒径约为 1μm 或更小。重建冻干法的优点是,对水溶性药物具有较高的包封率,且制备过程中无需剧烈的制备条件,因此,适合于具有生物活性的水溶性药物。

冻结融解法(冻融法)制备脂质体是先采用超声法制备未包封药物的小单层脂质体,冷冻前将待包封的药物加入,快速冷冻,冰晶的形成使脂质体膜破裂,形成冰晶片层与破碎的脂膜共存的状态;然后缓慢融化,暴露出的脂膜互相融合重新形成脂质体。短时间超声(15~30s)可加速脂膜互相融合成新的粒径均匀的脂质体。在缓慢融化过程中,由于药物与脂质接触紧密,利用药物浓度梯度和磷酸盐浓度梯度,可得到具有较高包封率的脂质体。冻融法的优点:制备方法简单,可采用粗磷脂制备脂质体,制得的脂质体有较低的渗透性,在溶液中稳定。用冻融法制备脂质体时必须避免糖类、高分子电解质及高电荷强度离子(如二价阳离子),以免干扰冻融过程、降低包封率。

另一种略作改变的冻融技术是使用低渗缓冲液渗析法来代替最后的超声处理。先将一定浓度的盐溶液与小单层脂质体混合,反复冰冻、熔融几次,再加入低渗缓冲液,在冰晶融化的同时脂质体膨胀,由于渗透压差异使脂质体破裂,当它们再度相互融合时即形成大量直径为 10~50μm的大脂质体。该法可以使用任何比例的磷脂组成,加入负电荷脂质可以达到相当高的包封容积(较使用中性磷脂增加一倍)。

8. 表面活性剂处理法

表面活性剂处理法又称去污剂分散法(detergent removal),表面活性剂与磷脂分子相连掩蔽了磷脂分子中的疏水部分,磷脂通过表面活性剂介导与水相密切接触形成混合胶团(mixed micelles)。混合胶团通过离心法、凝胶过滤法、稀释法、Bio-beads 吸附或透析法等去除表面活性剂后自发形成中等大小的单层脂质体(30~180μm)。此法来自重组膜技术,适用于各种类脂的混合物和包封酶及其他生物高分子,但不适于由单一酸性磷脂所组成的脂质体。

表面活性剂分三类:离子性(阴、阳离子)表面活性剂、两性表面活性剂、非离子性表面活性剂。常用的表面活性剂有胆酸钠和脱氧胆酸钠、辛基-β-糖苷(alkylglycoside)和 Triton X。

表面活性剂处理法的关键技术是从预制备的混合胶团中除去表面活性剂，并自发形成单层脂质体。该方法的缺点是脂质体药物在形成过程中有药物漏出和稀释，并且脂质体药物形成后，难以去除微量的表面活性剂，因此这个方法一般不作为脂质体的主要制备方法。

9. 前体脂质体制法

前体脂质体制法又名载体沉积法，是指将极细的水溶性支持剂(氯化钠、甘露醇、山梨醇、果糖、乳糖、葡萄糖、泡沸颗粒等)微粉或药粉分散于脂质体膜材的有机溶媒中，采用改进的旋转蒸发器(将一热电偶安置于烧瓶内壁就能有效地控制干燥温度)，在减压和搅拌的条件下回收有机溶媒，使脂质吸附于水溶性载体上，即得粉体状态的前体脂质体。前体脂质体与水接触时，脂质溶胀而载体迅速溶解，在水相中形成多层脂质体。在载体吸附脂质的过程中，干燥湿度是控制脂质颗粒粒径及分布均匀性的关键。

10. 钙融合法

钙融合法(calcium induced fusion)是在磷脂酰丝氨酸(phosphatidylserine，PS)所构成的单层脂质体中加入钙离子，使之相互融合成蜗牛壳形圆桶状，加入络合剂 EDTA，除去钙离子，即产生大单层脂质体，直径为 200～1000nm。这种方法限于磷脂酸、磷脂酸甘油、磷脂酰丝氨酸等酸性磷脂。其特点是形成的单层脂质体大，条件缓和，可包封 DNA、RNA 和酶等生物大分子。

11. 其他方法

在实际制备脂质体过程中往往是多种方法联合应用效果更好。例如利用逆相蒸发法与钙融合法联合制备包封^{125}I-IL-8 反义寡核苷酸的脂质体：在逆相蒸发法的基础上制备的脂质体 0.5mL 加入 125μL 钙溶液，37℃孵育 60min，加入 12.5μL EDTA，剧烈振荡，37℃孵育 15min，室温继续孵育 30min，即得反义寡核苷酸^{125}I-IL-8 脂质体。

虽然脂质体制备方法很多，但没有一种方法适用于包裹所有的生物大分子药物，并且脂质体还存在着稳定性差、包封率低等问题，因此还需深入研究脂质体制备机制与生物大分子药物理化性质关系。

2.3.5 脂质体的主动载药技术和分离技术

1. 脂质体的主动载药技术

在脂质体制备中，根据脂质体载药方式的不同，可将其分为被动载药和主动载药两大类。主动载药(active loading)技术又称遥控包封装载技术，是指利用一些两亲性的弱酸或弱碱能够以电中性的形式跨越脂质双层，而其电离形势不能跨越脂质双层的原理来实现载物，常用的有 pH 梯度法和硫酸铵梯度法。除主动载药方式之外的载药技术称为被动载药(passive loading) 技术，它不采用跨膜梯度实现载药。

例如用脂质体包裹酸性缓冲盐(如柠檬酸缓冲盐)，用碱把外相调成中性，建立脂质体内外的 pH 梯度。药物在外相的中性 pH 环境下以亲脂性的中性形式存在，能够透过脂质双层膜；而进入脂质体内水相后，被质子化转化成离子形式，不能再透过脂质双层回到外水相。另外脂质体也可以包裹硫酸铵，通过硫酸铵梯度诱导产生 pH 梯度。因为中性的氨分子(NH_3)穿过双层膜的速率远大于硫酸根(SO_4^{2-})的跨膜速率，所以当一个氨分子离开脂质体时，就会在脂质体的内水相中留下一个质子，由此产生 pH 梯度，使药物逆硫酸铵梯度载入脂质体。

对于弱碱性药物通常采用 pH 梯度法、硫酸铵梯度法等，对于弱酸性药物可采用醋酸钙梯度法等。以 pH 梯度法和硫酸铵梯度法为例，介绍如下。

(1) pH 梯度法

将脂质用适量氯仿溶解，在旋转薄膜蒸发器上去除氯仿，制备磷脂膜。加入柠檬酸缓冲液(pH2.5)水化磷脂膜，振摇，搅拌，超声波处理，制备脂质体。将所得脂质体依次通过 0.8、0.65、0.45、0.3、0.22μm 微孔滤膜，进行整粒。在整粒后的脂质体中加入药液，超声振荡至水化液呈均匀浅乳白色。用 1mol/L Na_2HPO_4 将 pH 调至 7，于 55℃水浴保温 10min，冷却至室温，即得载药脂质体。

(2) 硫酸铵梯度法

将脂质用少量乙醇溶解(1g 脂质用 5～10mL 乙醇)，加入 3%硫酸铵水溶液，搅拌 10min 水化后，于探头式超声波仪上进行超声，得到脂质体。将脂质体装于透析袋中，于 100 倍体积的 9%蔗糖液中进行透析，每隔一定时间更换透析液，共 3 次，总时间 24h。收集透析后的脂质体，过 0.22μm 滤膜进行整粒。取此空白脂质体，加入药液，于 55℃水浴孵化 10min，冷却后测定包封率。

2. 脂质体的分离技术

较常用的脂质体分离方法有葡聚糖或琼脂凝胶过滤法、透析法、超速离心法等。

(1) 透析法

透析法(dialysis)是除去未包封药物的一种简单和常用的方法，该法适于除去小分子的药物，不适用于除去大分子的药物。透析法的优点是不需要复杂昂贵的设备，能除去几乎所有游离药物。透析过程是缓慢的，在室温条件下，通过不断更换外部介质(透析袋外面的洗涤液)在 10～24h 内可以除去 95%以上的脂质体中的游离药物。应注意在透析过程中，所用洗涤液的渗透压与脂质体混悬液的渗透压应相同，否则会引起脂质体的体积变化，导致被包封的药物泄漏。由于游离药物的内外浓度有一个平衡问题，普通透析法难以除尽游离药物，造成很大的误差，因此可应用动态透析法，使透析袋或透析管内外形成尽可能大的浓度梯度，其可分析的药物浓度上限达 5mg/mL。

(2) 离心法

通过改变 g 值可以分离各种类型脂质体混悬液中的游离药物。离心力的大小由脂质体的大小及分散体的聚集状态来决定。较大的脂质体在 2000～4000r/min 时可起到分离作用，而较小的脂质体则要用超速离心机才能分离游离药物，非常小的脂质体(约 10nm 以下)需要用冷冻超速离心的方法才能将游离药物分开。显然本法只适于分离少量的小脂质体。

为了完全除去游离药物，常常需重复悬浮和多次离心。使脂质体下沉所需的离心力取决于脂质体的大小，在某种程度上还取决于混悬液的絮凝状态。如果脂质体小且分布窄，就需要高速离心及冰冻条件。低速(2000～4000r/min)离心只能使大脂质体沉降。

而高速冰冻离心大量脂质体是极其耗能和昂贵的,因此不适于分离小脂质体。对于比较大的脂质体,低速离心可缩短操作时间并且可同时将较稀的脂质体悬液浓缩到所需浓度。为避免脂质体遭到破坏,必须注意保证重复混悬介质的渗透压与脂质体混悬液的渗透压一致。

(3) 凝胶柱层析分离法

凝胶柱层析分离法,又称凝胶渗透层析技术,是一种柱层分级法,当溶质分子(被分离的物质)在一个流动液体中通过多孔粒子固定床时,这些填料本身有很多小孔,较大的脂质体渗过细孔的比例较少,因此比它小的分子更易从柱上洗脱。其结果是,粒径大的先从柱中流出,粒径小的后流出。利用这种技术可以将脂质体(粒径大)和游离药物(粒径小)分开。

凝胶柱层析分离法广泛用于从脂质体悬液中分离除去未包封药物,也可用于对混悬液中的脂质体按大小进行分组,在实验室中使用有效且快速。在大规模生产上,虽然也可用凝胶过滤来纯化,但技术较难且价格昂贵。另外,脂质体被洗脱介质稀释后可能需要增加浓缩步骤。

柱层析填料常用葡聚糖(如 Sephadex G-50),其步骤与常规方法一致。但必须指出以下两点。① 在葡聚糖表面存在着能与脂质体膜结合并相互作用的微小部位。虽然这种作用不影响脂质体在凝胶柱上的流动特征,但仍可导致少量脂质的损失,使膜的不稳定性增加,从而导致膜渗透性的改变及包封物质的渗漏。这种现象在脂质浓度较低的情况下应特别予以注意,一般可通过加大脂质体样品上柱量或用空脂质体预先将柱子饱和来解决。通常使用 20mg 脂质制成的小单层脂质体可饱和 10g 凝胶。② 若凝胶颗粒太细,较大的脂质体可能滞留在凝胶柱上,因此对多层脂质体宜选用中粗级的凝胶(粒径大小为 50～150μm),而对小单层脂质体则可用任何级别的凝胶。

柱层析法可用于测定包封率,首先应测定柱回收率,然后精密量取定量的脂质体稀释液(C_t)上样,定量收集初洗脱液,测定药物含量 C_L,则包封率 $W\%=(C_t-C_L)/C_t\times100\%$。测定总含药量时,需要用特殊的物质(如强力乳化剂 OP 或细胞膜穿透剂 Triton X-100 等)破坏脂质体的类脂双分子层,使其中的药物全部释放出来。

(4) 超过滤技术法

超过滤技术是最近发展起来的一种分离方法,用离心超滤器分离脂质体。供试品在 5000r/min转速离心 8min 后,达到完全分离目的。此法较方便、快速,且重现性好,适于生产中质量控制。对于小量样品的分离还可采用自制的微型柱离心法。

2.3.6 脂质体的稳定性和灭菌

脂质体在制备和贮存过程中可能发生多种变化,如氧化水解、凝聚和融合等。一般脂质体的稳定性包括化学稳定性、物理稳定性和生物学稳定性三个方面。

1. 化学稳定性

脂质体的主要成分——磷脂的疏水链中含不饱和脂肪酸,易氧化水解成过氧化物、丙二醛、脂肪酸和溶血卵磷脂等,高温、金属离子、辐射、碱性、酶等均可以加速此过程,结果使磷脂疏水链断裂,双分子膜流动性下降,脂质体稳定性降低,药物渗漏加剧,且可能产生毒性。

提高脂质体化学稳定性的方法有:应用不易发生水解和氧化的饱和磷脂作为脂质体材

料;加入维生素 E、丁基羟基甲苯等抗氧化剂抑制其氧化反应;制备时采用低温充氮条件,应用缓冲体系控制溶液 pH 环境,并且防止带入金属离子;将磷脂材料和脂质体贮存在低温、避光、惰性的条件下。

2. 物理稳定性

脂质体属于胶体分散体系,为热力学不稳定体系。其物理稳定性研究主要包括脂质体中药物的渗漏和脂质体凝聚、融合、沉淀等,图 2-21 显示脂质体聚集和融合过程。脂质体的物理稳定性取决于药物性质、制备方法、脂质膜组成和结构、贮存环境等因素。

从原则上说,脂溶性药物和水溶性药物都适合包封于脂质体中,但药物的亲水亲油性对脂质体中药物的渗漏有重要影响。此外,脂质体的包封容积和机械强度对包封药物的渗漏也有影响。

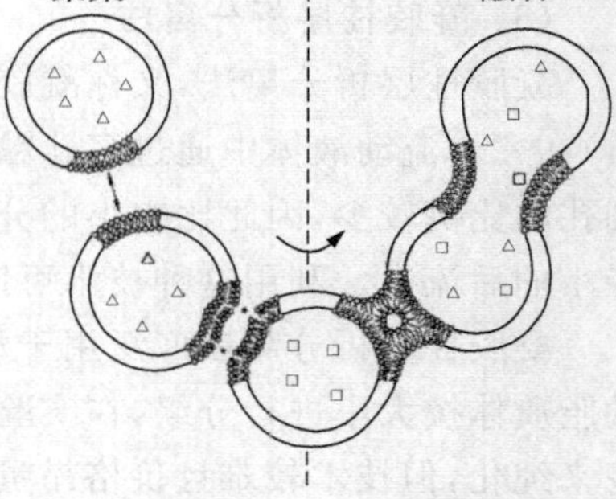

图 2-21 脂质体聚集和融合示意图

采用冷冻干燥法或前体脂质体制法可以较好地避免脂质体在贮存中发生化学和物理变化。选用不同冻结保护剂可影响脂质体复溶后的物理形态。

脂质体的物理稳定性在很大程度上取决于脂膜组成和结构。如以不同饱和度的磷脂制备脂质体时,体内外稳定性有显著差异。在酒石酸锑钾脂质体膜材中加入正电荷磷脂,由于药物与膜产生静电作用而使药物与脂质体紧密结合,减少了药物渗漏。

脂质体的稳定性不仅影响脂质体质量,也影响其包封药物的释放和生物利用度。另外,药物吸收的滞后时间及体内药物作用持续时间也与脂质体稳定性次序一致。

3. 脂质体的灭菌

脂质体灭菌是保证脂质体质量的重要因素之一,灭菌方法的选择与混悬介质、保护气体、磷脂组成和纯度等因素有关,常用脂质体灭菌方法如下。

(1) 加热灭菌

以 103.4kPa、121℃加热灭菌可以造成脂质体不可恢复的破坏,但在不同溶媒中脂质体耐加热灭菌能力不同。经 121℃灭菌 20min 后发现,脂质体在生理盐水中易发生凝聚,而在等渗糖溶液和多羟基化合物溶液中不发生凝聚。加热灭菌后,具有较高的过氧化物值的含蛋卵磷脂的分散液稍变黄,改用具有较低的过氧化物值的蛋黄卵磷脂、氢化蛋黄卵磷脂或 DPPC 则无此变化。加热后负电荷脂质体出现大量渗漏,正电荷脂质体则不发生渗漏,且可贮存很长时间。100℃流通蒸汽灭菌适用于饱和磷脂制备的脂质体。

(2) 滤过除菌

国外一般采用的除菌方法是加抑菌剂或滤过除菌。粒径 0.22μm 或更小的脂质体可以通过滤过除菌法除菌,但脂质体及内容物损失 0.3%~18.6%;粒径大于 0.6μm 的脂质体不能用过滤方法除菌,因为当它们通过滤膜时完整性被破坏,内容物游离出来。将脂质体挤压通过 0.2μm 聚碳酸酯膜也可得到无菌的脂质体,这样可同时调整脂质体粒径和除菌。

(3) 辐射灭菌

辐射灭菌法目前研究很多,具体操作是将脂质体充氮气灌封于安瓿中,用钴发出的 γ 射线辐射灭菌。灭菌前后脂质体粒径无显著变化，但辐射强度和时间影响脂质体渗漏率，长时间或高强度辐射会导致脂质体渗漏率增加，如经辐射强度为6KGy的^{60}Co灭菌后，载药脂质体略变黄，脂质体渗透率明显高于灭菌辐射强度为4KGy时脂质体的渗透率。

(4) 无菌操作

对于不能采用上述灭菌方法的脂质体可采用无菌操作。将使用的容器和仪器事先灭菌，脂质体原料采用过滤除菌或热压灭菌后，在无菌的环境中制备脂质体。

2.3.7 脂质体的质量评价

随着脂质体在临床上的广泛应用，脂质体制剂的质量控制显得尤为重要。《中国药典》2010年版二部附录ⅪⅩE的微囊、微球与脂质体制剂指导原则中明确规定，此类制剂在生产过程与贮藏期间的检查应包括以下项目。

1. 有害有机溶剂的限度检查

在生产过程中引入有害有机溶剂时，应按《中国药典》附录中残留溶剂测定法测定，凡未规定限度者可参考ICH，否则应制定有害有机溶剂残留量的测定方法与限度。

2. 形态、粒径及其分布的检查

(1) 形态观察

可采用光学显微镜观察脂质体形态，粒径小于2μm的需用扫描或透射电子显微镜观察，均应提供照片。

(2) 粒径及其分布

应提供粒径的平均值及其分布的数据或图形。测定粒径的方法有多种，如光学显微镜法、电感应法、光感应法或激光衍射法等。测定不少于500个脂质体的粒径，由计算机软件或公式(2-10)求得算术平均径。

$$d_{av} = \sum(nd)/\sum n = (n_1 d_1 + n_2 d_2 + \cdots + n_n d_n)/(n_1 + n_2 + \cdots + n_n) \qquad (2-10)$$

脂质体的粒径分布数据常用各粒径范围内的粒子数或百分率表示；有时也可用跨距表示，跨距越小分布越窄，即粒子大小越均匀，跨距计算见公式(2-11)。

$$跨距 = (D_{90} - D_{10})/D_{50} \qquad (2-11)$$

公式(2-11)中，D_{10}、D_{50}、D_{90}分别指粒径累积分布图中10%、50%、90%处所对应的粒径。

3. 载药量或包封率的检查

脂质体必须提供载药量或包封率的数据，脂质体的载药量和包封率的计算见公式(2-8)和公式(2-9)。

4. 突释效应或渗漏率的检查

药物在脂质体中一般包括吸附、包入和嵌入三种情况。在体外释放试验时，表面吸附的药物会快速释放，称突释效应。开始0.5h内的释放量要求低于40%，若脂质体产品分散在液体

介质中贮藏，应检查渗漏率，计算方法见公式(2－12)。

$$渗漏率=\frac{产品在贮藏一定时间后渗漏到介质中的药量}{产品在贮藏前包封的药量}\times 100\% \quad (2-12)$$

5. 脂质体氧化程度的检查

脂质体含有的磷脂容易氧化，这是脂质体突出的问题。在含有不饱和脂肪酸的脂质混合物中，磷脂的氧化分三个阶段：单个双键的耦合、氧化产物的形成、乙醛的形成及键断裂。因为各阶段产物不同，氧化程度很难用一种试验方法评价。因此，2010 年《中国药典》中的指导原则采用氧化指数为指标。

氧化指数的测定是由于氧化耦合后的磷脂在波长 230nm 左右具有紫外吸收峰而有别于未氧化的磷脂。测定脂质体的卵磷脂时，其氧化指数应控制在 0.2 以下。具体方法是：将磷脂溶于无水乙醇配成一定浓度的澄明溶液，分别测定在 233nm 及 215nm 波长下的吸光度，由公式(2－13)计算氧化指数。

$$氧化指数 = A_{233nm}/A_{215nm} \quad (2-13)$$

6. 符合有关制剂通则的规定

脂质体制剂除应符合上述指导原则的要求外，还应分别符合有关制剂通则(如片剂、胶囊剂、注射剂、眼用制剂、透皮贴剂、气雾剂等)的规定。若将脂质体制成缓释、控释制剂，则应符合缓释、控释制剂指导原则的要求。

7. 靶向制剂评价

靶向制剂应提供靶向性的数据，如药物体内分布数据及体内分布动力学数据等。

2.3.8 作为生物药物载体的特点和应用

使用普通的制剂方法制备生物药物时，常常需加热或使用有机溶剂，使得生物药物大量分解而降低活性或进而失去活性，同时，制得的制剂稳定性差，体内半衰期短，毒副作用明显。使用生物技术制得的药品一般制备成本较高、费用昂贵，而普通剂型没有靶向性、生物利用度低、用药剂量大。如果以脂质体作为生物技术医药产品的剂型，可以克服普通制剂的缺点，并具有以下特点。

1）可以采用温和的制备条件，避免加热、使用有机溶剂等使酶、蛋白质和肽类药物失活的方法，并制得药物包封率较高的脂质体制剂。

2）脂质体保护了被包封的酶、蛋白质和肽类等药物，增加其抗诱变效应，增强其稳定性，并且脂质体还使这类药物免受体内酶的分解，延长其在体内的半衰期。

3）降低药物的毒副作用，尤其可减轻酶、蛋白质和肽类等药物产品中的污染源及异体蛋白引起的急性过敏反应(包括发热、皮疹甚至过敏性休克、死亡等)，以及形成血栓或出血等不良后果。

4）提高机体的免疫功能，与药物产生协同作用。

5）改变药物的体内分布，使药物具有器官靶向性。

6）与细胞发生吸附、融合、脂交换或被细胞内吞后，脂质体将包封的药物直接带入细胞，使药物具有细胞靶向性，从而提高治疗指数或提高生物利用度。

由于生物药物涵盖面不断拓宽，脂质体作为生物药物载体，应用范围也越来越广，主要有以下几个方面。

1. 抗肿瘤药物的载体

脂质体对淋巴系统具有定向性，对癌细胞有亲和性，加上脂质体的靶向性、长效性、增加药物稳定性和降低药物毒副作用等优点，成为抗肿瘤药物的首选载体，如 IL-2 脂质体、L-天门冬酰胺酶及 TNF-2 脂质体等。

2. 抗菌药物、抗病毒药物的载体

脂质体由于与生物细胞膜亲和力强，能够停留在肝和脾等网状内皮系统丰富的组织细胞内，而许多致病菌正是存在于网状内皮系统中，因此将抗生素包裹在脂质体内可提高抗菌效果。如两性霉素 B 脂质体能够在保持其抗真菌和霉菌感染的治疗优势的同时，明显地降低毒性，目前已有多种两性霉素 B 脂质体制剂上市。将抗病毒药物制成脂质体，可显著提高抗病毒疗效，降低用药量和减少毒副反应。

3. 疫苗佐剂和载体

自从 Allison 等于 1974 年首次报道脂质体的免疫佐剂效应以后，脂质体因其生物可降解性、巨噬细胞靶向性和生物相容性等特点，越来越多地应用于新型疫苗研究中，如用于鼻腔接种的灭活鼠疫菌脂质体疫苗和流感病毒核蛋白脂质体疫苗。目前，脂质体已应用于：① 动物性抗原的免疫佐剂载体；② 植物性抗原的免疫佐剂载体；③ 辅助免疫佐剂（co-adjuvant）及载体内源性宿主物质。

4. 酶和多肽类药物的载体

酶和多肽类药物都是生物大分子，其共同特点是在生物体内不稳定、易被蛋白水解酶降解，因而在生物体内的半衰期较短，而且绝大部分不利于口服给药。利用脂质体作为酶和多肽类药物的载体，可将外源性的酶和多肽导向人体的特定部位，防止其失活，提高其稳定性。

5. 免疫激活剂

脂质体为目前可能用于人类的极少数无毒性免疫激活剂。在免疫学试验中，一些非肠道给药或经肠道给药的脂质体能够有效地将抗原引入细胞从而保护动物抵抗疾病。脂质体与抗原的物理连接是其有效性的必要条件。此外，脂质体本身的结构，主要可能是它的类脂样性质，能起抗原储库的作用。脂质体的一些结构特征，如大小、双层膜流动性、表面电荷、抗原于脂质体中的式样及脂质与抗原的质量比等因素，也可影响其激活性能，但其处方组成因所用的抗原和使用的途径而异。

6. 基因工程、基因治疗中的应用

脂质体载体（liposome vector）作为非病毒载体（non-viral vector）应用于基因工程和基因

治疗中，具有如下优点：① 不需包装细胞，制备省时，滴度也不受限制，并且可对质粒或其他形式核酸进行快速分析；② 对基因大小或核酸类型不限制；③ 免疫原性低，急性毒性小，机体无前存免疫力，对受者比较安全；④ 可具有特异靶向性，能转移至非分裂期细胞并有效表达；⑤ 制备方便且重复性好，具有完全人工合成及可大规模生产的可行性，因此较简单和廉价。

基因治疗是将基因和脂质体共价结合，通过体内注射方式将基因直接引入到特定细胞或组织中。目前，基因疗法主要应用于局部性疾病和慢性失调症的治疗。

脂质体作为非病毒运载系统，虽然在一定程度上模拟了病毒载体的性质，但是也有一些不足之处，主要体现在转染效率不如病毒载体及基因表达持续时间短等。

7. 免疫诊断

近年来，脂质体在免疫学和诊断试剂上的应用日趋增加。将具有荧光性的物质（如羧基荧光素）或酶活性物质（如碱性磷酸酶）包裹于脂质体中，再在脂质体上连接特异抗体：当脂质体上抗体与特异性抗原结合后，脂质体破裂，释放出荧光素，测其荧光强度即可求出抗原含量；碱性磷酸酶（AP）包入免疫脂质体，而酶底物在脂质体外，当免疫脂质体与抗原结合后，脂质体膜通透性改变释放出 AP，AP 与底物反应而显色。该法操作快速且简便，可用于定性或定量分析，已用于红斑狼疮、梅毒、乙型肝炎、单核白细胞增多症等的诊断及 C-反应蛋白、免疫球蛋白、激素等药物检测。此外，脂质体还可以作为磁共振对比剂、超声造影剂等诊断试剂应用于临床。

2.4 环糊精包合物

2.4.1 概述

环糊精包合物（cyclodextrin inclusion compound）是指一种分子被包藏或插入在环糊精（cyclodextrin，CD）单分子形成的空穴结构内构成的具有独特形式的复合物。它是一种特殊类型的分子复合物，属于一种非键型络合物。环糊精包合物由主分子和客分子两种组分组成：环糊精为包合主体，称主分子（host molecule），即具有包合作用的外层分子；被包藏或插入的分子为包合客体，称客分子（guest molecule 或 enclosed molecule）。

能形成环糊精包合物的通常是有机药物，主客体分子间以范德华力形成包合物，包合物形成过程中，没有化学键的形成或断裂，整个过程为物理过程，除环糊精空穴发生细微的形变外，其大小和形状基本保持不变。

包合物的首次发现，是在 1886 年有学者用 X 射线衍射发现了苯二酚可形成笼状结构，某些挥发性化合物可被包合在其中形成包合物。1948 年，环糊精包合物被发现，促使包合技术快速发展，并在药剂学中得到广泛应用。

药物与环糊精形成包合物后，其物理化学和生物药剂学性质，如稳定性、挥发性、溶解性、分散性、生物利用度等均会发生相应的如下改变：① 溶解度增大；② 稳定性提高；③ 液体药物（如挥发油）粉末化可防止挥发性成分挥发；④ 掩盖药物的不良气味或味道；⑤ 增加药物溶出度，提高药物的生物利用度；⑥ 减轻药物的刺激性与毒副作用；⑦ 环糊精包合类似于微型胶囊，释药缓慢，副反应小。另外，环糊精包合物是一种工艺而不是一种制剂，药物制成环糊精包合物后可再制成其他剂型，如颗粒剂、胶囊剂、片剂、注射剂等。

包合物根据主分子的构成可分为多分子包合物、单分子包合物和大分子包合物；根据主分子形成空穴的几何形状可分为管状包合物、笼状包合物和层状包合物，如图 2－22 所示。管状包合物是由主分子构成管形或筒形的空洞骨架，客分子填充其中而成；笼状包合物是客分子进入由几个主分子构成的笼状晶格中而成的，其空间完全闭合；层状包合物即为客分子存在于主分子的某一层间。

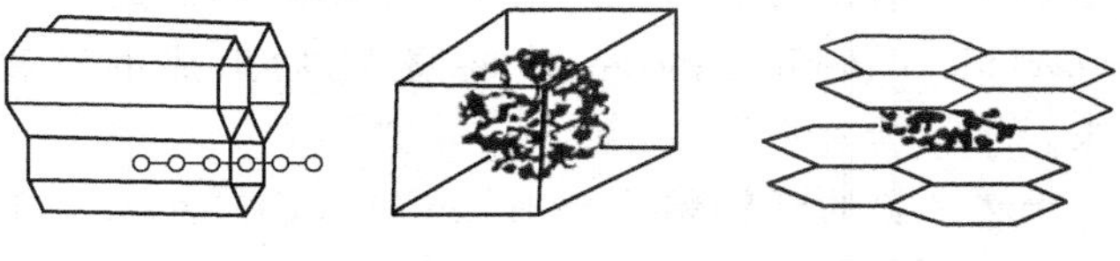

图 2－22　包合物类型

环糊精包合物通常以笼状包合物、管状包合物及单分子包合物的类型存在。有研究者用 X 射线衍射分析并总结出，α-CD 包合物有笼状及管状两种晶型结构。有学者发现，对硝基苯胺、对氯苯胺、对溴乙酰苯胺的 β-CD 包合物都为管状结构。

近年来，环糊精及其衍生物被用作蛋白质等生物大分子的新型药物制剂材料，开辟了一个崭新的前沿研究领域。生物药物经环糊精包合后，其性能的改善主要体现在以下几个方面。

(1) 增加溶解度

生长激素（ovine-GH）经羟丙基-β-CD（HP-β-CD）包合后，溶解度显著增加，在 pH 值为 7.5～8.5 时即能完全溶解，且几乎不受温度影响；而单纯生长激素只有在 pH 值为 11.5 时才能溶解。猪胰岛素钠经 HP-β-CD 以 1∶2 或 1∶10 的摩尔比包合后，溶解度分别由 50mg/mL 增加到 116mg/mL 和 191mg/mL。

(2) 提高稳定性

环糊精可与肽链的氨基酸残基发生包合作用，弥补多肽类及蛋白质药物易降解、易聚集、生物利用度低以及免疫原性等缺陷。重组人生长激素用亲水性 β-CD 衍生物包合后，分子间的疏水作用被抑制，减少了在水溶液中的聚集，有效地避免了由此而导致的失活现象。促黄体生成释放素布舍瑞林（buserelin acetate）是一种人工合成的多肽，可与二甲基-β-CD（DM-β-CD）形成包合物，其肽链上的色氨酸与酪氨酸残基的苯环侧链以及丝氨酸上的取代丁基被包合进入二甲基－β－CD，引起肽链空间构象的改变，不稳定部位被保护而免受蛋白酶的攻击，稳定性增强。β-CD 的磺酸铝盐能与碱性成纤维细胞生长因子（basic fibroblast growth factor, bFGF）发生静电吸附结合，使其免遭胃蛋白酶和 α－糜蛋白酶水解。

此外，有研究报道，环糊精可作为寡核苷酸的载体，促进其胞内吸收。

大量研究表明，环糊精对改善生物药物黏膜吸收有较好的效果，在皮肤、眼部、鼻腔、直肠等给药时显示出良好的促吸收作用。生物药物制备成环糊精包合物后，更有利于制备各种缓控释制剂及靶向制剂。

2.4.2　环糊精包合物的材料

1. 天然来源的环糊精

包合物中的主分子物质称为包合材料，能够作为包合材料的有环糊精、胆酸、淀粉、纤维素、蛋白质、核酸等。目前,在药物制剂中最常用的包合材料是环糊精。

环糊精是由 6～12 个 D-葡萄糖分子以 α-1,4-糖苷键连接而成的环状低聚糖化合物;是淀粉在没有水分子参与的情况下,用嗜碱性芽孢杆菌经培养得到的经环糊精葡萄糖转移酶(cyclodextrin glucanotransferase)作用后形成的产物,为水溶性的非还原性白色结晶性粉末。

天然来源的环糊精主要有 α-CD、β-CD、γ-CD 三种,分别由 6、7、8 个葡萄糖分子构成,β-CD结构图如图 2-23 所示。环糊精的立体结构为上窄下宽、两端开口环状中空圆筒形,见图 2-24,孔穴的开口处呈亲水性,空穴的内部呈疏水性。环糊精对酸不太稳定,易发生酸解而圆筒形结构被破坏,但对碱、热和机械作用都相当稳定。环糊精与某些有机溶剂共存时,能形成复合物而沉淀,可以利用其在溶剂中溶解度的不同而进行分离。三种环糊精的空穴内径与物理性质有较大的差别,见表 2-5。

三种 CD 中,α-CD 分子腔内径稍小,β-CD、γ-CD 的空穴大小更有利于容纳客分子,因此较适合包合药物。β-CD 水中溶解度最小,最易从水中析出结晶,且溶解度随着温度升高而增大,有利于包合物的制备,因此最为常用。β-CD 在不同温度和溶剂中的溶解度见表 2-6、2-7。

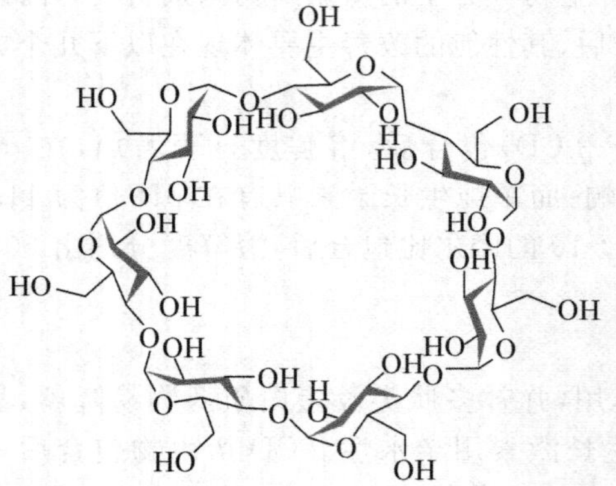

图 2-23　β-CD 结构图

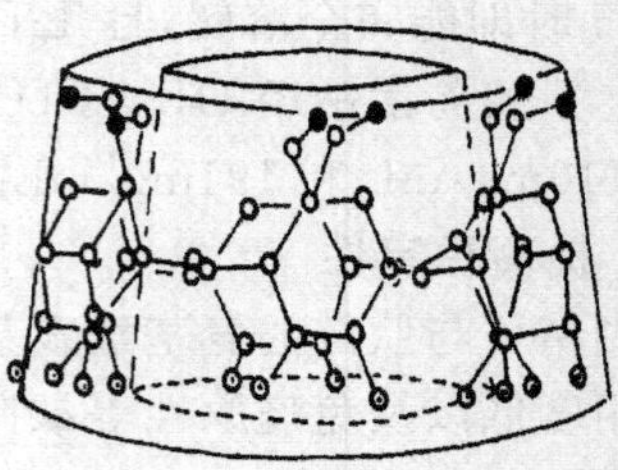

图 2-24　环糊精结构图

表 2-5　三种环糊精的基本性质

项　目	α-CD	β-CD	γ-CD
葡萄糖单体数	6	7	8
相对分子质量	973	1135	1297
分子空穴(nm)(内径)	0.45～0.6	0.7～0.8	0.85～1.0
分子空穴(nm)(外径)	14.6±0.4	15.4±0.4	17.5±0.4
空穴深度(nm)	0.7～0.8	0.7～0.8	0.7～0.8
$[\alpha]_D^{25}$(H_2O)	+150.5°±0.5°	+162.5°±0.5°	+177.4°±0.5°
溶解度(20℃)(g/L)	145	18.5	232
结晶形状(水)	针状	棱柱状	棱柱状

表 2-6　β-CD 在不同温度时的溶解度(g/L)

温度(℃)	溶解度(g/L)
20	18.5
40	37
60	80
80	183
100	256

表 2-7　β-CD 在不同混合溶剂中的溶解度(g/L)

水与有机溶剂的比例	有机溶剂	温度	
		25℃	45℃
1∶0	甲醇	18.5	40
	乙醇	18.5	40
	丙醇	18.5	40
	乙二醇	18.5	40
1∶1	甲醇	3.0	12
	乙醇	16	41
	丙醇	17	53
	乙二醇	7	21
0∶1	甲醇	<1.0	<1.0
	乙醇	<1.0	<1.0
	丙醇	<1.0	<1.0
	乙二醇	10.4	121

毒性研究表明,环糊精因分子大,亲脂性弱,口服只有少量经胃肠道吸收,在结肠段被微生物降解为可吸收的糖,最终代谢为二氧化碳和水,无蓄积作用,因此口服环糊精无毒。环糊精非口服给药时,最主要的问题是肾毒性,可通过提高环糊精的水溶性加以改善。

2. 环糊精衍生物

环糊精衍生物即在天然来源的环糊精上引入取代基,破坏环糊精分子内的氢键,改变其理化性质,使其可以选择性地容纳不同的客分子。近年来研究最多的是对 β-CD 分子结构的修饰。β-CD 衍生物种类繁多,主要有甲基化或烷基化衍生物、羟烷基化衍生物、分支化衍生物、羧基衍生物、磺烷基醚化衍生物等几大类。

常引入的能增加环糊精溶解度的基团有甲基、羟丙基、羟乙基、葡萄糖基、磺丁基等。β-CD中引入这些基团后,水溶性显著提高,得到水溶性环糊精衍生物。如葡萄糖基(用 G 表示)取代后的β-CD,其中G-β-CD、2G-β-CD溶解度(25℃)分别为970g/L、1400g/L,比β-CD提高数十倍;羟丙基-β-CD(HP-β-CD)的溶解度也大于600g/L。以水溶性环糊精衍生物作为包合材料,可提高难溶性药物的溶解度,促进药物的吸收,降低溶血活性,还可用于注射。其中,羟丙基-β-CD已被《美国药典》收载为注射用辅料。二甲基-β-CD(DM-β-CD)可溶于水及有机溶剂,其水溶性(25℃)是β-CD的26倍,在乙醇中溶解度是β-CD的15倍,其澄明溶液在加热时会产生沉淀,冷却后又可溶解。β-CD分子间氢键是其水溶性小并具肾毒性的主要原因。但二甲基-β-CD注射给药时仍有肝肾毒性,小鼠急性毒性试验β-CD的LD_{50}为450mg/kg,而二甲基-β-CD的LD_{50}为200mg/kg,且刺激性也较大,故不能用于注射与黏膜给药。磺丁基醚-β-CDs(SBE-β-CDs)是由1,4-丁磺烷内酯取代β-CD上的羟基而得的,s代表不同的取代度,磺丁基醚-β-CDs具有负电荷支链,对易形成正电荷的含氮药物显示出特殊的亲和力,包合物的稳定性更强,在蛋白质或多肽类生物药物包合物的制备和性质改善上具有良好的应用前景。

用乙基取代β-CD分子中羟基的H,可得到疏水性环糊精衍生物,取代程度愈高,产物溶解度愈低。乙基-β-CD微溶于水,可用作水溶性药物的包合材料,以降低水溶性药物的溶解度,使其具有缓释性。

此外,环糊精的种类会对生物药物性质产生不同的影响。如有研究发现,麦芽糖基-β-CD(G_2-β-CD)能延缓胰岛素在溶液中的聚集,而硫酸基-β-CD(S-β-CD)则会加速胰岛素的聚集,磺丁基醚-β-CD(SBE-β-CD)对胰岛素热力学性质的改变取决于其丁基的取代度,取代度低则胰岛素的聚集减缓,取代度高则聚集加快。

环糊精的各种衍生物具有不同的安全性,主要体现为溶血活性、局部组织刺激性和代谢毒性,因此在处方设计时需要考虑其安全性。

2.4.3 包合物形成原理和药物释放

1. 包合物形成原理

环糊精包合物形成的过程,即客分子插入环糊精空穴中的过程。包合物能否形成及是否稳定,主要取决于环糊精主分子和药物客分子结构的大小及两者的极性,主要体现在以下几方面。

(1) 环糊精能和与其空穴形状和大小相适应的药物形成稳定的包合物。一般来说,被包合的有机药物应符合下列条件之一:① 药物分子的原子数大于5;② 如具有稠环,稠环数应小于5;③ 药物的相对分子质量为100～400;④ 水中溶解度小于10g/L,熔点低于250℃。无机药物大多不宜用环糊精包合。

(2) 药物也可通过分子上的某些基团或侧链插入环糊精的空穴形成包合物。由于环糊精空穴内为疏水区,疏水性、非离解型药物或药物的疏水部分易进入而被包合,极性药物或亲水部分可嵌在空穴口的亲水区。

蛋白质或多肽类生物药物多具有较大的相对分子质量,具有亲水性,因此较难进入环糊精容积有限的疏水空腔,但可借助其肽链上的疏水芳香基团与环糊精嵌合。有研究表明,环糊精对蛋白的包合仅发生在局部暴露的疏水性侧链上,通过影响三维空间结构抑制生物大分子之间的疏水作用，从而改善其化学和生物学特性。

(3) 包合物形成的驱动力主要来自环糊精空腔中水分子的释放。环糊精疏水性空腔中的水分子难于充分生成氢键，处于高能状态，药物的疏水部分进入空腔内取代高能水，系统能量降低有利于包合物的形成。

除以上因素外，影响包合物形成的因素还有以下几方面：

(1) 包合物中主、客分子的比例。药物与环糊精通常以物质的量 1∶1 比例形成包合物，包合物在水中溶解时，整个包合物被水分子包围使溶剂化较完全，形成稳定的单分子包合物。但包合物中主分子和客分子的比例一般为非化学计量，这是由于客分子的最大填入量虽由客分子的大小和主分子的空穴数决定的，但这些空穴并不一定完全被客分子占据，主、客分子数之比可以变动。

(2) 高分子聚合物的影响。一些聚合物如水溶性纤维素衍生物可与环糊精形成络合物，该络合物与原环糊精分子理化性质有所不同。在药物-环糊精包合物的溶液体系中加入这种高分子聚合物可以增加包合物的溶解度，提高药物透过生物膜的通透量。

2. 包合物中药物的释放

药物被环糊精包合是物理过程，不发生化学反应，药物仍保持原有性质和作用。药物嵌入环糊精筒状结构内形成分子胶囊，因而释药缓慢。溶液中包合物与客分子药物呈平衡状态，其稳定性与包合物的稳定性相对应。在包合物的水溶液中，加入其他客分子或有机溶剂，由于发生竞争，原客分子可被取代出来。因此，体内血液或组织液中的其他成分可将包合物中的药物置换出来，导致药物释放。其次，环糊精在体内被酸或微生物降解为直链的糖，促使药物释放。

由于环糊精孔穴的开口处呈亲水性，空穴的内部呈疏水性，因此脂溶性药物容易包入空穴内，但包合物在水中的溶解度较小；而极性药物则嵌在环糊精的穴口，包合物水溶解度较大。

选择合适的环糊精可以达到不同的释放要求。例如，在口服速释制剂中，将药物包合于亲水性的环糊精衍生物中，提高了药物的溶解度和溶出速率，增加了口服生物利用度；在口服缓释制剂中，选用疏水性的环糊精(如乙基化和酰基化的环糊精)作水溶性药物的包合材料，以降低药物的溶出速率；口服控释制剂包括速释部分和阻滞部分。环糊精增加药物局部吸收的机制是提高难溶性药物在水溶性基质中的溶解度，使得更多的药物以分子状态存在于生物膜表面，增加了药物的热力学活性，从而提高药物的通透量。

2.4.4　包合物的制备工艺

1. 包合方法

环糊精包合物的制备方法大致分为两种：① 在环糊精饱和水溶液中，加入含药物的溶液，借助外力形成包合物，达到平衡后除去水分得到包合物；② 环糊精不溶解，仅在少量的水中研合，药物在无溶剂条件下直接加入其中，借助外力使包合物形成。多肽类和蛋白质类药物制备环糊精包合物多在缓冲溶液中进行。

目前，常用的环糊精包合物制备方法有以下几种，其中最常用的是饱和水溶液法。

(1) 饱和水溶液法

饱和水溶液法是指药物用适宜的溶媒溶解后，加到环糊精的饱和水溶液中，在一定温度下搅拌或振荡一定时间(通常30min以上)，使药物与环糊精形成包合物，静置冷却，使包合物析出；仍溶解在溶液中的部分包合物，可加入适宜的有机溶剂，降低包合物溶解度，使其析出；将析出的包合物过滤，洗净，干燥即得。此法亦可称为重结晶法或共沉淀法。搅拌或振荡可用搅拌器、摇床、超声波破碎仪或清洗机等。

(2) 研磨法

取β-CD加入适量的水(通常为2～5倍)，研匀，加入药物(若为难溶性药物，可先溶于少量有机溶剂中)，于一定温度下充分研磨成糊状物，低温干燥后，洗净，干燥即得。工业化生产时，采用胶体磨法比手工研磨法或快速搅拌法快速、简便。

(3) 冷冻干燥法

一些易溶于水的药物制成的环糊精包合物水溶性强，难析出沉淀，经冷冻干燥除去水分后可得到包合物。冷冻干燥法适用于水溶性好、受热易分解变色的药物，所制得包合物疏松、溶解性能优良，可制成注射用粉针剂。

此外，包合物的干燥方法还有喷雾干燥法、旋转蒸发法。

除制备方法外，环糊精的种类、药物与环糊精的配比、时间、温度、溶媒等因素均影响包合效果。

2. 包合效果的评价

包合效果决定着包合工艺的优劣，可由载药量、包封率等指标评价，计算方法参见公式(2-7)、(2-8)。

2.4.5 包合物的质量评价

对环糊精包合物的质量评价主要是验证其包合效果。药物与环糊精是否形成了包合物，通常根据药物形成包合物后性质和结构状态的改变，采用光谱和波谱等方法进行验证，必要时可同时采用几种方法。其中，多肽类和蛋白质类药物包合物的结构验证多采用核磁共振法、圆二色谱法、热分析法及紫外分光光度法。

1. 核磁共振法

胰高血糖素为含29个氨基酸残基的多肽，以D_2O和盐酸缓冲液为溶剂测定其γ-CD包合物的二维核磁共振谱(2D-NMR)。与单一胰高血糖素图波谱有明显的不同，包合物图谱中γ-CD与胰高血糖素氨基酸残基有质子峰的重叠，结果显示，胰高血糖素的氨基酸链中有7个氨基酸残基与γ-CD的空腔发生了作用。

2. 圆二色谱法

蛋白质、多肽等药物分子具有不对称性，其左旋和右旋圆偏振光的吸收系数不相等，称圆二色性。若将其吸收系数之差对波长作图可得圆二色谱图，可用于测定分子的立体结构。如醋酸布舍瑞林与二甲基-β-CD形成包合物后，与醋酸布舍瑞林的近紫外圆二色谱图相比，在形状和强度上有显著差异，可确定包合物的形成。

3. 紫外分光光度法

根据包合前后紫外吸收峰的峰高和位置，可判断包合物的形成。紫外光谱显示，在等渗磷酸缓冲液和低极性的溶液中，若醋酸布舍瑞林二甲基-β-CD 包合物在 280nm 的摩尔吸收系数都有增加，则证实其芳香基的侧链嵌入了二甲基-β-CD 的疏水空腔。

4. 荧光光度法

醋酸布舍瑞林二甲基-β-CD 的荧光光谱中，L-色氨酸对应的吸收峰发生了位移，强度增加，表明醋酸布舍瑞林上的 L-色氨酸被包入二甲基-β-CD 的空穴中。

此外，还可用热分析法、X 射线衍射法、红外光谱法和薄层色谱法进行验证，对比包合前后的图谱差异，以确定包合物是否形成。

2.4.6 在生物药物注射和鼻腔给药中的应用

1. 在生物药物注射中的应用

水溶性差的药物要制备成注射液，可先用环糊精进行包合，提高药物溶解度和稳定性、减少药物对作用部位的刺激、减轻药物的溶血作用、改变药物与蛋白的结合率、改变体内药物动力学行为等。

前列腺素 E_1-α-CD 的冻干注射剂是包含环糊精的第一个市售产品，α-CD 增加了前列腺素 E_1 的溶解度并提高了其稳定性。蛋白质类药物在溶液中易聚集，临床应用困难。据报道，白细胞介素-2 冻干制剂复溶后不澄明，但在含枸橼酸盐和蔗糖的 5%羟丙基-β-CD 溶液中，冻干后复溶即可得到符合注射标准的澄明溶液。胰岛素在溶液中也易聚集，但若将其溶于 pH7.4 的缓冲液及 40%羟丙基-β-CD 溶液中，则在常温下放置一年不发生状态改变。有学者研究发现，给大鼠肌肉注射醋酸布舍瑞林乙基-β-CD 包合物混悬液后，可维持至少一个月的有效血药浓度。

环糊精在注射给药应用中的问题主要是溶血性、局部组织的刺激性。二甲基-β-CD肌肉注射刺激性较强，羟烷基-β-CD、支链-β-CD 和磺丁基醚-β-CD 刺激性则明显减轻甚至消失。

2. 在鼻腔给药中的应用

蛋白质和多肽类药物由于粒径大、亲水性强，因此较难透过鼻黏膜，经鼻的吸收量非常少，生物利用度低且随着药物相对分子质量增大而下降。大量研究表明，环糊精是蛋白质和多肽类药物有效的鼻腔吸收促进剂，环糊精可通过提高药物水溶性，加强药物对鼻黏膜的渗透性而促进经鼻吸收，提高生物利用度。此外，环糊精还能减轻药物对黏膜的副作用。

已有很多文献报道，α-CD 和甲基环糊精可作为蛋白质和多肽类药物吸收促进剂。试验证明，尤其甲基化的 β-CD 有良好的助溶和促吸收作用。如 ACTH(4～9)类似物 Org2766 为一种寡肽，与 5%二甲基-β-CD 共同鼻腔给药后，大鼠体内生物利用度提高了 5 倍，家兔提高了 1 倍多。以 10%二甲基-β-CD 为吸收促进剂，大鼠鼻腔给予醋酸布舍瑞林后，生物利用度增加 60%。多肽类药物降钙素经二甲基-β-CD 包合后，经家兔鼻腔给药后，血钙浓度下降的程度接近静脉注射和皮下给药。

值得注意的是，环糊精在不同动物的鼻腔吸收中存在着显著的种属差异。醋酸亮丙瑞林是一种人工合成的九肽化合物，与 5% α-CD 共同鼻腔给药后，大鼠体内生物利用度提高了近 3 倍，而人体内生物利用度反而降低了。胰岛素以二甲基-β-CD 为吸收促进剂时，在大鼠体内生物利用度增加 1 倍，而在家兔和人体内几乎无吸收。

环糊精在鼻腔给药系统的安全性，可通过对鼻黏膜的毒性及经鼻吸收后所产生的系统作用两方面来评价。在鼻腔给药系统中局部毒副作用研究及临床数据表明，环糊精较安全，有望成为鼻腔给药系统的有效、安全的辅料。但由于大部分蛋白质或多肽类生物药物为多次或长期给药，因此环糊精鼻腔给药的长期安全性必须有待进一步的研究确证。

2.4.7 实例

猪胰岛素环糊精包合物的制备与验证：将猪胰岛素(porcine insulin)、二甲基-β-CD 溶解于磷酸盐缓冲液(pH 7.4)中，分别配成物质的量比 1∶5 的溶液，在室温下振荡 4h，过滤，即得猪胰岛素二甲基-β-CD 包合物溶液。测定包合物的^{1}H-NMR 谱如图 2-25 所示，可见包合前后^{1}H-NMR 谱发生了明显变化，证实包合物已形成。圆二色谱如图 2-26 所示，包合前后图谱也发生了改变，提示猪胰岛素被包合后空间结构发生了改变。

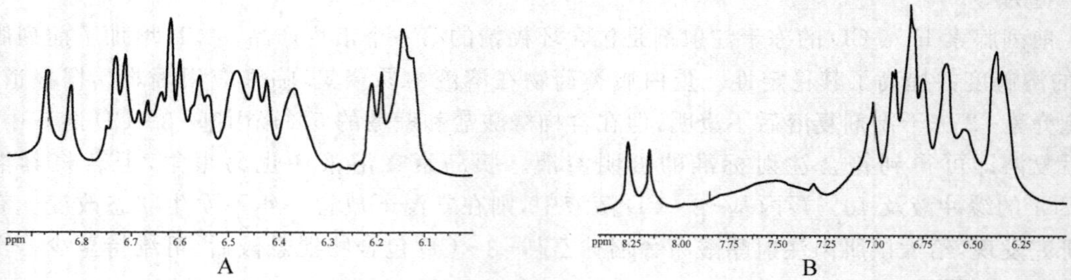

图 2-25 猪胰岛素溶液和猪胰岛素环糊精包合物^{1}H-NMR 谱[A. 0.02mol/L 猪胰岛素溶液；B. 猪胰岛素二甲基-β-CD(1∶5)包合物溶液]

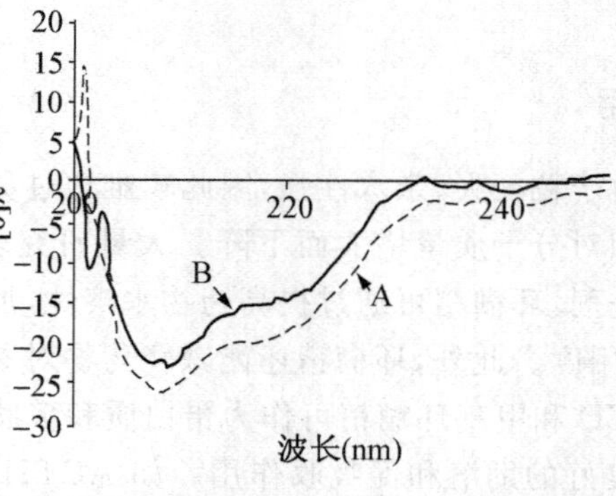

图 2-26 猪胰岛素溶液和猪胰岛素环糊精包合物圆二色谱 [A. 0.02mol/L 猪胰岛素溶液；B. 猪胰岛素二甲基-β-CD(1∶5)包合物溶液]

2.5　微乳、亚微乳与自动化药物传递系统

2.5.1　概述

1943 年，英国化学家首次报道了大量表面活性剂和助表面活性剂（一般为中等链长的醇）混合能自发地形成透明或半透明的体系，并于 1959 年将其正式命名为微乳。此后，微乳的研究和应用迅速发展，并形成了界面化学的一个重要且十分活跃的分支。许多专著和综述性文章总结了微乳的形成理论和应用成果。自 20 世纪 70 年代起，人们已将微乳广泛应用于日用化工、三次采油、酶催化等方面；80 年代后，其作为药物载体受到医药界的重视。微乳、亚微乳均可作为释放药物的载体，但目前为止其在药剂中的应用还不多。微乳除了具有乳剂的一般特性之外，还具有透明、稳定、吸收完全、靶向释药等特点，可提高药物疗效，降低毒副作用。总之，微乳的临床应用价值日益提高，具有很大的发展前景，近年来受到国内外学者的广泛关注。

1. 微乳、亚微乳、自乳化药物传递系统的定义

微乳（microemulsion，ME），又称纳米乳（nanoemulsion）、胶团乳（micellar emulsion），是由油相、水相、表面活性剂（surfactant）及助表面活性剂（cosurfactant）按适当比例自发形成的一种透明或半透明的、低黏度的、各向同性且热力学稳定的油水混合体系。其粒径一般为 10～100nm，属于胶体分散系统。微乳乳滴多为球形，大小较均匀，外观为透明或近似透明液体，经加热或离心也不能使之分层，属于热力学稳定体系，由表面活性剂和助表面活性剂共同起稳定作用。

亚微乳（submicroemulsion）粒径为 100～500nm，也称亚纳米乳，外观不透明，呈混浊或乳状，稳定性不如微乳，虽然可热压灭菌，但加热时间过长或数次加热后会出现分层。由于亚微乳粒径介于微乳与普通乳之间，故其稳定性也介于微乳与普通乳之间。

自乳化药物传递系统（self-emulsifying drug delivery system，SEDDS）是由药物、油相、表面活性剂和助表面活性剂组成的均一混合物，口服后在胃肠道（体温 37℃）的蠕动作用下，能自发形成颗粒较小的水包油型乳滴（粒径＜5μm）。该乳滴具有较大的比表面积，可极大地促进难溶性或亲脂性口服药物的吸收。

2. 微乳的分类

微乳按结构可分为以下三种基本类型（图 2－27）。① 水包油（O/W）型微乳：能与多余的水相共存，从而增加亲脂性药物的溶解度。② 油包水（W/O）型微乳：其结构与 O/W 型微乳相反，细小的水相颗粒分散在油相中，表面覆盖一层由表面活性物质（表面活性剂与助表面活性剂）

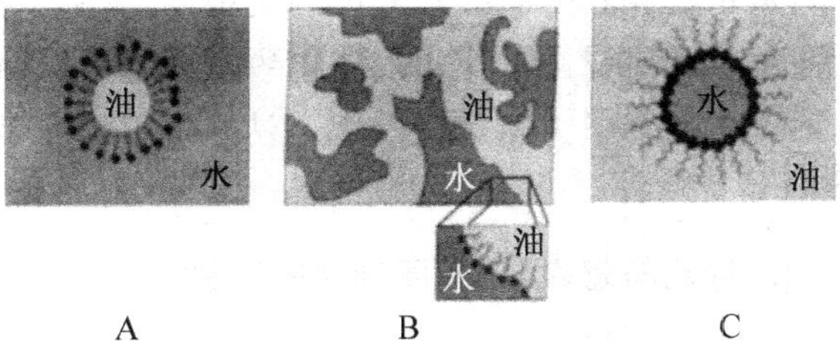

图 2－27　微乳的结构示意图（A. O/W 型微乳；B. 双相连续型；C. W/O 型微乳）

分子构成的单分子膜。分子的非极性端朝向油相，极性端朝向水相，可与多余的油相共存。由于微乳与油相之间的界面张力远小于水油间的界面张力，因此可以延长水溶性药物的给药时间，起到缓释作用。③ 双相连续型微乳：油水两相比例适当时会形成双相连续型微乳，即任一部分的油相在形成液滴被水相包围的同时，也可与其他油相一起组成油连续相，包围介于油相的水滴。由表面活性物质组成的界面不断波动使双连续相微乳也具有各向同性。

3. 微乳、自乳化药物传递系统的特点

(1) 微乳的特点

微乳可用于口服液体制剂、经皮给药制剂、鼻腔给药制剂、眼用制剂和注射剂，并具有以下几个优点：① 呈各向同性的透明液体，热力学稳定，且可过滤灭菌，易于制备和保存。② O/W 型微乳可增加不同疏水性药物的溶解度。③ 难溶性药物制成 O/W 型微乳，由于微乳的粒径小且均匀，包封于其中的药物分散性好，利于吸收，从而提高药物的生物利用度。④ 易水解的药物，采用 W/O 型微乳可延长水溶性药物的释药时间，提高药物的稳定性，延长其释放时间，起到缓释作用，具有一定的靶向性。⑤ 微乳黏度较低，注射用时可减轻疼痛。

但是，微乳也存在一些缺点：① 有关微乳形成的理论尚不成熟，这给微乳的研制带来一定的理论指导难度，需要科研工作者们进一步探讨和研究。② 微乳制备需要大量的表面活性剂，一般占体系油量的 5%～30%，增加了药用微乳尤其是注射微乳的毒性。③ 微乳注射剂中，所采用的有些油相在药剂学中不能被接受。制备药用微乳的组分要求无毒、无刺激性，具有生物相容性，因此开发更低毒性的表面活性剂、助表面活性剂和油相等新材料成为一个待解决的问题。④ 一些微乳尤其是 W/O 型的微乳，不能被水溶液大量稀释，否则由于稀释时各相比例改变，会导致微乳破坏。微乳经口服或注射后，被大量的胃液或血液稀释，粒径变大而转变为乳剂。因此，如何保持微乳的性质和粒径稳定是一个关键的问题。

(2) 自乳化药物传递系统的特点

自乳化药物传递系统(SEDDS)作为提高药物生物利用度的一种方法，具有以下特点。

1) 药物在胃肠道中形成高度分散的乳滴，产生较大的比表面积，故可显著地提高生物利用度。

2) 油相可增强淋巴转运，促进抗肿瘤药物和免疫抑制剂的淋巴吸收。

3) 在胃肠道形成 O/W 型乳滴，可延缓药物水解，提高生物半衰期较短药物的药效。

4) 药物吸收受胆酸盐分泌影响小，可克服食物对吸收的不利影响。

5) 以微球或微丸作为自乳化药物的载体，可有效实现缓释和控释的目的。

6) 药物溶解于油相中，口服后形成乳剂，避免了乳剂存放过程中的分层问题，有利于药物储藏和运输。

4. 微乳与普通乳、胶团溶液的区别

微乳与传统的乳剂和胶团溶液在成分和结构上有许多相似之处，但它们存在着根本的区别。普通乳剂、微乳和胶团溶液的性质比较见表 2-8。

表 2-8　普通乳剂、微乳和胶团溶液的性质比较

性　质	普通乳	微　乳	胶团溶液
外观	不透明	透明或略带乳光的半透明状	一般透明
质点大小	一般大于 100nm，且分布不均匀	粒径小而均匀，一般为 10～100nm	一般小于 10nm
质点形状	一般为球状	球状	稀溶液中一般为球状，浓溶液中可呈现各种形状
热力学稳定性	不稳定，制备时需要能量离心后分层	稳定，制备时不需外力做功，即使高速离心也不能破坏其结构	稳定，不分层
透光性	不透明，乳白色	透明或半透明，可有乳光	透明，可有乳光
表面活性剂用量	少，一般无需加助表面活性剂	多，含量约在 5%～30%	浓度大于表面活性剂临界胶束浓度即可
与油、水混溶性	O/W 型与水混溶，W/O 型与油混溶	能与油相或水相在一定范围混匀	能增溶油与水直至达到饱和

5. 微乳作为生物药物载体的应用

随着生物技术的飞速发展，微乳作为生物药物载体的应用也越来越多。蛋白质或多肽类生物药物已成为生物技术新药的主要品种，且越来越多地应用于临床。但由于此类药物生物半衰期短，膜渗透性差，且易被胃肠道酶降解，故其常规给药途径是静脉或肌肉注射，基本剂型是冻干粉注射剂。因此，可以利用微乳作为载体提高难溶性药物或蛋白质类大分子药物的生物利用度。

近几年，微乳作为药物载体研究最多的是蛋白质类药物口服微乳制剂，微乳口服后可经淋巴管吸收，克服了首过效应以及大分子通过胃肠道上皮细胞膜的障碍。如胰岛素口服微乳胶囊是由卵磷脂、胆固醇、油酸单甘油酯、乙醇、吐温 80 和抗氧剂等组成，具有渗透力强的特点，并可根据分散相的量及环境温度（如体温）的改变而转相，导致药物自微乳中释放，达到治疗糖尿病的目的。

Smithkline Beecham 公司系统研制开发了胰岛素口服微乳，其处方为：① 脂溶性相（油相）含有低 HLB 值（亲水亲油平衡值）的中链、长链脂肪酸单（或双）甘油酯，或长链的脱水山梨醇脂肪酸酯，或两者的混合物；② 高 HLB 值的非离子型表面活性剂，如聚氧乙烯脂肪酸酯、聚氧乙烯脱水山梨醇脂肪酸酯、聚氧乙烯乙二醇长链烷基醚和聚氯乙烯乙二醇长链烷基酯等；③ 水和水溶性治疗剂（药物），如胰岛素、蛋白酶、抑肽酶等。此外，目前市场上还有水不溶性环状多肽药物（如环孢素口服微乳胶囊）。比较微乳-环孢素和植物油-环孢素给药系统的生物利用度，前者大于后者。目前，国内类似产品有环孢素浓缩微乳等。

1994 年，环孢素 A 微乳软胶囊于德国上市，是以聚乙二醇或甘油酯化的玉米油为油相，二甲基山梨醇醚为亲水相，聚氧乙烯氢化蓖麻油-40（Cremophor RH40）为表面活性剂，乙醇为

助表面活性剂，制成的O/W型微乳浓缩液软胶囊。其生物利用度为W/O型环孢素A乳剂软胶囊(《美国药典》22版收载)的170% ～233%，平均剂量减少16%，排斥反应发生率由54%下降到40%，药物疗效得到明显提高。该药的上市极大地推动了微乳在多肽类药物制剂中的应用。

6. 微乳的应用前景

微乳是一种新型的药物释放载体，具有透明、稳定、吸收完全、靶向给药等特点，同时可提高药物疗效，降低其毒副作用。现已有许多相关的研究报道，但目前只有少数药物被制成微乳制剂，且仍存在许多问题，如微乳界面波动性对其结构稳定性的影响、如何根据不同的主药选择合适的处方、微乳的稀释等问题尚需进一步探讨。另外，微乳中高浓度乳化剂和助乳化剂的毒性也是一大障碍，如口服微乳乳化剂对胃肠黏膜的刺激性及对全身的急性毒性和慢性毒性较为明显。同时，微乳中常用的助乳化剂低级醇有一定的药理活性。对此，一方面要寻找高效低毒的乳化剂和助乳化剂，如以磷脂、胆酸盐、胆固醇为乳化剂，氨基酸为助乳化剂；另一方面也可通过微乳的工艺优化降低乳化剂和助乳化剂的用量。因此，需要国内外药学工作者进一步系统地考察微乳作为药物载体的性质，并加以应用。

近年来，伴随着微乳化技术的发展、乳化装置性能的不断改进和新的乳化设备的问世，使依靠乳化设备并减少乳化剂用量而制备性能更佳的微乳成为可能。例如，高压均质机的作用可使乳化剂的用量大幅减少。目前，口服微乳可提高多肽类药物生物利用度，主要原因如下。

(1) 微乳能克服生物膜屏障

当前克服生物膜屏障的方法主要是加入吸收促进剂，以提高多肽药物的渗透性，继而改善其在胃肠道中的吸收率。但有些吸收促进剂的组分会改变黏膜表面完整性，甚至会产生全身和局部副作用。通过修饰多肽分子结构，如使多肽分子与聚合物或蛋白质等形成大分子结合物、酯化多肽分子等方法可以提高多肽类药物在胃肠道的吸收，但是却有可能降低多肽类药物的活性。有学者经过大量试验和观察，提出了口服微乳制剂中多肽吸收原理的假设，认为多肽类药物在通过水层、黏膜和上皮细胞后，经由两条途径进入循环系统，即通过胸导管的淋巴途径(可以避免肝的首过效应)和肠系膜门静脉途径(不能避免肝首过效应)。此外，试验表明微乳制剂可以大大增加淋巴转运的药时曲线下面积，提高口服多肽类药物的生物利用度。

(2) 微乳能克服生物酶屏障

当前克服生物酶屏障的方法首先是加入酶抑制剂，以减少消化酶对多肽类药物的作用，从而提高药物的生物利用度，但此方法只适合应用于消化酶较少的肠段，如结肠腔内释放给药。其次是改变药物的载体微粒形态，如微粒剂、脂质体等具有缓释功能，并能减少酶对多肽类药物的降解和提高药物稳定性。微粒制剂需要高分子物质作为骨架材料，然而生物组织相容性好并且生物可降解的载体种类有限，且这些载体的体内代谢动力学也还需进一步系统研究。脂质体在温度较高时不稳定，与多肽类药物的结合率也不高，其液态形式又易于氧化和分解，因此到目前为止脂质体的口服应用并不广泛。微乳能将多肽类药物包囊于乳滴内，可以保护药物免受胃肠道酶的降解作用，故而能克服生物酶屏障。

2.5.2　微乳的组成

1. 表面活性剂

表面活性剂能大大降低油水两相间的界面张力，改变体系的表面状态，从而产生润湿或反润湿、乳化或破乳、分散或凝聚、起泡或消泡及增溶等系列作用。表面活性剂根据来源可分为天然表面活性剂和合成表面活性剂；根据溶解性质，可分为水溶性表面活性剂和油溶性表面活性剂；根据极性基团的解离性质，分为离子型表面活性剂和非离子型表面活性剂；根据离子型表面活性剂所带电荷，又分为阳离子、阴离子和两性离子表面活性剂。每类中又可根据亲水或亲油基团分为不同的种类。常用的表面活性剂有如下几类。

(1) 阴离子型表面活性剂

1) 高级脂肪酸盐通式：$RCOO^- M^+$，如硬脂酸钠、硬脂酸钾、硬脂酸钙、硬脂酸镁等。

2) 硫酸盐通式：$ROSO_3^- M^+$，如十二烷基硫酸钠、十六醇硫酸钠等。

3) 磺酸盐烷基磺酸盐通式：$RSO_3^- M^+$，如二己基琥珀酸磺酸钠。

4) 烷基苯基磺酸盐通式：$RC_6H_5SO_3^- M^+$，如十二烷基苯磺酸钠等。

5) 胆盐：如肝胆酸钠、牛胆磺酸钠等。

(2) 阳离子型表面活性剂

1) 铵盐型：$[RNH_3^+]X^-$，$[R_2NH_2^+]X^-$，如氯苄甲乙胺等。

2) 季铵盐型：$[R_1R_2N^+R_3R_4]X^-$，如洁尔灭、新洁尔灭等。

(3) 两性离子表面活性剂

1) 氨基酸型：$RN^+H_2CH_2CH_2COO^-$。

2) 磷脂类：磷脂是天然的表面活性剂，从大豆或卵黄中提取，分别称为豆磷脂或卵磷脂，但其主要成分均为卵磷脂。磷脂易氧化水解，其氧化物有害，需加抗氧剂。

3) 甜菜碱型通式：$R(CH_3)_2N^+CH_2COO^-$。

(4) 非离子型表面活性剂

1) 多元醇型脱水山梨醇脂肪酸酯类[司盘型(Span)，如 20、40、60、80 等，W/O 型]；聚氧乙烯脱水山梨醇脂肪酸酯类[吐温型(Tween)，如 20、40、60、80、85 等，O/W 型]。

2) 聚氧乙烯型聚氧乙烯脂肪醇醚类(商品名为 Brij，如 Brij30、35，O/W 型)；聚氧乙烯脂肪酸酯类(商品名为 Myrij，如 Myrij45、49、52 等，O/W 型)。

3) 聚氧乙烯-聚氧丙烯型泊洛沙姆(商品名为 Poloxamer、Pluronic，O/W 型)，由于其具有无毒、无抗原性、无致敏性、无刺激性、化学性质稳定、不溶血等特点，是目前应用于静脉注射用乳剂的一种合成乳剂，其中 Pluronic F68 最为常用。

4) 蔗糖脂肪酸酯(sucrose esters，简称 SE)是国内研制成功的一种非离子型表面活性剂。蔗糖脂肪酸酯是单酯、双酯及三酯的混合物，改变其比例，亲水性就发生变化，同时 HLB 值也可在 1～16 内变化。由于蔗糖脂肪酸酯分子中同时存在性质相反的两亲性基团结构，且保持一定的均衡性，因此具有较好的降低表面张力的作用。其最大特点是无毒、无味、无刺激性，在体内能降解成脂肪酸和蔗糖，并具有一定营养价值。蔗糖脂肪酸酯已广泛用于食品、日用化学及制糖等工业。

5）高分子表面活性剂，目前常用的是水溶性高分子化合物，如蛋白质、树脂、海藻酸钠、羧甲基纤维素钠、聚丙烯酰胺、聚乙二醇等。

2. 助表面活性剂

助表面活性剂的作用是与表面活性剂形成表面界面膜，降低表面活性剂分子之间的排斥力，调节表面活性剂的 HLB 值。因此，选择合适的助表面活性剂可以使微乳的形成速率加快，制得的乳滴更均匀。助表面活性剂必须在油相和界面上都达到一定的浓度，分子链要求较短，毒性较小，常为中链的醇类和适宜的非离子型表面活性剂，如正丁醇、乙二醇、丙二醇、甘油和聚甘油酯等。

3. 附加剂

(1) 防腐剂

微乳是很多微生物生长的良好环境，故除了控制原料的质量及制备条件外应加入防腐剂。常用的防腐剂有苯甲酸、苯甲酸钠、对羟基苯甲酸酯类、山梨醇及苯扎溴铵等。

(2) 抗氧剂

制备微乳时所用的油相、水相、药物及表面活性剂（如磷脂等），易发生氧化，故微乳中常需加入抗氧剂。水相中的抗氧剂可选用亚硫酸盐类、抗坏血酸等，油相抗氧剂常选用没食子酸丙酯、抗坏血酸棕榈酸酯、叔丁基对羟基茴香醚（BHA）、二叔丁基对甲酚（BHT）等。以磷脂为表面活性剂时，常用维生素 E 作抗氧剂。

(3) 矫味剂

为了掩盖微乳中油的不良味道，口服微乳中常加入矫味剂，如蔗糖、糖精钠、甜菊糖苷等。

2.5.3 微乳形成机制

关于微乳的自发形成，历史上有许多理论，如 Schulman 和 Prince 等的负界面张力理论，Schulman 与 Bowcoff 的双层膜理论，尽管目前微乳形成机制还没有形成统一认识，但几个主要理论逐渐得到完善及补充，现分别介绍如下。

1. 混合膜理论

1955 年，有关研究者提出了吸附单层是第三相或中间相的概念，并由此发展到混合膜理论。其核心内容是将膜看做一种与油相和水相平衡的两维三相的液体，即一种单层双面两性膜，分别与水和油相接触。正是这两个面分别与水、油相互作用的相对强度决定了界面的弯曲及方向，因此决定了微乳体系的类型。助乳化剂的加入，促进表面活性剂在油水之间形成稳定的界面膜，从而使油水界面自动扩大而形成微乳。助表面活性剂的重要贡献就是使界面的柔性得到改善。混合膜理论认为微乳成乳条件是：在油/水界面有大量表面活性剂和助表面活性剂混合物的吸附，使得界面具有高度的柔性。

2. 瞬时负界面张力理论

瞬时负界面张力理论认为：油/水界面张力在表面活性剂的存在下会大大降低，一般为几个mN/m，如此低的界面张力只能形成普通乳状液。但助表面活性剂的存在，产生了混合吸附，界面张力会进一步下降至超低（10^{-3}～10^{-5} mN/m），甚至产生瞬时负界面张力（$r<0$）。由于负界面张力是不能存在的，因此体系将自发扩张界面，使更多的表面活性剂和助表面活性剂吸附于界面使其体积浓度降低，直至界面张力恢复至零或微小的正值。这种由瞬时负界面张力而引起的体系界面自发扩张的最终结果就是形成了微乳体系。如果微乳发生聚集，则界面面积缩小，会产生负界面张力，从而对抗微乳进一步发生聚集，这就解释了微乳的稳定性。负界面张力理论虽然可以解释微乳的形成和稳定，但由于负界面张力无法实测，因此这一理论缺乏试验基础。

3. 增溶理论

增溶理论认为微乳是油相和水相增溶于胶束或反胶束中，溶胀到一定粒径范围（10～100nm）内形成的，增溶作用是微乳自发形成的原因之一。关于非离子型表面活性剂微乳的进一步研究表明，混合膜并非微乳形成的必要条件，只要选用结构适宜的非离子型表面活性剂和一定温度，并确保胶束具有合适的大小，则不加入助表面活性剂，也能形成微乳。但此理论无法解释为何只要表面活性剂的浓度大于临界胶束浓度即可产生增溶作用，却不产生微乳。

4. 热力学理论

从热力学角度研究微乳成乳条件，认为微乳形成需要自由能的多少取决于表面活性剂降低的油水界面张力和体系熵的变化，当熵变化使自由能成为负值时，微乳会自发形成。

总之，关于微乳的形成机制尚有争议。目前，多数学者在制备微乳时利用了伪三元相图筛选组分，依据表面活性剂和助表面活性剂在微乳形成中起降低界面张力和形成界面膜的作用；先将药物溶解于油相和助乳化剂中，然后增溶于乳化剂的胶束溶液中。因此，将上述理论有机结合来说明微乳的形成机制更具有说服力。

2.5.4　微乳、亚微乳的制备

微乳可以自发形成或轻轻振荡而成。亚微乳的制备须提供较强的机械分散力，如用两步高压乳匀机将初乳捣碎，并滤去粗乳滴及碎片。

微乳的制备不需要特殊的设备，一般采用亲水亲油平衡值（hydrophile-lipo-phile balance，HLB）法或相转变温度（PIT）法。根据微乳的形成原理，微乳的组成可分为四元体系和三元体系两类，前者包括表面活性剂、助表面活性剂、油和水；后者则包括表面活性剂、油和水，不加助表面活性剂。分析相图是选择微乳处方的有效方法，通常可在固定某一组分的条件下，将四元相图简化成三元相图处理，找出微乳区域，由此确定合适的处方。

1. 微乳形成的基本条件

微乳形成的三个基本条件：① 油水界面上短暂的表面张力为负值；② 界面膜的高度流动性；③ 油相与界面膜上的表面活性分子之间保持合适的渗透性。

2. 微乳的处方设计

微乳是由油、水、表面活性剂和助表面活性剂组成的。因此，制备微乳时首先应根据用药目的和主药性质等因素确定体系中各组分的种类，综合考虑微乳形成的基本条件以及微乳的特殊要求。以下主要介绍微乳体系中各组分的选择，其中并未考虑主药的性质对处方设计的影响。

(1) HLB

HLB是微乳处方设计的一个初步指标，是制备微乳时表面活性剂的选择依据。一般而言，W/O型微乳需用HLB为3～6的表面活性剂，O/W型微乳需用HLB为8～18的表面活性剂，此外不同油相对HLB值的要求也不同。表2-9列出了一些常用油相所需的HLB参考值。系统的HLB由表面活性剂与助表面活性剂的种类及数量决定，只要各组分比例恰当，混匀后可自发形成微乳，因此微乳的处方设计主要是选择合适的组分及确定恰当的比例。非离子型表面活性剂的HLB具有加和性，可进行计算，例如简单的二组分非离子表面活性剂体系的HLB可计算如下。

$$HLB = (HLB_a \times W_a + HLB_b + W_b)/(W_a + W_b)。$$

表2-9 不同油相所需HLB的参考值

油 相	W/O型	O/W型	油 相	W/O型	O/W型
芳香烃	4	12	棉籽油	—	7.5
液体石蜡	4	10	挥发油	—	9～16
植物油	—	7～12	亚油酸	—	16
维生素油	—	5～10	油酸	—	17
蓖麻油	—	14			

(2) 表面活性剂

表面活性剂为形成微乳的必需物质，其作用主要在于降低界面张力和形成吸附膜，促使微乳形成。在微乳体系中，表面活性剂和助表面活性剂的浓度相当大，一般占体系总量的12%～30%(至少10%)。目前，微乳作为药物载体的最大问题是大量表面活性剂的使用将增加药用微乳特别是注射用微乳的毒性。因此，表面活性剂最好能做到无毒、无刺激性、无不良药理作用且具备生物相容性。

确定表面活性剂时首先要考虑HLB值。表面活性剂的离子性质也是决定微乳形成的关键因素之一：阳离子表面活性剂，如胺或季铵盐，适用pH值3～7的介质；阴离子表面活性剂，如脂肪酸盐、脂肪醇磺酸盐等，适用于pH值大于8的介质。这两类表面活性剂由于溶血作用较强，因而使用受到一定的限制。而非离子型表面活性剂在pH值3～10的介质中均可适用，一般毒性小、刺激小，在溶液中比较稳定，不易受强电解质、无机盐类的影响，也不易受酸、碱的影响，与其他类型表面活性剂的相容性好，溶血作用小，能与大多数药物配伍，适用于载体的应用。其中，吐温类(如吐温80)常用作高亲水亲油平衡值的表面活性剂。非离子型表面活性剂可以与多种形式的助表面活性剂合用；离子型表面活性剂由于其强烈的亲水性应与亲脂性助表面活性剂合用以提高对药物的溶解力。

由于微乳体系中油水界面面积极大地增加，因此所需表面活性剂用量较大（10%以上）。离子型表面活性剂毒性较大，因此多选用非离子表面活性剂，如泊洛沙姆、吐温类、聚二醇。由于微乳的形成要求一定的比例范围，不能被稀释，而用作药物载体的微乳进入人体内后会被血液稀释，结果导致微乳被破坏而影响应用。有报道采用非离子型表面活性剂作助表面活性剂，由于非离子型表面活性剂有强两亲性，使其主要存在于两相的界面上，即使稀释也能在较大范围内保持分散体系的结构完整。也有人用非离子型表面活性剂 Poloxamer407 作表面活性剂、甘油作助表面活性剂制备微乳，静注后在体内形成粒径细小均匀的乳剂，在一定范围内不影响人体的正常生理状况。

天然两性表面活性物质，如卵磷脂，无毒，受酸碱度、盐浓度的影响较小，而且本身也具有良好的生理活性，能促进药物的透皮吸收，可作为制备药物载体的表面活性剂。但应注意，卵磷脂在贮存过程中会因光、空气及温度的影响而变质，从而产生能溶于血的有毒物质，对热尤其敏感，在 60℃以上数天内即变为不透明褐色。

总之，并非所有表面活性剂都能用于制备微乳，表面活性剂的选择不仅要考虑微乳本身，还要兼顾使用目的、经济性和安全性。

(3) 助表面活性剂

微乳的形成一般需要加入助表面活性剂，其作用主要有以下三点。

1) 降低界面张力：形成微乳需要很低的界面张力，当油-水界面张力 $\sigma < 10^{-2}$ mN/m 时才能形成微乳。就单一表面活性剂而言，在界面张力降至零以前已经达到临界胶团浓度（CMC），因此其降低界面张力的能力受溶解度的限制。此时可加入一定浓度、与表面活性剂性质不同的助表面活性剂，增加表面活性剂的溶解度，从而使界面张力进一步降低，甚至为负值。此时界面扩张形成了完好的液滴，导致更多的表面活性剂和助表面活性剂在界面吸附，从而大大降低了体系溶液中表面活性剂和助表面活性剂的浓度，界面张力重新为正值，生成了微乳。少量离子型表面活性剂和非离子型表面活性剂自身就可以使油-水界面张力降至 10^{-2} mN/m以下，不加助乳化剂也可以生成微乳。

2) 增加界面流动性：若界面膜刚性太大，则界面不易变性重组，不利于微乳生成。在乳剂中加入助乳化剂，助乳化剂分子可以插入界面膜的表面活性剂分子中，减小微乳形成时的界面弯曲能，增加其流动性，使微乳液滴能自发地形成。带分支的表面活性剂也具有增加界面流动性的作用（见图 2-28）。

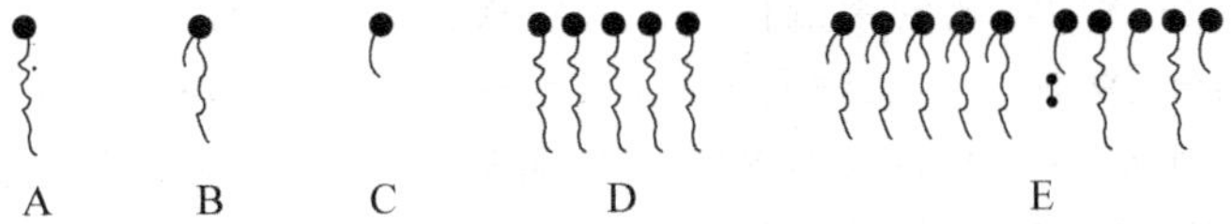

图 2-28　助表面活性剂对界面膜流动性的影响（A. 直链表面活性剂；B. 带分支的表面活性剂；C. 助表面活性剂；D. 刚性膜；E. 流动膜）

3) 调节表面活性剂的 HLB 值：在形成微乳时，要求表面活性剂有合适的 HLB 值，也可用助表面活性剂调节至合适值，使表面活性剂在油-水界面上有较大的吸附。

一般认为，助表面活性剂的效果：直链的优于有支链的，长链的优于短链的。碳链较短的助表面活性剂被吸附于表面活性剂极性端一侧，碳链较长的助表面活性剂则嵌入表面活性剂的碳链中间。当助表面活性剂链长达到表面活性剂碳链的链长时效果最佳。较好的助表面活性剂是短链分子接一个大的亲水基。常用的助表面活性剂有相对分子质量较小的醇类、中高碳脂肪醇（$C_2 \sim C_{10}$）、乙二醇、短链胺等，其中多数是有毒性或刺激性的物质。目前，为了避免助表面活性剂的刺激性和毒性，多采用下列方法：① 选择可单独使用的表面活性剂，如双链离子型表面活性剂磺化琥珀碱二辛酯钠和溴代双二十八烷基铵，及单链非离子型表面活性剂烷基聚氧乙烯醚，并使用脱水山梨醇脂肪酸酯衍生物、聚氧乙烯脂肪酸醚、聚氧乙烯壬基酚醚和烷氧酰胺等对疏水性药物进行增溶；② 用无毒性的多羟基醇（如山梨醇等）作助表面活性剂，也可取得满意结果。

此外，选择适宜的表面活性剂进行复配，则更易于微乳制备。选用不同 HLB 值的非离子型表面活性剂进行复配，其增溶能力超过单一应用的表面活性剂，尤其利用某些非离子型表面活性剂的复配，没有助表面活性剂时也能制得微乳。

(4) 油相的选择

油相的选择对药物的增溶和微乳单相区的存在范围都相当重要。形成微乳所选用的油相必须与表面活性剂分子之间保持适当的渗透和联系，且易于形成界面膜，因此油相分子体积的大小对微乳的形成很重要。一定范围内，油相分子体积越小，溶解药物的能力越强；油相分子体积太大则不能形成微乳，如聚氧乙烯十二烷基醚（$C_{12}E_{10}$）形成的水包油型微乳区域随油相分子长度的增加而减少。原因在于大分子油相不易嵌入表面活性剂中，而小分子油相容易嵌入表面活性剂中形成界面膜。另一方面，如果主药是亲脂性的，则油相分子链越长，对主药的溶解能力越强。因此，选择油相需综合考虑油相分子体积和主药的亲脂性两方面的因素。常用的油相有豆油、肉豆蔻酸异丙酯（IPM）及中等脂肪链长度（$C_8 \sim C_{10}$）的甘油三酯类，这些油相对人体均无毒、无刺激。一般情况下，若应用小分子油相，则主药在微乳中的溶解度只比其在相应胶团中的溶解度稍有提高；而使用分子体积较大的油相，主药在微乳中的溶解度大大高于其在相应胶团中的溶解度。

(5) 水相

水相中若含有缓冲剂、抗生素、等渗剂等添加剂，可影响相图中微乳单相区的面积。盐可降低非离子表面活性剂的相转变温度（PIT）；当操作温度接近 PIT 时，微乳的形成对温度相当敏感。为减少磷脂和脂肪酸甘油酯水解，水相 pH 值宜调至 7～8。

(6) 相图

有胶团和微量或少量增溶物的溶液称为胶团溶液。当溶剂为水时，为含水胶团溶液；当溶剂为油时，即为非水胶团溶液。它们都是各向同性、热力学稳定、外观透明的均相体系，分别定义为 S_1 相和 S_2 相。在水-油-表面活性剂体系中可以很容易地得到各向同性的胶团溶液 S_1 相和 S_2 相，但这两种胶团溶液中分散相的量相对较少。同时增溶了大量水和油的各向同性溶液，即结构处于 S_1 和 S_2 之间的体系——微乳，或仍叫胶团溶液。我们把存在微乳的水-油-表面活性剂体系称为微乳体系。微乳是多组分体系，至少有三个组分——水、油和表面活性剂，通常为四五个组分，即再加上助表面活性剂和盐。如果使用混合表面活性剂或混合油，则体系更复杂。

各相符号的定义见表 2-10。

表 2-10　水-油-表面活性剂体系中常见的各种胶团相结构

名　称	特　征	基本结构
S_1 相	各向同性的胶团溶液	基本成球状、添加少量有机物的胶团
M_1 相	各向异性的中间相（正向排列）	呈六角束排列的棒状胶团，棒状胶团中表面活性剂的亲水基朝向连续相水
G 相	各向异性的针相	层状液晶
M_2 相	各向异性的中间相（反向排列）	呈六角束排列的棒状胶团，棒状胶团中表面活性剂的亲油基朝向连续相油
S_2 相	各向同性的反胶团溶液	添加水的大致呈球状的反胶团

从 S_1 相到 S_2 相，中间可经过不同的途径，并可以出现多相共存现象（见图 2-29 和表 2-10）。这种在微乳体系中同时存在、相互处于平衡状态的相称之为共轭相。共轭相现象是微乳体系的重要特征，因此研究平衡共存的相数及其组成和相区边界是十分重要的。其最方便、最有效的工具就是相图。在等温等压条件下，三组分体系的相行为可以用平面三角形来表示，称为三元相图（见图 2-30），图中有两个微乳区：一个靠近水的顶点，为 O/W 型微乳区，范围较小；另一个靠近助表面活性剂与油的连线，为 W/O 型微乳区，范围较大，故制备 W/O 型微乳较为容易。但温度对微乳的制备影响很大，研究相图时需要恒温。

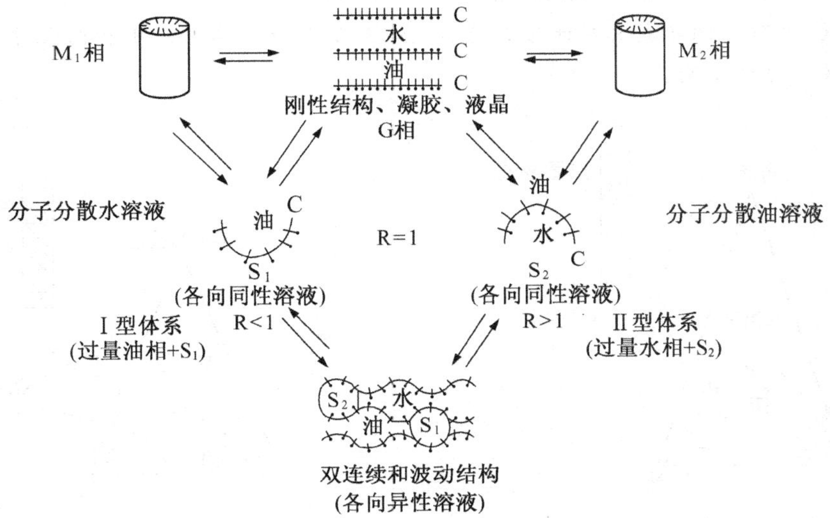

图 2-29　水-油-表面活性剂体系的胶团间平衡和缔合相变化

注：R 表示活性剂吸附层（C 层）在亲油面和亲水面上的分散趋势之比值

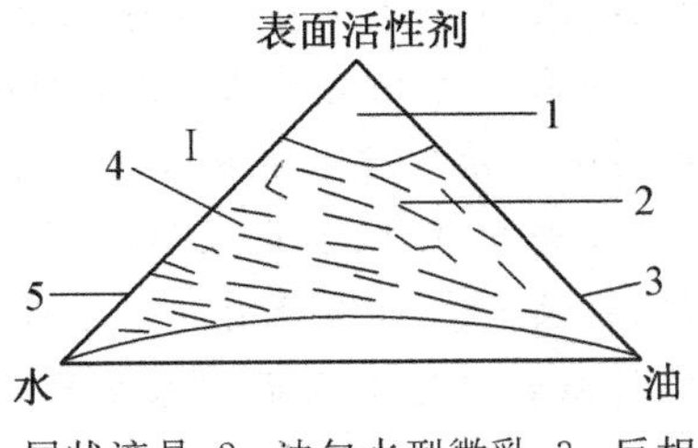

图 2-30　微乳理论三元相图（1. 层状液晶；2. 油包水型微乳；3. 反相胶束；4. 水包油型微乳；5. 胶束）

对于四组分体系，需要采用立体正四面体；而四组分以上的体系则无法全面表示。对四组分或四组分以上体系，通常采用变量合并法，比如固定某两个组分的配比，使实际独立变量不超过三个，从而仍可用三角相图表示，即伪三元相图。

【知识拓展内容】

微乳体系的类型介绍

微乳体系的类型主要有三种，即 Winsor Ⅰ、Winsor Ⅱ、Winsor Ⅲ 型体系。图 2－31 代表 WinsorⅠ型微乳体系，两相区的褶点明显偏向相图中的油相侧，当体系的总组成落在此两相区时，体系为下相微乳体系和过量油相共存。过量的油相中表面活性剂含量相对于胶团相要小得多，而微乳相为典型的 O/W 型结构。图 2－32 代表 Winson Ⅱ微乳体系，两相区的褶点明显偏向于相图中的水相侧，当体系总组成落在两相区时，体系为上相微乳体系与过量水相共存。微乳体系具有典型的 W/O 型结构。图 2－33 代表 WinsonⅢ型微乳体系，有三相区，当体系的组成落在连接三角区(如图 A 点)时，体系为中相微乳体系与过量水相及过量油平衡。

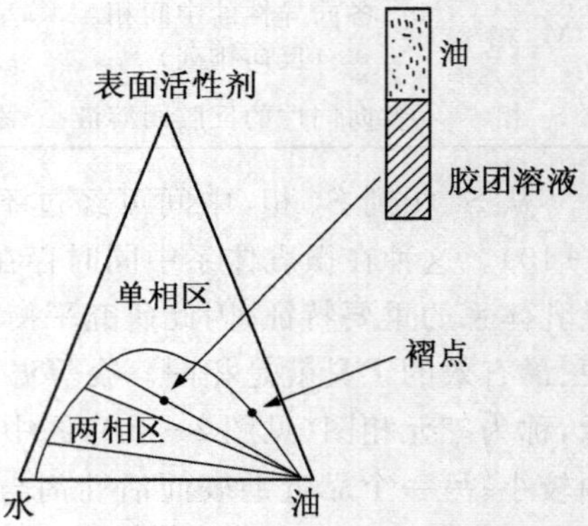

图 2－31　WinsorⅠ型体系

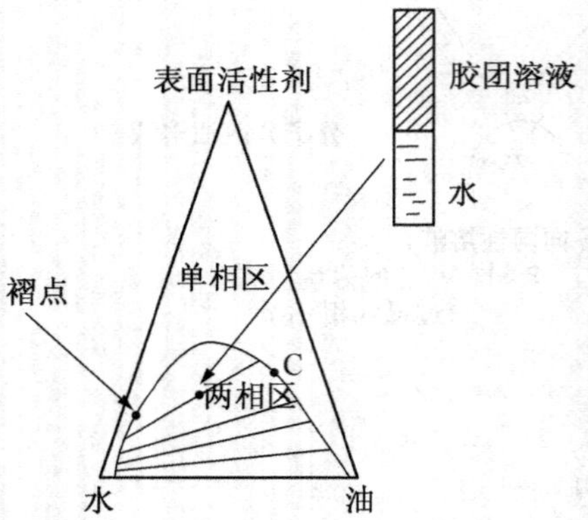

图 2－32　WinsorⅡ型体系

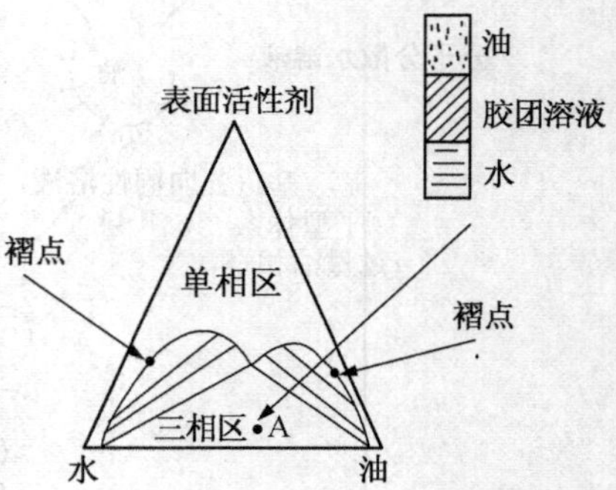

图 2－33　WinsorⅢ型体系

WinsonⅠ型中，两相区褶点偏向油侧表明表面活性剂与水的亲和力明显大于其与油的亲和力。因此在两相区，表面活性剂大部分存在于水相。而在 WinsonⅡ型体系中则相反，表面活性剂与油的亲和力相对较大，因此在两相区，大部分表面活性剂存在于油相。正是这种不均匀分布决定了体系的类型。如果要改变体系的类型及相图的形式，就要通过改变温度或含盐量、改变表面活性剂的亲水基或亲油基结构以及改变同系物油的结构等途径，来改变表面活性剂的亲水性和亲油性的强弱。

用聚乙二醇(PEG)修饰的微乳可增加表面的亲水性，减少被巨噬细胞吞噬，明显延长在血液循环系统中的滞留时间。例如在水相中加入经 PEG 修饰的磷脂酰乙醇胺(PEG-EG),以二棕榈酰磷脂酰胆碱为乳化剂,聚山梨酯 80 为助乳化剂,三油酸甘油酯为油相,制得粒径为 44nm 的微乳,静注后在血中的清除率明显降低。

3. 亚微乳和微乳制备方法

(1) 亚微乳制备方法

亚微乳的制备:通常,制剂微粒粒径比微血管(内径 4μm 左右)小才不会发生栓塞。一般亚微乳要使用高压乳匀机将粗乳捣碎,并滤去粗乳滴与碎片。亚微乳以植物油为主要成分,加乳化剂、助乳化剂与注射用水,通过高压乳匀机制成 O/W 型亚微乳,经高压灭菌,可供静脉注射。其中的植物油可经机体代谢而完全利用。亚微乳还可以作为水溶性或脂溶性药物的载体。如药物或其他成分易氧化,则制备过程都在氮气下进行;如有成分对热不稳定,则应采用无菌操作。

(2) 基于相图的微乳自发乳化法

微乳制备的第一步是确定处方。其处方组成的必需成分通常是油、水、表面活性剂和助表面活性剂。当微乳体系各成分确定后,可通过三元相图找出微乳相形成区域,从而确定微乳成分的用量。第二步是制备微乳。从相图中确定合适的处方后,将各成分按比例混合即可制得微乳。此过程中,各成分的加入顺序不会影响微乳的形成。通常,W/O 型微乳比 O/W 型微乳制备容易。制备 W/O 型微乳时,如先将亲水性表面活性剂同助表面活性剂按要求的比例混合,在一定温度下搅拌,再加入一定量的油相,混合搅拌后,用水滴定浑浊液至透明,即得。制备 O/W 型微乳,可将选定表面活性剂以 10%～20%的量溶于油相中,再将此油相在搅拌下加入到适量的水相中,最后用相图计算助表面活性剂剂量并加入以上混合物中,可得透明的 O/W 型微乳。微乳中的油、水仅在一定比例范围内混溶,在水较多的某一范围内形成 O/W 型微乳,在油较多的某一范围内形成 W/O 型微乳。

(3) 微乳的机械法

为减小因表面活性剂用量增大而产生的毒性,并获得理想粒径的微乳,必须使用高压乳匀机等设备进行乳化。乳化一般分两步进行:① 用高速混合器制得粗乳;② 用高压乳匀机乳化。因为高压乳匀机对粗乳的进一步分散会使温度升高,所以乳化前必须冷却粗乳。

目前,比较有效的乳化设备是高压乳匀机和微射流乳化器。高压乳匀机往往可以用于制备经其他乳化装置不能调制的微乳,并且大幅减少表面活性剂的用量。微射流乳化器是利用微射流乳化技术,采用连续式混合、分散、乳化的办法,制得相体积稳定、粒子细微均一的精细微乳。同常规乳化技术相比,微射流乳化技术只需最低限度加热,就可以大大降低乳化剂、分散剂的投入量。

此外,微乳还可以应用转相乳化法、相转变温度法制备。

2.5.5 微乳、亚微乳、自乳化给药系统质量评价

微乳、亚微乳给药系统有口服、注射、透皮吸收等多种给药途径,其质量评价指标尚无统一标准。下列评价微乳物理稳定性的方法,还可用于评定微乳、亚微乳的质量。

1. 观察微乳、亚微乳的形态

微乳体系平衡后液滴的表面张力近似为0,所以其微观形态应为圆球形,可通过电镜下观察其微观形态确定微乳体系形成与否,及是否达到平衡。

2. 测定微乳、亚微乳的粒径大小与分布

乳滴粒径大小及其分布是评价微乳稳定性的最重要指标之一。微乳粒径大小均匀,在10～100nm 范围内。对微乳做长期留样观察或加速试验时,在不同时间取样测定微乳大小,可以通过测定粒径分布的变化反应评价贮存期内微乳稳定性,若微乳的粒径随时间的延长而增大或粒径分布发生改变,说明微乳不稳定。普遍认为,亚微乳静注的乳滴不应产生毛细血管阻塞或肺栓塞。已报道的静脉注射用亚微乳产品的平均粒径小于1μm,无聚集合并现象;在一滴乳液中(0.05mL),粒径为10～15μm 的乳滴不多于2粒,无大于15μm 的乳滴。

乳滴粒径的常用测定方法有以下几种。

(1) 电镜法

电镜法有以下几种。① 透射电镜(TEM)法：用蒸馏水稀释脂肪微乳,再加 OsO_4 溶液固定15min,将固定的乳剂薄层作 TEM 测定,小乳滴边界清楚,方法简便。② 扫描电镜(SEM)法：用 SEM 可得乳滴的三维图像(不同于 TEM),有利于结果的解释。但类脂极难固化,故应特别注意 SEM 的固化手段,以保证乳滴的粒径及形状不发生改变。③ TEM 冷冻碎裂法：将乳剂速冻再碎裂,可区别乳滴与极易混淆的气泡,测出分子的尺寸及类脂等大分子的精细结构。

(2) 其他方法

光子相关光谱法和计算机调控的激光测定法,可有效地测定粒径为0.05～10μm 的乳滴。激光测定法无需加入电解质,因而不会影响亚微乳的稳定性。研究者首次应用扫描电镜图的三维分析及 ^{31}P 核磁共振定量技术,测定经冷冻破裂并经分级的静脉脂肪亚微乳的粒径,结果绝大多数粒径小于100nm。

亚微乳粒径的分布测定中,可记录下列粒径范围的乳滴数：0.0～99.9nm,100～199.9nm,200～299.9nm 等。测定大量(不少于600个)乳滴后,以频数(某范围内的乳滴数占总乳滴数的百分含量)为纵轴,以粒径为横轴,绘出乳滴粒径分布图。

3. Zeta 电位

Zeta 电位是评价微粒分散体系物理稳定性的重要指标之一,是表示带电微粒间相互作用大小的重要特性参数。其来源于组成微乳膜的物质的解离,在一定程度上反映了相同电荷微粒间斥力与异电荷微粒间的引力(范德华力)达到平衡时的相对能态的高低,过高或过低都不利于微粒的物理稳定性。一般认为,Zeta 电位在±20～±25mV 范围内时,微粒分散体系较稳定。

4. 电导率

W/O 型微乳的电导率较低,而 O/W 型微乳的电导率较高,因此,通过电导率仪测定微乳系统的电导率值可用于判断微乳类型。

5. 黏度和折光率

微乳的折光率可以检查微乳的纯杂程度，微乳的折光率用阿贝折光仪测定。微乳的黏度对其应用特别是注射方式给药有一定影响，黏度过大不利于制备和使用，微乳的黏度用旋转式黏度计测定。

6. 微乳的鉴别

微乳可分别采用染色法、离心法和电导法进行鉴别。① 离心法：采用 4×10^3 r/min 离心 30min，观察是否分层或是否维持澄明，如仍维持澄明可判断为微乳。② 染色法：利用油溶性染料苏丹红和水溶性染料亚甲蓝在微乳中红色或蓝色的扩散快慢来判断微乳的类型，若红色扩散快于蓝色则为 W/O 型微乳，反之为 O/W 型微乳。③ 电导法：在开始时溶液含水量较低，随含水量增大，溶液的电导率上升加快，此时形成的是 W/O 型微乳，其连续相为油相。当溶液电导率随含水量的增加缓慢上升，并出现明显的拐点，且溶液的黏度增大时，形成的为凝胶或液晶结构；当含水量足够大时，溶液的电导率达到最大值；当含水量超过一定值时，电导率开始下降。因为在此区域，含水量的增加使微乳液滴浓度降低，相当于稀释作用。此时连续相为水相，形成的是 O/W 型微乳。

7. 稳定性研究

稳定性研究是微乳、亚微乳的基础研究之一。微乳通常是热力学稳定系统，但有些微乳在贮存过程中也会改变，即粒径变大，个别的甚至也会出现分层。微乳粒径与其稳定性密切相关，且与其治疗和安全性有关，在制备微乳制剂时要依据用药目的和给药途径选择适宜粒径。由于微乳是由表面活性剂组成的系统，所以具有昙点的问题。当温度升高超过了该体系中表面活性剂的昙点时，微乳体系变浑浊，表面活性剂从中析出；当温度降低至室温时，该体系重新变澄清。这也说明微乳只要在组分比例适当的情况下，就可以自发形成，不需要外界做功。通常，稳定性考察项目为粒径、外观、澄清度及主药的含药量。

亚微乳在热力学上仍是不稳定的，在制备过程及贮存中乳滴都有增大的趋势。评价亚微乳的稳定性是决定其贮存期的基本要素。其稳定性考察项目包括是否有分层现象以及乳滴粒径分布，还包括对电导、黏度 ζ 电位、pH 值及化学组成(药物含量及有关物质)的测定。

影响微乳稳定性的因素包括以下几方面。

(1) 表面活性剂

表面活性剂在液滴周围形成稳定的薄膜，以防止液滴聚合而形成微乳。表面活性剂的 HLB 值和用量适宜与否，对微乳稳定性有着至关重要的作用。

(2) 分散相的浓度

一般微乳的分散相含量小于 50%或大于 74%时，微乳容易转相或破裂。

(3) 贮存条件

贮存温度是影响微乳稳定性的最重要因素之一，温度越高，粒径变化越大。贮存时间的延长也会使微乳的分散型逐渐趋向不稳定。

(4) 成品的粒度

微乳成品粒度若细腻而均匀，则微乳稳定；反之，则不稳定。

此外，乳化时的温度、机械力、时间、内外相和表面活性剂的混合顺序等对微乳的稳定性均有影响。

测定其稳定性的试验有以下几方面。

(1) 稳定性影响因素试验

稳定性影响因素试验，可参考我国制剂稳定性的影响因素试验的要求，按三方面进行：① 强光照射试验，在 2000～4000lx 的光照下放置，于第 5 天、第 10 天测定，结果同放置前比较；② 高温试验，在密闭器皿中于 40℃、60℃、80℃分别放置，于第 5 天、第 10 天测定，结果同放置前比较；③ 高湿度试验，在密闭器皿中于 25℃、相对湿度 75%及 92.5%条件下放置，于第 5 天、第 10 天测定，结果同放置前比较。稳定性影响因素试验可作为处方筛选的参考。

(2) 加速试验

加速试验可用市售包装放置在 30℃±2℃/RH 60%±5%条件下，在第 0、1、2、3、6 个月时测定以上稳定性考察项目。经离心后，乳滴会加速上浮或下沉。将微乳放在 3750r/min、半径为 10cm 的离心机中离心 5h，可相当于放置 1 年因密度不同产生的分层、絮凝或合并的结果。

(3) 常温留样考察

常温留样考察是指将市售包装在常温(25℃±2℃/RH75%)条件下，按一定时间间隔(0、1、3、6、12、18、24、36 个月)测定以上稳定性考察项目，以确定有效期或使用期。

8. 自乳化药物传递系统的质量评价

(1) 乳剂粒径

自乳化药物传递系统(SDEES)经水稀释后所得到乳剂粒径较小(<5μm)，其平均粒径用 Coulter Nanosizer 进行测定，可迅速准确地测定粒子大小，但只能测定粒径为 40～3000nm 的粒子，粒径大于 3000nm 的则可采用光学显微镜测定。

(2) 乳化速率

有学者用浊度变化测定自乳化的平衡时间。也有人通过目测观察，如用 37℃恒温的溶出介质(pH=1.2 或者 7.4)以不同比例稀释 SDEES，轻微搅拌后目视观察分散的时间，此方法简便易行。

(3) 乳剂粒子的极性

药物从乳滴中释放的速度与粒径、极性有密切关系，可用公式 $Q_t=f(k/r)$ 表示。Q_t 为不同时刻从油滴扩散入水中的药物量，r 为油滴的粒径，k 为油水分配系数。油滴的粒径越小，油水分配系数越小，则药物释放速率越快。

(4) 药物的释放速率

药物的释放速率可用体外溶出试验测定，通常可采用透析法、离心超滤法、低压超滤法等。

2.5.6 实例

1. 葛根素微乳

【处方】吐温 80、甘油各 20g，油酸乙酯 1.6g，葛根素 2.0g，蒸馏水适量，全量 100mL。

【制法】将吐温80和甘油各20g，加入油酸乙酯1.6g中，涡旋混匀，得空白微乳浓缩液，加入葛根素2.0g，充分溶解后，加水至100mL，涡旋混匀，超声2min，即得淡黄色、透明、澄清的微乳。

【注解】微乳制备过程中往往需加入较高浓度的表面活性剂，以降低液滴表面张力，得到粒径较小的乳滴。而大量表面活性剂可能对机体产生不良反应。本试验选用的非离子型表面活性剂吐温80的毒性、刺激性和溶血性均较小，制品中用量约为20%。

2. 丹参酮微乳

【处方】50mg丹参酮，1g普罗尼克F68，0.5g豆磷脂，2g甘油，5g注射用油，适量注射用水，全量100mL。

【制法】将50mg丹参酮溶于注射用油中，将1g普罗尼克F68、0.5g豆磷脂和甘油混匀，在电磁搅拌下缓慢滴加入适量的注射用水，搅拌120min，将溶液在3000W功率下超声10min，加水至全量。微乳用滤膜（孔径=800nm）过滤，用超级纳米机匀化，100mPa（$n=3$，即循环3次匀化处理），即得淡红色透明胶体溶液。

【注解】本品采用超声-高压乳匀法制备，平均粒度达到50nm以下且分布范围窄。在4℃和室温两种条件下留样观察90d，丹参酮微乳未见分层、絮凝、合并和破裂，外观、pH值均无明显改变。

3. 尼莫地平微乳注射液

【处方】尼莫地平40mg，十四酸异丙酯（IPM）0.8g，聚氧乙烯氢化蓖麻油60（Cremophor RH60）4.2g和乙醇1.4g，注射用水适量，全量100mL。

【制法】称取尼莫地平40mg溶于0.8g IPM中，加入4.2g Cremophor RH60和1.4g乙醇，混匀，在磁力搅拌下缓慢滴加注射用水至全量的80%时，加入注射用活性炭，吸附30min，过滤脱炭，补加注射用水至100mL，灌封于安瓿中，115℃热压灭菌30min，即得。

【注解】尼莫地平在水中的溶解度低（0.002g/L），而在注射用油中的溶解度较大，能满足载药的要求，将其制成微乳后溶解度明显增大（0.4g/L），为水中溶解度的200倍，表明微乳可明显提高尼莫地平的溶解性，避免在常规注射剂的制备中加入大量的助溶剂而引起的不良反应。微乳可作为在水及油中均难溶药物的理想载体。

4. 喷昔洛韦微乳经皮给药制备

【处方】油酸5g，Cremorphor EL 20g，乙醇30g，喷昔洛韦0.5g，注射用水适量，总量100g。

【制法】称取油酸5g，Cremorphor EL 20g，乙醇30g，搅拌使混合均匀，加注射用水至100g，搅拌并平衡30min得澄清透明的空白微乳；在空白微乳中加入0.5g喷昔洛韦，搅拌得澄清透明的喷昔洛韦微乳。

【注解】① 喷昔洛韦为难溶性药物，在水或乙醇中微溶，在乙醚或氯仿中几乎不溶，因此药物本身的皮肤渗透性较差。微乳作为透皮药物载体，能够提高被包容药物的分散度，并且微乳的结构能够改变药物的亲和性，有利于药物进入并突破角质层的屏障作用，同时微乳中的成分具有渗透促进剂的作用，可增大药物透皮速率和透皮量，维持恒定的有效血药浓度。② 制备微乳选用的油相(油酸)可改变脂质黏度，经由角质层的亲脂结构，插入皮肤的神经酰胺中，增加神经酰胺类脂的流动性，促进药物渗透。③ 表面活性剂和助表面活性剂既可以增大药物溶解度，从而产生较高的浓度梯度，又会影响角质层的脂质排列，有利于药物透皮。④ 微乳中的水与皮肤产生水合作用，引起角质层细胞膨胀而导致脂质双层结构的破坏，增加其流动性，破坏角质层水性通道，从而增加透皮药量。

5. 环孢素 A 口服微乳浓缩液

【处方】环孢素 200mg，无水乙醇 150mg，1,2-丙二醇 250mg，三甘油辛/癸酸酯 470mg，聚氧乙烯氢化蓖麻油 930mg。

【制法】在室温下，将 200mg 环孢素 A 溶于 150mg 无水乙醇和 250mg 1,2-丙二醇的混合溶剂中，并在搅拌的同时将 470mg 三甘油辛/癸酸酯和 930mg 聚氧乙烯氢化蓖麻油加到所得溶液中，充分搅拌直到形成均一澄明的环孢素 A 微乳口服浓缩液。

【注解】此处方属于自乳化药物传递系统，环孢素 A 口服微乳浓缩液是目前环孢素 A 临床使用的主要剂型。其各组分在室温及温和搅拌的条件下遇水能自发形成微乳，增加亲脂性药物和难溶性药物的溶解度和溶出速率，从而改善体内吸收，提高口服生物利用度。

6. 丙泊酚(二异丙酚，麻醉剂)亚微乳注射液的制备

【处方】丙泊酚 10g，注射用大豆油 100g，注射用甘油 22.5g，注射用蛋黄卵磷脂 12g，注射用水适量，总量 1000mL。

【制法】将加热到 80℃的 12g 卵磷脂和 10g 丙泊酚溶于 100g 注射用大豆油中，用 0.2μm 滤膜过滤，作为油相，将此油相加到已经用 0.2μm 滤膜过滤的、80℃甘油水溶液中，制成初乳，用 NaOH 调 pH 值至 6.5～8.5，用高压乳匀机乳匀 5 次后，除去 1μm 以上的乳滴，分装于 20mL(内含丙泊酚 200mg)安瓿中，充氮，熔封，用旋转高压灭菌器于 120℃和 $F_0=20$ 的条件下灭菌。结果绝大多数乳滴的粒径约为 500nm(大于 1μm 的不得超过 3%，5μm 的不得检出)。

2.6 树状大分子

2.6.1 概述

树状大分子(dendrimers)早在 1978 年首次合成，但直到 1985 年用发散法成功合成了聚酰胺-胺树状大分子后，树型结构高分子的研究才成为热点。树状大分子以其新奇的结构和独特的性能，在药物载体、基因转染、表面活性剂、感光材料、纳米材料、膜材料以及催化等方面显示出良好的应用前景。

1. 定义

树状大分子(dendrimers)，又称为树状聚合物或树状高分子，是以多功能团小分子作为起

始核心，通过支化基元逐步重复反应而得到的有序三维结构高聚物。由于它具有多支化中心和高度支化结构，表现出树枝状的几何外观，属于第四类高分子结构。

2. 结构

典型的树状大分子由三个主要的结构组成：引发核、单体重复单元和端基(见图 2-34)。它们之间既相互独立，又相互关联，控制着整个分子的尺寸、形状、拓扑结构和表面特性等。常见的引发核有氨、乙二胺、季戊四醇、芳环结构和糖苷结构等。以引发核为起始中心，由两种反应单体交替在外面接枝，每完成两步反应增长一代(Generation，G)。由中心引发核出发向外，合成时反应每循环 1 次，代数就增加 1，记作 G1.0、G2.0 等。

一般来说，低代数的树状大分子是开放的结构，可以充分伸展，但随着代数的增长，由于空间位阻的作用，其整体结构逐渐呈现球形，内部存在空腔。树状大分子的分子结构中包括非极性的核和极性的外壳，内部结构呈疏水性，外表面呈亲水性，故又被称为“单分子胶束”。与传统胶束不同的是，其树枝状结构不依赖于溶液浓度，即无临界胶束浓度。

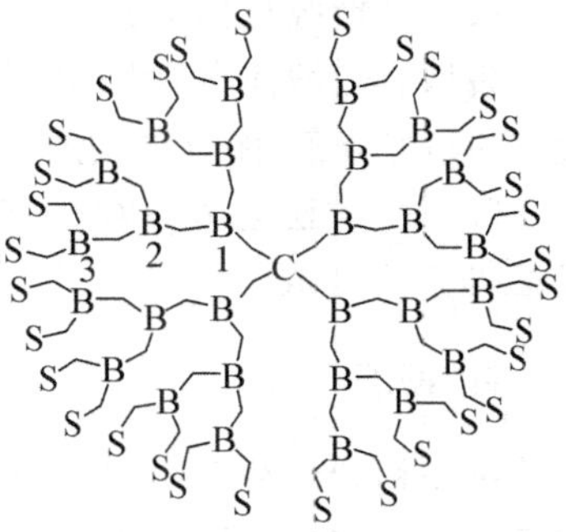

图 2-34　树状大分子示意图 (C. 引发核；B. 单体重复单元；S. 端基)

3. 合成方法

(1) 收敛法

收敛法就是“由外向内”进行合成的方法，该法是以支化单元逐级反复耦合生成树枝状结构，然后连接到引发核分子上制备而成的，其优点是可以针对性地选择末端基团和更好地控制树枝状结构(见图 2-35)。

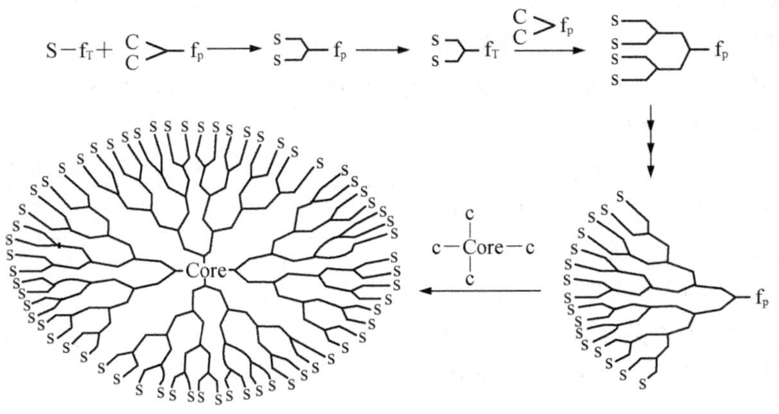

图 2-35　收敛法合成示意图

(2) 发散法

发散法则是由中心引发核向外部的端基进行的“由内向外”合成的方法，其特点是每循环合成一次就在聚合物上增加一个代，中心核的性质决定了整个聚合物分子的性质及其表面电荷的密度，而单体重复单元和端基则在很大程度上影响着分子的物理化学性质(见图 2－36)。

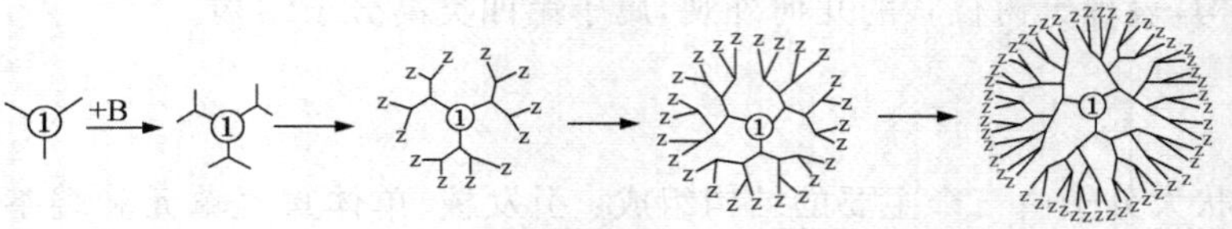

图 2－36　发散法合成示意图

(3) 发散收敛结合法

发散收敛结合法是先用发散法制备出低代数的树状分子，作为活性中心，再用收敛法制得一定代数的扇形分子，称为“支化单体”，然后再将“支化单体”接到活性中心上就可合成出树状大分子。

除以上方法之外，树状大分子还可以通过两段法、超支化单体法、双指数增长法和固相合成法等方法合成。

4. 特点

由于树状大分子中存在理想的分支结构和大量的官能团，这些结构在不同程度上影响着其在固态和液态时的物理性质，因而具有其他大分子所没有的一些特点。树状大分子特点如下：

1) 纳米级尺寸：一种真正意义上的纳米级分子，G2.0～G7.0 聚酰胺-胺树状大分子的直径介于 2.0nm～8.0nm 之间。

2) 单分散性：分子量单一，分子量的大小及分布均能控制。

3) 黏度低：在流变学性质上，其黏度随代数的增加会出现一个极大值(一般为第四代)，而线型聚合物的黏度一般随分子量的增加而增加，且树状大分子比相应的线型聚合物的黏度低得多。

4) 外层可带有多种官能团，其可控的多价性可以使一些药物分子、靶向基团及增溶基团以确定的方式附着在其外周。

5) 溶解性：其溶解性与表面基团有很大关系。当表面基团为亲水性基团时，易溶于极性溶剂；而表面基团为亲油性基团时，则易溶于非极性溶剂。

6) 反应活性：当外部端基具有很高的反应活性时(如氢键)，树状大分子可以和质子溶剂之间表现出不寻常的氢键作用。

7) 包络性质：树状大分子内部有空穴和亲水性的官能团，且其内部空间较分散，可以包裹一些小分子物质，利用这个性质可以将树状大分子用作药物递送载体。

8) 靶向性：树状大分子外层端基数量巨大，接上靶向基团可以形成药物的靶向递送载体。

树状大分子的形状、黏度、溶解度、结晶、反应性、相容性、可压缩性和结构可控制性等性能均与线状聚合物不同，其不同点如表 2－11 所示。

表 2－11　树状大分子与线状聚合物的性能比较

性　质	树状大分子	线型聚合物
形状	圆形	随机环线
黏度	小	大
溶解度	大	小
结晶度	无定型	大
反应性	大	小
相容性	大	小
可压缩性	小	大
结构可控制性	非常高	低

5. 树状大分子的特殊物理性质

树状大分子与传统的聚合高分子相比有许多相似之处，如分子组成中都有重复的结构单元，分子量同样可以达到上万的程度。但两者又有明显的、十分重要的差别。传统的聚合物分子量具有多分散性，只能以一个范围来衡量，而树枝状大分子一般是高度对称，呈单分散性。目前报道的有关树状大分子的特殊性质主要集中在黏度、溶解性、热稳定性和结晶性等方面。

(1) 黏度

线型聚合物的黏度与相对分子质量的关系一般符合 Mark-Houwirik-Sakurada 方程，具体可以描述为：$\eta = KM_a$（M_a是相对分子质量）。黏度随相对分子质量的增加而迅速增加，标志着分子链缠结的开始。与线型聚合物相比，树状大分子的黏度与相对分子质量的变化关系则完全不同，它不符合 Mark-Houwink-Sakurada 方程，多数是随着相对分子质量的增加黏度出现一个最大值（见图 2-37），这主要是由于随着相对分子质量的增加，分子构型逐渐接近于球型，即变成了一个坚硬的"球体"，它与溶剂之间的作用减弱，使分子之间不能够发生链缠结的缘故。一般认为，黏度极值的出现预示着分子构型由敞开的松散状态转为外紧内松的球形。

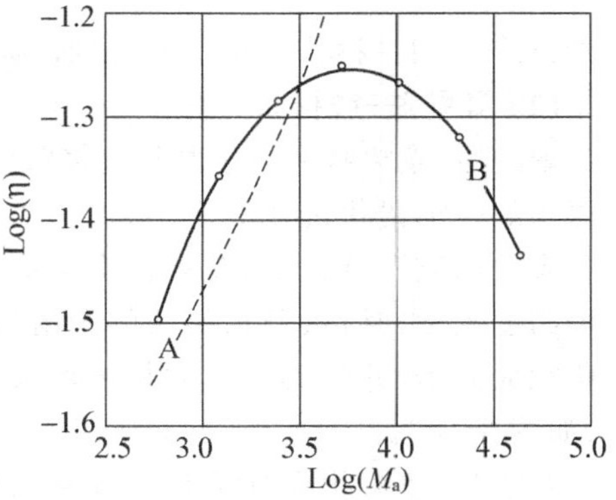

图 2-37　树状大分子的黏度(η)与相对分子质量(M_a)的关系(A. 线型聚苯乙烯；B. 苯乙烯树状大分子)

(2) 溶解性

树状大分子一般具有较好的溶解性，其溶解性远远大于相应线型聚合物的溶解性。例如，聚醚类树状大分子在四氢呋喃中的溶解度可以是其相应线型聚合物的 50 倍。

(3) 玻璃化温度

树状大分子玻璃化温度(T_g)与相对分子质量和端基有关。随着树状大分子相对分子质量的增加，玻璃化温度也增加，但当玻璃化温度增加到一定值后将趋于一个特定值，如图2-38所示。树状大分子的玻璃化温度还与端基的极性有关，图 2-39 所示为端基分别含有—CN，—Br 和—H 的聚醚类树状大分子，它们端基的极性从 H→Br→CN 增加，相应的玻璃化温度也增加。但当相对分子质量增加到一定程度时，玻璃化温度不再增加。

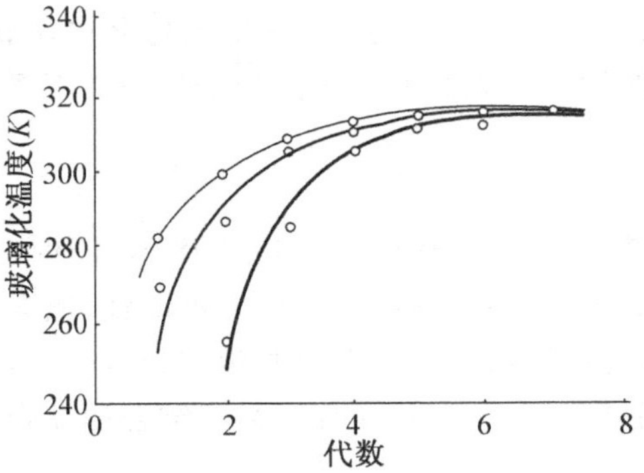

图 2-38　树状大分子玻璃化温度与分子量的关系

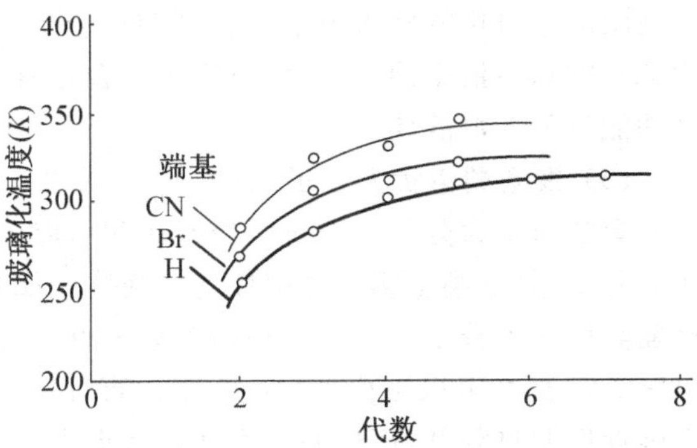

图 2-39　树状大分子玻璃化温度与端基极性的关系

(4) 结晶性

树状大分子的结晶性远远低于相应的线型聚合物。聚酰胺-胺在前三代为浅黄色的无定型浆状物，从第四代以后则为玻璃态，而其相应的线型聚合物则为晶体。

2.6.2 树状大分子的分类和作为药物载体的特点

1. 树状大分子的分类

目前，常见的树状大分子有聚酰胺-胺(PAMAM)、聚醚类、聚酯类及有机硅类树状大分子等。

(1) 聚酰胺-胺树状大分子

聚酰胺-胺树状大分子既具有树状大分子的共性，又具有自身的特性，是目前研究最广泛、最深入的一类树状大分子。

有关研究人员在1985年首次合成了这种高度支化、对称、呈辐射状的聚酰胺-胺树状大分子，并称其为星射状树形大分子，如图2-40。

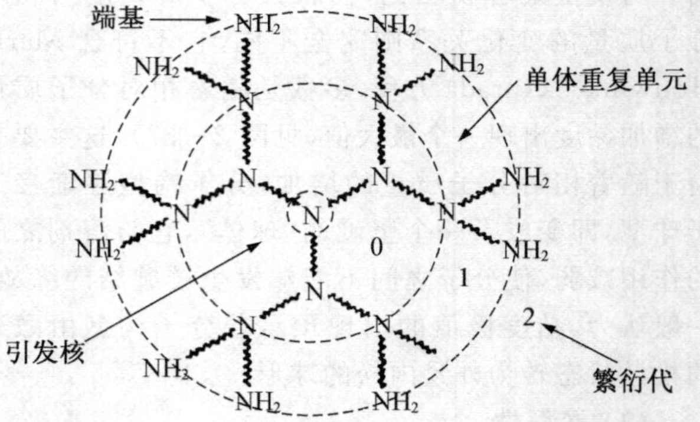

图2-40 聚酰胺-胺树状大分子示意图

聚酰胺-胺树状大分子具有以下结构特点：① 结构规整，分子结构精确；② 相对分子质量可控；③ 具有高密度表面功能团；④ 高度的几何对称性；⑤ 球形分子外挤内松，分子内存在空腔并可调节。

聚酰胺-胺树状大分子的特殊结构使其具有独特的性质：① 良好的流体力学性能，是一种牛顿流体，有利于成型加工；② 独特的黏度行为，低的溶液黏度和熔体黏度；③ 容易成膜，在膜科学方面有大量应用；④ 多功能性，表面存在大量官能团，且易修饰；⑤ 具有纳米尺寸的分子溶解能力，有独特的催化作用，并且可随存在介质的不同而变化；⑥ 由于其独特的中空结构，特别适合做金属纳米粒子的主体；⑦ 随着相对分子质量的增加，密度将出现最小值，特性黏度出现最大值，折光指数增量出现最小值。

(2) 聚醚类树状大分子

聚醚类以其独特的结构性能在药物研究领域有巨大的应用前景。据报道有人将酯基为末端基团的聚醚类树状大分子与异烟肼(hydrazide)以及叶酸残基相结合，发现此复合物在pH为7.4的水溶液中溶解，与甲氨蝶呤结合也有同样的发现。聚醚类树状大分子是一类新型的多功能化的药物载体。

(3) 聚酯类树状大分子

聚酯树状大分子是通过可控性化学反应合成的带有不同水解速率的外层功能化集团的树状大分子，是一类生物可降解性药物载体。如基于2,2-二羟甲基丙酸合成的水溶性、低毒的聚酯类树状大分子。抗癌药物阿霉素可以通过腙键与该树状大分子形成共价结合复合物，当pH<6时药物可以更快地释放出来。毒性试验表明，阿霉素与树状大分子共价结合的复合物细胞毒性明显降低，而代谢半衰期显著提高。

(4) 有机硅类树状大分子

在树状大分子家族中，有机硅类树状大分子具有良好的生理惰性、无毒性、生理相容性等诸多优点。但是目前关于有机硅树状大分子作为药物载体的相关报道还非常少。有人报道了一种以 Si—C 为骨架，以聚醚、聚酯、聚巯化物作为支链的树状大分子，此种化合物由于其独特的结构特点，可以作为药物载体。

2．树状大分子作为药物载体的特点

树状大分子在结构上具有高度几何对称性、精确的分子结构、易控的纳米尺寸、壳-核及内部空腔结构、大量的末端官能团等特点，且作为药物载体时能够降低载体尺寸，提高载药量，因此树状大分子成为药物载体研究的热点。目前，树状大分子已从单一结构功能逐渐演变成多功能超支化树状分子。作为一种新型药物载体，树状大分子具有以下特点：

1）无免疫原性，不会引起细胞的免疫反应。

2）无遗传毒性且细胞毒性低，能适时降解且降解产物无毒性。

3）纳米级的粒径(直径范围从 G0～G10.0 为 1nm～13nm)使其更容易透过血管壁或细胞膜等生物屏障，在实现药物释放的同时不会造成血栓的形成。

4）分子结构中特殊的表面形状、树枝状结构及表面可带有正电荷，这些特点使其具有结合、浓缩和有效将药物转运到多种细胞的能力，具有可包裹药物分子的巨大空腔，载药量高。

5）可包裹不稳定或难溶性药物，增加其稳定性或提高其溶解度和生物利用度，并控制药物释放。

6）分子结构外表面端基官能团比同类聚合物具有更高的化学反应性，可以连接各种药物、抗体、基因等。树状大分子经适当修饰后，可增加其在体内的循环时间，还可与靶向基团连接实现靶向给药。

2.6.3　树状大分子的载药方式

树状大分子可作为新型药物载体与药物形成纳米级微粒给药系统，其与药物的结合方式可分为两大类：

1）药物结合于树状大分子的内部结构中(包括静电作用、疏水作用以及氢键作用)，可称为包合物；

2）药物结合在树状大分子表面(静电作用及化学键合)，可称为复合物。

上述两种结合方式包括：① 药物包含在树状大分子结构内部的空穴中(图 2-41A)；② 药物包埋于树状大分子形成的网络空隙中(图 2-41B)；③ 药物以不稳定的化学键与树状

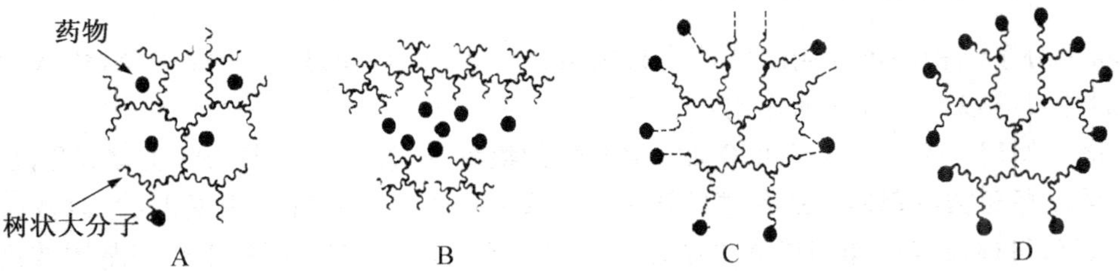

图 2-41　药物和树状大分子结合方式的示意图

大分子表面相连接(图 2-41C);④ 通过稳定的化学键与树状大分子表面相结合(图 2-41D)。树状结构及其特殊的表面形态,使树状大分子具有结合、浓缩药物和基因的功能,并将其转运至多种细胞的能力。

1. 药物结合于树状大分子内部(物理捕获)

树状大分子的内部具有巨大的疏水性空腔结构,因而可作为疏水性药物的载体。树状大分子中可以利用其与药物分子之间的各种非共价键相互作用(如静电引力、疏水键和氢键相互作用)将药物分子物理捕获到树状大分子内。药物可以通过扩散方式从树状大分子内部释放出来。

两亲性的树状大分子具有疏水内腔和亲水的表面,药物分子可以被树状大分子疏水空腔所捕获,而树状大分子外围亲水表面使其溶于水性介质,这种包裹药物分子的树状大分子构成了"单分子胶束",可与多种溶剂在较大的浓度范围内保持分散状态,并且不受临界胶束浓度(CMC)的影响,有望成为性能良好的新型药物载体。

2. 药物结合于树状大分子表面

树状大分子表面具有致密的基团,将药物与这些基团相连,从而形成药物-树状大分子结合物。药物的承载量在很大程度上取决于树状大分子的结构。能与药物结合的表面基团数目随着树状大分子代数的增加而呈指数增长,具有比常规聚合物更多的官能团,且树状大分子可以带有多重药物分子,每次结合所带的药物分子随代数的增加和采用不同的耦合条件而变化。

(1) 静电结合

树状大分子表面具有大量的可解离基团(如:G4.0 聚酰胺-胺树状大分子有 64 个可电离的—NH_2基团),可通过静电作用吸附众多药物分子,并可同时保持结合物具有较高的水溶性。

除表面基团外,部分树状大分子内腔也存在用于结合药物分子的可电离基团。有实验研究了端羟基聚酰胺-胺树状大分子在中性水溶液中与苯甲酸的结合,苯甲酸与树状大分子内腔中的叔氨基团通过静电结合形成了稳定的水溶性结合物。

(2) 共价结合

与静电结合相比,树状大分子与药物共价结合的方式可以更好地控制药物释放。药物分子通过可水解或可生物降解的化学键与树状大分子表面基团共价连接,随后在特定部位通过水解或酶作用使化学键断裂而释放药物,从而实现药物在靶区的控制释放。

2.6.4 树状大分子作为药物载体的发展前景

1. 树状大分子作为药物载体的作用

树状大分子结构高度控制的特性使其成为分子药剂学上的热门研究对象,树状大分子作为药物载体具有以下多方面的作用:

1) 增溶作用:树状大分子可增加难溶药物的溶解性,便于提高药物的生物利用度。

2) 缓控释药物或靶向递送药物的作用:树状大分子具有特殊的表面形状、树枝状结构及表面正电荷,可通过静电作用或共价结合方式结合药物,并在其外层接上靶向基团或进行结构修饰,使树状大分子具有缓控释药物或靶向递送药物的作用。

3）非病毒载体或生物药物的载体：树状大分子没有免疫原性，不会引起细胞的免疫反应，并且保护基因或生物大分子药物免受酶的降解，可以作为基因转染的非病毒载体或生物药物递送载体。

2. 树状大分子的细胞毒性

树状大分子的细胞毒性与初始核的化学性质有关，但更大程度上受树状大分子末端基团性质的影响。例如，阳离子树状大分子（整代）的细胞毒性要比阴离子树状大分子（半代）大得多。同样，聚酰胺-胺树状大分子以—OH 为末端基团的要比以—NH_2为末端基团的毒性小，这主要是由于表面—OH 遮蔽了内层阳离子电荷。

聚酰胺-胺树状大分子（以—NH_2为末端基团）表现出浓度及分子代数依赖的细胞毒性，其浓度和分子代数越高，细胞毒性越强。对树状大分子表面进行 PEG（聚乙二醇）或月桂酰基修饰后，可以降低其毒性，增加生物相容性。此外，以可生物降解的材料来合成树状大分子也可以降低其毒性。

3. 树状大分子作为药物载体的前景展望

尽管树状大分子还处在发展初期，但是其高度控制的特性使其成为生物药物制剂学上的热门研究对象。但目前树状大分子作为药物载体的研究尚处于积极的探索与积累阶段，许多性质、机理尚还属未知状态，有待于深入全面的研究。在实际发展中，树状大分子还有以下等方面有待改善：

1）树形大分子的合成方法需要研究出简单、易操作、可大规模合成的新方法，目前合成方法的局限性限制了其性能的研究和工业化发展。

2）虽然树形大分子的毒性很低，但毒性问题依然存在，应该探索更多化学修饰的方法进一步减少或解决其毒性问题。

3）还应该加强对树状大分子的结构、树状大分子与药物分子之间关系的研究，有助于药物载体技术的发展。

4）尽管树状大分子作为药物载体可以成功捕获和释放药物，但还需深入研究药物释放机理和药物释放的控制因素。

5）在基因治疗技术中，树状大分子作为基因载体的研究还不多，尚需大力发展。

随着生物医学、材料科学等多学科之间的相互交叉和相互渗透，树状大分子必将成为一种很有潜力的药物和基因载体应用于医药领域。

2.7 超声造影剂

2.7.1 概述

1. 概念

超声造影剂（ultrasound contrast agent，UCA）是一种用外壳固定气体的微泡，它可以大大增强超声的背向散射，从而增强血流的回波信号和血流在血管中的多普勒信号。高质量超声造影剂不仅推动了临床超声诊断学的发展，而且逐渐在药物靶向递送载体应用方面彰显应用潜力。

如图 2-42 所示，超声造影剂是由许多具有特殊的气体核心结构的微型囊泡（microbubble，简称为微泡）组成的，类似于"皮球"结构，因此在适宜的超声场中可以产生较强的谐振信号。当超声造影剂注入组织器官的血液循环后，体外适宜的超声波可以使超声造影剂产生谐振，从而增加声波反射信号，通过接收和检测这些信号，可以增强组织器官结构的超声影像，达到病变部位明确诊断的目的。

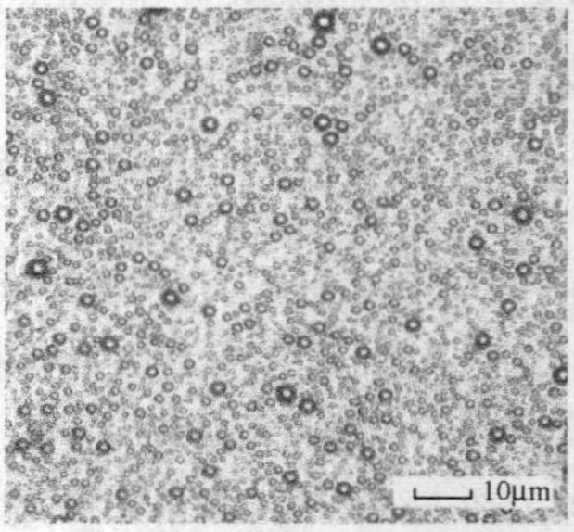

图 2-42 超声造影剂显微图像（×400）

目前使用的超声造影剂多为第二代产品，包括 Albunex、Sonovue、Optison(FSO69)等。

2. 分类

超声造影剂有多种分类方法，根据成膜材料的不同，可将其分为以下几种：① 以磷脂类化合物为成膜材料的微泡；② 以白蛋白为成膜材料的微泡；③ 以糖类为成膜材料的微泡；④ 以非离子表面活性剂为成膜材料的微泡；⑤ 以可生物降解的高分子多聚物为成膜材料的微泡。

根据所含气体的种类和成分不同，超声造影剂又可分为：① 含二氧化碳气体的微泡；② 含氧气的微泡；③ 含空气的微泡；④ 含大分子惰性气体（多为氟碳气体）的微泡等。此外，根据超声造影剂临床发展进程的不同，又可将含气微泡分成第一代、第二代和第三代（靶向）微泡造影剂。

3. 特点

理想的超声造影剂必须满足以下条件：① 安全无毒，对循环系统没有生理上的影响，能够在较短时间内从血液中代谢并排出体外；② 易于使用，可经静脉注射；③ 微泡大小符合要求，可通过肺循环、心脏血液循环和毛细循环；④ 循环和再循环中在足够的时间内保持稳定，以便动态观察；⑤ 反射性好，衰减伪差小，二维灰阶和多普勒信号增强。

(1) 第一代微泡超声造影剂

第一代微泡超声造影剂是在空气气泡周围包裹白蛋白、脂类或多糖等作为膜稳定剂，以 Albunex 和 Levovist（利声显）为代表。相较于普通造影剂，该类超声造影剂的直径明显减小（$<8\mu m$），在血液中的持续时间延长，仅经外周静脉注射就能够通过肺循环而使左心腔及外周血管显影，同时增强了血液的多普勒信号，实现了超声造影由创伤性向非创伤性的发展，从而使超声造影技术进入了一个新的发展阶段（如表 2-12 所示）。尽管如此，第一代超声造影剂在血液循环中的维持时间等还不能满足临床诊断需要。

表 2-12　第一代超声造影剂

商品名	材　料	气　体	申报状况
ST68	表面活性剂 Span/Tween 混合物	空气	动物试验
Filmix	脂质混合膜	空气	动物试验
Albunex	变性白蛋白膜	空气	美国和欧洲批准
Echovist	碳水化合物冻干品(复水后成泡)	空气	欧洲批准
Levovist	棕榈酸和碳水化合物冻干品(复水后成泡)	空气	欧洲批准

(2) 第二代超声造影剂

近 10 年来,在含普通气体的超声造影剂基础上,研制出第二代超声造影剂,它是由碳氟类气体制备成的微球、乳剂、脂质体和微泡等。其中以含碳氟类气体的微泡使用最为广泛,其微泡直径约几微米,由一层厚度为几十纳米的膜包裹而成,由于微泡弹性外壳的韧性增强了,并采用了弥散度低、相对分子质量大的气体,使微泡直径更小并趋于一致,进而提高了稳定性,真正成为临床诊断试剂(如表 2-13 所示)。相较于以往的超声成像技术,第二代超声造影剂的成像技术主要取得了三方面进展:① 使用氟烷气体和泡膜改良材料的超声造影剂,体内稳定时间从数秒延长到数分钟,满足了临床需要;② 使用完全数字化的超声设备和宽带变频器,简化了脉冲设计和信号处理过程;③ 深入理解产生谐波显像的"声-泡"作用,实现了实时抑制组织的信号而不影响超声造影剂信号放大的超声技术。

表 2-13　第二代超声造影剂

商品名	材　料	气　体
Echogen	脂质微乳剂(含 Telomer 表面活性剂)	C_5F_{12}
Sonogen	脂质微乳剂(含阴离子表面活性剂)	C_5F_{12}
Definity	磷脂+聚乙二醇的脂质体	C_3F_8
Optison	变性白蛋白	C_3F_8
Sonovue (BR1)	合成磷脂 DSPC/DPPG 和聚乙二醇	SF_6
PESDA	变性白蛋白	C_4F_{10}
BR14	合成磷脂 DSPC/DPPG 和聚乙二醇	C_4F_{10}
MP1950	合成磷脂 DSPC、聚乙二醇和硬脂酸盐	C_4F_{10}
Sonazoid	脂质材料	C_4F_{10}
Sonovist	氰基丙烯酸酯聚合物	空气
Imavist/Imagent	磷脂混合物	$C_6F_{14}+N_2$
AI700	聚乳酸-羟基乙酸和聚乙二醇	氟碳气体
Quantison	喷雾干燥的变性白蛋白	空气

(3) 第三代超声造影剂

第三代超声造影剂,即靶向微泡超声造影剂,目前还处于试验室研究阶段。其主要特点是能够实现组织定位显像，即特异性靶向性显像（如表 2-14 所示），利用一些生物分子（如特异性配合基）结合到微泡表面，从而实现微泡特异性结合于某一特定组织的目的。目前，具有发展潜力的配合基有抗体、肽段和多糖。

表 2-14 第三代超声造影剂

商品名	表面修饰材料	应 用
MRX408	磷脂和 RGD 肽-PEG-脂质	血栓造影和溶血栓
MP1950	通过 PEG 链连接抗-ICAM-1 抗体	靶向内皮系统
MP1950PS	磷脂酰丝氨酸	通过与白细胞结合靶向炎症部位
MP1950	通过 PEG 链和抗生物素蛋白-辅酶 R 桥连接抗-P-选择蛋白抗体	靶向激活的内皮系统
PESDA	通过吸附作用连接的寡核苷酸	递送寡核苷酸
MRX501	脂质膜结合地塞米松前药	超声介导药物递送
MRX552	脂质膜＋静脉注射用脂肪乳剂＋紫杉醇	超声介导药物递送
ImaRx	阳性脂质膜上连有质粒 DNA	超声介导 DNA 递送

4. 纳米级超声造影剂

生物纳米技术的迅猛发展开启了纳米级微泡（或称纳米泡，nano-scale microbubble）在分子影像学和治疗学上的应用前景。普通微泡造影剂直径范围为 2～8μm，可以通过微循环并保留在血管之内。而纳米级微泡造影剂可以穿出微血管内皮间隙进入肿瘤细胞，获得肿瘤细胞的分子超声影像。由于纳米级微泡的直径更小（通常＜1μm），因而产生谐振的超声波频率比微米级微泡要高得多。有研究将一种直径小于 1μm 的脂质微泡注入小型猪体内，使用 20MHz 血管内超声探头可以探查到声学反射信号。

2.7.2 超声造影剂的制备方法

超声造影剂的制备方法因成膜材料不同而不同，常用的方法有如下几种。

1. 吸附法

以糖类为基质的超声造影剂多用吸附法制备，此类超声造影剂以单糖基半乳糖晶体微粒为核心，与溶剂混合振荡时吸附空气，形成大量微泡。例如德国先灵公司的 SHU508（商品名 Levovist），其制备是将蒸馏水倒入含 0.1％棕榈酸的半乳糖粉末中，剧烈摇动 5～10s，形成牛奶状悬浮液，微泡直径 2～4μm。

2. 机械匀化法

利用注射器以 60 次/min 的速率连续吸挤 0.5％的十二烷酸钠溶液，并伴以机械搅拌生成大量微泡。用量管吸取微泡进行分馏，溶液分成两层，上层含有较大的微泡，下层是含大量微泡的牛奶状溶液，可用于超声造影。例如紫杉醇脂质微泡的制备，将紫杉醇混悬于大豆油中，再加入磷脂混悬液，充以全氟丁烷气体，密封，以 4200r/min 的速度振荡，得到平均粒径为

2.9μm 的包载紫杉醇的脂质微泡。

3. 超声处理法

对某些浓度低且有一定黏度的溶液进行超过空化阈值强度的超声处理，可在液体中形成无数瞬时负压核，从而产生微泡。例如，制备以表面活性剂为成膜材料的超声造影剂 ST68：司盘 60 和 NaCl 在乳钵中混合，加入 10mL 磷酸盐缓冲液(pH＝7.4)研匀；另将吐温 80 与 10mL 磷酸盐缓冲液研匀，与上液混合，再加入剩余磷酸盐缓冲液混匀；120℃灭菌 15 分钟；搅拌至室温；以 20kHz、110watts 条件超声处理 3 分钟；转置于分液漏斗中，溶液分成三层，分出中间微泡层，洗三遍，微泡数量可达 4×10^{9} 个/mL。又如制备以牛血清白蛋白为成膜材料的超声造影剂：将适量的牛血清白蛋白以 10%的葡萄糖为稀释液，配制成 5%的混合溶液，应用超声仪将该溶液在 120W 的输出功率下，连续声振 60s，同时通入适量的 C_3F_8 氟烷气体；声振结束后，获取的微泡悬液经冰上静置分层，取上悬乳白色溶液置入安瓿中，置于 4℃冰箱中保存备用；显微镜下观察微泡浓度大于 1.5×10^{10} 个/mL，微泡直径介于 2～4μm。

4. 冷冻干燥法

冷冻干燥法通常以磷脂类化合物为成膜材料，加入适量的表面活性剂和合适的助悬剂。如制备超声造影剂 Sonovue：将 PEG 2000、磷脂类成分溶解在叔丁醇中，0.2 毫巴(mbar)下冷冻干燥。将生成的粉末用六氟化硫气体(SF_6)饱和，加入蒸馏水轻轻混合可得到超声造影剂。

5. 薄膜-水化法

利用类似脂质体的薄膜法制备脂质包裹的微泡，泡膜成分含脂质、PEG 和硬脂酸盐。将所有成膜材料混合，逐滴加入氯仿直至完全溶解，通风干燥成白色薄膜，残余氯仿于干燥器中干燥。薄膜在磷酸盐缓冲液中水化，于 47℃孵育 2～4h，超声，样品变成牛奶状含空气的微泡混悬液，样品瓶室温冷却 3 分钟使材料从液态膜转成固体膜。

6. 复乳-溶剂蒸发法

用复乳(W/O/W)-溶剂蒸发法制备聚左旋乳酸(PLLA)超声造影剂的过程如下：将 0.5g PLLA 溶解于 20mL CH_2Cl_2 中，再将一定量的双蒸水注入聚合物溶液，用均质机以适宜的转速处理 2min，得到 W/O 乳液；将 W/O 乳液倒入 100mL 乳化剂(聚乙烯醇、羟丙基纤维素或葡聚糖)水溶液中，用均质机以适宜的转速处理 4min 得到复乳 (W/O/W)，倾入 100mL 2%的异丙醇水溶液中，室温下搅拌 2h 蒸发 CH_2Cl_2，离心收集微囊，水洗一次，冷冻干燥得到微囊，充入氟碳气体饱和。以水复溶形成含气微囊，粒径介于 1～10μm。

7. 其他方法

有的超声造影剂是由乳剂转化而来的，可以参见乳剂制法。如 Echogen(QW3600)两相制剂，在体外为 2%全氟戊烷乳剂；静脉注射后，当体内温度大于 29.5℃时，则成为直径 2～3μm 的微泡，随血流全身分布。

2.7.3　载药方法和应用方式

1. 载药方法

超声造影剂多为单层泡膜结构的微泡，载药空间有限(如图 2-43)。现已研制出具有较厚泡膜的微泡，此类微泡可以携带较大量的药物，但其较厚的外膜却具有减少背向散射信号和不易被超声破坏的缺点。根据药物的性质，微泡携带药物的方法有黏附于泡膜表面、插入泡膜中、非共价结合于泡膜表面和内部包含等(如图 2-44)，例如 DNA 可非共价结合于微泡表面。这些微泡可通过不同方法实现其靶向性转运功能。

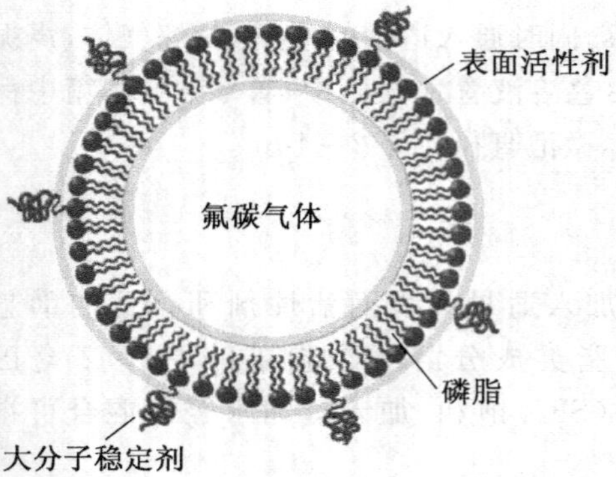

图 2-43　含气脂质微泡结构示意图

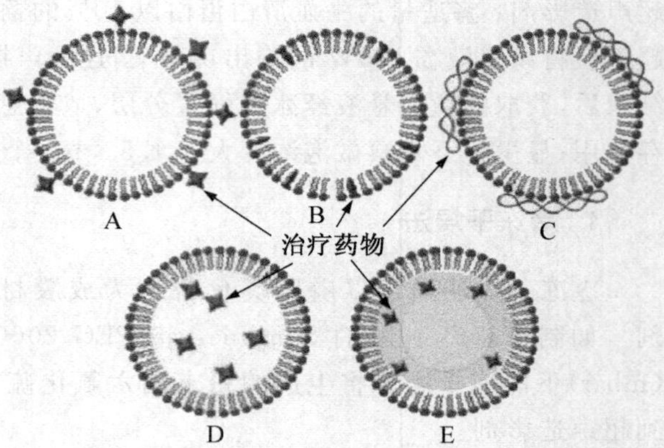

图 2-44　超声造影剂携带治疗药物方式的示意图
(A. 黏附于泡膜表面；B. 插入泡膜中；C. 非共价结合于泡膜表面，如 DNA；D. 内部包含；E. 内部油层结合)

2. 应用方式

超声造影剂作为生物药物载体，其临床应用的方式不同于脂质体或微球等传统的微粒给药系统。如图 2-45 所示超声造影剂的应用需要结合超声诊断技术，应用方式为：将包载治疗药物的微泡造影剂静脉注射到体内，通过超声影像观察病变组织。当超声影像图证明超声探头准确定位于病变部位时，瞬时增加超声强度，促使载药的微泡造影剂爆破(即空化效应)，将治疗药物高效释放到病变部位。超声造影剂微泡破裂时产生的冲击波作为一种驱动力量，瞬时增加邻近组织细胞的通透性，有助于药物渗透进入病变组织中。目前研究的载药超声造影剂主要应用于血栓、肿瘤等重大疾病的治疗。

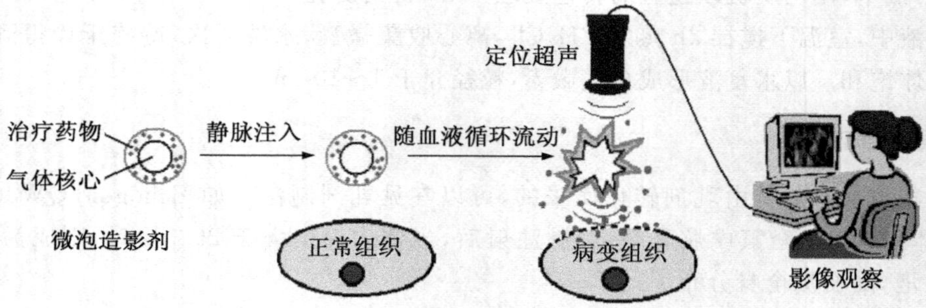

图 2-45　超声造影剂应用方式示意图

2.8　原位凝胶

2.8.1　概述

1. 定义

原位凝胶(*in situ gel*)不同于传统的亲水凝胶，系指一类能以溶液状态给药后，立即在用药部位发生相转变，由液态转化形成非化学交联半固体凝胶制剂。其形成机制是利用高分子材料对外界刺激因素(如温度、离子强度或 pH 值等)的响应，使聚合物在生理条件下发生分散状态或构象的可逆变化，完成由溶液状态向半固体凝胶状态的相转化。

2. 特点

原位凝胶不仅具有凝胶制剂的亲水性三维网络结构及良好的组织相容性，还有其独特的溶液-凝胶转变性质，因此具有制备简单、使用方便、与用药部位(特别是黏膜组织)亲和力强、滞留时间长等优点，从而使其有广泛的用途和良好的控制释药性能。

与其他传统剂型相比，原位凝胶具有以下优势：

1) 具有独特的"液-固"转化特性，即以液体状态给药后，在给药部位(特别是黏膜组织)形成半固体凝胶状态，可以根据环境的变化调整体系状态。

2) 具有高度亲水的三维网络结构及良好的组织相容性，可控制药物释放。

3) 将药物溶解或均匀分散于对环境敏感性的高分子材料中制成的凝胶剂，与用药部位(如注射部位，特别是黏膜组织)有亲和力强、滞留时间长、生物黏附性好等优点，提高药物从接触部位吸收的效率，避免肝脏的首过效应，从而提高药物的生物利用度。

4) 使用方便、舒适，特别是黏膜部位给药，没有异物刺激等不适感，不易泄漏，更易为患者所接受，临床用药顺应性好。

5) 适用范围广泛，可用于局部作用药物、全身作用药物、大分子药物、亲水性药物、疏水性药物等。

6) 具有特殊的理化性质，在体外环境(如低温、室温)条件下具有一定流动性，易于分剂量灌装，便于工业化生产，同时兼具制备工艺简单、清洁处理方便、不需特殊设备等优点。

3. 原位凝胶的分类

原位凝胶的形成是利用外界刺激因素使高分子材料发生相转化。根据外界刺激因素的不同，原位凝胶可分为温度、离子强度及 pH 敏感等类型。

(1) 温度敏感型原位凝胶

贮藏条件与用药部位的温度差异可以使某些高分子溶液发生相转变，形成凝胶。这些温度敏感的聚合物在结构上均包含一定比例的疏水和亲水嵌段，其胶凝行为多与不同性质的嵌段间及嵌段与溶剂间的相互作用有关。例如，非离子表面活性剂泊洛沙姆为聚氧乙烯(PEO)

和聚氧丙烯(PPO)构成的ABA型嵌段共聚物,利用其水溶液受热反向胶凝的性质,可作为蛋白药物重组人生长激素(rhGH)的载体,给药系统在室温条件下为液体,注射至用药部位后形成凝胶,从而达到了药物在体内缓慢释放的效果。

(2) 离子强度敏感型原位凝胶

人体体液中含有多种离子和蛋白,某些多糖类衍生物能够与其中的阳离子络合而改变构象,在用药部位形成凝胶。例如去乙酰结冷胶(商品名为Gelrite或Kelcogel)遇泪液中的阳离子可形成凝胶,抑制药物从角膜前区域消除。Merck公司利用该原理制成马来酸噻吗洛尔长效滴眼剂Timoptic XE,能够提高眼部的生物利用度并减少用药次数。

(3) pH敏感型原位凝胶

人体体液具有一定的缓冲容量,可以根据体内外pH环境的不同,改变高分子溶液的pH值来诱发胶凝。此类pH敏感的聚合物分子骨架中均含有大量的可解离基团,其胶凝行为是电荷间的排斥作用导致分子链伸展与相互缠结的结果。例如载有胰岛素的pH敏感凝胶,在人工肠液(pH 6.8)中释放药物,而在人工胃液(pH 1.2)中不释放药物,在到达小肠释药之前,载药凝胶在胃酸环境中对药物胰岛素具有保护作用。因此,该类型的原位凝胶有望实现蛋白多肽类药物的口服给药。

4. 现存问题和发展前景

原位凝胶从概念的提出至今仅20余年时间,因其良好的顺应性和缓控释能力,一直受到国外药剂学者的高度重视,目前已有成熟的产品问世,而我国在这一领域的研究尚处于起步阶段。原位凝胶能够以液体状态自由加载各种性质的药物,这是交联结构水凝胶无法比拟的。此外,多样化的胶凝机制为设计不同给药途径的药物传递系统提供了丰富的选择,特别是生物可降解原位凝胶在长效植入系统和蛋白质多肽类药物的给药系统等方面具有广阔的应用前景。

虽然原位凝胶作为一种新型缓释给药载体具备得天独厚的优势,但该剂型的研究尚处于初始起步阶段,仍存在许多有待解决的问题,其中最突出的一个问题就是在制剂进入体内至形成凝胶期间存在药物“突释”现象。这一现象的成因主要是凝胶形成过程过慢,制剂仍以液体状态存在,导致药物释放过快;另一原因可能与凝胶在给药部位的形状有关,由于该系统是以液态方式给药,虽然给药剂量固定,但由于形成的凝胶形状和表面积的差异,导致释药行为的不一致,表面积越大药物释放得越快。其次,凝胶形成一般需要较高浓度的高分子材料以及非水溶剂,因而存在对机体的刺激性问题。此外,为实现临床应用,凝胶形成的动力学、力学强度、凝胶基质的吸收、高分子材料的可降解性及降解产物可能的毒性和排出体外的途径等方面仍有待深入研究。其中,以改善高分子材料的胶凝性质、减小高分子材料浓度、寻找生物可降解材料为研究的重要方向。

2.8.2 原位凝胶材料

原位凝胶以生物可降解的合成高分子为材料,依据原位凝胶的不同类型,将相关的代表性高分子材料阐述如下。

1. 温度敏感的原位凝胶材料

(1) 聚氧乙烯-聚氧丙烯嵌段共聚物

非离子表面活性剂泊洛沙姆(Poloxamer)是由聚氧乙烯(PEO)和聚氧丙烯(PPO)组成

的 ABA 型嵌段共聚物，是研究最为深入的制备温度敏感原位凝胶的高分子材料。浓度 20%～30%的泊洛沙姆 407(Pluronic F127，PEO/PPO 为 2∶1)水溶液具有受热反向胶凝的性质，即冷藏温度下是自由流动的液体，而室温或体温时形成澄明的凝胶。随着温度升高，由于胶束间的缠结和堆砌作用加剧而发生胶凝。溶液-凝胶转化温度受 PEO/PPO 比例、聚合物浓度和溶液中电解质的影响。泊洛沙姆 407 凝胶的特殊结构可以载有不同性质的药物，亲水性药物分布在胶束外的自由溶剂中，而疏水性药物则被包裹在胶束内部，如图 2-46 所示。

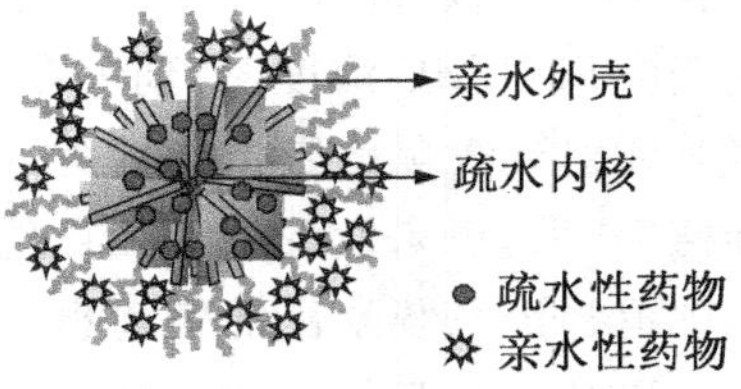

图 2-46　胶束装载药物示意图

泊洛沙姆 407 凝胶的释药速度可以通过添加各种辅料来调节。例如，聚乙二醇(PEG)或聚乙烯吡咯烷酮(PVP)等亲水性辅料可以加速药物释放，而甲基纤维素(MC)、羟丙甲基纤维素(HPMC)或黏膜黏附性材料聚卡泊菲(Polycarbophil)则能够增加凝胶强度并使药物释放速度减慢。

泊洛沙姆具有良好的生物相容性，并且能够增加难溶性药物的溶解度，广泛应用于药剂学领域。迄今为止，人们已开发以泊洛沙姆 407 为基质的液体栓剂、眼用制剂或皮肤外用制剂。由于泊洛沙姆在体内消除的过程可引起血浆中胆固醇和甘油三酯浓度升高，因此一般不宜血管外注射给药。泊洛沙姆的不足之处在于需要很高的浓度才能形成凝胶。

(2) 聚乙二醇-聚乳酸嵌段共聚物

1997 年报道的一种可生物降解的温度敏感高分子材料，是将聚乳酸(PLA)或乳酸/羟基乙酸共聚物(PLGA)与单甲氧基聚乙二醇进行开环聚合反应得到 PEG-PLA 或 PEG-PLGA 二嵌段共聚物；再以环己烷二异氰酸酯为耦合剂，生成三嵌段共聚物 PEG-PLA(PLGA)-PEG。引入的 PLA 或 PLGA 嵌段，使聚合物能够在体内逐渐降解，最终被排出体外。PLA(PLGA)嵌段间存在疏水相互作用，为了降低水化自由能，PEG-PLGA(PLA)-PEG 在溶液中形成具有核-壳结构的胶束。当趋于溶液-凝胶转化温度时，分子间吸引力和胶束体积剧增，导致胶束聚集形成凝胶。改变亲水嵌段和可生物降解嵌段的比例，可以调控溶液-凝胶转化温度。由于 PEG-PLGA(PLA)-PEG 能够在体内降解，因此是制备以注射方式植入的大分子蛋白类药物传递系统的理想材料，所形成的凝胶在大鼠体内维持完整的形态达 1 个月以上，而含有白细胞介素的泊洛沙姆凝胶仅能持续释药数天。

最近，有研究报道了与上述共聚物具有相似胶凝及降解机制的产品 ReGel (PLGA-PEG-PLGA)，将其载有紫杉醇的制剂命名为 Onco Gel™。该给药系统最显著的优点是对难溶性及蛋白类药物具有增溶和稳定作用，通过注射植入到体内后能够获得长达数周的控制释放效率。

(3) 聚乙二醇-聚 ε-己内酯多嵌段共聚物

聚乙二醇与可生物降解的聚 ε-己内酯[poly(ε-caprolactone)，PCL]以环己烷二异氰酸酯为偶联剂，通过一步缩聚反应生成多嵌段共聚物，其水溶液的临界胶凝浓度随 PCL 嵌段含量及链长的增加而降低，同时相变温度因共聚物的疏水性增强而升高。该共聚物的胶凝行为可以用相分离诱导的胶凝机制解释，即 PCL 嵌段在溶液中集结成的疏水区域相互扩散，最终产生物理交联的凝胶网络。

(4) 纤维素类衍生物

纤维素(cellulose)作为天然多糖，具有较好的生物相容性和生物可降解性。纤维素在水中不溶，引入亲水基团的衍生物则可溶于水，因此通过调节衍生物亲水和疏水部分的比例，可使其在水中进行溶液-凝胶转变。其中研究较多的是甲基纤维素(MC)和羟丙甲基纤维素(HPMC)，两者的性能相似，水溶液常温下呈液态，超过某一温度则形成凝胶。有研究者通过改变溶剂和MC浓度，得到了在23℃时为低黏度液体，37℃时转变成半固体凝胶的原位凝胶。将其注射到大鼠的脑损伤部位，即使MC浓度增大至8%，在初生大鼠的胶质细胞或神经细胞种植7d后，也未发现细胞死亡现象，证明其具有较好的生物相容性，有望成为治疗脑损伤及其他中枢神经系统紊乱的较理想的药物载体材料。

乙基羟乙基纤维素(ethylhydroxylethylcellulose，EHEC)是一种水溶性非离子型纤维素醚类聚合物，根据其脱水葡萄糖单元被取代的羟基数和纤维素骨架上齐聚物侧链的烷氧基数，可分为不同的类型。在离子型表面活性剂或能够形成胶束的两亲性药物存在的条件下，低浓度(≤2%)EHEC溶液受热可逆地形成凝胶。其机制为：温度升高，离子型表面活性剂与聚合物结合，所形成的混合胶束在不同聚合物链的疏水嵌段间具有联接结点的作用，促使构成三维聚合物网络；当温度进一步升高，热运动加剧导致网络结构被破坏。

(5) 多糖类衍生物

壳聚糖(chitosan)是一类带正电荷的直链多糖，由于来源广泛、无毒、有良好的组织相容性、生物可降解性和黏附作用等，在医学、药学等领域得到了深入研究和广泛应用。化学修饰后的壳聚糖具有温敏性，有报道甘油磷酸盐(glycerolphosphatesalts，GP)与壳聚糖的复合物在室温、pH6.8～7.2介质中可较长时间保持液态。此复合物包埋药物后，注入大鼠体内，可转变成生物可降解的半固体状凝胶。研究表明，将此复合物注入大鼠背部后能较快形成凝胶，且在数周内保持完整，生物相容性较好。此外，壳聚糖与戊二醛适度交联或以通过聚乙二醇(PEG)、聚乙烯醇改性得到的壳聚糖衍生物作为高分子凝胶材料，当温度升高至25～40℃时，也可转化成半固体状凝胶。

木聚糖(xyloglucan)是从罗望子种子中提取的多糖类化合物。木聚糖被β-半乳糖苷酶降解的产物受热后因其枝状链的横向堆积(lateral stacking)而展现出可逆的胶凝性质。溶液-凝胶转化温度与半乳糖残基的消除程度有关，如半乳糖消除44%、浓度小于2%的木聚糖溶液的相变温度为22～27℃。由于胶凝时间长达数分钟，冷藏的木聚糖溶液经口服后可在胃内形成凝胶，进而延缓药物的吸收，是一种很有潜力的口服给药载体。

其他典型的温敏聚合物还包括聚(N-异丙基丙烯酰胺)(poly-NIPAAM)。该聚合物有很敏锐的低临界溶液温度(lower critical solution temperature，LCST)，约32℃，但由于其不可生物降解，并对细胞具有一定毒性，因此未能用于生物医学领域。

2. 离子敏感的原位凝胶材料

(1) 去乙酰结冷胶

去乙酰结冷胶(deacetylated gellan gum，商品名Gelrite或Kelcogel)是伊乐藻假单胞菌(Pseudomonas elodea)分泌的阴离子型脱乙酰化细胞外多糖。Gelrite溶解于90℃水中，呈无序的线团状，降低温度可逆地转化为半交错并行的逆时针双螺旋联接带。溶液中的一价或二价阳离子与聚合物链上的羧基络合，参与形成稳定双螺旋的链间氢键。每两条双螺旋逆向聚集，构成三维凝胶网络。因而Gelrite具有温度依赖和阳离子诱导胶凝的特性。

在药剂学领域，人们最感兴趣的是 Gelrite 在眼部药物传递系统方面的应用。泪液中含有大量的 Na^+，K^+，Ca^{2+} 等阳离子，Gelrite 遇泪液中的这些阳离子可形成凝胶，抑制药物从角膜前区域消除。流变学研究表明，浓度 0.5%～1%的 Gelrite 水溶液仅需泪液中10%～25%的离子即可转变为凝胶，其中 Na^+ 对促进胶凝发挥了最重要的作用。

(2) 海藻酸盐

海藻酸盐（alginate）为褐藻的细胞膜组成成分，是由 β－D－甘露糖醛酸（M）和 α－L－葡萄糖醛酸（G）残基通过 1,4－糖苷键连接构成的线型多糖类嵌段共聚物。通过降低 pH 值或在海藻酸盐的稀水溶液中加入二价或三价金属离子可形成半透明的亲水凝胶。海藻酸盐的胶凝行为与高价离子和 G 嵌段上相邻葡萄糖醛酸残基间的二聚作用及链间螯合有关。凝胶的特性取决于 G/M 嵌段的比例及离子交联剂的价态和浓度。利用海藻酸盐的胶凝性质可开发口服液体缓释制剂，即在口服溶液中加入钙离子络合物，使其只在胃的酸性环境中释放。

3. pH 敏感的原位凝胶材料

(1) 醋酸纤维素酞酸酯

醋酸纤维素酞酸酯（cellulose acetate phthalate，CAP）水分散体（30%）的粒径仅数百纳米，pH 为 5 时的黏度约为 50mPa·s，具有假胶乳的性质。由于 CAP 水分散体的缓冲容量非常低，滴入到结膜囊内后，因聚合物链上的酸性基团被中和，数秒钟内即可发生胶凝。所形成的高黏度含药微储库不易被泪液消除，延长了药物与角膜的接触时间。

(2) 丙烯酸聚合物

Carbopol 系列产品是丙烯酸聚合物的代表。由于存在大量的羧酸基团，Carbopol 分子具有一定的亲水性，可在水中分散并溶胀，形成低黏度溶液。加入无机或有机碱类中和剂可使羧基离子化，负电荷间的排斥作用导致分子链膨胀、伸展并相互缠结形成凝胶。

丙烯酸聚合物具有良好的生物黏附及流变学性质，是制备眼用凝胶的理想辅料。早期就有将粒径小于 50μm 的聚丙烯酸微粒用于原位凝胶的专利报道，但 Carbopol 酸性较强，不仅刺激眼部组织而且很难被泪液中和，所以不适于单独用作原位凝胶的基质。减少 Carbopol 用量和改善原位胶凝能力的有效方法是引入另一种环境敏感聚合物，使他们同时对环境变化的多种因素产生响应。目前研究的方向集中于融合 pH 和温度调节的相转变聚合物。如 MC 或 HPMC 与 Carbopol 配伍使用，当温度升高、pH 值超过 Carbopol 的 pKa 时溶液发生胶凝，大大降低 Carbopol 浓度，同时保持其凝胶的流变学性质。研究表明，pH 值增大是促成溶液向凝胶转变的主要因素，仅在极低的剪切速率下才能观察到温度对胶凝的影响。另有文献报道，水分子作为交联剂可促进 Carbopol 的羧基与温度敏感的泊洛沙姆 407 的酯基形成氢键，两者产生协同胶凝作用。生理条件下，羧基间的静电排斥使 Carbopol 分子链伸展，增加了与暴露的 PPO 嵌段生成氢键的可能，因而具有更适宜的凝胶强度。

2.8.3　原位凝胶原理

原位凝胶的形成机制是利用适宜的智能化高分子材料对外界刺激的响应，使聚合物在生理条件下引发分散状态或构象的可逆变化，实现由液体状态向凝胶状态即“液-固”的转化过程。常见的外界环境刺激,涉及响应温度、pH、离子强度、溶剂、光、电场及有关化学物质等。在新药研究与开发中,利用原位凝胶设计缓控释给药系统已显示出广阔的应用前景,其中应用研究最深入且广泛的是温度敏感型、pH 敏感型及离子敏感型原位凝胶控释给药系统。下面主要阐述几类典型高分子聚合物形成原位凝胶的原理。

1. 聚合物热塑系统

聚合物热塑系统是指有些聚合物在熔融状态时黏度较低,可用于注射;当冷却至体温时,可在局部转化为半固体状态的凝胶,形成药物储库。这类物质适合用作原位注射埋植剂(in situ forming devices,ISFD)基质,但这些材料必须满足以下要求:低熔点,玻璃化温度介于25～65℃,固有黏度介于 0.05～0.8dL/g。若黏度低于 0.05dL/g,对药物释放难以起阻滞作用;若黏度高于 0.8dL/g,则由于黏度太高无法通过针头注射给药。这种聚合物系统在室温下通常保持形状不变,但加热时可形成各种不同的形状,可接受的注射温度为 37～65℃,在这一温度范围内该聚合物系统是黏稠的液体,但在体内固化后可形成高黏度的埋植剂,使包载的药物从"储库"中缓慢释放。

此系统具有较低的相对分子质量以及较低的玻璃化转变温度,可以在加热到略高于熔点时作为一种融化物被注射到体内,然后形成半固态。可生物溶蚀的热塑性聚合物系统可由D,L-丙交酯、乙交酯、ε己内酯、环氧丙烷碳酸酯以及原酸酯等单体制成。这些单体的聚合物以及共聚物由于其生物相容性已被用于从药物载体到外科缝合、眼部植入、软组织修复等生物医学各领域。然而由于此系统(如 PDLLA-PEG-PDLLA)在注射给药时温度较高,容易引起患者疼痛等不适感,造成注射部位的坏死和创伤,因此限制了其在注射用药物传递系统的广泛应用。

2. 聚合物沉淀系统

聚合物沉淀系统是指以聚乳酸/聚乳酸-乙醇酸共聚物(PLA/PLGA)、蔗糖醋酸异丁酸双酯(sucrose acetate isobutyrate,简称 SAIB)等作为药物载体溶于有机溶剂中,注入体内,溶剂扩散进入生理液体,聚合物失去溶解介质后沉积,在注射部位包埋药物形成半固态植入物。但是 PLA/PLGA 凝胶存在严重的药物突释现象,初始的药物突释可能会引起组织刺激性和全身毒性。SAIB 是美国 Southern Biosystem 公司开发的另一种可生物降解的原位凝胶基质材料,主要用作食品添加剂(可用作乳化剂和稳定剂)。目前,SAIB 已获 28 个国家药政部门批准,但作为药用缓释注射剂辅料还处于待批准阶段。SAIB 不溶于水中,但可溶于乙醇、碳酸丙烯酯、甘油三醋酸酯、乳酸乙酯、2-吡咯烷酮和 N-甲基吡咯烷酮等有机溶媒中。与 PLGA 和 PLA 的不同之处在于,SAIB 是一种小分子物质,因此少量(约 15%～30%)有机溶媒溶解后,形成的溶液黏度与植物油相近,易于皮下和肌内注射。同时,随着有机溶媒不断向外扩散和体液不断渗入,SAIB 体系的黏度急剧增加,在注射部位形成药物储库。而且 SAIB 兼具有生物相容性好、毒性小的优点,用作凝胶基质的成本远低于价格昂贵的聚酯类可生物降解聚合物(如 PLGA 在美国售价为 2000～6000 美元/kg)。目前,已获准用于制备注射型原位凝胶植入剂的有机溶剂包括三乙酸甘油酯、苯甲酸苄酯,但其尚具有一定的毒性,注射时会产生疼痛,而且易导致蛋白多肽类药物的变性。

2.8.4　原位凝胶制备工艺

根据聚合物性质不同，原位凝胶制备工艺也不相同。

1. 聚合物沉淀系统

科学家于 1990 年首先根据相分离原理使聚合物在机体注射部位沉淀，制成可注射给药的埋植剂。具体地说，ISFD 是利用某些生物相容性好的有机溶媒溶解可生物降解聚合物，如 PLGA 或 PLA，并加入药物制成溶液或混悬剂，当注射到皮下或肌内时，制剂中可与水相互混溶的有机溶媒很快逸散至体液中，体液中的水（可生物降解材料的不良溶媒）可渗透至有机相中，使其中的聚合物因溶解度降低而发生沉淀，并将药物包裹形成可缓释药物的储库。

ATRIX 公司利用上述原理开发了第一个注射给药的原位凝胶产品，商品名为 Atridox®。该制剂中 10%盐酸多西环素的原料药粉末和 PLA－N－甲基－2－吡啶烷酮（NMP）溶液分别填装在两个针筒内，使用前经“桥管”混匀后，通过针头注入患者牙周袋内，药物可在牙周炎病灶部位持续释放一周。

2. 聚合物热塑系统

热塑性给药系统制备过程无需使用有机溶媒，可直接将药物与熔融状的聚合物混合均匀后分装成热塑性的糊状注射剂（thermoplastic paste，简称 TP）。该载体可用于抗生素和抗肿瘤药物的定位注射给药，也可用于皮下注射给药，使埋植剂内的药物扩散进入全身循环。

3. CoSol-Sur 技术

CoSol-Sur 技术的核心是利用少量的、适于注射给药的、安全性得到广泛验证的潜溶剂（cosolvent），如 Pharmasolve、Glycerolformal，作为脂溶性药物的溶媒，借助安全高效的新型表面活性剂，如 Cremphor ELP、Solutol HS15、生育酚聚乙二醇琥珀酸酯（tocopheryl polyetheyene glycol 1000 succinate，TPGS），通过过饱和原理在体内形成脂溶性药物微晶（microcrystal）。例如制备脂溶性药物的壳聚糖/壳聚糖/甘油磷酸盐（glycerophosphate，GP）原位凝胶，可以利用 N－甲基－2－吡咯烷酮（pharmasolve）作为潜溶剂，聚氧乙烯醚蓖麻油（cremphor ELP）作为表面活性剂，两者发挥药物增溶作用，抑制药物微晶聚集，提高脂溶性药物在壳聚糖/GP 水性基质的相容性，保证原位凝胶制剂的含量均匀性。

2.8.5　质量评价方法

原位凝胶的质量评价包括胶凝的时间、温度、强度、黏度、体外释药及体外降解等方面。

1. 胶凝时间

胶凝时间的测定方法：从制备得到的原位凝胶样品溶液中量取 2mL 置于 6mL 西林瓶，于 37℃水浴保温，每隔 0.5min 倾斜西林瓶，观察记录体系由自由流动液体转变成半固体（sol-gel transition)所需的时间，即为胶凝时间(gelation time)，如图 2-47 所示。

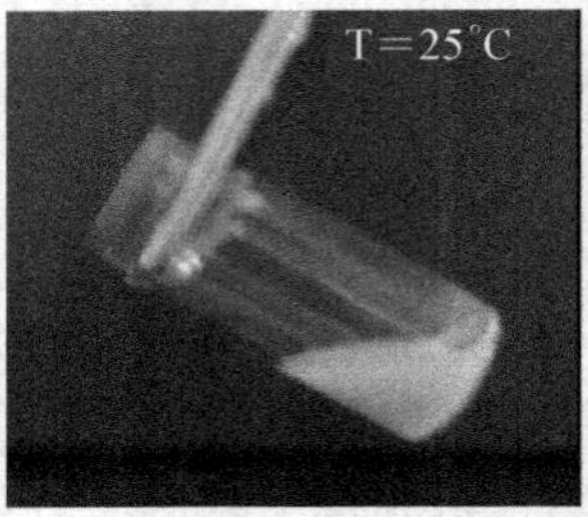

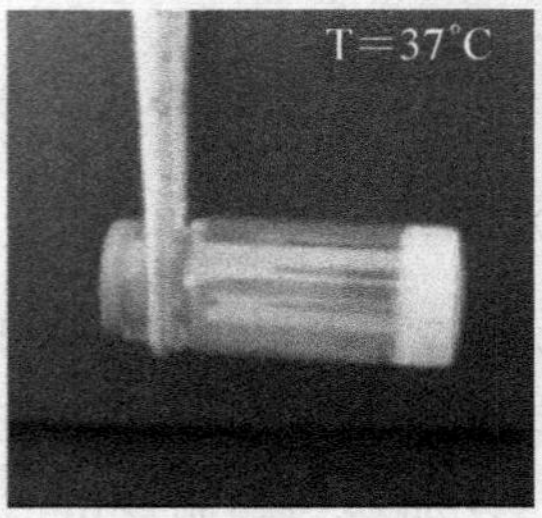

图 2-47 原位凝胶样品胶凝前后照片

2. 胶凝温度

胶凝温度的测定方法：取制得的原位凝胶样品 20mL 置于 30mL 试管中，再将其放入电热恒温水浴槽中，水浴温度从 25℃开始以 1℃/min 的速度逐渐上升，用旋转黏度计的 4 号阻流棒以 12r/min 的速度旋转，用数显调节仪显示样品的温度，记录不同温度下样品的黏度值。黏度值变化产生突跃时的温度即为基质的胶凝温度。依次测定各样品的胶凝温度，每份样品重复测定 3 次，取平均值即可得到该样品的胶凝温度。

3. 胶凝强度

凝胶强度测定装置如图 2-48 所示，具体方法是：取原位凝胶样品 50g 置于 100mL 具刻度的圆筒内，再放入 36.5℃恒温水浴槽中使样品胶凝。圆筒 C 的内直径为 2.2cm，圆盘 B 中 6 个小圆的直径均为 5mm。砝码固定质量为 180g，以圆盘 B 受压下降 5cm 所需的时间(s)表示凝胶强度的大小。依次测定各样品的胶凝强度，每份样品重复测定 3 次，取平均值即可得到该样品的胶凝强度。

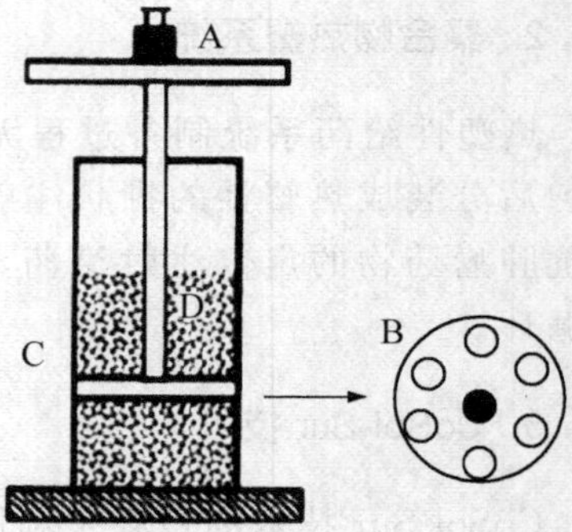

图 2-48 凝胶强度测定装置示意图

(A. 砝码；B. 圆盘；C. 圆筒；D. 凝胶)

4. 黏度

黏度通常是用黏度计测定的，具体方法是：将样品转移到盛样器中，没过 4 号转子，于 4℃(胶凝前)或 37℃(胶凝后)水浴中恒温，分别采用 60r/min 和 6.0r/min 的转速测量胶凝前后原位凝胶的黏度。

5. 体外释药试验

体外释药实验方法：将含药胶凝前溶液分装到 20mL 西林瓶中，于 37℃水浴中保温 1h，待充分胶凝后，向西林瓶中加入 15mL pH7.4 磷酸盐缓冲液，于 37℃恒温振荡器中振摇(转速 50r/min)。在预定的时间点将溶出介质全部取出，补加 15mL 新鲜介质，测定制剂在各个时间点的累积释放量。

6. 原位凝胶的体外降解性试验

体外降解性试验方法：取原位凝胶胶凝前溶液于密闭管形瓶中，放置于 37℃恒温箱中，待溶液形成凝胶后，称量凝胶重量。然后将其保存于 37℃恒温箱内，定时称量残余凝胶重量。

2.8.6　实例

多肽蛋白质类生物药物普遍存在相对分子质量大、脂溶性差、难以透过生物膜、在胃肠道中易被降解、口服吸收困难、半衰期短、稳定性较差、生物利用度低等缺点，这些缺点在很大程度上限制了该类药物的应用。原位凝胶药物剂型可以弥补或克服多肽蛋白质类生物药物存在的缺陷，提高药物的生物利用度。近年来，如重组人生长激素（rhGH）、胰岛素（insulin）、白细胞介素-2（interleukin-2）、脲激酶（urease）、黑色素-1（meianctan-1）等生物药物的原位凝胶给药系统的研究已取得突破性进展。

1. 重组人生长激素

重组人生长激素（rhGH）是一种含有 191 个氨基酸残基的单链蛋白质激素，目前临床主要用其注射剂治疗垂体生长激素缺乏症。由于 rhGH 生物半衰期短，清除快，为维持有效治疗须多次注射，患者依从性差。研究者将 rhGH 制成泊洛沙姆 407（浓度 36%）温敏型控释原位凝胶。体外释放研究表明，该凝胶中 rhGH 可持续释放 72h，释药模式接近零级释放模型。小鼠体内研究表明，与 rhGH 缓冲溶液相比，该原位凝胶肌肉注射后，72h 内吸收百分率明显较高；皮下注射后在 2～84h 内的吸收百分率也明显高于缓冲溶液，实现了 rhGH 的控制释放，克服了传统 rhGH 治疗的缺点。由于减少了 rhGH 给药剂量，其不良反应也相应减少了。

研究者将 rhGH 制成温度敏感型原位凝胶（thermosensitive in situ gel，TISG），通过改变泊洛沙姆同系物的配比，得到了具有适宜胶凝温度（30～36℃）的 TISG。体外释放试验表明，rhGH 从 TISG 中的释放遵循零级动力学过程，且胶凝温度接近体温的 TISG 维持释放的时间较短；大鼠体内试验证明，经注射给药后，TISG 可延缓 rhGH 释放，较普通溶液制剂可获得更平缓且持久的血药浓度曲线。

2. 胰岛素

胰岛素若口服给药，生物膜透过性差，吸收困难，易受胃肠道酶系、pH 及菌群的破坏，且稳定性差，生物利用度低。目前应用的剂型主要为注射剂，患者用药极不方便。有学者将胰岛素包埋于甲基丙烯酸-泊洛沙姆聚合物水凝胶中，制成 pH 敏感型控释凝胶。体外释放度试验表明，其在酸性介质中释药缓慢，2h 累积释放量约 10%；当介质 pH 较高时，随着凝胶的溶胀，药物迅速释放。将此凝胶灌胃给予糖尿病大鼠，并以胰岛素水溶液皮下注射为对照，结果表明水凝胶组于给药后 3h 血糖值明显降低，9～12h 血糖值达到最低，降血糖作用持续时间比注射组明显延长。

胰岛素温度敏感型控释凝胶的降血糖水平，可根据混合载体中两种聚合物比例的不同进行调整。此外，还可将胰岛素先制成纳米粒载药体系，然后再分散于凝胶基质中，发挥两种给药体系的优势。如先制备出胰岛素-PLGA 纳米粒，再将其分散于泊洛沙姆 407 凝胶基质中制成温度敏感型原位凝胶。体外试验表明，泊洛沙姆 407 的浓度越高，药物释放越慢。小鼠皮下注射后，降血糖作用显著，并在 2h 内维持血糖水平相对稳定，反弹速度缓慢。

3. 醋酸亮丙瑞林

利用 Atrigel 技术，以黄体激素释放激素（LHRH）类似物-醋酸亮丙瑞林为模型药物，将生物可降解聚合物聚乳酸-羟基乙酸共聚物 PLGA（LA/GA＝75/25）溶于有机溶媒 PLA－N－甲基-2-吡啶烷酮（NMP）中，聚合物与有机溶媒的比例为 45∶55（*W*/*W*），制备得到醋酸亮丙瑞林原位凝胶注射剂，商品名为 Eligard™。动物试验表明该制剂可维持药效 50 天（如图 2-49所示）。试验结果显示，制剂中聚合物浓度介于 40％～50％或载药量介于 4％～6％对释药模式没有影响，而生物可降解材料 PLGA 的相对分子质量则对药物释放影响较大。

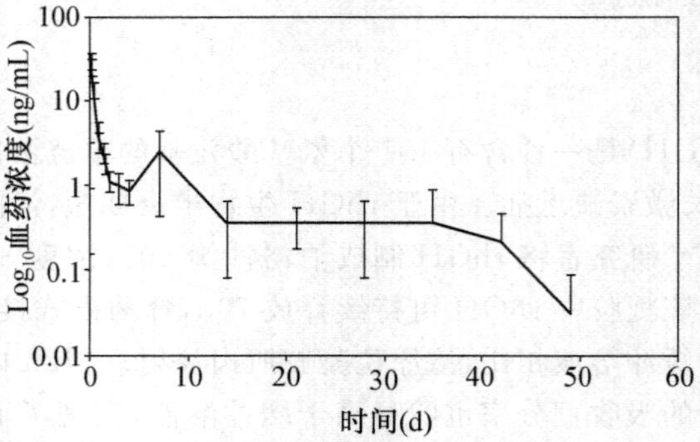

图 2-49　注射醋酸亮丙瑞林原位凝胶注射剂（Eligard™）后的药时曲线

该制剂中聚乳酸-羟基乙酸共聚物（PLGA）溶液的相转变动力学过程比较复杂，原因在于 PLGA 与有机溶媒的性质有直接关系。除 PLA－N－甲基-2-吡啶烷酮（NMP）外，该原位凝胶还以甘油三醋酸酯、苯酸苄酯、丙二醇、丙酮、二甲亚砜（DMSO）、四氢呋喃等作为有机溶媒。以注射途径给药的原位凝胶的溶媒应具备以下条件：① 生物相容性好，不良反应低，注射后局部刺激性小；② 必须是生物降解聚合物的良好溶媒；③ 能与水混溶，在水中溶解度一般不低于 10％。NMP 作为注射用辅料，目前正接受欧洲药政管理局（EME）的审批。选择溶媒时可首先考虑 NMP，其次为二甲亚砜、丙酮、2-吡咯烷酮和碳酸丙烯酯。

4. 文拉法辛温敏型原位凝胶的制备

文拉法辛温敏型原位凝胶制备流程（如图 2-50 所示）：在高速搅拌的环境下将壳聚糖加入到 0.13mol/L 的盐酸中，搅拌 24h 使其成澄清溶液（3％，*W*/*V*）；在冰水浴中，分别将处方量的甘油磷酸盐（GP）、文拉法辛（VH）溶解于水中，在磁力搅拌下将 GP 液滴加到壳聚糖盐酸溶液中，搅拌 5min 后将 VH 溶液加入到上述溶液中，于 4℃搅拌 10min，即可制得原位凝胶。

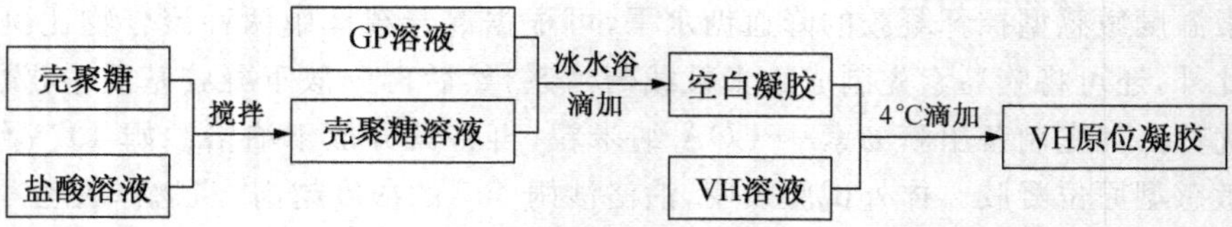

图 2-50　文拉法辛温敏型原位凝胶制备的试验流程

【思考题】

1. 何谓微囊/微球？何谓微粒？其粒径范围是多少？
2. 微球和微囊在载药方式及临床应用上有何异同？
3. 简述微粒的最终给药途径。
4. 简述药物微囊化后的特点。
5. 简述药物微囊/球化的主要材料。
6. 简述微囊化的主要技术。
7. 简述载药微球的质量评价指标。
8. 什么是包封率？影响包封率大小的因素可能有哪些？
9. 简述目前生物技术药物微球化所存在的主要难题。
10. 你所知道的目前国内外已上市的微粒制剂有哪些？
11. 何谓 nanoparticle(NP)？如何分类？
12. 简述纳米粒的载药特点。
13. 简述纳米粒制备的常用方法和材料。
14. 如何评价所制备的载药纳米粒？
15. 试述纳米粒的给药途径、在药剂学上的应用及与微粒的异同点。
16. 根据不同的目的，论述纳米粒的修饰方法及所用材料。
17. 为什么说胆固醇是磷脂膜的“流动性缓冲剂”？
18. 组成脂质体的材料有哪些？
19. 简述多室脂质体与多囊脂质体的区别。
20. 脂质体与细胞作用的机制有几种？分别是什么？
21. 脂质体的制备方法有哪些？
22. 评价脂质体的指标有哪些？
23. 生物药物制备成环糊精包合物有哪些优点？
24. 制备包合物时，主分子对客分子有何要求？
25. 如何验证包合物的形成？
26. 简述环糊精包合物在生物药物注射和鼻腔给药中的应用优势？
27. 何谓微乳、亚微乳？阐述两者的区别。
28. 微乳作为药物载体与普通乳剂相比具有哪些优缺点？
29. 微乳作为生物药物载体有哪些应用？
20. 在微乳的制备中，乳化剂和助乳化剂的作用是什么，选择的依据是什么？
31. 简述微乳的制备、形成理论及评价指标。
32. 何谓自乳化药物传递系统？怎样制备？试举例说明。
33. 简述自乳化药物传递系统的应用。
34. 树状大分子的定义和其基本的分子组成结构。
35. 树状大分子作为新型的给药载体有哪些特点？

36. 目前研究较多的载药树状大分子有哪几类?
37. 树状大分子作为药物载体的优势。
38. 根据微泡中所含气体的种类和成分不同,超声造影剂可分为哪几类?
39. 简述超声造影剂的载药方式和应用方式。
40. 原位凝胶的定义和特点。
41. 简述原位凝胶的分类和质量评价方法。

【参考文献】

[1] Felgner PL, Ringold GM. Cationic liposome-mediated transfection. Nature, 1989, 337: 387-388.

[2] Aguiar MMG, Rodrigues JM, Cunha AS. Encapsulation of insulin-cyclodextrin complex in PLGA microspheres: a new approach for prolonged pulmonary insulin. J Microencapsul, 2004, 21(5): 553-564.

[3] Azuma H, Tomita N, Kaneda Y, et al. Transfection of NF kappa B-decoy oligodeoxynucleotides using efficient ultrasound ultrasound-mediated gene transfer into donor kidneys prolonged survival of rat renal allografts. Gene Therapy, 2003, 10: 415-425.

[4] Bhattarai N, Ramay H, Gunn J. PEG-grafted chitosan as an injectable thermosensitive hydrogel for sustained protein release. J Controlled Release, 2005, 103(3): 609-624.

[5] Caminade AM, Laurent R, Majoral JP. Characterization of dendrimers. Adv Drug Deliv Rev, 2005, 57(15): 2130-2146.

[6] Chatter D. Use of ultrasonics in shear layer cavitation control. Ultrasonics, 2003, 41: 465-475.

[7] Cheri XD, Frederic LL. A review of physical phenomena associated with ultrasonic contrast agents and illustrative clinical applications. Ultrasound Med Biol, 2002, 28(3): 277-286.

[8] Culp WC, Porter TR, McCowan TC, et al. Microbubble-augmented ultrasound declotting of thrombosed arteriovenous dialysis grafts in dogs. J Vasc Interv Radiol, 2003, 14: 343-347.

[9] Desai TR, Hancock RE, Finlay WH. A facile method of delivery of liposomes by nebulization. Journal of Controlled Release, 2002, 84(1-2): 69-78.

[10] Endoh M, Koibuchi N, Sato M, et al. Fetal gene transfer by intrauterine injection with microbubble-enhanced ultrasound. Molecular Therapy, 2002, 5: 501-508.

[11] Ernest GS, David HK, Robert MM, et al. Injectable microbubbles as contrast agents for diagnostic ultrasound imaging: the key role of perfluorochemicals. Angew Chem Int Ed, 2003, 42: 3218-3235.

[12] Evan CU, Thomas P, William C, et al. Therapeutic applications of lipid-coated microbubbles. Advanced Drug Delivery Reviews, 2004, 56: 1291-1314.

[13] Forsberg F, Rawool NM, Merton DA, et al. Contrast enhanced vascular three-dimensional ultrasound imaging. Ultrasonics, 2002, 40(1-8): 117-122.

[14] Ge L, Mohwald H, Li J. Phospholipid liposomes stabilized by the coverage of polyelectrolyte. Colloids and Surfaces A: Physicochem. Eng. Aspects, 2003, 221: 49-53.

[15] Huang SL, MacDonald RC. Acoustically active liposomes for drug encapsulation and ultrasound-triggered release. Biochimica et Biophysica Acta, 2004, 1665: 134-141.

[16] Jain S, Mishra V, Singh P, et al. RGD-anchored magnetic liposomes formonocytes/neutrophils-mediated brain targeting. Int J Pharm, 2003, 261(1-2): 43-55.

[17] Jeong B, Lee K, Gutowska A. Thermogelling biodegradable copolymer aqueous solutions for injectable protein delivery and tissue engineering. Biomacromolecules, 2002, 3(4): 865-868.

[18] Rodrigues Júnior JM, de Melo Lima K, de Matos Jensen CE, de Aguiar MM, da Silva Cunha Júnior A. The effect of cyclodextrins on the in vitro and in vivo properties of insulinloaded poly (D, L-lactic-co-glycolic acid) microspheres. Artif organs, 2003, 27(5): 492-497.

[19] Kang G, Cheon S, Khang G. Thermo sensitive poly(organophosphazene) hydrogels for a controlled drug delivery. Eur J Pharm Biopharm, 2006, 63(3): 340-346.

[20] Lan HY, Mu W, Tomita N, et al. Inhibition of renal fibrosis by gene transfer of inducible Smad7 using ultrasound-microbubble system in rat UUO model. Journal of the American Society of Nephrology, 2003, 14: 1535-1548.

[21] Langston MV, Ramprasad MP, Kararli TT, et al. Modulation of the sustained delivery of myelopoietin (Leridistim) encapsulated in multivesicular liposomes. Journal of Controlled Release, 2003, 89(1): 87-99.

[22] Li H, Song JH, Park JS, Han K. Polyethylene glycol-coated liposomes for oral delivery of recombinant human epidermal growth factor. Int J Pharm, 2003, 258: 11-19.

[23] Li TL, Tachibana K, Kuroki M. Gene transfer with ehco-enhanced contrast agents: comparison between Albunex, Optison and Levovist in mice-initial results. Radiology, 2003, 229: 423-428.

[24] Linder JR. Evolving applications for contrast ultrasound. Am J Cardiol, 2002, 90: 72J-80J.

[25] Lokling KE, Skurtveit R, Fossheim SL, et al. pH-Sensitive paramagnetic liposomes for MRI: assessment of stability in blood. Magnetic Resonance Imaging, 2003, 21(5): 531-540.

[26] Lu QL, Liang HD, Partridge T, et al. Microbubble ultrasound improves the efficiency of gene transduction in skeletal muscle in vivo with reduced tissue damage. Gene Therapy, 2003, 10: 396-405.

[27] Matilainen L, Larsen KL, Wimmer R, et al. The effect of cyclodextrins on chemical and physical stability of glucagon and characterization of glucagon/gamma-CD inclusion complexes. J Pharm Sci, 2008, 97(7): 2720-2729.

[28] Quan C, James Z, Thaddeus W, et al. Pressure-dependent attenuation in ultrasound contrast agents. Ultrasound Med Biol, 2002, 28(8): 1041-1051.

[29] Ruel-Gariépy E, Leclair G, Hildgen P, et al. Thermosensitive chitosan-based hydrogel containing liposomes for the delivery of hydrophilic molecules. Journal of Controlled Release, 2002, 82(2-3): 373-383.

[30] Schumann PA, Christiansen JP, Quigley RM, et al. Targeted-microbubble binding selectively to GPIIb IIIa receptors of platelet thrombi. Invest Radiol, 2002, 37: 587-593.

[31] Shin-ichiro M, Katsuro T, Takahiro O, et al. In vitro transfer of antisense oligodeoxynucleotides into coronary endothelial cells by ultrasound. Biochemical and Biophysical Research Communications, 2002, 298: 587-590.

[32] Shukla A, Janich M, Jahn K, Neubert RH. Microemulsions for dermal drug delivery Studied by dynamic light scattering: detect of interparticle interactions in oil-in-water micoremulsions. Pham Sci, 2003, 92(4): 730-738.

[33] Takeuchi H, Matsui Y, Yamamoto H, et al. Mucoadhesive properties of carbopol or chitosan-coated liposomes and their effectiveness in the oral administration of calcitonin to rats. Journal of Controlled Release, 2003, 86(2-3): 235-242.

[34] Tamm I, Dorken B, Hartmann G. Antisense therapy in oncology: new hope for an old idea. Lancel, 2001, 358: 489-497.

[35] Tang Y, Du Y, Hu X. Rheological characterisation of a novel thermosensitive chitosan/poly(vinyl alcohol) blend hydrogel. Carbohydr Polym, 2007, 67(4): 491 - 499.

[36] Tavornvipas S, Tajiri S, Hirayama F, et al. Effects of hydrophiliccyclodextrins on aggregation of recombinant human growth hormone. Pharm Res, 2004, 21 (12): 2369 - 2376.

[37] Tzavelas C, Bildirici L, Rickwood D. Factors that affect the effciency of cell transfection by immunoporation. Analytical Biochemistry, 2004, 328: 219 - 224.

[38] Wickling SA, Lanza GM. Nanotechnology for molecular imaging and targeted therapy. Circulation, 2003, 107: 1092 - 1095.

[39] Verma DD, Verma S, Blume G, Fahr A. Particle size of liposomes influences dermal delivery of substances into skin. Int J Pharm, 2003, 258: 141 - 151.

[40] Yativn MB, Weinstein JN, Dennis WH, et al. Design of liposomes for enhanced local release of drugs by hyperthermia. Science, 1978, 202(4374): 1290 - 1293.

[41] 杨祥良．纳米药物．北京：清华大学出版社，2007.

[42] 张阳德．纳米药物学．北京：化学工业出版社，2006.

[43] 崔福德．药剂学．第 6 版．北京：人民卫生出版社，2008.

[44] 崔媛，杨学东，丁明玉．药用微乳处方设计概述．中国医药工业杂志，2006，37(8)：569 - 574.

[45] 谷福根，高永良，崔福德．磺丁基醚-β-环糊精及其在药剂学中的应用．中国新药杂志，2004，13(1)：15 - 19.

[46] 顾健人，曹雪涛．基因治疗．北京：北京科学技术出版社，2001.

[47] 朱盛山．药物新剂型．北京：化学工业出版社，2003.

[48] 陆彬．药物新剂型与新技术．北京：人民卫生出版社，1998.

[49] 梅兴国．生物技术药物制剂基础与应用．北京：化学工业出版社，2004.

[50] 屠锡德，张均寿，朱家壁．药剂学．北京：人民卫生出版社，2002.

第 3 章

注射给药系统

本章要点

1. 注射剂的分类、灭菌法及验证指标；
2. 冷冻干燥的原理和过程；
3. 常用的冻干保护剂的种类；
4. 冷冻干燥常见问题及解决方法。

3.1 概　　述

现代生物药物多为蛋白、多肽及核酸类药物，包括单抗、融合蛋白、细胞因子等。大部分蛋白质、多肽类等生物药物为注射给药而非口服给药。其主要原因如下：① 一般蛋白质、多肽类药物的相对分子质量比较大，而且脂溶性较低，不容易通过胃肠道黏膜，使药物的吸收度差；② 蛋白质或多肽类生物药物一般稳定性较差，口服给药时通常由于胃酸或胃肠道中各种酶的作用，使大部分药物被降解为小分子肽或者氨基酸而失去活性；③ 口服药物受肝脏首过效应的影响。因此，大部分蛋白质、多肽类等生物药物制成注射剂或以注射给药系统通过注射给药。蛋白质、多肽类药物的半衰期比较短，患者必须频繁给药，为治疗带来不便。近年来，随着药物新技术和新辅料的不断涌现，越来越多的新型药物载体（如微球、微囊、脂质体、纳米粒和微乳等）被应用于生物药物注射给药系统。这些新剂型不但可以增强药物的稳定性，制成缓释制剂还可以减少给药次数，增强患者的依从性。

3.1.1 注射剂的定义

注射剂（injection）俗称针剂，是指专供注入机体内的一种制剂。其中包括灭菌或无菌溶液、乳浊液、混悬液及临用前配成液体的无菌粉末等类型。

根据生产工艺条件和药物性质不同，注射用无菌粉末可分为注射用冷冻干燥制品和注射用无菌分装制品。将药物制成灭菌水溶液，进行无菌分装，然后采用冷冻干燥技术，在无菌条件下密封制成注射用粉末，称冻干制剂，常见于生物制品，如辅酶类。而用其他方法如无菌溶剂结晶法、喷雾干燥法制得的粉末称为注射用无菌分装制品，常见于抗生素药品，如青霉素。

注射剂由药物、溶剂、附加剂及特制的容器组成，是临床应用最广泛的剂型之一。生物药物多通过冷冻干燥技术等工艺制成注射用冷冻干燥制品使用。

3.1.2 注射剂的特点

注射剂既有优点也有缺点。优点包括：① 药效迅速、作用可靠，静脉注射和动脉注射没有吸收过程，起效迅速，可用于急救等；② 可用于不宜口服给药的患者，如不能协同、不能接受口服给药的患者；③ 可用于不宜口服的生物药物；④ 发挥局部定位作用。

缺点主要有：① 注射给药通常需护士等专业技术人员操作，且注射过程会对机体造成细微损伤并引起疼痛；② 注射剂的生产需要在万级、局部百级的洁净车间完成，生产费用较大，制造过程复杂，价格较高。

3.1.3 注射剂的分类

注射剂按物态可分为以下几类。① 溶液型：包括水溶液和油溶液。② 混悬型：水难溶性或要求延效给药的药物，可制成水或油的混悬液，如鱼精蛋白胰岛素注射液等。③ 乳剂型：水不溶性药物根据需要可制成乳剂型注射液，如静脉营养脂肪乳注射液等。④ 注射用无菌粉末：亦称粉针，是指采用无菌操作法或冻干技术制成的注射用无菌粉末或块状制剂，可用适宜的注射用溶剂配制后注射，也可用静脉输液配制后静脉滴注，如蛋白酶类粉针剂等。

注射剂按给药部位可分为：静脉注射（intravenous route，*iv*）、动脉注射（intraarterial route）、皮下注射（subcutaneous route，*sc*）、皮内注射（intradermal route，*id*）、肌内注射（intramuscular route，*im*）、腹腔注射、关节腔内注射、脊髓腔注射等。静脉注射和动脉注射的生物利用度一般被看做100%；皮下注射、皮内注射和肌内注射后，药物可直接进入血液循环，但腹腔注射后药物经过门静脉进入肝脏，存在肝脏的首过效应。

3.1.4 注射剂的一般质量要求

由于注射剂直接注入人体内，所以必须确保注射剂质量，以保证用药安全。注射剂的质量要求有以下几方面。

1）无菌：注射剂成品中不得含有任何活的微生物和芽孢。

2）无热原：无热原是注射剂的重要质量指标，特别是供静脉及脊椎注射的制剂。

3）澄明度：不得有肉眼可见的浑浊或异物。

4）安全性：注射剂不能引起对组织的刺激性或发生毒性反应，特别是一些非水溶剂及附加剂必须经过必要的动物试验，以确保安全。

5）渗透压：其渗透压要求与血浆的渗透压相等或接近。供静脉注射的大剂量注射剂还要求具有等张性。

6）pH：要求与血液相等或接近（血液 pH 约 7.4），一般控制在 4.0～9.0。

7）稳定性：因注射剂多系水溶液，所以稳定性问题比较突出，故要求注射剂具有必要的物理和化学稳定性，以确保产品在贮存期内安全有效。

8）降压物质：有些注射液（如复方氨基酸注射液）的降压物质必须符合规定，确保安全。

3.2　注射剂的处方组成与制备

3.2.1　注射剂的处方组成

1. 注射用原料

注射剂必须采用注射用原料，且必须符合《中华人民共和国药典》（以下简称《中国药典》）或国家药品质量标准。

2. 注射用溶剂

（1）注射用水

《中国药典》规定：① 注射用水为纯化水经蒸馏所得的蒸馏水，故又称重蒸馏水；② 灭菌注射用水为经灭菌后的注射用水；③ 纯化水为原水经蒸馏法、离子交换法、反渗透法或其他适宜的方法制得供药用的水。

1）原水处理方法：包括离子交换法、电渗析法及反渗透法。离子交换法制得的去离子水可能存在热原、乳光等问题，因此不得用来配制注射液，主要供蒸馏法制备注射用水使用，也可用于洗瓶。但电渗析法与反渗透法广泛用于原水预处理，供离子交换法使用，以减轻离子交换树脂的负担。目前国内主要采用反渗透法进行原水处理，若装置合理，也能达到注射用水的质量要求。一般情况下，一级反渗透装置能除去90%～95%的一价离子和98%～99%的二价离子，同时能除去微生物和病毒，但除去氯离子的能力达不到《中国药典》要求。二级反渗透装置能较彻底地除去氯离子。

2）蒸馏法制备注射用水：是最经典的方法，主要有塔式和亭式蒸馏水器、多效蒸馏水器和气压式蒸馏水器。过去应用较多的塔式蒸馏水器结构主要包括蒸发锅、隔沫装置和冷凝器三部分，生产能力不大。多效蒸馏水器是近年发展起来制备注射用水的主要设备，其特点是耗能低、产量高、质量优。气压式蒸馏水器是利用离心泵将蒸气加压，以提高蒸气的利用率，而且无需冷却水，但耗能大，目前较少用。

3）注射用水的质量要求：在《中国药典》2010年版中有严格规定。除一般蒸馏水的检查项目如pH值、氨、氯化物、硫酸盐与钙盐、硝酸盐与亚硝酸盐、二氧化碳、易氧化物、不挥发物及重金属等均应符合规定外，还必须通过细菌内毒素（热原）检查和微生物限度检查。

4）注射用水的收集和保存

接收蒸馏水时，应弃去一部分初馏液，检查合格后方能收集，收集时应注意防止空气中灰尘及其他污物落入。应采用带有无菌过滤装置的密闭收集系统。注射用水应在80℃以上或灭菌后密封保存、65℃以上保温循环存放或4℃以下的无菌状态下存放，并在制备后12h内使用。

（2）注射用油

注射用油应无异臭，无酸败味。如《中国药典》2010年版二部关于注射用大豆油的具体规定为：碘值为126～140；皂化值为188～195；酸值不大于0.1；过氧化物应符合要求。另外还有芝麻油、茶油等。碘值、皂化值、酸值是评价注射用油质量的重要指标。碘值反映油脂中不饱和键的多寡，碘值过高，则含不饱和键多，油易氧化。皂化值表示游离脂肪酸和结合成酯的脂肪酸总量，过低表明油脂中脂肪酸相对分子质量较大或含不皂化物（如胆固醇等）杂质较多；过高则脂肪酸相对分子质量较小，亲水性较强，失去油脂的性质。植物油是由各种脂肪酸的甘油酯所组成的。其在贮存时与空气、光线接触时间较长往往会发生化学变化，产生特异的刺激性臭味，称为酸败。酸值高表明油脂酸败严重。除上述植物油外，常用的注射用油还有油酸乙酯、苯甲酸苄酯。其他注射用非水溶剂有丙二醇、聚乙二醇、二甲基乙酰胺、乙醇、甘油、苯甲醇等，由于能与水混溶，一般可与水混合使用以增加药物的溶解度或稳定性。

3. 注射剂主要附加剂

为了提高注射剂的有效性、安全性与稳定性，注射剂中除主药外还可添加其他物质，这些物质统称为“附加剂”。附加剂在注射剂中的主要作用是：① 增加药物的理化稳定性；② 增加主药的溶解度；③ 抑制微生物生长，尤其对多剂量注射剂更要注意；④ 减轻疼痛或对组织的刺激性等。所用的附加剂应不影响制品的疗效，对检验不产生干扰。

注射剂常用附加剂主要有pH和等渗调节剂、稳定剂、增溶剂、局麻剂、抑菌剂、抗氧剂等。注射剂的pH值不能超过人的生理耐受范围，因此需加入pH调节剂，否则注射时会产生疼痛。在注射剂中使用较多的增溶剂是聚山梨酯80；卵磷脂在静脉注射用脂肪乳剂中作为乳化剂。加入缓冲剂一方面是为了达到产品所需要的稳定pH值，另一方面也是某些药物溶解度所要求的。抗氧剂、螯合剂可增加药物制剂的稳定性。绝大多数注射剂不需要加入抑菌剂，只有采用低温灭菌、滤过除菌或无菌操作法制备的注射剂，及多剂量装的注射剂，应加入适宜的抑菌剂，以确保用药安全。供静脉或椎管用注射剂，除另有规定外，一般均不得加入抑菌剂，并慎用增溶剂。注射用附加剂应符合《中国药典》或药政部门颁布的标准要求，并有相应的质量标准。常用的附加剂见表3-1。

表3-1 注射剂常用附加剂

类　型	附　加　剂	浓度范围(%)
缓冲剂	醋酸，醋酸钠	0.22，0.8
	枸橼酸，枸橼酸钠	0.5，4.0
	酒石酸，酒石酸钠	0.65，1.2
	磷酸氢二钠，磷酸二氢钠	1.7，0.71
	碳酸氢钠，碳酸钠	0.005，0.06
抑菌剂	苯甲醇	1～2
	羟丙丁酯，甲酯	0.01～0.015
	苯酚	0.5
	三氯叔丁醇	0.25～0.5
	硫柳汞	0.001～0.01

续　表

类　型	附 加 剂	浓度范围(%)
局麻剂或止痛剂	利多卡因	0.5～1.0
	盐酸普鲁卡因	1
	苯甲醇	1.0～2.0
	三氯叔丁醇	0.3～0.5
等渗调节剂	氯化钠	0.5～0.9
	葡萄糖	4～5
抗氧剂	亚硫酸钠	0.1～0.2
	亚硫酸氢钠	0.1～0.2
	焦亚硫酸钠	0.1～0.2
	硫代硫酸钠	0.1
增溶剂、润湿剂、乳化剂	聚氧乙烯(35)蓖麻油	0.03～0.5
	聚乙二醇(40)氢化蓖麻油	0.5～1.5
	聚山梨酯 20	0.1～2.0
	聚山梨酯 40	0.1～2.0
	聚山梨酯 80	0.1～2.0
	聚维酮	0.2～1.0
	卵磷脂	0.5～2.3
	普郎尼克 F-68	0.20
助悬剂	明胶	2.0
	甲基纤维素	0.03～1.05
	羧甲基纤维素	0.05～0.75
赋形剂	乳糖	2～5
	蔗糖	2～5
	甘露醇	2～5
稳定剂	肌酐	0.5～0.8
	甘氨酸	1.5～2.25
	烟酰胺	1.25～2.5
	辛酸钠	0.4

4. 等渗与等张的调节

等渗溶液系指与血浆渗透压相等的溶液,属于物理化学概念。等张溶液系指渗透压与红细胞膜张力相等的溶液,属于生物学概念。两种不同浓度的溶液被一理想的半透膜(溶剂分子可通过,而溶质分子不能通过)隔开,溶剂从低浓度一侧向高浓度一侧转移,此动力即为渗透压，溶液中质点数相等者为等渗。注入机体内的液体一般要求等渗，否则易产生刺激性或溶血等。0.9%的氯化钠溶液和血浆具有相同的渗透压，故为等渗溶液。常用渗透压调整的方法有冰点降低数据法和氯化钠等渗当量法。

(1) 冰点降低数据法

一般情况下，血浆冰点值为−0.52℃。因此任何溶液其冰点降低到−0.52℃，即与血浆等渗。一些药物水溶液的冰点降低与氯化钠等渗当量见表 3-2。等渗调节剂的用量可用公式(3-1)计算。

$$W = \frac{0.52 - a}{b} \tag{3-1}$$

公式(3-1)中，W：配制等渗溶液需加入的等渗调节剂的量(%，g/mL)；a：未经调整的药物溶液的冰点下降度数；b：用以调节等渗的药物 1%(g/mL)溶液的冰点下降度数。

表 3-2 一些药物水溶液的冰点降低与氯化钠等渗当量

名称	1%(g/mL)水溶液冰点降低(℃)	1g 药物氯化钠等渗当量(E)	等渗浓度溶液的溶血情况		
			浓度(%)	溶血(%)	pH
无水葡萄糖	0.100	0.18	5.05	0	6.0
葡萄糖(含水)	0.090	0.16	5.51	0	5.9
氢溴酸后马托品	0.097	0.17	5.67	92	5.0
盐酸吗啡	0.086	0.15	—	—	—
碳酸氢钠	0.381	0.65	1.39	0	8.3
氯化钠	0.580	0.16	0.9	0	6.7
青霉素 G 钾	—	—	5.48	0	6.2
硝酸毛果芸香碱	0.133	0.22	—	—	—
盐酸普鲁卡因	0.120	0.18	5.05	91	5.6

【例 3-1】 用氯化钠配制 100mL 等渗溶液，问需要多少氯化钠？

从表中查得，1%氯化钠溶液的冰点降低为 0.58℃，设氯化钠在等渗溶液中的浓度为 X%，则 1%∶X%=0.58∶0.52。解之得 X=0.9，即配制 100mL 的等渗氯化钠溶液需 0.9g 氯化钠。

【例 3-2】 配制 2%盐酸普鲁卡因溶液 100mL，用氯化钠调节等渗，求所需氯化钠的加入量。

已知 2%盐酸普鲁卡因溶液的冰点下降度 a 为 0.12×2=0.24℃，1%氯化钠溶液的冰点下降度 b 为 0.58℃，代入式(3-1)得：

$$W = (0.52 - 0.24)/0.58 = 0.48\%$$

所以配制 2%盐酸普鲁卡因溶液 100mL 需加入氯化钠 0.48g。

(2) 氯化钠等渗当量法

氯化钠等渗当量法是指与 1g 药物等渗的氯化钠质量。等渗调节剂的用量可用公式(3-2)计算。

$$W = 0.9\%V - EX \tag{3-2}$$

公式(3－2)中，W：配制等渗溶液需加入的氯化钠的量(g)；V：溶液的体积(mL)；E：1g药物的氯化钠等渗当量；X：溶液中药物的克数。

【例 3－3】 配制 2%盐酸麻黄碱溶液 200mL，欲使其等渗，需加入多少克氯化钠或无水葡萄糖？已知 1g 盐酸麻黄碱的氯化钠等渗当量为 0.28，无水葡萄糖的氯化钠等渗当量为 0.18。

设所需加入的氯化钠和葡萄糖量分别为 X 和 Y，则

$$X = (0.9 - 0.28 \times 2\%) \times 200 = 0.68\text{g}$$

$$Y = 0.68/0.18 = 3.78\text{g}$$

$$\text{或} Y = (5\%/0.9\%) \times 0.68 = 3.78\text{g}$$

(3) 等张的调节

对很多药物水溶液来说，红细胞膜可视为理想的半透膜，它可让溶剂分子通过，而不让溶质分子通过，因此它们的等渗和等张浓度相等，如 0.9%的氯化钠溶液。但还有一些药物如盐酸普鲁卡因、甘油、丙二醇等，即使配成等渗溶液，注入体内后，还会发生不同程度的溶血现象。因为红细胞对它们来说并不是理想的半透膜，它们能迅速自由地通过细胞膜，同时促使膜外的水分进入细胞，从而使得红细胞胀大破裂而溶血。关于促使水分进入细胞的机制尚不明确。这类药物一般需加入等渗调节剂(如氯化钠、葡萄糖等)，避免溶血。

因此，由于等渗和等张溶液的定义不同，等渗溶液不一定等张，等张溶液亦不一定等渗。在新产品的试制中，即使所配制的溶液为等渗溶液，属安全用药，也应进行溶血试验。

3.2.2 注射剂的制备

注射剂一般生产过程包括原辅料和容器的前处理、称量、配制、过滤、灌封、灭菌、质量检查、包装等步骤。注射剂生产工艺流程如图 3－1 所示。总流程图由四部分组成，其中环境区域划分为控制区与洁净区，但对可灭菌产品洁净区可划为控制区。

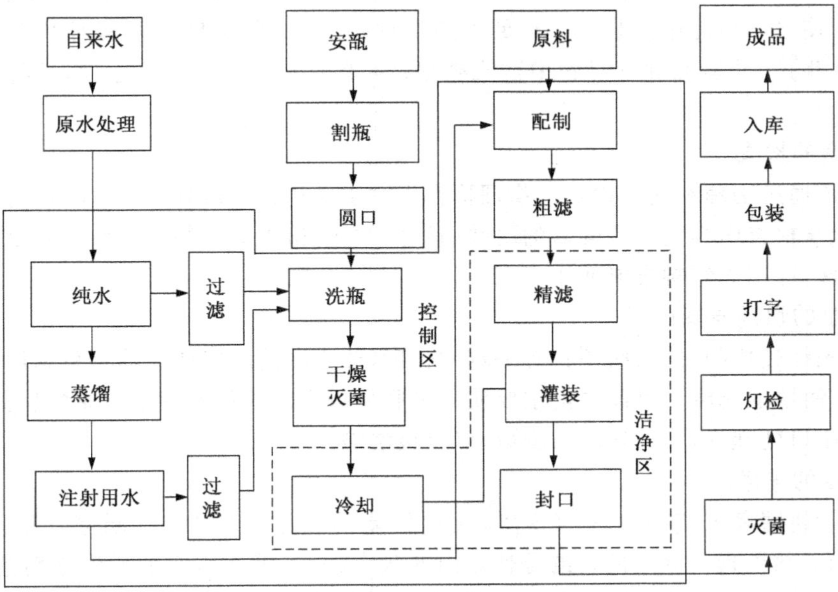

图 3－1　注射剂生产工艺流程与环境区域划分

1. 原辅料的准备

包括生物制品原液在内的供注射用的原辅料，必须符合《中国药典》2010 年版所规定的各项杂质检查与含量限度。某些品种可另行制定内控标准。

配制前，应正确计算原料的用量，称量时应两人核对。投料量可按公式(3-3)计算：

$$原料(附加剂)实际用量=\frac{原料(附加剂)理论用量\times成品标示量百分数}{原料(附加剂)实际含量} \qquad (3-3)$$

成品标示量百分数通常为 100%，有些产品因灭菌或储藏期间含量有所下降，可适当增加投料量(即提高成品标示量的百分数)。含结晶水药物应注意换算。

原料(附加剂)用量＝实际配液量×成品含量(%)。

实际配液量＝实际灌注量＋实际灌注时损耗量。

2. 注射容器的处理

(1) 安瓿的种类和式样

注射剂常用的容器有由硬质中性玻璃制成的安瓿、玻璃瓶，也有塑料瓶及预装式注射器等。安瓿的式样目前采用有颈安瓿与粉末安瓿，有 1mL、2mL、5mL、10mL、20mL 等几种规格，此外还有曲颈安瓿。安瓿多为无色，对需要遮光的药物，可采用琥珀色玻璃安瓿。

(2) 安瓿的质量与注射剂稳定性的关系

安瓿用来灌装各种性质不同的药物溶液，需经高温灭菌，且要在各种不同的环境下长期贮藏。因此，药液与玻璃表面在长期接触过程中可能互相影响，导致注射剂变质，如 pH 值改变、沉淀、变色等。

因此，注射剂玻璃容器应达到以下质量要求：① 无色透明，以利于检查药液的澄明度、杂质以及变质情况；② 不得有气泡、麻点及砂粒；③ 熔点低，易于熔封；④ 具有低的膨胀系数、优良的耐热性，使之不易冷爆破裂；⑤ 有足够的物理强度，能耐受热压灭菌时产生的较高压力差，并避免在生产、装运和保存过程中造成破损；⑥ 具有高度的化学稳定性，不与注射液发生物质交换。

(3) 安瓿的检查

一般必须通过物理和化学检查。物理检查内容主要包括安瓿外观、尺寸、应力、清洁度、热稳定性等；化学检查内容主要有容器的耐酸、碱性和中性检查等。装药试验主要是检查安瓿与药液的相容性，证明无影响方能使用。

(4) 安瓿的切割与圆口

安瓿需先经过切割，使安瓿颈具有一定的长度，便于灌药与安装。圆口系利用强烈火焰喷烘颈口截面，使熔融光滑。目前国内主要使用单联易折安瓿或称刻痕色点曲颈易折安瓿，生产安瓿时已将瓶口处理好，无需切割与圆口，可直接洗涤。

(5) 安瓿的洗涤

安瓿一般使用离子交换水灌瓶蒸煮，质量较差的安瓿须用 0.5% 醋酸水溶液灌瓶蒸煮(100℃、30min)热处理。蒸瓶的目的是使瓶内的灰尘、沙砾等杂质经加热浸泡后落入水中，容易洗涤干净，同时也是一种化学处理，使玻璃表面的硅酸盐水解，微量的游离碱和金属盐溶解，使安瓿的化学稳定性提高。目前国内药厂使用的安瓿洗涤设备有喷淋式安瓿洗涤机组、气水喷射式安瓿洗涤机组、超声波安瓿洗涤机组三种。

(6) 安瓿的干燥与灭菌

安瓿洗涤后，一般置于 120～140℃烘箱内干燥。需无菌操作或低温灭菌的安瓿在 180℃干热灭菌 1.5h。大生产中多采用由红外线发射装置和安瓿传送装置组成的隧道式烘箱，箱内平均温度为 200℃左右，有利于安瓿的烘干、灭菌连续化。灭菌好的空安瓿存放柜应有净化空气保护，安瓿存放时间不应超过 24h。

3. 注射液的配制与过滤

(1) 注射液的配制

注射液的配制分为浓配法和稀配法两种。浓配法，即将全部药物加入部分溶剂中配成浓溶液，加热或冷藏后过滤，然后稀释至所需浓度，此法可滤除溶解度小的杂质。稀配法，即将全部原料加入所需的溶剂中一次配成所需的浓度，再行过滤，原料质量好的可用此法。

注意事项：① 配制注射液应在洁净的环境中进行，一般不要求无菌，但所用器具及原料附加剂尽可能无菌，以减少污染；② 配制剧毒药品注射液时，严格称量与校核，并谨防交叉污染；③ 对不稳定的药物更应注意调配操作(先加稳定剂或通惰性气体等)，或控制温度与避光操作等；④ 对于不易滤清的药液可加 0.1%～0.3%活性炭处理，小量注射液可用纸浆混炭处理。活性炭常选用针用炭。使用时必须考察活性炭对药物(如生物碱盐等)的吸附作用，确定能否使用活性炭处理。活性炭在酸性溶液中吸附作用较强，最高吸附能力可达 1∶0.3，在碱性溶液中有时出现“胶溶”或脱吸附，反而使溶液中杂质增加，故活性炭最好用酸碱处理并活化后使用。

配制油性注射液，常将注射用油先经 150℃干热灭菌 1～2h，冷却至适宜温度(一般在主药熔点以下 20～30℃)进行配制。

(2) 注射液的过滤

过滤系指使固液混合物通过多孔性介质，使固体沉积或截留在多孔性介质上，而使液体通过，从而达到固-液分离的操作。注射液的过滤靠介质的拦截作用，其过滤方式有表面过滤和深层过滤。表面过滤是过滤介质的孔道小于滤浆中颗粒的大小，过滤时固体颗粒被截留在介质表面，如滤纸与微孔滤膜的过滤作用。深层过滤是介质的孔道大于滤浆中颗粒的大小，但当颗粒随液体流入介质孔道时，靠惯性碰撞、扩散沉积以及静电效应被沉积在孔道和孔壁上，使颗粒被截留在孔道内，如砂滤棒、垂熔玻璃漏斗等。

(3) 过滤装置

注射液过滤装置主要有以下几种。

1) 一般漏斗类：常用的有玻璃漏斗和布氏漏斗，常用滤纸、长纤维的脱脂棉以及绢布等做过滤介质，适用于少量液体制剂的预滤，如脱碳过滤等。

2) 砂滤棒：国产的主要有两种。一种是硅藻土滤棒，质地疏松，一般适用于黏度高、浓度大的药液。根据自然滤速分为粗号(＞500mL/min)、中号(500～300mL/min)、细号(＜300mL/min)。注射剂生产常用中号。另一种是多孔素瓷滤棒，质地致密，滤速比硅藻土滤棒慢，适用于低黏度的药液。

砂滤棒价廉易得，滤速快，适用于注射器大生产中的粗滤。但砂滤棒易脱砂，对药液吸附性强，难清洗，且有改变药液 pH 值现象，滤器吸留滤液多。砂滤棒用后要进行处理。

3）垂熔玻璃滤器：分为垂熔玻璃漏斗、滤器及滤棒三种。按过滤介质的孔径分为 1～6 号，生产厂家不同，代号亦有差异。国内几家厂家生产的垂熔玻璃滤器规格见表 3-3。

表 3-3 国产垂熔玻璃滤器规格比较

上海玻璃厂		长春玻璃厂		天津滤器厂	
滤器号	滤板孔径(μm)	滤器号	滤板孔径(μm)	滤器号	滤板孔径(μm)
1	80～120	G1	20～30	1G1	80～120
2	40～80	G2	10～15	1G2	40～80
3	15～40	G3	4.5～9	1G3	15～40
4	5～15	G4	3～4	1G4	5～15
5	2～5	G5	1.5～2.5	1G5	2～5
6	<2	G6	<1.5	1G6	<2

3 号、G2 号和 1G3 号多用于常压过滤，4 号、G3 号和 1G4 号多用于减压或加压过滤，6 号、1G6 号以及 G5、G6 号作无菌过滤用。

垂熔玻璃滤器的优点是：① 化学性质稳定，除强碱与氢氟酸外几乎不受化学药品的腐蚀，一般对药液的 pH 值无影响；② 滤过时无介质脱落，对药物无吸附作用；③ 易清洗，可以热压灭菌。清洗时先用水抽洗，并以 1%～2%硝酸钠硫酸浸泡处理。缺点是：价格较贵，脆而易破，操作压力不能超过 98.06kPa($1kg/cm^2$)。使用时可在垂熔漏斗内垫一绸布或滤纸，可防污物堵塞滤孔，也有利于清洗，可提高滤液的质量。

4）板框式压滤机：由多个中空滤框和实心滤板交替排列在支架上组成，是一种在加压下间歇操作的过滤设备。该滤器滤过面积大，截留固体多，且可在加压下过滤。可用于黏性大、滤饼可压缩的各种物料的过滤。适用于注射剂大生产中的预滤。缺点是装配和清洗麻烦。

5）微孔滤膜过滤器：以微孔滤膜作过滤介质的过滤装置称为微孔滤膜过滤器。微孔滤膜上分布着大量穿透性微孔，其孔径为 0.025～14μm，分成多种规格。常用的有圆盘形和圆筒形两种，圆筒形内有微孔滤膜过滤器若干个，过滤面积大，适用于注射剂的大生产。

微孔滤膜过滤器的优点：① 滤膜孔径小，截留能力强，有利于提高注射剂的澄明度；② 滤膜质地轻而薄(0.1～0.155mm)，滤速快，与同样截留指标的其他过滤介质相比，滤速快 40 倍；③ 滤膜无介质的迁移，不会影响药液的 pH 值；④ 滤膜吸附性小，不滞留药液；⑤ 滤膜用后弃去，可防止产品之间的交叉感染。缺点：易堵塞，有些滤膜稳定性不理想。

常用的微孔滤膜有以下几种。① 醋酸纤维素膜：适用于过滤相对分子质量较小的醇类、水溶液、油类等。② 硝酸纤维素膜：不耐酸、碱，溶于有机溶剂，可以在 120℃热压灭菌 30min，适用于水溶液、油类等。③ 醋酸纤维与硝酸纤维混合酯膜：性质与硝酸纤维素膜类似，但有报道其可用 pH 值范围为 3～10。④ 聚酰胺(尼龙)膜：适用于滤过弱酸、稀酸、碱类和普通溶剂，如丙酮、二氯甲烷、醋酸乙酯。⑤ 聚四氟乙烯膜：可耐 260℃高温，适用于过滤酸性、碱性及有机溶剂的液体。

对于不耐热的产品，如胰岛素等生物药物，可用 0.3μm 或 0.22μm 的滤膜作无菌过滤。

4. 注射液的灌封

滤液经检查合格后进行灌装和封口，即灌封。灌和封应在同一室内进行，灌注后立即熔封或加塞严封，以免污染。灌封室是灭菌制剂制备的关键地区，其环境要严格控制，达到尽可能高的洁净度(如 100 级)。

灌装药液时应注意：① 剂量准确，注射液的实际分装量应符合"生物制品分装和冻干规程"的规定；② 防止药液沾瓶；③ 需通惰性气体时，一般采用空安瓿先充气，灌装药液后再充一次效果较好，这样既可避免药液溅至瓶颈，又可除尽安瓿空间空气。

药厂多采用机械灌封，我国使用较多的安瓿自动灌封机的工作过程包括：① 移动齿档送安瓿；② 灌注针头下降；③ 灌注药液入安瓿；④ 灌注针头上升后安瓿离开，同时灌注器吸入药液。

封口方法分拉封和顶封两种。由于拉封封口严密，不会像顶封那样易出现毛细孔，故目前规定用拉封。粉末安瓿或具有广口的其他类型安瓿，都必须拉封。

在安瓿灌封过程中可能出现的问题有剂量不准确、封口不严(毛细孔)、出现大头(鼓泡)、焦头、瘪头、爆头等。产生焦头的主要原因是安瓿颈部沾有药液，熔封时炭化。充 CO_2 时容易发生瘪头、爆头。应逐一分析出现问题的原因，然后予以解决。

5. 注射液的灭菌与检漏

(1) 灭菌

注射剂的常用灭菌法、操作原理、使用范围及操作要点将在本章第 5 节"灭菌与无菌技术"中讨论。除采用无菌操作生产的注射剂外，一般注射液在灌封后必须尽快灭菌。在避菌条件较好的情况下生产可采用流通蒸气灭菌，1～5mL 安瓿多采用流通蒸气 100℃、30min 灭菌；10～20mL 安瓿常用 100℃、45min 灭菌。要求按灭菌效果 F_0 大于 8 进行验证。

(2) 检漏

若安瓿未能严密熔合，有毛细孔或微小裂缝存在，则药液易被微生物与污物污染或泄漏出来，污损包装，应检查剔除。因此，灭菌后的注射剂应立即进行漏气检查，如减压法等。

6. 注射剂的印字和包装

经检验合格的注射剂要进行印字和包装。印字包括印上注射剂的名称、规格及批号。印字可用手工或印字机。目前，不少制药企业已采用将印字、装盒、贴签及包装等联成一体的印包装联动机，大大提高了注射剂的印包效率。

7. 注射剂的贮存与运输

由于生物药物对高温极敏感，因此，除另有规定外，生物药物注射剂应置 2～8℃避光贮存和运输。

3.2.3　热原

1. 定义

热原(pyrogen)又称热原质或致热原，从广义的概念说，是指微量即能引起恒温动物体温异常升高的物质的总称。热原分为两类：① 外源性热原，指的是细菌内毒素(endotoxin)，主要是指革兰阴性细菌细胞壁的脂多糖成分，是在细菌菌体裂解后释放出来的；② 内源性热原，是指中性粒细胞在外源性热原等作用下所释放的某些应激物质。在没有特指的情况下，热原通常是指外源性热原。大多数细菌、真菌甚至病毒都能产生热原，其中致热能力较强的热原是革兰阴性杆菌所产生的脂多糖。脂多糖组成因菌种不同而不同。热原的相对分子质量一般约为1×10^6。

人体内注入含有热原的注射液，大约半小时后就可产生发冷、寒战、体温升高、恶心、呕吐等不良反应，严重者出现昏迷、虚脱，甚至有生命危险。热原反应的温度变化曲线因热原种类不同而有差异。有人认为细菌性热原自身并不引起发热，而是由于热原进入体内后使体内多形性核白细胞及其他细胞释放一种内源性热原，作用于下丘脑体温调节中枢，可能引起5-羟色胺的释放而导致发热。

2. 热原的性质

(1) 耐热性

热原在100℃加热不降解，因此在一般注射剂的热压灭菌法过程中热原不易被破坏。但在180℃加热3～4h，200℃加热60min或250℃加热30～45min可使热原彻底破坏。

(2) 过滤性

热原体积小，约为1～5nm，一般的滤器均可通过，用微孔滤膜也不能截留，但可被活性炭吸附。

(3) 水溶性

由于磷脂结构上连接有多糖，所以热原能溶于水。

(4) 不挥发性

热原本身不挥发，但在蒸馏时，可由水蒸气中的雾滴带入蒸馏水，故应注意。

(5) 其他

热原可被强酸、强碱破坏，也能被强氧化剂(如高锰酸钾或过氧化氢等)破坏，也能因超声波及某些表面活性剂(如去氧胆酸钠)而失活。

3. 热原的主要污染途径

(1) 注射用水

注射用水是热原污染的主要来源。注射用水易被空气或含尘空气中的微生物污染。故应使用新鲜注射用水，最好随蒸随用。

(2) 原辅料

原辅料特别是用生物方法制造的药物和辅料易滋生微生物，如右旋糖酐、水解蛋白或抗生素等药物及葡萄糖、乳糖等辅料，在贮藏过程中因包装损坏而易污染。

(3) 容器、用具、管道与设备等

容器、用具、管道与设备等应按照GMP要求认真清洗处理，否则容易导致热原污染。

(4) 制备过程与生产环境

注射剂制备环境未达GMP要求、操作时间过长、产品灭菌不及时或灭菌未达要求等，均可增加细菌污染的机会，从而可能产生热原。

(5) 输液器具

有时输液本身不含热原，但往往由于输液器具（输液瓶、乳胶管、针头与针筒等）污染而引起热原反应。

4. 热原的去除方法

(1) 高温法

凡能经受高温加热处理的容器与用具，如针头、针筒或其他玻璃器皿，在洗涤干燥后，于250℃加热30min以上，可破坏热原。

(2) 酸碱法

玻璃容器、用具可用重铬酸钾硫酸清洗液或稀氢氧化钠液处理而将热原破坏。热原亦能被强氧化剂破坏。

(3) 吸附法

活性炭对热原有较强的吸附作用，同时有助滤脱色作用。注射液常用优质针剂用活性炭处理，用量为0.1%～0.5%（W/V）。此外，将0.2%活性炭与0.2%硅藻土合用，除热原效果较好。

(4) 超滤法

一般用3.0～15nm超滤膜除去热原。如用超滤膜过滤10%～15%的葡萄糖注射液可除去热原。

(5) 离子交换法

国内有报道用离子交换树脂成功地除去丙种胎盘球蛋白注射液中的热原。

(6) 凝胶过滤法

用二乙氨基乙基葡聚糖凝胶（分子筛）制备无热原去离子水。

(7) 反渗透法

用反渗透法通过三醋酸纤维膜除去热原，这是近几年发展起来的有使用价值的新方法。

(8) 其他方法

对于热稳定的药物，采用两次以上湿热灭菌法；或适当提高灭菌温度和时间，亦能得到热原合格的产品。微波也可破坏热原。

3.2.4 注射剂的质量检查

注射剂的质量检查项目主要有以下几方面。

1）可见异物检查：可见异物是指存在于注射剂中，在规定条件下目视可以观测到的任何不溶性物质。可用灯检法检查：取供试品，分别在黑色和白色背景下检查，对无色溶液光照度应为1000～1500lx，对于透明塑料容器包装或有色溶液光照度应为2000～3000lx，用目检视，应符合规定。具体试验方法和结果判断标准参看《中国药典》2010年版三部附录ⅤB。

2）无菌检查：具体方法参阅《中国药典》三部附录ⅫA。

3）装量检查与装量差异检查：可参阅《中国药典》三部附录Ⅰ。

4）其他检查：此外，视品种不同，有的尚需进行热原或细菌内毒素检查、有关物质和降压物质检查、异常毒性检查、pH测定、刺激性、过敏试验及抽针试验等。

3.2.5 实例

1. 人血白蛋白注射剂

人血白蛋白注射剂，系由乙型肝炎疫苗免疫健康人的血浆经低温乙醇法分离提取，经60℃加温10h灭活病毒后制成的，为略黏稠、黄色或绿色至棕色的澄明液体。

制备方法：新鲜分离的液体血浆、过期血分离的血浆、半成品、成品检定剩余血浆、轻度溶血或脂肪血浆、去除其他血浆蛋白的组分，均可用于制备人血白蛋白。所用血浆或血清的来源应符合《原料血浆采集(单采血浆术)规程》。血浆或血清应尽可能保持无菌，否则应及时投料制造或低温冰冻保存。低温冰冻保存血浆最长保存期不应超过2年。血浆经低温乙醇法分离提取，加入适量的稳定剂(每克蛋白质用0.16mmol辛酸钠或0.08mmol辛酸钠和0.08mmol乙酰色氨酸钠)。每批制品必须经60℃±0.5℃加热10h处理。热处理可在除菌过滤前或分装后24h内进行。同一制造工艺、同一容器混合的制品作为一批。不同滤器除菌过滤的制品应分为亚批。液体制剂于除菌过滤后应做理化检查(残余乙醇含量≤0.03%)及热原试验，并应按亚批抽样做无菌试验。直接分装时应留样做上述试验。

用法：成品内所含蛋白质中96%以上为白蛋白，含适宜稳定剂(如辛酸钠、乙酰色氨酸钠)，不含防腐剂和抗生素，供静脉滴注或静脉推注使用。该品有增加循环血容量和维持血浆渗透压的作用。在维持机体内的胶体渗透压方面，每5g白蛋白约相当于100mL血浆或200mL全血的功能，用于治疗因失血、创伤及烧伤等引起的休克，脑水肿及大脑损伤所致的脑压增高，低蛋白血症以及肝硬化或肾病引起的水肿或腹水。

2. 凝血质注射液

凝血质注射液制备方法：取凝血质5g，混悬于含有80mg聚山梨酯-20和1g焦亚硫酸钠(或焦亚硫酸钾)的生理盐水1000mL中，使分散均匀，调节pH为7，充氮灌封，100℃流通蒸汽灭菌30min即得，为15mg(2mL)的注射液。

用法：肌注，每次7.5～15mg。局部止血时可湿敷。

注重事项：① 肌注以前要摇匀；② 不可静注(可形成血栓)。

该品用于治疗血友病、紫癜和因再生障碍性贫血引起的出血、咯血、呕血、鼻出血、肾出血、血尿、外伤或溃疡性出血、术中出血以及术后出血等。

3.3 注射用冷冻干燥生物药物制剂

生物药物大部分通过冷冻干燥技术等工艺制成注射用冷冻干燥制品。由于冻干药品呈多孔状，能长时间稳定贮存并易重新复水而恢复活性，因此冷冻干燥技术在生物药物领域的应用很重要。文献报道，约14%的抗生素类药品、92%的大分子生物药品、52%的其他生物制剂需要冻干。

早在1813年，英国人Wollaston就发明了冷冻干燥技术。1909年Shsckell试验用该方法冻干保存抗毒素、菌种、狂犬病毒及其他生物制品，取得了较好效果。第二次世界大战中，由于对血液制品的需求大增，大大刺激了冷冻干燥技术的迅速发展，使之进入了工业应用阶段。此后，制冷和真空设备的改善和冷冻干燥理论的完善，为冷冻干燥技术的快速发展奠定了强有力的物质和理论基础，并在药品冻干损伤和保护机制、药物冻干工艺、药品冷冻干燥机等方面研究取得了巨大的进展。20 世纪 50 年代，冻干食品系统的大规模发展，更促进了冻干技术和设备的发展。冷冻干燥技术不仅在制剂工业生产上非常重要，而且在医学上也得到广泛应用。但药品冷冻干燥技术是一门边缘学科，需要生物学、药学、制冷、真空和控制等知识的交叉和综合，因此仍存在亟待解决的问题。

3.3.1　冷冻干燥技术

1. 冷冻干燥技术的特点、原理及设备

药品冷冻干燥是指把药品溶液或混悬液在低温（通常 −10～−40℃）下冻结，然后在真空条件下加热使水蒸气直接升华干燥，除去冰晶，待升华结束后再进行解吸干燥，除去部分结合水的干燥方法。该过程主要可分为药品准备、预冻、一次干燥（升华干燥）、二次干燥（解吸干燥）和密封保存等五个步骤。药品按上述方法冻干后，可在室温下避光贮存，需要使用时加蒸馏水或生理盐水即可恢复到冻干前的状态。特别适用于对热敏感及在水溶液中不稳定的药物尤其是生物药物的制备。

(1) 冷冻干燥技术的特点

与其他干燥方法相比，药品冷冻干燥法具有非常突出的优点和特点：① 药液在冻结前分装，剂量准确；② 在低温下干燥，可使药物避免因高温条件而分解变质，适用于生物药物如蛋白质、微生物等热敏物质的干燥，保证产品中的蛋白质不会变性；③ 在低压下干燥，被干燥药品不易氧化变质，同时能因缺氧而灭菌或抑制某些细菌的活力；④ 所得产品外观优良，冻干品可形成质地疏松的“骨架”，干燥后能保持原形，形成多孔结构而且颜色基本不变；⑤ 复水性好，冻干药品可迅速吸水还原成冻干前的状态；⑥ 脱水彻底，含水量低，冻干品含水量一般在 1%～3%，适合长途运输和长期保存。

虽然药品冷冻干燥具有上述优点，但是溶剂不能随意选择，只限于水或一些冰点较高的有机溶剂，所以很难制备某种特殊晶型。此外，干燥速率低、干燥时间长、干燥过程能耗高和干燥设备投资大等仍是该技术的突出缺点。

(2) 冷冻干燥原理

干燥是物品的失水过程，利用水的三相图（图 3－2）说明冷冻干燥的过程和原理。图 3－2 可分为三个区域：水（液态）、冰（固态）、水蒸气（气态）。图中 OA、OB、OC 分别为水的两种状态相互转化的平衡

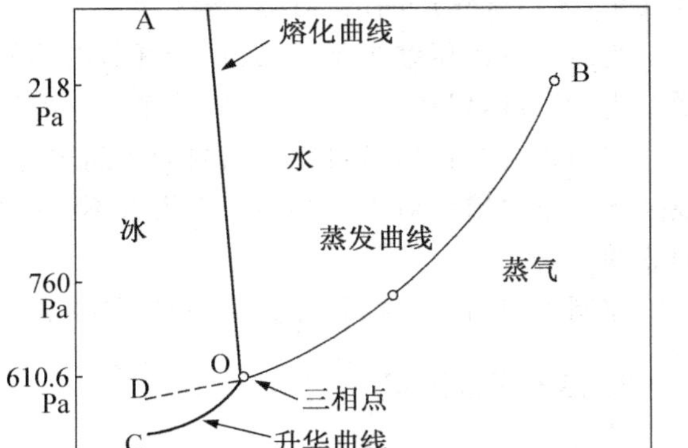

图 3－2　水的三相平衡图

曲线。O点是冰、水、气的平衡点，在此温度和压力时冰、水、气共存，此温度为0.01℃，压力为610.6Pa(4.6mmHg)。从图3-2中可以看出当压力低于610.6Pa时，不管温度如何变化，只有水的固态(冰)和气态(水蒸气)存在，液态(水)不存在。固态(冰)受热时不经过液态(水)直接变为气态(水蒸气)；而气态(水蒸气)遇冷时放热直接变为固态(冰)。根据平衡曲线OC，对于固态(冰)，升高温度或降低压力都可以打破气固平衡，使整个系统朝着由固态(冰)转变为气态(水蒸气)的方向进行，冷冻干燥就是根据这个原理进行的。

(3) 冷冻干燥设备

产品的冷冻干燥需要在一定装置中进行，这个装置叫做真空冷冻干燥机或冷冻干燥装置，简称冻干机。

冻干机的分类方法有很多，按其冷热板面积可分为大、中、小三种类型，通常冻干面积小于1.5m² 为小型，1.5～50m² 的为中型，大于50m² 为大型；按其目的和用途可分为试验型冻干机、中型冻干机和工业生产型冻干机。

冻干机分为制冷系统、真空系统、加热系统和控制系统四个主要部分，由冻干箱(或称干燥箱)、冷凝器(或称水汽凝结器)、压缩机、真空泵和阀门、电气控制元件等结构组成。一种小型冷冻干燥装置如图3-3所示。

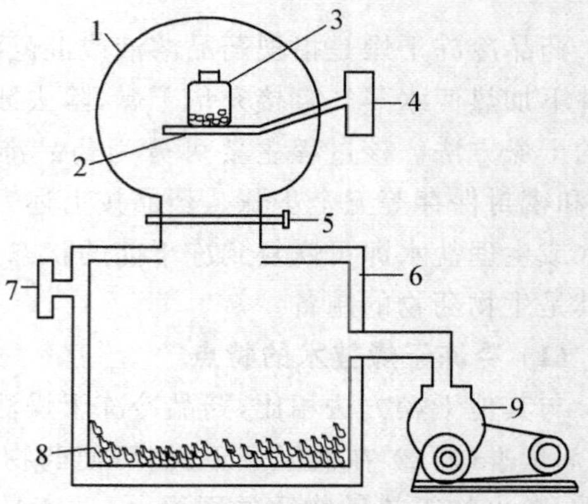

图3-3 冷冻干燥机示意图

(1. 干燥箱；2. 冷热板；3. 药液瓶；4. 小压缩机；5. 阀门；6. 冷凝器；7. 大压缩机；8. 升华的冰；9. 真空泵)

干燥箱是一个能抽成真空的密闭容器。它是冻干机的主要部分，将需要冻干的产品置于箱内分层的金属板层上进行冷冻，并在真空下加温，使产品内的水分升华而干燥。

冷凝器同样是一个真空密闭容器，在它的内部有一个较大表面积的金属吸附面。冷凝器的功用是使冻干箱内产品升华出来的水蒸气冻结吸附在其金属表面上。

真空泵、冷凝器、真空管道、阀门、干燥箱等构成冻干机的真空系统。真空系统要求没有漏气现象，并可确保产品的迅速升华干燥。

制冷系统由压缩机与干燥箱、冷凝器内部的管道等组成。压缩机的功用是对干燥箱和冷凝器进行制冷，以产生和维持它们工作时所需的低温。其有直接制冷和间接制冷两种方式。

加热系统的作用是对冻干箱内的产品进行加热，使产品内的水分不断升华，并达到规定的残余含水量要求。对于不同的冻干机有不同的加热方式，有直接电加热或利用中间介质进行加热的方法。

控制系统由各种控制开关、指示调节仪表及一些自动装置等组成。

2. 冷冻干燥过程

冻干制剂在冷冻干燥前的处理与溶液型注射剂相同，不过药液的配制、过滤与分装均应在无菌室内严格按无菌操作法进行。冷冻干燥过程主要分为预冻、升华干燥和再干燥三个阶段，如简要介绍冷冻干燥过程。

(1) 测定产品的共熔点

共熔点对冷冻干燥很重要，因为药液是复杂的液体，当温度下降到某一温度时晶体开始析出，随温度下降，晶体数量增加，到最后才全部凝结，此时温度叫共凝点；若从冷冻状态升温到共凝点，融化开始，这就是溶质和溶剂的共熔点。共熔点的数值从 0℃ 到 －50℃ 不等，不同物质的共熔点不同，如 0.85％氯化钠溶液为－21.2℃，而 10％葡萄糖溶液为－27℃。部分物质的共熔点见表 3－4。

表 3－4　一些物质的共熔点

物质名称	共熔点温度(℃)
纯水	0
0.85％氯化钠溶液	－21.2
10％葡萄糖溶液	－27
2％明胶、10％葡萄糖溶液	－32
马血清	－32
30℃，溶解度 1mol/L 的甘露醇	－2.24
30℃，溶解度 0.6mol/L 的乳糖	－5.4
30℃，溶解度 4.97mol/L 的氯化钾	－11.1
30℃，溶解度 5.93mol/L 的溴化钾	－12.9
甘油水(丙三醇)	－46.5

共熔点的测量方法有热分析法、电阻法和低温显微镜直接观察法等。热分析法是基于在升温过程中，当温度达到共熔点时，冻结的药品会突然有个能量的吸收，用热分析仪来测定该能量吸收峰可计算得到共熔点温度；电阻法是在降温冷冻或先冷冻后升温过程中，电阻突然变大或变小求得共熔点温度，但对非离子型有机化合物其电阻变化不明显，可加入一定量的附加剂来测定。显微镜法是采用低温显微镜直接观察药品开始融化的温度。

(2) 预冻

冷冻干燥是在真空状态下进行的，必须对药液进行预冻至全部冻结后才能在真空下升华。否则在有部分液体存在时，在真空下不仅会迅速蒸发，造成液体的浓缩，使冻干产品萎缩，而且溶解在水中的气体在真空下会迅速冒出来，造成液体"沸腾"，甚至冒出冻干瓶外而造成损失。因此为确保产品质量，冻干产品在开始升华时的温度必须低于共熔点，全部冻结后才开始升华。

产品预冻的效果由三个参数确定：预冻最低温度、预冻速率和预冻时间。通常，预冻的温度应低于产品共熔点 10～20℃，预冻时间一般为 2～3h，但应根据药物性质决定，有些药物预冻时间长达 8h。预冻速率有速冻与慢冻两种。速冻法先将冻干箱降温至－45℃以下，再将制品放入，药物因急速冷冻而析出细晶，制得的产品疏松易溶，引起蛋白质变性的几率小，对酶类、活菌、活病毒的保存有利。慢冻法形成的结晶粗，但冻干效率高，因此实际工作中应根据具体情况加以选择。

(3) 升华干燥

升华干燥法有一次升华法和反复预冻升华法两种。

1) 一次升华法：适用于共熔点为－10～－20℃的制品，而且溶液的浓度与黏度不大，装量在 10～15mm 厚的情况。具体操作如下：先将无菌药液放置于干燥箱内预冻至共熔点下 10～20℃，同时使冷凝室温度下降至－45℃以下，启动真空泵，待真空度达到一定数值后，慢慢打开阀门；当干燥室的真空度达 0.1mmHg 以下时，关闭冷冻机，通过冷热板下的加热系统缓慢升温，给制品提供在升华过程中所需要的热量；当冻结产品的温度逐渐升华至约－20℃时，药液中的冰晶就可升华，直至将水分基本除尽，然后转入再干燥阶段。

2）反复预冻升华法：适用于共熔点较低、结构比较复杂或黏稠难以冻干的制品，如多糖和某些蛋白类药物等。这些产品在升华过程中，往往会出现冻块软化的现象，产生气泡，并在制品表面形成黏稠的网状结构，从而影响升华干燥和产品的外观，采用反复预冻升华法就可避免上述现象发生。例如某制品的共熔点为－25℃，可以先预冻至－45℃左右，然后将制品升温至共熔点附近，维持30～40min，再降至－40℃左右。如此反复处理，使制品结构改变，表层外壳由致密变为疏松，有利于冰晶的升华，可缩短冻干周期。

升华干燥的时间长短与产品的品种、分装的厚度以及升华时提供的热量有关，在产品品种及分装厚度已定的情况下，若要缩短时间，保证质量，就必须从加速热量传递着手。干燥箱的冷热板是产品获得热量的来源，而箱体内的压强则是产品获得热量的环境条件。有试验证明，干燥箱的压强在10～30Pa时，既有利于热量的传递，又有利于升华的进行。

(4) 再干燥

对经升华干燥后的产品进行再干燥的目的是尽可能地除去残余的水分。再干燥温度应按产品性质而定（如0℃、25℃等），产品在保温干燥一段时间后，整个冻干过程即告结束。

3. 冻干操作

冻干的具体操作是：① 在冻干之前，把需要冻干的产品分装在适合的容器内，如玻璃模子瓶、玻璃管制瓶或安瓿，装量应均匀，蒸发表面应尽量大而厚度尽量薄一些；② 然后放入与冻干箱板层尺寸相适应的金属盘内，对瓶装一般采用脱底盘，有利于热量的有效传递；③ 装箱之前，先将干燥箱进行空箱降温，然后将产品放入干燥箱内进行预冻，或者将产品放入冻干箱内板层上同时进行预冻；④ 抽真空之前要根据冷凝器压缩机的降温速度提前使冷凝器工作，抽真空时冷凝器至少应达到－40℃；⑤ 待真空度达到一定数值后（通常应达到13～26Pa内的真空度），或者达到冻干工艺所要求的真空度后继续抽真空1～2h以上，即可对箱内产品进行加热。一般加热分两步进行，第一步加温不使产品的温度超过共熔点的温度；待产品内水分基本蒸完后进行第二步加温，这时可迅速地使产品上升到规定的最高许可温度，在最高许可温度保持2h以上后，即可结束冻干。

冻干结束后，要往干燥箱内充入干燥无菌的空气，然后尽快地进行加塞封口，以防重新吸收空气中的水分。生物药物冻干粉针剂的生产流程如图3－4所示。

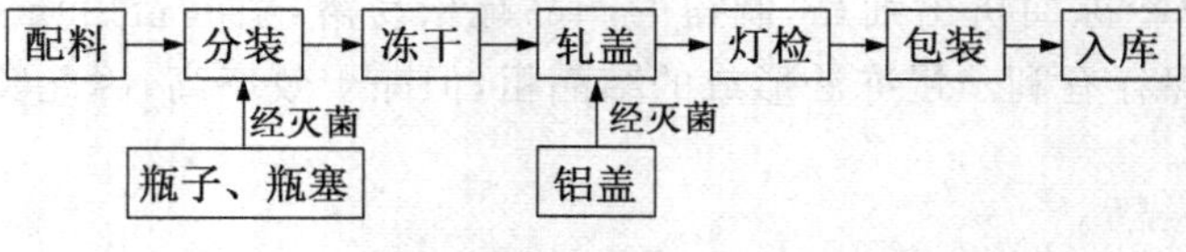

图3－4　生物药物冻干粉针剂的生产流程图

整个升华干燥的时间约12～24h，有的甚至更长，其相关因素有产品在每瓶内的装量、总装量，玻璃容器的形状、规格，产品的种类，冻干曲线及机器的性能等。对于新产品则必须通过试制来制订合理的冻干工艺，以便在保证产品质量的同时，减少生产周期，这是生物药物冻干粉针剂研制的关键。

4. 冻干曲线

在冻干过程中，根据产品和板层(搁板)的温度和真空度对应时间作出的曲线称冷冻干燥曲线，简称为冻干曲线(如图 3－5 所示)，一般以温度为纵坐标，时间为横坐标。冻干不同的产品采用不同的冻干曲线，同一产品使用不同冻干曲线时产品的质量也不相同，板层温度和产品温度之差的变化也可能是产品质量变化的原因之一。因为冻干曲线与冻干机的性能有关，所以不同冻干机应用不同的冻干曲线。

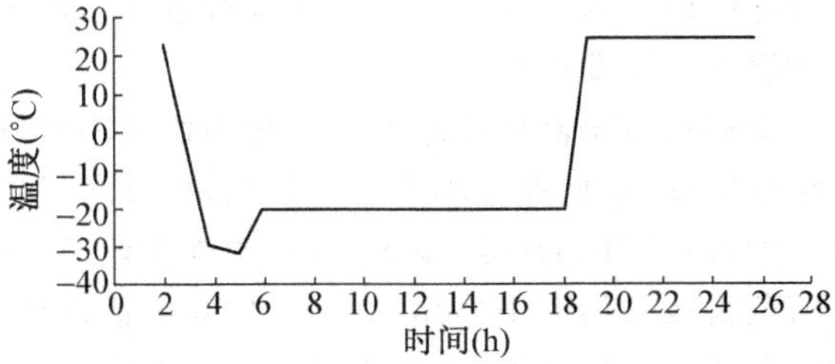

图 3－5　冷冻干燥曲线示意图

冷冻干燥时间一般较长，为保证产品质量和缩短生产周期，必须通过反复试验来确定冻干曲线。因为冻干效果是以冻干制剂与原药液的活性保存率来衡量的，而活性保存率既与冻干曲线有关，也与药液的组成和配比有关，因此需多次反复试验才能优化确定。

5. 冷冻干燥工艺的影响因素

冷冻干燥过程中的冻结过程非常重要，因为在冻结过程中的冰晶形态、大小以及玻璃化程度不仅影响后继的干燥速率，而且影响冻干药品的质量。在冻结过程中必须考虑配方、冻结速率、最低温度(与共熔点有关)、冻结时间等问题。

(1) 配方的影响

1) 固体量：配方中固体的含量会影响冻结和干燥过程。如果固体量太少(少于 2%)会影响药品的机械性能，可能会呈塌陷外形。如果用量太大，除增加成本外，还可能会影响配制过程，如溶解度问题、冻干后的复溶等。疏松但又能保持很好的形状是冻干药品追求的目标。

2) 冻干保护剂：药物冷冻干燥是一个多步骤过程，会产生多种应力使药物变性，如低温应力、冻结应力和干燥应力。其中，冻结应力又可分为枝状冰晶的形成、离子浓度的增加、pH 值的改变和相分离等情况。因此，需要在药物配方中添加活性物质保护剂。很多糖类或多元醇如蔗糖、乳糖、甘露醇、白蛋白是最常用的非特定蛋白保护剂，同时又可充当很好的赋形剂。由于蛋白质种类很多，物理化学性质各异，对于不同的蛋白需要有不同的保护剂配方。有时需多种保护剂共同保护，以获得均匀一致、表面光滑、稳定的产品。

好的保护剂需具备如下特性。① 玻璃化转变温度高；② 吸水性差；③ 结晶率低和不含还原基；④ 本身无味，与蛋白质不发生化学反应；⑤ 价格便宜，易得；⑥ 对于应用于人体的药品，所用保护剂必须对人体无害，且是 SFDA 允许使用的。

常用的保护剂有如下几类物质。① 糖类/多元醇：蔗糖，海藻糖，甘露醇，乳糖，麦芽糖，葡萄糖等；② 聚合物：聚维酮(PVP)，聚乙二醇(PEG)，葡聚糖，白蛋白等；③ 无水溶剂：乙烯乙二醇，甘油，二甲亚砜(DMSO)，二甲基甲酰胺(DMF)等；④ 表面活性剂：吐温 80 等；⑤ 氨基酸：丝氨酸，谷氨酸，丙氨酸，甘氨酸，肌氨酸等；⑥ 盐类：磷酸盐，醋酸盐，柠檬酸盐等。

在蛋白质药品中，最常用的是甘露醇、乳糖和白蛋白等。海藻糖在脱水、干燥、高温、冷冻等情况下具有保护蛋白质生物活性免遭破坏的功能，但由于价格高，常用作标准品的保护剂。

(2) 冻结方式的影响

根据冻结机制,可以把冻结分为全域过冷结晶和定向结晶两类。全域过冷结晶为全部药液处于相同或相近的过冷度下进行冻结的方式。定向结晶是指一小部分药液处于过冷状态下进行冻结的方式。现在一般采用全域过冷结晶方式。在全域过冷结晶中,冻结速率和冰晶成核的温度是重要的参数。

全域过冷结晶按冻结速率可分为快速冻结和慢速冻结。快速冻结的冰晶细小,而且没有冻结浓缩现象,但存在不完全冻结现象;反之,慢速冻结产生的冰晶较大,而且存在冻结浓缩现象。大量长期试验的经验表明,在预冻阶段,对于细胞、蛋白质、多肽样品,较快的冻结速率有利于获得成功的冻干样品,对保持样品的活性优于较慢的冻结。将机器预冷是提高降温速率的好办法。也就是说,在冻干机板层温度降至一个较低的值时,再将药品放入干燥箱内。

冻结方式不同,产生的冰晶形态和大小不同,而且会影响后继的干燥速率和冻干药物质量。试验证明,采用定向结晶方式的冻结药品的干燥速率比全域过冷结晶的快。但是无论采用哪种冻结方式,药品溶液必须部分或全部实现玻璃化冻结,以保护药物药性。

(3) 最低冻结温度的影响

最低冻结温度与所冻样品的共熔点有关,安全的冻结温度的经验值是低于共熔点 10℃。

(4) 冻结时间的影响

适宜的冻结时间可以确保抽真空之前所有的产品都已冻实,避免因抽真空而喷瓶。由于物体的传热是先表层后内部,冻干箱内的产品不可避免地存在一定的温度梯度,因此就需要相应的保温时间和改善传热效率来缩小温度差异。一般的中试型冻干机在样品达到最低温度之后再保持 3～4h 即可冻结均匀。改善热传导效率的一个好办法是将装盘冻干改成抽底冻干,即将冻干瓶直接放置于搁板上。

(5) 干燥速率

冻结样品的干燥过程可以分为两个阶段:升华阶段和解吸阶段。

1) 升华阶段:有人认为,对于热敏感的蛋白质样品,为了保证样品的活性,升温过程应缓慢。如果速度过快,会冲破表面已干层的结构,严重的会飞至瓶外。此外应根据试验优化条件,尤其是升华阶段的温度。

2) 解吸阶段:解吸阶段最重要的参数是温度、真空度和时间。温度的选择以不使样品中的成分变性或失去活性的前提下,越高越好。为了提高传质效率,在此阶段内真空度应尽可能低。解吸的时间应与温度综合考虑,对于热敏感的样品,高温时间不宜过长。有经验报道,对于蛋白质、多肽类药品,常用的解吸条件是 20～28℃,0.1Pa,2～4h。

6. 常见问题和解决方法

冷冻干燥制品为冻干块状或海绵状物。除应符合一般注射剂无菌、无热原、无异物等质量要求外,冷冻干燥制品还有其他特殊要求:冷冻干燥制品应为完整的块状物或海绵状物,具有足够的强度,不易碎成粉,外形饱满不萎缩,色泽均一,干燥充分,保持药物稳定,多孔性好,加水能迅速恢复冻干前状态。但是由于工艺参数不匹配等原因,生产过程中易产生蛋白质变性、含水量偏高、喷瓶、破瓶、脱底、产品外形不饱满或萎缩成团块及澄明度不佳等问题,下面就这些问题提出可能的解决方法。

(1) 蛋白质变性

关于蛋白质在冻结过程中变性的机制,大多数研究者认为蛋白质分子周围分布着多层水分子,在降温过程中,蛋白质分子周围的水分子不断冻结,但只要蛋白质分子表面的单层水分子没有冻结,蛋白质就不会变性;反之,蛋白质就会变性。因此,在冷冻干燥蛋白质药物的过程中,一般要加入保护剂,防止蛋白质表面的单层水分子破坏而引起蛋白质的变性。

在冷冻干燥过程中,加热温度高、升温速率快将使干燥时间缩短,但同时过高的加热温度和过快的升温速率将导致蛋白质失去活性。目前,有关蛋白质冷冻干燥的研究重点是保护剂种类及浓度的选择。此外,还应优化冷冻干燥的各项工艺参数和冻干程序,减少蛋白质的变性,提高冻干品的质量。

1) 药品的冻干损伤:冷冻干燥对细胞或蛋白质产生一定的破坏作用。这种破坏作用主要来自两个方面:机械效应和溶质效应。冻干过程中会产生多种应力破坏细胞或使蛋白质变性,如低温应力、冻结应力、干燥应力。其中冻结应力主要是由于枝状晶形成,产生相分离,使间隙液体逐渐浓缩、电解质浓度增加、pH 值改变,而引起蛋白质的变性和细胞脱水。为了保护蛋白质、多肽类等药物的活性,通常在配方中添加活性物质的保护剂。

2) 保护机制:保护剂根据保护药物的机制不同,可分为低温保护和冻干保护。① 低温保护:低温保护被广为接受的原理是优先作用原理,即蛋白质优先与水溶液中的保护剂作用。也就是说,在稳定作用的保护剂存在的条件下,蛋白质优先与水作用(优先水合),而保护剂优先被排斥在蛋白质区域外(优先排斥)。此时蛋白质表面有较多的水分子和较少的保护剂分子。优先作用原理也适用于冷冻-溶解过程。但在冻干过程中由于蛋白质的水合层被除去,优先作用机制不再适用。② 冻干保护:目前仍在探讨中的冻干保护机制主要有两种,即水替代假说和玻璃态假说。a. 水替代假说:许多研究者认为由于蛋白质分子中存在大量氢键,结合水通过氢键与蛋白质分子联结。蛋白质在冷冻干燥过程中失去水分后,保护剂的羟基能替代蛋白表面水的羟基,使蛋白质表面形成一层假定的水化膜,这样可保护氢键的联结位置不直接暴露在周围环境中,稳定蛋白质的高级结构,防止蛋白质因冻干而变性。b. 玻璃态假说:研究者认为在含保护剂溶液的干燥过程中,当高浓度的保护剂不产生结晶时,保护剂-水混合物就会玻璃化。流动的玻璃态保护剂包围在蛋白质分子的周围,阻止蛋白质的伸展和沉淀,维持蛋白质三维结构的稳定,从而起保护作用。目前大部分学者赞同"水替代假说",因为通过试验可以检测到蛋白质和保护剂之间的氢键,为理论提供了证据。

(2) 含水量偏高

严格控制水分含量是保证冻干制剂质量的关键。水分含量对冻干制剂质量的一个重要指标是玻璃转化温度,即药物的水分含量越低,其玻璃转化温度越高,药物越能长期稳定地贮存。一般冻干后制品的含水量应控制在1%～3%以保持稳定。在水分含量较低时,药物的溶剂降解反应呈零级动力学模式。用动力学方程计算可以选择控制适宜的水分含量,既能满足药物在保存期稳定的要求,又能避免在生产中因过度干燥而引起能源浪费,还可为选择成品保存的环境湿度提供依据。

冻干过程中,装入容器内的药液液层过厚、干燥过程供热不足、干燥速度减慢以及制品的引湿性强、出箱制品吸潮等都可使含水量偏高,可采用旋转冻干机提高冻干效率。这些问题的解决办法包括以下几方面。

1）药液装量不可太厚，一般不宜超过12mm，最厚不得超过15mm。

2）对于药液量较多而需提高干燥速度时可采用旋冻或斜冻等预冻方法，予以加大升华干燥面积。

3）冷冻结束时通入箱内的空气应除湿、除菌过滤，出箱温度应比室内温度稍高，以防水分凝结在制品上。

4）出箱的制品若不封口，应存于另一真空干燥箱内或有无菌干燥剂的容器内，以防吸潮。

(3) 喷瓶

喷瓶产生的原因是在预冻中没有达到共熔点以下，制品未完全冻结或冷冻不结实，升华干燥升温过快，造成局部过热，在大量升华时，使制品温度超过共熔点而部分制品熔化成液体，在高真空下，少量液体从已干燥的界面下喷出。其解决办法是严格控制预冻温度在该产品的共熔点10～20℃以下，控制升华干燥的升温，升温应缓慢，温度不能超过共熔点。

(4) 破瓶及脱底

玻璃瓶在受热或受冷不均匀，各部位受到的膨胀力不同，并超过玻璃的承受力时，会发生碎裂，出现破瓶及脱底等现象。

在冷冻干燥的预冻阶段经常发生玻璃瓶的爆裂脱底现象，一般是在真空条件下未冷冻结实的液体快速蒸发，沸腾放热时发生。对尚未完全冻结实的制品抽真空，当压力到达某一数值时，尚未冻结实的溶液会沸腾蒸发放热，而使本身温度急降，达到共晶点温度，而与瓶底接触的搁板层并没有以上蒸发冷冻特性，玻璃瓶承受不了短时间内如此大的温度差，而导致玻璃瓶的冷爆脱底。

解决碎裂和脱底问题的关键是缩小玻璃瓶各部分的温差，在冻干工艺曲线上体现的就是缩小冷热板温度曲线与样品温度曲线之间的温度线间隔。这在实际操作中可以通过真空控制和温度控制来实现。有研究认为，在升华过程中保证样品温度和冷热板温度之间的温差小于20℃，就能有效缩短冷冻干燥的周期，同时也可完全解决冷冻干燥过程中玻璃瓶碎裂和脱底的问题。

(5) 产品外形不饱满或萎缩成团块

若溶液的浓度太低(小于4%)，被干燥的制品在抽真空升华时，会与水蒸气一起飞扬，或在干燥后变成绒毛状的松散结构。在切断真空之后，这种结构的物质会自行消散，形成孔洞状。

若溶液的浓度太高(大于4%)或冻结块的厚度太大(大于30mm)，分子之间的间隙变小，升华干燥时大量水分子来不及从间隙中快速排出，而冲破表面溶质分子的排列结构排出，使冻干块状物表面产生凹凸不平的泡坑状，并伴随出现冻干物在干燥过程中融化的现象。溶液的浓度太高，出现玻璃化，使水分子不易排出、残余水分增加，受加热的影响，从而出现冻干块状物萎缩现象。不论孔洞还是萎缩现象都是由于冻干溶液的浓度不当引起的，一般溶液的重量浓度以控制在10%～15%为宜，低于5%时，可适当添加赋形剂(如甘露醇、右旋糖酐、乳糖等)提高其浓度。若浓度过高，则应控制其厚度(一般为10～15mm)。在生产工艺上可采用反复预冻升华法，改善结晶状态和制品的通气性，使水蒸气能顺利逸出，产品外观得以改善。

此外，为使制品成功冻干或固形美观，需加入一些附加物质，但其化学性质必须是惰性的，且对人体无害。添加剂应针对药品的性质选择，如加入甘露醇、甘氨酸、木糖醇可提高制品的崩解温度，使制品易于冻干并提高质量。有些活性物质很脆弱，易受冷冻、干燥时的物理或化学伤害，可加入甘油、糖类；有的活性物质浓度太低、干物质含量极小、在冻干时已干燥的物质易被升华的气流带走，因此，加入蔗糖、乳糖脱脂乳、蛋白质及水解物、聚乙烯吡咯烷酮、山梨醇等填充物，使固体物质的浓度为4%～25%，可使冻干后的制品形成较理想的团块。为改变冻干液的pH值，可加入$NaHCO_3$、NaOH等以改变共熔点利于冻干。应指出，添加剂的选择是在试验的基础上确定的，同时还必须达到无菌条件要求。

(6) 澄明度

注射用冷冻干燥制品与注射用无菌粉末均在无菌室内制备，应加强人流、物流与工艺的管理，严格控制环境。产品澄明度不好，多数是粉末原料的质量差异和冻干的前处理存在问题。有报道胶塞选用不当也会导致产品澄明度不合格：从澄明度检测中发现，其微粒的成分是硫和石蜡，都是胶塞在与药液接触中释放的杂质，尤其以含有机溶媒的溶液为多，所以为防止硫、石蜡的杂质进入，应选用丁基胶塞或其他在气压平衡状态也不会导致浑浊的胶塞材料。

3.3.2 实例

近年来生物药物的研发取得了迅猛的发展，目前国内已有重组人血管内皮抑制素注射液、重组人血小板生成素、重组甘精胰岛素、重组人干扰素α-1b/α-2b、重组人表皮生长因子、重组链激酶、重组人白介素-2等多种生物药物的注射剂获准上市。越来越多的微球或微囊、纳米粒、脂质体和微乳等新型递送载体为生物药物所采用。以下列举了几个生物药物注射剂。

1. 鲑鱼降钙素注射剂

鲑鱼降钙素注射液是以鲑鱼降钙素为有效成分的水溶液。鲑鱼降钙素是一种多肽类药物，在20世纪70年代初首先作为Paget's症的治疗药物用于临床，目前在临床上还可用于高血钙症及高血钙危象、骨质疏松、骨质疏松症引起的骨痛及肿瘤骨转移疼痛等。天然降钙素都是由32个氨基酸组成的一单链环状多肽。鲑鱼降钙素提取自鲑鱼腮后腺，化学合成的鲑鱼降钙素具有与其天然产品一样的高活性。

【处方】 鲑鱼降钙素(sCT) 50IU，0.1mol/L HAc水溶液适量，0.1mol/L NaOH水溶液适量。

【制法】 首先配制0.1mol/L的HAc水溶液及0.1mol/L的NaOH水溶液。两种溶液混合，并调节pH至酸性。在无菌操作条件下用G6垂熔漏斗抽滤，得滤液Ⅰ。取小量滤液溶解sCT，然后将药液经一次性除菌器过滤至滤液Ⅰ中，摇匀，灌封，即得。

2. 干扰素α-2b长效注射微球

干扰素α-2b(IFNα-2b)属蛋白质类药物，在临床上广泛用于治疗多种病毒性疾病和恶性肿瘤，但其生物半衰期短，需频繁注射给药，给患者用药带来很大不便。而IFNα-2b长效微球注射剂采用乳酸-乙醇酸共聚物(PLGA)将IFNα-2b制成微球，通过微球内部的孔道以及高分子材料的融蚀降解来调控IFNα-2b在体外的释放。

取一定体积IFNα-2b原液，加入甘露醇等保护剂，冷冻干燥，得IFNα-2b冻干粉。用10mmol/L磷酸盐缓冲液(pH6.8)将冻干粉重新溶解作为内水相，与PLGA的二氯甲烷溶液混合，冰浴条件下超声乳化制成初乳；将初乳滴加到水溶液中，高速搅拌得复乳，并将其立即用蒸馏水稀释，低速搅拌，离心收集微球，蒸馏水洗涤，冷冻干燥得微球干粉。

3.4 注射用喷雾干燥生物药物制剂

喷雾干燥技术已有一百多年的历史。自1865年喷雾干燥最早用于蛋白制品的处理以来，这种由液态经雾化和干燥在极短时间内直接变为固体粉末的过程已经取得了长足的进步。喷雾干燥是快速的一步微囊化过程，条件温和，具有瞬时干燥、干燥产品质量好、干燥过程简单等特点，制得的微球具有粒度分布窄、包封率高等特点，其在不稳定药物微囊化的大规模生产中极具潜力。它使许多有价值但不易保存的物料的保质期得以大大地延长，使一些物料便于包装、使用和运输，同时也简化了一些物料的加工工艺。目前，其应用已十分广泛，涉及多个行业，在制药行业的应用更为普遍，应用较多的是蛋白、多肽类等生物药物制剂（微球或微囊等）的制备，以及中药浸膏的干燥等。不同于冷冻干燥法得到的片状、饼状产品，喷雾干燥制得的是中孔的、团聚型的粉末。目前，应用该技术生产的重组人生长激素聚乳酸-乙醇酸（PLGA）微球制剂 Nutropin Depot™已获准上市，并有多种蛋白、多肽类药物的缓释微球尚处于研究阶段。

3.4.1 工艺及设备

1. 工艺

喷雾干燥工艺可以归纳为下列几个部分，即料液的输送和雾化、干燥介质的加热、干燥介质和雾滴的接触干燥以及干燥产品从气体介质中的分离。喷雾干燥技术的核心是流化技术，具有从流体到固体瞬时干燥的突出优势。其设备一般是由雾化器（喷头）、干燥塔、进出气及物料收集回收系统等组成。其中使料液雾化所用的雾化器是喷雾干燥装置的关键部件。

2. 雾化器的种类和雾化形式

在生产中常用的雾化器有气流式雾化器、压力式雾化器和旋转式雾化器几种。不同的雾化器可以产生不同的雾化形式，按照不同的雾化形式可以将喷雾干燥分为气流式雾化、压力式雾化和旋转式雾化。雾化形式的选择取决于料液的性质和最终产品所要求的特性。

(1) 气流式雾化

气流式雾化，即利用压缩空气（或水蒸气）从喷嘴高速喷出并与另一通道输送的料液混合，借助空气（或水蒸气）与料液两相间相对速度不同产生的摩擦力，把料液分散成雾滴。根据喷嘴的流体通道数及其布局，气流式雾化器又可以分为二流体外混式、二流体内混式、三流体内混式、三流体内外混式以及四流体外混式、四流体二内一外混式等。气流式雾化器的结构简单，处理对象广泛，但能耗大。

(2) 压力式雾化

压力式雾化，即利用压力泵将料液从喷嘴孔内高压喷出，直接将压力转化为动能，使料液与干燥介质接触并被分散为雾滴。压力式雾化器生产能力大，耗能小，细粉生成少，能产生小颗粒，固体物回收率高。

(3) 旋转式雾化

旋转式雾化，即利用高速旋转的盘或轮产生的离心力将料液甩出，使之与干燥介质接触形成雾滴。旋转式雾化器受进料影响（如压力）变化小，控制简单。

3.4.2　实例

喷雾干燥工艺制备微球是一个物理过程，参数易控，操作简单，节省时间，且条件温和，适用于蛋白质、多肽类等不稳定药物的微囊化。因此，与传统技术相比，喷雾干燥技术制备蛋白类微球具有明显优势。以下是个别例子。

1. 胰岛素 PLGA 微球制备

以胰岛素和 PLGA 的醋酸溶液作为加料液，以 3mL/min 的速率通过 0.5mm 口径的喷嘴进行喷雾干燥制备微球，进风量和入口温度分别为 450NL/h 和 50℃。结果显示，应用喷雾干燥技术能够有效地将胰岛素包裹在 PLGA 微球中。加入羟丙基-β-环糊精制得的微球平均粒径为 15.1μm，载药量（质量分数）为 1.27%，大多呈规则的球形。

2. 万古霉素 PLGA 微球制备

先将万古霉素溶于 10mL 蒸馏水中，PLGA 溶于 290mL 二氯甲烷中，然后将亲水性药物溶液在搅拌下于 5min 内滴入共聚物溶液中（匀化器的搅拌速度为 10000r/min），整个过程温度维持在 5℃，随后将所得 W/O 乳液以 10mL/min 的加料速率通过口径为 0.7mm 的喷嘴进行喷雾，入口和出口温度分别为 80～85℃和 68～70℃。最终得到的微球药物包封率接近于理论值（84.2%～99.5%），平均粒径约为 11μm，可用于眼部给药。

但是基于蛋白质、多肽类物质的性质，喷雾干燥过程中的一些因素，如喷嘴的剪切力、液滴干燥时产生的热应力、蛋白质或多肽类在空气-液体界面的吸附等都会对这些生物大分子造成一定的破坏。

3.5　灭菌、无菌技术与空气净化技术

3.5.1　概述

灭菌法是指用适当的物理或化学手段将物品中的微生物杀灭或除去的方法。微生物包括细菌、真菌、病毒等。由于细菌的芽孢具有较强的抗热能力，因此灭菌效果常以杀灭芽孢为准。

灭菌（sterilization）是指用物理或化学方法将所有致病和非致病的微生物以及细菌的芽孢全部杀灭。灭菌法系指杀灭或除去所有致病和非致病微生物繁殖体和芽孢的方法或技术。灭菌制剂系指采用某一物理、化学方法杀灭或除去所有活的微生物繁殖体和芽孢的一类药物制剂。

无菌（asepticism）系指在任一指定物体、介质或环境中，不得存在任何活的微生物。无菌操作法系指在整个操作过程中利用或控制一定条件，使产品避免被微生物污染的一种操作方法或技术。无菌制剂系指采用某一无菌操作方法或技术制备的不含任何活的微生物繁殖体和

芽孢的一类药物制剂。实际生产过程中，灭菌不可能将所有微生物杀灭，只能将物品中污染的微生物残存概率降低至一定水平，以无菌保证水平(sterility assurance level, SAL)表示，最终灭菌的产品中微生物存活概率不得高于 10^{-6}。

防腐(antisepsis)是指用低温或化学药品防止和抑制微生物生长繁殖，亦称抑菌。对微生物的生长与繁殖具有抑制作用的物质称抑菌剂或防腐剂。

消毒(disinfection)是指用物理和化学方法将病原微生物杀死。对病原微生物具有杀灭或除去作用的物质称消毒剂。

空气净化技术系指为达到某种净化要求所采用的净化方法。

3.5.2 灭菌与无菌技术

药剂学中灭菌法可分为三大类，即物理灭菌法、化学灭菌法和无菌操作法(如图 3-6 所示)。灭菌方法及工艺的确定应综合考虑待灭菌物品的性质、灭菌方法的有效性和经济性、灭菌后物品的完整性等因素。

- 灭菌法
  - 物理灭菌法
    - 干热灭菌法
    - 湿热灭菌法
    - 射线灭菌法
    - 过滤除菌法
  - 化学灭菌法
    - 气体灭菌法
    - 化学药剂杀菌法
  - 无菌操作法

图 3-6 灭菌法的分类

1. 物理灭菌法

利用加热、射线和过滤方法，杀灭或除去微生物的技术称为物理灭菌法，亦称物理灭菌技术。该技术包括干热灭菌、湿热灭菌、射线灭菌和过滤除菌法。

(1) 干热灭菌法

干热灭菌法系指在干燥环境中进行灭菌的技术，其中包括火焰灭菌法和干热空气灭菌法。

1) 火焰灭菌法：系指用火焰直接灼烧灭菌的方法。该法灭菌迅速、简便，适用于耐火焰材质(如金属、玻璃及瓷器等)的物品与用具的灭菌，不适用于药品的灭菌。

2) 干热空气灭菌法：系指用高温干热空气灭菌的方法，适用于耐高温的玻璃和金属制品以及不允许湿气穿透的油脂类(如油性软膏基质、注射用油等)和耐高温的粉末化学药品的灭菌，不适用于橡胶、塑料及大部分药品的灭菌。关于干热灭菌条件，《中国药典》规定：160～170℃，需 2h 以上；170～180℃，需 1h 以上；250℃，需 45min。这只是一般标准，必须通过试验，在保证灭菌物品无损害的前提下达到指定完全灭菌的温度与时间。本法缺点是穿透力弱，温度不易均匀，而且灭菌温度较高，灭菌时间较长。

(2) 湿热灭菌法

湿热灭菌法系指用饱和蒸汽、沸水或流通蒸汽进行灭菌的方法。湿热灭菌法包括热压灭菌法、流通蒸汽灭菌法、煮沸灭菌法和低温间歇灭菌法。由于蒸汽潜热大，穿透力强，容易使蛋白质、核酸变性或凝固，因此该法的灭菌效率比干热灭菌法高，是药物制剂生产过程中最常用的方法，但该法不适合生物药物的灭菌。

1) 热压灭菌法：系指用高压饱和水蒸气加热杀灭微生物的方法。该法具有很强的灭菌效果，灭菌可靠，能杀灭所有细菌繁殖体和芽孢，适用于耐高温和耐高压蒸气的所有药物制剂、玻璃容器、金属容器、瓷器、橡胶塞、滤膜过滤器等，是制剂生产中应用最广泛的一种灭菌方法。在一般情况下，热压灭菌法所需的温度(蒸汽表压)与时间的关系为：115℃(67kPa)，30min；121℃(97kPa)，20min；126℃(139kPa)，15min。在特殊情况下，可通过试验确认合适的灭菌温度和时间，且按灭菌效果 F_0 大于8进行验证。

影响湿热灭菌的主要因素如下。① 微生物的种类与数量：不同种类的细菌、同种细菌的不同发育阶段对热的抵抗力有所不同。② 药物性质和灭菌时间：一般来说，灭菌温度越高，灭菌时间越短，但必须同时考虑药物的稳定性。③ 蒸汽性质：蒸汽有饱和蒸汽、湿饱和蒸汽和过热蒸汽。饱和蒸汽热含量较高，热穿透力较大，灭菌效率高；湿饱和蒸汽因含有水分，热含量较低，热穿透力较差，灭菌效率较低；过热蒸汽温度高于饱和蒸汽，但穿透力差，灭菌效率低，且易致药品不稳定。因此，热压灭菌应采用饱和蒸汽。④ 介质的性质：制剂中含有营养物质，如糖类、蛋白质等，增强细菌的抗热性。细菌的生活能力也受介质 pH 值的影响。一般中性环境耐热性最大，碱性次之，酸性不利于细菌的发育。

2）流通蒸汽灭菌法：系指在常压下，采用100℃流通蒸汽加热杀灭微生物的方法。灭菌时间通常为30～60min。本法不能保证杀灭所有的芽孢，不是可靠的灭菌法。其可作为不耐热无菌产品的辅助灭菌手段。

3）煮沸灭菌法：系指将待灭菌物品置沸水中加热灭菌的方法。煮沸时间通常为30～60min。该法灭菌效果较差，常用于注射器、注射针等器皿的消毒。必要时可加入适量的抑菌剂，如三氯叔丁醇、甲酚、氯甲酚等，以提高灭菌效果。

4）低温间歇灭菌法：系指将待灭菌物品置60～80℃的水或流通蒸汽中加热60min，杀灭微生物繁殖体后，在室温条件下放置24h，让其中的芽孢发育成繁殖体，再次加热灭菌、放置，反复多次，直至杀灭所有芽孢。该法适合于不耐高温、热敏感物料和制剂的灭菌。其缺点是费时、工效低、不一定能除尽芽孢；可加入适量抑菌剂以提高灭菌效率。

(3) 射线灭菌法

射线灭菌法系指采用辐射、微波和紫外线杀灭微生物和芽孢的方法。

1）紫外线灭菌法：系指用紫外线照射杀灭微生物和芽孢的方法。用于紫外灭菌的波长一般为200～300nm，灭菌力最强的波长为254nm。该方法属于表面灭菌。紫外线不仅能使核酸蛋白变性，而且能使空气中氧气产生微量臭氧而起到共同杀菌作用。紫外线穿透力微弱，但较易穿透清洁空气及纯净的水，因此本法适用于照射物表面之灭菌、无菌室的空气及蒸馏水的灭菌；不适合于药液的灭菌及固体物料深部的灭菌。

2）辐射灭菌法：系指采用放射性同位素（^{60}Co 和 ^{137}Cs）放射线杀灭微生物和芽孢的方法。适合于热敏物料和制剂的灭菌，常用于生物制品、维生素、抗生素、激素、医疗器械、药用包装材料及药用高分子材料等物质的灭菌。其特点是：穿透力强，灭菌效率高，但不升高产品温度；^{60}Co-γ 射线灭菌法常用的生物指示剂为短小芽孢杆菌孢子。《中国药典》2005年版已收载该法。但本法设备费用较高，对操作人员存在潜在的危险性，对某些药物（特别是溶液型）可能产生药效降低作用或产生毒性物质和发热物质等。

3）微波灭菌法：利用微波（频率为300MHz～300kMHz）照射产生的热能杀灭微生物和芽孢的方法。该法适合液态和固体物料的灭菌，且对固体物料具有干燥作用。

(4) 过滤除菌法

过滤除菌法系利用细菌不能通过致密具孔滤材的原理除去气体或液体中微生物的方法，是一种机械除菌的方法。滤器孔径必须小于芽孢体积（约0.5μm）才能有效地除尽微生物。常用的除菌过滤器有0.22μm或0.3μm的微孔滤膜滤器和G6（号）垂熔玻璃滤器。微孔滤膜分亲水性和疏水性两种，应根据过滤药品的性质和过滤目的来选定。过滤灭菌应在无菌条件下进行操作，为了保证产品的无菌，必须对过滤过程进行无菌检测。

灭菌用过滤器应有较高的过滤效率，能有效地除尽物料中的微生物，滤材与滤液中的成分不发生相互交换，滤器易清洗，操作方便等。该法适合于对热不稳定的药物溶液、原料等物品的灭菌。

2. 化学灭菌法

化学灭菌法系指用化学药品直接作用于微生物而将其杀死的方法，分为气体灭菌法和药液灭菌法。

(1) 气体灭菌法

气体灭菌法系指采用气态杀菌剂(如环氧乙烷、甲醛、臭氧和气态过氧化氢等)进行灭菌的方法，可应用于粉末注射剂、不耐加热灭菌的医用器具、设施、设备等。但应注意灭菌气体的可燃可爆性、致畸性和残留毒性。

(2) 药液灭菌法

药液灭菌法系指利用杀菌剂溶液进行灭菌的方法，适用作其他灭菌法的辅助措施，适合于皮肤、无菌器具和设备的消毒。杀菌剂溶液如75%乙醇、1%聚维酮碘溶液、0.1%～0.2%苯扎溴铵(新洁尔灭)溶液、2%酚或煤酚皂溶液等。但是化学杀菌剂不能杀死芽孢，仅对繁殖体有效。

3. 无菌操作法

无菌生产工艺系指必须在无菌控制条件下生产无菌制剂的方法。其中，最常见的无菌生产工艺是无菌分装和无菌冻干，后者的工艺过程中须采用过滤除菌法。无菌操作的主要场所是无菌操作室、层流洁净工作台和无菌操作柜等，无菌操作法适合于一些不耐热药物的注射剂、眼用制剂等的制备。无菌操作所用的一切物品、器具及环境均需按前述灭菌法灭菌，如安瓿应在150～180℃干热灭菌2～3h，橡皮塞应在121℃热压灭菌1h等。

无菌操作室常采用紫外线、液体和气体灭菌法进行灭菌。操作人员进入无菌操作室前应洗澡，并更换已灭菌的工作服和清洁的鞋子，不得外露头发和内衣，以免污染。小量无菌制剂的制备普遍采用层流洁净工作台进行无菌操作，该设备具有良好的无菌环境，使用方便，效果可靠。目前，无菌操作柜常用于产品的试制。

按无菌操作法制备的产品一般不再灭菌，但某些特殊(耐热)品种亦可进行再灭菌(如青霉素G等)。即使最终需要灭菌的产品(如大部分注射剂等)，其生产过程一般也要避菌操作(尽量避免微生物污染)。

4. 生物指示剂

生物指示剂系指一类特殊的活微生物制品，可用于确认灭菌设备的性能、灭菌程序的验证、生产过程灭菌效果的监控等。用于灭菌验证的生物指示剂一般是细菌的孢子。不同的灭菌方法、设备所选用的生物指示剂不同，可参见《中国药典》2005年版三部附录ⅩⅤ。

3.5.3 灭菌参数

经一般灭菌条件处理的产品中还有极微量微生物存在的可能性，而现行的无菌检验方法往往难以检出。为了保证产品的无菌，有必要对灭菌方法的可靠性进行验证，F 与 F_0 值即可作为验证灭菌可靠性的参数。

1. D 值

D 值系指在一定温度下，杀灭 90%微生物（或残存率为 10%）所需的时间。D 值是微生物的耐热参数，D 值大，说明该微生物耐热性强。杀灭微生物的速度符合一级动力学过程（式 3 - 4、3 - 5），即：

$$\frac{dN}{dt} = -kt \tag{3-4}$$

或

$$\lg N_0 - \lg N_t = \frac{kt}{2.303} \tag{3-5}$$

式中，N_t 是灭菌时间为 t 时残存的微生物数；N_0 为原有微生物数；k 为灭菌速度常数。

$\lg N_0 - \lg N_t$ 对 t 作图得一直线，由斜率可求得常数 k，若被灭菌物品中微生物数降低至原来的 1/10 或降低一个对数单位（如 lg100 降低至 lg10），则 $\lg N_0 - \lg N_t = \lg 100 - \lg 10 = 1$，此时所需的时间 t 即为 D 值（式 3 - 6）。但是 D 值不是常数，它随微生物的种类、环境和灭菌温度变化而异。

$$D = t = \frac{2.303}{k}(\lg 100 - \lg 10) \tag{3-6}$$

2. Z 值

Z 值系指降低一个 $\lg D$ 值所需升高温度的值（℃），即灭菌时间减少到原来的 1/10 所需升高的温度。Z 值系灭菌温度系数，由式 3 - 7、3 - 8 表示。

$$Z = \frac{T_2 - T_1}{\lg D_2 - \lg D_1} \tag{3-7}$$

即

$$\frac{D_2}{D_1} = 10^{\frac{T_2 - T_1}{Z}} \tag{3-8}$$

Z=10℃即指灭菌时间减少到原来灭菌时间的 $\frac{1}{10}$ 且达到相同的灭菌效果时，所需升高的灭菌温度为 10℃。设 T_1=110℃，T_2=121℃，按 3 - 5 式计算可得：$D_2 = 0.079D_1$，即 110℃灭菌 1min 与 121℃灭菌 0.079min 的灭菌效果相当。

3. F 值

F 值系指在一定灭菌温度（T）下给定的 Z 值所产生的灭菌效果与在参比温度（T_0）下给定的 Z 值所产生的灭菌效果相同时，T_0 温度下所相当的灭菌时间。F 值常用于干热灭菌，以 min 为单位，其数学表达式（3 - 9）为：

$$F_0 = \Delta t \sum 10^{\frac{T - T_0}{Z}} \tag{3-9}$$

4. F_0 值

F_0 值系指在一定灭菌温度(T)、Z 值为 10℃所产生的灭菌效果,与 121℃、Z 值为 10℃所产生的灭菌效果相同时所相当的时间(min)。F_0 值可认为是相当于 121℃热压灭菌时杀死容器中全部微生物所需的时间。以嗜热脂肪芽孢杆菌作为微生物指示菌,该菌在 121℃时,Z 值为 10℃。物理 F_0 值的数学表达式(3-10)为:

$$F_0 = \Delta t \sum 10^{\frac{T-12t}{Z}} \tag{3-10}$$

根据 3-6 式,在灭菌过程中,仅需记录被灭菌物品的温度与时间,即可计算 F_0 值。由于 F_0 值是将不同灭菌温度计算到相当于 121℃热压灭菌时的灭菌效力,体现了灭菌温度与时间对灭菌效果的统一,该数值更为精确、实用。故 F_0 值可作为灭菌过程的比较参数,对灭菌过程的设计及验证灭菌效果极为有用。但 F_0 值目前仅限于热压灭菌。

生物 F_0 值可认为相当于以 121℃热压灭菌时,杀灭容器中全部微生物所需要的时间。其数学表达式为(3-11):

$$F_0 = D_{121℃} \times (\lg N_0 - \lg N_t) \tag{3-11}$$

生物 F_0 值可看作 $D_{121℃}$ 与微生物数目的对数降低值的乘积。式中 N_t 为灭菌后预计达到的微生物残存数,即染菌度概率,一般地,当 N_t 达到 10^{-6}(原有菌数的百万分之一)时,可认为灭菌效果较可靠。

影响 F_0 值的因素主要有:① 容器大小、形状及热穿透性等;② 灭菌产品溶液性质、容器充填量等;③ 容器在灭菌器内的数量及分布等,该项因素影响最大,须注意灭菌器内各层、四角、中间位置热分布是否均匀,并根据实际测定数据进行合理排布。

3.5.4 空气净化技术

1. 概述

空气净化(air purification)系指以创造洁净空气为目的的空气调节措施。根据不同行业的要求和洁净标准,可分为工业净化和生物净化。工业净化系指除去空气中悬浮的尘埃粒子,以创造洁净的空气环境,如电子工业等。在某些特殊环境中,可能还有除臭、增加空气负离子等要求。生物净化系指不仅除去空气中悬浮的尘埃粒子,而且要求除去微生物等以创造洁净的空气环境。如制药工业、生物学试验室、医院手术室等均需要生物洁净。

空气净化技术系指为达到某种净化要求所采用的净化方法。空气净化技术不仅着重采用合理的空气净化方法,而且必须对建筑、设备、工艺等采用相应的措施和严格的维护管理,所以是一项综合性技术。

2. 洁净室空气净化标准

目前世界各国在净化度标准方面尚未统一。我国现行的是《药品生产管理规范》(GMP)中的净化度标准——"中国药品生产洁净室(区)的空气洁净度标准",此外还有《美国联邦标准 FS209E》及 ISO14644-1 标准等。其中一个重要指标是含尘浓度,即单位体积空气中所含粉尘的个数(计数浓度)或毫克量(重量浓度)。测定空气中浮尘浓度和粒子大小的常用方法有光散射法、滤膜显微镜法和比色法等。此外,用无菌检查法检查药品与辅料是否无菌也是空气净化的一个指标。

常见的净化等级可分为三大类。① 一般净化:以温度、湿度为主要指标的空气调节,可采用初效过滤器。② 中等净化:除对温度、湿度有要求外,对含尘量和尘埃粒子也有一定指标要求,可采用初、中效二级过滤。③ 超净净化:除对温、湿度有要求外,对含尘量和尘埃粒子有严格要求,含尘量采用计数浓度。该类空气净化必须采用初、中、高效过滤器。

3. 空气净化技术

洁净室的空气净化技术一般采用空气过滤法,当含尘空气通过多孔过滤介质时,粉尘被微孔截留或孔壁吸附,达到与空气分离的目的。

(1) 空气过滤机制

按尘粒与过滤介质的作用方式,可将空气过滤机制大体分为拦截作用和吸附作用两大类。

(2) 影响空气过滤的主要因素

影响空气过滤的主要因素包括以下几种。① 粒径:粒径愈大,拦截、惯性、重力沉降作用愈大,愈易除去。② 过滤风速:在一定范围内,风速愈大,粒子惯性作用愈大,吸附作用增强,扩散作用降低,但过强的风速易将附着于纤维的细小尘埃吹出,造成二次污染,因此风速应适宜。③ 介质纤维直径和密实性:纤维愈细、愈密实,拦截和惯性作用愈强,但阻力增加,扩散作用减弱。④ 附尘:随着过滤的进行,纤维表面沉积的尘粒增加,拦截作用提高。

4. 洁净室的设计

药品生产企业洁净室(区)的空气洁净度是否达到规定的级别要求,直接影响其生产药品的质量。按照 GMP 规定,制药企业应按照药品生产种类、剂型、生产工艺和要求等,将生产厂区合理划分区域。通常可分为一般生产区、控制区、洁净区和无菌区。根据 GMP 设计要求,一般生产区无洁净度要求;控制区的洁净度要求为 100000 级;洁净区的洁净度要求为 10000 级(亦称一般无菌工作区);无菌区的洁净度要求为 100 级。中国药品生产洁净室(区)的空气洁净度标准见表 3-5。

表 3-5　中国药品生产洁净室(区)的空气洁净度标准

洁净度级别	尘粒最大允许数/m^3		微生物数最大允许数	
	≥0.5μm	≥5μm	浮游菌/m^3	沉降菌(个/皿,30min)
100 级	3500	0	5	1
10000 级	350000	2000	100	3
100000 级	3500000	20000	500	5
300000 级	10500000	61800	—	15

3.6 生物药物注射给药系统的新进展

3.6.1 新型给药系统

正如前文所述,蛋白、多肽类等生物药物易受热、酸及酶等条件的破坏,因此,研究和开发新型给药系统是解决生物药物生物利用度、稳定性等诸多问题的重要途径。近年来,随着药物新技术、新辅料和新设备的不断涌现,越来越多的新型药物载体如微球、微囊、脂质体、纳米粒和微乳等广泛用于生物药物注射给药系统的制备,而且对蛋白、多肽类药物缓释制剂的研究越来越多,部分品种已被批准上市,如FDA批准生产的用于前列腺癌治疗的注射用醋酸亮丙瑞林混悬液。

3.6.2 新型干燥方法

冷冻干燥法和喷雾干燥法是生物药物应用较多的制备方法,有研究将两者组合起来形成一种新的干燥方法——喷雾冷冻干燥法。喷雾冷冻干燥法既包含了上述两种干燥方法的优点,又克服了它们的不足。

喷雾冷冻干燥过程一般包含下列三个步骤。

1) 利用特殊设计的雾化器将需要干燥的液体雾化成细小的雾滴。

2) 通过低温气体或者液体把上述的雾滴快速冷却和冻结,形成冻结的粉末。

3) 通过升华原理,对上述冻结粉末进行干燥,最终获得粉末状的干燥成品。

因此,喷雾冷冻干燥实际上是两个完整的过程,即通过低温的流体(液氮、液态丙烷等)或者气体(空气、液氮上方的低温氮气等)喷雾制冰粉的过程,以及真空/常压冷冻干燥或者流化床干燥的过程。早期的喷雾冷冻就是通过二流体雾化器将需要干燥的液体在液氮上方的低温氮气中雾化成细小的雾滴,并冷冻成为冰粉。

喷雾冷冻干燥工艺包括三种方式:① 喷雾冷冻+真空冷冻干燥;② 喷雾冷冻+流化床干燥;③ 一体化喷雾冷冻干燥。

其中,喷雾冷冻结合真空冷冻干燥是最早被采用的喷雾冷冻干燥工艺。有报道采用二流体雾化器和超声波雾化器,二流体雾化器的料液喷孔直径仅为0.7mm,压缩空气量为400L/h,料液量为0.3L/h,50mL的液氮盛放于一个直径16cm、高6cm的不锈钢圆桶内,雾化器位于圆桶的上方。一旦喷雾结束,迅速把上述不锈钢圆桶盛满液氮并放入已经预冷到-45℃的真空冷冻干燥器中,并按照真空冷冻干燥所需的干燥步骤进行。结果表明:这种喷雾冷冻干燥工艺可获得球形的、分散的、表面和内部多孔的产品,完全区别于大小颗粒团聚的喷雾干燥产品和由干燥饼加工后形成的片状、棒状、针状的冷冻干燥产品。

3.6.3 无针注射装置

无针注射装置分为无针粉末喷射装置(powder jet)和无针药液注射装置,是一种新型的气动力注射给药系统。英国一家公司(Powder Jet Pharmaceuticals)近年开发两种类型的粉末喷射给药系统：皮肤粉末喷射剂(dermal powder jet)和口腔黏膜粉末喷射剂(oral powder jet)。粉末喷射给药系统的释药原理和剂型特点是采用手持喷射器具，利用氦气喷射将经皮释药的药物粉末瞬时加速至 750m/s，经皮进入体内。注射部位疼痛与注射体积有关，若体积足够小则用药时基本无痛感。

据预测目前所有上市药品中有 10% 的药物适用于粉末喷射给药，蛋白质、多肽类和基因工程药物尤为适用，与其他给药途径相比，粉末喷射剂中的蛋白质、多肽类药物更为稳定，且可提高生物利用度。国外公司正在开发应用于蛋白质、多肽类药物的可重复使用的多剂量填充式无针注射器，有报道称降钙素和胰岛素两种药物的无针注射剂临床前研究获得成功。

【思考题】

1. 注射剂按物态分类有哪几种？什么是无菌冻干制剂？
2. 灭菌方法有哪几种？什么是无菌保证水平？
3. 冷冻干燥的原理是什么？冷冻干燥过程主要包括哪三个阶段？
4. 冻干保护剂在冷冻干燥过程中使蛋白质保持稳定的机制是什么？
5. 常用的冻干保护剂有哪些？
6. 什么是物质的共熔点？
7. 蛋白质、多肽类药物很少或不能经胃肠道吸收的原因是什么？

【参考文献】

[1] 崔福德. 药剂学. 第 6 版. 北京：人民卫生出版社，2007.

[2] 中华人民共和国药典. 2005 年版三部.

[3] 中华人民共和国药典. 2010.

[4] 梅兴国. 生物技术药物制剂. 北京：化学工业出版社，2004.

[5] 梁毅. GMP 教程. 北京：中国医药科技出版社，2003.

[6] 吴梧桐. 现代生化药学. 北京：中国医药科技出版社，2002.

[7] 吴梧桐. 生物制药工艺学. 第 2 版. 北京：中国医药科技出版社，2008.

[8] 周正任. 医学微生物学. 第 6 版. 北京：人民卫生出版社，2004.

[9] 吴梧桐，王友同，吴文俊. 2005 年中国生物技术药物研究进展. 药物生物技术，2006，13(6)：393 - 398.

[10] 王正荣，方治平，王跃琦. 肽类和蛋白质类药物口服剂型的研究进展. 四川生理科学杂志，2001，23(2)：63 - 65.

[11] 于志江，陈旭，欧阳藩. 冷冻干燥技术在基因工程药物中的应用. 生物加工过程，2005，3(2)：58 - 63.

[12] 郭维图. 冷冻干燥技术在药物生物工程中的应用. 机电信息，2004，15(75)：12 - 18.

[13] 许钟麟. 空气洁净技术原理. 北京：中国建筑工业出版社，1983.

[14] 陈光明. 蛋白质药品冷冻干燥技术研究进展. 制冷空调与电力机械，2003，24(2)：1 - 7.

[15] Quaglia F, Rosa G, Granata E, et al. Feeding liquid, nonionic surfactant and cyclodextrin affect the properties of insulin-loaded poly (lactide-co-glycolide) microspheres prepared by spay-drying. J Controlled

Release,2003,86(23):267-278.

[16] Gavini E, Chetoni P, Cossu M, et al. PLGA microspheres for the ocular delivery of a peptide drug, vancomycin using emulsification/spay-drying as the preparation method: *in vitro/in vivo* studies. Eur J Pharm Biopharm,2004,57(2):207-212.

[17] Izutsu K, Kojima S. Freeze-concentration separates proteins and polymer excipients into different amorphous phases. Pharmaceutical Research, 2000, 17(10): 1316-1322.

[18] Oetjen GW, Haseley P. 冷冻干燥(原著第二版). 徐成海等译. 北京:化学工业出版社,2005.

[19] 张敬如,黄复生,王昆. 蛋白质药品的真空冷冻干燥技术及研究进展. 中国药业,2005,16(13): 25-27.

[20] Cavatur RK, Vemuri NM, Pyne A, et al. Crystallization behavior of mannitol in frozen aqueous solutions. Pharmaceutical Research, 2002,19(6): 894-900.

[21] Pyne A, Surana R, Suryanarayanan R. Crystallization of mannitol below Tg' during freeze-drying in binary and ternary aqueous systems. Pharmaceutical Research, 2002, 19(6): 901-908.

[22] 李保国,周伟伟. 生物药品冷冻干燥研究. 干燥技术与设备,2005,3(4):179-183.

[23] 赵鹏,王东凯,王丽君等. 注射用丁二磺酸腺苷蛋氨酸的制备及稳定性研究. 沈阳药科大学学报,2006,23(15):265-268.

[24] 吴诚,尹东锋,鲁莹等. 干扰素 a-2b 长效注射微球的制备和体外释药. 中国药学杂志,2005,40(15):1197-1199.

[25] 张杰,张炜. 前列腺癌治疗药——醋酸亮丙瑞林缓释制剂. 世界临床药物,2004,25(2):118-119.

[26] Filková I, Huang LX, Mujumdar AS. Handbook of Industrial drying. 1st ed London: Taylor & Francis, 2006: 224-243.

[27] 黄胜炎. 无针头注射剂的开发近况. 国外医药・合成药、生化药、制剂分册,2000,20(1):48-49.

第 4 章

口服给药系统

本章要点

1. 液体制剂、颗粒剂、普通片剂、骨架片及胃内漂浮片的含义、特点、种类；
2. 液体制剂的配制，颗粒剂、片剂制粒压片的方法；
3. 微丸剂、口服微粒给药系统、结肠定位制剂的概念、特点；
4. 片剂常用辅料的种类、性质和应用；
5. 压片过程中可能发生的问题和解决方法；
6. 片剂、微丸及口服微粒系统的种类；
7. 液体制剂、颗粒剂及片剂的质量评价；
8. 压片机的构造、性能及使用。

4.1 概　　述

近年来，随着生物技术的迅猛发展，生物大分子药物品种迅速增加，对非注射给药剂型的要求提高。尤其对安全、无损伤性生物药物口服给药途径的研究成为药剂学者的重要方向。

口服给药系统(oral drug delivery system，ODDS)系指药物经口服后，通过胃肠道黏膜吸收进入血液循环，起到局部或全身治疗作用的给药体系。相较于其他给药途径，口服给药具有给药方式相对简单、方便及患者用药顺应性高等优点。然而，蛋白、多肽类生物药物直接口服给药时生物利用度往往只有0.1%～2%或更低，因为机体的物理、化学和生物学屏障会影响药物递送：物理屏障，包括黏膜以及到达靶点之前必须穿过的各种不同的组织器官；化学屏障，包括pH值的变化、脂质双层膜和降解酶等；生物学屏障，包括细胞吞噬、膜转运通道等。这些问题使得生物药物口服给药成为难度最大的给药途径。

生物药物口服给药吸收障碍的影响因素如下。① 降解作用，胃酸的pH值为1～3，许多蛋白、多肽类药物在这种环境中生物活性几乎完全丧失。胃肠道中酶的降解作用也是导致多肽类和蛋白质药物口服生物利用度低的重要因素之一，绝大多数多肽类和蛋白质药物在胃肠道中被降解为氨基酸或由 2～6 个氨基酸组成的小分子肽。② 胃肠道黏膜的通透性低，而肽类和蛋白质药物相对分子质量大，脂溶性差，难以透过生物膜。③ 药物吸收后受肝脏首过效应的影响易被消除。④ 多肽类和蛋白类药物本身存在化学和构象不稳定的问题。因此，在正常情况下，蛋白、多肽类药物很少或不能经胃肠道吸收。目前，人们把研究的重点放在如何提高蛋白、多肽类药物的生物膜透过性和抵抗蛋白酶降解两个方面。

提高多肽类药物口服吸收的方法有以下几种。① 使用吸收促进剂，常用的促进剂包括水杨酸、胆酸盐、脂肪酸、螯合剂、酰基肉碱等，某些氨基酸衍生物也能促进降钙素、干扰素和生长激素等药物的口服吸收。吸收促进剂一般具有多肽特异性。② 抵抗酶的降解，通常应用 PEG 修饰多肽或使用酶抑制剂。③ 制成如微乳、纳米粒、生物黏附性颗粒等微粒制剂，比如直径为 100nm 的聚乙交酯(PLG)纳米粒在肠道中大部分能被吸收，对黏膜具有黏附性的多聚物给药系统是目前研制蛋白、多肽类药物口服制剂的热点。④ 将多肽与维生素 B_{12} 连接，通过受体介导促进药物口服吸收。⑤ 用脂肪酸修饰多肽，提高脂溶性。此外，结肠腔内消化酶活性低，所以常以结肠为蛋白、多肽类药物的吸收部位。酶抑制剂与给药载体结合，也可以提高蛋白、多肽类药物的吸收。

开发可口服的多肽、蛋白类等生物药物载体是现代生物药物制剂领域的研究热点。口服多肽与蛋白类药物的递送系统有以下几种。

1) 肠溶包衣制剂：采用肠溶材料丙烯酸树脂将胰岛素制成胶囊或微丸包衣可减少胃酸和部分酶对蛋白、多肽类药物的破坏，使其在 pH 值为 7.5～8.0 的肠环境中释放，起到定位释放的效果。

2) 微球和毫微粒：将胰岛素制备成粒径小于 2μm 的生物可降解或不可降解的微球，口服给药后，既可减少药物的破坏，还可通过空肠绒毛尖端细胞脱落后形成的间隙或 Payer's 结吸收，同时具有缓释药物的效果，降低血糖以及肝糖原的积累。粒径在 250～300nm 的聚异丁基氰基丙烯酸微球可在 30～60min 内通过细胞间隙和 Payer's 结的 M 细胞穿透肠黏膜。

3) 微乳、复乳和脂质体：口服微乳和口服复乳主要通过淋巴途径吸收。蛋白质和多肽类药物的口服脂质体仍在研究中。动物实验报道，十二指肠给予胰岛素微乳、灌胃给予胰岛素复乳或口服给予胰岛素脂质体后，肯定有降血糖作用。目前利用这类载体研究的生物药物有胰岛素、葡萄糖、氧化酶、凝血因子Ⅷ、各种细胞因子类等。

4) 口腔黏膜的吸收：胰岛素、干扰素等经口腔黏膜吸收时，可迅速进入口腔黏膜下颌静脉而不进入肝循环，避免了肝脏代谢。有学者认为，这类黏膜吸收程度与制剂因素有很大关系。

5) 促渗剂和酶抑制剂的应用：促渗剂(如表面活性剂、脂肪酸或胆盐)可增加黏液层和上皮细胞层的通透性，扩大细胞间隙。最常用的口服吸收促进剂是胆盐和脂肪酸，一种颇有前景的促渗剂是由特殊细菌产生的蛋白毒素——zonula occludens toxin(ZOT)。ZOT 仅对小肠和十二指肠的受体有效而不作用于直肠和结肠，因此其细胞内通道作用安全、可逆，并具有时间和剂量的依赖性。常用的酶抑制剂有甘胆酸盐、抑肽酶、杆菌肽、大豆胰酶抑制剂等，应用蛋白酶抑制剂可阻止胃肠道消化酶对胰岛素等药物的破坏。

可用于生物药物的口服给药系统有包衣片剂、骨架片、胃内漂浮滞留片、微丸、生物黏附片、新型微粒给药系统和结肠靶向给药系统等。本章将结合口服给药系统制剂，重点介绍口服液体制剂、颗粒剂、片剂等药物剂型。生物药物给药系统的处方工艺设计，除考虑生物药物的特殊性外，应符合药剂学的一般规律。目前，尽管生物药物口服制剂种类还不多，但本章知识可为将来生物药物口服给药系统的开发提供借鉴。

4.2　液体制剂

4.2.1　概述

液体制剂系指药物分散在适宜分散介质中制成的液体形态制剂，通常是将药物以不同的分散方法和不同的分散程度分散在适宜的分散介质中制成的液体分散体系，可供内服或外用。液体制剂的理化性质、稳定性、药效甚至毒性等均与药物粒子分散度的大小有密切关系，所以制备液体制剂时必须重视制剂中药物粒子分散的程度。药物以分子状态分散在介质中，形成均相液体制剂，如溶液剂、高分子溶液剂等；药物以微粒状态分散在介质中，形成非均相液体制剂，如溶胶剂、乳剂、混悬剂等。液体制剂的品种多，临床应用广泛，它们的性质、理论和制备工艺在药剂学中占有重要地位。

1. 液体制剂的特点和质量要求

(1) 液体制剂的特点

液体制剂的优点如下：① 药物以分子或微粒状态分散在介质中，分散度大，吸收快，能较迅速地发挥药效；② 给药途径多，可以内服，也可以外用，如用于皮肤、黏膜和人体腔道等；③ 易于分剂量，服用方便，特别适用于婴幼儿和老年患者；④ 能减少某些药物的刺激性，如调整液体制剂浓度，避免溴化物、碘化物等固体药物口服后由于局部浓度过高引起的胃肠道刺激作用；⑤ 某些固体药物制成液体制剂后，有利于提高药物的生物利用度。

液体制剂的缺点如下：① 药物分散度大，受分散介质的影响，药物容易化学降解，使药效降低甚至失效；② 制剂体积较大，携带、运输、贮存都不方便；③ 水性液体制剂容易霉变，需加入防腐剂；④ 非均相液体制剂的药物分散度大，分散粒子具有很大的比表面积，易产生一系列物理稳定性问题。

(2) 液体制剂的质量要求

均相液体制剂应是澄明溶液，非均相液体制剂的药物粒子应分散均匀；液体制剂浓度应准确；口服的液体制剂应外观良好，口感适宜；外用的液体制剂应无刺激性；液体制剂应有一定的防腐能力，保存和使用过程不应发生霉变；液体制剂的包装容器应适宜，方便患者携带和使用。

2. 液体制剂的分类

(1) 按分散系统分类

1) 均相液体制剂：药物以分子状态均匀分散的澄明溶液，是热力学稳定体系，包括以下两种。① 低分子溶液剂：由低分子药物分散在分散介质中形成的液体制剂，也称溶液剂。

② 高分子溶液剂：由高分子化合物分散在分散介质中形成的液体制剂。

2）非均相液体制剂：为不稳定的多相分散体系，包括以下几种。① 溶胶剂：又称疏水胶体溶液，由固体药物分散在水中形成的不均匀分散体系。② 乳剂：由不溶性液体药物分散在分散介质中形成的不均匀分散体系。③ 混悬剂：由不溶性固体药物以微粒状态分散在分散介质中形成的不均匀分散体系。

按分散系统分类，分散微粒大小决定了分散体系的特征（见表 4－1）。

表 4－1 分散体系中微粒大小与特征

液体类型	微粒大小（nm）	特征与制备方法
溶液剂	<1	分子或离子分散的澄明溶液，体系稳定，溶解法制备
溶胶剂	1～100	胶态分散形成多相体系，聚结不稳定性，胶溶法制备
乳剂	>100	液体微粒分散形成多相体系，聚结和重力不稳定性，分散法制备
混悬剂	>500	固体微粒分散形成多相体系，聚结和重力不稳定性，分散法和凝聚法制备

(2) 按给药途径分类

1）内服液体制剂：如合剂、糖浆剂、乳剂、混悬液、滴剂等。

2）外用液体制剂：① 皮肤用液体制剂，如洗剂、搽剂等；② 五官科用液体制剂，如洗耳剂、滴耳剂、滴鼻剂、含漱剂、滴牙剂等；③ 直肠、阴道、尿道用液体制剂，如灌肠剂、灌洗剂等。

4.2.2 液体制剂的溶剂和附加剂

均相液体制剂中，药物呈完全溶解状态（分子状态），其分散介质称为溶剂。非均相液体制剂如溶胶剂、混悬剂、乳剂中，药物并没有完全溶解而只保持分散状态，其分散介质严格意义上不应称为溶剂。溶剂（或分散介质）和附加剂的选择对于液体制剂的性质和质量影响很大。

1. 液体制剂的常用溶剂

液体制剂的制备方法、稳定性及所产生的药效等，都与溶剂有密切关系。溶剂的选择条件是：① 对药物应具有较好的溶解性和分散性；② 化学性质应稳定，不与药物或附加剂发生反应；③ 不应影响药效的发挥和含量测定；④ 毒性小，无刺激性，无不适的臭味。

药物的溶解或分散状态与溶剂的极性有密切关系。溶剂按介电常数大小分为极性溶剂、半极性溶剂和非极性溶剂。

(1) 极性溶剂

1）水（water）：最常用的溶剂，能与乙醇、甘油、丙二醇等溶剂以任意比例混合，能溶解大多数的无机盐类和极性大的有机药物，能溶解药材中的生物碱盐类、苷类、糖类、树胶、黏液质、鞣质、蛋白质、酸类及色素等。但有些药物在水中不稳定，容易产生霉变，故不宜长久贮存。配制水性液体制剂时应使用蒸馏水或精制水，不宜使用常水。

2）甘油（glycerin）：无色黏稠性澄明液体，有甜味，毒性小，能与水、乙醇、丙二醇等以任意比例混合，对硼酸、苯酚和鞣质的溶解度比水大。含 30％以上甘油有防腐作用，可供内服或外用，在外用制剂中应用较多。

3) 二甲基亚砜(dimethyl sulfoxide, DMSO)：无色澄明液体，具大蒜臭味，有较强的吸湿性，能与水、乙醇、甘油、丙二醇等溶剂以任意比例混合。本品溶解范围广，有万能溶剂之称，能促进药物透过皮肤和黏膜的吸收作用，但对皮肤有轻度刺激。

(2) 半极性溶剂

1) 乙醇(alcohol)：没有特殊说明时，乙醇指 95%(V/V)乙醇，可与水、甘油、丙二醇等溶剂以任意比例混合，能溶解大部分有机药物和药材中的有效成分，如生物碱及其盐类、挥发油、树脂、鞣质、有机酸和色素等。20%以上的乙醇有防腐作用。但乙醇有一定的生理活性，有易挥发、易燃烧等缺点。

2) 丙二醇(propylene glycol)：药用一般为 1,2-丙二醇，性质与甘油相近，但黏度较甘油小，可内服及作为肌内注射液溶剂。丙二醇毒性小、无刺激性，能溶解许多有机药物，一定比例的丙二醇和水的混合溶剂能延缓许多药物的水解作用，增加稳定性。丙二醇对药物在皮肤和黏膜的吸收有一定的促进作用。

3) 聚乙二醇(polyethylene glycol, PEG)：液体制剂中常用聚乙二醇相对分子质量 300～600，为无色澄明液体，理化性质稳定，能与水、乙醇、丙二醇、甘油等溶剂任意比例混合。不同浓度的聚乙二醇水溶液是良好溶剂，能溶解许多水溶性无机盐和水不溶性有机药物，对一些易水解的药物有一定的稳定作用。在洗剂中，能增加皮肤的柔韧性，具有一定的保湿作用。

(3) 非极性溶剂

1) 脂肪油(fatty oils)：常用的非极性溶剂，如麻油、豆油、花生油、橄榄油等植物油。植物油不能与极性溶剂混合，但能与非极性溶剂混合。脂肪油能溶解油溶性药物，如激素、挥发油、游离生物碱和许多芳香族药物。脂肪油容易酸败，也易受碱性药物的影响而发生皂化反应，影响制剂的质量。脂肪油多为外用制剂的溶剂，如洗剂、搽剂、滴鼻剂等。

2) 液体石蜡(liquid paraffin)：从石油产品中分离得到的液状烃的混合物，分轻质和重质两种。前者相对密度为 0.828～0.860，后者为 0.860～0.890。液体石蜡为无色澄明油状液体，无色无臭，化学性质稳定，但接触空气能被氧化，产生臭味，可加入油性抗氧剂。能与非极性溶剂混合，能溶解生物碱、挥发油及一些非极性药物等。在肠道中不分解也不吸收，能使粪便变软，有润肠通便作用。可作口服制剂和搽剂的溶剂。

3) 醋酸乙酯 (ethyl acetate)：无色油状液体，微臭；相对密度(20℃)为 0.897～0.906；有挥发性和可燃性；在空气中容易氧化、变色，需加入抗氧剂；能溶解挥发油、甾体药物及其他油溶性药物，常作为搽剂的溶剂。

2. 液体制剂的常用附加剂

(1) 增溶剂(solubilizer)

增溶是指某些难溶性药物在表面活性剂的作用下，在溶剂中增加溶解度并形成溶液的过程。具有增溶能力的表面活性剂称增溶剂，被增溶的物质称为增溶质。对于以水为溶剂的药物，增溶剂最适 HLB 值为 15～18。每 1g 增溶剂能增溶药物的克数称为增溶量。常用的增溶剂为聚山梨酯类和聚氧乙烯脂肪酸酯类等。

(2) 助溶剂(hydrotropy agent)

助溶是指难溶性药物与加入的第三种物质在溶剂中形成可溶性分子间的络合物、复盐或缔合物等，以增加药物在溶剂（主要是水）中的溶解度，其中的第三种物质称为助溶剂。助溶剂多为低分子化合物（不是表面活性剂），与药物形成络合物，如碘在水中溶解度为 1∶2950，加适量的碘化钾，可明显增加碘在水中的溶解度，能配成含碘 5%的水溶液。碘化钾为助溶剂，增加碘溶解度的机制是碘化钾与碘形成分子间的络合物 KI_3。

(3) 潜溶剂(cosolvent)

为了提高难溶性药物的溶解度，常常使用两种或多种混合溶剂。在混合溶剂中各溶剂达到某一比例时，药物的溶解度出现极大值，这种现象称潜溶（cosolvency），这种溶剂称潜溶剂。能与水形成潜溶剂的有乙醇、丙二醇、甘油、聚乙二醇等。例如甲硝唑在水中的溶解度为 10%(W/V)，如果使用水-乙醇混合溶剂，则溶解度提高 5 倍。又如醋酸去氢皮质酮注射液是以水-丙二醇为溶剂制备的。潜溶剂能提高药物溶解度的原因，一般认为是两种溶剂间发生氢键缔合或潜溶剂改变了原来溶剂的介电常数。

(4) 防腐剂(preservative)

1）防腐的重要性：液体制剂特别是以水为溶剂的液体制剂，易被微生物污染而发生霉变质，尤其是含有糖类、蛋白类等营养物质的液体制剂，更容易引起微生物的滋长和繁殖。抗菌药的液体制剂也能生长微生物，因为抗菌药物都有一定的抗菌谱。污染微生物的液体制剂会引起理化性质的变化，严重影响制剂质量，有时还会产生细菌毒素，有害于人体。

《中国药典》2010 年版关于口服给药制剂微生物限度的标准：口服药品 1g 或 1mL 不得检出大肠埃希菌；霉菌、酵母菌数不超过 100 个；每 1g 细菌数量不得超过 1000 个，每 1mL 细菌数量不得超过 100 个。

2）防腐措施：① 防止污染：防止微生物污染是防腐的重要措施，包括加强生产环境的管理，清除周围的污染源，加强操作人员个人卫生管理等。② 液体制剂中添加防腐剂：在液体制剂的制备过程中完全避免微生物污染是很困难的，有少量的微生物污染时可加入防腐剂，抑制其生长繁殖，以达到有效的防腐目的。

优良防腐剂的条件：① 在抑菌浓度范围内对人体无害、无刺激性、无臭味；② 水中有较大的溶解度，能达到防腐需要的浓度；③ 不影响制剂的理化性质和药理作用；④ 防腐剂应不受制剂中药物的影响；⑤ 对大多数微生物有较强的抑制作用；⑥ 防腐剂本身的理化性质和抗微生物性质稳定，不易受热和 pH 值的影响；⑦ 长期贮存稳定，不应与包装材料起作用。

3）常用防腐剂。

a. 对羟基苯甲酸酯类：对羟基苯甲酸甲酯、乙酯、丙酯、丁酯，亦称尼泊金类。这类防腐剂的抑菌作用随烷基碳数增加而增加，但溶解度随之减小，丁酯抗菌力最强，溶解度最小。本类防腐剂混合使用有协同作用。通常是乙酯和丙酯（1∶1）或乙酯和丁酯（4∶1）合用，浓度均为 0.01%～0.25%。这是一类很有效的防腐剂，化学性质稳定，在酸性、中性溶液中均有效，但在酸性溶液中作用较强，对大肠杆菌作用最强；在弱碱性溶液中作用减弱，因酚羟基解离所致。

b. 苯甲酸及其盐：在水中溶解度为 0.29%，乙醇中为 43%（20℃），通常配成 20%醇溶液备用，用量一般为 0.03%～0.1%。苯甲酸未解离的分子抑菌作用强，所以在酸性溶液中抑菌效果较好，最适 pH 值是 4。溶液 pH 值增高时解离度增大，防腐效果降低。苯甲酸防霉作用较尼泊金类弱，而防发酵能力较尼泊金类强。苯甲酸 0.25%和尼泊金 0.05%～0.1%联合应用对防止发霉和发酵最为理想，特别适用于中药液体制剂。

c. 山梨酸：白色至黄白色结晶性粉末，熔点 133℃，溶解度在水中为 0.125%(30℃)，丙二醇中为 5.5%(20℃)，无水乙醇或甲醇中为 12.9%，甘油中为 0.13%。对细菌最低抑菌浓度为0.02%～0.04%(pH<6.0)，对酵母、真菌最低抑菌浓度为 0.8%～1.2%。本品的防腐作用是未解离的分子，在 pH 值为 4 的水溶液中效果较好。山梨酸与其他抗生素联合使用产生协同作用。山梨酸钾、山梨酸钙作用与山梨酸相同，水中溶解度更大，需在酸性溶液中使用。

d. 苯扎溴铵：又称新洁尔灭，为阳离子表面活性剂。淡黄色黏稠液体，低温时形成蜡状固体，极易潮解，特臭、味极苦，无刺激性，溶于水和乙醇，微溶于丙酮和乙醚。在酸性和碱性溶液中稳定，耐热压。作防腐剂使用浓度为 0.02%～0.2%。

e. 醋酸氯乙定：又称醋酸洗必泰，微溶于水，溶于乙醇、甘油、丙二醇等溶剂中，为广谱杀菌剂，用量为 0.02%～0.05%。

f. 其他防腐剂：邻苯基苯酚微溶于水，使用浓度为 0.005%～0.2%；桉叶油为 0.01%～0.05%；桂皮油为 0.01%；薄荷油为 0.05%。

(5) 矫味剂

1) 甜味剂：包括天然的和合成的两大类。天然的甜味剂蔗糖和单糖浆应用最广泛，具有芳香味的果汁糖浆如橙皮糖浆及桂皮糖浆等不但能矫味，也能矫臭。甘油、山梨醇、甘露醇等也可作甜味剂。天然甜味剂甜菊苷为微黄白色粉末，无臭，有清凉甜味，甜度约为蔗糖的 300 倍，在水中溶解度(25℃)为 1∶10，pH 值为 4～10 时加热也不被水解，常用量为 0.025%～0.05%，甜味持久且不被吸收，但甜中带苦，故常与蔗糖和糖精钠合用。合成的甜味剂有糖精钠，甜度为蔗糖的 200～700 倍，易溶于水，但水溶液不稳定，长期放置甜度会降低，常用量为 0.03%，常与单糖浆、蔗糖和甜菊苷合用，常作咸味的矫味剂。阿司帕坦，也称蛋白糖，为二肽类甜味剂，又称天冬甜精，甜度比蔗糖高 150～200 倍，不致龋齿，可以有效地降低热量，适用于糖尿病、肥胖症患者。

2) 芳香剂：在制剂中有时需要添加少量香料和香精以改善制剂的气味和香味。这些香料与香精称为芳香剂。香料分天然香料和人造香料两大类。天然香料有植物中提取的芳香性挥发油如柠檬、薄荷挥发油等，及其制剂如薄荷水、桂皮水等。人造香料也称调和香料，是由人工香料添加一定量的溶剂调和而成的混合香料，如苹果香精、香蕉香精等。

3) 胶浆剂：具有黏稠缓和的性质，可以干扰味蕾的味觉而能矫味，如阿拉伯胶、羧甲基纤维素钠、琼脂、明胶、甲基纤维素等的胶浆。如在胶浆剂中加入适量糖精钠或甜菊苷等甜味剂，可增加其矫味作用。

4) 泡腾剂：将有机酸与碳酸氢钠一起，遇水后产生大量二氧化碳，因二氧化碳能麻痹味蕾从而起到矫味作用，能改善盐类的苦味、涩味和咸味。

(6) 着色剂

有些药物制剂本身无色，但为了心理治疗上的需要或某些目的有时需加入制剂进行调色，加入的制剂称着色剂。着色剂能改善制剂的外观颜色，可用来识别制剂的浓度、区分应用方法和减少患者对服药的厌恶感。尤其是选用的颜色若与矫味剂能够配合协调，就更易为患者所接受。

1) 天然色素：常用的有植物性和矿物性色素，作食品和内服制剂的着色剂。植物性色素：红色的有苏木、甜菜红、胭脂虫红等；黄色的有姜黄、胡萝卜素等；蓝色的有松叶兰、乌饭树叶；绿色的有叶绿酸铜钠盐；棕色的有焦糖等。矿物性色素如氧化铁（棕红色）。

2）合成色素：人工合成色素的特点是色泽鲜艳，价格低廉，大多数毒性比较大，用量不宜过多。我国批准的内服合成色素有苋菜红、柠檬黄、胭脂红、胭脂蓝和日落黄，通常配成1%贮备液使用，用量不得超过万分之一。外用色素有伊红、品红、亚甲蓝、苏丹黄G等。

(7) 其他附加剂

在液体制剂中为了增加稳定性，有时需要加入抗氧剂、pH调节剂、金属离子络合剂等。

4.2.3 低分子溶液剂

低分子溶液剂系指小分子药物分散在溶剂中制成的均匀分散的液体制剂，包括溶液剂、芳香水剂、糖浆剂、酊剂、醑剂、甘油剂、涂剂等。

1. 溶液剂

溶液剂(solutions)系指药物溶解于溶剂中所形成的澄明液体制剂。根据需要可加入助溶剂、抗氧剂、矫味剂、着色剂等附加剂。

(1) 溶液剂的制备方法

溶液剂的制备有两种方法，即溶解法和稀释法。

1）溶解法。其制备过程是：药物的称量—溶解—过滤—质量检查—包装等步骤。

具体方法：取处方总量1/2～3/4量的溶剂，加入称好的药物，搅拌使其溶解。过滤，并通过滤器加溶剂至全量。过滤后的药液应进行质量检查。制得的药物溶液应及时分装、密封、贴标签及进行外包装。

2）稀释法。先将药物制成高浓度溶液，再用溶剂稀释至所需浓度即得。用稀释法制备溶液剂时应注意浓度换算，挥发性药物浓溶液稀释过程中应注意挥发损失，以免影响浓度的准确性。

(2) 制备溶液剂时应注意的问题

有些药物虽然易溶，但溶解缓慢，药物在溶解过程中应采用粉碎、搅拌、加热等措施；易氧化的药物溶解时，宜将溶剂加热放冷后再溶解药物，同时应加适量抗氧化剂，以减少药物氧化损失；易挥发药物应在最后加入，以免在制备过程中损失；处方中如有溶解度较小的药物，应先将其溶解后再加入其他药物；难溶性药物可加入适宜的助溶剂或增溶剂。

2. 芳香水剂

芳香水剂(aromatic waters)系指芳香挥发性药物的饱和或近饱和的水溶液。用乙醇和水混合溶剂制成的含大量挥发油的溶液，称为浓芳香水剂。芳香挥发性药物多数为挥发油。

芳香水剂应澄明，必须具有与原药物相同的气味，不得有异臭、沉淀和杂质。芳香水剂浓度一般都很低，可矫味、矫臭，通常和分散剂一起使用。

芳香水剂的制备方法：以挥发油和化学药物做原料时多用溶解法和稀释法，以药材做原料时多用水蒸气蒸馏法提取挥发油。芳香水剂多数易分解、变质甚至霉变，所以不宜大量配制和久贮。

3. 糖浆剂

糖浆剂(syrups)系指含药物或芳香物质的浓蔗糖水溶液。纯蔗糖的近饱和水溶液称为单糖浆或糖浆,浓度为 85%(g/mL)或 64.7%(g/g)。糖浆剂中的药物可以是化学药物也可以是药材的提取物。

蔗糖和芳香剂能掩盖某些药物的苦味、咸味及其他不适臭味,容易服用,尤其受儿童欢迎。糖浆剂易被真菌、酵母菌和其他微生物污染,使糖浆剂混浊或变质。糖浆剂中含蔗糖浓度高时,渗透压大,微生物的生长繁殖受到抑制。低浓度的糖浆剂应添加防腐剂。

糖浆剂的质量要求:糖浆剂含糖量应不低于 65%(g/mL);糖浆剂应澄清,在贮存期间不得有酸败、异臭、产生气体或其他变质现象。含药材提取物的糖浆剂,允许含少量轻摇即散的沉淀。糖浆剂中必要时可添加适量的乙醇、甘油和其他多元醇作稳定剂,如需加入防腐剂,羟苯甲酯的用量不得超过 0.05%,苯甲酸的用量不得超过 0.3%,必要时可加入色素。

单糖浆,不含任何药物,除供制备含药糖浆外,一般可作矫味糖浆,如橙皮糖浆、姜糖浆等,有时也用作助悬剂,如磷酸可待因糖浆等。

(1) 糖浆剂的制备方法

1) 溶解法。

① 热溶法:将蔗糖溶于沸蒸馏水中,继续加热使其全溶,降温后加入其他药物,搅拌溶解、过滤,再通过滤器加蒸馏水至全量,分装,即得。热溶法有很多优点,蔗糖在水中的溶解度随温度升高而增加,在加热条件下蔗糖溶解速度快,趁热容易过滤,可以杀死微生物。但加热过久或超过 100℃时,使转化糖的含量增加,糖浆剂颜色容易变深。热溶法适用于对热稳定的药物和有色糖浆的制备。

② 冷溶法:将蔗糖溶于冷蒸馏水或含药的溶液中制备糖浆剂的方法。本法适用于对热不稳定或挥发性药物的制备,制备的糖浆剂颜色较浅,但制备所需时间较长并容易污染微生物。

2) 混合法。将含药溶液与单糖浆均匀混合制备糖浆剂的方法。这种方法适合于制备含药糖浆剂。本法的优点是方法简便、灵活,可大量配制,也可小量配制。一般含药糖浆的含糖量较低,要注意防腐。

(2) 制备糖浆剂时应注意的问题

1) 药物加入的方法。水溶性固体药物,可先用少量蒸馏水使其溶解再与单糖浆混合;水中溶解度小的药物可酌加少量其他适宜的溶剂使药物溶解,然后加入单糖浆中,搅匀即得;药物为可溶性液体或药物的液体制剂时,可将其直接加入单糖浆中,必要时过滤;药物为含乙醇的液体制剂与单糖浆混合时常发生混浊,为此可加入适量甘油助溶;水性浸出制剂因含多种杂质,需纯化后再加到单糖浆中。

2) 制备时的注意事项。应在避菌环境中制备,各种用具、容器应进行洁净或灭菌处理,并及时灌装;应选择药用白砂糖;生产中宜用蒸气夹层锅加热,温度和时间应严格控制;糖浆剂应在 30℃以下密闭贮存。

4. 酊剂

酊剂(spirits)系指挥发性药物的浓乙醇溶液,可供内服或外用。凡用于制备芳香水剂的药物一般都可制成酊剂。酊剂中的药物浓度一般为5%～10%，乙醇浓度一般为60%～90%。酊剂中的挥发油容易氧化、挥发，长期贮存会变色等。酊剂应贮存于密闭容器中，但不宜长期贮存。酊剂可用溶解法和蒸馏法制备。

5. 甘油剂

甘油剂(glycerins)系指药物溶于甘油中制成的专供外用的溶液剂。甘油剂用于口腔、耳鼻喉科疾病。甘油吸湿性较大，应密闭保存。

甘油剂可用溶解法或化学反应法制备，如溶解法制备碘甘油，化学反应法制备硼酸甘油。

4.2.4 高分子溶液剂

1. 概述

高分子溶液剂系指高分子化合物溶解于溶剂中制成的均匀分散的液体制剂。以水为溶剂制备的高分子溶液剂，称为亲水性高分子溶液剂或胶浆剂。以非水溶剂制备的高分子溶液剂，称为非水性高分子溶液剂。高分子溶液剂属于热力学稳定系统。

2. 高分子溶液的制备

制备高分子溶液时首先要经过溶胀过程。溶胀是指水分子渗入到高分子化合物分子间的空隙中，与高分子中的亲水基团发生水化作用而使体积膨胀，结果使高分子空隙间充满了水分子，这一过程称有限溶胀。由于高分子空隙间存在水分子降低了高分子分子间的作用力(范德华力)，溶胀过程继续进行，最后高分子化合物完全分散在水中形成高分子溶液，这一过程称为无限溶胀。无限溶胀常需搅拌或加热等过程才能完成。形成高分子溶液的这一过程称为胶溶。胶溶过程的快慢取决于高分子的性质以及工艺条件。制备明胶溶液时，先将明胶碎成小块，放于水中浸泡3～4h，使其吸水膨胀，这是有限溶胀过程，然后加热并搅拌使其形成明胶溶液，这是无限溶胀过程。甲基纤维素则在冷水中完成这一制备过程。淀粉遇水立即膨胀，但无限溶胀过程必须加热至60～70℃才能完成，即形成淀粉浆。胃蛋白酶等高分子药物，其有限溶胀和无限溶胀过程都很快，需将其撒于水面，待其自然溶胀后再搅拌可形成溶液；如果将它们撒于水面后立即搅拌则形成团块，给制备过程带来困难。

4.2.5 溶胶剂

1. 概述

溶胶剂系指固体药物微细粒子分散在水中形成的非均匀状态的液体分散体系，又称疏水胶体溶液。溶胶剂中分散的微细粒子在1～100nm，胶粒是多分子聚集体，有极大的分散度，属热力学不稳定系统。将药物分散成溶胶状态，它们的药效会发生显著变化。目前溶胶剂使用较少，但研制它们的性质对生物药物制剂发展十分重要。

(1) 溶胶的性质

1) 光学性质：当强光线通过溶胶剂时从侧面可见到圆锥形光束，称为丁达尔效应。这是由于胶粒粒度小于自然光波长引起光散射所产生的。溶胶剂的混浊程度用浊度表示，浊度愈大表明散射光愈强。

2）电学性质：溶胶剂由于双电层结构而荷电，可以荷正电，也可以荷负电。在电场的作用下胶粒或分散介质产生移动，在移动过程中产生电位差，这种现象称为界面动电现象。溶胶的电泳现象就是界面动电现象所引起的。

3）动力学性质：溶胶剂中的胶粒在分散介质中有不规则的运动，这种运动称为布朗运动，是由于胶粒受溶剂水分子不规则地撞击产生的。溶胶粒子的扩散速度、沉降速度及分散介质的黏度等都与溶胶的动力学性质有关。

4）稳定性：溶胶剂属热力学不稳定系统，主要表现为聚结不稳定性和动力不稳定性。但胶粒表面电荷产生静电斥力，以及胶粒荷电所形成的水化膜，都增加了溶胶剂的聚结稳定性。胶粒由于重力作用产生沉降，但胶粒的布朗运动又使其沉降速度变得极慢，增加了动力稳定性。

溶胶剂对带相反电荷的溶胶以及电解质极其敏感，将带相反电荷的溶胶或电解质加入到溶胶剂中，由于电荷被中和使 ζ 电位降低，同时又减少了水化层，使溶胶剂产生聚结进而发生沉降。向溶胶剂中加入天然的或合成的亲水性高分子溶液，使溶胶剂具有亲水胶体的性质而增加稳定性，这种胶体称为保护胶体。

2. 溶胶剂的制备

(1) 分散法

1）机械分散法：通常采用胶体磨进行制备，将药物、分散介质以及稳定剂从加料口处加入胶体磨中，胶体磨以 10000r/min 转速高速旋转将药物粉碎成胶体粒子范围。利用胶体磨可以制成质量均匀的溶胶剂。

2）胶溶法：亦称解胶法，它不是使粗颗粒分散成溶液，而是将刚刚聚集起来的分散相重新分散的方法。

3）超声分散法：用 20000Hz 以上超声波所产生的能量使颗粒分散成溶胶剂的方法。

(2) 凝聚法

1）物理凝聚法：改变分散介质的性质使溶解的药物凝聚成为溶胶。

2）化学凝聚法：借助于氧化、还原、水解、复分解等化学反应制备溶胶的方法。

4.2.6　混悬剂

1. 概述

混悬剂(suspensions)系指难溶性固体药物以微粒状态分散于分散介质中形成的非均匀的液体制剂。混悬剂中药物微粒一般为 0.5～10μm，小者可为 0.1μm，大者可达 50μm 或更大。混悬剂属于热力学不稳定的粗分散体系，所用分散介质大多数为水，也可用植物油。

1）制备混悬剂的条件：

① 凡难溶性药物需制成液体制剂供临床应用时；② 药物的剂量超过了溶解度而不能以溶液剂形式应用时；③ 两种溶液混合时药物的溶解度降低而析出固体药物时；④ 为了使药物

产生缓释作用等条件下，都可以考虑制成混悬剂。但为了安全起见，毒剧药或剂量小的药物不应制成混悬剂使用。

2）混悬剂的质量要求：药物本身的化学性质应稳定，在使用或贮存期间含量应符合要求；混悬剂中微粒大小根据用途不同而有不同要求；粒子的沉降速度应很慢，沉降后不应有结块现象，轻摇后应迅速均匀分散；混悬剂应有一定的黏度要求；外用混悬剂应易于涂布。

大多数混悬剂为液体制剂，但从《中国药典》2000年版开始二部收载有干混悬剂，它是按混悬剂的要求将药物用适宜方法制成粉末状或颗粒状制剂，使用时加水即迅速分散成混悬剂。这有利于解决混悬剂在保存过程中的稳定性问题。在药剂学中合剂、搽剂、洗剂、注射剂、滴眼剂、气雾剂、软膏剂和栓剂等都有混悬型制剂存在。

2. 混悬剂的稳定剂

为了提高混悬剂的物理稳定性，在制备时需加入的附加剂称为稳定剂。稳定剂包括助悬剂、润湿剂、絮凝剂与反絮凝剂等。

(1) 助悬剂

助悬剂(suspending agents)系指能增加分散介质的黏度以降低微粒的沉降速度或增加微粒亲水性的附加剂。助悬剂包括的种类很多，有低分子化合物、高分子化合物，甚至有些表面活性剂也可作助悬剂用。常用的助悬剂有：

1）低分子助悬剂：如甘油、糖浆剂等，在外用混悬剂中常加入甘油。

2）高分子助悬剂：

① 天然高分子助悬剂：主要是胶树类，如阿拉伯胶、西黄蓍胶、桃胶等。阿拉伯胶和西黄蓍胶可用其粉末或胶浆，其用量前者为5%～15%，后者为0.5%～1%。还有植物多糖类，如海藻酸钠、琼脂、淀粉浆等。

② 合成或半合成高分子助悬剂：纤维素类，如甲基纤维素、羧甲基纤维素钠、羟丙基纤维素。其他如卡波普、聚维酮、葡聚糖等。此类助悬剂大多数性质稳定，受pH值影响小，但应注意某些助悬剂会与药物或其他附加剂有配伍变化。

③ 硅皂土：是天然的含水硅酸铝，为灰黄或乳白色极细粉末，直径为1～150μm，不溶于水或酸，但在水中膨胀，体积增加约10倍，形成高黏度并具触变性和假塑性的凝胶，在pH值>7时，膨胀性更大，黏度更高，助悬效果更好。

④ 触变胶：利用触变胶的触变性，即凝胶与溶胶恒温转变的性质，静置时形成凝胶防止微粒沉降，振摇时变为溶胶有利于倒出。使用触变性助悬剂有利于混悬剂的稳定。单硬脂酸铝溶解于植物油中可形成典型的触变胶，一些具有塑性流动和假塑性流动的高分子化合物水溶液常具有触变性，可选择使用。

(2) 润湿剂

润湿剂系指能增加疏水性药物微粒被水湿润的附加剂。许多疏水性药物，如硫黄、甾醇类、阿司匹林等不易被水润湿，加之微粒表面吸附有空气，给制备混悬剂带来困难，这时应加入润湿剂，润湿剂可被吸附于微粒表面，增加其亲水性，产生较好的分散效果。最常用的润湿剂是HLB值在7～11的表面活性剂，如聚山梨酯类、聚氧乙烯蓖麻油类、泊洛沙姆等。

(3) 絮凝剂与反絮凝剂

使混悬剂产生絮凝作用的附加剂称为絮凝剂，而产生反絮凝作用的附加剂称为反絮凝剂。制备混悬剂时常需加入絮凝剂，使混悬剂处于絮凝状态，以增加混悬剂的稳定性。絮凝剂和反絮凝剂的种类、性能、用量、混悬剂所带电荷以及其他附加剂等均对絮凝剂与反絮凝剂的使用有很大影响，应在试验的基础上加以选择。

3. 混悬剂的制备

制备混悬剂时，应使混悬微粒有适当的分散度，粒度均匀，以减小微粒的沉降速度，使混悬剂处于稳定状态。混悬剂的制备有分散法和凝聚法。

(1) 分散法

分散法是将粗颗粒的药物粉碎成符合混悬剂微粒要求的分散程度、再分散于分散介质中制备混悬剂的方法。采用分散法制备混悬剂时：① 亲水性药物，如氧化锌、炉甘石等，一般应先将药物粉碎到一定细度，再加处方中的液体适量，研磨到适宜的分散度，最后加入处方中的剩余液体至全量；② 疏水性药物不易被水润湿，必须先加一定量的润湿剂与药物研匀后再加液体研磨混均；③ 小量制备可用乳钵，大量生产可用乳匀机、胶体磨等。

粗颗粒的药物粉碎时，采用加液研磨法可使药物容易粉碎，微粒可达 0.1～0.5μm。

对于质重、硬度大的药物，可采用中药制剂常用的“水飞法”，即在药物中加适量的水研磨至细，再加入较多量的水，搅拌，稍加静置，倾出上层液体，研细的悬浮微粒随上清液被倾倒出去，余下的粗粒再进行研磨。如此反复直至完全研细，达到要求的分散度为止。“水飞法”可使药物粉碎到极细的程度。

(2) 凝聚法

1) 物理凝聚法：是将分子或离子分散状态分散的药物溶液加入到另一分散介质中凝聚成混悬液的方法。一般将药物制成热饱和溶液，在搅拌下加至另一种不同性质的液体中，使药物快速结晶，可制成 10μm 以下(占 80%～90%)微粒，再将微粒分散于适宜介质中制成混悬剂。醋酸可的松滴眼剂就是用物理凝聚法制备的。

2) 化学凝聚法：是用化学反应法使两种药物生成难溶性的药物微粒，再混悬于分散介质中制备混悬剂的方法。为使微粒细小均匀，化学反应应在稀溶液中进行并急速搅拌。胃肠道透视用的 $BaSO_4$ 制剂就是用此法制成的。

4.2.7 乳剂

1. 概述

乳剂(emulsions)系指互不相溶的两种液体混合，其中一相液体以液滴状态分散于另一相液体中形成的非均相液体分散体系。形成液滴的液体称为分散相、内相或非连续相，另一液体则称为分散介质、外相或连续相。

(1) 乳剂的基本组成

乳剂由水相、油相和乳化剂组成，三者缺一不可。根据乳化剂的种类、性质及相体积比(φ)形成水包油(O/W)或油包水(W/O)型。也可制备复乳，如 W/O/W 或 O/W/O 型。O/W

或 W/O 型乳剂的主要区别方法见表 4-2。

表 4-2 O/W 或 W/O 型乳剂的区别

评价指标	O/W 型乳剂	W/O 型乳剂
外观	通常为乳白色	接近油的颜色
稀释	可用水稀释	可用油稀释
导电性	导电	不导电或几乎不导电
水溶性染料	外相染色	内相染色
油溶性染料	内相染色	外相染色

(2) 乳剂的类型

根据乳滴的大小，将乳剂分类为普通乳、亚微乳、纳米乳。

1）普通乳：液滴大小一般为 1～100μm，这时乳剂形成乳白色不透明的液体。

2）亚微乳：粒径大小一般为 0.1～0.5μm，常作为胃肠外给药的载体。静脉注射乳剂应为亚微乳，粒径可控制在 0.25～0.4μm。

3）纳米乳：当乳滴粒子小于 0.1μm 时，乳剂粒子小于可见光波长的 1/4，即小于 120nm 时，乳剂处于胶体分散范围，这时光线通过乳剂时不产生折射而是透过乳剂，肉眼可见乳剂为透明液体，这种乳剂称为纳米乳或微乳（microemulsinn）或胶团乳（micellar emulsion），纳米乳粒径在 0.01～0.1μm。

乳剂中的液滴具有很大的分散度，其总表面积大，表面自由能很高，属热力学不稳定体系。

(3) 乳剂的特点

乳剂中液滴的分散度很大，药物吸收和药效的发挥很快，生物利用度高；油性药物制成乳剂能保证剂量准确，而且使用方便；水包油型乳剂可掩盖药物的不良臭味，并可加入矫味剂；外用乳剂能改善对皮肤、黏膜的渗透性，减少刺激性；静脉注射乳剂注射后分布较快、药效高、有靶向性；静脉营养乳剂是高能营养输液的重要组成部分。

2. 乳化剂

乳化剂是乳剂的重要组成部分，在乳剂形成、稳定性以及药效发挥等方面起重要作用。乳化剂应具备：① 较强的乳化能力，并能在乳滴周围形成牢固的乳化膜；② 一定的生理适应能力，乳化剂都不应对机体产生近期的或远期的毒副作用，也不应该有局部的刺激性；③ 受各种因素的影响小；④ 稳定性好。

(1) 乳化剂的种类

1）表面活性剂类乳化剂：这类乳化剂分子中有较强的亲水基和亲油基，乳化能力强，性质比较稳定，容易在乳滴周围形成单分子乳化膜，这类乳化剂混合使用时效果更好。

① 阴离子型乳化剂：硬脂酸钠、硬脂酸钾、油酸钠、硬脂酸钙、十二烷基硫酸钠、十六烷基硫酸化蓖麻油等。

② 非离子型乳化剂：单甘油脂肪酸酯、三甘油脂肪酸酯、聚甘油硬脂酸酯、蔗糖单月桂酸酯、脂肪酸山梨坦、聚山梨酯、卖泽（myrj）、苄泽（brij）、泊洛沙姆等。

2）天然乳化剂：天然乳化剂由于亲水性较强，能形成O/W型乳剂，多数有较大的黏度，能增加乳剂的稳定性。使用这类乳化剂时须加入防腐剂。

① 阿拉伯胶：是阿拉伯酸的钠、钙、镁盐的混合物，可形成O/W型乳剂。适用于制备植物油、挥发油的乳剂，可供内服用。阿拉伯胶使用浓度为10%～15%。pH值在4～10的乳剂稳定。阿拉伯胶内含有氧化酶，使用前应在80℃加热加以破坏。阿拉伯胶乳化能力较弱，常与西黄蓍胶、琼脂等混合使用。

② 西黄蓍胶：可形成O/W型乳剂，其水溶液具有较高的黏度，pH值为5时溶液黏度最大，0.1%溶液为稀胶浆，0.2%～2%溶液呈凝胶状。西黄蓍胶乳化能力较差，一般与阿拉伯胶合并使用。

③ 明胶：O/W型乳化剂，用量为油量的1%～2%。易受溶液的pH值及电解质的影响产生凝聚作用。使用时须加防腐剂。常与阿拉伯胶合并使用。

④ 杏树胶：为杏树分泌的胶汁凝结而成的棕色块状物，用量为2%～4%。乳化能力和黏度均超过阿拉伯胶，可作为阿拉伯胶的代用品。

⑤ 卵黄：含有7%的卵磷脂，为强O/W型乳化剂，可供内服用。一个卵黄磷脂相当于10g阿拉伯胶的乳化能力，可乳化脂肪油80～100g、挥发油40～50g。受稀酸、盐类以及糖浆等影响较少，但应加防腐剂。

3）固体微粒乳化剂：一些溶解度小、颗粒细微的固体粉末，乳化时可被吸附于油水界面，形成乳剂。形成乳剂的类型由接触角θ决定，一般$\theta<90°$时易被水润湿，形成O/W型乳剂；$\theta>90°$时易被油润湿，形成W/O型乳剂。O/W型乳化剂有：氢氧化镁、氢氧化铝、二氧化硅、皂土等。W/O型乳化剂有：氢氧化钙、氢氧化锌等。

4）辅助乳化剂：是指与乳化剂合并使用能增加乳剂稳定性的乳化剂。辅助乳化剂的乳化能力一般很弱或无乳化能力，但能提高乳剂的黏度，并能增强乳化膜的强度，防止乳滴合并。

① 增加水相黏度的辅助乳化剂：甲基纤维素、羧甲基纤维素钠、羟丙基纤维素、海藻酸钠、琼脂、西黄蓍胶、阿拉伯胶、黄原胶、果胶、皂土等。

② 增加油相黏度的辅助乳化剂：鲸蜡醇、蜂蜡、单硬脂酸甘油酯、硬脂酸、硬脂醇等。

(2) 乳化剂的选择

乳化剂的选择应根据乳剂的使用目的、药物的性质、处方的组成、欲制备乳剂的类型、乳化方法等综合考虑，适当选择。

1）根据乳剂的类型选择：在乳剂的处方设计时应先确定乳剂类型，根据乳剂类型选择所需的乳化剂。O/W型乳剂应选择O/W型乳化剂，W/O型乳剂应选择W/O型乳化剂。乳化剂的HLB值为这种选择提供了重要的依据。

2）根据乳剂给药途径选择：口服乳剂应选择无毒的天然乳化剂或某些亲水性高分子乳化剂等。外用乳剂应选择对局部无刺激性、长期使用无毒性的乳化剂。注射用乳剂应选择磷脂、泊洛沙姆等乳化剂。

3）根据乳化剂性能选择：乳化剂的种类很多，其性能各不相同，应选择乳化性能强、性质稳定、受外界因素（如酸、碱、盐、pH值等）影响小、无毒、无刺激性的乳化剂。

4）混合乳化剂的选择：乳化剂混合使用有许多特点，可改变HLB值以改变乳化剂的亲油亲水性，使其有更大的适应性，如磷脂与胆固醇10∶1混合时可形成O/W型乳剂，6∶1混合时则形成 W/O 型乳剂。可增加乳化膜的牢固性,如油酸钠为 O/W 型乳化剂,与鲸蜡醇、胆固醇等亲油性乳化剂混合使用,可形成络合物,增强乳化膜的牢固性,并增加乳剂的黏度及其稳定性。非离子型乳化剂可以混合使用,如聚山梨酯和脂肪酸山梨坦等。非离子型乳化剂可与离子型乳化剂混合使用。但阴离子型乳化剂和阳离子型乳化剂不能混合使用。乳化剂混合使用必须符合油相对 HLB 值的要求。

3. 乳剂的稳定性

乳剂属热力学不稳定的非均相分散体系,常发生下列变化。

(1) 分层

乳剂的分层系指乳剂放置后出现分散相粒子上浮或下沉的现象,又称乳析。分层的主要原因是由于分散相和分散介质之间的密度差。O/W 型乳剂一般出现分散相粒子上浮。乳滴上浮或下沉的速度符合 Stokes 公式。乳滴的粒子愈小,上浮或下沉的速度就愈慢。减小分散相和分散介质之间的密度差,增加分散介质的黏度,都可以减小乳剂分层的速度。乳剂分层也与分散相的相容积有关,通常分层速度与相容积成反比,相容积低于 25%乳剂很快分层,达 50%时就能明显减小分层速度。分层的乳剂经振摇后仍能恢复成均匀的乳剂。

(2) 絮凝

絮凝乳剂中分散相的乳滴发生可逆的聚集现象称为絮凝。乳滴荷电以及乳化膜的存在阻止了絮凝时乳滴的合并。发生絮凝的条件是:乳滴的电荷减少,使 ζ 电位降低,乳滴产生聚集而絮凝。絮凝状态仍保持乳滴及其乳化膜的完整性。乳剂中的电解质和离子型乳化剂的存在是产生絮凝的主要原因,同时絮凝与乳剂的黏度、相容积比以及流变性有密切关系。由于乳剂的絮凝作用,限制了乳滴的移动并产生网状结构,可使乳剂处于高黏度状态,有利于乳剂稳定。絮凝与乳滴的合并是不同的,但絮凝状态进一步变化也会引起乳滴的合并。

(3) 转相

由于某些条件的变化而改变乳剂类型的称为转相。由 O/W 型转变为 W/O 型或由 W/O 型转变为 O/W 型。转相主要是由于乳化剂的性质改变而引起的。如油酸钠是 O/W 型乳化剂,遇氯化钙后生成油酸钙,变为 W/O 型乳化剂,乳剂则由 O/W 型转变为 W/O 型。向乳剂中加入相反类型的乳化剂也可使乳剂转相,特别是两种乳化剂的量接近相等时,更容易转相。转相时两种乳化剂的量比称为转相临界点(phase inversion critical point)。在转相临界点上乳剂不属于任何类型,处于不稳定状态,可随时向某种类型乳剂转变。

(4) 合并与破裂

乳剂中的乳滴周围有乳化膜存在,但乳化膜破裂导致乳滴变大,称为合并。合并进一步发展使乳剂分为油、水两相称为破裂。乳剂的稳定性与乳滴的大小有密切关系,乳滴愈小乳剂就愈稳定,乳剂中乳滴大小是不均一的,小乳滴通常填充于大乳滴之间,使乳滴的聚集性增加,容易引起乳滴的合并。所以为了保证乳剂的稳定性,制备乳剂时应尽可能地保持乳滴均一性。此外,分散介质的黏度增加可使乳滴合并速度降低。影响乳剂稳定性的各因素中,最重要的是形成乳化膜的乳化剂的理化性质,单一或混合使用的乳化剂形成的乳化膜愈牢固,就愈能防止乳滴的合并和破裂。

(5) 酸败

乳剂受外界因素及微生物的影响，使油相或乳化剂等发生变化而引起变质的现象称为酸败。乳剂中通常需加入抗氧剂和防腐剂，防止氧化或酸败。

4. 乳剂的制备

(1) 乳剂制备方法

1) 油中乳化剂法（emulsifier in oil method）：又称干胶法。本法的特点是先将乳化剂（胶）分散于油相中研匀后加水制备成初乳，然后稀释至全量。在初乳中油、水、胶的比例是：植物油为4∶2∶1，挥发油为2∶2∶1，液体石蜡为3∶2∶1。本法适用于阿拉伯胶或阿拉伯胶与西黄蓍胶的混合胶。

2) 水中乳化剂法（emulsifier in water method）：又称湿胶法。本法先将乳化剂分散于水中研匀，再将油加入，用力搅拌使成初乳，加水将初乳稀释至全量，混匀，即得。初乳中油水胶的比例与油中乳化剂法相同。

3) 新生皂法（nascent soap method）：将油水两相混合时，两相界面上生成的新生皂类产生乳化的方法。植物油中含有硬脂酸、油酸等有机酸，加入氢氧化钠、氢氧化钙、三乙醇胺等，在高温下（70℃以上）生成的新生皂为乳化剂，经搅拌即形成乳剂。生成的一价皂则为O/W型乳化剂，生成的二价皂则为W/O型乳化剂。本法适用于乳膏剂的制备。

4) 两相交替加入法（alternate addition method）：向乳化剂中每次少量交替地加入水或油，边加边搅拌，即可形成乳剂。天然胶类、固体微粒乳化剂等可用本法制备乳剂。当乳化剂用量较多时，本法是一个很好的方法。

5) 机械法：将油相、水相、乳化剂混合后用乳化机械制备乳剂的方法。机械法制备乳剂时可不用考虑混合顺序，借助于机械提供的强大能量，很容易制成乳剂。

6) 纳米乳的制备：纳米乳除含有油相、水相和乳化剂外，还含有辅助成分。很多油，如薄荷油、丁香油等，还有维生素A、D、E等均可制成纳米乳。纳米乳的乳化剂主要是表面活性剂，其HLB值应在15～18，乳化剂和辅助成分应占乳剂的12%～25%。通常选用聚山梨酯60和聚山梨酯80等。制备时和乳化剂以1∶5混合均匀，然后加入水中，如不能形成澄明乳剂，可增加乳化剂的用量。如能很容易形成澄明乳剂则可减少乳化剂的用量。

7) 复合乳剂的制备：采用二步乳化法制备，第一步先将水、油、乳化剂制成一级乳，再以一级乳为分散相与含有乳化剂的水或油再乳化制成二级乳。如制备O/W/O型复合乳剂，先选择亲水性乳化剂制成O/W型一级乳剂，再选择亲油性乳化剂分散于油相中，在搅拌下将一级乳加入油相中，充分分散即得O/W/O型乳剂。

(2) 乳剂的制备设备

1) 搅拌乳化装置：小量制备可用乳钵，大量制备可用搅拌机，分为低速搅拌乳化装置和高速搅拌乳化装置。组织捣碎机属于高速搅拌乳化装置。

2) 乳匀机：借助强大推动力将两相液体通过乳匀机的细孔而形成乳剂，制备时可先用其他方法初步乳化，再用乳匀机乳化，效果较好。

3) 胶体磨：利用高速旋转的转子和定子之间的缝隙产生强大剪切力使液体乳化，要求不高的乳剂可用本法制备。

4）超声波乳化装置：利用10～50kHz高频振动来制备乳剂，可制备O/W和W/O型乳剂，但黏度大的乳剂不宜用本法制备。

(3) 乳剂中药物的加入方法

乳剂是药物很好的载体，可加入各种药物使其具有治疗作用。若药物溶解于油相，可先将药物溶于油相再制成乳剂；若药物溶于水相，可先将药物溶于水后再制成乳剂；若药物不溶于油相也不溶于水相，可用亲和性大的液相研磨药物，再将其制成乳剂，也可将药物先用已制成的少量乳剂研磨至细再与乳剂混合均匀。

制备符合质量要求的乳剂，要根据制备量的多少、乳剂的类型及给药途径等多方面加以考虑。黏度大的乳剂应提高乳化温度。足够的乳化时间也是保证乳剂质量的重要条件。

5. 乳剂的质量评定

乳剂给药途径不同，其质量要求也各不相同，很难制定统一的质量标准。但对所制备的乳剂的质量必须有最基本的评定。

(1) 乳剂粒径大小的测定

乳剂粒径大小是衡量乳剂质量的重要指标。不同用途的乳剂对粒径大小要求不同，如静脉注射乳剂，其粒径应在0.5μm以下。

1）显微镜测定法：用光学显微镜测定，可测定粒径为0.2～100μm的粒子，常用平均粒径，测定粒子数不少于600个。

2）库尔特计数器(coulter counter)测定法：可测定粒径为0.6～150μm的粒子和粒度分布。方法简便，速度快，可自动记录并绘制分布图。

3）激光散射光谱(PCS)法：样品制备容易，测定速度快，可测定约0.01～2μm的粒子，最适于静脉乳剂的测定。

4）透射电镜(TEM)法：可测定粒子大小及分布，可观察粒子形态。测定粒子范围0.01～20μm。

(2) 分层现象的观察

乳剂经长时间放置，粒径变大，进而产生分层现象。这一过程的快慢是衡量乳剂稳定性的重要指标。为了在短时间内观察乳剂的分层，可用离心法加速其分层，4000r/min离心15min，不分层可认为乳剂质量稳定。此法可用于比较各种乳剂间的分层情况，以估计其稳定性。将乳剂置于10cm离心管中以3750r/min速度离心5h，相当于放置1年的自然分层的效果。

(3) 乳滴合并速度的测定

乳滴合并速度符合一级动力学规律，其直线方程为公式(4-1)：

$$\lg N=\lg N_0-Kt/2.303 \tag{4-1}$$

式中：N、N_0 分别为 t 和 t_0 时间的乳滴数，K 为合并速度常数，t 为时间。测定随时间 t 变化的乳滴数 N，求出合并速度常数 K，估计乳滴合并速度，用以评价乳剂稳定性大小。

(4) 稳定常数的测定

乳剂离心前后的光密度变化百分率称为稳定常数，用 K_e 表示，其表达式如公式(4-2)：

$$K_e=(A_0-A)/A\times100\% \quad (4-2)$$

式中：A_0 为未离心乳剂稀释液的吸光度，A 为离心后乳剂稀释液的吸光度。测定方法：取乳剂适量于离心管中，以一定速度离心一定时间，从离心管底部取出少量乳剂，稀释一定倍数，以蒸馏水为对照，用比色法在可见光某波长下测定吸光度 A，同法测定原乳剂稀释液吸光度 A_0，代入公式计算 K_e。离心速度和波长的选择可通过试验加以确定。K_e 值愈小乳剂愈稳定。本法是研究乳剂稳定性的定量方法。

4.2.8　实例

1. 复方碘溶液

【处方】　碘 50g；碘化钾 100g；蒸馏水适量，全量 1000mL。

【制备】　取碘、碘化钾，加 100mL 蒸馏水溶解后，再加蒸馏水至 1000mL 即得。

碘化钾为助溶剂，溶解碘化钾时尽量少加水，以增大其浓度，有利于碘的溶解。

2. 磷酸可待因糖浆

【处方】　磷酸可待因 5g；蒸馏水 15mL；单糖浆加至 1000mL。

【制备】　取磷酸可待因溶于蒸馏水中，加单糖浆至全量，即得。

【作用与用法】　镇咳药，用于剧烈咳嗽。口服，一次 2～10mL，1 日 10～15mL。极量一次 20mL，1 日 50mL。

3. 复方硫黄洗剂

【处方】　沉降硫黄 30g；硫酸锌 30g；樟脑醑 250mL；羧甲基纤维素钠 5g；甘油 100mL；蒸馏水适量，全量 1000mL。

【制备】　取 30g 沉降硫黄置乳钵中，加 100mL 甘油研磨成细糊状，30g 硫酸锌溶于 200mL 蒸馏水中，另将 5g 羧甲基纤维素钠用 200mL 蒸馏水制成胶浆，在搅拌下缓缓加入乳钵中，移入量器中，搅拌下加入硫酸锌溶液，搅匀，在搅拌下以细流加入 250mL 樟脑醑，加蒸馏水至全量，搅匀，即得。

【注解】　硫黄为强疏水性药物，甘油为润湿剂，使硫黄能在水中均匀分散；羧甲基纤维素钠为助悬剂，可增加混悬液的动力学稳定性；樟脑醑为 10% 樟脑乙醇液，加入时应剧烈搅拌，以免樟脑因溶剂改变而析出大颗粒。

4. 鱼肝油乳剂

【处方】　鱼肝油 500mL；阿拉伯胶细粉 125g；西黄蓍胶细粉 7g；糖精钠 0.1g；挥发杏仁油 1mL；尼泊金乙酯 0.5g；蒸馏水适量，全量 1000mL。

【制法】　将 125g 阿拉伯胶细粉与鱼肝油研匀，一次加入 250mL 蒸馏水，用力沿一个方向研磨制成初乳，加糖精钠水溶液、0.1mL 挥发杏仁油、0.5g 尼泊金乙酯醇液，再缓缓加入西黄蓍胶胶浆，加蒸馏水至全量，搅匀，即得。

4.3 颗粒剂

4.3.1 概述

颗粒剂(granules)是将药物与适宜的辅料混合制成的颗粒状制剂。《中国药典》2010 年版规定的粒度范围是不能通过 1 号筛(2000μm)的粗粒和通过 4 号筛(250μm)的细粒的总合不超过8.0%。日本药房局还收载细粒剂,其粒度范围是 105～500μm。

颗粒剂既可直接吞服,又可冲入水中饮服。根据颗粒剂在水中的溶解情况可分为可溶性颗粒剂、混悬性颗粒剂及泡腾性颗粒剂。

颗粒剂与散剂相比具有以下特点:① 飞散性、附着性、团聚性、吸湿性等均较少;② 服用方便,根据需要可制成色、香、味俱全的颗粒剂;③ 必要时对颗粒进行包衣,根据包衣材料的性质可使颗粒具有防潮性、缓释性或肠溶性等,但包衣时需注意颗粒大小的均匀性以及表面光洁度,以保证包衣的均匀性;④ 注意多种颗粒的混合物,如各种颗粒的大小或粒密度差异较大时易产生离析现象,从而导致剂量不准确。

4.3.2 颗粒剂的制备

颗粒剂的传统制备工艺简介见图 4-1。

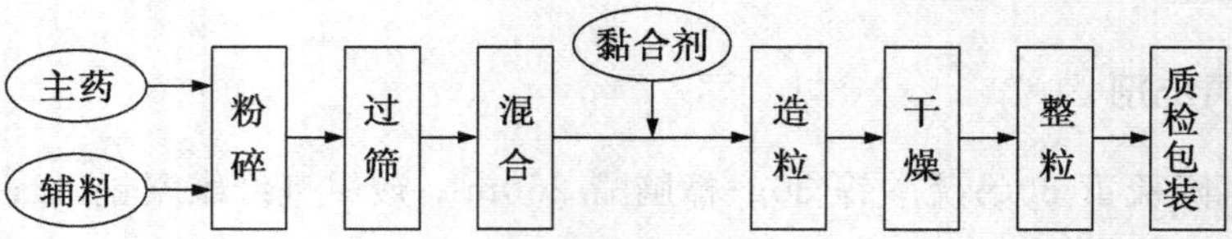

图 4-1 颗粒剂的制备工艺流程

1) 制软材:将药物与适当的稀释剂(如淀粉、蔗糖或乳糖等)、崩解剂(如淀粉、纤维素衍生物等)充分混匀,加入适量的水或其他黏合剂制软材,像这种将大量固体粉末和少量液体的混合过程叫捏合。制软材是传统湿法制粒的关键技术,黏合剂的加入量可根据经验以"手握成团,轻压即散"为准。由于淀粉和纤维素衍生物兼具黏合和崩解两种作用,所以常用作颗粒剂的黏合剂。

2) 制湿颗粒:颗粒的制备常采用挤出制粒法。将软材用机械挤压通过筛网,即可制得湿颗粒。除这种传统的过筛制粒方法外,近年来开发了许多新的制粒方法和设备应用于生产实践,其中最典型的就是流化(沸腾)制粒,流化制粒可在一台机器内完成混合、制粒、干燥等步骤,因此又称为"一步制粒法"。

3) 颗粒的干燥:除流化(或喷雾制粒法)制得的颗粒已被干燥外,其他方法制得的颗粒必须再用适宜的方法干燥,以除去水分,防止结块或受压变形。常用的方法有箱式干燥法、流化床干燥法等。

4) 整粒与分级:在干燥过程中,某些颗粒可能发生黏连,甚至结块。因此,要对干燥后的颗粒给予适当的整理，以使结块、黏连的颗粒散开，获得具有一定粒度的均匀颗粒，这就是整粒的过程。一般采用过筛的办法整粒和分级。

5）质量检查与分剂量：将制得的颗粒进行含量检查与粒度测定等，按剂量装入适宜袋中。颗粒剂的贮存办法基本与散剂相同，但应注意均匀性，防止多组分颗粒的分层，防止吸潮。

4.3.3　颗粒剂的质量检查

颗粒剂的质量检查，《中国药典》2010 年版规定除另有规定外，颗粒剂应进行粒度、干燥失重、溶化性以及装量差异等项目的检查。

1）外观：颗粒应干燥、均匀、色泽一致，无吸潮、软化、结块、潮解等现象。

2）粒度：除另有规定外，一般取单剂量包装颗粒剂 5 包或多剂量包装颗粒剂 1 包，称重，置药筛内轻轻筛动 3min，不能通过 1 号筛和能通过 5 号筛的总和不得超过供试量的 15%。

3）干燥失重：取供试品按《中国药典》指定的干燥失重测定法进行测定，除另有规定外，减压失重不得超过 2.0%。

4）溶化性：取供试品颗粒 10g，加热水 200mL，搅拌 5min，可溶颗粒应全部溶化或轻微浑浊，但不得有异物。泡腾性颗粒剂遇水时应迅速产生气体而成泡腾状，5min 内颗粒应完全分散或溶解在水中。混悬型颗粒剂按规定检查溶出度或释放度的，可不进行溶化性检查。

5）装量差异：单剂量包装的颗粒剂，其装量差异限度应符合表 4－3 的规定。检查方法参考《中国药典》有关规定。

表 4－3　颗粒剂装量差异限度要求

平均装量或标示装量(g)	装量差异限度(%)
1.0 及 1.0 以下	±10
1.0～1.5	±8
1.5～6.0	±7
6.0 以上	±5

6）卫生学检查：符合要求。

4.3.4　实例

感冒颗粒剂(1 万袋量)。

【处方】　金银花 33.4kg；大青叶 80kg；桔梗 43kg；连翘 33.4kg；苏叶 16.7kg；甘草 12.5kg；板蓝根 80kg；芦根 33.4kg；防风 25kg。

【制法】　① 连翘、苏叶加 4 倍水，提取挥发油备用。② 其余 7 种药材与第① 项残渣残液混合在一起，并凑足 6 倍量水，浸泡 30min，加热煎煮 2h；第 2 次加 4 倍量水，煎煮 1.5h；第 3 次加 2 倍量水，煎煮 45min；合并 3 次煎煮液，静置 12h，上清液过 200 目筛，滤液待用。③ 滤液减压蒸发浓缩至稠膏状，停止加热，向稠膏中加入 2 倍量 75%乙醇液，搅匀，静置过夜，上清液过滤，滤液待用。④ 滤液减压回收乙醇，并浓缩至稠膏状，加入 5 倍量的糖粉，混合均匀，加入 70%乙醇少许，制成软材，过 14 目尼龙筛制粒，湿颗粒于 60℃干燥，干颗粒过 14 目筛整粒，再过4号筛(65目)筛去细粉,在缓慢地搅拌下,将第①项挥发油和乙醇混合液(约200mL)喷入干颗粒中,并闷30min,然后分装,密封,包装即得。

4.4 片　　剂

4.4.1 概述

片剂(tablets)是指药物与辅料均匀混合后压制而成的片状制剂,其外观有圆形、异形(如椭圆形、三角形、菱形等),是现代药物制剂中应用最广泛的剂型之一。

片剂的优点:① 剂量准确,含量均匀,以片数作为剂量单位;② 化学稳定性较好,因体积较小、致密,受外界空气、光线、水分等因素的影响较少,必要时通过包衣加以保护;③ 携带、运输、服用均较方便;④ 生产的机械化、自动化程度较高,产量大,成本及售价较低;⑤ 可以制成不同类型的各种片剂,如分散(速效)片、控释(长效)片、肠溶包衣片、咀嚼片和口含片等,以满足不同临床医疗的需要。

片剂的不足之处:① 幼儿及昏迷患者不易吞服;② 压片时加入的辅料有时会影响药物的溶出和生物利用度;③ 如含有挥发性成分,久贮含量有所下降。

常规片剂用于生物药物给药存在着药物难以透过消化道黏膜吸收和胃肠道中酶的降解作用,因此药剂学上通常将生物药物制备成骨架型缓控释片、胃内漂浮片和生物黏附片以改善其口服生物利用度。

1) 骨架型缓控释片具有以下特点:① 定速释放,骨架片以一定的速率在体内释放药物,基本符合零级释放动力学规律;② 定时释放,根据生物机体时辰规律特点定时释放药物,发挥其最佳疗效;③ 定位释放,骨架片可增加药物胃肠道局部治疗作用或增加药物在特定部位的吸收,近年来研究较多的是结肠定位释药;④ 脉冲(双峰)释放,根据某些药物在体内的吸收、分布、代谢、排泄速率及治疗特点而设计的一种呈两次释放(双峰)的传递系统。

2) 胃内滞留片具有如下特性:① 有一定的强度能抵抗胃蠕动时的压力;② 在一定时间、一定范围内制剂的密度小于胃内容物的密度;③ 主药的性质、用量、赋形剂的选择符合胃内滞留片要求,能缓慢溶解、扩散,维持胃内较长给药时间,一般能达5～6h。

3) 生物黏附给药系统的特点有:① 延长在特定部位的停留时间,提高生物利用度;② 药物直接黏附于黏膜上,由膜毛细血管直接吸收,避免首过效应;③ 药物直接放置于所需治疗部位或口服后黏附在消化道表面,靶向机体的特定区域,并通过延长给药时间,使一些在消化道内溶解度小或具有特定吸收部位的药物增加吸收,达到提高生物有效性的目的;④ 由于黏膜不存在皮肤那样的角质化,且黏膜下毛细血管丰富,较透皮吸收有更好的生物利用度。

根据给药途径分,片剂可分为口服用片剂、口腔用片剂、皮下给药片剂、外用片剂及新型药物片剂等。

1. 口服用片剂

1) 普通片(compressed tablets):药物与辅料混合、压制而成的未包衣片剂。

2）包衣片（coated tablets）：在普通片的外表面包上一层衣膜的片剂。根据包衣材料不同可分为：① 糖衣片（sugar coated tablets）：以蔗糖为主要包衣材料进行包衣而制得的片剂；② 薄膜衣片（film coated tablets）：用羟丙甲纤维素等高分子成膜材料进行包衣而制得的片剂；③ 肠溶衣片（enteric coated tablets）：用肠溶材料包衣而制得的片剂，此种片剂在胃液中不溶。

3）泡腾片（effervescent tablets）：含有泡腾崩解剂的片剂。所谓泡腾崩解剂是指碳酸氢钠与枸橼酸等有机酸成对构成的混合物，遇水时两者反应产生大量二氧化碳气体，从而使片剂迅速崩解。应用时将片剂放入水杯中迅速崩解后饮用，适合儿童、老人及吞服药片有困难的患者。

4）咀嚼片（chewable tablets）：在口中嚼碎后再咽下去的片剂。常加入蔗糖、薄荷、食用香料等以调整口味，适合于小儿服用，对于崩解困难的药物制成咀嚼片有利于吸收。

5）分散片（dispersible tablets）：遇水迅速崩解并均匀分散的片剂（在21℃±1℃下水中3min即可崩解分散，并通过180μm孔径的筛网）。加水中分散后饮用，可咀嚼或含服。

6）多层片（multilayer tablets）：由两层或多层构成的片剂。一般由两次或多次加压而制成，每层含有不同的药物或辅料，这样可以避免复方制剂中不同药物之间的配伍变化，或者达到缓释、控释的效果，例如胃仙-U即为双层片。

2. 口腔用片剂

1）舌下片（sublingual tablets）：将片剂置于舌下，药物经直接、快速吸收而发挥全身作用的片剂。可避免肝脏对药物的首过作用，如硝酸甘油舌下片用于心绞痛的治疗。

2）口含片（troches）：含在口腔内缓缓溶解而发挥局部或全身治疗作用的片剂。常用于口腔及咽喉疾病的治疗，如复方草珊瑚含片等。

3）颊额片（buccal tablets）：贴在口腔黏膜，药物直接由膜吸收发挥全身作用的片剂。适用于肝脏首过作用较强的药物。

3. 皮下给药片剂

1）植入片（implant tablets）：将无菌药片植入到皮下后缓缓释药，能维持疗效几周、几个月直至几年的片剂。需长期且频繁使用的药物制成植入片较为适宜，如已开发的避孕植入片已获得较好的效果。

2）皮下注射用片（hypodermic tablets）：经无菌操作制成的片剂。临用时溶解于灭菌注射用水中，供皮下或肌内注射的无菌片剂，但现已很少使用。

4. 外用片剂

1）溶液片（solution tablets）：临用前加水溶解成溶液的片剂。一般用于漱口、消毒、洗涤伤口等，如复方硼砂漱口片等。

2）阴道片（vaginal tablets）：供塞入阴道内产生局部作用的片剂。起消炎、杀菌、杀精子及收敛等作用。为加快崩解常制成泡腾片。

5. 新型药物片剂

口服缓控释给药系统是根据临床需要将药物设计成定时（延释或脉冲）、定速（缓控释）、定位（胃滞留或肠溶）释药的制剂，该类制剂与传统制剂相比，具有功效大、选择性强和安全性好等特点。近年来，随着药用高分子材料的广泛应用及给药系统研究的深入，口服缓控释给药系统制剂日益增多，已成为当今药剂学最热门的研究方向。

1）缓释片（sustained release tablets）或控释片（controlled release tablets）是能够控制药物释放速度，以延长药物作用时间的一类片剂，具有血药浓度平稳、服药次数少、治疗作用时间长等优点。

2）骨架片是药物、骨架材料以及其他辅料通过压制而成的片状固体制剂。使用不同的骨架材料或不同的工艺制成的骨架片，具有定时、定速、定位等功能，从而达到不同的临床治疗需要。

3）胃内漂浮滞留片是根据流体动力学平衡原理设计的由药物、一种或多种亲水胶体及其他辅助材料组成的，口服后可以滞留于胃液中的一种特殊缓释片剂。凡是可以延长胃内滞留时间的制剂都称为胃内滞留制剂。胃内药物漂浮滞留制剂按剂型可以分为漂浮片剂、漂浮胶囊剂、微球剂和微丸剂等。

4）生物黏附给药是药物以具有黏附性的聚合物为载体，通过载体长时间黏附于黏膜而发挥疗效的片剂。生物黏附剂给药部位可以是口腔、鼻腔、眼部、阴道、消化道及特定区段等。剂型根据需要可以是片剂、膜剂、颗粒剂、软膏剂等。

4.4.2 普通片剂的常用辅料

片剂由药物和辅料（excipients 或 adjuvants）组成。辅料系指片剂内除药物以外的一切附加物料的总称，亦称赋形剂。不同辅料可提供不同功能，即填充作用、黏合作用、吸附作用、崩解作用和润滑作用等，根据需要还可加入着色剂、矫味剂等，以提高患者的顺应性。

片剂的辅料必须具备较高的化学稳定性，不与主药发生任何物理化学反应，对人体无毒、无害、无不良反应，不影响主药的疗效和含量测定。根据各种辅料所起的作用不同，辅料可分为五大类。

1. 稀释剂

稀释剂（diluents）的主要作用是增加片剂的重量或体积，亦称为填充剂（fillers）。片剂的直径一般不小于 6mm，片重多在 100mg 以上。稀释剂的加入不仅保证一定的体积大小，而且减少主药成分的剂量偏差，改善药物的压缩成形性等。常用的稀释剂有淀粉、糖粉、糊精、乳糖、可压性淀粉、微晶纤维素、无机盐类、糖醇等。

2. 润湿剂与黏合剂

润湿剂（moistening agents）系指本身没有黏性，但能诱发待制粒物料的黏性，以利于制粒的液体。在制粒过程中常用的润湿剂有蒸馏水、乙醇。

黏合剂（adhesives）系指对无黏性或黏性不足的物料给予黏性，从而使物料聚结成粒的辅料。常用黏合剂有淀粉浆、纤维素衍生物（将天然的纤维素经处理后制成的各种纤维素的衍生物，包括甲基纤维素、羟丙基纤维素、羟丙基甲基纤维素、羧甲基纤维素钠、乙基纤维素）、聚维酮、明胶、聚乙二醇。其他黏合剂有 50%～70%的蔗糖溶液、海藻酸钠溶液等。

制粒时根据物料的性质以及实践经验选择适宜的黏合剂、浓度及其用量等，以确保颗粒与片剂的质量。部分黏合剂的常用剂量如表 4－4 所示。

表 4－4 常用于湿法制粒的黏合剂与参考用量

黏合剂	溶剂中质量浓度(%，W/V)	制粒用溶剂
淀粉	5～10	水
预胶化淀粉	2～10	水
明胶	2～10	水
蔗糖、葡萄糖	～50	水
聚维酮	2～20	水或乙醇
甲基纤维素	2～10	水
羟丙基甲基纤维素	2～10	水或乙醇溶液
羧甲基纤维素钠(低黏度)	2～10	水
乙基纤维素	2～10	乙醇
聚乙二醇(4000，6000)	10～50	水或乙醇
聚乙烯醇	5～20	水

3. 崩解剂

崩解剂(disintegrants)是促使片剂在胃肠液中迅速碎裂成细小颗粒的辅料。由于片剂在高压下压制而成，因此空隙率小，结合力强，很难迅速溶解。片剂的崩解是药物溶出的第一步，所以崩解时限是片剂质量检查的主要内容之一。除缓控释片、口含片、咀嚼片、舌下片、植入片等有特殊要求的片剂外，一般均需加入崩解剂。特别是难溶性药物的溶出更成为药物在体内吸收的限速阶段，其片剂的快速崩解更具实际意义。

崩解剂的主要作用是消除因黏合剂或高度压缩而产生的结合力，从而使片剂在水中瓦解。片剂的崩解过程经历润湿、虹吸、破碎，其作用机制有如下几种。

1）毛细管作用：崩解剂在片剂中形成易于润湿的毛细管通道，当片剂置于水中时，水能迅速地随毛细管进入片剂内部，使整个片剂润湿而瓦解。淀粉及其衍生物、纤维素衍生物属于此类崩解剂。

2）膨胀作用：自身具有很强的吸水膨胀性，从而瓦解片剂的结合力。膨胀率是表示崩解剂的体积膨胀能力大小的重要指标，膨胀率越大，崩解效果越显著。

3）润湿热：有些药物在水中溶解时产热，使片剂内部残存的空气膨胀，促使片剂崩解。

4）产气作用：由于化学反应产生气体的崩解剂。如在泡腾片中加入的枸橼酸或酒石酸与碳酸钠或碳酸氢钠遇水后产生二氧化碳气体，借助气体的膨胀而使片剂崩解。

不同崩解剂有不同的作用机制。常用崩解剂有干淀粉、羧甲基淀粉钠、低取代羟丙基纤维素、交联羧甲基纤维素钠、交联聚维酮、泡腾崩解剂。

崩解剂的加入方法有外加法、内加法和内外加法：① 外加法是将崩解剂加入于压片之前的干颗粒中，片剂的崩解发生在颗粒之间；② 内加法是将崩解剂加入于制粒过程中，片剂的崩解发生在颗粒内部；③ 内外加法是内加一部分，外加一部分，可使片剂的崩解既发生在颗粒内部又发生在颗粒之间，从而达到良好的崩解效果。通常，内加崩解剂量占崩解剂总量的50%～75%，外加崩解剂量占崩解剂总量的 25%～50%，崩解剂总量一般为片重的5%～20%，根据崩解剂的性能加入量有所不同，常用崩解剂的用量见表 4－5。近年来开发应用的高分子崩解剂一般比淀粉的用量少，且明显缩短崩解时间，这些性质有利于水不溶性药物的片剂。

表 4－5　常用崩解剂及其用量

传统崩解剂	质量分数(%)	最新崩解剂	质量分数(%)
干淀粉(玉米，马铃薯)	5～20	羧甲基淀粉钠	1～8
微晶纤维素	5～20	交联羧甲基纤维素钠	5～10
海藻酸	5～10	交联聚维酮	0.5～5
海藻酸钠	2～5	羧甲基纤维素钙	1～8
泡腾酸-碱系统	3～20	低取代羟丙基纤维素	2～5

4. 润滑剂

广义的润滑剂(lubricants)包括三种辅料，即助流剂、抗黏剂和润滑剂。

1) 助流剂(glidants)：降低颗粒之间摩擦力，从而改善粉体流动性，减少重量差异。

2) 抗黏剂(antiadherents)：防止压片时物料附着于冲头与冲模表面，以保证压片操作的顺利进行以及片剂表面光洁。

3) 润滑剂(lubricants)：降低压片和推出片时药片与冲模壁之间的摩擦力，以保证压片时应力分布均匀，防止裂片等。润滑性的好坏可用压力传递率(上冲压力与下冲压力的比值)评价。

因为它们的作用机制不同，到目前还没有一种润滑剂同时具有三种功能。因此实际应用时应明确区分各种辅料的不同功能，以解决实际存在的问题。润滑剂的特性评价见表 4－6。

润滑剂的作用机制比较复杂，概括起来有以下几种：① 改善粒子表面的静电分布；② 改善粒子表面的粗糙度；③ 气体的选择性吸附；④ 减弱粒子间的范德华力；⑤ 附着于粒子表面减少摩擦力等。目前常用的润滑剂有硬脂酸镁、微粉硅胶、滑石粉、氢化植物油、聚乙二醇类、月桂醇硫酸钠(镁)。

表 4－6　润滑剂的特性评价

润滑剂	添加浓度(%)	助流特性	润滑特性	抗黏着特性	压力传递率(2%添加量)
硬脂酸盐	1 以下	无	优	良	0.90～0.95
硬脂酸	1～2	无	良	不良	0.90
滑石粉	1～5	良	不良	优	0.85
蜡类	1～5	无	优	不良	0.86
麦子淀粉	5～10	优	不良	优	0.70

5. 色、香、味调节剂

片剂中还加入一些着色剂、矫味剂等辅料以改善口味和外观，但无论加入何种辅料，都应符合药用规格。口服制剂所用色素必须是药用级或食用级，色素的最大用量一般不超过0.05%。应用时应注意色素与药物的反应以及干燥中颜色的迁移等，如把色素先吸附于硫酸钙、三磷酸钙、淀粉等主要辅料中可有效防止颜色的迁移。香精的常用加入方法是将香精溶解于乙醇，均匀喷洒在已经干燥的颗粒上。近年来开发的微囊化固体香精可直接混合于已干燥的颗粒中压片，效果较好。

4.4.3 新型片剂的种类及常用辅料

1. 骨架片

骨架片根据使用材料的不同可分为不溶性骨架、生物溶蚀性骨架和亲水凝胶骨架等多种类型。

(1) 不溶性骨架片

不溶性骨架片为采用不溶性材料制成的骨架片剂。不溶性材料指不溶于水或水溶性极小的高分子聚合物。该类材料与药物混合，压制成片剂，形成骨架。水溶性药物宜作为模型药物。胃肠液渗入骨架孔隙后，药物溶解并通过骨架中极细的孔径，缓缓向外扩散而释放。在整个释药过程中，骨架几乎不发生改变，最后排出体外的仍是完整的骨架。

不溶性骨架片最常用的辅料是乙基纤维素，另外乙烯-醋酸乙烯共聚物、聚甲基丙烯酸甲酯、聚乙烯、聚丙烯、聚硅氧烷等也应用于不溶性骨架的制备上。

(2) 生物溶蚀性骨架片

生物溶蚀性骨架片是指用生物溶蚀性材料如蜡质、脂肪酸及其酯等制成的骨架片。药物从骨架中的释放是由于这些材料的逐渐溶蚀。

生物溶蚀性骨架片的常用辅料有硬脂酸、巴西棕榈蜡、单硬脂酸甘油酯和十八烷醇等。

(3) 亲水凝胶骨架片

亲水凝胶骨架片是指选用适宜的胶体骨架材料压片，片剂遇水后形成一定黏度的凝胶，药物通过扩散或(和)凝胶骨架溶蚀方式释药。其特点是骨架最后可以完全溶解，药物全部释放，故生物利用度高。

亲水凝胶骨架片的常用辅料：骨架材料有纤维素类衍生物如甲基纤维素(MC)、羟丙基纤维素(HPC)、羟丙基甲基纤维素(HPMC)、羟乙基纤维素(HEC)、羧甲基纤维素钠(CMC-Na)；丙烯酸类聚合物如卡波姆(carbopol 934p 或 carbopol 974p)、聚羧基乙烯季戊四醇酯(polycarbophil)；天然高分子类有果胶、琼胶、酪蛋白、海藻酸钠盐、黄原胶(xanthan gum)、瓜耳胶(guar gum)；多糖类如脱乙酰壳多糖(deacetylated chitosan, Flonac N)。其中羟丙基甲基纤维素和脱乙酰壳多糖是最常用也是最适用的成型辅料。

(4) 其他类型骨架片

除上述不溶性、生物溶蚀性和亲水凝胶骨架片外，还有利用这三类材料混合与药物制粒、压片的混合材料骨架片。

某些类型的骨架片释药速率过低，为了使药物迅速释出，立即达到具有治疗作用的首剂量，并恒速释药以维持治疗所需血药浓度，常在不同类型骨架片处方中添加致孔剂，成为孔道骨架片，致孔剂遇体液溶出，产生许多孔道，使药物易于释出。

2. 胃内漂浮滞留片

胃内滞留片的骨架材料为前述亲水胶骨架片材料中的一部分。这种特殊的亲水胶体或其混合物组成的片剂，遇胃液时能形成一胶体屏障膜并滞留于胃内，以控制片内药物的溶解和扩散速率。一般高黏度的亲水胶体的水合速率慢于低黏度的亲水胶体，且前者的密度小，膨胀体积松大，利于片剂滞留于胃内。同时，在选择时还应注意尽量采用能适应全粉末直接压片工艺的材料，用湿法制粒压片不利于片剂在胃内水化而滞留。

目前研究常用的亲水胶体材料有羟丙甲纤维素、羟丙纤维素、羟乙基纤维素、甲基纤维素、乙基纤维素(EC)和羧甲基纤维素钠(CMC-Na)等。国外制备胃内滞留片剂的研究报道中大多采用 HPMC。为了改善释药速率和滞留能力，也可选用非纤维素衍生物的其他高分子材料，如聚维酮(PVP)与聚乙烯醇(PVA)的联合应用。PVP 与 PVA 两种高分子材料联合用作胃内滞留片的骨架材料，有较好的滞留性能，这是由于 PVP 和 PVA 在水中以氢键结合形成一定量的高分子复合物，具有凝胶的性能，处方中 PVP 的配比增加，可使片剂的溶解时间和滞留时间均延长。

为提高制剂在胃内的滞留能力，可添加疏水性且相对密度小的酯类、脂肪醇类、脂肪酸类或蜡类材料，如单硬脂酸甘油酯、鲸蜡醇、硬脂醇、硬脂酸、蜂蜡等；为调节释药速率，可添加可压性好的乳糖、甘露醇等加快释药速率；添加聚丙烯酸树脂Ⅱ、聚丙烯酸树脂Ⅲ等，可减缓释出；为了增强亲水性，可加入十二烷基硫酸钠等表面活性剂。

3. 生物黏附片

采用生物黏附材料为填充剂制备的黏膜黏附用片剂称为生物黏附片。高分子材料理论和相关技术的发展为该制剂的制备提供了有利条件。胃内生物黏附材料的类型包括天然生物黏附材料、半合成生物黏附材料和合成生物黏附材料三大类。常用的材料具体有脱乙酰壳多糖、卡波姆(carbopol,CP)、纤维素的衍生物等。

脱乙酰壳多糖能与黏膜层形成氢键，且因脱乙酰壳多糖溶于水，高分子链具有柔顺性，能有效渗透至黏膜层，与膜层产生电荷效应，使脱乙酰壳多糖吸水后形成凝胶，对黏膜产生强附性。脱乙酰壳多糖具有良好的生物黏附性、生物相容性、安全性，还能增强膜对药物的吸收。脱乙酰壳多糖是一种很有前途的生物黏附材料。

由于卡波姆能与膜糖蛋白相互作用，形成物理性缠结之后与糖蛋白寡糖链上的糖残基形成氢键，产生较强的液凝胶网状结构，使黏附系统保持较长的黏附时间。形成氢键是生物黏附作用的重要因素，氢键断裂将会大大削弱黏附强度。卡波姆可分为两个系列：卡波姆 900 系列由丙烯酸单聚物与丙烯基蔗糖或烯丙基季戊四醇交联而得；卡波姆 1300 系列为丙烯酸-烷基异丁烯酸共聚物与烯丙基季戊四醇交联的聚合物。当离子强度较大时，卡波姆较易释放出质子，因此在较低 pH 值下便可解离溶胀。卡波姆具有许多特性且无毒、无刺激性，已广泛应用于制剂领域。

4.4.4　片剂的制备

片剂压片过程的三大要素是流动性、压缩成形性和润滑性。① 流动性好：使流动、充填等粉体操作顺利进行，可减小片重差异；② 压缩成形性好：不出现裂片、松片等不良现象；③ 润滑性好：片剂不黏冲，可得到完整、光洁的片剂。片剂的处方筛选和制备工艺的选择首先考虑能否压出片。片剂的制备方法按制备工艺可分为四类。

1. 湿法制粒压片法

湿法制粒压片法是将湿法制粒的颗粒经干燥后压片的工艺，其工艺流程如图 4－2 所示。

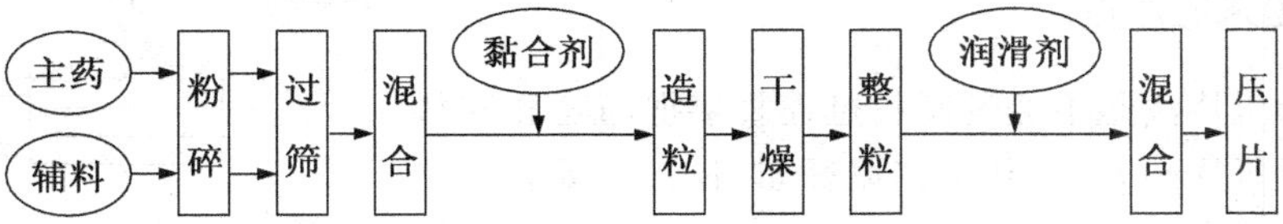

图 4－2　湿法制粒压片法工艺流程图

湿法制粒是将药物和辅料的粉末混合均匀后加入液体黏合剂制备颗粒的方法。该方法靠黏合剂的作用使粉末粒子间产生结合力。由于湿法制粒的颗粒具有外形美观、流动性好、耐磨性较强、压缩成形性好等优点，在医药工业中应用最为广泛，但不适用于热敏性、湿敏性、极易溶性等物料。

2. 干法制粒压片法

干法制粒压片法是将干法制粒的颗粒进行压片的方法，其工艺流程如图 4－3 所示。

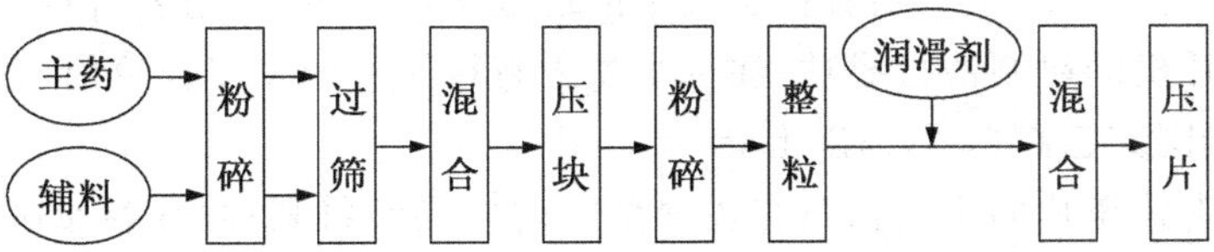

图 4－3　干法制粒压片法工艺流程图

干法制粒是指将药物和辅料的粉末混合均匀，压缩成大片状或板状后，粉碎成所需大小颗粒的方法。该法靠压缩力使粒子间产生结合力，其制备方法有压片法和滚压法。

压片法系利用重型压片机将物料粉末压制成直径为 20～25mm 的胚片，然后破碎成一定大小颗粒的方法。

滚压法系利用转速相同的两个滚动圆筒之间的缝隙，将药物粉末滚压成板状物（见图4-4），然后破碎成一定大小颗粒的方法。

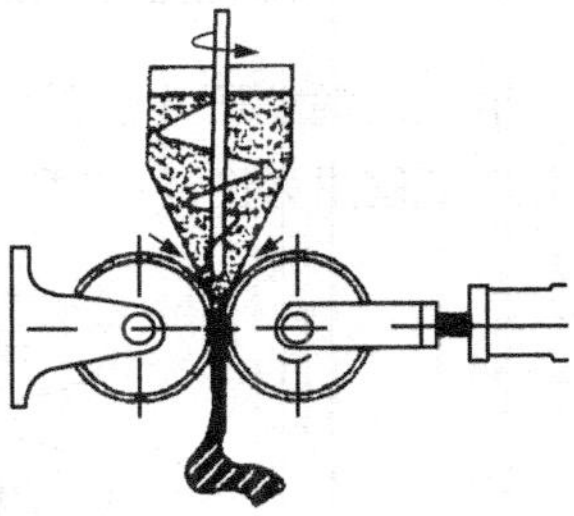

图 4－4　滚压制粒示意图

图 4－5 为干法制粒机结构的示意图与操作流程。将药物粉末投入料斗中，用加料器将粉末送至压轮进行压缩，由压轮压出的固体胚片落入料斗，被粗碎轮破碎成块状物，然后依次进入具有较小凹槽的中碎轮和细碎轮进一步破碎制成粒度适宜的颗粒，最后进入振荡筛进行整粒。粗粒重新送入粗碎轮继续粉碎，过细粉末送入料斗与原料混合重复上述过程。

干法制粒压片法常用于热敏性物料及遇水易分解的药物，方法简单、省工省时。但采用干法制粒时，应注意由于高压引起的晶型转变及活性降低等问题。

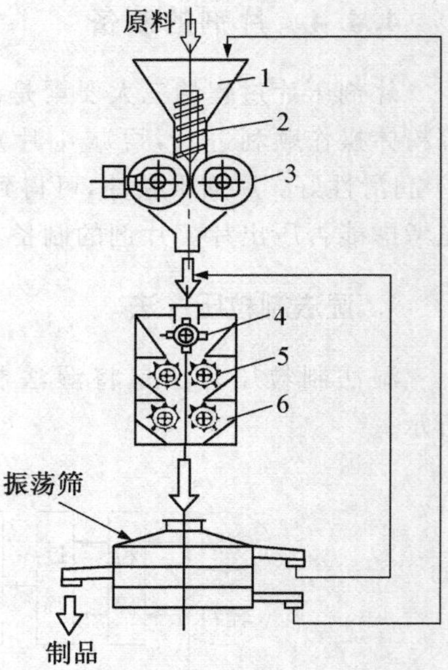

图 4－5　干法制粒机结构示意图
（1. 料斗；2. 加料器；3. 压轮；4. 粗碎轮；5. 中碎轮；6. 细碎轮）

3. 直接粉末压片法

直接粉末压片法是不经过制粒过程直接把药物和辅料的混合物进行压片的方法，其工艺流程如图 4－6 所示。

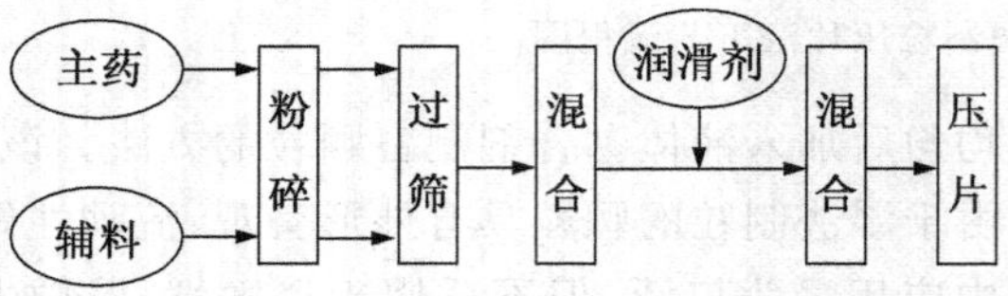

图 4－6　直接粉末压片法工艺流程图

粉末直接压片法避开了制粒过程，因而具有省时节能、工艺简便、工序少、适用于湿热不稳定的药物等突出优点，但也存在粉末的流动性差、片重差异大、粉末压片容易造成裂片等弱点，致使该工艺的应用受到了一定限制。随着 GMP 规范化管理的实施，简化工艺也成了制剂生产关注的热点之一。近 20 年来随着科学技术的迅猛发展，可用于粉末直接压片的优良药用辅料与高效旋转压片机的研制获得成功，促进了粉末直接压片的发展。目前，各国的直接压片品种不断上升，有些国家已高达 40％以上。

可用于粉末直接压片的优良辅料有各种型号的微晶纤维素、可压性淀粉、喷雾干燥乳糖、磷酸氢钙二水合物、微粉硅胶等。这些辅料的特点是流动性、压缩成形性好。

4. 半干式颗粒压片法

半干式颗粒压片法是将药物粉末和预先制好的辅料颗粒（空白颗粒）混合进行压片的方法，其工艺流程图如图 4－7 所示。

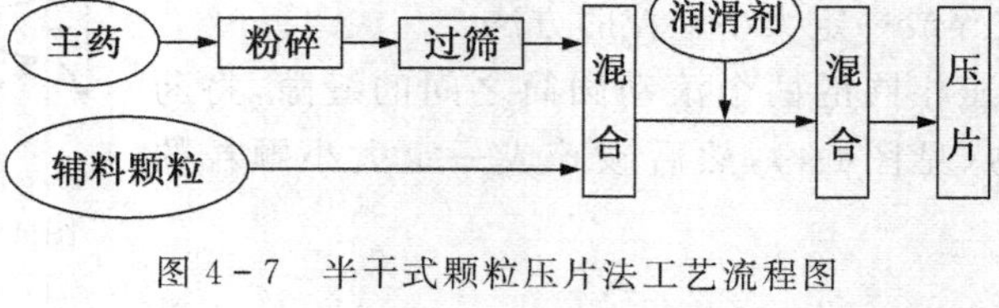

图 4－7　半干式颗粒压片法工艺流程图

该法适合于对湿热敏感、不宜制粒而且压缩成形性差的药物，也可用于含药较少物料。这些药可借助辅料的优良压缩特性顺利制备片剂。

4.4.5 湿法制粒技术

1. 湿法制粒方法与设备

(1) 挤压制粒方法与设备

挤压制粒系指先将药物粉末与处方中的辅料混合均匀后加入黏合剂制软材，然后将软材用强制挤压的方式通过具有一定大小的筛孔而制粒的方法。这类制粒设备有螺旋挤压式、旋转挤压式、摇摆挤压式等，如图 4-8 所示。

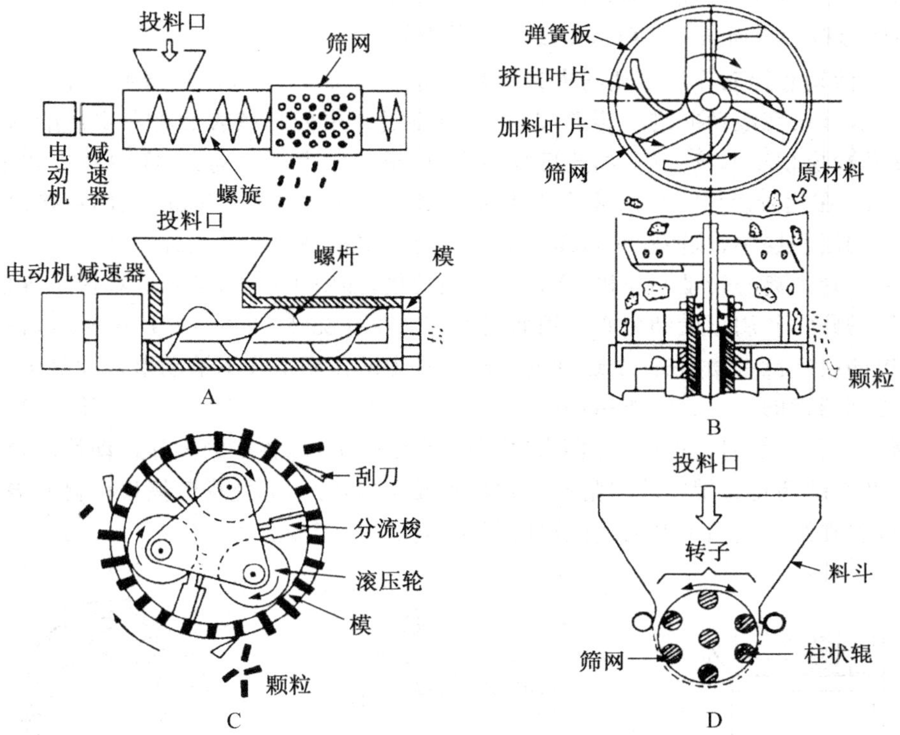

图 4-8 挤压式制粒机示意图(A. 螺旋挤压制粒机；B. 蓝式叶片挤压制粒机；C. 环模式辊压挤压制粒机；D. 摇摆式挤压制粒机)

挤压式制粒机的特点有：① 颗粒的大小由筛网的孔径大小调节，可制得粒径为0.3～30mm，粒度分布较窄，粒子形状多为圆柱状、角柱状；② 颗粒的松软程度可通过黏合剂的种类和用量调节，以适应压片的需要；③ 制粒前必须混合、制软材等，程序多，劳动强度大，不适合大批量、连续生产；④ 制备小粒径颗粒时筛网的寿命短等。

在挤压制粒过程中，制软材(捏合)是关键步骤，黏合剂用量过多时软材被挤压成条状，并重新黏合在一起；黏合剂用量过少时不能制成完整的颗粒，而成粉状。因此，在制软材的过程中选择适宜黏合剂及适宜用量非常重要。软材质量往往靠熟练技术人员或熟练工人的经验来控制，即以“轻握成团，轻压即散”为准，可靠性与重现性较差，但这种制粒方法简单，历史悠久。

(2) 转动制粒方法与设备

转动制粒系指在药物粉末中加入一定量的黏合剂，在转动、摇动、搅拌等作用下使粉末结聚成具有一定强度的球形粒子的方法。图 4－9 表示经典的容器转动制粒机，即圆筒旋转制粒机、倾斜转动锅等。

这种转动制粒机多用于药丸的生产，可制备 2～3mm 的药丸，但由于粒度分布较宽，在使用中受到一定限制。操作多凭经验控制。

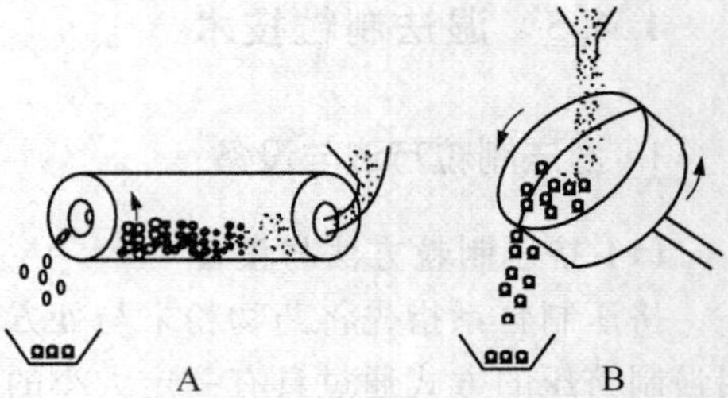

图 4－9　转动制粒机示意图(A. 圆筒旋转制粒机；B. 倾斜锅)

转动制粒过程经历母核形成、母核成长、压实三个阶段。① 母核形成阶段：在粉末中喷入少量液体使其润湿，在滚动和搓动作用下使粉末聚集在一起形成大量母核，在中药生产中叫起模；② 母核成长阶段：母核在滚动时进一步压实，并在转动过程中向母核表面将一定量的水和药粉均匀喷撒，使药粉层积于母核表面，如此反复多次，可得一定大小的药丸，在中药生产中叫泛制；③ 压实阶段：在此阶段停止加入液体和药粉，在继续转动过程中多余的液体被挤出表面或未被充分润湿的层积层中，从而颗粒被压实形成具有一定机械强度的微丸。

近年来出现的离心转动制粒机，亦称离心制粒机，如图 4－10B 所示。在固定容器内，物料在高速旋转的圆盘作用下受到离心作用而向器壁靠拢并旋转，如图 4－10A 所示，物料被从圆盘周边吹出的空气流带动，在向上运动的同时在重力的作用下往下滑动落入圆盘中心，落下的粒子重新受到圆盘的离心旋转作用，从而使物料不停地做旋转运动，有利于形成球形颗粒，如图4-10C所示。黏合剂向物料层斜面上部的表面定量喷雾，靠颗粒的激烈运动使颗粒表面均匀润湿，并使散布的药粉或辅料均匀附着在颗粒表面层层包裹，如此反复操作可得所需大小的球形颗粒。调整在圆盘周边上升的气流温度可对颗粒进行干燥。

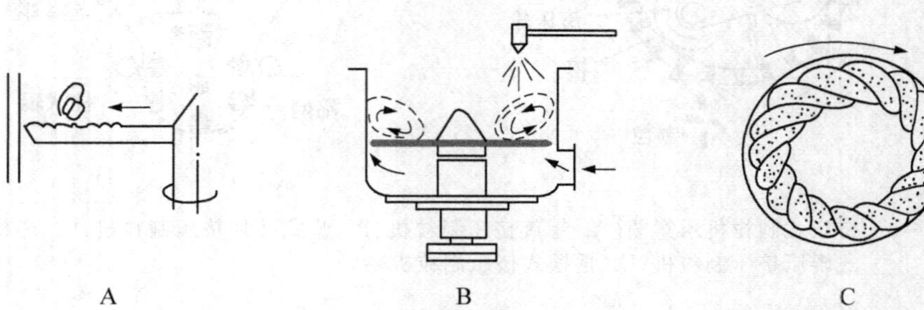

图 4－10　转动圆盘型制粒机(离心制粒机)

近年来，转动制粒法与流化制粒方法相结合，开发出了转动流化制粒机；与挤出制粒法结合开发了挤出滚圆制粒机等。

(3) 高速搅拌制粒方法与设备

高速搅拌制粒系指先将药物粉末和辅料加入高速搅拌制粒机的容器内，搅拌混匀后加入黏合剂高速搅拌制粒的方法。图 4－11 为高速搅拌制粒装置的示意图。虽然搅拌器的形状多种多样，但其结构主要由容器、搅拌桨、切割刀组成。

搅拌制粒的机制是：在搅拌桨的作用下使物料混合、翻动、分散甩向器壁后向上运动，形成较大颗粒；在切割刀的作用下将大块颗粒绞碎、切割，并和搅拌桨的搅拌作用相呼应，使颗粒得到强大的挤压、滚动而形成致密且均匀的颗粒。粒度的大小由外部破坏力与颗粒内部团聚力平衡的结果而定。

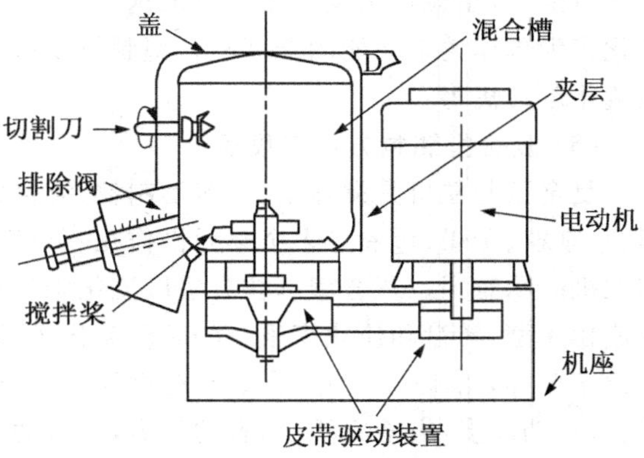

图 4－11　高速搅拌制粒装置示意图

搅拌制粒时影响粒径大小与致密性的主要因素有：① 黏合剂的种类、加入量、加入方式；② 原料粉末的粒度(粒度越小，越有利于制粒)；③ 搅拌速度；④ 搅拌器的形状与角度、切割刀的位置等。

高速搅拌制粒的特点是：① 在一个容器内进行混合、捏合、制粒过程；② 与传统的挤压制粒相比，具有省工序、操作简单、快速等优点；③ 可制备致密、高强度的适于胶囊剂的颗粒，也可制备松软的适合压片的颗粒，因此在制药工业中的应用非常广泛。

(4) 流化床制粒方法与设备

流化床制粒系指当物料粉末在容器内自下而上的气流作用下保持悬浮的流化状态时，液体黏合剂向流化层喷入使粉末聚结成颗粒的方法。由于在一台设备内即可完成混合、制粒、干燥过程等，所以有“一步制粒”之称。流化床制粒机如图 4－12 所示。主要结构由容器、气体分布装置(如筛板等)、喷嘴、气固分离装置(如图中袋滤器)、空气进口和出口、物料排出口等组成。操作时，把药物粉末与各种辅料装入容器中，从床层下部通过筛板吹入适宜温度的气流，使物料在流化状态下混合均匀，然后开始均匀喷入液体黏合剂，粉末开始聚结成粒，经过反复的喷雾和干燥，当颗粒的大小符合要求时停止喷雾，形成的颗粒继续在床层内送热风干燥，出料送至下一步工序。

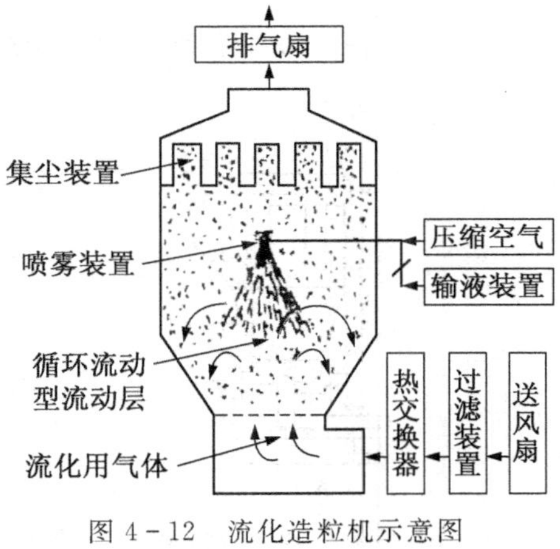

图 4－12　流化造粒机示意图

流化床制粒的影响因素较多，除了黏合剂的选择、原料粒度的影响外，操作条件的影响也较大。如空气的空塔速度影响物料的流态化状态、粉粒的分散性、干燥的快慢；空气温度影响物料表面的润湿与干燥；黏合剂的喷雾量影响粒径的大小(喷雾量增加粒径变大)；喷雾速度影响粉体粒子间的结合速度及粒径的均匀性；喷嘴的高度影响喷雾均匀性与润湿程度等。

流化床制粒的特点是：① 在一台设备内进行混合、制粒、干燥，甚至是包衣等操作，简化工艺、节约时间、降低劳动强度；② 制得的颗粒为多孔性柔软颗粒，密度小、强度小，且颗粒的粒度分布均匀，流动性、压缩成形性好。

目前，对制粒技术及产品的要求越来越高，为了发挥流化床制粒的优势，出现了一系列以流化床为母体的多功能的新型复合型制粒设备，如搅拌流化制粒机、转动流化制粒机、搅拌转动流化制粒机等。

(5) 复合型制粒方法与设备

复合型制粒机是搅拌制粒、转动制粒、流化床制粒法等各种制粒技能结合在一起，使混合、捏合、制粒、干燥、包衣等多个单元操作在一个机器内进行的新型设备，图 4－13 为各种单功能制粒机的示意图。复合型制粒方法以流化床为母体进行多种组合，即搅拌和流化床组合的搅拌流化床型，转盘和流化床组合的转动流化床型，搅拌、转动和流化床组合在一起的搅拌转动流化床型等，图 4－14 为复合型制粒机的典型结构。这种方法综合了各种设备的机能特点，取长补短，功能多，占地面积小，省功省力，在自动化的实施中具有无可估量的价值。

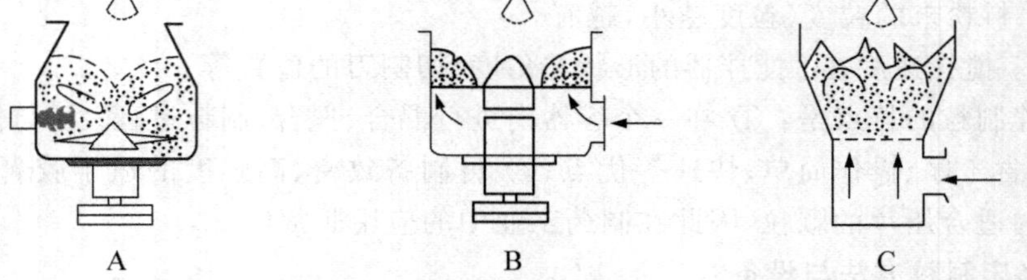

图 4－13　各种制粒方式示意图(A. 搅拌制粒；B. 转动制粒；C. 流化制粒)

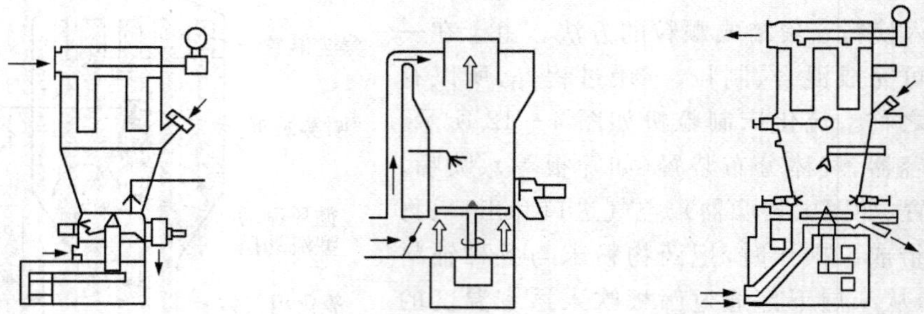

图 4－14　复合型制粒机示意图(A. 搅拌流化床；B. 转动流化床；C. 搅拌转动流化床)

搅拌转动流化制粒机包容了最多的制粒功能，容器的下部设有部分开孔的皿状旋转盘，其上部装有能独立旋转的搅拌桨和切割刀，上升气流由旋转盘上的通气孔和盘外周边的间隙进入容器内使床层流化，喷枪安装于流化层上部或侧面，容器顶部设有高压逆洗式圆筒状袋滤器(如图 4－14C 所示)。该装置综合了搅拌、转动、流化制粒的特征，具有在制粒过程中不易出现结块、喷雾效率高、制粒速度快等优点，可用于颗粒的制备、颗粒的包衣、颗粒的修饰、球形化颗粒的制备等。图 4－15 表示 SFC 型搅拌转动流化制粒机的四种不同功能的典型示意图。A. 离心转动：转盘的离心旋转运动可以获得高密度的球形制粒物；B. 悬浮运动：从转盘的气孔和周边缝隙上升的气流使物料悬浮，使颗粒松软、堆密度小；C. 旋转运动：由搅拌桨的转动使物料产生旋转运动，并在转盘的离心力和空气流的悬浮等混合作用下使物料产生高浓度的均匀流动状态，可进行精密制粒、包衣、干燥等过程；D. 整粒作用：对吸湿性较强的粉体进行制粒时易出现结块。器壁上安装的切割刀的破碎、分散作用和搅拌的旋转流动的综合作用使颗粒产生较大密度和不定的形状。欲制备致密的球形颗粒，以搅拌制粒、转动制粒为主体，靠机械作用产生粒子的自转、公转等运动；欲制备轻质的不规则颗粒，以流化床制粒为主体，靠流动空气产生物料的悬浮运动。

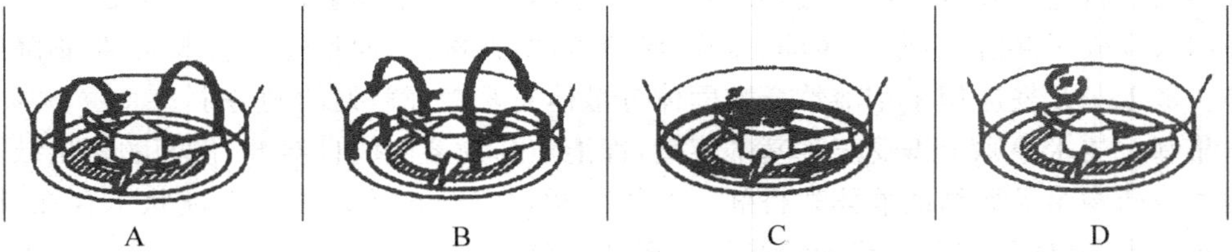

图 4-15　复合性制粒机的各种功能示意图(A. 离心转动；B. 悬浮运动；C. 旋转运动；D. 整粒作用)

(6) 喷雾制粒方法与设备

喷雾制粒是将药物溶液或混悬液喷雾于干燥室内，在热气流的作用下使雾滴中的水分迅速蒸发以直接获得球状干燥细颗粒的方法。该法在数秒钟内即完成药液的浓缩与干燥，原料液含水量可达 70%～80%。以干燥为目的称作喷雾干燥，以制粒为目的称作喷雾制粒。

图 4-16 为喷雾制粒的流程图。原料液由料液贮槽进入雾化器喷成液滴分散于热气流中，空气经蒸汽加热器及电加热器加热后沿切线方向进入干燥室与液滴接触，液滴中的水分迅速蒸发，液滴经干燥后形成固体粉末落于器底，干品可连续或间歇出料，废气由干燥室下方的出口流入旋风分离器，进一步分离固体粉末，然后经风机和袋滤器后放空。

原料液的喷雾靠雾化器完成，因此雾化器是喷雾干燥制粒机的关键零件。常用雾化器有三种形式，即压力式雾化器、气流式雾化器、离心式雾化器。

热气流与雾滴流向的安排主要根据物料的热敏性、所要求的粒度、粒密度等来考虑。常用的流向安排有并流型、逆流型、混合流型。

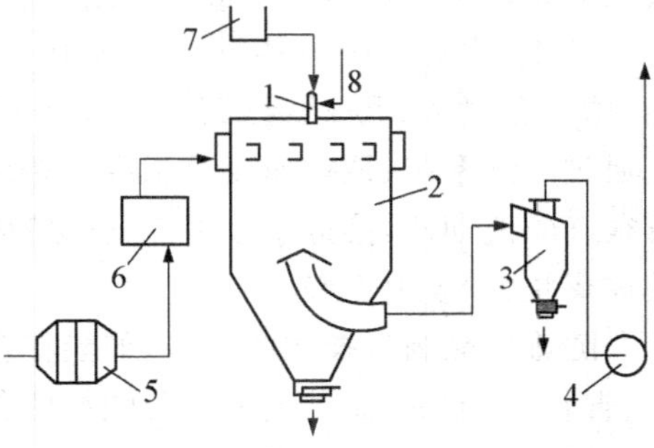

图 4-16　喷雾制粒流程图(1. 雾化器；2. 干燥室；3. 旋风分离器；4. 风机；5. 蒸汽加热器；6. 电加热器；7. 料液贮槽；8. 压缩空气)

喷雾制粒法的特点是：① 由液体直接得到粉状固体颗粒；② 热风温度高，雾滴比表面积大，干燥速度非常快(通常只需数秒至数十秒)，物料的受热时间极短，干燥物料的温度相对低，适合于热敏性物料的处理；③ 粒度范围约在 30μm 至数百微米，堆密度约在 200～600kg/m^3 的中空球状粒子较多，具有良好的溶解性、分散性和流动性。缺点是设备高大，需汽化大量液体，因此，存在设备费用高、能量消耗大、操作费用高等问题；黏性较大的料液易黏壁使其使用受到限制，需用特殊喷雾干燥设备等缺点。

喷雾干燥制粒法在制药工业中得到广泛的应用与发展，如抗菌素粉针的生产、微型胶囊的制备、固体分散体的研究以及中药提取液的干燥等都利用了喷雾干燥制粒技术。

近年来开发出喷雾干燥与流化制粒结合在一体的新型制粒机。由顶部喷入的药液在干燥室经干燥后落到流态化制粒机上制粒，整个操作过程非常紧凑。

(7) 液相中晶析制粒法

液相中晶析制粒法是使药物在液相中析出结晶的同时借液体架桥剂和搅拌作用聚结成球形颗粒的方法。因为颗粒的形状为球状，所以也称球形晶析制粒法，简称球晶制粒法。球晶制粒物是纯药物结晶聚结在一起形成的球形颗粒，其流动性、充填性、压缩成形性好，因此可少用辅料或不用辅料进行直接压片。近年来，该技术成功地应用于功能性微丸的制备，即在球晶制粒过程加入高分子共沉，研制了缓释、速释、肠溶、胃溶性微丸，漂浮性中空微丸，生物降解性毫微囊等。最近又开发应用于难溶性药物固体分散体及其缓释微丸的制备中。

球晶制粒技术原则上需要三种基本溶剂，即能使药物溶解的良溶剂，使药物析出结晶的不良溶剂和使药物结晶聚结的液体架桥剂。液体架桥剂在溶剂系统中以游离状态存在，即不溶于不良溶剂中，并优先润湿析出的结晶使之聚结成粒。

1) 制备方法：常用的方法是先将药物溶解于液体架桥剂与良溶剂的混合液中制备药物溶液，然后在搅拌下将药物溶液注入不良溶剂中(如图 4-17 所示)，药物溶液中的良溶剂扩散于不良溶剂中的同时药物析出结晶，药物结晶在液体架桥剂的润湿作用下聚结成粒，并在搅拌的剪切作用下形成球状颗粒。液体架桥剂的加入方法也可根据需要加至不良溶剂中或析出结晶后再加入。

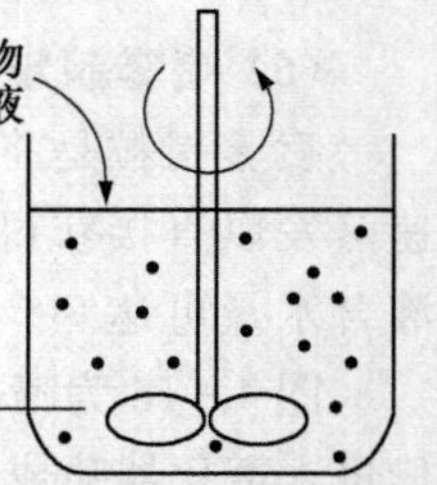

图 4-17 球晶制粒示意图

2) 球晶制粒法的特点是：① 在一个过程中同时进行结晶、聚结、球形化过程；② 结晶(第一粒子)与球形颗粒(第二粒子)的大小可通过溶剂系统、搅拌速度及温度等条件来控制，制备的球形颗粒具有很好的流动性，接近于自由流动的粉体性质；③ 利用药物与高分子的共沉淀法，可制备功能性球形颗粒，重现性好。

随着球晶制粒技术的发展，如能在合成的重结晶过程中直接利用该技术制备颗粒，不仅省工、省料、省能等，而且大大改善颗粒的各种粉体性质。另一方面功能性颗粒的研制也有广阔的发展前景。

2. 干燥方法与设备

干燥方法的分类方式有多种，按操作方式分为间歇式、连续式；按操作压力分为常压式、真空式；按加热方式分为热传导干燥、对流干燥、辐射干燥、介电加热干燥等。

(1) 箱式干燥器

如图 4-18A 所示，在干燥箱内设置多层支架，在支架上放入物料盘，图 4-18B 表示干燥器中空气性质的变化过程。进入干燥器的空气为图 4-18B 中 A 点，经预热器加热后温度升高，湿度不变，相对湿度降低，如图 4-18B 中 B 点；空气经预热后进入干燥室内，通过物料表面时水分蒸发进入空气中，因而空气中的湿度增加，温度降低(图 4-18B 中 C 点)，空气再次加热，温度升高(图 4-18B 中 D 点)，再次进入干燥室内汽化物料中的水分，空气的湿度增加，温度降低，以此类推反复加热以降低空气的相对湿度，提高干燥速率。为了使干燥均匀，干燥盘内的物料层不能太厚，必要时在干燥盘上开孔，或使用网状干燥盘以使空气透过物料层。

箱式干燥器多采用废气循环法和中间加热法。废气循环法系将从干燥室排出的废气中的

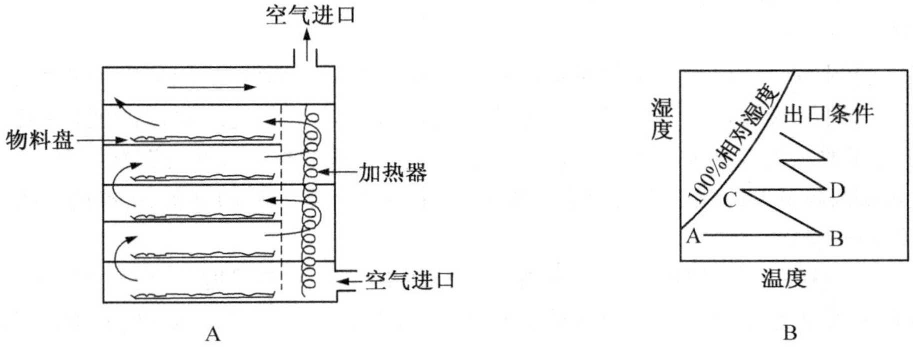

图 4 - 18　箱式干燥器示意图（A. 箱式干燥器结构示意图；B. 理想箱式干燥器中循环空气的温度和湿度变化）

一部分与新鲜空气混合重新进入干燥室，不仅提高设备的热效率，同时可调节空气的湿度以防止物料发生龟裂或变形。中间加热法系在干燥室内装有加热器，使空气每通过一次物料盘得到再次加热，以保证干燥室内上下层盘内的物料干燥均匀。

箱式干燥器为间歇式干燥器，其设备简单，适应性强，适用于小批量生产物料的干燥。缺点是劳动强度大、热量消耗大等。

(2) 流化床干燥器

流化床干燥指热空气以一定速度自下而上穿过松散的物料层，使物料形成悬浮流化状态的同时进行干燥的操作。物料的流态化类似液体沸腾，因此生产上也叫沸腾干燥器。流化床干燥器有立式和卧式，在制剂工业中常用卧式多室流化干燥器，如图 4 - 19 所示。

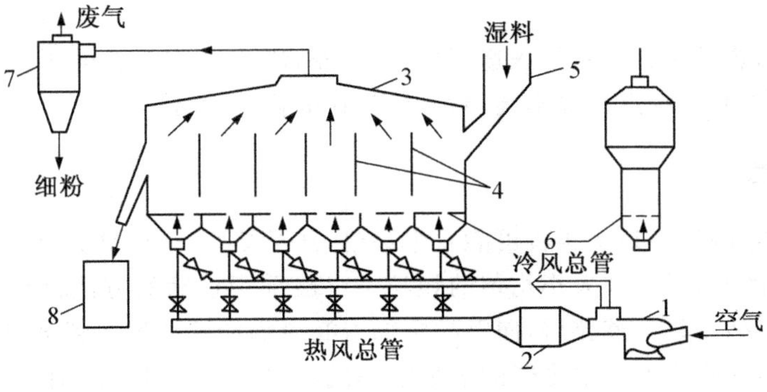

图 4 - 19　卧式多室流化干燥器示意图（1. 风机；2. 预热器；3. 干燥室；4. 挡板；5. 料斗；6. 多孔板；7. 旋风分离器；8. 干料桶）

将湿物料由加料器送入干燥器内多孔气体分布板（筛板）之上，空气经预热器加热后吹入干燥器底部的气体分布板，气体穿过物料层时物料呈悬浮状，在上下翻动的过程中干燥，干燥后的产品由卸料口排出，废气由干燥器的顶部排出，经袋滤器或旋风分离器回收其中夹带的粉尘后排空。

流化床干燥器结构简单，操作方便，操作时颗粒与气流间的相对运动激烈，接触面积大，强化了传热、传质，提高了干燥速率；物料的停留时间可任意调节，适用于热敏物料的干燥。流化床干燥器不适宜于含水量高，易黏结成团的物料，要求粒度适宜。流化床干燥器在片剂颗粒的干燥中得到广泛的应用。

(3) 喷雾干燥器

喷雾干燥器的设备结构与操作见第四章中的喷雾造粒。喷雾干燥蒸发面积大、干燥时间非常短(数秒至数十秒),在干燥过程中,雾滴的温度大致等于空气的湿球温度,一般为50℃左右,适合于热敏物料及无菌操作的干燥。干燥制品多为松脆的空心颗粒,溶解性好。如在喷雾干燥器内送入灭菌料液及除菌热空气可获得无菌干品,如抗生素粉针的制备、奶粉的制备。

(4) 红外干燥器

红外干燥指利用红外辐射元件所发射的红外线对物料直接照射而加热的一种干燥方式。红外线是介于可见光和微波之间的一种电磁波,其波长范围在0.72～1000μm的广阔区域,波长在0.72～5.6μm的称近红外,5.6～1000μm的称远红外。

红外线辐射器所产生的电磁波以光速辐射至湿物料,当红外线发射频率与物料中分子运动所固有的频率相匹配时引起物料分子的强烈振动和转动,在此过程中分子间的激烈碰撞与摩擦产生热,因而达到干燥的目的。

红外线干燥时,由于物料表面和内部的分子同时吸收红外线,故受热均匀、干燥快、质量好,缺点是电能消耗大。

(5) 微波干燥器

微波干燥器指干燥器内设置一种高频交变电场,使湿物料中的水分子迅速获得热量而汽化,从而进行干燥的介电加热干燥器。使用的频率为915MHz或245MHz。

水分子是中性分子,但在强外加电场力的作用下极化,并趋向与外电场方向一致的整齐排列,改变电场的方向,水分子又会按新的电场方向重新整齐排列。若外加电场不断改变方向,水分子就会随着电场方向不断地迅速转动,在此过程中水分子间产生剧烈的碰撞和摩擦,部分能量转化为热能。

微波干燥器加热迅速、均匀、干燥速度快、热效率高;对含水物料的干燥特别有利;微波操作控制灵敏、操作方便。缺点是成本高,对有些物料的稳定性有影响。

3. 整粒与混合

在上述的干燥过程中,某些颗粒可能发生黏连,甚至结块。整粒的目的是使干燥过程中结块、黏连的颗粒分散开,以得到大小均匀的颗粒。一般采用过筛的方法进行整粒,所用筛孔要比制粒时的筛孔稍小一些。整粒后,向颗粒中加入润滑剂和外加的崩解剂,进行"总混"。如果处方中有挥发油类物质或处方中主药的剂量很小或对湿、热很不稳定,则可将药物溶解于乙醇后喷洒在干燥颗粒中,密封贮放数小时后室温干燥。

4.4.6 压片

1. 片重的计算

(1) 按主药含量计算片重

由于药物在压片前经历了一系列的操作,其含量有所变化,所以应对颗粒中主药的实际含量进行测定,然后按照公式(4-3)计算片重。

$$片重 = \frac{每片主药含量}{测得颗粒中主药的百分含量} \tag{4-3}$$

例：某片剂中含主药量为 0.2g，测得颗粒中主药的百分含量为 50%，则每片所需颗粒的重量应为 0.2/0.5=0.4g，即片重应为 0.4g，若片重的重量差异限度为 5%，本品的片重上下限为 0.38～0.42g。

(2) 按干颗粒总重计算片重

在中药的片剂生产中成分复杂，没有准确的含量测定方法时，根据实际投料量与预定片剂个数按公式(4-4)计算片重。

$$片重 = \frac{干颗粒重 + 压片前加入的辅料量}{预定的应压片数} \tag{4-4}$$

2. 压片机

常用压片机按其结构分为单冲压片机和旋转压片机；按压制片形分为圆形片压片机和异形片压片机；按压缩次数分为一次压制压片机和二次压制压片机；按片层分为双层压片机、有芯片压片机等。

(1) 压片机

图 4-20 为单冲压片机的主要结构示意图，其主要组成如下：① 加料器：加料斗、饲粉器；② 压缩部件：一副上、下冲和模圈；③ 各种调节器：压力调节器、片重调节器、推片调节器。压力调节器连在上冲杆上，用以调节上冲下降的深度，下降越深，上、下冲间的距离越近，压力越大，反之则小；片重调节器连在下冲杆上，用以调节下冲下降的深度，从而调节模孔的容积而控制片重；推片调节器连在下冲，用以调节下冲推片时抬起的高度，使恰与模圈的上缘相平，由饲粉器推开。

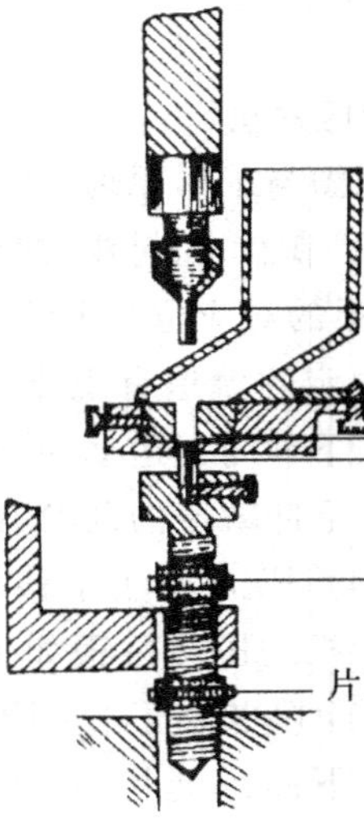

图 4-20　单冲压片机主要构造示意图

单冲压片机的压片过程见图 4-21。① 上冲抬起，饲粉器移动到模孔之上；② 下冲下降到适宜深度，饲粉器在模上摆动，颗粒填满模孔；③ 饲粉器由模孔上移开，使模孔中的颗粒与模孔的上缘相平；④ 上冲下降并将颗粒压缩成片，此时下冲不移动；⑤ 上冲抬起，下冲随之抬起到与模孔上缘相平，将药片由模孔中推出；⑥ 饲粉器再次移到模孔之上，将模孔中推出的片剂推出，同时进行第二次饲粉，如此反复进行。

单冲压片机的产量大约在 80～100 片/min，最大压片直径为 12mm，最大填充深度 11mm，最大压片厚度 6mm，最大压力 15kN，多用于新产品的试制。重型单冲压片机的压片压力和片径都比较大，我国生产的重型单冲压片机的最大压力 160kN，最大压片直径 80mm，最大填充深度 45mm，除压制圆形片外，还可以压制异形片和环形片剂。

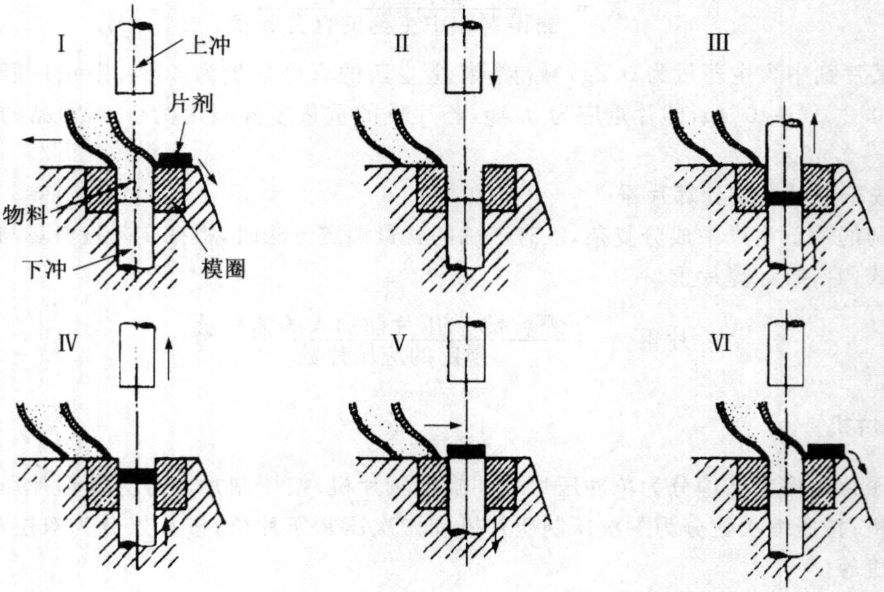

图 4-21 单冲压片机的压缩过程

(2) 旋转压片机

结构示意图与工作原理如图 4-22 所示。旋转压片机的主要工作部分有机台、压轮、片重调节器、压力调节器、加料斗、饲粉器、吸尘器、保护装置等。机台分为三层,机台的上层装有若干上冲,在中层的对应位置上装着模圈,在下层的对应位置装着下冲。上冲与下冲各自随机台转动并沿着固定的轨道有规律地上、下运动,当上冲与下冲随机台转动,分别经过上、下压轮时,上冲向下、下冲向上运动,并对模孔中的物料加压;机台中层的固定位置上装有刮粉器,片重调节器装于下冲轨道的刮粉器所对应的位置,用以调节下冲经过刮粉器时的高度,以调节模孔的容积;用上下压轮的上下移动位置调节压缩压力。

旋转压片机的压片过程如下。① 填充:当下冲转到饲粉器之下时,其位置最低,颗粒填入模孔中;当下冲行至片重调节器之上时略有上升,经刮粉器将多余的颗粒刮去。② 压片:当上冲和下冲行至上、下压轮之间时,两个冲之间的距离最近,将颗粒压缩成片。③ 推片:上冲和下冲抬起,下冲将片剂抬至恰与模孔上缘相平,药片被刮粉器推开,如此反复进行。

旋转压片机有多种型号,按冲数分有 16 冲、19 冲、27 冲、33 冲、55 冲、75 冲等;按流程分有单流程和双流程两种。单流程仅有一套上、下压轮,旋转一周每个模孔仅压出一个药片;双流程有两套压轮、饲粉器、刮粉器、片重调节器和压力调节器等,均装于对称位置,中盘转动一周。每副冲压制两个药片。

旋转压片机的优点有:饲粉方式合理、片重差异小;由上、下冲同时加压,压力分布均匀;生产效率高等。如 55 冲的双流程压片机的生产能力高达 50 万片/小时。目前压片机的最大产量可达 80 万片/小时。全自动旋转压片机,除能将片重差异控制在一定范围外,对缺角、松裂片等不良片剂也能自动鉴别并剔除。

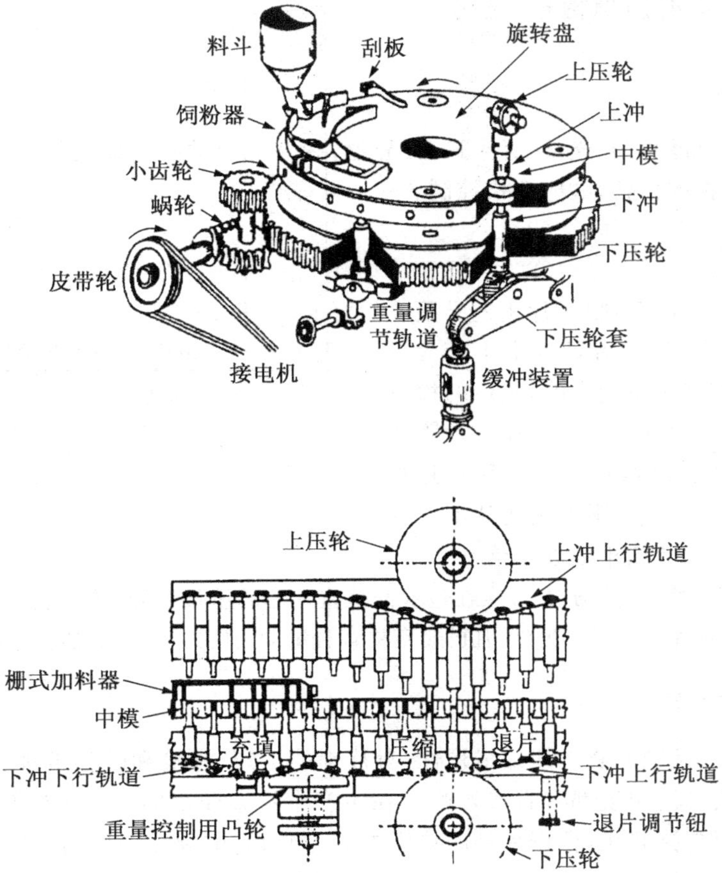

图 4－22　旋转压片机的结构与工作原理示意图

3. 制备工艺对胃内漂浮片的质量影响

(1) 工艺

以直接压片工艺为首选，因为湿法制粒压片工艺不利于片剂的水化滞留，所以在赋形剂的选择上要重点考虑辅料的干黏合性和流动性。

(2) 压片

压片压力对于片剂成型后的滞留作用影响很大。在制备过程中既要使片剂有合适的硬度，又要使片剂内部具有适当的空隙，使成型的片剂相对密度小于 1，且片剂表面的亲水性高分子颗粒间留有一定的孔隙利于水化。

总之，不同的片型大小、亲水胶体等漂浮材料和选择的工艺过程以及压力对成型片剂的漂浮作用的影响各不相同，在研制时需针对实际情况进行调整。另外，胃内漂浮滞留片的基本制备过程同一般压制片，所以一般压制片需要注意的工艺成型要点适合于胃内漂浮滞留片。

4.4.7 片剂的质量检查

1. 外观性状

片剂表面应色泽均匀、光洁，无杂斑，无异物，并在规定的有效期内保持不变，良好的外观可增强患者对药物的信任，故应严格控制。

2. 片重差异

应符合现行《中国药典》对片重差异限度的要求，见表 4-7。

片重差异过大，意味着每片中主药含量不一，对治疗可能产生不利影响，具体的检查方法如下：取 20 片，精密称定每片的片重并求得平均片重，然后以每片片重与平均片重比较，超出表 4-7 中差异限度的药片不得多于 2 片，并不得有 1 片超出限度 1 倍。

表 4-7 《中国药典》2010 年版规定的片重差异限度

片剂的平均重量(g)	片剂差异限度(%)
<0.30	±7.5
≥0.30	±5.0

糖衣片、薄膜衣片(包括肠衣片)应在包衣前检查片芯的重量差异，符合表 4-7 规定后方可包衣；包衣后不再检查片重差异。另外，凡已规定检查含量均匀度的片剂，不必进行片重差异检查。

3. 硬度和脆碎度

硬度和脆碎度反映药物的压缩成形性，对片剂的生产、运输和贮存带来直接影响，而且对片剂的崩解，主药的溶出度都有直接影响。在生产中检查硬度的常用方法是：将片剂置于中指与食指之间，以拇指轻压，根据片剂的抗压能力，判断它的硬度。用适当的仪器测定片剂的硬度可以得到定量的结果，一般能承受 30～40N 的压力即认为合格。常用的仪器有：孟山都(Monsanto)硬度计、片剂四用测定仪、罗许(Roche)脆碎仪等，具体测定方法见《中国药典》2010 年版。

4. 崩解度

除《中国药典》规定进行“溶出度或释放度”检查的片剂以及某些特殊的片剂(如缓控释片剂、口含片、咀嚼片等)外，一般的口服片剂需做崩解度检查。检查方法见《中国药典》2005 年版。

5. 溶出度或释放度

对于难溶性药物而言，虽然崩解度合格却并不一定能保证药物快速而完全溶解出来。因此，《中国药典》2010 年版对许多药物规定必须进行溶出度检查或释放度检查(溶出度检查用于一般的片剂，而释放度检查用于缓控释制剂)。

崩解度检查并不能完全正确地反映主药的溶出速度和溶出程度以及体内的吸收情况，考察其生物利用度，耗时长、费用大、比较复杂，实际上也不可能直接作为片剂质量控制的常规检查方法，所以通常采用溶出度或释放度试验代替体内试验。但溶出度或释放度的检查结果只有在体内吸收与体外溶出存在着相关的或平行的关系时，才能真实地反映体内的吸收情况，并达到控制片剂质量的目的。目前溶出度试验的品种和数量不断增加，大有取代崩解度检查的趋势，其具体检查方法详见《中国药典》2005 年版。

6. 含量均匀度

含量均匀度系指小剂量药物在每个片剂中的含量是否偏离标示量以及偏离的程度，必须由检查的结果才能得出正确的结论。一般片剂的含量测定是将 10～20 个药片研碎混匀后取样测定，所以得到的只是平均含量，易掩盖小剂量药物由于混合不匀而造成的每片含量差异。为此，中外药典皆规定了含量均匀度的检查方法及其判断标准，详见《中国药典》2005 年版规定或附录。与美国等发达国家的药典相比，本方法更科学、更合理、更具有先进性，因为它应用了数理统计学的原理，将传统的计数法发展为计量法。

7. 骨架片的质量控制

骨架片为口服缓释剂型之一，其质量控制的指标主要是体外释放度、生物利用度和生物等效性。其中体外释放度为体外评价指标，生物利用度和生物等效性需做动物试验。

释放度系指口服药物从缓释制剂、控释制剂或肠溶制剂在规定溶剂中释放的速率和程度。释放度测定照《中国药典》2010 年版溶出度测定法项下进行，先设计几组测定方法对几个批号的骨架片进行释放度考察，考察条件包括使用的仪器技术条件（转速等）、释放介质（如体积、pH 值、添加物等），应尽量接近已知的生理条件，然后从得到的几条释放曲线中找出一条与相应的体内释放曲线相关性最好的，并以此曲线所采用的条件为最佳条件。测定释放度通常采用转篮法或桨法，以磷酸盐缓冲液或稀盐酸溶液为介质。难溶性药物片可加少量表面活性剂如 0.2%十二烷基硫酸钠、0.1%吐温 80 等。有时也用水或其他溶剂作释放介质。第一次取样（多为 1～1.5h），可检验制剂是否具有缓释性，溶出限度为 15%～50%；最后一次取样（多为 12h），可检查药物释放是否完全，溶出限度为不低于 60%～85%。通过绘制骨架片的平均血药浓度曲线和体外释放曲线，利用体内外相关性，计算骨架片在各时间点的溶出限度。

骨架片释放度的质量标准应根据其理化性质、药理作用、最低有效浓度、出现毒副作用的最低血药浓度、临床要求的起效时间和药效延续时间等制定出释放度标准，以保证临床用药的安全有效。

4.5　微 丸 剂

4.5.1　概述

微丸剂（pellet）是指直径小于 2.5mm 的小球状口服剂型，在制药工业中制备的小丸一般在 0.3～1.2mm。小丸可装入空胶囊中或压成片剂使用。采用不同处方，可将药物制成具有特殊功能的小丸剂。

1. 微丸的特点

微丸剂属于剂量分散型剂型，通常一个剂量由几十至几百个微丸组成。与单剂量由一个单元组成的剂型如片剂相比,具有如下特点。

1) 微丸剂在胃肠道内的转运不受食物输送节律的影响,可以克服胃肠道转移时间差异及对无规律的胃排空差异所产生的性能差异。

2) 微丸剂服用后由于剂量倾出分散化,能够均匀分布在整个胃肠道内,使药物吸收,从而提高生物利用度。

3) 药物剂量分散在大量小丸中,部分包衣失败,其结果不会产生如片剂整个剂量失败现象。因此微丸剂在释药规律的重现性、一致性等方面优于缓释片剂。

4) 药物均匀分散在每个小丸中,增大药物在胃肠表面的分布面积,因而可降低对胃肠道的刺激。

5) 可以设计不同释药速率的微丸,按一定比例灌装于同一胶囊中,服后既可使血药浓度迅速达到治疗效果,又能维持较长作用时间,起到良好的治疗效果。

6) 适合复方制剂的配伍。

7) 微丸剂在工艺上有良好的流动性、分剂量准确,且不易破碎。

2. 微丸剂的类型

微丸剂因处方组成、结构及释药机制的不同,有下列两种类型。

(1) 骨架微丸

骨架微丸是选用水不溶性辅料如乙基纤维素、微晶纤维素、单硬脂酸甘油、硬脂酸、硬脂醇、氢化蓖麻油、巴西棕榈蜡、乙酸丁酸纤维、聚乙烯-醋酸乙烯共聚物和聚甲基丙烯酸酯的衍生物、羟丙基甲基纤维素等与药物混合,再加入一些其他成型辅料如乳糖或调节释药速率的辅料如 PEG 类、表面活性剂等,通过适当的方法而制成。

(2) 膜控微丸

膜控微丸是通过薄膜包衣来实现特定功能的给药系统,由丸芯与外包薄衣两部分组成,丸芯起载药的作用,薄膜衣起控制药物释放的作用。包衣材料及包衣组成因不同的给药特点而异,由于膜控微丸是通过包衣膜来控制药物在体内外的释放速率,因此成膜材料的选择、包衣膜的处方组成在很大程度上决定了这种制剂的定位或控释作用的效果。

4.5.2 微丸的制备

1. 骨架微丸的制备

骨架微丸的基本处方除包含骨架材料外,其他组分类似于普通颗粒,有稀释剂、胶黏剂以及其他调节释药速率的辅料如 PEG 类、表面活性剂等。一般骨架微丸的特定功能主要通过骨架材料的性质来实现。骨架微丸可通过如下方法和设备来制备。

(1) 包衣锅制备微丸

包衣锅法是比较传统的制备微丸的方法。将药物与辅料粉末混合均匀,加入黏合剂制成软材,过筛制粒,于包衣锅中滚制成小球,包衣后即得所需微丸。如肠溶红霉素微丸的制备:将红霉素与辅料充分混合,湿法制粒,于包衣锅中以一定转速滚制成丸,干燥后再包肠溶衣即得。

(2) 流化床制粒包衣法制备微丸

将药物与辅料置于流化床中，鼓入气流，使两者混合均匀，再喷黏合剂，使之成为颗粒，当颗粒大小满足要求时停止喷雾，所得颗粒可直接在流化床内干燥，微丸的包衣过程也可同时进行，即制粒、干燥、包衣一步完成。

(3) 离心造粒法制备微丸

将母核输入到旋转的转子上，利用离心力与摩擦力形成母核粒子流，再将药物与辅料的混合物及包衣液分别喷入其中，最后颗粒滚制成圆整形较好的微丸。

(4) 液相中制备微丸

在液相中高速搅拌含药颗粒，制得的微丸成球性好，粒度分布窄。我国于 20 世纪 80 年代初引进了一项新技术——液相中药物球形结聚技术，即药物在溶剂中结晶的同时发生聚结制备微丸。

(5) 挤出-滚圆法制备微丸

挤出-滚圆法是目前制备小丸应用最广泛的方法，是指将药物、辅料粉末加胶黏剂混合均匀，通过挤出机将其挤成条柱状，再于滚圆机中将圆柱形物料切割，滚制成大小均匀、规整的球形，最后进行干燥、包衣。此法为一种较新型的制丸方法，用此法所得颗粒大小均匀、粒度分布窄、药物含量均匀。所需装置主要有挤出机和滚圆机，挤出机可使捏合后的湿物料挤成圆柱形，滚圆机可使挤出圆柱形物料滚制成球形。

其他制微丸的方法还有：① 振动喷嘴装置法，将熔融的丸芯通过振动喷嘴滴冷却液中制备一定大小的微丸；② 熔融法，是指通过熔融的胶黏剂将药物、辅料粉末合在一起制成微丸。

2. 膜控微丸的制备

膜控微丸需先制备含药丸芯，通过外包薄膜衣来控制药物释放即得。丸芯的制备方法同骨架微丸的制备，薄膜包衣材料和包衣工艺如下。

(1) 薄膜包衣材料

薄膜包衣材料通常由高分子材料、增塑剂、速度调节剂、增光剂、固体物料、色料和溶剂等组成。

1) 高分子包衣材料：按衣层的作用分为普通型、缓释型和肠溶型三大类。

① 普通型薄膜包衣材料：主要用于改善吸潮和防止粉尘污染等，如羟丙基甲基纤维素、甲基纤维素、羟乙基纤维素、羟丙基纤维素等。

② 缓释型包衣材料：常用中性的甲基丙烯酸酯共聚物和乙基纤维素，在整个生理 pH 值范围内不溶。甲基丙烯酸酯共聚物具有溶胀性，对水及水溶性物质有通透性，因此可作为调节释放速度的包衣材料。乙基纤维素通常与 HPMC 或 PEG 混合使用，产生致孔作用，使药物溶液容易扩散。

③ 肠溶型包衣材料：肠溶聚合物有耐酸性，在肠液中溶解，常用的有醋酸纤维素酞酸酯(CAP)，聚乙烯醇酞酸酯(PVAP)，甲基丙烯酸共聚物，醋酸纤维素苯三酸酯(CAT)，羟丙基纤维素酞酸酯(HPMCP)，丙烯酸树脂 EuS100、EuL100 等。

2) 增塑剂：增塑剂改变高分子薄膜的物理机械性质，使其更具柔顺性。聚合物与增塑剂之间要具有化学相似性，例如甘油、丙二醇、PEG 等带有羟基，可作某些纤维素衣材的增塑剂；

精制椰子油、蓖麻油、玉米油、液状石蜡、甘油单醋酸酯、甘油三醋酸酯、二丁基癸二酸酯和邻苯二甲酸二丁酯(二乙酯)等可用作脂肪族非极性聚合物的增塑剂。

3) 释放速度调节剂：又称释放速度促进剂或致孔剂。在薄膜衣材料中加有蔗糖、氯化钠、表面活性剂、PEG等水溶性物质时，一旦遇到水，水溶性材料迅速溶解，留下一个多孔膜作为扩散屏障。薄膜的材料不同，调节剂的选择也不同，如吐温、司盘、HPMC作为乙基纤维素薄膜衣的致孔剂；黄原胶作为甲基丙烯酸酯薄膜衣的致孔剂。

4) 固体物料及色料：包衣过程中有些聚合物的黏性过大时，应适当加入固体粉末以防止颗粒或片剂的黏连。如聚丙烯酸酯中加入滑石粉、硬脂酸镁；乙基纤维素中加入胶态二氧化硅等。

色料的应用主要是为了便于鉴别、防止假冒，并且满足产品美观的要求，也有遮光作用，但色料的加入有时存在降低薄膜的拉伸强度、增加弹性模量和减弱薄膜柔性的作用。

(2) 包衣的方法与设备

1) 包衣方法：有滚转包衣法、流化包衣法、压制包衣法。片剂包衣最常用的方法为滚转包衣法。

2) 包衣设备。

倾斜包衣锅和埋管包衣锅：倾斜包衣锅为传统的包衣机，包衣锅的轴与水平面的夹角为30°～50°，在适宜的转速下，使物料既能随锅的转动方向滚动，又能沿轴的方向运动，作均匀而有效的翻转，使混合作用更好。但锅内空气交换效率低，干燥慢；气路不能密闭，有机溶剂污染环境等不利因素影响其广泛应用。其改良方式为在物料层内插进喷头和空气入口，称埋管包衣锅。这种包衣方法使包衣液的喷雾在物料层内进行，热气通过物料层，不仅能防止喷液飞扬，而且加快物料的运动速度和干燥速度。

高效水平包衣锅：为改善传统的倾斜型包衣锅的干燥能力差的缺点而开发的新型包衣锅。其干燥速度快，包衣效果好，已成为包衣装置的主流。

加入锅内的片剂随转筒运动被带动上升到一定高度后由于重力作用在物料层斜面上边旋转边滑下。在转动锅壁上装有带动颗粒向上运动的挡板，喷雾器安装于颗粒层斜面上部，向物料层表面喷洒包衣溶液，干燥空气从转锅前面的空气入口进入，透过颗粒层从锅的夹层排出。这种装置适合于薄膜包衣和糖包衣。

高效水平包衣锅的特点：① 粒子运动不依赖空气流的运动，因此适合于片剂和较大颗粒的包衣；② 在运行过程中可随意停止送入空气；③ 粒子的运动比较稳定，适合易磨损的脆弱粒子的包衣；④ 装置可密闭，卫生、安全、可靠。缺点是干燥能力相对较低，小粒子的包衣易黏连。

转动包衣装置：是在转动造粒机的基础上发展起来的包衣装置，将物料加于旋转的圆盘上，圆盘旋转时物料受离心力与旋转力的作用而在圆盘上作圆周旋转运动，同时受圆盘外缘缝隙中上升气流的作用沿壁面垂直上升，颗粒层上部粒子靠重力作用往下滑动落入圆盘中心，落下的颗粒在圆盘中重新受到离心力和旋转力的作用而向外侧转动。这样粒子层在旋转过程中形成麻绳样旋涡状环流。喷雾装置安装于颗粒层斜面上部，将包衣液或黏合剂向粒子层表面定量喷雾，并由自动粉末撒布器撒布主药粉末或辅料粉末，由于颗粒群的激烈运动实现液体的表面均匀润湿和粉末的表面均匀黏附，从而防止颗粒间的黏连，保证多层包衣。需要干燥时从圆盘外周缝隙送入热空气。

转动包衣装置的特点：① 粒子的运动主要靠圆盘的机械运动，不需用强气流，防止粉尘飞扬；② 由于粒子的运动激烈，小粒子包衣时可减少颗粒间黏连；③ 在操作过程中可开启装置的上盖，因此可以直接观察颗粒的运动与包衣情况。缺点是由于粒子运动激烈，易磨损颗粒，不适合脆弱粒子的包衣；干燥能力相对较低，包衣时间较长。

流化包衣装置：分为流化型、喷流型、流化转动型，其中流化型为基本型，构造以及操作与流化制粒设备基本相同。

流化包衣装置的特点：① 粒子的运动主要依靠气流运动，因此干燥能力强，包衣时间短；② 装置为密闭容器，卫生安全可靠。缺点是依靠气流的粒子运动较缓慢，因此大颗粒运动较难，小颗粒包衣易产生黏连。

喷流型包衣装置的特点：① 喷雾区域粒子浓度低，速度大，不易黏连，适合小粒子的包衣；② 可制成均匀、圆滑的包衣膜。缺点是容积效率低，大型机的放大有困难。

流化转动型包衣装置的特点：① 粒子运动激烈，不易黏连；② 干燥能力强，包衣时间短，适合比表面积大的小颗粒的包衣。缺点是设备构造较复杂，价格高；粒子运动过于激烈易磨损脆弱粒子。

微丸通常不单独作为一个药物的给药剂型，通常灌装胶囊或压片后给药，因此其质量要求等同于胶囊或片剂质量要求。

4.6 口服微粒给药系统

4.6.1 概述

各种微粒给药系统如生物可降解微球和脂质体，由于具有独特的微粒结构，有可能成为可行的生物药物口服给药载体。

口服微粒给药载体的设计思路：第一，由于胃肠道的独特生理环境，微粒系统应首先能够耐受胃肠道的剧烈环境，并保护被包裹的药物不被降解；第二，微粒中包裹的药物在胃肠道要有高的吸收效率，这样才有可能产生治疗效果。当前普遍认为微粒系统口服后只有不到1%的微粒被吸收，复杂分子如多肽类和蛋白以微粒形式口服给药存在较大的障碍。

微粒口服给药最大的障碍是吸收率低，提高微粒的肠道吸收效率是微粒剂口服给药亟须解决的问题。提高微粒吸收效率的方法如下。

1. 修饰微粒

如用番茄凝集素对聚苯乙烯微粒表面进行修饰，大鼠口服修饰后的聚苯乙烯微粒，发现番茄凝集素的吸附作用对于微粒的吸收有明显的效果。与未修饰的微粒相比，修饰后的微粒吸收效率提高近2倍。

为了提高口服给药聚合膜脂质体的吸收效率，采用凝集素分子 ulexeuropaeus(UEA-I)对脂质体表面进行修饰。表面修饰后的脂质体派尔淋巴结结合水平明显提高。肝和肾等器官中脂质体检出百分比更高。

2. 采用黏附给药

使用黏附性聚合物制成的微粒可以黏附于肠道黏液层，利用微粒和黏液层的亲和作用，延长口服微粒在肠道的滞留时间，可用于提高微粒递送效率。例如，以聚反丁烯二酸酐-癸二酸酐[P(FA∶SA)]为材料组成的聚合物微球，对肠道上皮细胞有很好的黏附性。体内肠道转运研究表明，相比海藻酸盐的微球，P(FA∶SA)20∶80 的微球肠道转运时间延迟。与海藻酸盐作为黏附材料相比，P(FA∶SA)20∶80 的微球在给药后 17h，动物胃肠道滞留量为 53.93%，高于海藻酸盐微球的滞留量 27.41%。通过显微技术观察，24h 后可见肠道吸收细胞、派尔淋巴结和肝脾组织中有大量的微粒。

口服微粒给药载体的分类如下。

(1) 聚合物微粒

通过选用不同的聚合物来制备不同粒径大小的微粒，这些微粒在体内具有生物相容性，安全性好的优点。另外，聚合物缓慢地生物降解可促使药物的延迟释放，因此微粒可作为控释药物递送的储库。

用于试验阶段口服给药的生物可降解聚合物主要有：聚乳酸-聚乙交酯(PLG)、聚酐、聚甲基-异丁烯酸酯和聚碳酸氰基丙烯酸盐。其中 PLG 应用最多，这类聚合物的降解产物是乳酸和乙醇酸。大多数情况下，用溶剂蒸发技术将药物包裹到微粒中，药物从微粒中释放受微粒降解速率限制，降解速率反过来又由聚合物成分和分子质量决定。

其他利用不同多糖和蛋白制成的微粒体系，如聚丙烯淀粉微球、葡聚糖纳米球、海藻酸微粒和类蛋白，其口服给药应用的可能性已被众多的研究所证实。

(2) 脂质微粒

脂质微粒最普遍的形式是脂质体。普通脂质体由于对肠道净化作用敏感而不能直接口服。脂质分子可形成其他类型的微粒，如免疫刺激复合物(ISCOMs)和螺旋物(cochleates)。ISCOMs 是直径 30～70nm 的三维笼状体，可通过混合脂质、胆固醇和皂角苷(QuilA)形成。ISCOMs 用于口服递送抗原，疏水性抗原能包裹于 ISCOMs 中，而亲水性抗原很难包裹。螺旋物是磷脂-钙共沉淀物，含有大而连续的卷曲呈螺旋状的固态脂质双分子被膜，由钙引发的单层膜脂质体的相互融合形成脂质被膜，这些被膜螺旋状折叠成圆柱状。螺旋物结构没有内部水相，钙离子的存在保持螺旋物呈螺旋方式，疏水药物可以被包裹于筒状螺旋物的脂质双分子层中，用于口服给药。

用脂质体包封胰岛素制成口服制剂对动物进行研究，发现以脂质体为载体主要是通过肠道细胞膜的融合或表面吸附来释放胰岛素的。将胰岛素及胰岛素-EDTA、葡聚糖复合物制备成脂质体，发现复合物脂质体有显著的降血糖作用，且维持时间长。

(3) 口服微乳

微乳乳滴比较均匀，一般在 10～100nm。对于难溶性药物、易挥发的植物油以及生物药物，微乳可起到独特的载体作用。

微乳可热压灭菌，有较低的表面张力，易于润湿皮肤。微乳口服后可经淋巴管吸收，能够避免首过效应及克服大分子通过胃肠道上皮细胞膜的障碍，这对于提高生物利用度有着独特的优势。口服微乳制剂的生物利用度与微乳乳滴的大小、油的性质、乳化剂类型及药物的油水分配系数等因素有关。微乳的口服给药成为近年来研究的热点，特别是多肽、蛋白类药物的口服微乳制剂。

(4) 微球与纳米囊

在人和动物小肠的某些区域，存在着与免疫有关的特定组织区域，称派尔结(Peyer's)，该区域占整个肠道黏膜的 25%左右，其特点是能让淋巴因子和一些颗粒进入循环系统。Peyer's 对不同材料构成的微球及纳米囊的摄取作用是不一样的。纳米囊的主要优点是药物经细胞旁路或小下淋巴组织集结，经 Peyer's 转送到血液系统。

微球作为口服疫苗的载体具有以下突出的特点：① 给药安全性好，人体可接受；② 抗体被转运到 Peyer's 中，可实现淋巴靶向给药；③ 可转运抗体复合物，可实现单剂量疫苗的控制释放，保护抗体不被降解；④ 同时诱导 T 细胞和 B 细胞免疫；⑤ 制备微球所用的聚合物是非免疫原性的，抗体可偶联免疫佐剂；⑥ 可实现工业化大生产。

以长链脂肪酸三甘油酯和多元醇为介质，以 poloxamer188 为非离子型表面活性剂，利用氰基丙烯酸异丁酯进行界面缩聚制得胰岛素(INS)纳米囊，平均粒径 297nm，分别给人、鼠口服 12.5U/kg 和 50U/kg，可分别降低血糖水平 50%和 60%，降血糖维持时间分别达 6d 和 20d，INS 纳米囊在胃肠各部位吸收能力的大小顺序为：回肠＞胃＞空肠＞十二指肠＞结肠。

微球与纳米球提高胰岛素在肠道生物利用度的原因可能有两个：① 促进 Peyer's 的吸收；② 微球空间位阻对其包封药物的保护，微球材料防止胃肠道中酶类与药物的接触。

4.6.2 口服微粒给药系统的制备

1. 微乳的处方和工艺设计

微乳处方包括油、水、乳化剂及助乳化剂等基本组分。油相、乳化剂及助乳化剂的选择是该给药载体成型的关键。微乳为药物载体，应具有无毒、无刺激、无不良药理作用及良好生物相容性，对主药有较大的增溶能力，不影响主药药效和稳定性等条件。

(1) 油相的选择

一般地，油相分子体积越小，溶解力越强，油相分子链过长不能形成微乳。常用的油相有豆油、肉豆蔻酸异丙酸(IPM)、中等脂肪链长度(C8～C10)的甘油三酯类(Captex335，Miglyo1812)，这些油相对人体均无毒性和刺激性。

(2) 乳化剂及助乳化剂的选择

根据油的性质和欲制备的微乳类型选择合适的乳化剂。HLB 值在 4～7 的乳化剂可得到 W/O 型微乳，14～20 时可形成 O/W 型微乳，7～14 时根据工艺可形成易转相的微乳。

助乳化剂的作用可能是和乳化剂形成复合界面膜，通过助乳化剂的引入可降低乳化剂的相互排斥力及电荷斥力从而使复合凝聚膜具有良好的柔顺性。助乳化剂还可调节乳化剂的 HLB 值。常用的助乳化剂有低级醇，有机胺，烷基酸，单、双烷基酸甘油酯及聚氧乙烯脂肪酸酯等。

(3) 假三元相图的绘制

微乳的制备由表面活性剂和助表面活性剂共同起稳定作用，制备时不需外力做功，可长期放置且离心不分层，属于热力学稳定体系。在选定了适当的乳化剂及助乳化剂之后，微乳的组成通常采用假三元相图进行工艺研究，尤其适用于单相 ME 的制备。首先固定油相(水相)，作水(油)-乳化剂-助乳化剂三元相图，求得组成微乳的相区。

制备实例：用月桂酸异丙酯为油相，磷脂为乳化剂，分别以正丙醇、异丙醇、正丁醇和异丁醇为助乳化剂，先求得乳化剂和助乳化剂的最佳比值（用 Km 值表示），再分别按 Km 为 1∶1，1.5∶1，1.77∶1，1.94∶1，求得微乳的相区。也可根据需要选几种不同的乳化剂混合使用，可形成固态 ME 或相变 ME。

尽管微乳在提高药物生物利用度方面有其独到之处，且有产品问世，但要广泛推广和应用还存在诸多问题。微乳中高浓度乳化剂和助乳化剂的毒性是最大障碍之一，如口服微乳乳化剂对胃肠的刺激性及全身的急慢性毒性较为明显，另外 ME 经常使用的低级醇助乳化剂也存在一定的药理活性。对此，一方面要寻找高效低毒的乳化剂和助乳化剂，如用磷脂、胆酸盐、胆固醇为乳化剂，氨基酸为助乳化剂，另一方面也可通过工艺优化来降低乳化剂和助乳化剂的用量。

2. 口服微球的制备

随着生物合成及制备技术的不断发展和完善，现在可以通过许多抗原载体系统保护抗原完成递送过程，并且能够增强抗原的免疫效果。抗原载体系统中研究最多、最成功的是可生物降解的聚酯类微球，该系统可用于包裹激素、细胞因子、病毒颗粒甚至质粒 DNA 等活性物质。它是唯一获美国食品和药物管理局（FDA）批准用于人体的材料，其中聚乳酸（PLA）、聚乳酸-乙醇酸共聚物（PLGA）等材料包裹药物的微球剂也已上市。口服疫苗微球能满足人们对给药次数最少的需要，并可实现在膜表面的诱导免疫。

口服疫苗微球多采用可生物降解、具良好生物相容性的聚酯类为材料，通过溶剂挥发法制备。

(1) 材料

聚氰基丙烯酸烷酯是最早用于口服疫苗转运系统的载体，但它在体内反应可能生成甲醛，酯解则生成水溶性的聚氰基丙烯酸，产物均有毒。此后，采用乳酸基乙酸共聚体（PLGA）制备了靶向给药的控释制剂。由于 PLGA 是一种生物降解和生物相容的聚酯类化合物，已作为手术缝合材料使用多年并广泛用于人类 DDS 给药系统，许多研究者都采用乳酸（lacticacid）和羟基乙酸（glycolicacid）其中一种或两者缩合后的共聚物作为口服疫苗微球的制备材料。调整聚乳酸（PLA）和聚羟基乙酸（PGA）的聚合度及其共聚组成比，可获得不同释放度的载体。此外，不同比例的 PLGA 和 Pluronic［聚乙烯氧化物-聚丙烯氧化物的共聚酸酯［poly(ethyleneoxide)-poly(propyleneoxide)copolymers］］混合物可改善微粒体系对有治疗作用蛋白和多肽类药物的转运。采用一种新的脱水聚类化合物作为载体材料，即包含有多聚（酸酐亚胺共聚物）酪氨酸［tyrosine-containingpoly(anhydride-co-imides)］，如聚（三苯六羧酸酐-L-酪氨酸）癸二酸 1,3 二（羧基苯氧基）丙烷的脱水物［poly(TMA-Tyr：SA：CPP)］，用这类材料制备的微球由于其骨架中含有免疫佐剂 L-酪氨酸可实现疫苗的控制释放。

(2) 工艺

口服疫苗微球的制备多采用 W/O/W 型复乳工艺的溶剂挥发法。其工艺流程如下：载体材料（如 PLGA）的油溶液（含亲油性乳化剂）与含抗原的水溶液（含增稠剂）合成 W/O 型初乳→冷却以增大水相→加入亲水性乳化剂的水作连续相制备 W/O/W 型复乳→蒸发除去材料的溶剂→分离，干燥得微球。

【知识拓展内容】

复乳-溶剂挥发法制备口服疫苗微球的影响因素：制备工艺中内水相的体积分数(Φ)对微球的多孔性影响很大，而微球的多孔性是决定药物的包封率及释放动力学的关键因素。以 PLGA 空白微球为例，随 Φ 的增大，冻干所得微球平均粒径增大，微球表面微孔数增大。此外分散介质对微球的粒径亦有较大的影响。比较研究了不同浓度的聚乙烯酸、聚丙烯酸和十二烷基磺酸钠用作水相分散介质时微球的粒径，发现用水解度 88%的聚乙烯酸可获得期望的粒径(1～20μm)，而聚丙烯酸酸性较强，在制备过程中引起乳液体系凝结，不适宜包裹具生物活性的抗原蛋白。另外，载体材料及其浓度和相对分子质量、成球温度、表面活性剂浓度、W/O 初乳加到外相中的速度、方式和搅拌速度、抗原含量等因素与微球粒径分布、形态、表面结构、抗原包封率有关。

微粒系统的口服给药，目前仅限于动物模型阶段。由于实验方法及对象的不同，所得到的关于吸收途径及吸收效率的结论不完全一致，需要对不同系统进行直接对比后才能完全理解吸收过程，这对于微粒递送效率的优化很关键。

尽管不同动物模型的研究表明，微粒吸收效率能通过微粒表面修饰靶向分子如抗体或凝集素，或者通过降低胃肠道的微粒转运来提高，但这些方法在人体是否有效还不清楚。目前不清楚微粒是否能被人体胃肠道摄取以及摄取的机制和吸收效率。

4.6.3　实例

1. 环孢素 A 微乳浓缩液

环孢素 A(cyclosporin A,CyA)是由十一个氨基酸组成的环状多肽物质，是一种强效的选择性免疫抑制剂，已广泛用于器官移植术后的抗排异反应和自身免疫性疾病的治疗。由于 CyA 的相对分子质量较大，脂溶性强，亲水性差，因而吸收效果很差，造成该药口服后生物利用度和药动学参数波动较大，严重影响其合理应用。因此在监测血药浓度实现个体化给药的同时，研制了许多新剂型。其中 CyA 的口服微乳浓缩液(microemulsion preconcentrate)由于血药浓度变异小，生物利用度高，已成为 CyA 在临床上使用的主要剂型。

该品是由乙醇、丙二醇、植物油和亲水性表面活性剂等辅料与环孢素 A 经适宜工艺配制而成的微乳浓缩液。微乳浓缩液属于自微乳化给药系统(self-microemulsifying drug delivery system)。该系统包含油、表面活性剂的固体或液体剂型，在室温及温和搅拌的条件下遇水能自发形成微乳，增加亲脂性药物和难溶药物的溶解度和溶出速率，从而改善体内吸收，提高口服生物利用度。

2. 口服微乳

已经上市的口服微乳制剂(ME)有环孢菌素(Ciclosporin)微乳化预浓缩物软胶囊，是瑞士山德士有限公司(诺华)研发成功的。国内华北制药厂也研发成功了环孢菌素的微乳化软胶囊。进入临床研究的口服 ME 制剂有胰岛素口服 ME 胶囊，该药由卵磷脂、胆固醇、油酸单甘油酯、乙醇、吐温 80、抗氧剂等组成，乳滴粒径约 1μm。其他如干扰素、降钙素、低分子肝素等都有制成口服 ME 胶囊的报道。

微乳作为口服胰岛素载体具有渗透力强并可据分散相的量及环境温度(如体温)的改变而转相以致药物自微乳中释放,达到治疗糖尿病的目的。Smithkline Beecham 公司系统研制开发了胰岛素口服微乳,处方组成为:① 脂溶性相(油相)为低 HLB 值的中、长链的脂肪酸单(或双)甘油酯,或长链的脱水山梨醇脂肪酸酯,或两者的混合物;② 高 HLB 值的非离子型表面活性剂,如聚氧乙烯脂肪酸酯、聚氧乙烯脱水山梨醇脂肪酸酯、聚氧乙烯乙二醇长链烷基醚和聚氯乙烯乙二醇长链烷基酯等;③ 水和水溶性药物,肽类分子质量在 100～10000Da,2～35 个氨基酸残基,如胰岛素、蛋白酶抑肽酶等。国内已有研究将胰岛素制成复乳(W/O/W)给小鼠灌胃剂量 70U/kg,有显著降血糖作用。

3. 肠溶微粒制剂

(1) 降钙素的口服给药

1961 年,Copp 等给狗甲状腺灌注高血钙时发现其全身血钙降低,推测有种降低血钙的物质存在,并将此命名为降钙素(calcitonin,CT)。30 多年来人们对降钙素的分泌、化学的提取、合成及生理、药理学方面进行了大量的研究。在治疗骨质疏松症、高血钙、甲状旁腺机能亢进、变形性骨炎及骨骼愈合等方面,降钙素显示出良好的疗效,1972 年开始作为临床用药。现临床使用的降钙素主要是非人型的降钙素,其中又以鲑鱼降钙素(salmon calcitonin,SCT)的活性最高,较哺乳类高约 40 倍。目前市售降钙素主要是人工合成的鲑鱼降钙素,其药效高、作用时间长、稳定性好、副作用小。

降钙素是由 32 个氨基酸残基组成的单链多肽,N 末端为半胱氨酸,它与 7 位的半胱氨酸间形成一个二硫键,C 末端为脯氨酰胺。如果去掉脯氨酰胺,保持 31 个氨基酸,则生物活性完全消失,说明降钙素肽链脯氨酸端与生物活性有密切的关系。部分动物来源的降钙素,氨基酸排列顺序有些差异,人的降钙素与猪比较,氨基酸有 17 处不同,见图 4-23。

(1 位半胱与 7 位半胱间以 S—S 相连)

猪 半胱·丝·天胺·亮·丝(5)·苏·半胱·缬·亮·丝(10)·丙·酪·色·精·天胺(15)·亮·天胺·天胺·苯丙·组(20)·精·苯丙·丝·甘·甲硫(25)·甘·苯丙·甘·脯·谷(30)·苏·脯—NH_2

牛 半胱·丝·天胺·亮·丝(5)·苏·半胱·缬·亮·丝(10)·丙·酪·色·赖·天(15)·亮·天胺·天胺·酪·组(20)·精·苯丙·丝·甘·甲硫(25)·甘·苯丙·甘·缬·谷(30)·苏·缬—NH_2

人 半胱·甘·天胺·亮·丝(5)·苏·半胱·甲硫·亮·丝(10)·苏·酪·苯·谷胺·天(15)·苯丙·天胺·赖·苯丙·组(20)·苏·苯丙·缬·谷胺·苏(25)·苯丙·异亮·甘·缬·甘(30)·丙·缬—NH_2

鲑 半胱·丝·天胺·亮·丝(5)·苏·半胱·缬·亮·甘(10)·赖·亮·丝·谷胺·谷(15)·赖·组·赖·亮·谷胺(20)·苏·酪·脯·精·苏(25)·天胺·苏·甘·丝·甘(30)·苏·脯—NH_2

鳗 半胱·丝·天胺·亮·丝(5)·苏·半胱·缬·亮·甘(10)·赖·亮·丝·谷胺·谷(15)·赖·组·赖·亮·谷胺(20)·苏·酪·脯·精·苏(25)·天·缬·甘·丙·甘(30)·苏·脯—NH_2

图 4-23 人与猪的降钙素氨基酸序列比较

降钙素可溶于水和碱性溶液中，不溶于丙酮、乙醇、氯仿、乙醚、苯、异丙醇及四氯化碳等，难溶于有机酸。25℃以下避光保存可稳定 2 年，水溶液于 2～10℃可保存 7d，胰蛋白酶、胰凝乳蛋白酶、胃蛋白酶、多酚氧化酶、过氧化氢氧化、光氧化及 N-溴代琥珀酰亚胺可破坏其活力。

目前降钙素主要是通过注射和鼻腔给药，但对于需长期给药的慢性疾病的治疗，口服给药是最合理的给药方式，患者的依从性最好。所以建立降钙素的口服给药系统是很有意义的研究方向。降钙素很难穿透小肠壁而被吸收，以及易被肠道消化酶降解，所以口服生物利用度只有 1%～2%。通过肠溶包衣的药剂学技术可以避免胃酸以及消化酶的降解，但是小肠内同样存在着蛋白降解酶，同样会分解多肽，这样必须采取措施来改变小肠的生理环境，如通过蛋白酶抑制剂减弱酶的活性，或调节局部 pH 值至特定酶无法存活的范围，或维持较高的活性成分的局部浓度以饱和酶的降解能力，另外还必须建立特异性的吸收靶位等。目前国内外对于 SCT 的制剂研究策略基本上都是基于调节肠道局部 pH 值的 SCT 给药系统。

(2) 降钙素肠溶微粒

【处方】 降钙素肠溶微粒主要的成型材料是 2,5-二酮-3,6-二(-丁二酰氨基丁基)哌嗪聚合物(简称二酮哌嗪)，是一类新型大分子载体材料，通过对其侧链修饰可以得到不同 pH 值溶解度的衍生物。二酮哌嗪在酸性条件下不溶解，在碱性和生理条件下溶解，利用此结构特点可以制备不同的缓控释给药系统，处方见表 4-8。

表 4-8 降钙素肠溶微粒的处方

组分	用量(mg)	作用
降钙素	0.5	活性成分
二酮哌嗪	125	成型材料
吐温 80	0.3	表面活性剂
枸橼酸	2280	pH 稳定剂
碳酸氢钠	100	pH 稳定剂

【制备工艺】 精密称取二酮哌嗪 125mg，溶于 10mL 的 1%$NaHCO_3$ 溶液中，加 0.3mL 吐温 80，搅拌下将溶有 0.5mg 降钙素的 1mol/L，枸橼酸溶液 10mL 逐滴加到 $NaHCO_3$ 溶液中，待微粒生成后继续搅拌 20min，加稀盐酸数滴调节 pH 值使沉淀完全。将微粒低温离心，用去离子水洗 1 次，再离心 1 次，倾去上清液，冷冻干燥，得白色粉末状微粒。

1) 微粒的粒径测定：取微粒少许分散于去离子水中，取适量滴加于载玻片上，在光学显微镜下测定微粒大小，统计数不少于 500 个，分别用扫描电镜和光镜观察微粒形态，结果显示微粒分散性好，粒径均匀，测量粒径有 88.4%分布在 1.2～3.0μm。

2) 体外溶出试验：精密称取微粒 10mg 置于 100mL 人工胃液和 100mL 人工肠液中，于恒温水浴振荡器中(37℃，80r/min)，定时取样 1mL，微孔滤膜过滤，滤液用去离子水稀释后用降钙素酶免试剂盒测定浓度，计算累积释放百分率后对时间作图，绘制体外溶出曲线。结果显示微粒在人工胃液中 2h 内没有释放，在人工肠液中 6h 基本释放完全，以 $\ln(1-c)$ 与 t 作直线回归，得 $Y=-0.664X-0.012(r=-0.9999)$，释放符合一级方程。体外溶出试验结果表明：制备的微粒在胃液中不溶解，在进入十二指肠后可缓慢溶解，药物释放符合良好的一级释放模式,释放时间达 6h,这样可保证该系统在胃中不被酶破坏,在小肠中经扩散或直接经过 Peyer's 吸收进入循环系统,达到多肽类药物口服后有效吸收的目的。

4. 胰岛素纳米粒

将胰岛素包裹于聚烷基氰基丙烯酸盐纳米粒中,糖尿病大鼠一次胃内给药后可以迅速降低血糖达 50%~60%。近年来,刺激黄体分离释放激素的衍生物(LHRH)包裹于聚合物纳米粒中,大鼠口服给药,放射免疫分析结果显示血浆中 LHRH 维持 12h 以上,相比之下,自由肽单独给药后检测不到任何吸收。

还有研究表明,将胰岛素包裹于 P(FA:PLGA)聚合物(50:50)微粒黏附于黏膜中,禁食大鼠注射初始量葡萄糖后口服给药,结果在给予含胰岛素微粒的大鼠,其血糖浓度成功保持在禁食水平。

5. 霍乱弧菌 OMP 疫苗的口服微球

采用生物可降解的合成高分子聚乳酸-聚乙二醇二元共聚物(PELA)作为载体,把 OMP 包裹在这类载体中,制成霍乱微球疫苗,可提高其动物体内的靶向分布,从而提高 OMP 的免疫效果。由于生物可降解的高分子材料有抗酸作用,因此微球疫苗经口服后,包裹在微球内部的 OMP 抗原不受胃肠道消化酶或酸性环境的影响,不会被降解或破坏。

(1) 制备工艺

1) 霍乱弧菌外膜蛋白(OMP)的制备:霍乱弧菌菌株为古典生物型、Inaba 血清型 569B 株。采用氯化锂-醋酸锂法提取其 OMP,经 Sephadex G-100 凝胶色谱法进行分离纯化后,用 SDS-PAGE 方法确定其分子质量。

2) 兔抗 OMP 抗血清的制备:取纯化的 OMP 与弗氏完全佐剂乳化后,对新西兰大白兔皮下多点注射,20d 后再加强免疫一次,收集的抗血清置低温冰箱冻存。

3) 霍乱弧菌 OMP 微球疫苗的制备:采用乳液溶剂蒸发技术进行制备。在 PELA 的二氯甲烷溶液内,加入 OMP 并用超声波乳化成为乳液后,再将该乳液加到聚乙烯醇分散介质溶液中,继续搅拌乳化成微球后,经离心、洗涤沉淀数次而成。采用扫描电镜和激光衍射微球分析仪测定微球的形态及其粒径。制备的微球表面光滑,直径均小于 5μm,75.0%的微球粒径分布在 2.0μm 左右。用 BCA 法测定微球蛋白质包封率,微球内蛋白质包封率为 15.3%。

(2) 体内靶向分布评价

1) 微球在兔体内的分布:采用管饲法将微球灌入新西兰大白兔胃内,一个月后解剖该动物,取出肝、脾后冷冻保存,用扫描电镜观察动物组织内微球分布。新西兰大白兔经管饲微球一个月后,对其冷冻断裂的脾组织用扫描电镜观察,可见到脾组织内有微球储集,表明微球经口服后确定能分布在脾脏。

2) 微球在小鼠体内的分布:将荧光微球悬液经管饲法灌入小鼠胃内。在第 3 天、第 7 天和第 15 天各处死一批小鼠,取出其肝、脾和小肠,分别制成组织切片后,用荧光显微镜观察微球在上述组织中的动态分布。经荧光微球管饲的小鼠,解剖后经病理组织学检测发现管饲后第 3 天,小肠内淋巴样组织集结的 Peyer's 结(PP)内分布较多的荧光微球;在第 7 天 PP 内微球减少,而肝、脾内荧光微球增多;至第 15 天于荧光显微镜下观察肝、脾和 PP 内的荧光微球都相对地减少。这一结果显示微球经口服后通过肠壁吸收并穿过肠壁，分布到肝、脾等体内网状内皮组织。

上述结果可见，霍乱弧菌 OMP 疫苗的口服微球（粒径<5μm）在吞噬细胞的作用下，可穿过肠壁，分布于 PP、肠系膜淋巴结、肝和脾等免疫器官或网状内皮组织。微球疫苗在局部降解的过程中，可缓释出疫苗抗原，不断地刺激免疫细胞产生免疫应答反应，起到缓释长效的疫苗作用。

4.7　结肠定位释药系统

4.7.1　概述

口服结肠定位释药系统（oral colon targeting drug delivery system，OCTDS）是 20 世纪 90 年代后期发展起来的新型给药方式，是指通过适宜的药物制剂手段和药物传递技术，使药物口服后避免在胃、十二指肠、空肠和回肠前端释放药物，转运至回盲肠或结肠部位，以速释（脉冲）、缓释或控释方式发挥局部或全身治疗作用的一种给药系统。结肠由于肽酶量少、碱性的 pH 环境，药物停留时间的延长有利于药物吸收的靶向部位。将治疗结肠疾病的药物定位输送至结肠，不仅降低常规的口服或直肠给药的毒副作用，且能将药物输送至病灶部位，减少给药剂量，提高患者的顺应性；还能提高多肽、蛋白类等药物口服给药的生物利用度。

1. 结肠的生理

结肠介于盲肠和直肠之间，按其行程和部位分为升结肠、横结肠、降结肠、乙状结肠 4 个部分。临床上认为，升结肠的吸收作用最好，是口服结肠给药最好的吸收部位，而乙状结肠是多种疾病的易发区，一般也是口服结肠定位给药的理想部位。结肠的主要生理特点：① 吸收水分、电解质，使肠内容物固化为粪便；② 含有大量的有益菌群，菌丛产生的酶可催化多种药物代谢反应；③ 药物转运速度缓慢、转运时间长；④ 药物通过结肠的时间与药物制剂的体积成反比，减小体积可增加其在结肠的滞留时间，延长疗效；⑤ 结肠内微生物具有自我调节机制，能使微生物在饮食或病理情况下的改变迅速恢复到最初的状态。

结肠作为定位释药的生理学基础：① 胃肠道逐渐递增的 pH 梯度，结肠 pH 值约为 7.4。② 药物在小肠相对稳定的转运时间一般为 24～55min。③ 高浓度的肠道微生物。结肠中微生物浓度相当于胃肠道中的 5 个数量级，结肠中还存在大量细菌酶、偶氮还原酶与多糖酶或糖苷酶。④ 结肠中水分少，内容物稠度高，所受压力大。

2. 结肠的吸收机制

随着科学技术的发展，特别是闪烁扫描技术的应用，人们逐步认识到结肠在药物吸收与局部治疗方面有一定优势。与胃和小肠的生理环境比较，结肠的转运时间较长，药物的吸收可以通过其在结肠中长时间（20～30h）滞留来完成，也有一些药物可通过被动扩散而吸收；虽然结肠内大量消化酶均已失活，但是结肠黏膜的渗漏点-派伊尔氏斑（Peyer's patches）可聚积药物，并以完整的结构被丰富的淋巴组织吞噬；结肠中细菌含量在胃肠道各段中最高，它们产生的酶和结肠内存在的内源性酶可以对一些高分子材料载体进行生物降解，从而使药物达到结肠定位释药的目的。

结肠定位释药的优点有：① 可以有针对地治疗结肠部位的疾病，如结肠炎、结肠癌等，避免药物在胃和小肠的吸收，降低毒副作用，增加结肠部位的药物浓度，从而提高疗效或降低用药剂量。② 结肠中消化酶活性低，研究表明，结肠内的蛋白酶活性比胃和小肠内的低得多，结肠壁对大分子的穿透阻力也比小肠壁小，因此对于在胃肠道内容易被破坏的蛋白、多肽类药物，经结肠定位给药吸收，极具临床价值。③ 食物在人体结肠部位滞留时间长达 1～3d，因而结肠定位给药的研究有助于对某些在结肠有缓慢吸收的缓控释制剂的开发和利用。④ 口服结肠定位释药系统有利于减轻患者痛苦，提高其顺应性。

近来，有人提出所谓“结肠闭合室”理论，该理论认为，由于结肠段运动极为缓慢，因此可将其视为由所有未被吸收的养分、水分、代谢产物组成的一个封闭“隔室”。药物可在此处浓集，构成“储库”，并由此吸收入血，从而可保证药物以一种恒定的速度被吸收(零级吸收曲线)。这一特点可确保蛋白、多肽类药物与促吸剂在该部位始终同步吸收，而使药物在整个吸收期内处于一种平稳的吸收状态。

4.7.2 结肠靶向释药系统的类型

1. 时滞释药系统

利用药物在小肠中的转运时间较为恒定的生理学基础制成的定位制剂。制剂的定位释药受药物在胃中的转运时间的影响较大，存在较大的个体差异。

2. pH 依赖释药系统

利用人体胃肠道 pH 由低到高递增，结肠 pH 相对较高的生理基础制成的靶向制剂。主要通过用 pH 敏感材料进行包衣的方法来实现。结肠靶向性能受材料溶解度、衣膜厚度及制剂在胃肠道各段停留时间的影响，具有较大的个体差异。尽管如此，它仍是结肠定位最简单的方法之一，具有成本低、制备方便的优点。

3. 酶触型释药系统

利用能被结肠中存在的独特酶系降解的高分子材料制成的靶向制剂。结肠中细菌能产生许多独特的酶系，许多高分子材料在结肠都被这些酶所降解，而在胃、肠中由于缺乏相应的酶系不能降解作为药物载体的这些高分子材料，就能保证药物在胃肠不释放。目前，偶氮降解酶和多糖酶被广泛地应用于结肠靶向酶降解系统中，由此开发了一系列偶氮聚合物和多糖类聚合物。与其他结肠靶向释药系统相比，酶触发型释药系统在体内不受饮食、疾病、个体差异等因素的影响，而只有在结肠段被特有的菌酶所降解，因此，具有特异性好、定位准确可靠等优点。

4. 脉冲式结肠释药系统

将药物、示踪物、对电磁或超声波敏感的材料及相应的高分子材料制成微球等类型，使其在胃肠道稳定。口服后通过体外监控，待制剂到达部位后，再在体外用电磁或超声波诱导，使其释放药物，即做到所谓的点控释放。这种方法特别适应于结肠癌的治疗，由于结肠对药物的吸收能力较差，这样就可能从根本上控制化疗药物对正常胃肠及全身的毒副作用。

5. 压力依赖型释药系统

人体胃肠道蠕动时会产生压力，在胃和小肠中，因为有大量的消化液存在，缓冲了内容物受到的压力。但在结肠中，水分被大量吸收后，肠蠕动会对内容物产生直接的压力，容易使其破裂。这就是Muraoka等开发的压力依赖型结肠定位释药系统的基础。他们制备了一种胶囊，内装PEG与主药的混合物，胶囊壳为内包一定厚度乙基纤维素的明胶胶囊。当制剂进入体内后，PEG在体内溶化，胶囊壳破裂形成EC膜，整个制剂就像一个气球在胃肠道中转运。到达结肠后，由于所受到的压力增大，EC膜破裂，制剂开始释放药物。这种释药系统通过控制EC膜厚度达到结肠靶向，并受食物和胶囊大小的影响。故而，EC膜的厚度选择是该给药系统的技术关键。

4.7.3 载体材料

近年来药物新型给药系统的发展对生物降解聚合物的需求越来越高，理想的口服结肠靶向药物控释载体应具备的条件：① 生物相容性；② 生物可降解；③ 不与药物发生反应，不改变药物性质；④ 降解产物与生物相容、无毒、易清除；⑤ 载体具有位置专一性。高分子生物降解材料由于具有良好的生物降解性能，已被广泛应用于药物的传递系统中，如用于制备前体药物、药物的包衣以及作为药物的植入基材等。

目前高分子生物降解药物载体材料主要有两大类：一类是合成的聚合物基材料，如偶氮聚合物、聚氰基丙烯酸烷酯、聚乳酸等，这类合成聚合物在临床使用之前都必须经过深入细致的毒理学研究，有开发周期较长、费用较高等缺陷；另一类是天然高分子聚合物，尤其是以壳聚糖、淀粉等天然多糖物质为代表，具有很好的生物相容性，作为药物的辅料、稳定剂、崩解剂等已被广泛用于医药工业中，同时部分多糖本身还具有生理活性，是极具开发前景的药物资源。由于多糖类物质易于化学和生物改性，具有价廉、来源广泛、稳定性高、安全、无毒、亲水以及易于形成凝胶等优良特性，已成为很有发展潜力的靶向药物传递系统载体。

例如，用交联剂4,4′-二乙烯基偶氮苯(4,4′-divinyazobezene,DVB)共聚羟乙基甲基丙烯酸酯(HEMA)与苯乙烯(PS)得到的偶氮聚合物包裹胰岛素(INS)与加压素(vasopressin)，大鼠口服后5h出现低血糖与抗利尿现象，这段时间正好与药物从胃转运到结肠的时间相当；另外发现用偶氮聚合物作为骨架材料或包衣材料制成微丸，加水杨酸类作为吸收促进剂，口服后，可有效避免胃及小肠酶的破坏，到达结肠近端后衣层降解药物释放，可产生明显降血糖作用。最近美国俄亥俄州医学院研制出一种外包特殊高分子材料的INS胶囊，可防止INS在胃、小肠被降解，内加甲基水杨酸作为吸收促进剂，开始试用于胰岛素依赖型糖尿病患者(IDDM)。另外，非淀粉类多糖(食用纤维和木质素)与短链直链淀粉(amylose)也可作为INS包裹材料，它们能抵抗小肠内源性酶的作用，只能作为细菌酶的底物被结肠中微生物发酵降解，有较好的结肠定位释药性能。

4.7.4 质量评价

口服结肠定位释药系统的质量评价方法因具体剂型不同而有各自的规定，下面主要介绍体内外的评价方法。

1. 体外评价方法

体外溶出试验是固体制剂研究和开发的一个必要组成部分，它能为处方筛选和工艺参数的确定提供重要依据。目前《美国药典》共收载了4种体外溶出测定法，它们是转篮法、桨法、Bio-Dis及流通池法。结肠定向制剂理想的体外溶出试验应该很好地模拟体内环境，如pH、菌群、酶的类型及活性、流体体积及蠕动强度。但由于结肠靶向给药系统释药机制较多，实际操作中很难将这种溶出特性标准化。

(1) 传统的溶出试验

用传统的转篮法对结肠定位释药系统进行溶出试验，通常使用不同缓冲液，在不同的时间段进行，以模拟药物在消化道内经历的不同pH环境和传送时间。

《中国药典》2010年版规定的结肠定位肠溶片的崩解时限检查法是：取样品在盐酸溶液(9→1000)中检查及pH6.8以下的磷酸盐缓冲液中均应不释放或不崩解，而在pH 7.8～8.0的磷酸盐缓冲液中1h内应全部释放或崩解，片心亦应崩解。如有1片不能完全崩解，应另取6片复试，均应符合规定。

《美国药典》第三法用于评价基于瓜尔胶结肠给药制剂的体外行为：在模拟胃液(pH＝1.2)、模拟肠液(pH＝7.5)以及模拟结肠液(含半乳甘露聚糖酶)中，连续评价制剂的溶出行为。由于结肠对水分的吸收，其内容物呈半固体状，传统溶出法无法对这一特点提供预测，即用传统方法得到的数据可能与体内试验环境不相关。例如结肠菌群触发型给药系统，传统溶出法就不能为体内过程提供预测和参考。因此，对结肠定位给药制剂的体外溶出测定需要改进。

(2) 结肠定位制剂体外溶出改进法

1) 溶出介质内加入盲肠内容物：为了克服传统溶出试验的局限性，常将动物(如小鼠)盲肠内容物加入到溶出介质中，因为啮齿类动物结肠菌群特征与人类相似。由于盲肠环境的厌氧性，小鼠盲肠内容物的收集、稀释以及溶出试验须在无氧环境下进行，如通入CO_2或氮气。有文献报道，用果胶钙作为基质制备吲哚美辛片剂并对其进行体外溶出实验，溶出介质为100mL、pH7的磷酸盐缓冲液，温度保持在37℃，并加入1.25%(质量/体积)的小鼠盲肠内容物。结果显示吲哚美辛的释放在含有小鼠盲肠内容物的溶出介质中比不含小鼠盲肠内容物的溶出要快，说明果胶钙能被细菌所产生的酶降解。总之，使用动物盲肠内容物进行溶出试验，对于筛选以生物降解性多糖为基础的结肠靶向给药系统非常有意义。

2) 模拟肠内微生物环境：另一种对菌群触发型结肠定位释药系统进行体外替代评价的方法是在无氧条件下，用调和发酵器对给药系统和结肠菌一起培养。如将一种能水解果胶的人类结肠厌氧菌卵形拟杆菌(bacteroidesovatus)放入单位发酵器，同释药系统一起培养，研究吲哚美辛从果胶钙骨架中的释放。结果发现，在相同条件下，药物在有厌氧菌卵形拟杆菌的发酵器中比没有菌的释放得多。

为模拟人类肠道微生物环境，有研究者设计了一种五步多室反应器(SHIME)，其中的每一反应器代表人消化道的一段。该反应器建立了一个含有淀粉、果胶、木聚糖和阿拉伯半乳聚糖等介质的关于体内外常见酶活性数据的模型。将3种5-乙酰水杨酸(ASA)聚合物前体药物放入反应器SHIME中进行评价，结果在代表胃和小肠的反应器中，很少或几乎没观察到前体药的水解，然而在模拟盲肠和结肠的反应器中，只有右旋 5-ASA 与对照组前体药柳氮磺吡啶(sulfasalazine)相比，表现出释药能力。

2. 体内评价方法

常用于结肠定位制剂体内评价的方法有动物研究试验和 γ-闪烁扫描法，来考察药物能否在结肠部位精确释放，以达到预期的疗效。

(1) 动物研究试验

为恰当模拟人体结肠生理环境，选择合理的动物模型应考虑处方特点及其药物触发机制。比如豚鼠结肠内的糖苷酶和葡萄糖醛酸苷酶的活性与人的相似，适合对多糖和葡萄糖醛酸苷结合成的前体药进行结肠释药评价，其缺点是口服给药困难，需经灌胃给药。又如鼠消化道内的偶氮降解酶与人体的活性相似，可用于对偶氮聚合物或含偶氮键的前体药进行结肠给药体内评价。由于狗的结肠生理解剖与人的差异较大，往往采取测定模型药的血药浓度来间接评估药物在消化道内的释放部位。

(2) γ-闪烁扫描法

γ-闪烁扫描法是监测药物制剂在胃肠道转运行为的理想方法。该技术可在对人体无伤害条件下对制剂进行跟踪监测，它是一种图像技术。对于普通制剂，其体内行为多通过血药浓度的测定进行评价。根据药时曲线可获得药物制剂的有关参数(如 T_{max}, C_{max}, k_a, k_e, AUC 等)，通过这些参数可了解药物在体内的吸收及代谢情况，对确定临床用药方案具有实际意义。对结肠定位给药系统，用血药浓度法测定药时曲线显然不够，因为这些参数不能明确说明药物制剂在胃肠道各部位转运、停留的时间，在体内崩解、释放药物的准确部位。另外某些于结肠局部给药的药物可能无显著的血药水平，无法利用血药浓度波进行评价。

图 4-24 显示了利用 γ-闪烁扫描技术评价药物载体在胃肠道的分布情况。对于口服结肠定位释药系统，药物在胃肠道中转运及释药情况可利用 γ-闪烁扫描进行监测。通常以 ^{99m}Tc 确定胃和肠道的位置，再用其他放射性元素(如 ^{111}In, ^{153}Sm, ^{171}Er)标记制剂，监测其体内过程。本法可对制剂的胃排空时间、小肠转运时间及滞留时间、制剂崩解的部位及滞留时间等进行客观和定量的测定，几乎适于各种给药途径药物制剂的评价(如胃肠道、呼吸道、眼部、鼻腔等)。有试验以 ^{111}In 为标记物对卡托普利脉冲释放制剂进行了 24h 的人体内研究，对该制剂在 8 名健康志愿者体内的胃排空时间、小肠转送时间、到达结肠时间及药物释放部位等进行了全面研究。研究表明，6 名志愿者口服该制剂后在结肠处释放药物，另 2 名则在回肠末端释放。

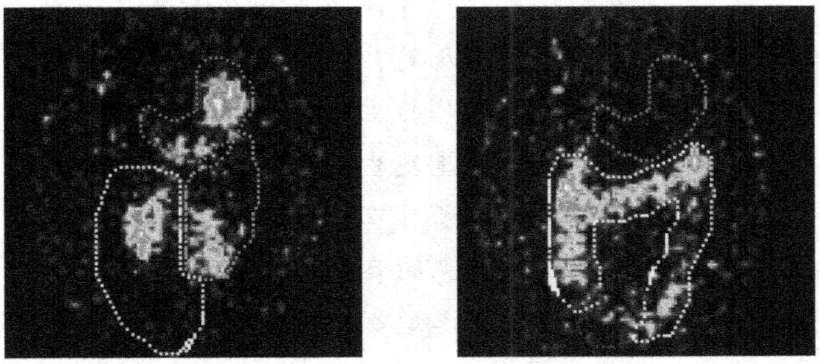

图 4-24　γ-闪烁扫描技术评价药物载体在胃肠道的转运图

4.7.5　结肠定位释药系统的研究面临的问题及发展趋势

结肠定位释药系统的研究目前大都处于试验阶段，口服结肠定位给药系统在化学药物的应用上是一个热点，国外做得相对更加成熟和系统，研究较为成功的产品有：5-氨基水杨酸结肠定位片、柳氮磺吡啶肠溶片、布地奈德结肠定位微丸。目前所采用的结肠定位给药系统的辅料及制剂手段各有千秋，尚存在不足。提高结肠定位的精确度和降低个体差异是现在结肠定位技术的瓶颈，也是目前重点研究的方向。

影响口服结肠定位释药系统特异性的因素主要有胃肠转运、pH、结肠吸收、结肠微生物、结肠病变和药物载体的选择等。就胃肠转运而言，胃排空和结肠转运具有较大的变异性。胃肠道连续性的生理变化一般不适于作为结肠定位给药的触发机制，pH控制型和时间依赖型结肠定向给药系统都存在特异性不强的问题。而结肠细菌的存在是结肠环境区别于小肠环境的一个特异性标志，因此菌群触发型结肠靶向给药系统被认为是目前最有前途的结肠定位释药系统。结肠中细菌产生大量酶，可用于触发的酶主要有两类：一类是偶氮还原酶，另一类是多糖醇解酶。针对这两种酶开发出了大量多糖材料及偶氮聚合物材料，这些材料单独或联合使用，作为骨架材料或包衣材料将是结肠定位释药研究的主要方向。

对于结肠定位释药系统的体外评价，由于释药机制的复杂性和结肠生理环境的特殊性，目前溶出方法无法建立体内外相关。药物γ-闪烁扫描法是研究给药系统体内转运行为的有力工具，据报道同位素中子激发法是研究复杂制剂更为有效的方法，使结肠疾病的治疗更加安全有效，同时可使蛋白质类药物和多肽类药物的口服成为可能，有待于研究人员的共同努力完善并制备出理想的结肠定位释药系统。建立与结肠生理环境相吻合且适合于工业化常规检验的结肠定位释药体外溶出方法，也是药剂学工作者亟须解决的问题。

【思考题】

1. 片剂特点有哪些？片剂分类和质量要求是什么？
2. 片剂的辅料有哪几类？其性质和常用量如何？
3. 试述湿法制粒压片的主要操作程序。
4. 在制片过程中可能发生的问题有哪些？主要原因是什么？
7. 片剂的质量检查项目有哪些？
8. 片剂处方设计常见的类型有哪些？处方组成的特点是什么？
9. 微丸剂的特点和类型有哪些？其制备方法有哪些？
10. 口服微粒给药系统作为可能的生物技术给药载体的设计原理是什么？
11. 结肠口服靶向给药系统能提高多肽类、蛋白类药物生物利用度的生理特点有哪些？
12. 结肠靶向释药系统的类型有哪些？阐述各类型的原理。
13. 结合本章所学相关内容，设计生物药物(降钙素)口服给药的理想剂型，并阐述该制剂的释药机制。

【参考文献】

[1] 崔福德．药剂学．第6版．北京：人民卫生出版社，2008.
[2] 梅新国．生物药物制剂．第2版．北京：化学工业出版社，2004.

[3] 陆彬. 药物新剂型与新技术. 北京：人民卫生出版社，1998.

[4] 张文彬，贾文祥，刘聪等. 口服霍乱微球疫苗的制备及其靶向分布. 华西医科大学学报，1999，30(1)：31－33.

[5] 田军，王瑞冬，鲍燕燕. 口服降钙素肠溶微较的制备及其降血钙作用的实验研究. 第二军医大学学报，2001，22(12)：1171－1173.

[6] 邹良，肖国民，钱林法等. 胰岛素口服制剂的研究进展. 东南大学学报(医学版)，2003，22(3)：203－206.

[7] 鲁莹，刘英. 新型药物载体：微乳. 国外医药·合成药、生化药、制剂分册，1999，20(4)：253－258.

[8] Tang F, Borchardt RT. Characterization of the efflux transporter(s) responsible for restricting intestinal mucosa permeation of the coumarinic acid-based cyclic prodrug of the opioid peptide dadle. Pharm Res, 2002, 19: 787－793.

[9] Lehr CM. Lectin-mediated drug delivery: the second generation of bioadhesives. J Control Rel, 2000, 65: 19－29.

[10] Russell-Jones GJ. The potential use of receptor-mediated endocytosis for oral drug delivery. Adv Drug Deliv Rev, 2001, 46: 59－73.

第5章 黏膜给药系统

本章要点

1. 生物药物黏膜给药的特点；
2. 口腔黏膜给药、鼻腔黏膜给药、肺部给药的特点、种类；
3. 眼黏膜给药的特点、种类；
4. 直肠黏膜给药的特点及药物吸收途径；
5. 口腔黏膜给药、鼻腔黏膜给药、肺部黏膜给药、直肠黏膜给药的应用；
6. 阴道黏膜给药的特点、种类和应用。

5.1 概 述

黏膜给药是指使用合适的载体将药物与生物黏膜表面紧密接触而起作用的给药方式。它具有使用方便、可延长作用时间、提高患者顺应性、避免胃肠道破坏或肝脏首过效应等特点。由于部分黏膜未角质化及黏膜下毛细血管丰富等原因，部分黏膜给药同时还具有剂量小、作用时间快、生物利用度高和可达到一定靶向作用等优点。根据给药部位的不同，黏膜给药系统(mucosal drug delivery)可以分为口腔黏膜给药系统、鼻腔黏膜给药系统、眼黏膜给药系统、肺黏膜给药系统、直肠黏膜给药系统和阴道黏膜给药系统。

蛋白和多肽类药物用于治疗慢性疾病时，其长期注射给药方式会给患者带来很多不便，如用降钙素治疗骨质疏松症、胰岛素治疗糖尿病。因此，开发蛋白和多肽类药物的各种非注射给药途径，如鼻腔、口腔、肺部、直肠、阴道等黏膜的透过吸收，越来越受到研究机构的重视。第4章我们已经对生物药物的口服给药系统作了讲解，本章主要介绍生物药物的非口服黏膜给药的药物吸收途径、吸收机制及剂型种类。

相较于注射给药途径，蛋白和多肽类药物的黏膜给药途径生物利用度低，其主要原因有：

① 黏膜上皮具有高选择性，大分子药物透过率低；② 黏膜上皮存在多种蛋白和多肽降解酶，酶活力很高；③ 上皮细胞具有清除外源性物质的清除机制。

提高药物的生物利用度是蛋白和多肽类药物给药最关键的问题。提高药物透过黏膜吸收的方法有：① 使用吸收促进剂，这是目前研究最多和应用最广泛的促进黏膜吸收的方法，其作用主要是增加黏膜的通透性和抑制酶的降解作用；② 改变药物剂型，采用药物新剂型，如将药物制成微乳、脂质体等，以提高药物透过黏膜吸收的效率。

5.2 口腔黏膜给药

5.2.1 概述

自1874年Sobrero报道硝酸甘油口腔黏膜吸收以来，口腔黏膜给药作为一种新型给药途径得到了迅速发展。口腔作为给药位点，药物可直接进入循环系统，避免了肝脏首过效应，且易于给药和终止给药。口腔黏膜不易受到损伤，即使受到损伤也能较快恢复。但口腔黏膜的低渗透性使药物的吸收较困难，此外，口腔中唾液的不断分泌和吞咽动作也易造成药物流失。

药物经口腔黏膜的吸收包括细胞内和细胞间两条通道，大多属于被动扩散。口腔的部位不同、角质化程度不同，药物的透过性亦不同，一般认为通透性大小为：舌下＞颊＞硬腭。其中舌下给药作用快，仅需二三十秒至两三分钟即可发挥作用，主要用于一些急症（如心绞痛、胆绞痛等）患者。

口腔黏膜给药的特点：① 口腔黏膜血管丰富，颊或舌下给药时药物直接进入循环系统，避免了肝脏的首过效应，避开了胃肠道消化液的降解，而且药物的吸收不受食物和胃排空作用的影响；② 口腔黏膜比皮肤更易渗透，虽然可用药部位的面积比皮肤少，但相对于给药系统已经足够了，长期给药可在同一侧面的颊黏膜不同位点或不同侧颊面，从而避免了长期给药对颊黏膜的伤害；③ 口腔给药方便且无不适现象，易被患者所接受。口腔给药系统对药物的吸收促进剂的使用要求较低，其制药过程也不需要严格的灭菌条件，并且口腔中酶的降解作用相对低。

但口腔黏膜给药也存在一些问题：① 由于口腔黏膜的低渗透性，造成蛋白和多肽类经口腔黏膜吸收的生物利用度较低；② 口腔对药物的代谢及制剂滞留时间短使口腔黏膜给药药物生物利用度低；③ 连续的唾液流动、说话、咀嚼和饮水等口腔生理活动使大量的药物被吞下。因此，大多数药物不能达到有效剂量，需要采用一些措施来增加药物吸收。

增加药物口腔黏膜吸收度的制剂学手段有以下几种。

(1) 使用吸收促进剂

口腔黏膜吸收促进剂的作用机制是：① 可改变颊上皮细胞间脂类的排列，增加细胞间脂的流动性；② 各种非离子型表面活性剂同膜的蛋白质、胆固醇、磷脂的释放有关；③ 吸收促进剂还可抑制口腔黏膜中酶的活性。常见的吸收促进剂有金属离子螯合剂、脂肪酸、胆酸盐、表面活性剂、羧链孢酸、羧酸等。国外工作者研究了多种吸收促进剂对胰岛素和降钙素等药物透过口腔黏膜的促进作用，并设计了片剂、多聚物膜剂、水溶胶和特殊的给药系统等。

(2) 使用生物黏附材料

口腔黏膜给药系统在用药部位的作用时间严重影响了药物的吸收，而选择适当的生物黏附材料可以延长药物在用药部位的作用时间，增加药物的吸收效果。常见的生物黏附剂有琼脂糖、壳聚糖、明胶、羧甲基纤维素(CMC)、羧甲基纤维素钠(CMC-Na)、卡波姆(CP)和各种树胶(瓜尔胶、哈克木、果胶、海藻酸钠等)。

(3) 加入酶抑制剂

为提高多肽、蛋白类药物的口腔吸收，还可考虑采用酶抑制剂。但因口腔黏膜蛋白质代谢酶活性较其他黏膜部位小，且多数酶位于胞浆内，所以酶抑制剂的选用要根据蛋白酶的结构、在黏膜中的分布等各种因素有针对性地选择。

(4) 其他方法

改变药物剂型及处方中渗透压和 pH 等条件可改变药物存在状态，从而改善药物口腔黏膜的吸收效果。

口腔黏膜给药制剂的处方设计应考虑如下问题：① 使用方便，容易给药且无不适感，制剂对口腔黏膜无毒性和刺激性，且不能促进唾液分泌；② 给药器的大小应有一定的限制，一般片剂直径为 5～8mm，贴片最大可达 $10\sim15cm^2$，但以 $1\sim3cm^2$ 较为合适，贴片厚度一般在 1～4mm，贴膜厚度在 1～2mm；③ 制剂的形状也是需要考虑的问题，圆形和椭圆形最适于颊给药；④ 延长制剂在黏膜中的作用时间，通过添加生物黏性聚合物如 CMC-Na 及 CP934 等减少由唾液、舌运动、说话及吞咽作用造成的影响；⑤ 处方中一般还要加入矫味剂、pH 调节剂、增溶剂、吸收促进剂及酶抑制剂等。

目前，舌下给药制剂(如软胶囊等)主要用于需迅速起效的药物，药物吸收迅速，作用时间短。颊部黏膜适于缓控释给药系统，常设计成黏膜黏附型片剂及膜剂，以增加与黏膜的接触面积及接触时间。

总之，制剂设计要综合考虑药物和辅料的理化性质、制剂尺寸和患者顺应性等因素。

5.2.2 口腔黏膜给药系统的分类

1. 口腔喷雾剂

口腔喷雾剂以喷雾剂的形式，将药物溶解至适宜的溶剂中配成药物溶液，再通过喷雾装置给药，每次使用时，将药物喷至口腔黏膜表面，药物通过口腔黏膜吸收进入血液循环，达到全身给药的目的。

2. 口腔黏附性凝胶剂

口腔黏附性凝胶剂所选用的凝胶材料为聚丙烯酸(PAA)、聚甲基丙烯酸类聚合物等。有研究者制备出乙烯氨基甲酸乙酯亲水胶体，其可经口腔转运低分子多糖、多肽、蛋白质等，释药时间较长。

3. 口含片或舌下片

口含片或舌下片是扁平或椭圆形的片剂。它们可在口腔中溶解(口含片)或在舌下溶解(舌下片),然后经过口腔黏膜吸收。这种片剂可避免药物的胃肠道首过效应,或者改善胃肠道难吸收药物的吸收率。但是有效药物会随唾液进入胃肠道而降低药物的生物利用度。

一般生物药物的稳定性较差,一些物理条件的变化较易引起其变性而导致药效的损失,因此,生物药物口含片或舌下片的制备工艺也不同于普通的化学药物。如生物药物片剂制备时一般要避免水和温度对药物的影响,专利方法中有空白颗粒法和冻干粉末直接压片法。空白颗粒法是指将对水和热不敏感的药物和辅料以普通的方法制备湿颗粒,烘干后,再加入对热和湿度敏感的药物。冻干粉末直接压片法是指将原辅料通过合适的方法制备成低温冻干的颗粒,然后将颗粒粉碎、整粒后压片。这两种制备方法都避免了活性药物的损失。

4. 口腔黏贴制剂

一个理想的口腔黏贴制剂应该体积小,柔性好且黏附性强,能保证与黏膜紧密接触,能够抵抗唾液、舌及颊的运动。口腔贴剂中的药物直接经黏膜吸收,根据临床应用的需要,贴剂可以制备成片剂、棒剂、粉剂及软膏剂等。

口腔黏附片可制成单层黏附片和多层黏附片。单层黏附片制备工艺简单,将药物与黏附辅料混合后制粒压片,其药物容量大且黏附时间较长,但单向释放到唾液中的药物可随唾液吞咽从口腔中进入胃肠道而受到首过效应影响。故可将单层片非黏膜接触的部分进行包衣,这样能使药物只在接触黏膜处单向释放。现已证明,如果将胰岛素与 HPC 及 CP934 混合直接压片效果不佳。若将制剂设计成半球形,外周以 HPC 及 CP934 混合制得,具有黏附性,将胰岛素与甘氨胆酸钠分散于可可豆油的基质中制得片芯。此贴片能牢固地黏附在狗的口腔黏膜上,并可维持释放 6h。制剂中的甘氨胆酸钠能够促进药物的吸收,但生物利用度只有注射给药的 0.5%。若将该贴片的片芯基质改用油脂性基质 Witepsol,则生物利用度可提高到 0.75%。

5.2.3 实例

1. 干扰素口含片

【处方】 干扰素 10000U,甘氨酸 10%,糖粉 50%,淀粉 34%,明胶 6%。

【制备工艺】 涉及两种制备工艺,即空白颗粒法和低温冻干粉末直接压片法。

1) 空白颗粒法首先是将符合标准的辅料按处方量混合均匀,以普通方法制备颗粒,烘干;将干扰素用适宜的溶剂溶解后喷在颗粒上,边喷边混合均匀,然后低温烘干,整粒,以适宜的冲模压片。该法的优点是可以避免热不稳定性药物的活性在烘干的过程中损失。

2) 低温冻干粉末直接压片法是将符合标准的辅料用灭菌蒸馏水溶解,制备成约含固体物 50%~60%的浆,接着将符合标准的人白细胞干扰素溶液加入到辅料浆液中,充分搅拌均匀,然后将原辅料的混合浆在低温下冻干。温度范围在 -45~30℃,水分含量控制在 3%~5%,最后将干扰素冻干粉粉碎,过筛整粒后压片。

在敏感的细胞系中,膜受体的数量和干扰素剂量之间有明显的关系,即受体数量多的细胞系比受体数量少的细胞系所需的干扰素剂量少。口腔和咽喉部黏膜含有大量的干扰素敏感受体，将口含片放于舌下，使其在唾液中慢慢溶解，通过口腔黏膜快速吸收而呈现速效作用。

2. 口腔喷雾剂

Generex公司最近宣布了其口腔喷雾剂产品Oralin的初步临床试验结果，此产品使用一个手持喷雾器将胰岛素喷于口腔。到目前为止，该公司对此产品共进行了三次临床试验，每次涉及10名Ⅰ型糖尿病患者，结果显示，标准餐后使用Oralin（30U、40U和50U）可产生与皮下注射相当的降糖效果；最后一次试验剂量为50U，连续3天，疗效十分稳定。现正在进行扩大的Ⅰ期临床试验，此产品将被用于Ⅰ型和Ⅱ型糖尿病的治疗。

3. 胸腺提取物舌下片

有人将猪胸腺提取物制成舌下片用于临床试验，制剂中每片含相对分子质量为13500Da以下的多肽3.3mg，观察其对儿童呼吸道感染和哮喘反复发作的作用。试验结果表明，多数患者的症状改善，半数有免疫指标的改善。目前专利中涉及较多的是干扰素类的口含片，如有研究者采用冻干粉末直接压片法将低剂量rhIFN-a2b制备成口含片，该口含片适用于SARS病、乙型肝炎、丙型肝炎等病毒性感染及肿瘤等的治疗，并具有疗效显著、毒性低、口服方便、价格低廉及性能稳定等优点。

5.3 鼻腔黏膜给药

5.3.1 概述

鼻腔给药在医学中已有悠久的应用历史，汉代《伤寒杂病论》即开鼻药治疗急症之先河；《本草纲目》中用巴豆油纸拈，燃烟熏鼻，治疗中风痰瘀、气瘀、中毒等症状。通过鼻腔黏膜给药多是起局部作用的，如杀菌、抗病毒、血管收缩、抗过敏等。近年来随着给药新途径和新剂型的发展，以及新辅料和新技术的应用，鼻腔黏膜给药系统（nasal drug delivery system，NDDS）有望成为生物药物非注射给药的替代途径之一。研究发现在某些多肽、蛋白类药物处方中加入吸收促进剂、酶抑制剂，或以生物黏附、生物降解性微球给药，均能达到较高的经鼻吸收的生物利用度。鼻腔给药是目前研究最活跃、应用最多的透黏膜给药途径，国外已有降钙素鼻腔给药制剂上市，临床上的Nasal flu®疫苗即通过鼻黏膜给药用于预防和治疗流行性感冒，另外还有百日咳疫苗、白喉毒素疫苗等正处于研究阶段。

药物在鼻黏膜可主动转运或被动扩散吸收。相对分子质量小于1000的药物较易透过鼻黏膜吸收；相对分子质量大于6000的药物，加入适当吸收促进剂后也能被较好吸收。鼻黏膜具有较小孔径的水通道，且水通道分布数目是直肠的2倍，空肠的3倍，更易吸收水溶性药物尤其是蛋白、多肽类大分子药物。另外，鼻腔黏膜上皮亦是药物进入中枢神经系统的理想途径，但此途径的转运机制尚不明确。

鼻腔免疫不仅能有效诱导黏膜局部产生中和抗体，还能引发系统免疫应答，调动B细胞/T细胞分泌细胞因子参与免疫调节过程，且相较于口服，其抗原的使用量更少，同时避免了胃肠道的酸性环境及酶对抗原蛋白或多肽的破坏。因此，鼻腔黏膜给药被认为是生物药物给药最有效和最方便的途径，从而引起广泛重视，鼻腔给药优点如下：

1）鼻腔黏膜面积大，覆盖鼻部上皮的大量微绒毛细胞为抗原吸收提供了丰富的表面积；且黏膜下血管非常丰富，药物吸收迅速，给药后起效时间快。

2）鼻腔免疫能同时诱导黏膜和系统免疫应答，药物经鼻腔给药后，可起局部治疗作用，也可经鼻腔黏膜吸收进入体循环或达到脑靶向。

3）对于在胃肠道中易被破坏、极性大且难以吸收的小分子药物，鼻腔黏膜能很好地吸收；相对分子质量较大的多肽、蛋白类药物，在吸收促进剂存在的情况下也能较好地吸收。

4）避免了口服时胃肠道的降解作用和肝脏的首过效应，生物利用度高。

5）操作简便，用药方便，无需使用针头及注射器等潜在的感染源，易于被患者接受，顺从性好。

鼻腔给药的缺点：鼻腔给药剂型均由特殊装置送入鼻腔，用药没有口服方便，而且会刺激鼻黏膜，因此患者服从治疗率并不理想。蛋白类和多肽类药物在没有吸收促进剂的情况下，鼻腔吸收效果不好，但吸收促进剂在增加鼻腔黏膜的透性时，不可避免地会破坏膜的完整性，因此还需寻找效果好且毒性低的吸收促进剂。

药物鼻腔给药的剂型有滴鼻剂（drops）、喷雾剂（sprays）、干粉剂（powders）等，吸收效果以干粉剂最好。鼻腔给药具有生物利用度较高、吸收快速和长时有效的特点，是目前蛋白、多肽类药物最常用的非侵害性给药途径和最活跃的给药途径研究领域。有研究报道，将微粉化的 17β－雌二醇经鼻腔给药后，血药浓度明显提高；对狗鼻腔给予含有表面活性剂的胰岛素制剂后，胰岛素的吸收显著增加。由于鼻腔黏膜在解剖生理上与脑部存在独特的联系，分布于鼻腔嗅区的嗅神经细胞穿过薄薄的颅底筛板进入颅内，有些药物通过鼻腔给药后可能通过嗅区转运，绕过血脑屏障直接进入脑内。因此如左旋多巴、头孢氨苄和胰岛素样生长因子经鼻腔给药后，能够显著改善脑神经的功能，实现脑靶向给药。

5.3.2　鼻腔黏膜给药的分类

1. 滴鼻剂

滴鼻剂是专供滴入鼻腔内使用的液体制剂。其以水、丙二醇、液体石蜡、植物油为溶剂，多制成溶液剂，也有制成混悬剂、乳剂使用的。鼻用水溶液容易与鼻腔内分泌液混合，容易分布于鼻腔黏膜表面，但维持时间短。为促进吸收、防止黏膜水肿，应适当调节渗透压、pH 值和黏度。油溶液刺激性小，作用持久，但不与鼻腔黏液混合。正常人鼻腔液 pH 值一般为 5.5～6.5；炎症病变时则呈碱性，有时 pH 值高达 9，易于细菌繁殖，影响鼻腔内分泌物的溶菌作用以及纤毛的正常运动，所以碱性滴鼻剂不宜经常使用。滴鼻剂 pH 值应为 5.5～7.5，应与鼻黏液等渗，不改变鼻黏液的正常黏度，不影响纤毛运动和分泌液离子组成。滴鼻剂配制简单，无需特殊的给药装置，特别适合临床医务人员小量自制应用，如自制 IFN－a 滴鼻剂用于治疗病毒性肝炎效果明显。生物药物由于相对分子质量较大，以普通滴鼻剂型给药生物利用度一般较低，故很少采用。

2. 气雾剂

气雾剂系指药物与适宜抛射剂封装于具有特制阀门系统的耐压容器中制成的制剂。使用时，借助抛射剂的压力将内容物以定量或非定量喷出，药物喷出多为雾状气溶胶，其雾滴一般小于 50μm。气雾剂可在呼吸道、皮肤或其他腔道起局部或全身作用。

气雾剂是人们较熟悉的用于肺部吸入给药和体表外用给药的一种给药方式。目前，其在鼻腔给药中也有一定的应用。但由于气雾剂含有抛射剂，会造成环境污染，并且气雾剂要使用耐压容器，生产工艺较喷雾剂复杂，因此目前在鼻腔给药中应用不如喷雾剂普遍。

3. 喷雾剂

喷雾剂系指不含抛射剂，借助手动泵的压力将内容物以雾状等形态释出的制雾剂。其按使用方法分为单剂量和多剂量喷雾剂；按分散系统分为溶液型、乳剂型和混悬型喷雾剂。溶液型喷雾剂药液应澄清；乳剂型喷雾剂滴在液体介质中应分散均匀；混悬型喷雾剂应将药物细粉和附加剂充分混匀，制成稳定的混悬剂。

喷雾剂仅通过雾化装置借助压缩空气产生的动力使药液雾化并喷出。其优点是喷出的雾滴较细、在鼻腔内分布均匀、不易流失、吸收快、生物利用度高，且由于其不含抛射剂、不使用耐压容器，目前应用越来越广泛。

4. 粉末制剂

粉末制剂是指将药物与辅料混合成均匀的、粒径符合要求的粉末后，直接吸入或通过特定的装置喷入鼻腔给药的一种剂型。有研究表明，胰岛素粉末制剂的生物利用度要高于其溶液制剂，且粉末剂中药物稳定性及微生物稳定性比液体剂型高。

5. 凝胶制剂

凝胶制剂系指药物与适宜的辅料制成均匀或混悬的透明或半透明的半固体凝胶型经鼻给药制剂。其主要辅料为一些水溶性高分子材料（如聚丙烯酸、聚乙烯醇、卡波姆等）。该剂型能延长药物与鼻黏膜的接触时间，提高药物的生物利用度。

6. 脂质体

关于脂质体用作小分子药物给药载体的研究文献报道很多，也有较多脂质体用作生物药物给药方面的报道。通常将脂质体作为基因药物和鼻腔免疫的载体。

脂质体用作鼻腔给药的载体有如下优点：① 药物包裹在脂质体内部，可以减少药物对鼻黏膜的刺激性和毒性，也可以避免鼻黏膜中酶对生物药物的降解作用；② 能够持续释放包封的药物，具有缓释和长效作用；③ 脂质体因带有电荷而具有生物黏附性，可以延长制剂在鼻腔中的滞留时间，提高生物利用度；④ 脂质体还可作为鼻黏膜免疫佐剂，刺激机体产生免疫应答；离子脂质体可作为基因药物的载体，用于脂质体-DNA 疫苗的鼻黏膜免疫。

将药物包封入脂质体后鼻腔给药不仅能有效地减少药物对鼻腔的刺激性和毒性，增加药物疗效，并可使药物通过磷脂双分子层缓慢释放，克服了以往气雾剂吸收快，必须频繁给药的弊端。同时，前体脂质体的出现解决了脂质体稳定性等问题，使长期贮存和给药成为可能。除普萘洛尔、硝苯地平、赖氨匹林等小分子药物外，脂质体还是胰岛素、激素、基因等大分子携带入体内的有效载体，尤其在基因工程上的运用，为鼻腔给药开拓了更为广阔的前景。有研究证实，胰岛素脂质体较胰岛素溶液在鼻黏膜中吸收要显著增加，而且羟甘氨胆酸钠处理后的胰岛素脂质体，可使胰岛素局部浓度增高，吸收增强；烟酰胺腺嘌呤二核苷酸（NADH）和还原型烟酰胺腺嘌呤二核苷酸磷酸（NADPH）是细胞氧化磷酸化过程中的重要辅酶，以脂质体为载体的 NADH 和 NADPH 的溶液型和粉末型鼻腔给药制剂，可用于多种疾病的治疗，如帕金森病等；含神经生长因子的脂质体制剂，鼻腔给药时可通过嗅觉神经到达脑部发挥治疗作用。随着研究的不断深入，脂质体鼻腔给药的临床应用必将日益广泛。

7. 微球

微球（microspheres）是用白蛋白、明胶、聚丙交酯、淀粉等材料制成的球形载体给药系统。微球是近几年来发展最快的鼻腔给药新剂型，其中对生物药物研究较多的是多肽类药物，如胰岛素、人生长激素、降钙素、去氨加压素等。为了增加鼻腔给药途径的疫苗免疫原性，可将疫苗包裹于生物降解微球中，常用的微球有壳聚糖微球、PLG 微球、透明质酸微球等。随着对鼻黏膜相关淋巴组织免疫应答规律和机制的进一步研究及新的抗原、佐剂、给药系统的合理使用，鼻腔免疫将有广阔的应用前景。

与脂质体类似，微球制剂用作鼻腔给药剂型的优势是提高所包裹药物的生物利用度、实现缓控释给药、降低药物的刺激性等。

微球促进药物吸收、增加生物利用度的因素有以下几方面。① 生物黏附性：在制备微球时选择具有生物黏附性的高分子材料如淀粉、白蛋白和二乙氨乙基葡聚糖等，可延长微球与鼻黏膜的接触时间，促进药物的吸收；② 保护药物不被降解：多肽、蛋白类等药物包裹入微球后不易被酶降解，有利于吸收；③ 微球的粒径：微球制剂的粒径大小与吸收有密切关系，10μm 以下的小粒子容易被推移到支气管，如果微球粒径太大则容易沉着在纤毛较少的鼻腔前部，因此，用于鼻腔给药的微球粒径一般应当控制在 40～60μm。另外，微球的物理性质如微球的组成、制备工艺等都会影响粉末在鼻腔内的分布与滞留时间。

鼻腔用药常见的微球种类有可降解淀粉微球、葡聚糖微球、白蛋白微球等，分述如下。

(1) 淀粉生物降解微球(DSM)

淀粉微球具有生物可降解性、生物相容性和生物黏附性以及取材方便、价格低廉等优点，发展前景非常广阔，其在瑞典已有商品上市。制备 DSM 时一般需先用衍生化试剂处理淀粉，使其在体内更容易代谢，常用的衍生化试剂有丙烯酸缩水甘油、丙烯酰胺等；然后再进行微球的制备，在制备过程中通常采用 W/O 型乳化技术制备，乳化剂应用 Spans 类表面活性剂，外相为氯仿和甲苯组成的混合溶剂，内相多为偏碱性的磷酸盐缓冲液。载药 DSM 的制备一般采取药物与 DSM 混合的方法，DSM 吸水后可迅速溶胀，药物可以通过扩散进入 DSM 骨架中，但是这种扩散作用受相对分子质量的限制，相对分子质量小于 30000Da 的药物分子可以扩散进入。用于鼻腔给药的 DSM 微球溶胀因子对其体外释药有一定影响。

(2) 葡聚糖微球

葡聚糖微球上市商品主要有 Sephadex® 和 DEAE-Sephade® 两种。两者的主要区别是葡萄糖单元的取代基不同。常用的葡聚糖微球型号有 Sephadex® G－25 和 Sephadex® G－50，前者的交联度高，但其分子截留量低。试验发现，在共聚焦激光显微镜下观察，在 Sephadex® G－25 微球中胰岛素分子仅分布在表面，而在 Sephadex® G－50 微球中，胰岛素在表面和内部均有分布，两者的药效也有差别。

(3) 其他微球

其他用于鼻腔给药的微球还有白蛋白、壳聚糖、透明质酸微球以及聚丙烯酸微球等。壳聚糖微球同时具有生物黏附性和吸收促进作用，壳聚糖的吸收促进作用对黏膜不会造成不可逆的损伤。以两种不同等电点的明胶分别制备的降钙素阴离子明胶微球（pI＝5.0）和阳离子明胶微球（pI＝9.0）经大鼠鼻腔给药后，两种微球的降血钙作用显著高于溶液剂，并且阳离子型的明胶微球较阴离子型效果要好。这是因为所带电荷不同，对黏膜的黏附性不同，正电性的明胶更易于与黏膜结合。

8. **纳米粒**

近年来，关于纳米粒黏膜给药的研究越来越受关注尤其具有生物黏附性的纳米粒，除具有脂质体、微球相类似的特点，如可以提高所包裹药物的生物利用度、实现缓控释给药、降低药物的刺激性等外，纳米级的微粒粒径更有利于药物的透黏膜吸收。纳米粒还是理想的体内靶向基因给药载体，可以提高基因的转染效率，降低毒性。纳米粒可以作为鼻黏膜免疫的理想载体。有试验证明，以壳聚糖为材料制备的胰岛素纳米粒，与胰岛素水溶液及胰岛素在壳聚糖溶液中混悬液通过家兔鼻黏膜给药比较，胰岛素纳米粒的降血糖效果是其水溶液的2～3倍，制备方法对胰岛素活性无影响。虽然其促进吸收的机制还不明确，但已有试验验证，壳聚糖能够打开细胞间紧密连接，增强细胞通透性，增强胰岛素分子与吸收性上皮细胞的作用，从而促进胰岛素药物吸收；壳聚糖纳米粒还可能穿过鼻黏膜上皮细胞，作为肽类药物载体进入体循环。

鼻腔区为防御流感病毒感染提供了重要的局部保护，但涉及鼻腔局部B细胞/T细胞免疫的位点和机制仍需深入研究。目前尚不能推测抗体形成细胞是由鼻腔组织诱导产生的还是感染后由其他部位募集而来的，但可以肯定的是鼻部淋巴组织在抗原暴露环境下的重要性。

5.3.3 实例

胰岛素鼻腔粉雾剂

【处方】 胰岛素80mg(2080U)；藻酸丙二醇酯920mg。

【制法】 将80mg胰岛素先与200mg藻酸丙二醇酯混合10min，再与300mg藻酸丙二醇酯混合20min(湿度＜60％)，然后与420mg藻酸丙二醇酯混合30min(湿度＜60％)，使胰岛素混合均匀。

5.4 肺部给药

5.4.1 概述

肺部给药，即药物经特殊的给药装置进入呼吸道深部(甚至肺泡)，发挥局部或全身作用的一种给药途径。近几年来，该领域的研究越来越活跃，已成为制药领域的重点研究方向之一。其产品范围包括局部治疗药，抗生素药，抗肿瘤药，抗病毒药，多肽、蛋白类药等。

与其他给药途径相比，肺部给药的优点有：吸收面积大，吸收部位血流丰富，可避免肝脏首过效应，酶活性较低，上皮屏障较薄及膜通透性高，患者顺应性好，尤其适用于需进行长期注射给药的患者，且通过肺黏膜可达到局部和全身系统的免疫效果。

肺部药物吸收的速度很快，不亚于静脉注射，如异丙肾上腺素气雾剂吸入后 1～2 min 即可起平喘作用。肺部吸收迅速的原因主要是肺部吸收面积大。肺由气管、支气管、细支气管和肺泡囊组成，肺泡囊估计达 3 亿～4 亿个，总表面积可达 70～100m^2，为体表面积的 25 倍。肺泡囊壁由单层上皮细胞构成，这些细胞紧靠着致密的毛细血管网（毛细血管总表面积约为 90m^2，且血流量大），细胞壁或毛细血管壁的厚度只有 0.5～1μm，肺泡囊是气体与血液进行快速扩散交换的部位，药物到达肺泡囊即可迅速吸收显效。但肺部吸入给药也存在着如下问题：需要特殊的给药装置；给药剂量不准确；长期使用的安全性问题有待进一步考察。

肺部吸入给药剂型一般分为三种，即喷雾剂（nebulizer）、定量吸入气雾剂（metered dose inhaler，MDI）和吸入粉雾剂（dry powder inhaler，DPI），目前常见的是后两种。

5.4.2　肺部给药系统的分类

1. 气雾剂

用于肺部给药的是吸入气雾剂，一般采用定量吸入剂。该剂型的优点是定量准确，分散均匀。其缺点是：使用氯氟烃类抛射剂，会造成环境污染；需要耐压容器、阀门系统和特殊的生产设备，成本较高；所能递送的药物剂量很小；许多患者尤其是儿童由于不能协调自身的呼吸和吸入装置的释药而无法合理用药等；一些蛋白、多肽类药物在形成气溶胶微粒时容易发生变性。

2. 吸入粉雾剂

吸入粉雾剂，是指微粉化的药物与载体（或无载体）以胶囊、泡囊或多剂量储库的形式，采用特殊的干粉吸入装置，由患者主动吸入雾化药物的一种制剂。粉雾剂是目前肺部给药新剂型中研究的热点之一。肺部吸入给药系统一般首选小剂量的粉雾剂，因为干粉吸入避免了溶液剂中药物的降解，微粉化技术保证了药物不在气管或支气管滞留，以顺利进入肺部组织。

(1) 粉雾剂的特点

与气雾剂相比，粉雾剂的优点在于：① 患者主动吸入药物，不存在协同配合困难；② 无抛射剂，避免了氟利昂类抛射剂对大气环境的污染和呼吸道的刺激；③ 药物可以胶囊和泡囊形式给药，剂量准确，无超剂量给药的危险；④ 不含防腐剂及酒精等溶剂，对病变黏膜无刺激性；⑤ 给药剂量大，尤其适用于多肽和蛋白类药物的给药。但是粉雾剂的给药装置设计复杂，目前，能够成功实现粉雾剂给药的主要有阿斯利康公司和葛兰素公司，且其对粉雾剂给药装置已申请了专利保护。

(2) 粉雾剂制备时的要求

肺部生理结构要求药物粒子非常精细，且最好能够沉积到肺泡囊吸收。一般认为理想的药物粒径为 0.5～5μm，大于此范围的粒子不能进入细支气管内，小于 0.5μm 的粒子又易随呼吸呼出。

在粉雾剂的处方设计中，一般需要加入一定的载体，以防止药物因微粉化后表面能较大而聚集。理想的药物载体为碳水化合物、有机盐、氨基酸、缩氨酸和蛋白质。载体物质经干燥成为非结晶结构，主要用于增强药物在贮存时的稳定性，使药物稳定并保持无定型玻璃态，确保药物的疗效。较常用的载体是乳糖，乳糖的颗粒粒径不同，所制备的粉雾剂质量也有差异。如商品乳糖、喷雾干燥乳糖和表面粗糙度低的重结晶乳糖，三者粗糙度分别为 2.3、3.6、1.2，将三者分别以 1∶67.5 与沙丁胺醇混合后，制备含 400μg 沙丁胺醇的胶囊。经 Rotahaler 转运，当气流速度为 60L/min 时，用圆盘碰撞取样器分析，考察到达有效部位的比例，结果表明，重结晶乳糖为 20%，商品乳糖为 4.0%，喷雾干燥乳糖则为 50%；当气流速度为 150L/min 时，结果则分别为 42.0%、17.0% 和 23.0%。重结晶乳糖的休止角较市售乳糖小，粒径为 54～100μm 的重结晶乳糖载体在模拟时肺部沉降量最大，为较优的粉雾剂给药载体。为保持蛋白质药物的活性，在制备粉雾剂时要保证制剂中有一定的水分存在，使药物分子以胶态或无定型玻璃态存在，水分过少时，药物分子将失去活性。

较大颗粒的蛋白、多肽类药物及载体必须经过粉碎才能达到肺部吸入给药的要求，常用的粉碎方法主要有以下几种。

1）机械粉碎法：用球磨机、胶体磨以及流能磨等方法可将药物和载体粉碎。为避免蛋白或多肽类生物药物在粉碎过程中发生化学降解，一般可预先通过合成手段（如交联）或某些制剂技术（如冷冻干燥或加入载体）来增加药物的稳定性。如在制备鲑降钙素吸入粉雾剂时，可先用乳糖作冻干保护剂对鲑降钙素进行冷冻干燥，然后再对冻干粉进行球磨粉碎。

2）喷雾干燥法：对含有治疗药物的水溶液进一步操作即可制得细小的干燥粉末，操作较机械粉碎法简便，制备的药物微粒粒径较均匀。有研究对兔经肺给予喷雾干燥的重组人粒细胞集落刺激因子，给药 3h 后，白细胞水平逐渐上升，20h 左右达到峰值，其效果可保持 3d 以上。该制剂较皮下注射起效快，但生物利用度较注射和皮下给药低。

3）超临界流体技术：该技术除广泛地应用于萃取及分析外，在制备吸入粉雾剂中也有广泛应用。该法的一个优点是制得的颗粒小且均匀。如将胰岛素的二甲亚砜溶液以超临界流体技术制备粉雾剂，所得到的胰岛素颗粒小且均匀，其中 90%颗粒小于 4μm，10%小于 1μm。该法的另一优点是制备过程中能较好地保持大分子的生物活性。

粉雾颗粒的物理形状也会影响肺部给药效果，对粒子形态研究发现，粒子形态越接近球体，粒子的流动性越好，越有利于肺部吸入。

(3) 粉雾剂的吸入装置

为将药物有效地传输至肺部，必须使用特殊的干粉吸入装置。经吸入装置，药物粒子可从松散的密集状态或从载体表面上重新分散，产生可供吸入的粒子。吸入装置的设计原则是增加湍流的产生，提高可供吸入的药物释放量。粒子重新分散的力量来源于患者的吸入力量。而产生湍流使药物得以分散的效果依赖于装置的几何结构，通道愈窄，越易产生湍流。但肺部功能差的患者，即使压力差较大，产生的气流速度亦较低，因此，理想的装置结构应是即使在较小的压力差下亦可产生较强的湍流。

近 20 年来，吸入装置一直是粉雾剂开发的重点之一，第 1 代胶囊型吸入装置是 Fisons 公司推出的 Spinhaler 及于 1977 年研制成功的吸入器 Rotahaler。粉末吸入装置已由第 1 代的胶囊型发展到了第 3 代的储库型。虽然第一代吸入装置具有简单可靠、便于携带、可清洗和直观的优点，但它们也存在防潮效果差、需经常清洗、剂量的释放取决于合适的吸入等缺点。为克服这些缺点，Allen公司推出了Diskhaler吸入装置，其药物装在铝箔上的8只水泡眼中，吸入时，刺破一水泡眼的铝箔，药物即可从中释出；该装置可用于沙丁胺醇的给药，具有胶囊的相同特性和优点，患者无需重新安装装置便可吸入几个剂量，防潮性能也优于第1代吸入装置，但因需经常更换药板，故仍不如MDI受欢迎。目前市场上最看好的产品为储库型装置，如Turbuhaler，其主要优点同MDI，能将许多剂量贮存在装置中，使用时旋转装置，药物即由储库释放到转盘上，单位剂量的药物粉末进入到吸入腔中，在湍流气流的作用下，药物从聚集状态分散，在肺部产生良好的沉积。该装置使用方便，且无需用添加剂；但其在防湿性及剂量安全性方面仍有缺陷，若患者过量吸入药物，则有过量使用的危险。

5.4.3 肺部给药新载体

肺部给药的新型载体主要有脂质体、微球、纳米粒等。这类微粒载体的最大优点是可以将药物包裹在制剂的内部，增加了药物的稳定性，同时也便于将药物制备成其他各种剂型，如最方便应用的喷雾剂等。随着生物降解性材料和生物黏附性材料的应用和发展，使制剂在体内具有生物可降解性和生物黏附性，提高药物的生物利用度。如有研究采用薄膜-超声分散法和逆相蒸发法，以大豆磷脂和胆固醇为原料制备胰岛素脂质混悬液。该研究以Wistar大鼠为动物模型，通过气管滴注给药后，观察动物体内血糖变化，同时以胰岛素溶液为对照。结果表明，胰岛素脂质混悬液的降血糖效应与胰岛素溶液相比有极显著差异。胰岛素脂质混悬液给药后，起效快，降血糖作用较强，能较长时间地维持血糖在较低水平。另有研究制备了黏膜黏附纳米粒，进行肺部给药试验，通过豚鼠试验验证，壳聚糖包衣的纳米球在肺内的消除要比未包衣的纳米球慢。由于壳聚糖的黏膜黏附特性，壳聚糖纳米粒黏附于黏膜表面，缓释药物。在此基础上，对豚鼠肺部给予壳聚糖包衣的降钙素纳米粒和降钙素溶液，测定豚鼠的血钙水平。载药纳米粒的粒径为650nm，药物溶液给药后血钙水平迅速下降，未包衣纳米粒的降血钙效应稍优于降钙素溶液，可达8h；而壳聚糖包衣纳米粒的降血钙效应较前两者明显延长，可达24h，是未包衣纳米粒的3倍。这是因为未包衣纳米粒从肺部迅速清除而不能完全释放药物；壳聚糖纳米粒由于其在肺组织黏附，肺内滞留时间延长而充分释放药物，使药效延长。

5.4.4 实例

1. 胰岛素肺吸入粉雾剂

【处方】 胰岛素100U；癸酸钠适量；乳糖25mg。

【制法】 胰岛素于压缩氮气流在Airfilco射流粉碎机中粉碎，直至质量平均粒径为2.4μm。癸酸钠用压缩氮气粉碎至粒径为1.6μm。微粉化后的胰岛素与相当于其质量的10%～25%的癸酸钠混合，混合均匀后，与25mg乳糖混均匀，装入胶囊中，置粉末吸入装置吸入给药。

大分子多肽药物经鼻给药必须加吸收促进剂，因吸收促进剂的鼻黏膜毒性和药物本身对鼻腔的刺激，限制了胰岛素经鼻给药的发展，目前主张胰岛素肺吸入给药。胰岛素经肺吸入给药可减少胰岛素依赖型糖尿病所需的多次注射胰岛素，对于非胰岛素依赖型糖尿病的治疗也更易被患者所接受。

胰岛素经肺吸入给药,吸收迅速,且更接近于胰岛素的天然反应,治疗的重现性与皮下注射相仿,而吸收要比皮下注射迅速,病入可在就餐时给药而不必在就餐前 0.5h 给药,提高了患者的顺应性。

胰岛素具有生物活性,应避免粉碎过程对主药的破坏,微粉化技术为制备的关键所在。

2. 鲑降钙素肺吸入粉雾剂

【处方】 鲑降钙素 300U;载体 10~50mg。

【制法】 鲑降钙素经微粉化处理,得动态粒径为 1~3μm 的粉末,与生物可降解载体(如乳糖、甘露醇、环糊精等,该载体密度应小于 0.4g/cm,质量平均粒径为 5~30μm)混合,混合后得粉体置胶囊或泡囊中,使用时通过吸入装置给药。

该制剂给药后,粉末全部排空吸入,装置内残留量很低。控制药物的粒径可以使药物在理想部位沉积,无需加入吸收促进剂,不会刺激呼吸道黏膜。尤其适用于不能使用雌激素的绝经后骨质疏松症,患者的顺应性明显优于注射液。

5.5 眼部黏膜给药

5.5.1 概述

全身给药后,药物有效成分在体内的分布通常受其理化特性与分子结构的影响,而最终能到达眼部的药量仅为给药量的很小一部分,而药物在非靶部位器官的积累将引起毒副作用,因此眼部给药是眼科用药的重要途径。眼部黏膜给药系统一般为供洗眼、滴眼用于治疗或诊断眼部疾病的液体制剂,多数为溶液或胶体溶液,少数为混悬液或油溶液。眼科医生往往通过眼部直接给药,使药物在眼球内外部发挥局部治疗作用,以减少全身作用,但相对分子质量为 5000 左右的多肽类可通过眼部吸收进入体循环。近年来,一些眼用新剂型,如眼用膜剂、眼胶以及接触眼镜等也已逐步应用于临床,部分药物剂型还可以发挥全身作用。

眼部黏膜吸收药物一般有两条吸收途径:① 通过角膜途径,借助毛细管力、扩散力、眨眼反射等,使药物与角膜表面接触并渗入角膜,经前房到达虹膜和睫状肌,达到局部起效疗;② 从结膜吸收,药物经结膜转运至眼球后部,吸收后直接进入体循环,无肝脏首过效应。

药物通过眼部给药而吸收进入体循环的优点有:① 给药方式简单、经济,目前发现有些药物通过眼黏膜吸收给药与注射给药具有同样效果,与皮下和肌内注射吸收速率一样,而与注射给药相比,眼部给药简单、经济;② 可以避免肝脏首过效应,药物从结膜吸收后,转运至眼球后部,进入体循环;③ 可以制备各种制剂来延长多肽类药物的作用时间,如聚合物凝胶化、微球、纳米粒等;④ 与其他组织或器官相比,眼部组织对于免疫反应不敏感,适于蛋白和多肽类药物。

药物通过眼部吸收的问题有:① 眼部刺激性。眼睛感觉很敏感,如果药物有刺激性,不仅会损伤眼组织,而且会引起流泪,使药物稀释。② 药物剂量损失。眼部用药流失量大,容量小,一般眼部仅有 7μL 的容量。③ 药物在眼部的停留时间。目前常用的眼用制剂在眼部停留时间短，停留时间长的制剂（如眼膏剂）对视线又有障碍，因此对眼黏膜用药造成了困难。

如何解决眼部给药存在的问题，设计理想且使用方便的眼部释药制剂，是药学工作者一直追求的目标。随着辅料技术和新型制剂技术的发展，出现了越来越多的生物降解性材料和生物黏附性材料，同时随着理论和应用研究的深入，脂质体、微球、纳米粒以及眼部植入控释型给药系统的临床应用也指日可待。

5.5.2　眼部黏膜给药系统的分类

1. 滴眼液

滴眼液是应用较方便并且较易被患者所接受的一种给药方式，但由于药物会很快从眼部消除，因此生物利用度较低。尤其是生物药物，在溶液状态药物一般不稳定，因此很少直接应用这种剂型。有研究者制备了胰岛素滴眼剂，以聚乙烯吡咯烷酮-35 为增稠剂，以苄泽 78 为吸收促进剂，并将该处方申请了国家发明专利；含 α_2-巨球蛋白的滴眼剂在人和动物试验中证明，对于眼球表炎症、急性炎症病变和经久不愈性眼球表溃疡等症状有显著疗效。

2. 含生物黏附材料的眼部给药制剂

使用生物黏附材料可以提高眼用制剂在眼部的滞留时间从而提高生物利用度。任何一种聚合物或混悬液滴入眼部，首先与角膜和结膜的黏蛋白结合。如果聚合物能与黏蛋白附着，则这种相互作用过程称为黏膜黏附。然而，结膜的球形使聚合物不易停留，而更容易与角膜黏着，但角膜黏着可能干扰视觉途径，因此，黏附的靶部位应该是结膜表面。眼部给药常用的黏膜黏附材料有壳聚糖、卡波姆等。

在一定的条件下，聚合物溶液的黏度迅速增加，由液体转变为半固体，这类聚合物称为相转变聚合物。发生相转变的条件可以是温度变化、离子强度变化、pH 变化等。应用相转变聚合物能够延长药物在眼部的滞留时间进而提高生物利用度。这种给药制剂可以制备成易于被患者所接受的滴眼液的形式。

3. 亲水凝胶给药系统

亲水凝胶给药系统可有两种，即预先形成亲水凝胶和在位形成亲水凝胶。后者的优点是给药剂量准确，重现性好。

理想的眼用凝胶为 gellan 树胶，它在水溶液中形成阴离子多糖，当离子强度增加即从溶液变成凝胶。泪液中单价和二价阳离子量增加后，凝胶的形成呈比例增加。因此，一般的泪液回流引起黏溶液的稀释，进一步增加泪液体积和阳离子浓度，使给药系统的黏度增加。Poloxamer 407 是一种多聚物，具有热敏感性，一般浓度在 20%～30%，当温度从室温提高到 34℃时，溶液变成凝胶。亲水凝胶给药系统常用的材料有纤维素类、PVA 类（liguifilm tear、N-Teoear）和透明质酸（Hy-Drep）等。在这些亲水凝胶制剂中，温度敏感凝胶似乎是最有前途的制剂，因为它可以是无黏稠性的滴眼液，便于精确定量。

以水凝胶的形式进行眼部给药具有独特的优势。首先，与传统的滴眼剂相比，水凝胶在眼部有更长的滞留时间；其次，与传统的软膏剂相比，不会造成患者的视力模糊，更容易被患者所接受，患者的顺应性更好。此外，该剂型还具有安全性很高、毒性低、无刺激过敏性、生物相容性好等优点。

4. 脂质体

滴眼液给药时，由于眼球运动和鼻泪系统的作用，使大量的药物损失，因此需每日多次给药，剂量不准确，眼内药物浓度波动大；混悬液或软膏给药又影响视力和眼球运动。所以理想的眼部给药系统：应能维持药物储库，较长时间地释放药物；能有效地穿透角膜，到达眼内各用药部位；能降低原有药物的局部和全身毒副作用；制剂透明，不影响眼部的正常生理功能。

近年来，国内外眼科学者正在探索在眼部应用药物控释系统，以求较长时间地维持药物浓度，减少并发症，达到治疗目的。脂质体作为眼部给药系统载体具有以下优点：① 其组成成分为磷脂双分子膜，类似于生物膜，易与生物膜融合，促进药物的跨膜转运，提高生物利用度；② 将药物包裹在脂质体内部，可以起缓释作用而延长药效，对于生物药物，同时还可以降低免疫原性；③ 采用不同的制备方法，可以获得不同粒径的脂质体，减小粒径，可降低脂质体溶液滴入眼部时的异物感。

试验证明将单克隆抗体包封于脂质体内眼部给药或结膜下注射后，在结膜和角膜能够测得药物浓度，给药 30min 后，在房水中可测得单克隆抗体的浓度，证明药物可以进入眼睛内部。另有试验将环孢菌素 A 的脂质体和胶原蛋白罩制剂与橄榄油溶液滴眼液相比，结果表明，脂质体和胶原蛋白组的药物浓度均明显高于橄榄油溶液组。

5. 生物降解性微球和纳米粒

微球制剂是由天然或合成的高分子材料经固化而制成的，结合有某种活性成分的球形固体制剂直径一般为微米级。直径小于 1000nm 者常称为毫微球或纳米粒。生物降解聚合物和生物黏附聚合物在微粒制剂研究中的应用对提高药物的靶向作用、延长药物作用时间、提高生物利用度、降低不良反应等具有重要意义。制备这类制剂常用的生物降解性聚合物有聚酯类和聚丙烯酸类聚合物，如聚乳酸(PLA)、聚乙醇酸(PGA)及其共聚物(PLGA)，以及卡波姆、壳聚糖类等。有研究以环孢菌素 A (CyA)为模型药，制备壳聚糖纳米粒用于眼部黏膜给药，对 CyA 壳聚糖纳米粒、CyA 在壳聚糖水溶液中的混悬液及 CyA 水混悬液三种制剂进行兔眼部给药，并比较血中的 CyA 浓度。试验结果表明，CyA 纳米粒给药后药物浓度明显高于后两者，CyA 的壳聚糖混悬液给药后 24h 内药物浓度已降到治疗浓度以下，而 CyA 纳米粒给药 48h 后还具有调节局部免疫应答和抗炎的能力。

5.5.3 实例

1. α_2-球蛋白滴眼液

【制备方法】 取经过浓缩的 α_2-球蛋白提取液，调 pH 值至 5.6～7.2，以去离子水稀释至 α_2-球蛋白浓度为 10%(质量分数)，加入 0.01%新洁尔灭，过滤除菌，菌检、热原检查无异常后，分装成滴眼液。

该滴眼液能有效治疗眼球表面炎症、抑制眼球表面急性炎症病变及溃疡的发生、发展，对经久不愈性溃疡(碱烧伤溃疡、放射性溃疡、神经营养障碍性溃疡)的疗效显著。

2. 环孢菌素A(CyA)微球

利用新型嵌段聚合物(E-己内醋-D,L丙交醋嵌段共聚物)将CyA包封制备成微球,含有750μg CyA的5mg微球以注射用生理盐水混悬,在间接检眼镜观察下注射到兔的左眼玻璃体腔中部,同样剂量的空白微球注射到同一只兔子的右眼作为对照。在注射后的不同时间点进行ERG检查。处死动物,摘取眼球对视网膜进行组织学检查,并检查眼底至8周。结果注射后1~2周时,平均的B波被明显抑制($P<0.05$)。最大的暗适应ERG抑制出现在第1周。试验眼与对照眼的B波振幅比率为49.5%。ERG值在第4周基本恢复正常。B波的潜伏值在暗适应条件下为正常。试验眼与对照眼的A波振幅值和潜伏值在暗适应条件下没有明显差异。组织学检查显示,试验眼与对照眼的视网膜在第6周时没有明显改变。

5.6 直肠黏膜给药

5.6.1 概述

直肠给药历史悠久,后随着生物药剂学迅速发展,发现栓剂不仅起局部作用,而且能通过直肠吸收起全身性作用,从而开辟了生物制剂新的用药途径。目前,直肠给药剂型的品种和数量正日益增多。直肠黏膜给药,是指药物通过一定的剂型作用于直肠黏膜,用于局部或全身治疗作用。直肠黏膜属于类脂屏障,药物从直肠吸收的机制主要是被动扩散。直肠黏膜给药吸收有三条途径:① 通过直肠上静脉进入肝,进行代谢后再由肝进入体循环;② 通过直肠下静脉和肛门静脉,经髂内静脉绕过肝进入下腔大静脉,再进入体循环;③ 通过直肠淋巴液吸收,进入淋巴循环,通过胸导管进入血液循环。

上述吸收途径中,药物通过直肠下静脉和肛门静脉吸收,可避开胃肠道消化液的破坏作用和肝脏首过效应。加入吸收促进剂后,直肠给药药物吸收很快,血液药物浓度可很快达到峰值但不持久。由于患者用药不方便,该给药途径没有鼻腔和口腔给药途径那样被重视和广泛研究。

5.6.2 直肠黏膜给药常用剂型

直肠黏膜给药常用剂型为栓剂。栓剂(suppositories)系指将药物和适宜的基质制成具有一定形状供腔道给药的固体状外用制剂。栓剂在常温下为固体,塞入人体腔道后,在体温下迅速软化、熔融或溶解于分泌液,逐渐释放药物而产生局部或全身作用。栓剂通常用于直肠和阴道,少数用于尿道。栓剂具有不同的形状和质量,一个栓剂的形状和大小应既易于塞入需要发挥治疗作用的腔道,又不会产生过度膨胀感,同时进入腔道后又能在其中停留适当的时间。

1. 栓剂基质

栓剂基质对药物的释放和吸收起着重要的作用。选择栓剂基质的首要条件之一是:其在室温时为固体,塞入腔道后在体温条件下易于软化、熔化或溶解,以便于药物的充分利用。根据物理性质，栓剂基质可分为三类：① 脂溶性或亲脂性基质；② 水溶性或亲水性基质；③ 混合基质，通常由亲水、亲油物质混合组成。

脂溶性或亲脂性基质是最常用的栓剂基质，可可豆脂是其中最主要的一种。其他亲脂性基质有棕榈仁油、棉籽油等，另外由高分子质量的棕榈酸、硬脂酸与甘油酯化而成的化合物也可作为脂溶性的栓剂基质，如甘油单硬脂酸酯和甘油棕榈酸酯。但大多数栓剂基质的上市产品是各种不同材料的混合物，这类混合物的优点是在运输、储藏过程中有适宜的硬度，而在体温条件下能够快速软化释放药物。可可豆脂因其熔点在30～60℃，体温下易熔化，室温时又可保持固态，故是一种理想的栓剂基质。

水溶性或亲水性基质主要有甘油明胶和聚乙二醇类。甘油明胶常用作阴道栓的基质，可延长药物的局部作用。甘油明胶基质与可可豆脂相比软化较慢，与体液混合时间较长，因而给药缓慢而持久。由于甘油的吸湿性，甘油明胶栓可吸收水分而具有脱水作用，塞入腔道后会对组织造成刺激，因此栓剂处方中应含有适量水分以减少这种刺激，必要时可在栓剂塞入前先用水润湿。聚乙二醇有多种不同相对分子质量范围的产品，其中最常用的有PEG 300、PEG 400、PEG 600、PEG 1000、PEG 1500、PEG 1540、PEG 3350、PEG 4000、PEG 6000和PEG 8000。通常将两种或两种以上不同相对分子质量的聚乙二醇加热熔融以制得所需适宜硬度和性质的栓剂基质。聚乙二醇栓剂在体温下不熔化，而是缓慢溶解于体液中，因此基质不需要制成熔融型。实际上以聚乙二醇混合物制备的栓剂其熔点往往高于体温。因此栓剂易于贮存，不必担心高温会熔化，使用也相对较方便，不必担心栓剂会在指尖熔化。

混合型基质是指油脂性和水溶性或亲水材料的混合物。这些材料可能是化学或物理混合物，有些是W/O型的乳剂或混悬液。如聚氧乙烯40硬脂酸酯，为蜡状、白色或微褐色固体，溶于水，熔点为39～45℃；其为聚氧乙烯二醇、游离聚乙二醇单硬脂酸和双硬脂酸酯的混合物，聚合物分子平均长度相当于40个聚乙烯单位。其他用作栓剂基质的表面活性剂也属于混合型基质。

2. 栓剂种类

栓剂的种类繁多，除常用的普通栓剂外，还有以速释为目的的中空栓剂和泡腾栓剂，以缓释为目的的渗透泵栓剂、微囊栓剂和凝胶栓剂，同时有速释和缓释作用的双层栓剂，及加入渗透促进剂或阻滞剂的多种形式的栓剂。目前，可制成栓剂的药物已有100多种，其中，多数用作全身治疗，如抗抑郁药、镇痛药、抗心律失常药、止吐药、抗肿瘤药、抗生素和几种麻醉药，以及降钙素栓剂等。微囊栓剂是将药物首先制成微囊，然后与基质混合制备栓剂。微囊栓剂结合微囊和栓剂的特点：延缓药物的释放与吸收；延长药物的作用时间，减少用药次数；提高药物的稳定性；避免药物的胃肠道首过效应；利于小儿、老人以及口服有困难患者的应用；可通过调整栓内药粉和微囊的比例而控制平稳的血药浓度范围，减少因药物浓度过高而导致的毒副作用。微囊栓剂的缺点是制备工艺较普通栓剂繁琐、复杂，微囊粒径大小及囊壁厚度要严格控制等。

3. 栓剂制备方法

栓剂的制备方法有熔化模制法、挤压法及手工搓揉成型法，其中最常用和工业化生产栓剂的方法是模制法。模制法的基本步骤包括：① 熔化基质；② 加入药物；③ 将熔化物注入模具中；④ 冷却，凝结成栓剂；⑤ 脱模，取出栓剂。可可豆脂、甘油明胶以及大多数栓剂基质均适宜于模制法制备栓剂。模制法制备所需要的模具一般可以根据栓剂的形状购买。模具在使用前，为了使栓剂能顺利脱模，一般需要预润滑，而且不同的基质密度不同，为了得到相应的活性成分含量，需要对模具进行校准。

挤压法制备是指使用栓剂制备机，将基质和药物充分混合，通过挤压进入模孔而制备制剂。使用该法时，基质和处方中的其他成分需要彻底混合均匀。挤压法适宜于栓剂中所含药物对热不稳定或者栓剂中含有较多不溶于基质的药物的情况。与模制法相比，挤压法能避免不溶性成分在制备过程中的沉降；但缺点是需要特殊的栓剂制备机，且所能制备的栓剂的形状有限。由于不同形状和大小的栓剂模具均较易获得，致使手工搓揉成型法现在已经很少使用。

5.6.3　实例

1. 干扰素栓剂

【处方】　干扰素 6.0×10^{6}U；香果脂 4g。

【制法】　首先量取干扰素 6.0×10^{6}U 备用，再称出香果脂 4g 并加温至 35℃熔化，将取出的干扰素加入已溶化的香果脂中，搅拌均匀，再用定型模具逐一压制即成一定形状的干扰素栓剂。有报道，将干扰素制备成直肠用栓剂，可以避免胃蛋白酶对干扰素的破坏而提高药效，同时减轻患者的痛苦，给药更加方便、安全。

2. 低分子肝素直肠栓剂

【处方】　低分子肝素 2000U；聚乙二醇 4000 处方量；聚乙二醇 400 处方量；氮酮适量。

【制法】　将聚乙二醇 4000 置 55℃恒温水浴中熔化，加入聚乙二醇 400 和氮酮，搅拌均匀后，将用蒸馏水溶解的低分子肝素倒入其中，充分搅拌；待温度降至 40℃左右时，倒入栓剂模具中，冷却成型后，削去多余的部分，取出，即得。制得的栓剂为白色子弹形，表面光滑，色泽均匀。

低分子肝素(low molecular weight heprin)是抗凝血、抗血栓、调血脂的一类药物，在预防和治疗心血管系统疾病方面有积极疗效。与标准肝素相比，低分子肝素具有抗血栓作用强、出血副作用小、生物利用度高、量效关系稳定等特点。临床上，其主要经注射给药。

该直肠栓剂的初步动物试验结果表明，低分子肝素可以透过直肠黏膜吸收进入体内，为该药直肠给药制剂的开发提供参考。

5.7　阴道黏膜给药

5.7.1　概述

阴道给药系统通过阴道黏膜吸收进入局部或全身血液循环，多为局部作用，主要用于杀菌消毒、避孕、流产、引产、治疗癌症。阴道黏膜具有一定的渗透性，且阴道的血管、淋巴分布也比较丰富，一些药物能从阴道吸收而发挥全身作用。但是阴道黏膜给药受性别和生理周期的影响，因此不像鼻腔和口腔给药途径那样被重视和广泛研究。

目前,市场上的阴道给药制剂主要用于防治一些妇科疾病和实行计划生育。近年来,阴道给药制剂的制剂种类有了很大发展,且具有长效作用的阴道制剂液逐渐发展起来,如具有延长药物作用的阴道用制剂 Cervidil 阴道塞入剂。该塞入剂是一个含有地诺前列酮(前列腺素 E_2)的矩形小囊,药物分布在交联的聚氧环乙烷/氮基甲酸乙酯聚合物中,按预定的速度释放,用于分娩的引导。塞入剂需要由经过训练的产科护理人员给药,药物释放可超过 12h,此后将塞入剂去除。另一种具有长效作用的阴道用制剂为生物黏附性的阴道用凝胶。如 Crinone 凝胶,该制剂是由微粉化的黄体酮和 polycarbophil 高分子材料组成的 O/W 型乳剂。不溶于水的高分子材料在阴道中膨胀形成黏附性凝胶覆盖在阴道壁。黄体酮可通过阴道黏膜持续吸收 25~50h,用于保胎。

雌二醇给药的极好途径是使用雌二醇阴道环。雌二醇阴道环在设计上主要用于向局部持续释放小剂量的雌二醇,血中雌激素的清除率为 2L/mL,其分布大约为 50L,半衰期约 20min。其治疗绝经后妇女泌尿生殖道萎缩的疗效与阴道霜、阴道栓等基本相似,但相较于口服、经皮给药、植入,阴道给药在减轻症状、改进细胞学分化方面表现更好。雌二醇阴道环一般为控释给药体系,持续给药时间可达 90d 左右。

5.7.2 阴道黏膜给药的分类

1. 阴道栓

栓剂是阴道给药常用的剂型。阴道用栓剂也称"阴道栓",通常呈球形、卵形或圆锥形,其制备方法和所用基质与直肠栓剂类似。根据基质的种类和产品的不同,阴道栓的重量变化比较大。制备阴道栓时,最常采用的基质也是不同分子质量的聚乙二醇混合物。这类基质中常加入表面活性剂和防腐剂。阴道栓剂的 pH 值常需调至酸性,一般 pH 值为 4.5,与阴道的生理条件相当。这样的酸性条件不利于病原体生长,却有利于阴道中正常的酸性杆菌繁殖。

2. 阴道用片剂

阴道用片剂常见的剂型是阴道用泡腾片,用于治疗妇科疾病。泡腾片是指以适宜的酸和碱,在水存在的条件下相互反应产生气体,而使片剂崩解、溶解或形成泡沫的片剂。常用枸橼酸、酒石酸、苹果酸等,与碳酸盐反应产生二氧化碳气体。阴道用泡腾片除具有普通泡腾片的共性外,特别强调制剂在崩散后应无沙砾感,并且具有一定的润滑效果。因此这类制剂的添加剂除活性成分和必要的润滑成分外,其他最好是可溶的或可溶胀的辅料,如甘露醇、羟丙基纤维素、羟丙甲纤维素、羧甲基淀粉钠、硼酸和聚维酮等。

阴道用片剂生物药物稳定性差,对于光、热、酸碱度、化学物质等都非常敏感,极易造成药物失活,因此在处方筛选中要注意辅料对药物活性的影响,同时制备工艺的优化对于保持药物的活性也是非常重要的。与口含片类似,片剂的制备工艺一般采用低温处理或粉末直接压片。有研究者采用空白颗粒法制备干扰素阴道用片剂,详见应用实例。

5.7.3 实例

干扰素阴道给药片

【处方】 (1000 片)干扰素 1.5×10^8 U;甘露醇 700g;羟丙基纤维素 100g;碳酸氢钠 35g;

酒石酸 28g；硼酸 7g；硬脂酸镁 18g；4％羟丙甲纤维素水溶液 300g；15％聚维酮无水乙醇溶液 9g；羧甲基淀粉钠 100g。

【制法】（1）制备可溶胀性颗粒：取甘露醇 700g、羟丙纤维素 100g 混合均匀，加入 4％羟丙甲纤维素溶液 300g（±20％），搅拌均匀，过 16 目筛制成颗粒，70℃干燥。

（2）制备碱性包裹颗粒：取碳酸氢钠 35g，加入 15％聚维酮乙醇溶液 6g，搅拌均匀，过 18 目筛，70℃干燥，将干燥后的颗粒粉碎，过 80 目筛。

（3）制备酸性包裹颗粒：取酒石酸 28g，加入 15％聚维酮乙醇溶液 3g，搅拌均匀，过 18 目筛，70℃干燥，干燥后颗粒过 80 目筛。

（4）混合：将干扰素、羧甲基淀粉钠、硼酸、硬脂酸镁、可溶胀性颗粒、碱性包裹颗粒、酸性包裹颗粒混合均匀。

（5）压片包衣：将整理后的颗粒压片，即得。

该干扰素阴道给药片具有稳定性高、疗效显著、制备工艺简单、使用后无不溶性固体颗粒、无沙砾感等优点，可用于治疗妇女慢性宫颈炎、宫颈糜烂、病毒性阴道炎等多种妇科疾病。

【思考题】

1. 黏膜给药系统的吸收途径有哪些？各途径的剂型分类有哪些？
2. 结合本章所学内容，论述胰岛素鼻腔粉剂的优点。
3. 口腔黏膜给药系统的类型有哪些？结合各类型的特点设计生物药物。
4. 简述口腔黏膜给药系统的剂型。
5. 简述直肠黏膜给药与阴道黏膜给药的优缺点。

【参考文献】

[1] 梁文权. 生物药剂学与药物代谢动力学. 第 3 版. 北京：人民卫生出版社，2007.

[2] 梅新国. 生物药物制剂. 第 2 版. 北京：化学工业出版社，2004.

[3] 李庆，沈子龙. 蛋白和多肽药物的透黏膜吸收. 药物生物技术，1999，6(3)：187－192.

[4] 刘学丽. 多肽药物经眼部途径的全身给药. 国外医学药学分册，1994，21(5)：294－297.

[5] 陈西敬，熊莲洁，朱家壁. 胰岛素新剂型的研究与开发. 药学进展，2001，25 (2)：81－83.

[6] 江志强，吕剑. 胰岛素脂质混悬液的肺部给药. 药学学报，2002，37(5)：378－382.

[7] Rocio FU, Pilar C, Carmen RL, et al. Enhancement of nasal absorption of insulin using chitosan nanoparticles. Pharm Res, 1999, 16(10): 1576－1581.

[8] Tourgeman DE, Boostanfar R, Chang L, et al. Is there evidence for preferential delivery of ovarian estradiol to the endometrium. Fertil Steril, 2001, 75(6): 1156.

[9] Clear NJ, Milton A, Humphrey M, et al. Evaluation of the intelisite capsule to deliver theophylline and frusemide tablets to the small intestine and colon. Eur J Pharm Sci, 2001, 13(4): 375－384.

[10] 王闻珠，邓英杰. 脂质体肺部给药研究进展. 沈阳药科大学学报，2000，17(3)：226－229.

第6章

经皮给药系统

本章要点

1. 掌握经皮给药系统制剂的分类、常用材料及经皮吸收的影响因素；
2. 熟悉经皮给药系统制剂的设计、质量控制以及药物经皮渗透性的试验方法；
3. 了解经皮给药系统制剂的生产工艺。

6.1 概　述

经皮给药系统（transdermal drug delivery system，transdermal therapeutic system，简称TDDS，TTS）又称经皮治疗制剂系指经皮肤敷贴方式给药，药物穿过角质层，通过皮肤扩散，由毛细血管吸收进入全身血液循环达到有效血药浓度，并在各组织或病变部位实现治疗或预防疾病的作用。经皮给药系统既可以起局部治疗作用也可以起全身治疗作用，为一些慢性疾病和局部疼痛的预防及治疗提供了一种简便且行之有效的给药方式。经皮给药系统经常使用贴剂，此外还有软膏剂、硬膏剂、涂剂、巴布剂和气雾剂等。

6.1.1 经皮给药系统的特点

1）经皮给药系统为无法口服给药的患者，尤其是伴有严重呕吐或腹泻的患者提供了一种替代途径，且以无损伤方式给药，避免了口服和注射给药带来的不便。在出现药物不良反应时，撤出经皮给药系统即可结束给药，提高了给药安全性，降低了口服和注射给药带来的危险性。

2）经皮给药可避免口服给药带来的肝脏及肠胃的首过效应，使药物直接进入血液循环，提高了药物的生物利用度，比口服给药更能使药物稳定地进入循环系统。经皮给药系统具有相对固定的皮肤给药部位及给药面积，在用药期间吸收速度和吸收总量不会出现明显变化，可以维持持久、恒定、可控的血药浓度，增强疗效并减轻不良反应。

3）经皮给药可改善患者的用药顺应性。一般情况下每次给药可维持 1 天或 1 天以上，延长单次给药的时间，增强疗效，减少用药次数和剂量，对老年、婴儿和不宜口服的患者尤为适宜。

4）使用经皮给药系统时，患者可自行用药或随时中断给药，避免饮食、运动、体位、睡眠等对药物吸收的影响，相对减少了患者个体间差异和个体内差异。

经皮给药也存在一些缺点，如经皮给药系统均有时滞，给药几小时后才能起效；多数药物不易达到有效治疗浓度；经皮给药系统所能负载的药量和用药面积有限，虽然扩大给药面积可以增加药物的透过程度，但也会增加对皮肤的刺激，降低用药顺应性；一些本身对皮肤有刺激或致敏性的药物不宜制成经皮给药制剂；经皮给药系统中贴剂的生产工艺和条件较为复杂。

6.1.2　经皮给药系统的分类

TDDS 大致可分为四类，即膜控释型、黏胶分散型、骨架扩散型和微型储库型。现按照以上分类方法介绍如下。

1. 膜控释型 TDDS

膜控释型 TDDS 的基本结构是由无渗透性的背衬层、药物储库、控释膜、黏胶层和保护膜（防黏层）5 部分组成（如图 6-1 所示），在黏胶层外还有便于贮存和运输的防黏层。背衬层通常以铝箔或不透性聚合物如聚苯乙烯、聚乙烯和聚酯等为材料制备，其他的背衬层材料还有聚氯乙烯、硅油水凝胶等，要求材料具有无渗透性、易与控释膜热合、不与药物发生作用、耐水、耐有机溶剂且无毒等特点。药物储库可以用多种方法制备，例如将药物分散在聚异丁烯压敏胶中涂布而成，也可以将药物混悬在对膜不渗透的黏稠流体基质中，如硅油或半固体软膏等。控释膜是由聚合物材料加工而成的微孔膜或无孔薄膜，无孔薄膜可应用于一系列的透皮系统中，薄膜中聚合物大分子链间的间距是控制药物释放速度的因素。在透皮系统中通常会使用两种无孔膜，一种是凝胶膜（在水中能膨胀的聚合物网状结构），另一种是弹黏体膜（不包含任何膨胀剂）。使用最多的是无孔的乙烯-醋酸乙烯或者聚乙烯膜。黏胶层可以使用各种压敏胶，如硅橡胶类、丙烯酸类或聚异丁烯类等。保护膜则是一层惰性不透性的或遮光镀金属的聚酯薄膜，应能与压敏胶很好配伍。膜控释型 TDDS 的一般生产流程如图 6-2 所示。

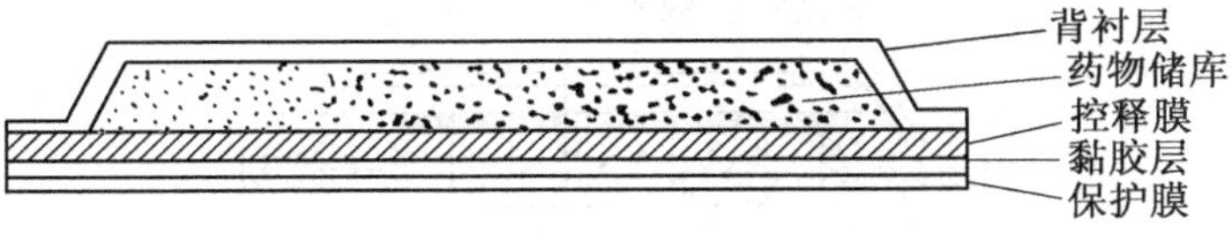

图 6-1　膜控释型 TDDS 的基本结构

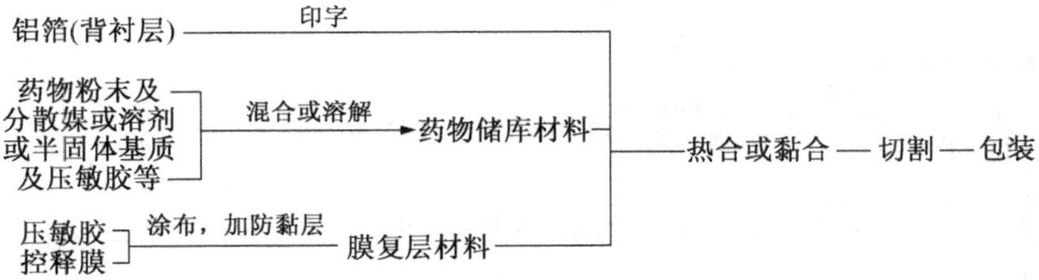

图 6-2　膜控释型 TDDS 的生产流程

2. 黏胶分散型 TDDS

黏胶分散型 TDDS 的药库及控释层均由单层或多层压敏胶组成，药物分散（溶解或热熔）在压敏胶中成为药物储库，然后均匀涂布在无渗透背衬层上，为改善与背衬层的黏附力通常先涂布一层与之亲和性强的不含药黏胶层（见图 6-3）。黏胶分散型 TDDS 的生产较膜控释型简单，利用现有的涂胶设备即可完成，一般生产流程如图 6-4 所示。

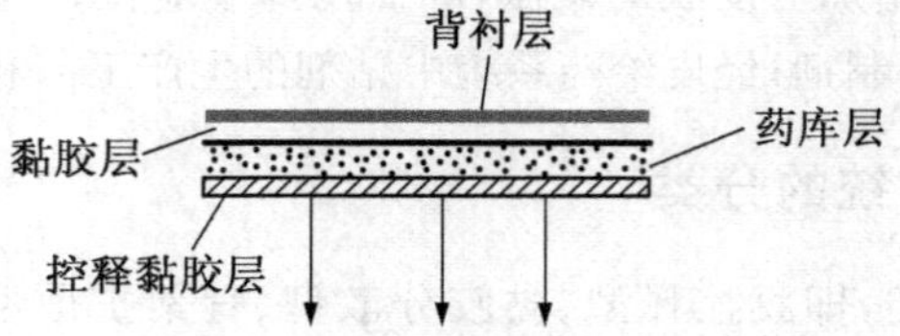

图 6-3 黏胶控释型 TDDS 的基本结构

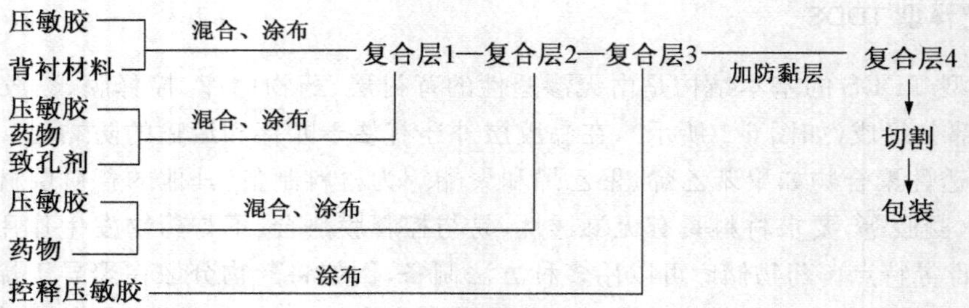

图 6-4 黏胶分散型 TDDS 的生产流程

3. 骨架扩散型 TDDS

骨架扩散型 TDDS 的药物均匀分散或溶解在疏水或亲水的聚合物骨架中，然后按剂量分成面积、厚度一定的药膜，与压敏胶、背衬层及防黏层复合而成（如图 6-5 所示）。该型制剂一般生产流程如图 6-6 所示。

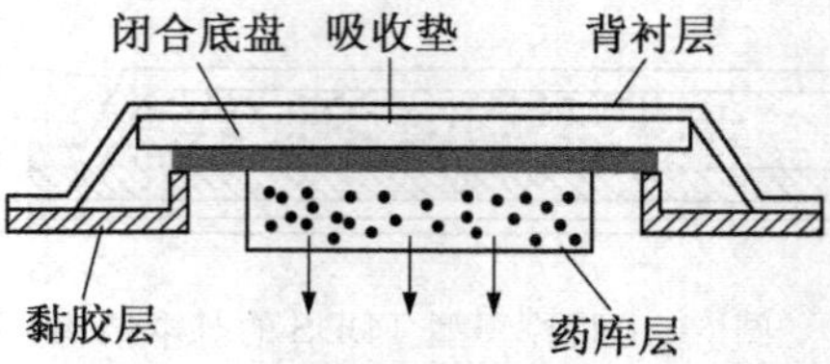

图 6-5 骨架扩散型 TDDS 的基本结构

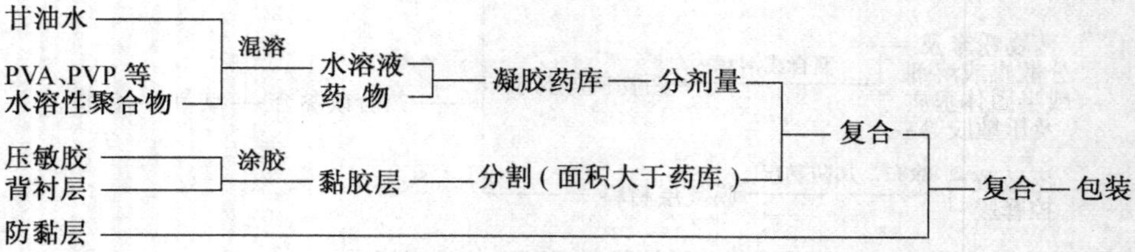

图 6-6 骨架扩散型 TDDS 的生产流程

4. 微型储库型 TDDS

微型储库型 TDDS 一般认为是膜控释型和骨架型的混合型，兼有两者的特点。其一般制备方法是：先将药物分散在水溶性聚合物的水溶液中，将此混悬液均匀分散到疏水性聚合物中，再使混合物在高切变机械力下形成微小的球形液滴(如图6-7 所示)，然后迅速与聚合物交联使之形成稳定的分散系，球型液滴由此成为药库，聚合物即成为骨架，交联聚合物则形成控释膜。将此系统制成具有一定面积、一定厚度的药膜，置于黏胶层中心即成。

此类系统的制备工艺复杂，目前很少应用，一般生产流程如图 6-8 所示。

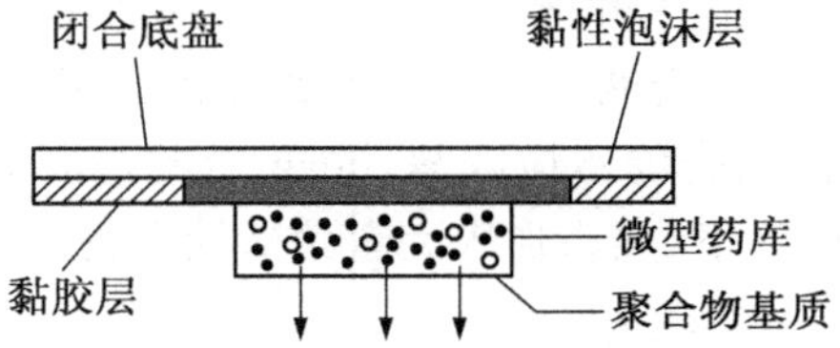

图 6-7　微型储库型 TDDS 的基本结构

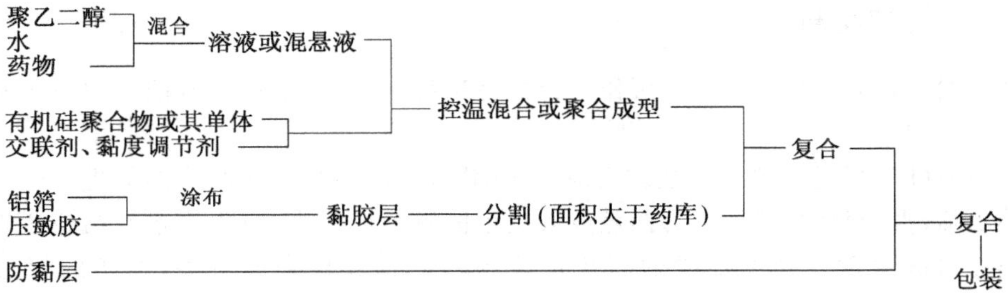

图 6-8　微型储库型 TDDS 的生产流程

6.1.3　发展现状

一般认为皮肤是防御与排泄的重要器官，主要抵御外来物质侵入机体并防止体内水分和营养成分的流失。以前，经皮给药主要限于治疗皮肤的局部疾病。自 1974 年美国上市第一个 Transderm-Scop 镇晕剂——东莨菪碱，以及于 1981 年用于临床的抗心绞痛药硝酸甘油的透皮吸收制剂以来，出现了许多具有全身治疗作用的经皮吸收制剂，包括雌二醇、芬太尼、烟碱、可乐定、睾酮、硝酸异山梨酯、左炔诺酮等。但是，由于角质层的限速屏障作用，除硝酸甘油等少数药物外，大部分药物透过皮肤的能力比较差。因此，在经皮给药系统中，大多数药物包括高分子药物，均需利用特殊的技术手段来改善皮肤的透过性，以保证治疗效果。

多肽、蛋白类等生物药物由于其相对分子质量大、亲水性强等特点，几乎不能透过皮肤角质层的亲脂性屏障，所以这些药物经皮给药的可行性一直以来受到怀疑。为了使一些相对分子质量较大、亲水性较强的药物能经皮给药，就需要通过寻找新的渗透促进剂、研究皮肤透过能力强的新型药物载体、发现经皮系统的新型药用辅料及采用新的促渗技术等，来改善药物对皮肤的有效通过率。近年来，随着离子电渗技术引入到透皮吸收领域，以及脉冲式经皮离子电渗治疗系统的问世，使大分子蛋白或多肽类药物，如加压素和胰岛素等，经皮给药的设想得以实现，为肽类和蛋白类生物药物的应用提供了一个新的途径。

6.2 载体材料

经皮给药系统中除主药、经皮吸收促进剂和溶剂外，还包括药物储库、控释膜、压敏胶、背衬材料和防黏膜等多个组成部分，其中储库材料、膜控释材料、压敏胶多为高分子材料。这些载体材料的相对分子质量、相对分子质量分布、结晶、结晶度、交联度及玻璃化转变温度等性质对药物的透皮吸收有着重要的影响作用，因此在生产中通常需要满足以下要求：① 聚合物的相对分子质量、玻璃化转变温度、化学性能必须允许特定的药物能适当地扩散和释放；② 聚合物不应与药物发生化学反应；③ 聚合物及其分解产物必须是无毒或与人体有兼容性的；④ 经皮给药系统在贮存或使用期间聚合物不应降解；⑤ 聚合物应容易加工和制成所需要的产品，在不过分降低其机械性能的前提下，允许加入大量的活性药物；⑥ 聚合物应廉价，使经皮给药系统有商业竞争优势。

目前用于经皮给药系统的载体材料多是高分子材料，常用的载体材料介绍如下。

6.2.1 骨架材料

大量天然与合成的高分子材料可作聚合物骨架材料，如疏水性的聚硅氧烷与亲水性的聚乙烯醇。

聚乙烯醇(PVA)是由乙炔与醋酸反应生成醋酸乙烯，然后用甲醇作溶剂进行聚合反应生成聚醋酸乙烯，再经醇解制得的，为白色或淡黄色的颗粒或粉末，有强亲水性与成膜性。醇解的百分率称为醇解度。聚乙烯醇的理化性质与醇解度和聚合度有关，国产的聚乙烯醇有0488、0588和1788三种规格，它们的聚合度分别为400、500和1700，醇解度均为88%。聚乙烯醇含亲水性的羟基，具有很强的氢键结合力，醇解度高的聚乙烯醇呈结晶性，水溶性低。醇解度在80%左右的聚乙烯醇水溶性最好，在冷水与热水中均能溶解；醇解度高的聚乙烯醇则需加热至60～70℃才能溶解。

用不同方法处理的聚乙烯醇有不同的性状：① 聚乙烯醇的高浓度溶液冷却后可形成凝胶，这种凝胶机械强度差，浸渍于冷水中会膨胀，在温水中可溶解；② 聚乙烯醇溶液加入硼砂或硼酸后会形成水不溶性络合物，产生不可逆的凝胶；③ 反复冷冻处理高聚合度的聚乙烯醇液，可得到水不溶性凝胶；④ 聚乙烯醇、聚乙烯吡咯烷酮、丙二醇、水混合溶解可得弹性固体，而经皮给药系统需要的是高含水率与高机械强度的凝胶。

在许多透皮控释给药体系中，药物是直接分散在黏性聚合物中的，聚合物既是黏合剂，也是起扩散控制作用的基质。这类聚合物主要有聚氨酯、(甲基)丙烯酸酯聚合物、聚维酮(PVP)-PEG嵌段共聚物、PVP-寡聚氧乙烯(PEO)硅酮聚合物、硅橡胶、硅橡胶与2-羟乙基甲基丙烯酸酯和甲基丙烯酸共聚水凝胶的共混聚合物等。

6.2.2 膜材料

在膜控型经皮给药系统中，控释膜可控制药物从储库中释药的速率。经皮给药系统的控释膜分均质膜与微孔膜，用作均质膜的高分子材料有乙烯-醋酸乙烯共聚物和聚硅氧烷等。

1. 乙烯-醋酸乙烯共聚物

乙烯-醋酸乙烯共聚物(ethylene vinylacetate copolymer，EVA)是由乙烯和醋酸乙烯两种单体经共聚而得的。其用热熔法或溶剂法来制备，是经 FDA 批准认可用于人体的高分子材料之一，并且已有数种商品化的以 EVA 为控释膜的透皮治疗体系。乙烯-醋酸乙烯共聚物常为透明至半透明、略带弹性的颗粒，无毒、无刺激性、柔性好，具有生物兼容性好、加工成型方便、机械性能好以及理化性质稳定等特点，但耐油性较差。乙烯-醋酸乙烯共聚物的相对分子质量大，玻璃化温度高，机械强度大，常用溶剂有氯仿和二氯甲烷等。乙烯-醋酸乙烯共聚物的性能与相对分子质量和共聚物中醋酸乙烯的含量有关，共聚物中醋酸乙烯含量很低时，其性能接近于低密度的聚乙烯；醋酸乙烯含量高时，性能接近于可塑性聚氯乙烯。在相对分子质量相同时，醋酸乙烯含量增大，共聚物的溶解性、柔软性、弹性和透明性提高，而硬度、抗张强度和软化点降低。乙烯-醋酸乙烯共聚物中醋酸乙烯的含量从 9%升高至 40%，其溶解度参数从 8.0 变为 8.5，而结晶度从 47%降至 0，药物在其中的扩散系数和分配系数亦随之改变，如醋酸乙烯含量从 9%增至 16%时，黄体酮的透过性会增大一倍。

2. 聚氯乙烯

聚氯乙烯(polyvinyl chloride，PVC)是热塑性塑料，在一般有机溶剂中不溶，化学稳定性高，机械性能强，用于制取薄膜的聚氯乙烯常加入 30%～70%的增塑剂，称为软聚氯乙烯。软聚氯乙烯的软化点为 80℃，130℃时开始分解、变色并放出氯化氢，一般推荐的使用温度在 −15～60℃。聚氯乙烯透过性比较低，加入增塑剂可提高透过性。PVC 对油性液体兼容性较强，一般在膜中液体成分含量达 50%(*W*/*W*)仍能保持稳定分散状态。但若药物亲水性较强且含量较高，则在长期贮存后可能析出，释药速度显著加快。选择适宜的增塑剂，如二(2-乙基己基)-苯二甲酸酯，可能能减少析出。

3. 聚丙烯

聚丙烯(polypropylene，PP)是有较高结晶度和较高熔点的热塑性高聚物，吸水性很低，透气性和透湿性较聚乙烯小，抗拉强度较聚乙烯高。聚丙烯有很高的耐化学药品性，仅在某些氯化烃和高沸点脂肪烃中发生溶胀和表面溶蚀。聚丙烯薄膜具有优良的透明性、强度和耐热性等，可耐受 100℃以上温度煮沸灭菌，一般薄膜的相对分子质量较低，双向拉伸薄膜的相对分子质量较高。

4. 聚乙烯

聚乙烯(polyethylene，PE)是具有优良耐低温性和耐化学腐蚀性的热塑性高聚物，较厚的薄膜可耐受 90℃以下的热水，在烃类溶剂中也需较高温度才能溶解。聚乙烯安全无毒，有很好的防水性，但气密性较差。根据生产中使用的压力，聚乙烯可分为高压聚乙烯和低压聚乙烯两种，前者又称为低密度聚乙烯或支化聚乙烯，后者又称为高密度聚乙烯或线性聚乙烯。线性聚乙烯具有更高的结晶性、熔点、密度和硬度，渗透性较低。聚乙烯的性能还与其相对分子质量有关，由相对分子质量较高的聚乙烯制备的薄膜强度高，但透明度低。

5. 聚对苯二甲酸乙二酯

聚对苯二甲酸乙二酯(polydiethyl phthalate, PET)在室温下具有优良的机械性能,耐酸碱和多种有机溶剂,吸水性低,具有较高熔点和玻璃化温度。在加工薄膜时,采用双向拉伸工艺能够得到具有适宜结晶度、透气性很小和拉伸性能很高的产品。PET化学性能稳定,在加工中很少需要加入其他辅助剂,故安全性很高。

6.2.3 压敏胶

压敏胶(pressure sensitive adhesive, PSA)是指那些在轻微压力下即可实现粘贴同时又容易剥离的一类胶黏材料,起着保证释药面与皮肤紧密接触的作用,以形成药库或控释。药用TDDS压敏胶应满足以下条件:

1) 对皮肤无刺激、不致敏、与药物兼容及具有防水性;

2) 有足够强的黏附力和内聚强度,能黏接不同类型皮肤的适应性;

3) 应至少能在24h到7d时间内保持黏附性,揭除时无残留物,不会对皮肤造成损伤;

4) 可容纳一定量的药物与吸收促进剂,不影响化学稳定性与黏附力;

5) 在具限速膜的经皮给药系统中,压敏胶应不影响药物的给药速率,但在胶黏剂骨架型给药系统中,应能控制药物的给药速率。

下面介绍几种常用的压敏胶。

1. 聚异丁烯类压敏胶

聚异丁烯类压敏胶系无定形线性聚合物,能在烃类溶剂中溶解,可用作溶剂型压敏胶,是我国目前经皮给药系统主要使用的压敏胶。该类压敏胶有很好的耐臭氧性、耐化学药品性及耐水性,外观色浅而透明,一般可以不加入另外的增黏树脂和防老化剂等。因其分子结构中既无极性基团也无凝胶成分,故对极性膜材的黏性较弱,内聚强度及抗蠕变性能较差(特别是在高温下)。低相对分子质量的聚异丁烯是一种黏性半流体,起到增黏以及改善柔软性、润湿性和韧性的作用;高相对分子质量的聚异丁烯则具有较高的剥离强度和内聚强度。因此,使用不同相对分子质量、不同配比,并添加适宜的增黏剂、增塑剂、填充剂等可以扩大其使用范围。另外因分子结构中无极性基团也无凝胶成分,故对极性膜材的黏性较弱,只适用于低水溶解度参数和低极性的药物。聚异丁烯紧密排列的分子链使其透水蒸气、透湿和透氧的性能较低,长时间使用会产生积水、皮肤泛白等现象。

2. 丙烯酸类压敏胶

丙烯酸类压敏胶是丙烯酸酯、丙烯酸和其他功能性单体的自由基引发聚合的产物,是饱和碳氢聚合物。其具有高抗氧化性,不需要添加抗氧剂和稳定剂;玻璃化转变温度较低,黏性较强,通常不需要添加低相对分子质量的增黏剂或增塑剂。

该类压敏胶主要有溶液型和乳剂型两类。溶液型压敏胶一般由30%～50%的丙烯酸酯共聚物及有机溶剂组成,特点为稳定性好,胶层无色透明,对各种膜材有较好的涂布性和黏附性,剥离强度和初黏性也很好,但其黏合力及耐溶剂性较差,在高温时更差。乳剂型压敏胶是各种丙烯酸酯单体以水为分散介质进行乳液聚合后，加入增稠剂和中和剂等得到的产品。其优点是无有机溶剂污染，但耐水、耐湿性差。另外这类压敏胶对极性的高能表面基材亲和性较好，而对聚乙烯和聚酯等低能表面基材不能很好地润湿，可加入丙二醇、丙二醇单丁醚等润湿剂以改善其润湿性。

由于聚合物体系中残留单体的存在，聚丙烯酸酯类压敏胶对皮肤依然有刺激作用或者过敏现象，但对皮肤的刺激作用比聚异丁烯低。另外，相较于聚异丁烯压敏胶，聚丙烯酸酯类压敏胶在透水汽方面有较大的进步，但由于其自身是疏水性的，长时间黏附在皮肤上也会导致皮肤损伤或泛白。

下面就两种压敏胶对雌二醇和睾丸素的释放性能作一比较（见表6-1）。

表6-1 丙烯酸酯和聚异丁烯对雌二醇和睾丸素经无毛鼠皮肤通透性的比较

压敏胶薄层	药 物	通透系数 ($cm^2/s\times10^{-7}$)	稳态扩散系数 ($cm^2/s\times10^{-9}$)	通透系数鼠皮肤/压敏胶膜 ($cm^2/s\times10^{-7}$)
皮肤	雌二醇	6.46(±0.71)	1.58(±0.17)	—
丙烯酸酯		1.14(±0.10)	0.15(±0.01)	0.39(±0.04)
聚异丁烯		0.39	0.02	0.37(±0.08)
皮肤	睾丸素	8.50(±0.05)	5.13(±0.03)	—
丙烯酸酯		2.43(±0.16)	0.75(±0.05)	0.84(±0.04)
聚异丁烯		0.91(±0.14)	0.06(±0.01)	0.50(±0.11)

3. 硅橡胶压敏胶

硅橡胶压敏胶是低相对分子质量硅树脂与线型聚二甲基硅氧烷流体经缩合而成的聚合物，其中硅树脂既可调节黏性，又可调节内聚强度。增加树脂的用量则压敏胶黏性较低但易于干燥，而增加硅氧烷的含量可以提高其柔软性和黏性。

硅橡胶压敏胶的玻璃化温度低，柔性、透气性和透湿性良好，耐水、耐高温和耐低温，化学性质稳定，一般使用其烃类溶液，是比较好的一种压敏胶材料，但价格相对较高。另外，本品的黏基力小，基材表面处理以及防黏纸的选择常成为生产经皮给药系统的关键。

目前，压敏胶的研究方向主要集中在两个方面：① 能够提高经皮给药速率的压敏胶，包括与多种药物具有良好生物性且药物负载量高的黏合剂、能够耐受高剂量促透剂且不损失黏结性的黏合剂；② 促进生物兼容性、皮肤黏接性和提高贴带使用性能的黏合剂，即皮肤黏结性较好的黏合剂。目前改善压敏胶性能的途径主要是对传统压敏胶进行物理或者化学的改性，合成新的聚合物，如水凝胶、亲水性聚合物和聚氨酯等。

随着新型的性能优异的压敏胶的不断开发，透皮给药剂型的技术水平和性能得到了很大提高，极大地促进了透皮吸收制剂的发展。尤其是纳米载体辅料等在透皮制剂中的应用，使相对分子质量较大的亲水性多肽、蛋白类等生物药物的经皮给药成为可能，极大地促进了药物的吸收，提高了药物的生物利用度。

6.2.4 背衬材料和防黏材料

1. 背衬材料

背衬材料有聚氯乙烯、聚乙烯、铝箔、聚丙烯和聚酯等，常用它们的复合膜，厚约 20～50μm。经皮给药系统的背衬材料除要有一定强度能支撑给药系统外，还应有一定的柔软性以适用于皮肤。背衬材料还应具有对药物不透过、不与药物发生作用、耐水、耐有机溶剂等特性。在充填封闭型经皮给药系统中，背衬膜应能与控释膜热合，背衬膜最好有一定的透气性，如在背衬膜上打微孔，或在背衬膜内垫一层聚氨酯或聚乙烯且等制备的发泡体吸收水分。

2. 防黏材料

防黏材料又称保护膜，为了防止压敏胶从药库或控释膜上转移到防黏材料上，防黏材料的表面能应低于压敏胶的表面能，即压敏胶在其表面的黏基力应小于在控释膜表面的黏基力，因此可用表面自由能低的塑料薄膜。常用的防黏材料有聚乙烯、聚苯乙烯、聚丙烯、聚碳酸酯、聚四氟乙烯等高聚物的膜材，也可使用表面经石蜡或甲基硅油处理过的光滑厚纸如聚乙烯、聚苯乙烯、聚丙烯。

6.3 皮肤的基本生理结构与药物经皮转运

皮肤作为人体的最外层组织包裹着机体，与外界环境直接接触，有防御、感觉、调节体温、分泌和排泄的作用。它能保护机体免受外界环境中各种有害物质包括机械、物理、化学和生物等有害因素的入侵，并防止体内各种营养物质、电解质和水分的流失。皮肤中含有许多神经末梢，能感知冷、热、痛、触及压力等刺激。正常成人的皮肤表面积约为 1.5～2.0m²，厚度一般在 0.5～4mm，各部位厚度不尽相同，全身有 1/3 的血液在皮肤中流动。皮肤的结构主要分为四个层，即角质层、生长表皮、真皮和皮下脂肪组织，如图 6-9 所示。由于皮肤各层的组织学结构不同，化学性质不同，因此对药物的经皮吸收所产生的影响也不同。

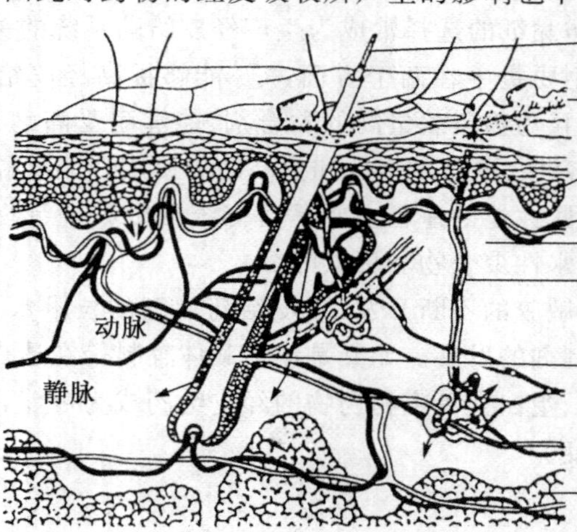

图 6-9 皮肤结构示意图

6.3.1　皮肤的基本生理结构

1. 表皮

表皮(epidermis)包含角质层和生长表皮。

角质层是皮肤的最外层,与体外环境直接接触,系无生命活性的角质细胞层。角质细胞膜是由脂质、蛋白质和非纤维蛋白质相互镶嵌成的致密膜结构。人体皮肤角质层厚约 15～20μm,相当于 10～20 个角质细胞堆砌而成。在角质层,细胞间存在着脂质,形成双分子层结构。如果把角质细胞比成砖块,把细胞间脂质比成水泥灰浆,就形成"砖墙结构",这种特殊的砖墙结构决定了角质层是药物经皮吸收的主要屏障且其中的脂质起主要作用。一般认为,由于脂溶性较强的药物可以与角质层脂质相溶,角质层的屏障作用较小,其主要的限速因素是药物由角质层向生长表皮层的转运过程。而相对分子质量较大的极性或水溶性较大的药物则较难透过,其主要限速过程是在角质层中的扩散。

生长表皮又称活性表皮(viable epidermis),由活细胞组成,持续、更新形成角质层细胞,其厚度随身体部位不同而不同,一般厚度为 50～100μm。细胞内主要是水性蛋白质溶液,水分含量约占 90%。相较于角质层,生长表皮结构疏松,药物容易转运,但在某些情况下,生长表皮亦可能成为脂溶性药物的渗透屏障,且活性表皮中含有酶,能降解通过皮肤的药物。

2. 真皮和皮下组织

真皮 (dermis)位于表皮的下方,与皮下组织没有明显的界限,厚约 1～3mm,是由纤维蛋白形成的疏松结缔组织,含水量约为 30%。在该组织中分布着丰富的毛细血管、毛细淋巴管、毛囊和汗腺,这些系统与体内循环系统连接组成药物的转运网络,从表皮进入真皮的药物可被迅速转移,而不形成屏障。但一些脂溶性较强的药物,可能在真皮的脂质中积累,难以分配至水性环境而形成药物储库。

皮下组织 (subcutaneous tissue)也是一种脂肪组织,具有血液循环系统、汗腺与毛孔。与真皮组织类似,由于药物在皮下组织中能够迅速移除,故一般不成为药物吸收屏障。在进行经皮给药系统的离体皮肤研究时,原有的转运系统已不再发生作用,脂肪层可能成为药物的储库并阻止其向接收介质转运,建议将皮下组织清除。

3. 皮肤的附属器

皮肤的附属器包括汗腺、毛囊、皮脂腺,从皮肤表面一直到达真皮层底部。虽然皮肤上的毛孔、汗腺和皮脂腺总数以百万计,却占不到 1%的体表面积,再者其分泌物的扩散方向与药物的扩散方向相反,故在大多数情况下不成为主要吸收途径,但大分子药物以及离子型药物可能经由这些途径转运。另外,这些通道在药物透过开始阶段具有缩短"时滞"(lag time)作用;但当药物经由皮肤扩散达到平衡后,经由这些通道的转运就仅占很微小的比例而可忽略。

6.3.2　药物经皮转运

药物透皮吸收进入体循环主要有两条途径。

1）透过角质层和表皮进入真皮，被毛细血管吸收进入体循环。在这条途径中，药物穿透角质层有两种方式，即直接穿透角质细胞膜（经细胞途径）和经角质细胞间隙。皮肤的吸收一般是药物直接透过角质层，由于角质层细胞扩散阻力大，所以药物分子主要由细胞间扩散通过角质层。药物穿透表皮角质层，直达基底层达到全身性治疗效应。一旦通过角质层，药物分子就能进入生长表皮和真皮层。当药物到达有血管分布的真皮层后，就能被吸收进入体循环。

2）经附属器官吸收，即汗腺、毛囊、皮脂腺。毛囊和汗腺只占皮肤表面的极小部分，不是重要因素。在药物透过开始时，药物首先透过皮肤附属器吸收，当药物经皮达稳态后，此途径的作用可被忽略。而对于一些离子型水溶性大分子药物来说，由于难以透过富含脂质的角质层，表皮途径透过率很低，则主要通过该途径吸收。

总之，药物的经皮吸收除受皮肤生理结构的因素影响外，还受药物和基质的理化性质、药物分子大小、极性、与水的相互作用、脂溶性等的影响，且在吸收初期主要受附属器官的影响。

6.4 经皮吸收的影响因素

6.4.1 影响经皮吸收的因素

1. 影响经皮吸收的生理因素

(1) 皮肤的水合作用

角质细胞内含有亲水性纤维蛋白和其他水性成分，能够吸收一定量的水分，自身发生膨胀和降低结构的致密程度，高程度的水合作用最终可使细胞膜破裂。水合作用使药物容易透过。一般来说，角质层含水量超出10%时，皮肤即出现水合状态；角质层的含水量达50%以上时，药物的透过性可增加5～10倍，水合作用对水溶性强的药物的促进吸收作用较脂溶性药物显著。

(2) 角质层的厚度和致密度

由于皮肤各部位的厚度和附属器密度不同，因此不同部位对药物的渗透性不同。人体不同部位角质层的厚度由大到小依次为：足底和手掌、腹部、前臂、背部、前额、耳后和阴囊。不同药物的透过可能有部位选择性，如咖啡因、乙酰水杨酸对皮肤的透过性由大到小依次为前额、耳后、腹部和臀部；但硝酸甘油等透过性很强的药物在人体许多部位的透过差异并不大。

角质层厚度的差异也与年龄、性别等多种因素有关。从出生到成年，表皮、真皮会逐步增厚，表面积也会逐步扩大。新生儿皮肤很薄，表皮角化层的细胞层数少，真皮结缔组织的纤维较细且较稀疏，毛细血管网丰富。随着年龄增长，表皮细胞层数增多，角化层也变厚，真皮纤维增多。大约在30岁以后，皮肤外观和机械性质逐渐出现自然衰老的变化，表皮与真皮萎缩。到老年时或处于不利环境时这些变化更为显著。

某些皮肤疾病（如硬皮病、牛皮癣、老年角化病等）使皮肤角质层致密，减少药物的透过。

需要注意的是：在离体药物扩散试验中常选用动物皮肤代替人体皮肤。不同动物及不同生长周期的同种动物角质层厚度也不同。幼年动物之间角质层厚度的差异较大，随年龄增长，差异逐步减小。其中家兔、小鼠、裸鼠的皮肤角质层厚度约为人皮肤的 1/8～1/2，透过性较大；大鼠、豚鼠、猪、狗、猴、猩猩等皮肤角质层相对较厚，透过性较小。大鼠腹部皮肤与人体皮肤角质层较为接近，小猪(30～40kg)皮肤可作为人体皮肤的理想代用品。

(3) 皮肤条件

角质层完整与否直接影响药物的透过效果，角质层受损使皮肤的屏障功能被破坏，如湿疹、溃疡或烧伤；用有机溶剂对皮肤预处理时会使透过率增加数倍乃至数十倍，可能是因为角质层中脂质溶解或被提取后形成药物透过通路。

另外，皮肤温度直接影响药物透过，药物的透过速度随皮肤温度的升高而提高，皮肤温度每升高 10℃，皮肤透过速度增加 1.4～3.0 倍。其原因有以下三方面：① 温度升高，皮肤内的血管舒张使血液灌流增加，有利于药物的吸收、转移；② 药物在皮肤中转运的活化能下降(1/5～1/3)而溶解度增高；③ 温度升高，使脂质通道的流动性提高，脂溶性药物的透皮系数可大大提高，如裸鼠皮肤通透性研究表明温度由 27℃上升到 37℃时，吲哚美辛、布洛芬等药物通透系数增加了 10 倍。

(4) 皮肤结合作用与代谢作用

皮肤结合作用是指药物与皮肤蛋白质或脂质等的可逆性结合。结合作用可延长药物透过的时间或在皮肤内形成药物储库。药物与皮肤组织结合力越强，时滞和储库的维持时间也越长。

与其他组织一样，在皮肤内酶作用下，药物可发生生物转化，如氧化还原反应等。但皮肤酶含量低，血流量仅为肝脏的 7%，且经皮给药系统的面积很小，所以皮肤对多数药物不产生明显的首过效应。

2. 影响经皮吸收的剂型因素与药物的性质

(1) 药物剂量和药物的浓度

经皮给药系统一般选用剂量小、作用强、半衰期短的药物，其日剂量不超过 10～15mg，最好在几毫克的范围内。这些药物通常需要频繁给药，或常规口服、注射给药的药效不可靠或具严重副作用。大多数药物对正常皮肤的扩散系数约为 $10^{-5}cm^2/h$。在一般条件下，给药面积不超过 $60cm^2$，透过量为 300μg/h，24h 透过总量不超过 10mg。

药物在皮肤中的扩散依赖于浓度梯度的被动扩散，其推动力是皮肤两侧的浓度梯度。经皮给药系统中的药量对维持该浓度梯度具有重要作用。增加浓度的方法在低浓度范围内具有实际意义，但对于那些溶解度较高的药物或浓度较高的系统则意义不大。

(2) 相对分子质量大小及脂溶性

相对分子质量大于 600 的物质较难通过角质层。药物的扩散系数与相对分子质量的平方根或立方根成反比，相对分子质量越大，扩散系数越小。同样，由于药物透过皮肤的过程中伴随着分配过程，分配系数的大小影响药物从经皮给药系统进入角质层的能力。如果经皮给药系统中的介质或者某组分对药物具有很强的亲和力，且其油水分配系数小，则药物进入角质层的量减少，进而减少药物的透过。

(3) pH 与 pK_a

很多药物是有机弱酸或有机弱碱，分子型(分子形式)药物有较强的经皮透过能力，而离子型药物较难透过角质层。表皮内环境为弱酸性，pH 值为 4.2～5.6；真皮内环境接近中性，pH

值约为7.4，故可根据药物的pK_a值来调节经皮给药系统介质的pH值，使其离子型和分子型的比例发生改变，提高其透过性。对离子型药物，可选用与之所带电荷相反的物质作为介质或载体，形成电中性离子对，以利于药物在角质层透过。

(4) 熔点、溶解度与分配系数

熔点愈高的药物和水溶性或亲水性药物，在角质层的渗透速率较低；但脂溶性很强的药物，因在生长表皮和真皮中分配，生长表皮和真皮也可能会成为主要屏障。所以，用于经皮吸收的药物最好在水相和油相中均有较大的溶解度，一般在液状石蜡与水中的溶解度都大于1mg/mL较好。

药物的油-水分配系数是影响药物经皮吸收的最主要因素之一。药物穿过皮肤的渗透系数与油-水分配系数往往呈抛物线关系，即开始渗透系数随油-水分配系数的增大而增大，但油-水分配系数大到一定程度后渗透系数反而下降。脂溶性大的药物易通过角质层，而脂溶性太大的药物则难以分配进入水性的活性表皮；反之，水溶性较大的药物较难透过角质层。所以，药物应不能太亲水也不能过分亲油。

6.4.2 促渗方法

经皮给药系统的给药剂量常与给药系统的有效释药面积有关，增大面积可以增加给药剂量。一般经皮给药系统的面积不大于$60cm^2$，因此要求用于经皮给药系统的药物有一定的透皮速率。除少数剂量小和具适宜溶解特性的小分子药物外，大部分药物的透皮速率都不能满足治疗要求，因此开发经皮给药系统的关键在于提高药物的透皮速率。通过提高药物对皮肤的通过能力、降低其屏障性能、利用微粒载体等化学方法促进药物经皮转运，此外离子导入、超声导入、微针、电穿孔等物理途径亦可提高皮肤的通过能力。

制备药物的过饱和溶液、增大药物的化学势等方法均能提高药物通过皮肤能力大大提高透皮速率。经皮给药系统应用于皮肤表面后，通过溶剂的蒸发及高分子材料对药物结晶生成的抑制，使药物在介质中形成过饱和溶液，如雌二醇过饱和溶液的透皮速率提高13倍，角质层的摄取提高18倍。此外，改造药物化学结构，合成具有较大透皮速率的前体药物也是可行的化学方法。离子型药物与带相反电荷的离子形成不带电荷亲脂性的离子对，后者能被角质层摄入并扩散进入水性的活性表皮后，离子对解离成离子，进一步扩散亦可提高药物的透皮速率。药物与载体材料形成低共熔药物也可增加透皮速率。近年来，采用脂质体、传递体、醇脂质、纳米粒、非离子表面活性剂囊泡、微乳等微粒载体促进药物的经皮吸收也被人们广泛研究。

另外，应用经皮吸收促进剂是研究最多的降低皮肤屏障性能的方法；应用离子导入、超声波、电穿孔、磁场是提高皮肤透过性的电学方法；利用微针刺破角质层，使药物绕开角质层是一种机械方法。

1. 化学促渗方法

角质层的亲脂性和低渗透性被认为是药物透过皮肤的主要障碍，在治疗剂量下，许多药物不能通过完整的皮肤。经皮吸收促进剂(penetration enhances, PE)是指所有能够加速药物渗透穿过皮肤的物质。PE能可逆地改变角质层的扩散阻力，促进药物进入或透过皮肤，降低药物的用量，是改善药物透皮吸收的首选方法，是许多药物经皮给药系统研究中非常重要的环节。PE的增效作用是它们与组成皮肤角质层的各种大分子化合物及其他物质之间发生物理或化学作用的结果。这些相互作用的性质和强度与经皮吸收促进剂的选择性及增效能力有一定的相关性。

理想的促进剂在生物学上不应对皮肤结构产生生理损害或严重刺激，无药理活性，无致敏性；在制剂学上理化性质稳定、化学反应呈现惰性，与制剂中所有组分均无配伍禁忌；与经皮给药系统中各种成分有良好的兼容性；就本身性质而言，起效快，作用时间长，具有预期的作用时间；去掉促进剂后皮肤的屏障性能立即并完全恢复；无臭、无色、无味、无毒性、无变态反应性、无刺激性，适合于多种药物，但对某一具体的经皮给药系统又要求对药物促渗作用具有专一性。完全符合这些要求的促进剂几乎不存在，但皮肤结构及组成的复杂性、药物结构和理化性质的多样性，使对每一种药物的经皮吸收研究需仔细地选择促进剂。

经皮吸收促进剂主要作用部位是角质层，其由类脂双分子层组成，角质层的细胞间途径是药物透过的主要途径。而脂肪酸、胆固醇、神经酰胺和神经酰胺糖苷原等的极性头区结合水分子形成水性区，二类脂分子的碳氢链组成疏水区。经皮吸收促进剂主要作用于类酯双分子层，产生促透作用。

经皮吸收促进剂促进透皮吸收的机制主要有以下几种假说。

1）改变皮肤角质层类脂的排列：经皮吸收促进剂渗入皮肤，改变皮肤角质层中类脂双分子层的有序排列，增加它们的流动性，促使药物分子顺利通过。

2）影响皮肤角质层水合作用：经皮吸收促进剂能提高角质层角蛋白中含氮物质与水的结合能力，提高水合作用，便于药物分子穿透，从而促进药物的透皮吸收。

3）溶解皮脂腺管内皮脂：经皮吸收促进剂渗入皮肤皮脂腺管内，溶解皮脂或腺腔壁上皮脂性分化细胞，从而降低皮脂腺管的疏水性，使皮脂腺成为离子型药物透过皮肤的主要通道。

4）扩大汗腺和毛囊开口：经皮吸收促进剂通过膨胀和软化角质层，使汗腺、毛囊的开口变大，有利于药物通过而促进药物的透皮吸收。

常用的经皮吸收促进剂可分如下几类：① 有机溶剂类：乙醇、丙二醇、醋酸乙酯、二甲亚砜、二甲基甲酰胺等；② 有机酸、脂肪醇、油酸、亚油酸、月桂醇、月桂酸等；③ 月桂氮䓬酮及其同系物；④ 表面活性剂：阳离子型、阴离子型、非离子型、磷脂；⑤ 角质保湿与软化剂：尿素、水杨酸、吡咯酮类；⑥ 萜烯与植物挥发油：薄荷醇、樟脑、柠檬烯、桉树脑等；⑦ 环糊精类：β-环糊精、羟丙基-β-环糊精、二甲基-β-环糊精等。

(1) 有机溶剂

1）醇类：低级醇类在经皮给药制剂中用作溶剂，既可增加药物的溶解度，又常能促进药物的经皮吸收。如雌二醇70%乙醇饱和溶液的透皮速率为0.25$\mu g/(cm^2 \cdot h)$，比饱和水溶液大20倍，因此被用在雌二醇经皮给药系统中。

除乙醇外，其他直链醇类亦有透皮吸收促进作用，而且其促进强度与碳链长度有关。如用丙醇、丁醇、戊醇、己醇、辛醇、癸醇和月桂醇预先处理无毛小鼠皮肤，则烟酰胺的透皮速率有几十倍至几百倍的增加。

丙二醇在经皮给药制剂中常用作溶剂、潜溶剂、保湿剂和防腐剂等，它能与水及常用有机溶剂混溶，对很多药物的透皮吸收有促进作用。丙二醇用作亲脂性药物的溶剂所产生的促透作用往往比亲水性药物好，其作用强度与浓度有关。试验研究表明，丙二醇对可的松类药物的经皮吸收有促进作用，其效果随丙二醇的浓度变化而变化。各种药分别有最适合的丙二醇促吸收浓度：30%浓度的丙二醇对肤轻松的促透作用最大，80%浓度的丙二醇对醋酸肤轻松的促透效果最好，而70%浓度的丙二醇对双醋二氟松的促透作用最强。

卡必醇(carbitol, diethylene glycol monoethyl ether, transcutol)即二甘醇单乙醚，又名二乙二醇乙醚、乙氧基二乙二醇醚等，为无色、无毒、吸水性强的液体。卡必醇经人腹部皮肤8h内的吸收速度为0.125mg/(cm^2·h)，大鼠口服LD_{50}为8.69g/kg。近年来研究表明，卡必醇是一种良好的经皮吸收促进剂，广泛应用于多种经皮吸收制剂，如软膏、凝胶剂、乳液等。其增渗倍数与药物的分子性质、载体的理化性质及经皮吸收促进剂的配伍密切相关。卡必醇可以增加灰黄霉素对皮肤的透过，对脂溶性的睾酮、水溶性的咖啡因都有良好的促渗作用。有人分别用氮酮或卡必醇预先处理人的皮肤，研究前列腺素E_2、$F_{2\alpha}$的经皮给药效果，结果表明，未经经皮吸收促进剂预处理的皮肤在48h后药物仅透过5%，而经卡必醇预处理过的皮肤透过率可提高到80%，用氮酮预处理的皮肤通过率只有30%。

2）酯类：醋酸乙酯对某些药物具有很好的透皮促进作用，如用醋酸乙酯或醋酸乙酯的乙醇溶液作为溶剂能使雌二醇、氢化可的松与氟尿嘧啶通过大鼠皮肤的透皮速率成百倍地提高，从表6-2可见醋酸乙酯对这三种药物的促透作用均显著强于乙醇。当醋酸乙酯与乙醇混合使用时，亦可得到较强的促透效果。

表6-2 醋酸乙酯对雌二醇、氢化可的松与氟尿嘧啶通过大鼠皮肤的促进作用

药物	溶剂	透皮速率[μg/(cm^2·h)]	促透倍数
雌二醇	水	0.01	1
	乙醇	0.4	40
	醋酸乙酯：乙醇(25：75)	3.5	350
	醋酸乙酯	2.0	200
氢化可的松	水	0.09	1
	乙醇	1.7	20
	醋酸乙酯：乙醇(25：75)	30	330
	醋酸乙酯	60	650
氟尿嘧啶	水	8.0	1
	乙醇	35	4
	醋酸乙酯：乙醇(25：75)	65	8
	醋酸乙酯	590	74

肉豆蔻酸异丙酯(IPM)也是常用的经皮吸收促进剂，其作用机制为肉豆蔻酸异丙酯穿透进入角质层，破坏脂质排列的密实性而增加其流动性；另外，它还可以起增溶作用，影响药物在基质与皮肤间的分配；IPM的毒性很低，具有很好的皮肤兼容性，还可以与其他经皮吸收促进剂并用产生协同作用，如IPM与吡咯酮类并用可以大大降低后者的起效浓度，降

低毒性。

3）二甲亚砜及其同系物：二甲亚砜是20世纪60年代应用很广泛的经皮吸收促进剂，为无色透明的油状液体，有强吸水性，可与水、乙醇、丙酮、氯仿、乙醚等任意混溶，应用于皮肤后能被吸收，给药4～8h后血药浓度达高峰。二甲亚砜能促进甾体激素、灰黄霉素、水杨酸和一些镇痛药的经皮吸收，已用在一些外用制剂中。二甲亚砜需要高浓度才能产生显著的经皮吸收促进作用，一些文献记载浓度需高达60%，亦有较低浓度产生促透作用的报告，但浓度低于5%时不会产生促透效果。高浓度的二甲亚砜虽然能产生较强的促透作用，但对皮肤有较严重的刺激性，会引起皮肤红斑和水肿，高浓度大面积使用能产生全身毒性反应，因此有些国家已限制使用。

为了克服二甲亚砜的缺点，甲基亚砜的一些烷基同系物被试用。其中，癸基甲基亚砜具有较好的性能，它在低浓度时就有经皮吸收促进作用，常用浓度为1%～4%，刺激性、毒性和不适臭味都比二甲亚砜小。癸基甲基亚砜对极性药物的促透效果高于非极性药物。用含15%癸基甲基亚砜的丙二醇溶液作溶剂可使甘露醇通过人离体皮肤的透皮速率提高260倍，而使氢化可的松的透皮速率提高8.6倍。在四氢大麻酚和氟尿嘧啶透过无毛小鼠皮试验中，在溶解药物的溶剂丙二醇-乙醇(1∶1)中加入1%癸基甲基亚砜，对这两个药物的透皮速率均没有影响；当溶剂改为丙二醇-乙醇-水(3.5∶3.5∶3)中加入1%的癸基甲基亚砜时，可使氟尿嘧啶的透皮速率提高14倍，而使四氢大麻酚的透皮速率下降25%。因此癸基甲基亚砜的促透作用还与溶剂有关。

(2) 脂肪酸与脂肪醇

在适当的溶剂中，脂肪酸与脂肪醇对很多药物的经皮吸收起促进作用。原因在于它们作用于角质层细胞间脂质，增加脂质的流动性，增大药物的透皮速率。有人利用无毛小鼠皮肤比较了一系列脂肪酸与脂肪醇对纳洛酮通过速率的影响，发现它们的促透作用与碳链长度和双键数目有关，其中十二碳原子的脂肪酸或脂肪醇具有最大的促渗作用，双键增加则促渗作用增强。

目前，在脂肪酸类促渗剂中应用较多的是油酸。油酸为无色油状液体，微溶于水，易溶于乙醇、乙醚、氯仿和油类。当油酸的不饱和疏水键的顺式结构插入脂质双分子层的疏水结构时，脂质双分子层发生扭转，产生很微细的孔道，使药物得以通透。油酸能促进萘呋唑啉、水杨酸及咖啡因、阿昔洛韦、氢化可的松、甘露醇和尼卡地等药物的经皮透过。油酸与乙醇和丙二醇等潜溶剂配伍，能提高促透作用。

脂肪醇具有与角质层类脂相似的长链结构，能增加脂质双分子层的流动性，其效果与碳原子数有关，应用较多的有月桂醇等。

(3) 月桂氮䓬酮

月桂氮䓬酮又称氮酮，化学名为1-十二烷基-氮䓬-2-酮，英文商品名为Azone。它是强亲脂性化合物，无臭、几乎无味、无色的澄清油状液体，能与醇、酮、低级烃类相溶而不溶于水。其作用原理是改变脂质双分子层的致密性，对生物膜脂质有特异的溶解和破坏作用，从而增加表皮类脂质的不连续性，且使毛囊拓宽，增加脂质流动性，使药物更易透过皮肤。

月桂氮䓬酮能增加不同类型药物的通透性，且作用强度往往不随浓度的升高而增加，常用浓度为1%～10%，其最佳浓度与药物的物理化学性质及所用的介质有关。制剂的处方成分能显著影响月桂氮䓬酮的经皮透过促进作用，如丙二醇和乙醇能大大提高月桂氮䓬酮的促透作用，而18%PEG 400等则能降低其促透作用。此外，液状石蜡和凡士林等辅料会削弱其促透作用，这可能与辅料和月桂氮䓬酮的亲和力较强有关，减少月桂氮䓬酮向角质层的分配，影响它的促透作用。

月桂氮䓬酮起效慢，药物透过皮肤的时滞从2h到10h不等，且一旦发生作用则可持续多日，这可能与其在角质层中储积有关，一次应用促透时间持续5d以上。时滞的大小与药物的性质及所用的介质有关，如月桂氮䓬酮对曲安奈德的促透作用时滞大于7h。

(4) 表面活性剂

表面活性剂广泛地应用于各类剂型中，也是经皮给药制剂中的常见成分，用作增溶剂、乳化剂、湿润剂或稳定剂等。表面活性剂自身可以渗入皮肤并与皮肤成分相互作用，主要是与角质层中的α-角蛋白作用，使结构疏松，有利于药物通过极性通道，进而改变其渗透性。这种渗透性改变很大程度上取决于表面活性剂的物理状态和在皮肤中的浓度。它首先必须溶解进入皮肤角质层才能产生促透作用，且浓度越高，作用越大。但当表面活性剂的浓度超过临界胶团浓度(CMC)时，药物进入形成的胶团，反而降低了药物的热力学活性，药物的透皮速率降低。低浓度的表面活性剂能干扰细胞膜的结构，增加药物的透皮速率。

表面活性剂对皮肤产生脱脂作用和与角质层作用。表面活性剂的水溶液长时间与皮肤接触，能提取角质层中的游离氨基酸与脂质，使角质层保湿能力下降，皮肤变得干燥。如将手浸泡在一定浓度的肥皂液中1min，测定浸泡前后皮肤表面皮脂的量，结果显示浸泡后皮脂损失50.1%。

表面活性剂可分为阳离子型、阴离子型、两性离子型和非离子型，促透效果和对皮肤毒性依降序排列为：阴离子型、阳离子型、非离子型。阴离子型表面活性剂能使皮肤脱水且改变角质层的屏障功能，如月桂醇硫酸钠(SLS)即能使角质层脂质排列无序化而可逆地改变类脂屏障，促进药物通透。非离子型表面活性剂能够乳化皮肤表面皮脂，改善药物在皮肤与基质中的分配，有利于通透。离子型表面活性剂能强烈地刺激皮肤，并与角蛋白作用，损伤皮肤。非离子型表面活性剂毒性较弱，但促透作用也弱。

1) 阴离子表面活性剂的透过量与结构有关，特别是与碳链的长度有关。碳链较长，透过越多。十二烷基硫酸钠在经皮给药系统研究中应用较多。这类物质会使皮肤的屏障性能发生很大的变化，破坏角质层的完整性，其机制主要是与表皮蛋白的相互作用和结合有关。大部分阴离子表面活性剂能使角质层与活性表皮溶胀。

2) 阳离子表面活性剂作为经皮透过促进剂应用不如阴离子表面活性剂广泛，然而它们亦能增强一些化合物的透皮吸收，如钠离子、钾离子、铬酸钠、纳洛酮等。

3) 非离子型表面活性剂对皮肤的刺激性比阴离子和阳离子型表面活性剂小，但对皮肤透过性的影响亦较小。

4) 卵磷脂是一种两性表面活性剂，能形成水包油型乳剂。它是一种甘油磷酸胆碱酯化合物，不溶于水，能溶于乙醇、乙醚、氯仿。卵磷脂能明显地促进布那唑嗪、茶碱和硝酸异山梨醇的经皮透过。

(5) 角质保湿剂

当环境湿度发生较大的变化时，正常的皮肤也能保持恒定的水分含量，这是因为皮肤中含有一组称为天然湿润因子的化合物，包括游离脂肪酸(40%)、羟酸吡咯酮(12%)和尿素。尿素能增加角质层的水化作用，与皮肤长期接触后可引起角质溶解，还能降低类脂相变温度，从而增加类脂的流动性。尿素能促进烟酸的透皮吸收，吡咯酮类衍生物能增加角质层与水的结合能力，能促进激素类、咖啡因、布洛芬、阿司匹林、林可霉素等药物的经皮透过。

(6) 萜烯与植物挥发油

在中医药领域，人们早已发现一些含萜类的挥发油有较强的皮肤刺激性和促透作用。其作用原理除改变角质层细胞膜脂质双分子层结构增加其流动性外，还有促进皮下毛细血管的血液循环，从而促进药物的经皮透过和转运。其中，薄荷脑、薄荷醇、薄荷油、龙脑（冰片）较为常用。薄荷醇对水杨酸、5-氟尿嘧啶、曲安缩松、氯霉素、曲安西龙、达克罗宁、吲哚美辛、双氯灭痛等十多种药物有良好的促渗作用。薄荷脑对扑热息痛、甲硝唑有明显的促透作用。冰片既是一种药物，也是有效的经皮吸收促进剂，能提高醋酸曲安奈松、甲硝唑、氟尿嘧啶和雷公藤甲素等药物的透皮吸收。

还有一些萜烯类化合物和挥发油有透皮促进作用，如丁香挥发油、桉叶油、川芎提取物、小豆蔻、肉桂醇、当归挥发油等。

上述促透剂在应用中可单独使用，也可与化学透皮吸收促进剂联合使用。

(7) 环糊精类

环糊精类化合物用于经皮给药可提高药物的溶解度、稳定性和透过性。其促进药物经皮吸收的作用机制可能是药物经过环糊精包封之后，增加了药物的溶解度和在皮肤角质层的分配系数，从而利于药物在皮肤中扩散。有透皮促进作用的环糊精主要有β-环糊精（β-CyD）、羟丙基-β-环糊精、二甲基β-环糊精、二甲氧基-β-环糊精等。

(8) 其他

离子对作用和共熔体系也是影响药物经皮透过的因素。离子型药物难以透过角质层，但通过加入带相关电荷的分子或离子，形成亲脂性的离子对，则容易透过角质层；当药物扩散到水性的活性表皮内时，可解离成带电荷的分子继续扩散至真皮。药物与另一种化合物形成共熔物，降低了熔点，也能增加透皮速率。

2. 物理促渗方法

对于一些亲水性较强及相对分子质量较大的药物，如多肽类及蛋白类药物，实现经皮给药的重要内容就是寻找改进药物透过皮肤屏障的有效方法。目前，促进药物经皮吸收的主要途径和方法除上述化学方法外还有物理学方法（physical approach），包括：① 除去角质层（striping of stratum corneum）；② 角质层的水化作用（hydration of stratum corneum）；③ 离子渗透法（iontophoresis）；④ 电致孔法（electroporesis）；⑤ 超声波法（phonophoresis）；⑥ 温热热能法（thermal energy）；⑦ 无针注射系统，包括无针液体注射器（liquid injection）和无针粉末注射器（powder injection）。

(1) 离子导入技术

1）离子导入技术概述：药物离子导入法的应用历史可追溯至200多年前，Veratti首先利用电流增加离子型药物对浅表组织的穿透作用，之后有人先后进行多项离子导入试验，但进展缓慢。20世纪30～60年代，临床上先后采用离子导入法导入局部麻醉药、血管紧张素和甾体激素治疗局部皮肤或组织疾病。近年来，离子导入法用于治疗全身性疾病有了较大的进展，如导入止痛剂、神经退变性疾病治疗药物、止吐剂、抗病毒药物、心血管疾病治疗药物、甾体激素类药物等；尤其是大分子多肽类药物的离子导入研究较为成功，诸如胰岛素、降钙素、人甲状旁腺激素、促甲状腺素释放激素及其类似物、血管加压素及其类似物、生长瑞林及其类似物、生长抑制素及其类似物等的导入。

离子导入法具有经皮给药的优点，它是全身性经皮给药装置，特别适用于离子型和大分子多肽类药物的经皮给药。

与传统的被动转运法的经皮给药相比，离子导入法有许多特点：① 可以通过调节电流大小控制药物经皮转运的速率，也可以通过随时调节电流大小控制释药速率，维持恒定的给药速率而消除血药浓度的峰谷现象，使用方便、安全、有效；② 程序给药，能根据时辰药理学的需要，调节电流强度以满足不同时间的剂量要求；③ 能适应个体化给药，通过简单调节电流强度就能解决个体之间的药物代谢动力学差异问题；④ 药物装置体积小，可以制成便携式装置；⑤ 当与生物传感器配合使用时，可以发展成为以患者自体信号调节给药速率的新型控释给药系统。

2）离子导入技术的原理：离子导入技术是利用电流将离子型药物经由电极定位导入皮肤或黏膜，进入局部组织或血液循环的一种生物物理促渗方法。阳离子药物在阳极处透过皮肤，阴离子药物在阴极处透过皮肤，不带电的中性分子也可以通过电渗作用透过皮肤。其原理如下：① 离子导入：离子型药物经皮吸收的途径主要是通过皮肤附属器官，如毛囊、汗腺、皮脂腺等支路途径，它们是较好的电导体。当在皮肤表面放置正、负两个电极并导入电流时，电流经由这些通道透过皮肤在两电极间形成回路，皮肤两侧具有的电位差即成为药物离子通过皮肤转运的推动力，离子型药物通过电性相吸原理，从电性相反电极导入皮肤。② 电渗析：当在皮肤上施加电流时，皮肤两侧的液体将产生定向移动，液体中的离子即随之进入皮肤，即为电渗析现象。同时在生理 pH 值下，阳离子比阴离子获得更大的动量，在阳离子移动方向上引起净体积流，进而引起渗透压差，形成药物扩散的又一驱动力。③ 电流诱导：当电流加到皮肤上时，孔道处的电流密度相对其他部位要高得多，从而引起皮肤组织结构在某种程度上的变化，形成新的孔道。

3）影响离子导入有效性的因素：① 药物的解离性质：药物的导电性能越好，导入的效果越好。在相同浓度下，一价离子较多价离子的导入效率高。当在导入介质中有其他离子，如缓冲盐离子时，这些离子将与药物离子发生电流竞争而减少药物的透过。② 药物浓度：药物离子浓度高，导入的药量增多。一些在水中溶解度很小的药物，在其他溶剂中如果有更大溶解度且能解离，则有利于药物的透过。③ 介质 pH 值：介质的 pH 值会对药物的解离产生影响，例如盐酸利多卡因在 pH 值为 5 时解离度最大，透明质酸酶在 pH 值为 5.2 的水溶液中导入量最高，纤维蛋白溶酶在 pH 值为 8.6 时有最佳效果，而多肽类和蛋白类在等电点时的导入效果最差，一般以调节 pH 值在等电点以下为宜。④ 电流：离子型药物的透过速度应与电流强度成正比。但加大电流强度也相应增加了对皮肤的刺激性，甚至损害皮肤，人体皮肤的痛阈约为 $0.5mA/cm^2$，所以一般使用直流电流密度在 $0.5mA/cm^2$ 以下。⑤ 离子电极：在使用铂电极和氯化锂的导入试验中，因为水的氧化电位低于铂，所以在溶液中发生水的氧化，生成的氢离子不仅可使溶液的 pH 值下降，还可由于氢离子的电迁移性高于锂离子，从而使锂离子的导入效率下降。如果改用银电极进行相同试验，银的氧化电位较水低，则氧化反应主要在电极上发生，生成的银离子与溶液中的氯离子反应生成氯化银沉淀，相对增加了锂离子的导入。

4) 离子导入系统的组成：经皮离子导入系统通常由调控器(离子导入仪)、电极、药物储库等几个基本部分组成，还有体外研究时使用的扩散池。该系统的核心部分为调控器，治疗时间可根据所选择的电流自动计算，自动调整治疗时间。目前，调控器向微型化、智能化发展。电极常采用Ag/AgCl电极、铂电极、碳电极和硅电极，可根据不同药物的理化性质选择不同的电极。早期药物储库多为药物溶液，后随材料的发展，出现药物的水凝胶剂、胶黏剂和黏性固体黏胶贴剂等。

(2) 超声波技术

1) 超声波技术概述：超声导入法(phonophoresis 或 sonophoresis)即超声波法，是用超声波能量促进药物经皮穿透(或吸收)的方法。在过去的几十年中，超声波法主要用于物理治疗，将超声波(频率 1～3MHz，强度 0～2W/cm^2)的温热作用、促进血液循环或局部按摩作用等物理特性，应用于人体的神经痛、风湿症、关节炎等疾病的局部药物疗法。超声波技术作为物理学的方法应用于药物的经皮吸收，首先是由 Fellinger 和 Schmid 把氢化可的松软膏用于关节炎治疗中，将超声波技术作为一种辅助治疗手段促进药物的吸收。到目前为止，超声导入药物有氢化可的松、甘露醇、毒扁豆碱、水杨酸、胰岛素、雌二醇、布洛芬、皮质酮、蔗糖、醛固酮、睾丸酮、黄体酮、咖啡因、烟酸甲酯、烟酸苄酯、吲哚美辛、叠氮胸腺嘧啶脱氢核苷(AZT)和羟乙磺酸戊烷脒等。近年来，用超声导入大分子化合物或药物，如胰岛素、γ-干扰素、促红细胞生成素、肝素、低分子肝素、聚 L-赖氨酸、反义核酸等，为生物大分子药物的透皮给药带来了希望。

2) 超声导入作用机制：超声波促进药物经皮吸收的作用机制可分为两种，一种为超声波改变皮肤角质层结构，另一种为通过皮肤的附属器产生药物的传递透过(convective transport)通道。前者主要是在超声波作用下角质层中的脂质结构重新排列形成空洞，而后者主要是在超声波的放射压和超微束(microstreaming)作用下形成药物的传递通道。

3) 超声导入的影响因素：影响超声波促进药物吸收的因素主要有超声波的频率、能量密度以及药物的理化性质等。用于促进药物透皮吸收的超声波频率一般选择在 90～250kHz。① 频率：对于某些化合物，低频超声波(＜100kHz)的经皮促透作用远远大于高频超声波。而对于被动扩散不能透皮的某些大分子多肽，如胰岛素、促血红蛋白生成素和 γ-干扰素等，低频超声波能促进经皮透过，而高频超声波则促透效果较差。频率一定时，强度大于阈强度，低频超声的促透作用激烈地增大，直至出现去耦强度后就不再增大。② 能量密度(energy density)：是指超声波强度和作用时间的乘积。促透效果依赖于从探头传递的总能量密度，不同频率的超声波达到阈值后，不同频率的能量密度对促透效果的依赖性是不同的。在能量剂量(大约 10^{4}J/cm^2)非常高时，所有频率超声波的促透效果相近；而在能量剂量较低时，不同频率超声波的促透效果差异较大。③ 药物性质：与脂溶性药物相比，超声导入亲水性药物更加有效。因为超声波能在角质层脂质区域产生水性孔道，使亲水性药物更易通过。药物浓度也影响超声波透皮给药，如提高烟酸酯的浓度，烟酸酯透皮滞后时间减少，皮肤潮红现象增强。④ 其他因素：除频率和能量密度外，促透效果还取决于应用程序、探头和皮肤间的距离、耦合介质等参数。

总之，影响超声波经皮给药的因素很多也很复杂，目前尚无统一明确的结论。

(3) 无针注射系统

无针注射系统有两种，即无针粉末注射系统和无针液体注射系统。

无针粉末注射系统是利用超高速无针注射系统经皮导入固体药物的方法。该方法利用氦气的超高速流体对固体粒子进行加速，将药物粉末透过角质层释放到表皮和真皮表面，这个系统的最大特点是无需在角质层上做功就可以使固体药物粉末通过皮肤释放到体内。无针注射系统的特点是患者可以自行给药，避免由注射针头带来的病毒、微生物等物质的感染；同时，可以把不易透过皮肤的大分子物质、蛋白类、固体粉末直接打入到皮肤中产生吸收。两种无针注射器的基本结构如图 6-10 所示。

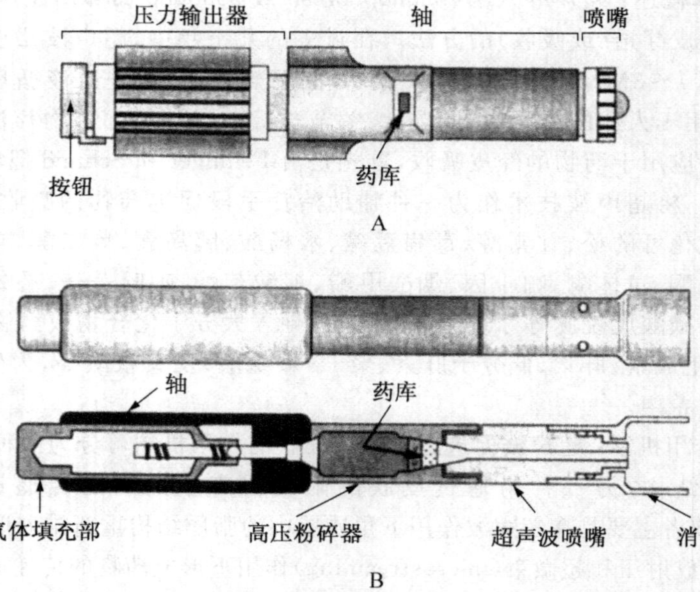

图 6-10　无针注射器的基本结构（A. 无针液体注射系统；B. 无针粉末注射系统）

无针液体注射系统通过压力的作用，经装置中的微小细孔把药物溶液打到皮下或皮内，药物溶液在皮内形成药物储库，使储库中的药物达到缓释和吸收的目的。

(4) 微针技术

微针(microneedles)的概念在 20 世纪 70 年代提出，但限于当时的科技生产条件，无法实现微针的制造。直至 20 世纪 90 年代，随着微电制造工艺的不断进步，微针的制造才得以实现。微针是一种类似注射针头的微米级空心或实心针，具有给药意义的装置是微针阵列(microneedles array)，即许多微针以阵列的方式排列在给药载体上。微针的长度在几百微米到几毫米不等，恰好可以穿过皮肤角质层而又不触及痛觉神经，在促进药物渗透的同时又不引起痛感和皮肤损伤。

1998 年首次将微针应用于经皮给药研究。此后，在此领域的研究引起了许多学者的关注，制造出了各种类型的微针。微针的促渗机制与其他物理促渗方法有本质区别。采用离子导入、电致孔、超声导入、压力波导入等方法的结果都是打乱皮肤角质层脂质的有序排列，使药物对皮肤角质层的渗透性增加。而微针则在角质层上造成了实质上的孔道，这种孔道是可见的且垂直于皮肤的。

1）微针的特点：① 通道功能强，阻力小：理论上，微针在角质层上造成了真实的通道，其功能远比用促渗剂、离子导入、电致孔、超声等方式造成的“模糊”通道功能强大，这种通道与角质结构无关，所受阻力更小；② 损伤小或无损伤：尽管微针为一种侵入性的给药方式，但由于其体积属于微米级，所以仍然可认为是对人体无损伤的一种给药方式，更为重要的是，大量不适于经皮给药的药物有望通过微针实现经皮给药；③ 可以与其他促渗方法联合使用：联合微针技术与其他促渗方法没有冲突，可用来提高经皮给药效率，同时也可以加入其他微控芯片，实现智能给药的目的；④ 应用于大分子药物的经皮给药：利用微针技术，也可以实现大分子药物（蛋白类、多肽类、DNA 等）的经皮给药，尤其在免疫学和分子生物学领域，微针技术会有很好的应用。

2）微针的类型和制造：微针的类型可以分为实心微针和空心微针两大类，其外观如图 6-11 所示。其中，A 针高 150μm，由硅芯片制成；B 针高1000μm，由不锈钢制成；C 针高 330μm，由钛金属制成；D 针高 200μm，由硅芯片制成；E 针高 500μm，先通过聚合物建模具，然后用金属电镀，再将模具腐蚀除去得到空心微针；F 针高 200μm，是由硅芯片经多道刻蚀技术制成的空心微针，且针头类似注射器针头，成斜面形；G 针为箭头形金属微针，针上包有药物层；H 针是通过多孔硅（coherent porous silicon，CPS）制成的微针阵列；I 针长 2000μm，接有微注系统。

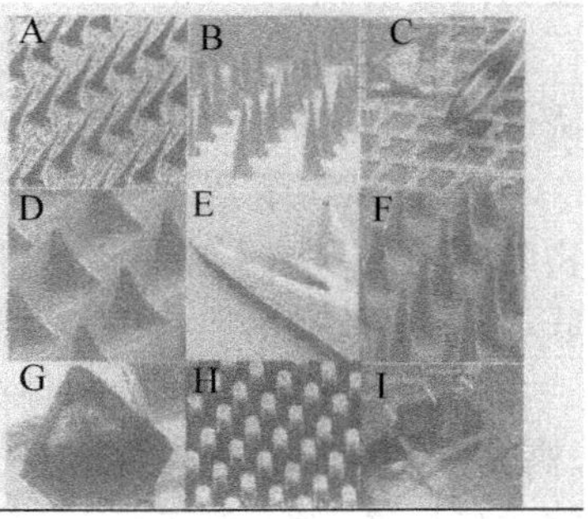

图 6-11　各种用于经皮给药微针的形态（实心微针：A，B，C，D，G；空心微针：E，F，H，I）

3）微针的给药方式：不同的微针类型有不同的给药方式。

实心微针可以采用先扎后贴的给药方式，即先用微针在皮肤角质层上造成孔洞，然后敷以透皮贴剂，或用离子导入的方式加强药物的透入；也可以采用先包后扎的给药方式，即将药物首先在实心微针表面包衣，然后刺入微针进行给药，这种给药方式不存在皮肤上方的药储库，给药量完全依赖于微针上药物的包衣量。

空心微针能使更多的药物可以通过皮肤给药。有人曾将硅芯片制成微针阵列的同时，预留了槽状结构，并在微针阵列背面粘上玻璃层，玻璃层上有药液储库，并可连接到微注射系统上。空心微针可以将活性物质的溶液通过针孔直接输入皮肤，该法制备的透皮给药制剂起效和释药速度均较快，但其制备和应用较为困难。目前，微针阵列皮肤给药系统中研究较多的为实心微针，体外研究表明实心微针在体外可以提高较宽相对分子质量或粒径范围的分子和纳米粒的透过量。

目前，微针阵列经皮给药系统中研究较多的有胰岛素、低聚核苷酸、DNA 及蛋白疫苗等。

微针阵列技术也日渐成熟，现已有 Macroflux（商品名）上市。该技术适合大分子药物的给药，如人生长激素的透皮速率可提高 100 万倍，这种技术也可以结合离子导入使用。

关于微针制作工艺、微针形态、阵列密度等与微针强度的关系还应加强研究。除此以外，有些问题也需要进一步的研究，包括如何确保包有药物层的微针在插入皮肤时不被蹭掉、如何保证空心微针不会被堵塞、如何加强微针阵列的可重复利用性等。

6.5 经皮吸收制剂的制备

6.5.1 经皮吸收制剂的处方设计

经皮吸收制剂的处方设计一般按以下步骤进行。

1）根据药物的理化性质和药物代谢动力学性质进行可行性分析，从药物的相对分子质量、分子结构、解离常数、溶解性能、油水分配系数和化学稳定性方面评估药物经皮透过的性能；根据药物的剂量、消除速率常数、生物半衰期、分布容积、静脉滴注治疗的有效剂量、最小有效血药浓度和剂量-效应关系等入手分析经皮给药的可行性，确定要开发的药物。

2）确定或建立药物的分析方法，一般采用高效液相色谱法。在设计分析方法的同时进行方法学研究。

3）设计经皮给药系统，了解药物的经皮透皮速率，测定体外药物的透皮速率与时滞。若药物的透皮速率达不到临床治疗要求，就应该用合适的吸收促进剂或前体药物。研究药物在皮肤内的结合、吸附或代谢能力，考察辅料及 pH 值等条件对药物透皮速率的影响。

4）根据体外释放试验和体外透皮试验结果筛选给药系统的处方组成，包括药物储库组成、高分子材料和压敏胶等。按最佳处方制备样品，进行药效学、皮肤刺激性、过敏性等试验。制定质量标准，对所制备的制剂中药物的含量与释放度进行加速稳定性试验。

5）进行经皮给药系统的药物代谢动力学研究，并建立稳定、专一的血药浓度分析方法，选择参比制剂，与之比较血药浓度-时间曲线下的面积，计算参数。

6）在临床上研究经皮给药系统与药动学参数，考察皮肤部位、年龄、性别所引起的药动学差异及同一部位皮肤重复用药可能产生的药动学变化。制订完善的生产工艺和生产过程中的质量控制方法，整个生产过程要严格按照 GMP 的要求进行。

6.5.2 选药原则

选择合适的药物是进行经皮给药系统研究时首要考虑的问题。选择经皮给药的最主要因素是临床的合理性，包括药物在胃肠道的降解、通过胃肠道黏膜与肝脏的首过效应、生物半衰期短和需长期给药、难以忍受的消化道不良反应等。如硝酸甘油半衰期短，仅几分钟，且有严重的首过消除现象，不宜口服给药。此外，使药物的血药浓度平稳地保持在最佳治疗范围内，也是经皮给药系统的一个选药原则。

从临床角度选择合适的药物后，接着应考虑该药能否制成经皮给药系统。药物制成经皮给药系统的一个最重要条件是药物剂量小而药理效应强，剂量最好不超过 10～15mg；另一个重要条件是药物要有足够大的透皮速率，药物的透皮速率与理化性质（如相对分子质量、熔点和油水分配系数等）有关。其他条件还包括：按照临床每天所需剂量除以透皮速率计算得到估计的贴片面积，只有此面积接近或小于患者可接受的最大面积（$60cm^2$）的药物，才能制成经皮给药系统；所选择的药物还应该对皮肤无刺激性，不产生过敏反应；还要考虑药物的物理化学性质与药理性质（如表 6-3 所示）。

表 6-3　适合经皮给药系统的药物性质

物理化学性质	药理性质
相对分子质量小于 1000Da	药效强、剂量小
熔点小于 100℃	生物半衰期短
在液状石蜡与水中溶解度均大于 1mg/mL	分布容积小
饱和水溶液的 pH 值在 5～9	对皮肤无刺激性，不发生过敏反应

6.5.3　给药剂量

经皮给药系统的剂量不是指系统内药物的含量，而应该是药物的给药速率，或是单位面积的给药速率与给药面积。药物在皮肤中依赖浓度梯度被动扩散，经皮给药系统药物的渗透速度与皮肤两侧药物的浓度差有关。为保证经皮给药系统能以恒定的速率给药，系统内药物的浓度应恒大于皮肤内的药物浓度，当药物浓度较低时，采用合适的溶剂等方法以提高浓度，渗透速率也会相应提高，但对于那些浓度已经很高的系统则效果不明显。由于药物扩散的动力来源于皮肤两侧的浓度差，当达到平衡时药物的扩散停止，部分药物仍然停留在经皮给药系统内，因此该系统的生物利用度不会达到 100%，故经皮给药制剂又称为不完全吸收制剂。

经皮给药系统给药速率 TDR 的设计应根据有效血药浓度和药物代谢动力学参数，包括消除速率常数 k、表观分布容积 V_d 或清除速率 CL 来计算，具体方法见公式(6－1)。

$$\mathrm{TDR}=\mathrm{Css}\times V_d\times k=\mathrm{Css}\times \mathrm{CL} \qquad (6-1)$$

6.5.4　药物透皮速率

与注射给药和口服给药剂型不同，经皮吸收药物的速度论很难用简单的室模型加以解释。但是我们可以推测经皮吸收制剂中的药物向血液循环转移的几个过程：① 药物从基质经扩散作用到达皮肤表面；② 到达皮肤表面的药物在角质层中产生分配；角质层中的药物产生分配；③ 药物从角质层向表皮层转移；④ 表皮层中的药物进行扩散；⑤ 药物由表皮向真皮转移；⑥ 真皮中的药物经扩散通过毛细血管吸收进入血液循环。其中，影响药物透过皮肤的最大限速屏障为角质层所产生的阻力。

角质层中药物的透皮速率 $J(\mathrm{d}Q/\mathrm{d}t)$ 可用公式(6－2)表示。

$$J=\frac{\mathrm{d}Q}{\mathrm{d}t}=A\cdot C_s\cdot P_{sc}=A\cdot C_s\frac{KD}{h} \qquad (6-2)$$

式中：C_s 表示基质中药物的浓度，P_{sc} 表示角质层中药物的透过系数，A 表示透过的有效面积，K 表示角质层与基质间的分配系数，D 表示角质层中药物的扩散系数，h 表示角质层厚度。

经皮给药系统的透皮速率通常是恒定的，属于零级反应过程。经皮吸收制剂给药后，透过皮肤的药物不能立即达到零级反应过程，即达到稳态的药物浓度需要经过一定的时间，称为滞留时间(lag time)，可用公式(6－3)计算滞留时间。

$$t_{\text{lag}}=\frac{h^2}{6D} \tag{6-3}$$

药物的滞留时间通常在一小时以内。但是，实际试验中经常会发现药物的滞留时间在几小时甚至在十几小时，其原因可能是皮肤发生水合作用或者制剂中基质的性质发生变化，以及制剂中的成分与皮肤中的成分相互作用等随着作用时间的延长而发生变化。

6.5.5　体外测定方法

1. 透皮扩散池

在经皮给药系统处方和工艺研究中，常利用各种透皮扩散池来模拟药物透皮过程，以选择促进剂、筛选处方、测定药物的释药性质或经皮透过性质等。扩散池由供给室（donor cell）和接收室（receptor cell）组成，两个室之间可夹持皮肤样品、经皮给药系统或其他膜材料，供给室一般装入药物及其载体，接收室填装接收介质。常用的扩散池有直立式和卧式两种，如图6-12所示。透皮扩散池应能保证整个透过或扩散过程的浓度梯度和温度稳定，尽量减少溶剂扩散层的影响等。

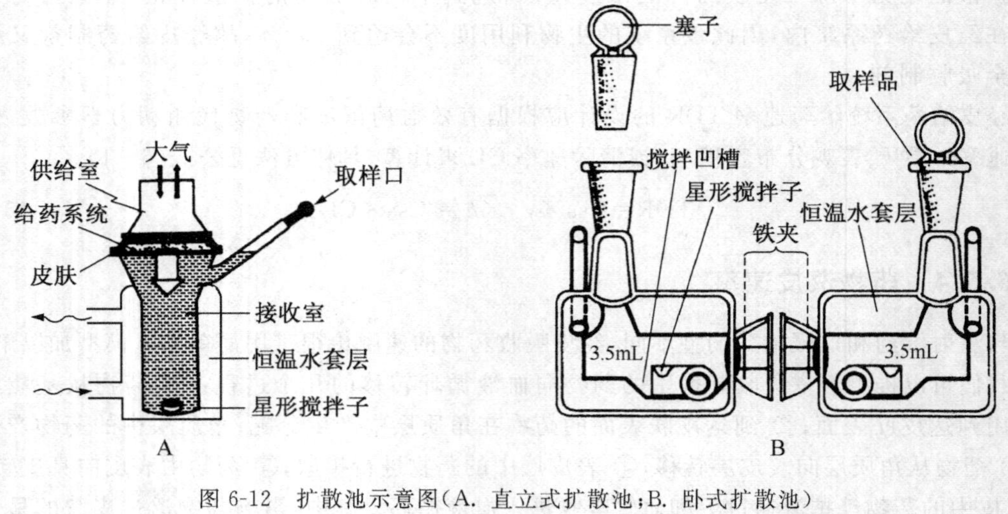

图 6-12　扩散池示意图（A. 直立式扩散池；B. 卧式扩散池）

搅拌条件也是保证漏槽条件的重要因素之一，搅拌速度过小，接收室体积过大和过高都可能造成皮肤下局部浓度过高或整体溶液浓度不均匀。常用的扩散池一般采用电磁搅拌。

2. 皮肤选择与处理

(1) 皮肤的选择

人的皮肤是体外经皮透过研究最理想的试验材料，可取自人体某一特定部位，常用于试验的是腹部和四肢皮肤，最好是取自给药系统临床应用部位的皮肤，但来源少。解剖部位、性别、年龄等因素也会影响皮肤透过性，选择皮肤时也应予以考虑。在比较研究中，为保证皮肤选择的均衡性和试验结果的可靠性，应该使用身体同一部位的皮肤，将同一片皮肤剪成多块，以进行两个或多个处方与条件的对比试验。如果进行比较研究时使用不同部位的皮肤样本，所得的结果作结论时要慎重，轻易推广或类比的结论都值得怀疑。另外，因为每个试验要重复多次，所以应选择宽广部位的皮肤。

尽管人皮肤是理想的经皮透过试验材料，但人皮肤不仅不易得到，而且很难使条件保持一致，因此常用动物皮肤代替，选择透过性接近人皮肤的动物皮肤将使试验结果较有意义。用于经皮透过研究的动物有小鼠、大鼠、豚鼠、地鼠、兔、狗、猪、猴、猩猩和蛇（蛇蜕）等。表 6-4 为三组研究者进行不同种动物皮肤体外透过性研究的结果，其透过性从上向下降低。

表 6-4　不同动物皮肤的透过性（透过性从上向下降低）

研究组 A	研究组 B	研究组 C
小鼠	兔	兔
豚鼠	大鼠	大鼠
羊	豚鼠	豚鼠
兔	猫	人
马	山羊	
猫	猴	
狗	狗	
猴	猪	
乳猪		
人		
黑猩猩		

目前，各家研究结果不一致，其原因可能是不同研究者采用的模型药物不同、动物皮肤样品采集部位不同或使用的药物不同。这些动物的皮肤在解剖学、组织学与生物化学等方面与人皮肤存在差异。一般地说，兔、大鼠和豚鼠等动物皮肤的透过性大于人皮肤，而乳猪和猴的皮肤与人皮肤的透过性较为相近。但在试验研究中，应用较多的是无毛小鼠皮肤，因为它易得，但其体积小、皮薄。

蛇蜕角质层在结构、组成、类脂含量和水透过性等方面与人的角质层相似。近年来，蛇蜕作为皮肤角质层模型的体外试验逐渐增加。

(2) 皮肤的处理

有毛动物的皮肤用前需去毛，否则影响固体剂型与皮肤的接触或液体药物与皮肤接触界面的搅拌。因硫化钠溶液等脱毛剂具有较强的碱性，会影响皮肤的透过性，故不能用于经皮透过试验。若所选动物皮肤很薄，如无毛小鼠皮肤，可用全皮进行试验，用电剃须刀剪去毛发。若皮肤较厚，如猪与人的皮肤厚达几毫米，用全皮进行试验可能会与体内吸收有较大的差异。因此，对皮肤进行适当的处理可避免或减少这种差异性，如表 6-5 所示。

表 6-5 放射性核素标记的化合物在不同厚度的皮肤体内外透皮百分率试验值的比较

化合物	lgK	体内透过百分率(%)	体外透过百分率(%)		
			全皮	去部分真皮	去全部真皮
咖啡因	0.01	23±9	18±2	20±2	21±4
苯甲酸	1.95	28±6	17±13	20±13	21±7
N,N-二乙基-m-甲苯甲酰胺	2.29	9±4	14±4	19±13	21±13
环戊睾酮	3.31	6±0.4	3±2	9±4	16±5
六氯环己烷	3.66	8±1	1±1	6±2	9±4
孕酮	3.78	10±1	1±1	6±2	9±4

从表 6-5 可以看出：① 随 lg*K* 值的增大，体内吸收百分率与体外透过值之间的差异越来越大；② 非极性化合物通过全皮的体外透过百分率显著小于体内吸收百分率；③ 去真皮皮肤体外透过百分率增大，并与体内吸收百分率接近。说明真皮在体外试验时，成为药物扩散屏障。水溶性药物易透过真皮，非极性药物则难以透过。因此，在体外透过试验时常采用去真皮的皮肤。

经皮透过研究中有时需要研究药物在皮肤各层组织中的透过特性，因此需要将表皮与真皮分离，方法有热分离、化学分离与酶分离法。如需研究角质层对透皮速率的影响，可采用胰酶消化法将真皮表皮消化去除，或用胶黏带剥离法剥离角质层。

(3) 皮肤的保存

用于经皮透过研究的皮肤最好新鲜取用，常需保存部分皮肤留待以后的试验。皮肤的储存条件与皮肤的活性有关，以不影响皮肤的透过性或代谢活性为前提。常用的方法主要为在介质中低温储存，或低温冷冻储存。短期内使用的皮肤，参照临床上保存移植皮肤的方法，即将皮肤置于含抗生素的生理盐水或组织培养液中，于 4℃储存。短期内不能使用完毕或来源较少时，统一用低温冷冻储存和冷冻干燥储存。有研究报道，离体皮肤在低温冷冻保存2～12个月后，其透过性没有变化，部分的透过性甚至还提高。

3. 扩散液与接收液的选择

1) 对于难溶性药物，一般选择其饱和水溶液作为扩散液，并加入数粒固体药物结晶以维持扩散中的饱和浓度。对于一些溶解度较大的药物，可以选用其一定浓度的溶液，保证药物的扩散液浓度大于接收液浓度(至少 10 倍以上)。

2) 接收液应具有接收通过皮肤药物的能力，在体内试验中药物透过皮肤能很快被微循环转移，形成漏槽条件，体外试验时接收液亦应提供漏槽条件。接收液应有适宜的 pH 值(7.2～7.3)和一定的渗透压。常用的接收液有生理盐水、林格液和等渗磷酸盐缓冲液等。在接收液对药物的溶解性能很小，很快就能达到饱和浓度的情况下，也可选用不同浓度的 PEG400、乙醇、甲醇、异丙醇水溶液以及一些表面活性剂溶液等，以增加溶解度。

体外经皮透过试验往往需要一天以上时间，因此需要在接收液中加入防腐剂抑制微生物生长。较常使用的防腐剂有 0.005%～0.01%庆大霉素、0.02%叠氮化钠等，40%聚乙二醇 400 亦具有抑制微生物生长作用。这些防腐剂不影响皮肤透过性和药物浓度分析，不与药物相互作用，使用浓度低且在接收介质中稳定。

4. 温度控制

为了减少药物经皮透过试验的差异，控制温度是很重要的，皮肤温度提高，药物透过增加(详见第 6.4 节“皮肤条件”)。大部分体外经皮透过试验用的扩散池有水夹层，对水浴温度有不同的要求。有的将接收液温度维持在 37℃，有的选择水浴温度为 32℃，还有些试验在室温下进行。一般地说，扩散池夹层水浴温度应使皮肤表面温度接近于生理温度(32℃)，单室扩散池水浴温度维持在 37℃，而二室扩散池夹层水浴温度应为 32℃。

6.5.6　体内测定方法

欲使药物经皮给药后产生治疗作用，需要知道药物被机体吸收的量。虽然体外经皮透过试验能提供有用的资料，但与体内吸收有一定的差异，因此经皮给药系统的开发过程中仍需要进行体内研究，以评价经皮给药系统的应用效果。

经皮给药系统的药物经吸收进入体内的量较少，血药浓度往往低于一些分析方法的检测限度，因而对检测方法要求相对较高。经皮给药系统的体内分析可直接检测体内药物原形及代谢物浓度。对作用强、剂量小的药物，经皮给药后血药浓度很低，这给体内药物含量的测定带来困难，为此可采用间接的方法测定药物含量或作用过程，如胰岛素的经皮给药系统可通过测定体内血糖浓度变化间接获得胰岛素在体内的作用过程。体内药物的常见分析方法有以下几种。① 利用放射性核素标记药物，在生物样品中测定放射活性。② 高效液相色谱法(HPLC)在生物分析中占有重要的地位，在经皮给药系统的体内研究中也经常应用。目前，常规的 HPLC 已不能适应经皮给药系统体内研究的要求，可通过改进样品的分离、富集方法，与荧光检测器、电化学检测器等配合使用，提高检测的灵敏度等，以达到可应用于经皮给药系统体内研究的目的。③ 放射免疫分析法(RIA)是一种竞争蛋白结合分析法，随着很多 RIA 试剂盒的商品化，RIA 在生物分析中的应用越来越广泛。目前，也有一些透皮给药的体内测定采用 RIA，以满足透皮给药后低浓度样品检测的需要，如促黄体激素、睾酮、雌二醇等激素类药物。④ 同位素示踪法是解决检测难的方法之一，现在常用气相-质谱联用法和高效液相色谱-质谱联用法进行分离和检测，专一性强，检测量一般为纳克级或更低水平。⑤ 确定体内经皮吸收的另一种方法是测定药物经皮吸收进入体内后减少的药量，但有的剂型用药后很难保证由皮肤完全吸收，如溶液剂、凝胶剂和软膏剂。如果应用贴剂、膜剂或其他有一定透皮吸收装置的剂型，则有可能把药物完全从皮肤上转移进入体内，测定其中药物的残留量，就可以计算出被吸收的药物量。

还有一种方法是测定生物反应或药理反应，然后应用生物分析法计算吸收率。生物反应的明显缺点是它局限于能够诱发生物反应的物质，而且此生物反应还必须能够精确定量。因此这种方法的意义较小，更具有定性的意义，且极有可能把药物吸收的差别和生物作用的差异相混淆。

此外，经皮给药系统的药物还可以通过表面减失法、微透析法和活体取样法进行测定。

1. 表面减失法

药物应用于皮肤上后透入皮肤，继而被吸收进入体循环，皮肤表面药物量不断减少。药物从皮肤表面消失的速率或量，与机体的吸收速率与量有一定的关系。如果药物应用于皮肤的时间较长，则留在皮肤内的药物量可忽略，药物从皮肤表面消失的量可作为药物被机体吸收的量。若药物经皮吸收的速率较慢，短时间内皮肤表面药物量的差异不显著，留在皮肤表面的药物量远远大于被吸收的药物量，则需要高回收率的操作方法和高精确度的分析方法才能得到有用的数据。如可用放射性核素标记药物，当药物用于皮肤表面后，在一定时间间隔用 Geiger 计数器测定皮肤表面放射性核素强度的降低。但表面消失法误差较大，一般不予采用。

2. 微透析法

在组织中植入一支薄的具半透性的透析管，模仿毛细管的作用，通过透析，对透析液进行分析，分析结果反映细胞外液的药物浓度。有人将微量透析引入经皮给药的研究中，以烟碱为模型药物，测定皮肤中的烟碱浓度（而不是血中的浓度），皮肤中的烟碱浓度可达 4～18μg/mL，是相应的血中浓度的 500 倍，因此对检测手段的要求显著降低，用一般的 HPLC 即可解决。因透析液中的药物浓度与透析组织中药物浓度的关系事先在体外试验中已得到证实，并假设在体内也有类似的关系，由此可通过透析液药物浓度的测定从皮肤中获得有关的药动学参数。微量透析法是经皮给药尤其是局部经皮给药的药动学研究的一种新手段。

3. 活体取样法

活体取样法可用于测定动物试验中皮肤用药后局部组织中的药物浓度，分析药物经皮吸收的情况。

6.6 质量评价

6.6.1 释放度的测定

经皮给药系统制剂的评价可分为体外和体内评价两部分。体外评价包括含量测定、体外释放度检查、体外经皮透过性的测定及黏着性能的检查等。其中，含量均匀度检查和含量测定可以根据不同药物参照《中国药典》2010 年版有关规定制定相应标准。释放度与透皮速率之间可能存在一定的相关性，或可以通过经皮给药系统的人体生物利用度及体内外相关性研究来确定释放度指标。体内评价主要是指生物利用度的测定和体内外相关性的研究。

释放度测定方法在各国药典中均有规定，鉴于确定这些方法的基础主要是固体缓释及控释制剂，所以用来测定经皮给药系统的释放度时需要改进或增加某些附加条件。

根据《中国药典》2010 年版二部附录的规定，释放度所用的搅拌桨、容器按《中国药典》

2010 年版附录溶出度测定法，所不同的是固定制剂的支架部分用网碟装置又称夹层贴剂支架法，该装置避免了溶出杯底部死体积的存在。测定方法与判断标准详见《中国药典》2010 年版二部附录。

在透皮贴剂的研究中，如果皮肤是药物透皮吸收的限速屏障，则经皮给药系统的释放度试验仅仅能起控制产品质量的间接作用。

6.6.2　其他质量评价指标

《中国药典》2010 年版二部附录透皮贴剂部分另有重量差异、面积差异及含量均匀度测定等质量控制。

黏性是经皮给药系统制剂的重要性质之一。经皮给药系统制剂必须具有足够的黏性才能牢固地黏贴于皮肤表面上并释放药物。通常黏性胶带在使用过程中要测定黏附力、快黏力和内聚黏力三种力。黏合特性可参考各国药典对胶布的要求，并根据经皮给药系统的应用提出特殊要求。

1. 黏附力的测定

黏附力(adhesive strength)指的是贴剂与皮肤或与基材充分接触后产生的抵抗力。黏附力的测定通常采用测定剥离力的方法，一般使用剥离角度为 180°，即 PSTC - 1 法(pressure-sensitive tape council，PSTC)。180°剥离试验可以得到压敏胶变形和破坏的状态，同时容易得到重现性良好的结果。

2. 快黏力的测定

快黏力(tacking strength)是指经皮给药系统在较小压力下黏附在皮肤上的能力。经皮给药系统在应用时靠的是手指压力，因此快黏力是很重要的性质。测定快黏力的方法有以下几种。

(1) 拇指试验(thumb tack test)

拇指试验是一种经验方法，可作定性检查。即用拇指压在胶黏层中，然后撕下，通过感觉来判断黏性的大小。

(2) 滚球试验(rolling ball tack test)

滚球法见《中国药典》2010 年版一部附录采用的方法，不锈钢球(直径 6/16 英寸)从倾斜角为 22.5°的斜面板上滚下，经过放在水平位置的黏胶面，测定钢球经过的距离，并用此来表示黏力的大小。

(3) 剥离快黏力试验(peel tack test)

根据 PSTC-5 法，将胶带(经皮给药系统)依靠自身重量轻轻贴于不锈钢板上，以约 30mm/min 的速度拉开，剥离角为 90°，将胶带自钢板上剥离的力即为快黏力。

3. 内聚力的测定

内聚力(cohesive strength)是指压敏胶本身的剪切强度，一般用压敏胶制品黏贴后抵抗剪切时的蠕变能力，用持黏力来量度。内聚力的测定是对压敏胶本身分子间结合力的测定。如果经皮给药系统中的压敏胶层具有足够的内聚力，则用药后不会滑动且撕去后不留任何残留物。测定剪切力的常用方法如下：从药物系统中揭去防黏层，一半贴于不锈钢上，其下挂一定重量的砝码，记录其落下的时间或读取在一定时间内下移的距离。贴剂应保持下列四种力的大小关系：黏附力（胶黏剂与基材间黏附力）＞胶黏剂的内聚力＞黏着力（胶黏剂与皮肤间的黏附力）＞快黏力。如果这四种力配合不协调，就可能出现许多问题。

6.6.3 生物利用度的测定

经皮给药制剂的生物利用度（F）测定方法有：血药法、尿药法和血药加尿药法。

1. 血药法

血药法是分别给予受试者经皮给药制剂和静脉注射制剂，测定一系列时间的血药浓度，根据血药浓度时间曲线 AUC 计算生物利用度（F），计算方法见公式（6－4）。

$$F = \frac{V_{\mathrm{TTS}}}{D_{\mathrm{TTS}}} = \frac{CL \times AUC_{\mathrm{TTS}}}{D_{\mathrm{TTS}}} = \frac{AUC_{\mathrm{TTS}}}{D_{\mathrm{TTS}}} \times \frac{D_{iv}}{AUC_{iv}} \tag{6-4}$$

其中经皮给药制剂的吸收量（V_{TTS}）计算方法见公式（6－5）。

$$V_{\mathrm{TTS}} = CL \cdot AUC_{\mathrm{TTS}} \tag{6-5}$$

式中：AUC_{TTS}是经皮给药制剂给药后测得的血药浓度时间曲线下的面积，CL 是药物的总体清除率，它由静脉注射一个剂量 D_{iv} 后测定得到 AUC 计算而来，具体方法见公式（6－6）。

$$CL = D_{iv} / AUC_{iv} \tag{6-6}$$

式中：D_{TTS}是经皮给药制剂的剂量。

2. 尿药法

尿药法是给药后测定药物在尿中排泄的累积量 A_e，来计算药物的生物利用度，计算方法见公式（6－7）。

$$F = \frac{V_{\mathrm{TTS}}}{D_{\mathrm{TTS}}} = \frac{A_{e(\mathrm{TTS})}}{D_{\mathrm{TTS}}} \times \frac{D_{iv}}{A_{e(iv)}} \tag{6-7}$$

经皮给药制剂的吸收量（V_{TTS}）计算方法见公式（6－8）。

$$V_{\mathrm{TTS}} = A_{e(\mathrm{TTS})} / f_e \tag{6-8}$$

式中：f_e 是药物在尿中排出的分数，它由静脉注射后尿中排泄的累积量求得，计算方法见公式（6－9）。

$$f_e = A_{e(iv)} / D_{iv} \tag{6-9}$$

因此，V_{TTS}可以由公式（6－10）计算。

$$V_{\mathrm{TTS}} = CL_{\mathrm{NR}} \cdot AUC_{\mathrm{TTS}} + A_{e\mathrm{TTS}} \tag{6-10}$$

6.7　实　　例

6.7.1　雌二醇经皮给药系统

雌二醇是机体内卵巢分泌的一种雌激素，临床上用于卵巢功能不全或卵巢激素不足引起的各种症状，常用肌内注射，每次 0.5～1.5mg，每周 2～3 次。雌二醇的相对分子质量为 272，熔点 176℃，难溶于水，溶于乙醇、丙酮、氯仿，易溶于植物油，辛醇/水分配系数为 490。

雌二醇的经皮给药系统（TTS）有两种，商品名分别为 Estraderm 和 Dermestril。

Estraderm 主要用于治疗妇女更年期综合征。它是充填封闭型经皮给药系统，以羟丙基纤维素乙醇溶液形成的凝胶作为储库介质，其中的乙醇作为经皮吸收促进剂，乙烯、醋酸乙烯共聚物为控释膜，聚异丁烯压敏胶为胶黏层。其厚为 0.5mm，共有三种规格，分别为每张含雌二醇 2、4 或 8mg，相应面积分别为 5、10 或 $20cm^2$。

Estraderm 可以应用 4 天，使用后 8h 血清雌二醇浓度达稳定状态。

Dermestril 是以丙烯酸压敏胶为基质的给药系统。其丙烯酸压敏胶由 61%～64% 2-乙基己基丙烯酸、25%～28%甲基丙烯酸酯、4%～5%丙烯酸、4%～5%醋酸乙烯和 1%羟乙基丙烯酸酯通过辐射共聚而得。

Dermestril 大小为 $20cm^2$，含雌二醇 4mg，背衬膜为聚氨酯、聚氯乙烯与聚乙烯组成的复合膜。制备方法：将聚丙烯酸压敏胶用有机溶剂溶解后，加入雌二醇溶解，涂布于聚酯保护膜上，除去溶剂后与背衬膜叠合而成。

释放度测定：切取 6cm 大小的贴片，固定于盘片上，应用《美国药典》中的溶出仪浆法装置于 900mL 水中，50r/min 离心，于 2、4、6、12、24 和 36h 取释放介质，测定雌二醇浓度，计算单位贴片释放量，其结果如表 6-6 所示。

表 6-6　雌二醇经皮给药系统中雌二醇的释放数据

性　　能	TTS-25	TTS-50	TTS-100
释药速率（μg/d）	25	50	100
雌二醇含量（mg）	2	4	8
释药面积（cm^2）	5	10	20
乙醇含量（mg）	100	200	400

从表 6-6 可得，约 30%的药物在 6h 内释放，约 60%的药物在 24h 内释放，而约 80%的药物在 36h 内释放。从 6h 至 36h，雌二醇呈线性释放，可用式（6-11）表示。

$$A=0.8966+0.646\,h \tag{6-11}$$

生物利用度测定：用放射免疫法测定血清中的雌二醇浓度，以 20 位绝经期妇女为受试者，应用两片本品及两片对照品（为膜储库型给药系统，储库内含有以乙醇作为溶剂与促透剂的凝胶，含雌二醇4mg），贴于皮肤上96h后撕去，经交叉研究，所得血药浓度-时间曲线如图6-13所示。从图6-13可见Dermestril的血药浓度曲线较平稳，其C_{max}、T_{max}、$AUC_{0\sim\infty}$分别为66.18pg/mL、35.0h和4286pg/(mL·h)，而对照品分别为87.35pg/mL、18.8h和4268pg/(mL·h)。因此，Dermestril的雌二醇峰浓度小，达峰时大，相对生物利用度为100.4%。

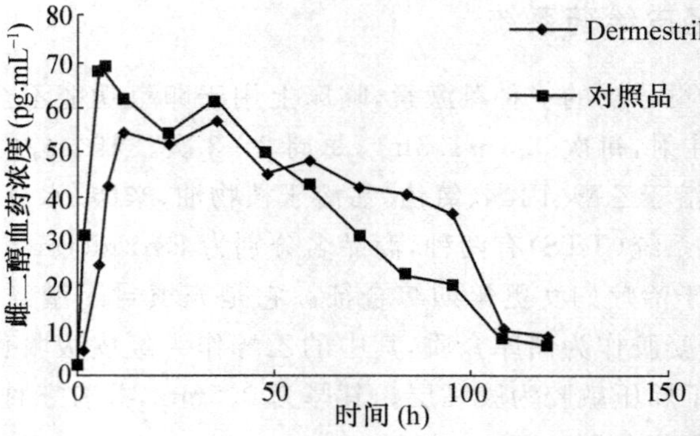

图6-13 Dermestril的雌二醇血药浓度曲线

6.7.2 睾酮经皮给药系统

睾酮为雄性激素，用于雄性激素水平低下的治疗。睾酮不溶于水，能溶于无水乙醇及植物油，口服后只有很小一部分进入体循环，因为它经胃肠道黏膜及肝脏时易被代谢。皮肤局部应用后会被吸收进入体循环。AndroGel为含1%睾酮的凝胶制剂，含乙醇69%，应用于皮肤后很快干燥，形成缓释储库，约10%的睾酮能被吸收进入体循环。应用含100mg睾酮的凝胶30min后，血清睾酮水平开始增加，大部分患者在4h时能达生理水平，经皮吸收能持续24h，并达稳态。

睾酮经皮给药系统制剂有三种规格，如表6-7所示。

表6-7 睾酮经皮给药制剂的规格

商品名	药物含量(mg)	面积(cm²)	给药速率(mg/d)
Testoderm TTS	10	40	4
Testoderm	15	60	6
Androderm	12.2	37	2.5

Testoderm TTS以聚酯/乙烯-醋酸乙烯复合膜为背衬膜，以1.2mL羟丙纤维素乙醇凝胶为药物储库，以乙烯-醋酸乙烯共聚物为控释膜，外涂聚异丁烯压敏胶，加上硅化聚酯膜为保护膜。

Testoderm由聚酯背衬膜、含有睾酮的乙烯-醋酸乙烯共聚物膜和硅化氟烷膜组成。睾酮经皮给药系统有的应用于阴囊上，该部位皮肤的透过性能比其他部位大5倍；有的应用于背部、腹部、上臂等。睾酮从给药系统释放后被吸收，其生物半衰期约为1.3h。

【思考题】

1. 简述经皮给药制剂的优缺点。
2. 简要说明TDDS组成和常见的四种类型。
3. 简述皮肤的生理结构。
4. 详细论述影响药物经皮的过程和途径。
5. 详细论述影响药物经皮吸收的因素。
6. 什么是经皮吸收促进剂？并列举常用的促进剂。
7. 简要说明促进经皮吸收的物理方法。
8. 简要说明促进经皮吸收的化学方法。
9. 简要说明透皮吸收制剂的质量评价内容。
10. 什么是超声导入法？其作用原理是什么？

【参考文献】

[1] 崔福德. 药剂学. 北京：人民卫生出版社，2007.
[2] 郑俊民. 药物经皮给药新剂型. 北京：人民卫生出版社，2006.
[3] 陆彬. 药物新剂型与新技术. 北京：人民卫生出版社，2005.
[4] 许东航，梁文权. 经皮离子导入影响因素研究进展. 中国现代应用药学，2003，20(5)：38-31.
[5] Lavon I, Kost J. Low-frequency sonophoresis: a review. Adv Drug Diliv Rev, 2004, 56(5): 589-601.
[6] 周万松. 超声药物透入疗法的临床应用进展. 应用声学，2001，20(1)：6-10.
[7] 梅兴国. 生物技术药物的制剂——基础与应用. 北京：化学工业出版社，2004.

第7章

靶向给药系统

本章要点

1. 靶向给药系统的概念；
2. 理想靶向给药系统的要求；
3. 靶向给药系统的传统分类；
4. 靶向给药系统的靶向性评价方法；
5. 常用的靶向性修饰剂；
6. 靶向给药系统的常用载体。

7.1 概　　述

7.1.1 概念

1960年后，药物制剂设备和工艺技术得到飞速发展，药物制剂逐步从传统单一的剂型和工艺方法发展成为多学科融合的、理论与实践并重的技术学科，形成了现代药物制剂模式。随着对药物制剂在体内作用机制和靶点研究的深入，现代药物制剂发展从时间上可以分为多个阶段。虽然研究者对不同阶段有各自的描述方法，但各个阶段的发展实际上是连续和存在重合的，不能人为分割。根据大多数药剂学研究者的观点，现代药物制剂发展可以分为四个阶段：① 第一阶段：包括传统片剂、胶囊、注射剂等。② 第二阶段：又称第一代药物传递系统(drug delivery system，DDS)，主要指缓控释制剂、肠溶制剂。③ 第三阶段：又称第二代DDS，主要指器官或组织靶向分布制剂，包括微球或微囊、脂质体、纳米粒等。④ 第四阶段：又称第三代DDS，主要指细胞水平靶向分布制剂。

靶向给药系统(targeting drug delivery system，TDDS)亦称靶向制剂，主要是指第二代和第三代 DDS，系利用载体使药物局部给药或通过全身血液循环时能够选择性地浓集定位于靶组织（target tissue）、靶器官（target organ）、靶细胞（target cell）或细胞内结构的给药系统。

按照所递送的药物到达靶部位的精度，靶向给药系统分为四个级别：① 特异性地分布于特定的靶器官；② 靶向于器官的特殊部位（如病变组织）；③ 靶向于病变细胞；④ 靶向于病变细胞内的特殊结构。

7.1.2 靶向给药系统的特点

靶向给药系统最重要的特点是能够实现药物在靶部位的浓集并产生治疗作用，所以典型的靶向给药系统包含三种元素，即药物、递送载体、靶向识别物质或机制。目前成功地运用于药物体内靶向递送的载体有生物相容性聚合物、微囊、微球、细胞、纳米粒和脂质体等。靶向识别物质主要包括一些内源性或外源性的蛋白质、多肽、多糖、糖蛋白等，靶向识别可以发生在器官水平、特定器官的特定分子水平，甚至发生在一些细胞的个别典型组成部分上，如细胞表面抗原等。靶向识别机制主要包括物理机制、化学机制和生物学机制。

靶向给药系统可以解决生物药物在以其他制剂方式给药时遇到的问题，包括药物自身稳定性低、溶解度小、生物利用度低、体内稳定性差（如酶降解、pH 值影响等）、药物半衰期短、体内分布广但缺乏特异性、治疗指数低、药物体内过程存在解剖屏障或细胞屏障等。

靶向给药系统可以实现生物药物在靶标部位的浓集，从而避免全身给药产生的问题，诸如：药物分布于全身部位，对局部病灶缺乏特定性；大剂量的全身给药才能实现病灶局部的高浓度，而高剂量可引起全身毒性和其他副反应等。因此，靶向给药系统有利于提高药物疗效，降低毒副作用，提高药品的安全性、有效性、可靠性，增加患者的顺应性。

7.1.3 理想靶向给药系统的要求

靶向给药系统不仅要求一定浓度的药物到达特定部位的靶组织、靶器官、靶细胞甚至细胞内的结构，而且要求药物在靶部位滞留足够长的时间，以便发挥药效，并且载体应无毒副作用。因此，理想靶向给药系统应具备三个要素：定位浓集、控制释药、载体无毒且可生物降解。目前，生物药物靶向给药系统已广泛应用于肿瘤治疗、基因治疗、定位释药等研究中。

7.2 靶向给药系统的分类和靶向性评价

7.2.1 传统分类

在靶向给药系统的分类上存在着很多种方法。传统分类方法是根据药物载体靶向聚集的作用机制，将其分为三类：被动靶向给药系统、主动靶向给药系统和物理与化学靶向给药系统。

1. 被动靶向给药系统

被动靶向给药系统（passive targeting drug delivery system），又称自然靶向给药系统，是

指载药微粒被单核-巨噬细胞系统的巨噬细胞(尤其是肝的 Kupffer 细胞)摄取,通过正常生理过程运送至肝、脾等器官。被动靶向的微粒经静脉注射后,在体内的分布首先取决于微粒的粒径大小。大于 7μm 的微粒通常被肺的最小毛细血管床以机械滤过方式截留,然后被单核白细胞摄取进入肺组织或肺气泡;小于 7μm 的微粒一般被肝、脾中的巨噬细胞摄取;200～400nm 的纳米粒聚集于肝后迅速被肝清除;小于 50nm 的纳米粒则缓慢聚集于骨髓。除粒径外,微粒表面性质对其分布也起着重要作用。

单核-巨噬细胞系统对微粒的摄取过程主要由微粒吸附血液中的调理素和巨噬细胞上相关受体的介导作用完成。微粒首先吸附血液中的调理素,然后被巨噬细胞识别并黏着于表面上,经过细胞的内吞、融合等生化作用而被摄取。微粒粒径及表面性质决定了所吸附调理素的种类及吸附程度,因此也决定了单核-巨噬细胞系统对微粒的摄取途径和机制。

2. 主动靶向给药系统

主动靶向给药系统(active targeting drug delivery system)是应用修饰后的载药微粒,将药物定向运送并聚集于靶区,发挥药效。主动靶向给药系统有多种形式,有的载药微粒经表面修饰后不被巨噬细胞识别,有的连接特定的配体可与靶细胞的受体结合,有的连接单克隆抗体成为免疫微粒。载药微粒通过这些方法避免被巨噬细胞摄取,防止在肝内浓集,改变其在体内的自然分布而聚集于特定部位。此外,有研究者将药物修饰成前体药物形成主动靶向给药系统,这些前体惰性药物在特定靶区被激活而发挥作用。要主动靶向载药微粒到达靶部位而不被毛细血管(直径 4～7μm)截留,则微粒粒径不应大于 4μm。

3. 物理与化学靶向给药系统

物理与化学靶向给药系统(physical and chemical targeting drug delivery system)是利用特殊的物理与化学方法,如加热、磁场、超声波、光辐射等,使载药微粒在特定部位聚集并发挥药效。例如,应用磁性材料与药物制成磁导向微粒制剂,在足够强的体外磁场引导下,载药微粒通过血管到达并聚集于特定靶区。又如使用对温度敏感的载体制成热敏感微粒制剂,在局部热疗作用下,热敏感微粒在靶区释药。还可利用对 pH 值敏感的载体制备 pH 敏感的微粒制剂,使药物在特定的 pH 靶区内释药。

7.2.2 详细分类

近年来,靶向给药系统发展迅速,有学者在已有的三大类别基础上,结合靶向给药系统在体内的生物效应机制,对靶向给药系统进行了更加详细的分类,具体分为:局部靶向给药系统、物理机械靶向给药系统、生物物理靶向给药系统、生物化学靶向给药系统、生物特异性靶向给药系统和复合型靶向给药系统(见图 7-1)。

局部靶向给药系统是指将药物系统直接施予靶区,药物局限在靶区释放并发挥作用。这类靶向给药系统的靶向性是相对而言的,已有报道的局部靶向给药系统有眼科给药制剂、宫内给药制剂、血管栓塞微球或微囊等。

物理机械靶向给药系统是指载药体系进入机体之后,利用载体的特性,如浮力、黏附性、磁性、超声波、谐振性等,通过体内外相关条件的控制,使药物集中于靶区释放。已有报道的物理

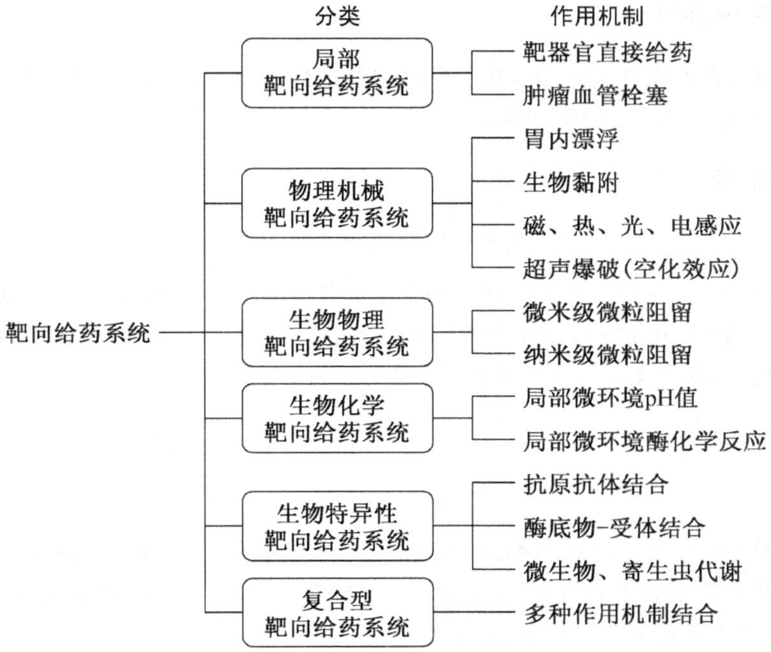

图 7-1 靶向给药系统的分类及主要作用机制

机械靶向给药系统有胃内漂浮制剂、生物黏附制剂、磁性制剂和超声微泡造影剂等。

生物物理靶向给药系统是依据机体不同组织对微粒的阻留的差异性而建立的靶向给药载体给药系统，主要有微米级和纳米级分散体系。以静脉注射为例，7～12μm 的微粒可以被肺机械性地滤阻摄取，0.5～5μm 的微粒可以被肝、脾等组织的网状内皮系统截留，50～100nm 的微粒可以进入肝实质细胞，小于 50nm 的微粒能到达骨髓。微粒表面电荷和疏水性对这类制剂的靶向性具有很大的影响。

生物化学靶向给药系统的释药过程与体内的特殊化学环境相关。例如胃溶、肠溶和结肠靶向给药系统是依据消化道内各段 pH 值的不同，利用 pH 敏感材料设计而成的给药系统。而 pH 敏感脂质体是利用肿瘤的组织间液的 pH 值比正常组织低的原理制成的。但是一般病理细胞的代谢与正常细胞相比差异很小，而且病理阶段不同差别也不同，因此生物化学靶向给药系统的设计存在很大的困难。

生物特异性靶向给药系统是利用生物大分子与药物进行化学结合，形成结合物。结合物进入机体后，生物大分子引导药物递送结合于靶细胞。引导物一般采用能够与细胞表面特异性结合的生物大分子，例如抗体(尤其是单克隆抗体)等，或者是引导物与药物的结合体能被病变组织所产生的特异酶酶解，使药物恢复活性，这种系统被称为酶敏感靶向给药系统。这类制剂目前存在很多问题，如抗体等大分子本身价格昂贵、大分子与药物的结合率低、结合后药物活性可能丧失等。

复合型靶向给药系统是将两种或两种以上的技术复合起来设计靶向给药系统，例如免疫磁性微球、磁性热敏脂质体等。

7.2.3 靶向性评价

对靶向给药系统的靶向性评价，其主要目的是量化药物在靶部位的浓集程度，一般用以下三个参数衡量靶向给药系统的靶向性。

1. 相对摄取率（r_e）

$$r_e=(AUC_i)_p/(AUC_i)_s \tag{7-1}$$

公式(7－1)中：AUC_i 表示由浓度-时间曲线求得的第 i 个器官或组织的药时曲线下面积，下标 p 和 s 分别表示药物制剂及药物溶液。r_e 大于 1 表示药物制剂在该器官或组织有靶向性，r_e 越大靶向效果越好；r_e 等于或小于 1 表示无靶向性。

2. 靶向效率（t_e）

$$t_e=(AUC)_{靶}/(AUC)_{非靶} \tag{7-2}$$

公式(7－2)中：t_e 表示药物制剂或药物溶液对靶器官的选择性。t_e 值大于 1 表示药物制剂对靶器官比某非靶器官有选择性；t_e 值愈大，选择性愈强；将药物制剂的 t_e 值与药物溶液的 t_e 值相比，说明药物制剂靶向性增强的倍数。

3. 峰浓度比（C_e）

$$C_e=(C_{max})_p/(C_{max})_s \tag{7-3}$$

公式(7－3)中：C_{max} 为峰浓度。每个组织或器官中的 C_e 值表明药物制剂改变药物分布的效果，C_e 值越大，表明改变药物分布的效果越明显。

7.3 常用的靶向修饰剂

近年来，人们通过分析特定的病变组织与正常组织之间的区别来寻找作为靶向给药系统的修饰剂，理想的靶向修饰剂应无免疫原性、性质稳定、价格低廉。常用的靶向修饰剂有叶酸、半乳糖、穿膜肽、转铁蛋白-转铁蛋白受体系统、Arg-Gly-Asp 肽、凝集素、生物素-亲和素系统。

7.3.1 叶酸

叶酸（folacin，folic acid 或 folate）是一种广泛存在于绿色蔬菜中的 B 族维生素，又叫维生素 B_c。叶酸主要通过受体介导的细胞内吞途径进入细胞，研究发现叶酸复合物也可经此途径进入细胞，并且该途径具有不破坏复合物、有利于亲水性药物进入细胞内、有饱和性等特点，因此叶酸是一种向细胞内传送药物的良好靶向性修饰剂。

研究表明，多数肿瘤细胞表面上的叶酸受体在数量和活性上均比正常细胞大得多。叶酸受体在卵巢癌、宫颈癌、子宫内膜癌、乳腺癌、结肠癌等人体肿瘤细胞表面高度表达，而正常组织很少有叶酸受体高度表达。研究发现，叶酸受体有作为抗肿瘤治疗靶点的潜力，能被几种治疗途径利用，如化疗、免疫治疗、放射治疗和基因治疗；同时体内和体外试验显示它也能为肿瘤显像提供靶点，用于肿瘤诊断。细胞表面的叶酸受体可辅助细胞的内吞作用，因此可以用叶酸来修饰包载药物的微粒载体，增强其对肿瘤细胞的靶向性。为避免巨噬细胞的吞噬作用，可以对微粒载体进行表面修饰，如利用聚苯乙烯、聚乙二醇（PEG）、聚左旋赖氨酸（PLL）、聚乙烯亚胺（PEI）等修饰。图 7-2 为叶酸受体介导的细胞内吞途径示意。

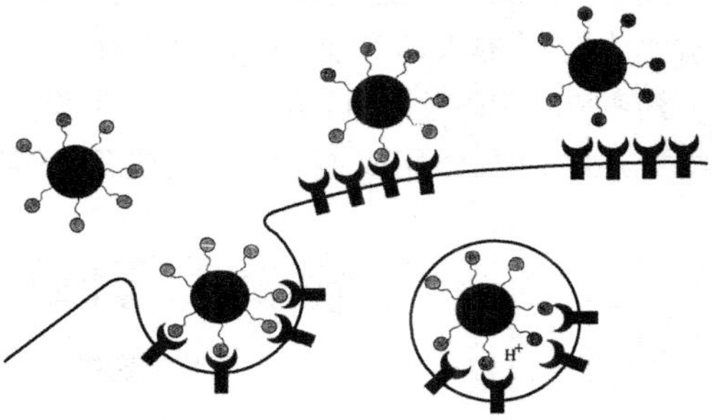

图 7-2　叶酸受体介导的细胞内吞途径示意图

7.3.2　半乳糖

一些特定组织和细胞表面有糖类的受体，因此某些糖类可以作为靶向给药系统的修饰剂。例如去唾液酸糖蛋白受体（asialoglycoprotein receptor，ASGPR），又称肝细胞半乳糖受体，是目前了解最透彻的肝细胞受体，仅存于哺乳动物的肝细胞膜上，能特异识别末端糖基为 D-半乳糖或 N-乙酰-D-半乳糖胺的糖蛋白。因此通过半乳糖与 ASGPR 之间的相互作用，可以主动靶向于肝细胞，这也是目前应用比较多的一种药物或基因的肝靶向递送方法。有报道在金属蛋白酶的底物肽上接入具有亲水性的聚乙二醇链段，再将其整合进半乳糖化的脂质体，形成 Gal-PEG-PD-脂质体复合物，可以很好地躲避肝细胞的快速清除作用，是一种“隐形”的具有肝癌细胞系识别功能的靶向递送系统。Gal-PEG-PD-脂质体复合物利用聚乙二醇的亲水性和空间屏蔽作用，可以长时间停留在循环系统中，而不被正常肝细胞摄取。在肝癌细胞周围有肿瘤细胞分泌的高浓度基质金属蛋白酶，这些金属酶可以水解 Gal-PEG-PD-脂质体复合物中的底物肽，从而解除聚乙二醇的空间位阻效应，暴露脂质体表面的半乳糖残基，使脂质体被肝癌细胞所识别和摄取，达到肝癌细胞特异的靶向给药目的。

半乳糖残基作为靶向给药系统修饰剂的优点有：① 分子大小适中，既可透过生物学屏障，又不被网状内皮系统清除；② 能够选择性进入肝细胞；③ 载药量大，无免疫原性。

7.3.3　穿膜肽

正常细胞的细胞膜只允许少数脂溶性、非极性或不带电的小分子跨膜自由扩散。外源性生物大分子药物的跨膜问题一直是限制抗原、抗体、酶、反义寡核苷酸及重组多肽或蛋白类药物在临床上广泛应用的瓶颈。1988 年，Green 等首次报道 HIV-Ⅰ的反式激活蛋白 Tat 具有跨过多种细胞膜的作用。随后发现的一系列能够通过耗能或非耗能形式跨过多种细胞膜的两亲性小分子多肽（其长度一般不超过 30 个氨基酸）被命名为穿膜肽（cell-penetrating peptides，CPPs）。CPPs 可分成三类，即蛋白质来源 CPPs、典型 CPPs 和合成 CPPs。蛋白质来源 CPPs 通常为母体转导蛋白的无效部分序列，也被称作蛋白转导区或膜转导序列。典型 CPPs 的序列包括两亲性 α-螺旋结构，或模仿已知 CPPs 结构。合成 CPPs 一般为嵌合肽，包括不同来源的亲水区和疏水区。

不同 CPPs 并不具有共同的氨基酸序列区，其共同特点是带正电荷和具有两亲性。所有已知的 CPPs 在生理 pH 条件下均带正电，而且包括 17%～20%带正电荷的氨基酸。研究发现，穿膜肽不仅自身能透过多种细胞膜，而且还可有效携带比其相对分子质量大 100 倍的外源性疏水大分子进入活细胞，并对宿主细胞没有显著毒副作用。

药物与 CPPs 的连接方式如图 7-3 所示，CPPs 介导药物传递的机制如图 7-4 所示。CPPs 由于上述特点及作用机制，现广泛应用于穿透血脑屏障(blood-brain barriers，BBB)，治疗靶

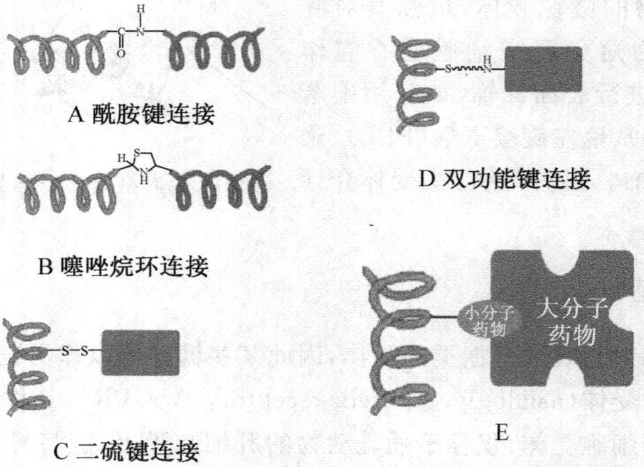

图 7-3 药物与穿膜肽(CPPs)的连接方式。A、B、C、D 分别为药物通过肽键、噻唑烷环、二硫键和双功能键连接与 CPPs 的连接；E 表示大分子药物(如抗生物素蛋白链菌素)与小分子药物(如生物素)非共价结合后再与 CPPs 共价结合。CPPs 可以通过化学结合或基因融合等方式携带各种生物大分子如寡聚核苷、肽段、蛋白质、纳米颗粒和脂质体等

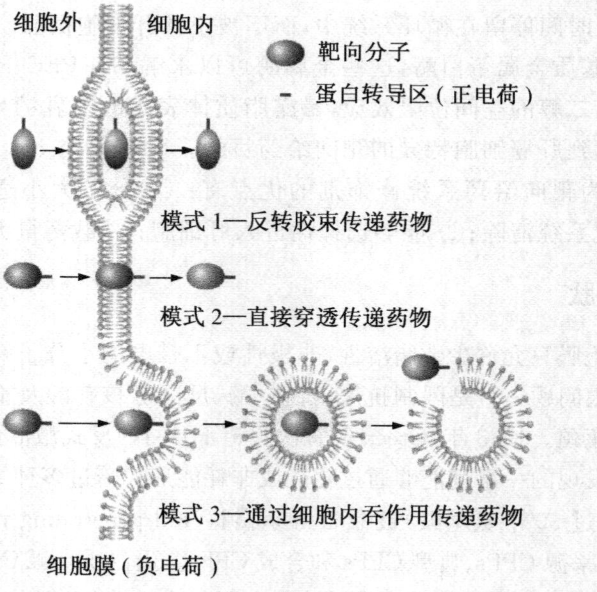

图 7-4 穿膜肽(CPPs)介导药物传递的机制分析示意图。阳离子 CPPs 与大分子如多肽、蛋白质或寡核苷酸结合后，通过静电作用首先与细胞膜结合。随后复合物通过不同作用机制进入细胞。模式 1：形成反转胶束。模式 2：直接穿透细胞膜。模式 1 和模式 2 两种机制作用迅速，属于能量和受体非依赖型途径。模式 3：最新研究表明大多数 CPPs 和药物-CPPs 复合物通过细胞内吞作用而被细胞摄取

向脑部肿瘤及其他脑部疾病。与其他运输载体相比，穿膜肽的优点有：① 广谱、高效、快速、操作简单；② 在一定范围内对作用温度、时间及浓度不敏感；③ 不受组织特异性的限制；④ 在一定浓度范围内不会造成细胞损伤，免疫原性、抗原性和致炎性小；⑤ 某些穿膜肽，如 TAT 蛋白，能穿透血脑屏障，有望解决大分子药物进入脑部发挥疗效的问题。此外，穿膜肽还可能解决物质进入细胞的定位问题，如它能有效运载物质透过不同细胞的细胞膜并定位于细胞浆或细胞核，同时对运载的物质没有明显的大小限制。据报道穿膜肽不但能够携带药物进入真核细胞，还能运载药物进入细菌体内。到目前为止，穿膜肽能够运载蛋白多肽、外源基因、脂质体等物质有效进入细胞内，这使得穿膜肽不但能用于研究各种生物分子的活性、作用机制，还能被用来开发新型的蛋白药物和基因药物。

7.3.4　转铁蛋白-转铁蛋白受体系统

转铁蛋白-转铁蛋白受体（transferrin receptor，TfR）系统可以作为治疗基因或药物的定向运输载体，用于扩散的恶性肿瘤的治疗。目前，有关系统介导药物通过血脑屏障进入脑内发挥药效的给药途径的研究越来越受到重视。人转铁蛋白受体（hTfR）是Ⅱ型膜蛋白，是一类非血红素铁离子结合糖蛋白，其通过结合和内化将血浆中的转铁蛋白（TF）摄入细胞。转铁蛋白受体在所有有核细胞中都有表达，但表达水平各异。在分裂活跃的细胞上表达水平很高，如在肿瘤细胞上每个细胞能达到 10000～100000 个分子，而在非增殖细胞上很少表达甚至检测不到表达。TfR 还是血脑屏障的内源性膜受体，存在于脑部毛细血管内皮，这为脑部肿瘤的治疗提供了有效靶向和通过血脑屏障的途径。

7.3.5　Arg－Gly－Asp 肽

精氨酸（Arg）、甘氨酸（Gly）和天冬氨酸（Asp）组成的短肽 Arg-Gly-Asp 肽，简称 RGD 肽（R 代表精氨酸，G 代表甘氨酸，D 代表天冬氨酸），为血小板膜糖蛋白 GPⅡb/Ⅲa 特异性配基，对血栓部位具有活化血小板的趋向性，能与血小板纤维蛋白原（Fg）片断特异性结合，黏附于血栓表面。FgAa 链的 95～98 位和 572～575 位氨基酸残基在血小板活化后与 Fg 特异结合是血栓形成的最后共同通路。因此，人工合成的 RGD 肽类物质，通过与血小板 Fg 片断竞争性抑制血小板积聚，从而黏附于血栓表面。另外，RGD 序列能与新生血管内皮血管所表达的 $\alpha_v\beta_3$ 整合素特异性结合，因此可利用 RGD 序列靶向结合于肿瘤。

7.3.6　凝集素

凝集素（lectin）是一种特异识别并结合蛋白或脂质上糖复合物的蛋白质或糖蛋白。凝集素分子具有两个以上糖基结合位点，具有结合特异糖基的特点，而且凝集素-糖基的相互作用在生物体中广泛存在，因此可将凝集素用于生物药物给药系统靶向性修饰剂。许多细胞表面的蛋白和脂质被糖基化，这些糖基位点能够被特异的凝集素识别并结合。为数不多的糖基组合就能产生很多不同的化学结构（糖基序列）。由于机体的不同部位或同部位不同细胞类型表达的糖基序列不同，非正常（转化或癌变）的细胞与正常细胞表达的糖基序列不同，因此以凝集素作为靶向修饰剂，可将药物载体定位靶向到特定的组织细胞。凝集素-糖基的特异相互作用除将凝集素靶向结合到特定细胞外，还可将信号传导到细胞内以诱导细胞的内吞或胞吞转运。此外,有一些细胞上有表达凝集素,因此可将糖基作为靶向头基,介导药物载体的靶向递送。

7.3.7 生物素-亲和素系统

生物素-亲和素系统(BAS)是19世纪70年代末发展起来的一种新型生物反应放大系统,具有灵敏度高、特异性高、稳定性高等特点,广泛用于生物医学各领域。近年来,BAS介导的肿瘤导向治疗成为肿瘤治疗的最新研究热点之一。亲和素(avidin, Av)是来源于蛋清的一种糖蛋白,相对分子质量约66000道尔顿,等电点约为10,由四个完全相同的亚基组成,每个亚基可通过色氨酸与生物素分子中的咪唑酮环结合。亲和素与生物素的亲和力非常高(k_d 为 10^{-15} mol/L),远高于抗原-抗体的亲和力(k_d 为 10^{-11} mol/L),两者结合快且不可逆,并可在较长时间内保持高度稳定性。近年研究发现,应用生物素修饰抗肿瘤药物微球对体外培养的肿瘤细胞具有显著的抑制作用。

7.4 靶向给药系统的载体

7.4.1 靶向脂质体

脂质体(liposome)作为传统药物载体已取得了显著进展。近年来由于生物技术的飞速发展,设计合理的脂质体应用于生物药物成为新的挑战。随着高亲和力和特异性配体的不断开发及功能性高分子材料的发展,目前已开发研制出许多具有高治疗指数或特殊功能的新型靶向脂质体。

1. 温度敏感脂质体

温度敏感脂质体(thermosensitive liposome)又称热敏脂质体,是指利用升温手段使局部温度高于脂质体相变温度,脂质膜由“凝胶态”转到液晶结构,其磷脂的脂酰链紊乱度增大导致包封药物的释放速率增大,从而实现药物的靶向传递。自1978年Yativn等首次发表有关DPPC脂质体的温度敏感作用及其可能作为热靶向药物载体的观点至今,热敏脂质体结合肿瘤热疗方法一直是脂质体的研究热点。热敏脂质体除应用于抗肿瘤生物药物的载体外,还被尝试用于抗生素的靶向递送。

2. pH 敏感脂质体

pH敏感脂质体(pH-sensitive liposome)是一种能达到细胞内靶向和控制药物(如基因、核酸、多肽、蛋白质)释放的功能性脂质体。pH敏感脂质体遇到pH值低的局部微环境时,其脂肪酸羧基的质子化形成六方晶相(非相层结构),导致脂质膜融合,达到靶向释放药物的目的。如图7-5所示,pH敏感脂质体与病变粗细细胞膜靶位受体结合后,

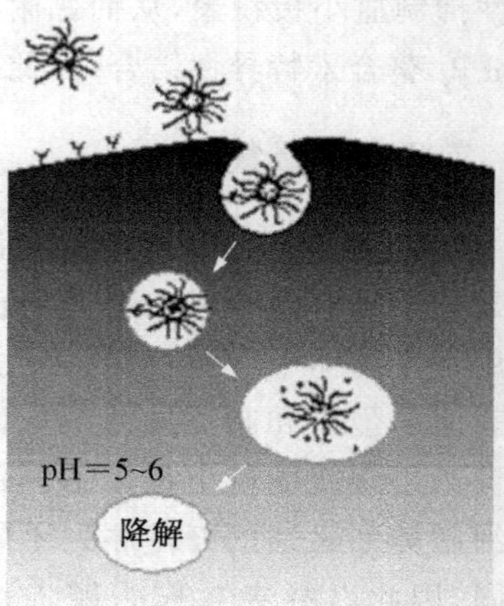

图 7-5 pH 敏感脂质体作用原理图

在酸性条件下，核内体(endosome)形成后几分钟内(进入溶酶体之前)，pH 值从 7.4 减至 5.3～6.3 时，pH 敏感脂质体膜发生结构改变，促使脂质体膜与核内体/溶酶体膜融合，将包封的物质导入胞浆，避免网状内皮系统的清除。pH 敏感脂质体可在一定程度上避免溶酶体降解并增加包载药物的摄取量和稳定性，有效地将包封药物转运到胞浆。

尽管此类脂质体的体外试验获得了成功，但体内脂质体的稳定性和 pH 敏感性等问题尚需完善，因此目前尚未开发出应用于临床的 pH 敏感脂质体制剂。

3. 受体介导脂质体

受体介导脂质体是在脂质体分子上联接一种识别分子，即所谓的配体，通过与靶细胞表面相对应的受体分子的相互作用将药物靶向至靶位，实现脂质体的主动靶向。目前应用的受体有低密度脂蛋白(LDL)受体、半乳糖受体、叶酸受体、转铁蛋白受体、甘露糖受体、白介素-2(IL-2)受体和血管肠多肽(VIP)受体等。

受体介导脂质体靶向体系作为药物载体有着很好的前景，但还需考虑如下问题：① 脂质体在体循环中需滞留足够长的时间，使它有足够长的时间作用于靶向器官和组织；② 靶位和非靶位受体的密度应有足够差异，靶向细胞的配体和受体结合需有足够的专一性；③ 配体修饰脂质体在体内需有足够的稳定性。

配体修饰脂质体通过受体介导的内吞作用主动运载药物至靶位，增加药物靶向的特异性，减少对非靶组织器官的损伤，提高疗效，是一种具有广阔发展前景的新型脂质体。

4. 掺入糖脂的脂质体

掺入糖脂的脂质体又称多糖被覆脂质体，是将糖脂链的一部分用棕榈酰或具有适当间隔基的胆甾醇基取代得到糖类衍生物，再与含药脂质体混合，在适当的条件下孵育，即得到掺入糖脂的脂质体。这种脂质体可改变其在组织内的分布，且稳定性好。脂质体表面结合天然或人工合成的糖脂或糖蛋白将改变脂质体在体内的分布，起到对局部组织的靶向作用。

可用作掺入糖基的物质有唾液糖蛋白、N-十八酰二氢乳糖脑苷、神经节苷岩藻糖、半乳糖、甘露(聚)糖衍生物、右旋糖酐、出芽短梗孢糖(CHP)等。这类脂质体的优点在于不仅能明显增强脂质体在血液中的稳定性，而且通过改变糖基可以改变脂质体的组织分布，如表面带有半乳糖残基或葡萄糖残基的脂质体易被肝实质细胞所摄取。

5. 免疫脂质体

免疫脂质体(immunoliposome)又称抗体介导型脂质体，是单克隆抗体(McAb)修饰的脂质体的简称。Torchilin 等最早报道这类脂质体。近年来，应用杂交瘤技术成功地获得单克隆抗体(McAb)，由于单克隆抗体具有纯度高、特异性高的特点，因此以单克隆抗体修饰脂质体制成的免疫脂质体作为药物释放载体，可选择性地作用于抗原阳性的癌细胞，提高局部药物浓度，减少对正常细胞的毒性，延长药物在血中的半衰期。免疫脂质体可以用作肿瘤治疗的生物药物的载体。

抗体与脂质体的结合方法有：① 吸附法：单纯地在脂质体混悬液中加抗体使之被吸附；② 脂质蛋白融合法：将以化学键结合有脂肪的抗体蛋白加到脂质体中，通过与脂质体脂质部分地融合而结合到脂质体上，又称抗体衍生化法；③ 交联法：利用交联剂将抗体结合到脂质体表面上，或利用脂质交联剂衍生化法，即将脂质体用交联剂衍生化后再与抗体或衍生化后的抗体共价结合。

虽然免疫脂质体的体外试验已经获得成功，但要进入临床使用还要解决一些问题：① 抗体的异源性，目前采用的单抗多为鼠源性，体内多次给药易产生针对鼠抗体 Fc 段的抗体，影响疗效；② 抗体的靶向性，抗体在体外的高度特异性并不意味着交联物在体内实现高选择性的结合；③ 血液中抗原的封闭作用；④ 制备大量高纯度抗体比较困难、价格较高；⑤ 抗体与脂质体的交联技术有待完善。

用包载生物药物的免疫脂质体治疗肿瘤是涉及基础理论较多的一项新技术，通过生物医学相关学科研究者的密切合作，它在肿瘤治疗中的应用前景会越来越广阔。

6. 磁性脂质体

磁性脂质体是在脂质体中掺入铁磁性物质，进入体内后，在体外磁场的效应下引导药物在体内定向移动实现定位集中的靶向给药。由于药物以受控的方式从载体中释放，然后在肿瘤组织的细胞或亚细胞水平上发挥药效作用，故对正常组织无太大影响。

磁性脂质体通常由铁磁性物质、抗癌药物及脂质体等组成。其中，磁性载体材料在磁性脂质体中主要起导向和定位作用，而这种作用必须通过外加磁场才能实现。因此，为保证磁性脂质体的有效性、安全性和靶向性，磁性载体材料应具备严格条件：① 粒径应在 10～20nm，最大不超过 100nm；② 进入体内的超微细磁粒子应有较大的磁导率和磁感应强度，外加磁场则应有适宜磁场强度，以达到导向和定位目的，并控制所需的释放速度；③ 应具有最大的生物相容性和最小的抗原性；④ 磁性载体材料应无毒、可降解，降解物无毒，并能在一定时间内排出体外；⑤ 应具有足够的载药能力、一定的机械强度和期望的给药速度。

7. 长循环脂质体

长循环脂质体(long circulating liposome)又称长效脂质体，利用在脂质膜中掺入表面活性剂或对类脂进行修饰等手段，延长脂质体在血流中的稳定时间，从而延长其包封药物的作用时间。常用的制备手段有：① 利用聚乙二醇 (PEG)或神经节苷酯(GM_1)等天然或合成的聚合物修饰类脂；② 用键合的亲水性聚合物给脂质体包衣；③ 将具有聚合能力的官能团加入类脂分子中形成稳定的聚合膜脂质体；④ 在磷膜中掺入 PEG、Tween80、胆固醇或豆固醇(β-谷甾醇和油菜甾醇的总称)等物质来延长脂质体体内半衰期；⑤ 磷脂上连接抗体、蛋白质或多肽等能避免被非特异性吞噬的配体。

目前研究较多的是立体/空间稳定型脂质体，常用的修饰物有聚乙二醇 (PEG)和神经节苷酯(GM_1)。GM_1 价格昂贵，合成和提取都较困难，不适合大量应用。PEG 的惰性屏蔽作用能够逃脱机体免疫系统的防御攻击，故又称为隐蔽性脂质体 (stealth liposome)，它主要被肝、脾以外组织的巨噬细胞清除。

8. 柔性脂质体和柔性囊泡

柔性脂质体(flexible liposome)作为一种新型的药物载体，可以使小分子及大分子药物如多肽类或蛋白质成功地穿透皮肤或黏膜，进入体循环。在脂质体的双分子层中加入不同的附加剂（如胆盐、Tween 和 Span 类）可显著影响脂质体的性质和功能，使制得的脂质体具有充分的柔性。与普通脂质体不同，柔性脂质体作为亲水性蛋白质的透皮给药载体时，受角质层水合所产生的渗透压的影响，其能发生变形而被"挤入"角质层，因而显著增加药物的经皮渗透能力。其原因可能是由于胆酸钠插入磷脂双分子层中，增加了磷脂分子间距离，扰乱磷脂酰基链的顺序，增加了流动性。

除柔性脂质体外，目前研究的具有脂质体类似结构、能增加透皮作用的新型柔性囊泡主要有三种，即传递体（transfersome）、乙醇脂质体（ethosome）和非离子表面活性剂囊泡（niosome），其组成材料见表 7-1。

表 7-1　柔性囊泡类型和主要材料

类　型	主要材料
传递体	卵磷脂，胆酸钠
乙醇脂质体	卵磷脂，乙醇
非离子表面活性剂囊泡	非离子表面活性剂

9. 聚合膜脂质体

聚合膜脂质体是将具有聚合能力的官能团加入类脂分子中作为单体，通过共价键的形式使类脂聚合，形成稳定的聚合膜脂质体。聚合膜脂质体克服了常规脂质体易于聚合和融合、有效期短等缺点，可显著提高稳定性，降低粒子的融合与聚集，使脂质体中药物渗漏显著降低，延长有效期。目前常用含丁二炔基团的卵磷脂制备聚合膜脂质体。

另外，还有许多化学合成聚合物磷脂被连接上抗体、蛋白质或肽等配体，由它们制备的脂质体既可避免被非特异性吞噬，又可达到特异性靶位，是更有效的长循环药物载体，应用范围更为广泛。

10. 超声波敏感脂质体

包含氟碳类惰性气体的脂质体可以应用于超声诊断学中作为超声造影剂（ultrasound contrast agents, UCA）。其一方面可以提高血中背向散射回声信号，增强超声对比效果；另一方面可以作为一种能携带药物微粒穿过内皮层进入靶组织的非创性载体，增加靶组织的药物浓度。运用超声波破坏含有气体的脂质体可在特定组织控制药物释放。

11. 其他新型脂质体

融合脂质体作为非病毒载体（non-viral vector）应用于基因治疗中。通过模拟某些病毒（例如 HIV 或 Sendai 病毒）在中性 pH 值时可与细胞膜融合的现象，人们在制备脂质体时加入可在膜上形成可逆的六角形结构的融合剂，如聚乙二醇、甘油、聚乙烯醇或重组病毒胞膜、病毒蛋白等，即可制得融合脂质体。

光敏脂质体是将光敏物质和药物包封在脂质体内，用于光学治疗。在一定波长的光照射时，脂质体膜与囊泡物质间或脂质体间发生融合作用而释放药物。

为了达到靶向高效的给药目的，常常综合利用多种新型脂质体技术。例如，将葡聚糖磁珠（dextran magnetite, DM）插入温度敏感脂质体中构成温度敏感磁性脂质体。将磁性脂质体连接上免疫抗体，制备出具有磁性定位和抗体导向双重优点的磁性免疫脂质体。

随着对脂质体分布机制研究的深入和高亲和力、特异性配体的不断开发，靶向脂质体制剂的大量生产已成为可能。在体内血液和组织中具有特效功能（如胞浆递药所需的 pH 敏感性、DNA 细胞核内递药所需的核膜识别能力）的生物膜传感器的发展，也将使载药脂质体不仅能成功地将药物递送到靶细胞，而且能进入到靶细胞的选择性细胞器上。

7.4.2 靶向微粒

靶向微粒是指一类粒径在微米级的靶向载药粒子，包括微球和微囊。理想的靶向微球或微囊应该具有以下特点：① 载药进入靶部位后在靶区域的毛细血管中分布均匀；② 在进入靶区域的过程中药物不失活、不渗漏；③ 具有生物相容性的表面性质；④ 能以预期的速率释放药物，基质可生物降解，其本身和降解产物对机体无活性；⑤ 供注射的微球或微囊不堵塞针头，且易制备、载药量大、贮存期稳定等。目前靶向微粒制剂主要应用在微球制剂上，如磁性微球、热敏感微球、pH 敏感微球和血管栓塞微球。

1. 磁性微球

与磁性脂质体类似，磁性微球中的药物被包覆或修饰于具有生物可降解性的磁性微球上，并通过一个外加磁场将磁性微球药物定位于病变部位释放药物，而对周围其他正常组织无毒副作用。早在 20 世纪 70 年代，就有利用包裹磁性颗粒的变性白蛋白作为药物载体的研究。磁性微球制剂的显著优点是导向方法较简单，导向控制也较容易（见图 7-6）。目前，磁性微球常用的骨架材料有白蛋白、聚多糖、淀粉、磷脂酰胆碱、乙基纤维素、聚丙交酯等。为了提高其稳定性，有时加入其他成分，如胆固醇等。磁性微球的粒径一般在 10～100nm，直径过大容易导致微管栓塞，不易排出体外，过小则不易被截留。经修饰、吸附或包覆的载药微球在外加磁场作用下集中于病变部位，并通过扩散和渗透作用使药物得以缓释（见图 7-7）。

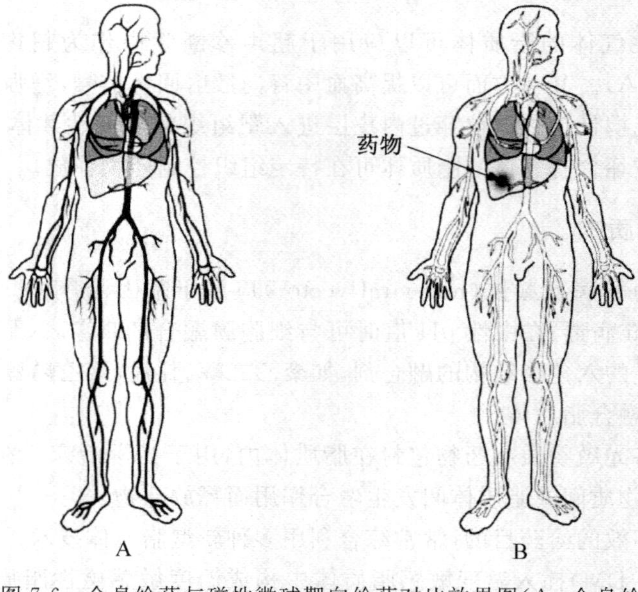

图 7-6 全身给药与磁性微球靶向给药对比效果图（A. 全身给药，药物经血液循环后分布于全身；B. 磁性靶向给药，药物集中分布在靶部位）

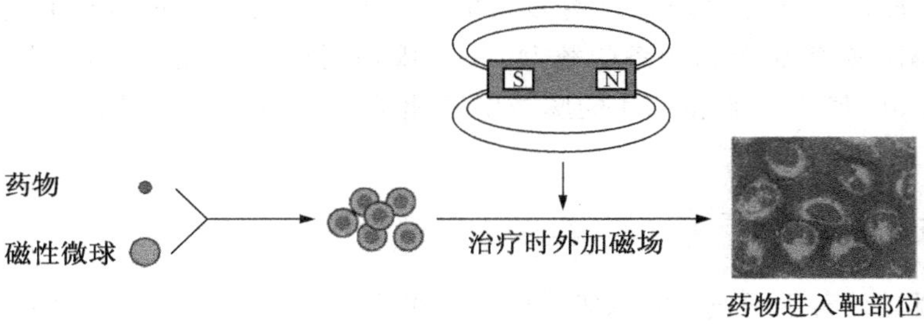

图 7-7　磁性微球给药系统示意图

目前，磁性微球对一些离表皮较近的实体瘤，如乳腺癌、膀胱癌、食管癌、皮肤癌，甚至肝癌、肺癌等，均显示出临床治疗的优越性，特别是应用外加磁场提高了药物在病灶部位的浓度，这不但增强疗效，而且大大降低药物的毒副作用，具有广阔的研究发展前景。然而，目前药物磁性微球仍处于基础研究阶段，尚有以下问题亟待解决。

1）对与高分子材料有良好相容性的超顺磁性纳米粒的研究不足，如何制备生物相容性好、饱和磁化强度高、稳定性好的磁粒子对磁性药物微球的磁靶向性至关重要。

2）影响磁性药物微球的制备工艺参数多，又存在交互作用。有关磁性药物微球制备工艺参数对微球表面形态、药物包封率、药物释放特性、磁响应性等的研究仍有很大不足，难以在性能上控制磁性药物微球的质量。优化制备条件、建立制备参数与性能的表征关系是高性能磁性药物微球应用的前提。

3）传送定位问题：磁性药物制剂在生物体内定位受多种因素影响，如生物体内复杂血管中介质的黏性与流动速率、不同靶位血管的管径、外磁场作用于磁性药物制剂的磁力以及制剂自身的磁性能和粒径大小等。

2. 热敏感微球

热敏感微球是由对温度较为敏感的材料制备而成的，通过改变温度可以控制热敏感微球的释药方向与速率(见图 7-8)。

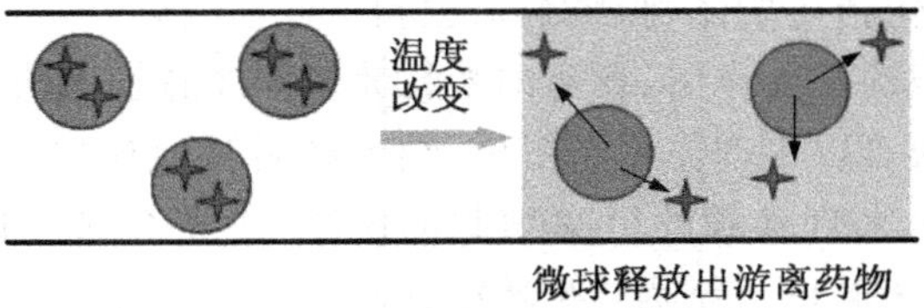

图 7-8　热敏感微球释药示意图

泊洛沙姆(pluronic)是聚氧乙烯-聚氧丙烯-聚氧乙烯共聚物(PEO－PPO－PEO)，生物相容性极好。已有很多研究利用泊洛沙姆聚合物骨架作为温度敏感性材料，根据温度变化释药。在较高温度下，泊洛沙姆的 PPO 嵌段疏水性增加可使泊洛沙姆链间的分子间疏水相互作用增强，最终导致链节断裂，从而释放出所包载的药物。

3. pH 敏感微球

pH 敏感微球释药原理类似于热敏感微球，是由对 pH 敏感的载体材料制备而成的，可以在体内特定 pH 的靶区释放药物。例如以聚 N-异丙基丙烯酰胺-合-甲基异丁烯酸-合-甲基丙烯酸为 pH/热敏聚合物制备的载 DNA 口服黏附微球。此微球在 pH 值为 1.2 的胃液中不溶,但在 pH 值为 6.8 和 7.4 的肠液中迅速溶解,所包裹的 DNA 在小肠或结肠中几乎完全释放。

4. 栓塞微球

栓塞微球通过外科手术或者介入等手段植入血管,能够阻断靶区的血液供应,又在靶区释放药物,从而起到栓塞和靶向化疗的双重作用。肿瘤的栓塞治疗疗效高,手术微创,药物毒副作用小,已成为现代肿瘤综合治疗的重要组成部分。将适宜的抗肿瘤生物药物制成栓塞微球,可为恶性肿瘤的介入治疗提供一种新型的介入栓塞制剂。

5. 主动靶向微球

主动靶向是指通过周密的生物识别设计,如抗体识别、受体识别、免疫识别等将载药微球导向特异性的靶部位。

近年来免疫微球研究较热。免疫微球是在聚合物微球上包裹或吸附抗体或抗原形成的具有免疫活性的微球。它的应用很广,不仅可用于抗肿瘤药物的靶向给药,还可以用来标记和分离细胞。

免疫微球通过结合细胞表面的特异性受体或抗原决定簇来实现靶向给药,例如用抗 T 淋巴细胞的单克隆抗体共价结合到聚甲基丙烯酯微球上,可形成 T 淋巴细胞特异结合的免疫微球。

7.4.3 纳米粒

近年来,随着纳米科技和医用高分子材料的研究进展,纳米粒作为靶向药物载体成为研究热点,在细胞分离和药物靶向治疗方面有着潜在的广阔应用前景。纳米粒是指用适宜的高分子材料制成的粒径通常在 10～100nm 的胶体分散系统。一般所说的纳米粒包括纳米球和纳米囊;广义上的纳米粒还包括药质体、脂质纳米粒和聚合物胶束。

纳米粒具有天然的被动靶向作用,载药纳米粒大多数经脉管给药以达到药物靶向的目的。但血管内注射纳米粒一般难以主动作用于靶位,纳米粒可从血流中迅速被清除并被网状内皮系统(RES)摄取。RES 为来自骨髓的巨噬细胞的统称,主要分布于肝 Kupffer 细胞,其次是脾、骨髓等。RES 吞噬纳米粒的机制为:纳米粒进入血液循环后被血浆调理素(补体和免疫球蛋白)所吸附,RES 系统对这种调理素具有特异的识别能力,进而将其吞噬。巨噬细胞的吞噬作用,对于与 RES 有关的疾病无疑是有益的,可借此达到靶向给药的目的。另外,纳米粒对血脑屏障内皮细胞的黏附作用会导致脑中药物浓度升高。

但是多数疾病并不发生在与 RES 有关的系统中。因此,如何减少或避免纳米粒载体在体内对吞噬细胞的趋向性,及延长其在体内的循环时间成为近年来的一个研究热点。如长循环纳米粒降低了药物对 RES 的靶向性,实际上增加了对病变部位的靶向性,宏观的效果是疗效明显改善。

欲使载药纳米粒达到靶向给药目的,可采用以下几种方法。

1. 降低网状内皮系统的摄取活性

由于网状内皮系统的摄取，致使许多纳米粒集中在肝及脾脏，因此可以采取包衣的方法来降低 RES 强大的摄取作用，如用亲水性物质（如 PEG）对纳米粒进行包衣。

2. 体外磁性导向

磁性纳米粒可以抑制网状内皮系统的吞噬作用，减少肝、脾的被动靶向。研究证实，施加的磁场时间越长、强度越高，越有利于磁性纳米粒在靶区的定位。从目前研究的情况看，磁性纳米粒一般为核壳结构，由两部分组成：具有导向性的核层（磁核）和具有亲和性、生物相容性的壳层。磁核主要由纳米级的金属氧化物组成，而壳层主要由两类物质组成，一类是合成高分子，另一类是生物高分子。根据不同的应用，磁性纳米粒的包裹形式可以有三种：① 核-壳结构，即由金属氧化物（如铁、钴、镍等氧化物）组成核，高分子材料作为壳层，这种结构以磁核为芯部，可以直接在高分子外层连接所需携带的药物、抗体等；② 壳-核结构，即将高分子材料作为芯部，外面包裹磁性材料；③ 壳-核复合结构，即外层和内层为高分子材料，高分子材料组成壳层；或将高分子材料作为核，磁性材料作为壳层。除此之外，也可做成夹心式结构，即外层和内层为高分子材料，中间为磁性材料。有研究表明，将药物结合于磁性淀粉纳米粒中，可以利用外加磁场引导磁性淀粉纳米粒在体内定向移动和集中，达到定向作用于靶组织的目的，不仅能明显增加抗肿瘤的有效治疗指数，还能减少或消除全身毒性。

3. 对纳米粒进行包衣

由于消化道酶对生物药物有破坏、降解、失活作用，可将惰性的高分子材料如纤维素、葡聚糖凝胶制成颗粒后包衣或者制成微丸后再进行包衣，以保护生物药物供口服使用。在用作包衣材料的物质中，聚丙烯酸及其衍生物的酯类目前研究最多，其在体液中溶胀，不被机体吸收，对人体无害，且具有 pH 依赖性，它的多种类型和不同用量对药物释放速率的影响各不相同。另外，在穿透性能差的聚丙烯酸及其衍生物的酯类中也可以加入水溶性物质如 PVP、PEG 等，以增加穿透性，从而调节药物的释放达到人们所需要的速率。

4. 抗体或配体修饰

利用抗体-抗原、配体-受体特异的修饰可以实现纳米粒主动靶向的目的。例如用连接非还原糖末端配体的载体材料制成的纳米粒，其中的非还原糖末端配体可以与肝实质细胞膜上的去唾液酸糖蛋白受体特异性结合，实现纳米粒的主动肝靶向。又如用叶酸偶联的白蛋白作为材料制成的叶酸偶联白蛋白纳米粒可通过细胞膜上叶酸受体介导途径，主动靶向富集叶酸受体的肿瘤细胞。

药质体是药物与脂质体通过共价键结合后分散在介质中形成的胶体分散体系。药质体中，药物在作为活性成分的同时，本身也是载体材料的一部分，参与纳米粒的组成。药质体最大的优点就是稳定性高，能够避免药物在传递过程中的渗漏。药质体静脉注射后，一般被网状内皮系统吞噬。药质体粒径控制在 100nm 以下时，可以到达血管外的炎症部位和肿瘤组织。

脂质纳米粒（lipid nanoparticle）是以植物油为基质，包裹脂质材料制成的纳米粒。脂质纳米粒与脂质体的区别如下：① 脂质纳米粒由植物油、类脂和水组成，区别于脂质体的类脂和水成分；② 脂质纳米粒的膜结构为单室单层膜，区别于脂质体的单/多室单/多层膜结构；③ 脂质纳米粒只适宜于脂溶性强的药物，而脂质体适宜包裹大多数的水溶性或脂溶性药物；④ 在稳定性方面，脂质纳米粒比脂质体更好，制剂可以进行高温灭菌，室温条件下两年内稳定。脂质纳米粒能被许多激活的炎症细胞所吞噬，如巨噬细胞、中性粒细胞、血管内皮细胞、肿瘤细胞、肝 Kupffer 细胞、脾巨噬细胞、T 细胞等。并且脂质纳米粒对血管壁尤其是炎症部位血管壁亲和力较高，能在动脉粥样硬化血管、高血压血管壁上沉积。因此，脂质纳米粒可以应用于吞噬系统疾病、肿瘤和炎症的靶向治疗。

7.4.4 超声造影剂

超声造影剂是一类具有封闭结构的微米级含气微泡，能够有效改善超声成像对比质量，有利于区分正常和非正常状态，从而及早分辨病变区形态和类型。成功研制的高质量微泡不仅推动了临床超声诊断学的发展，而且在生物药物靶向递送方面彰显了应用潜力。近年来随着生物纳米技术的发展，超声造影剂微泡的粒径已经发展到了纳米级。纳米级微泡具有比普通微泡更小的粒径，更强的体内稳定性以及强烈的吸附作用，更适合肿瘤的靶向递送。

1. 超声造影剂特点

超声造影剂作为药物载体，具有其他药物载体所不具有的优势：① 结合超声造影技术的超声造影剂给药系统可以实现可视化，通过超声造影可以跟踪药物在体内的转运过程；② 利用超声波爆破超声造影剂微泡可以实现药物定位定时释放；③ 超声造影剂微泡在爆破时产生的空化效应和声孔效应，能使靶位的组织、血管和细胞产生一些可逆性通道，有利于药物渗透进入靶位的组织、血管和细胞中，实现药物的靶向递送；④ 纳米级的超声造影剂可以穿出微血管内皮间隙进入细胞，药物递送效率更高，并且具有分子影像的作用。

目前超声造影剂微泡的成膜材料有脂质体、白蛋白、表面活性剂等，其中磷脂在安全性和生物相容性方面占有绝对的优势，应用最广泛。

2. 超声造影剂靶向释药的方式

在超声条件下，超声造影剂结合药物实现体内靶向释药主要有以下两种形式。

(1) 破坏毛细血管壁到达靶部位

将低频高强度超声施加于病变区域，当载药微泡通过静脉注射或动脉给药后，经血液循环进入该区域毛细血管时，载药微泡被超声波破坏从而释放出药物，同时微泡直径的变化可以导致毛细血管破裂，释放的药物就由血管破裂处进入靶组织。

(2) 直接通过毛细血管壁到达靶部位

定位超声引起的载药微泡破裂还可以导致微血管细胞膜通透性增加，使释放的药物穿过内皮间隙进入靶组织细胞内，增加疗效并减小副作用。

3. 主动靶向超声造影剂

普通超声造影剂作为生物药物的靶向载体，依靠超声波定位爆破给药，经历的是一种被动的释药过程。如果在普通超声造影剂微泡表面连接靶向配体，则构成主动靶向给药载体，其靶向递送效果会更好。理想的主动靶向超声造影剂微泡载体需达到以下要求：

1）微泡能够流经过靶位；

2）微泡有足够的稳定时间以便在靶位循环和积累；

3）结合到靶位上的微泡应在超声检查过程中保持稳定；

4）微泡与靶位的结合应牢固，不能在血流作用下分开；

5）靶位显像的微泡用量应较小，最好是毫克级或更少；

6）可以很快实现靶位与背景的高比率对比。

制备具有靶向性微泡的关键是将靶向配合基或特异性配体（多为蛋白分子）连接到微泡上，连接方式有三种，即直接连接、通过抗生物素蛋白-辅酶 R 桥、通过可弯曲的连接臂（如图 7-9 所示）。

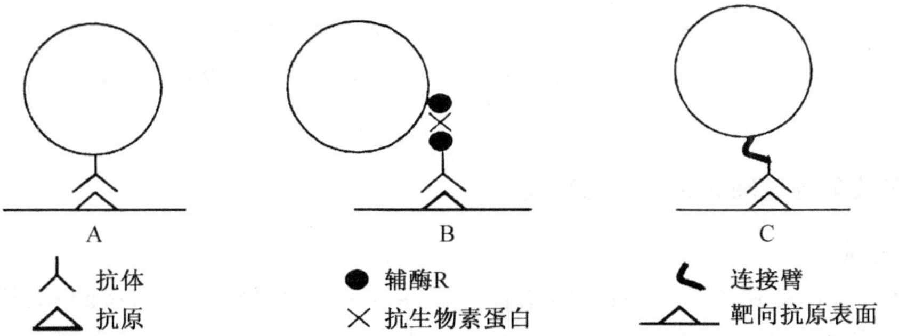

图 7-9　靶向配合基与微泡表面连接方式示意图（A. 直接连接；B. 通过抗生物素蛋白-辅酶 R 桥；C. 通过可弯曲的连接臂）

具体技术如下：

1）直接连接法：靶向配合基或特异性配体直接连接到泡壁成分，此法取决于泡壁材料的化学组成和配合基的性质。例如蛋白质为成膜材料的微泡泡壁上具有氨基酸基团，可以共价结合配合基。

2）利用锚着残基连接法：① 先将配合基共价结合到锚着残基上，微泡形成后，这些配合基和锚着残基就镶嵌于泡壁上；② 先将锚着残基嵌入泡壁中，微泡形成后再结合配合基。许多蛋白分子在高温和超声条件下失活，因此方法②的应用较多。锚着残基可以是脂质、聚合物或蛋白，为了结合到泡壁中，锚着残基可以在微泡制备前加入到含有其他泡壁成分的水相中。此法也用于将共价标记物结合到微泡表面上，如将荧光素结合到蛋白包被的微泡表面上。

3）Hybrid 方法：用于制备包被有抗体的微泡。首先引入必要的化学基团对锚着残基进行结构修饰形成功能基团，微泡形成后激活功能基团，然后与抗体结合。例如先制备亲水端带有羧基的配合基衍生物，然后与水相中其他的磷脂/表面活性剂成分混合，制成表面含羧基的微泡。利用水溶性碳二亚胺，在激活微泡表面的羧基后就可以与抗体结合。

连接方法主要由配合基的性质决定，如单克隆抗体在剧烈的制备条件（如超声）下失活，而糖类配合基、短链缩氨酸或缩氨酸类似物可以耐受这些条件，因此可以根据不同性质的配合基选用适宜方法连接到预成型的泡壁上。

由于自由流动的配合基在血管中会先与靶位结合，减少了微泡与靶位的结合，因此必须纯化微泡。简单的浮选技术可用于纯化微泡。利用含气微泡比周围的水相轻的特点，通过离心后收集顶部微泡，用新配的缓冲液洗去微泡上未结合的配合基即可完成纯化微泡。

如图 7-10 所示，表面联结配合基的微泡可以靶向性地结合到具有特殊受体的细胞上，结合超声波定位爆破作用更有利于发挥药物靶向递送功能。

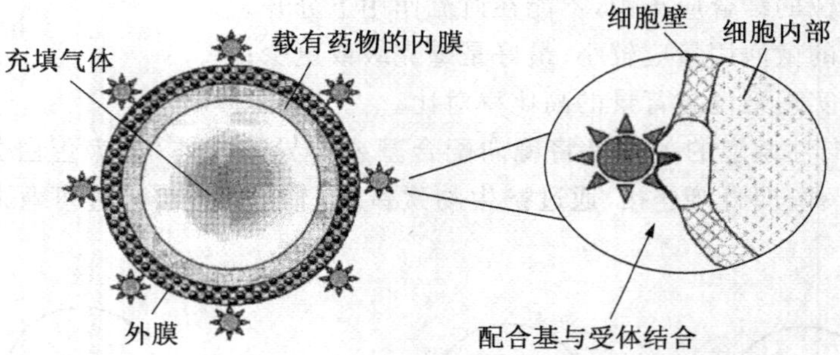

图 7-10　表面连有配合基的用于靶向递送的造影剂微泡示意图

4. 超声造影剂靶向递送的应用方向

(1) 溶栓应用

低频超声具有良好的组织穿透性，结合携带溶栓药物(如链激酶、尿激酶)的超声造影剂进行靶向溶栓，其对凝血块起溶解作用而不是将其击成碎片。此外，超声造影剂微泡爆破时形成的局部高温高压可导致微泡破裂部位局部温度上升、毛细血管破裂、血管新生及重构等一系列生物学效应，有利于助溶血栓。

(2) 肿瘤治疗

在超声造影剂微泡表面连接肿瘤特异性配体后，形成主动靶向超声造影剂。静脉给药后，主动靶向超声造影剂可以在肿瘤组织定位集中。利用定位超声作用将其爆破，不但有利于肿瘤细胞的溶解，更有利于超声造影剂所携带的抗肿瘤物质进入血管腔隙，从而提高肿瘤的靶向治疗作用。因此，可以利用超声造影剂包载抗肿瘤药物或治疗基因，以实现肿瘤的靶向治疗。

(3) 基因递送

目前，超声波介导的基因递送成为基因治疗研究的热点。应用超声造影剂进行基因递送的报道最早出现在 1996 年。随着超声造影剂的应用，这种技术得到了普及。如图 7-11 所示，通过对携带目的基因的超声造影剂施行靶部位的超声照射，使超声造影剂定向释放所携带的基因。同时超声造

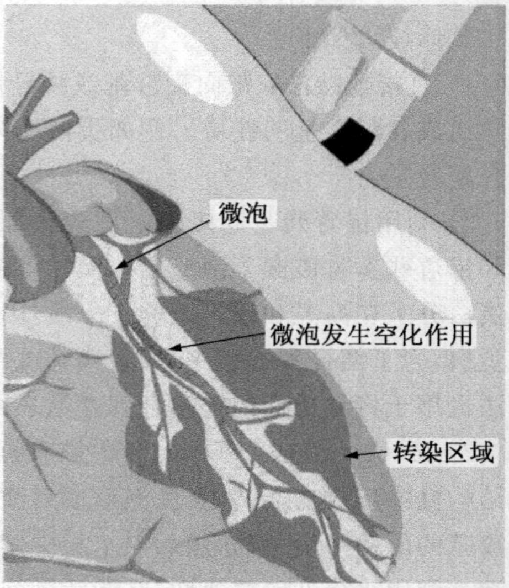

图 7-11　心脏基因治疗模式示意图(超声探头放于患者胸上，包载治疗基因的微泡在体表定位超声爆破作用下，将治疗基因靶向释放于心肌组织中)

影剂破裂时产生的冲击波作为一种驱动力量，促使释放出来的目的基因进入宿主细胞。因此，超声造影剂有望发展成为一种新的体内基因靶向递送系统，应用于无创、安全、高效的基因治疗中。

7.4.5　靶向乳剂

靶向乳剂(targeting emulsion)是指以乳剂作为载体输送药物，并将药物定位于靶部位的分散体系。靶向乳剂的靶向作用与脂质体相似，靶向性与乳滴的大小、表面电荷、处方组成以及给药途径有关。外相不同时，乳剂的给药途径和靶向性不同。外相为水相时，乳剂可以进行静脉、皮下、肌肉、腹腔注射和口服给药等多种给药途径；外相为油相时，乳剂仅能用于非静脉途径的给药。

外相为油相的乳剂经肌内、皮下、腹腔注射后主要靶向于临近的淋巴器官。外相为油相的乳剂能够局部治疗淋巴系统肿瘤并且可以抑制肿瘤细胞经过淋巴系统进行转移。此种乳剂是一种很好的输送药物到淋巴系统的载体。

另外，可以对靶向乳剂进行表面修饰来提高靶向性能。例如以 PEG 修饰的月桂酸酯为表面活性剂制备了长循环药物微乳，PEG 链保护微乳免受网状内皮系统的吞噬和破坏，实现长循环，然后将肿瘤细胞高度表达的血管内表皮生长因子受体 VEGF-2(KDR)的抗体连接到微乳的表面，制备得到肿瘤血管靶向的长循环药物微乳。

7.4.6　树状大分子

树状大分子具有特殊的结构，作为药物靶向载体应用时，具有独特的优势：纳米级的粒径使其更容易透过血管壁或细胞膜等生物屏障；特殊的表面结构容易连接各种药物或靶向基团；包裹药物的空间较大，载药量高；可以通过结构修饰使其具有缓释作用等。

20 世纪 40 年代以来，细胞毒性药物已广泛应用于癌症的化疗，而这些药物在产生药效的同时也产生了全身严重的毒性及不良反应，大大限制了药物的临床应用。近年来，靶向药物载体的研究取得了很大的成功，直径在 10～500nm 的纳米粒子和纳米胶囊可以穿过肿瘤组织内皮细胞进入组织间隙和细胞内，进而在细胞水平上供药。

理想的药物载体应具有良好的生物相容性和无毒副作用，并能实现靶向释药。树状大分子独特的结构使其成为靶向运输的有效载体，且纳米尺寸使其极易进入细胞，通过靶向改性树状大分子的末端基团可实现药物的靶向控制释放，因此树状大分子可成为靶向运输的有效载体，实现药物的三级靶向传递，即从特定器官→特定细胞→细胞内结构。水溶性和生物相容性较好的聚酰胺-树状大分子成为该领域的研究热点。目前研究最多的是经修饰的树状大分子载药系统(如 PEO 修饰树状大分子)和叶酸受体介导的树状大分子载药系统。树状大分子目前可作为药物的控释载体、基因转染剂和硼中子俘获治疗剂等。

7.4.7　分子载体系统

大分子材料可以多种形式应用于多种靶向给药系统。例如：壳聚糖、丙烯酸树脂、偶氮聚合物、果胶等大分子可以用作结肠靶向给药系统的载体材料，其靶向原理包括 pH 敏感、被结肠特异酶降解等；各种水溶性的蛋白质也是应用很广泛的载体材料，在抗肿瘤药物的靶向给药系统中应用较多，其靶向机制主要是蛋白质与特异受体结合实现靶向；许多合成大分子材料还可以与药物通过共价键结合，依靠溶酶体的吞噬、抗体或激素结合以及特异性的糖残基集合来实现靶向作用。另外抗体作为一种生物大分子，在靶向载体方面有很多的应用，抗体本身具有强细胞毒性和生物活性，能够特异性地识别肿瘤细胞，与药物交联后形成的靶向给药系统体外研究表明靶向性良好，但是抗体与药物交联后在体内可能影响抗体的特异性，使其特异性降低，交联物还可能受到非特异性摄取的影响，使靶向性降低。

7.5 实例

目前应用于临床的生物药物靶向给药系统很少，为了便于理解，本节参考相关化学药物靶向给药系统研究，以简图形式举例阐述目前靶向给药系统的制备工艺和评价方法。

7.5.1 叶酸和聚乙二醇修饰的淀粉纳米粒

1. 淀粉纳米粒的制备(如图 7-12 所示)

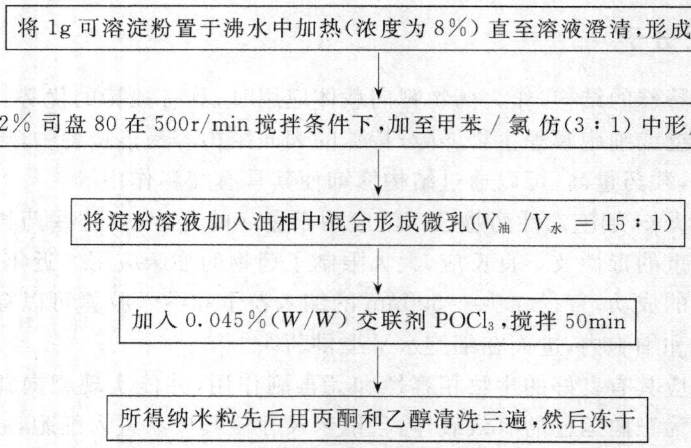

图 7-12　淀粉纳米粒制备流程图

2. 叶酸和聚乙二醇修饰材料的合成(如图 7-13 所示)

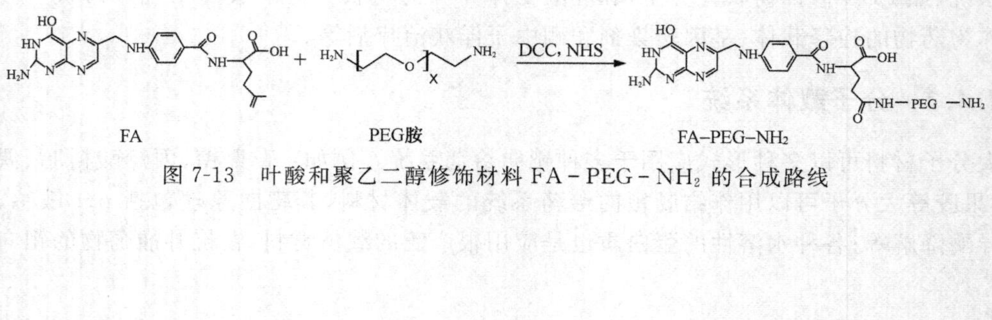

图 7-13　叶酸和聚乙二醇修饰材料 FA－PEG－NH_2 的合成路线

3. 叶酸和聚乙二醇修饰的淀粉纳米粒的制备(如图 7-14 所示)

1mg 淀粉纳米粒混悬于 1mL 蒸馏水中

↓

加入 0.1mg FA－FEG－NH_2,室温下振摇 3h

↓

离心,用 pH 值为 7.4 的 PBS 洗两遍,沉淀冻干

↓

1mg 上述冻干品混悬于 1mL 蒸馏水中

↓

用 α 淀粉酶 37℃ 消化 2h 以消化淀粉

图 7-14　叶酸和聚乙二醇修饰的淀粉纳米粒(FA－PEG 淀粉纳米粒)制备流程

4. FA－PEG 淀粉纳米粒包载阿霉素的工艺(如图 7-15 所示)

10mg FA－PEG 淀粉纳米粒混悬于 5mL 蒸馏水中

↓

加入阿霉素溶液室温下孵育几小时,离心后将收集的纳米粒冻干

↓

1mg 纳米粒混悬于蒸馏水中

↓

加入 α 淀粉酶消化淀粉

图 7-15　FA－PEG 淀粉纳米粒包载阿霉素的制备流程

5. 包载阿霉素的 FA－PEG 淀粉纳米粒的形态观察和粒度分布(如图 7-16 所示)

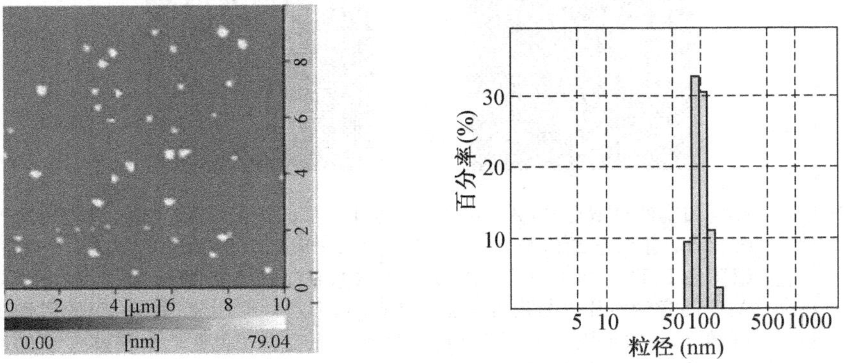

A　　B

图 7-16　包载阿霉素的 FA－PEG 淀粉纳米粒的电镜照片(A)及粒度分布(B)图(平均粒径为 50nm,Zeta 电位为－12mV)

6. 包载阿霉素的 FA－PEG 淀粉纳米粒的体外释放行为(如图 7-17 所示)

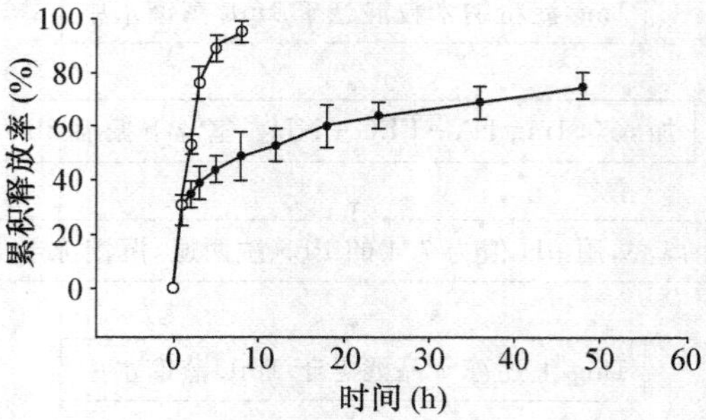

图 7-17 包载阿霉素的 FA－PEG 淀粉纳米粒(●)和阿霉素(○)的体外释放曲线(阿霉素溶液在 6h 内即释放完全;而包载阿霉素的 FA－PEG 淀粉纳米粒的释药行为是:1h 突释 29%,随后 10h 释放 50%,接下来 48h 释放 75%,说明包载阿霉素的 FA－PEG 淀粉纳米粒具有缓释效应)

7. 包载阿霉素的 FA－PEG 淀粉纳米粒的靶向性试验观察(如图 7-18 所示)

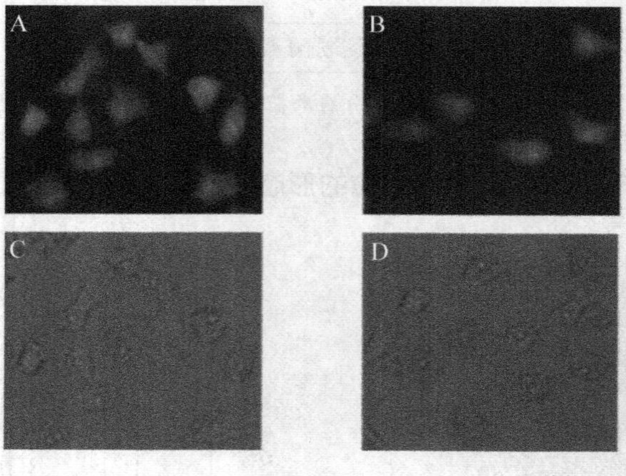

图 7-18 肝癌细胞的摄取照片[A. 肝癌细胞与 FITC 标记的 FA－PEG 淀粉纳米粒孵育;B. 正常肝细胞与 FITC 标记的 FA－PEG 淀粉纳米粒孵育;C. 肝癌细胞与 FITC 标记的 FA－PEG 淀粉纳米粒及游离叶酸孵育;B、D 为对应 A、C 的光镜照片。与正常细胞相比(B 和 D),肿瘤细胞(A 和 C)的荧光更强,但当肿瘤细胞中加入游离叶酸后则荧光变弱。说明叶酸受体介导的细胞内吞有利于肝癌细胞摄取 FA－PEG 淀粉纳米粒。而由于游离叶酸可优先占领叶酸受体,所以可减少 FA－PEG 淀粉纳米粒的细胞内吞作用]

7.5.2 生物素化修饰的 5-氟尿嘧啶壳聚糖微球

1. 5-氟尿嘧啶(5-Fu)壳聚糖微球的制备(如图 7-19 所示)

适量 5-Fu、BSA 溶解于 1mL 水中

↓

逐滴加入到磁力搅拌的 100mL 蓖麻油中(含 1mL 司盘 80),超声乳化 20min

↓

倾入搅拌的乙醚中

↓

加 0.2mL 甲醛固化 15min

↓

离心、洗涤、干燥,得白色固态的白蛋白微球

↓

适量加入到 2% 壳聚糖醋酸溶液中,以 1000r/min 的速度搅拌 15min

↓

离心,洗涤,转至平皿上,加少量丙酮分散后挥去丙酮

↓

取干燥的微球置于盛有甲醛的真空干燥器中,微热,6h 后取出,挥去残留的甲醛,真空干燥

图 7-19 5-氟尿嘧啶壳聚糖微球的制备流程图

2. 5-氟尿嘧啶壳聚糖微球表面生物素化修饰(如图 7-20 所示)

5.0mg 壳聚糖微球加入 4.0mL 磷酸缓冲液(PBS, pH 值为 7.4)中混悬

↓

加 1mL 活性生物素(1.0mg/mL),20℃,磁力搅拌 125r/min 反应 4h

↓

于 4℃、pH 为 7.4 的磷酸缓冲液(PBS)透析过夜,冷冻干燥

图 7-20 5-氟尿嘧啶壳聚糖微球生物素化修饰的流程

3. 生物素化修饰的 5-氟尿嘧啶壳聚糖微球形态观察(如图 7-21 所示)

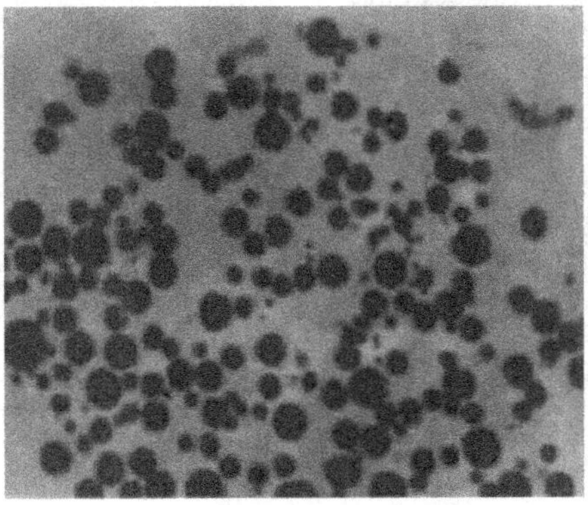

图 7-21 生物素化修饰的 5-氟尿嘧啶壳聚糖微球电镜照片(粒径大小均匀,主要分布在 0.6～2.8μm,微球外观为淡黄色粉末。生理盐水悬浮状态下,分散性和流动性良好)

4. 生物素化修饰的5-氟尿嘧啶壳聚糖微球的体外释药行为(如图7-22所示)

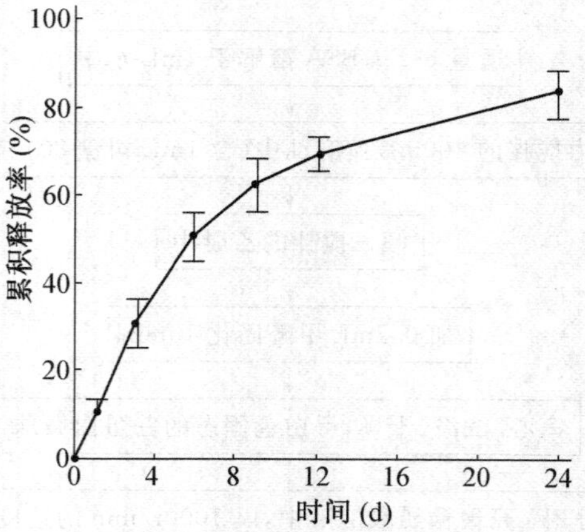

图7-22 生物素化修饰的5-氟尿嘧啶壳聚糖微球的体外释药曲线(体外释药曲线表明5-氟尿嘧啶生物素化修饰的壳聚糖微球未出现"突释"现象,具有显著的缓释作用)

5. 生物素化修饰的5-氟尿嘧啶壳聚糖微球靶向性试验(如图7-23所示)

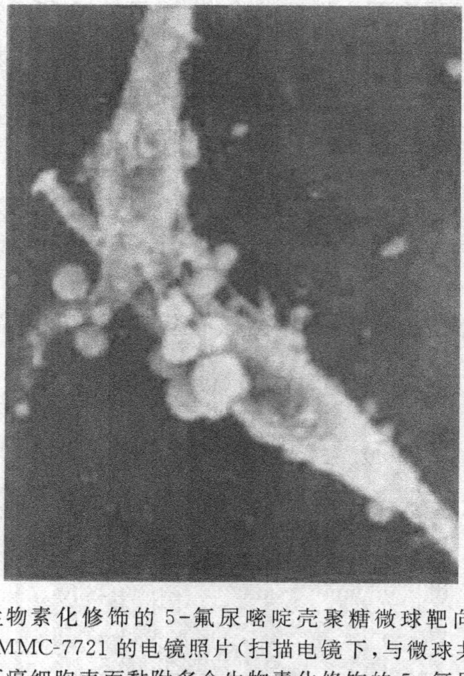

图7-23 生物素化修饰的5-氟尿嘧啶壳聚糖微球靶向肝癌细胞SMMC-7721的电镜照片(扫描电镜下,与微球共同培养的肝癌细胞表面黏附多个生物素化修饰的5-氟尿嘧啶壳聚糖微球)

7.5.3 转铁蛋白修饰的卡莫司汀聚乳酸纳米粒

1. 转铁蛋白修饰的卡莫司汀聚乳酸纳米粒的制备(如图 7-24 所示)

0.5g PLA 溶于 10mL 丙酮中,4℃ 避光条件下加入 0.15g 卡莫司汀,快速电磁搅拌溶解

↓

滴加至 50mL 转铁蛋白溶液(0.5%)中

↓

连续搅拌 5h 使丙酮挥发和微粒固化

↓

超速离心收集纳米粒

↓

在 40W 超声条件下重复清洗 3 次,以消除表面吸附的卡莫司汀和转铁蛋白

图 7-24　转铁蛋白修饰的卡莫司汀聚乳酸纳米粒制备流程

2. 转铁蛋白修饰的卡莫司汀聚乳酸纳米粒形态观察和粒径分布(如图 7-25 所示)

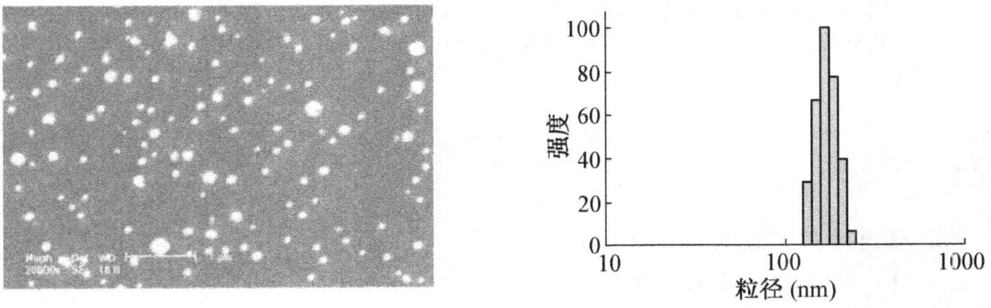

A　　　　B

图 7-25　转铁蛋白修饰的卡莫司汀聚乳酸纳米粒扫描电镜照片(A)和粒径分布图(B)(载药纳米粒呈球形,具有良好的单分散性,平均粒径大小为 195.4nm,多分散指数为 0.098)

3. 转铁蛋白修饰的卡莫司汀聚乳酸纳米粒体外释药行为(如图 7-26 所示)

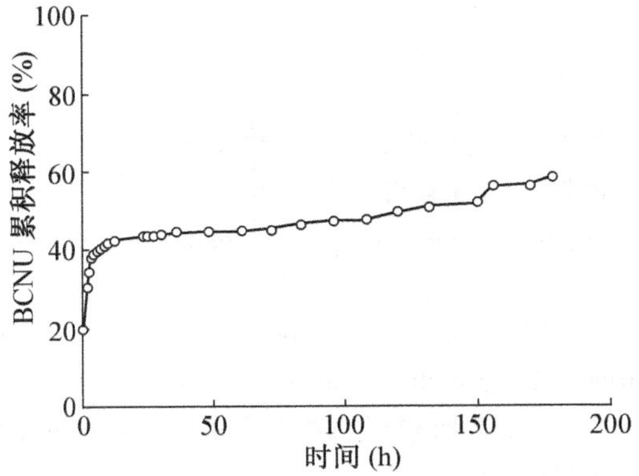

图 7-26　转铁蛋白修饰的卡莫司汀聚乳酸纳米粒体外释放曲线(卡莫司汀在释放开始的 12h 表现出较大的突释,释放量达载药量的 40%,随后进入缓释期,至 180h 释放了所载药物的 60%)

4. 转铁蛋白修饰的卡莫司汀聚乳酸纳米粒体内靶向性分布(如图 7-27 所示)

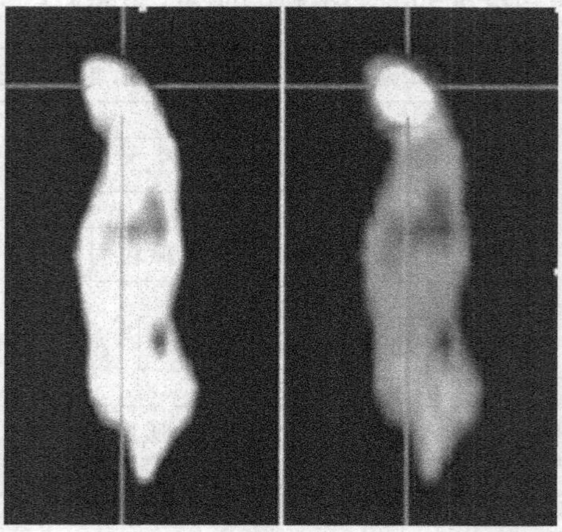

图 7-27 瘤腔内立体定位注射 99mTc 标记的转铁蛋白修饰的卡莫司汀聚乳酸纳米粒(Tf-PLA NPs)后,纳米粒在试验大鼠体内的分布(可见立体定位注射 2h 后 Tf-PLA NPs 仍滞留于原位,胸腔和腹腔器官均未显示放射性活性,14h 后放射性活性减至接近本底,Tf-PLA NPs 仍在注射位点保持良好的滞留性)

【思考题】

1. 简述靶向给药系统的分类。
2. 靶向性评价的指标是什么?
3. 列举三种常用的靶向性修饰剂。
4. 简述 pH 敏感脂质体和磁性微球靶向递送药物的原理。
5. 简述超声造影剂和树状大分子作为药物靶向递送载体的优点。
6. 脂质纳米粒与脂质体的区别有哪些?

【参考文献】

[1] 陆彬. 药物新剂型与新技术. 第二版. 北京:人民卫生出版社,2005.

[2] 朱盛山. 药物新剂型. 北京:化学工业出版社,2003.

[3] Sudimack J, Lee RJ. Targeted drug delivery via the folate receptor. Advanced drug delivery reviews, 2000,41: 147-162.

[4] Xiao SY, Tong CY, Liu XM, et al.. Preparation of folate-conjugated starch nanoparticles and its application to tumor-targeted drug delivery vector. Chinese Science Bulletin, 2006, 51(14): 1693-1697.

[5] 张阳德,翟登高,龚连生等. 半乳糖化白蛋白磁性阿霉素纳米粒制备工艺的优化及缓释性的研究. 中华试验外科杂志,2004, 21(8): 1000-1002.

[6] 原续波等. 立体定位注射靶向功能载药纳米粒治疗恶性脑胶质瘤. 中国生物医学工程学报,2006,

25(6)：765-769.

[7] Park JH，Kwon S，Nam JO. Self-assembled nanoparticles based on glycol chitosan bearing 5β-cholanic acid for RGD peptide delivery. Journal of controlled release，2004，95：579-588.

[8] 方华丰，周宜开，任恕. 生物素化壳聚糖微球的体外抗癌活性. 药学学报，2000，35(5)：385-388.

[9] 高小玲. 凝集素修饰纳米粒经鼻入脑的递药特性研究. 上海：复旦大学，博士论文，2007.

[10] Liu ZL，Ding Z，Yao KL. Preparation and characterization of polymer coated core-shell structured magnetic microbeads. J Magnetism Mate，2003，265(1)：98-105.

[11] Vera DR，Mattrey RF. A molecular CT blood pool contrast agent. Aced Radiol，2002，9：784-792.

[12] 张阳德，龚连生. 磁性阿霉素白蛋白纳米粒的研制. 中国现代医学杂志，2001，11(3)：1-3.

[13] Kim EJ，Cho SH，Yuk SH. Polymeric microspheres composed of pH/temperature-sensitive polymer complex. Biomaterials，2001，22：2495-2499.

[14] Lee JI，Yoo HS. Biodegradable microspheres containing poly(ε-caprolactone)-Pluronic block copolymers for temperature-responsive release of proteins. Colloids and surfaces B Biointerfaces，2008，61：81-87.

[15] Fundueanu G. Cellulose acetate butyrate-pH/thermosensitive polymer microcapsules containing aminated poly(vinyl alcohol) microspheres for oral administration of DNA. European journal of pharmaceutics and biopharmaceutics，2007，66：11-20.

[16] 封兴华，陆瑾，于开涛. 栓塞用缓释平阳霉素明胶微球的研制. 中国新医药，2004，3(6)：30-32.

[17] 张良珂，侯世祥，毛声俊等. 叶酸偶联蛋白纳米粒肿瘤细胞靶向性研究. 四川大学学报(医学版)，2004，35(2)：165-168.

[18] Gref R，Couvreur N，Barratt G，et al.. Surface-engineered nanoparticles for multiple ligand coupling. Biomaterials，2003，24(24)：4529.

[19] Rodrigues JS，Santos-magalh NS，Coelholc BB，et al.. Novelcore (polyester)-shell (polysaccharide) nanoparticles：protein loading and surface modification with lectins. J Controlled Release，2003，92(122)：103-112.

[20] 毛声俊，侯世祥，张良珂等. 甘草酸表面现象修饰万乃洛韦白蛋白纳米粒的制备及其肝靶向性研究. 生物医学工程学杂志，2004，21(4)：570 - 574.

[21] 向娟娟，朱诗国，吕红斌等. 有氧化铁磁性纳米粒作为基因载体的研究. 癌症，2001，20(10)：1009-1014.

[22] 张志荣，王建新. 脑靶向 3′，5′-二辛酰基- 5 -氟尿嘧啶脱氧核苷药质体研究. 药学学报，2001，36(10)：771 - 776.

[23] 范晓东. 肿瘤血管靶向的长循环薏苡仁油微乳抗肿瘤作用的研究. 长春：吉林大学，硕士论文，2008.

[24] 赵应征，张彦，梅兴国. 微泡超声造影剂的研究进展. 国外医学：药学分册，2003，30(5)：298-302.

[25] 赵应征，鲁翠涛. 超声微泡介导的基因递送系统应用进展. 药学学报，2007，42(2)：127 - 131.

[26] 赵应征，鲁翠涛，梅兴国. 基因物理靶向递送技术. 国际药学研究杂志. 2008，35(1)：39 - 45.

[27] Caminade AM，Laurent R，Majoral JP. Characterization of dendrimers. Adv Drug Deliv Rev，2005，57(15)：2130 - 2146.

[28] 谭惠民，罗运军. 树枝形聚合物. 北京：化学工业出版社，2002.

[29] 黄胜炎. 树状聚合物纳米释药技术新平台. 上海医药，2004，25(2)：70-72.

[30] 郑畅，乔明曦，鄢璐等. 树状大分子作为新型药物载体的研究进展. 药学学报，2007，42(9)：926 - 928.

[31] 林爱华，刘奕明，平其能. 甘草酸表面修饰阿霉素壳聚糖纳米粒的制备及特性研究. 药学学报，2007,38 (6)：507 - 511.

[32] 奚苗苗. 果胶-酮洛芬前药的合成、结肠靶向性和药效学研究. 西安：第四军医大学，硕士论文，2005.

[33] 葛常辉，王善菊，朱正美. Lewis Y 拟糖脂脂质体探针的制备及免疫活性检测. 军事医学科学院院刊，2000,24(3)：204 - 207.

[34] 黎维勇，宋波，陈华庭. 新型阿霉素热敏脂质体的研制. 中国医院药学杂志，2005，25(5)：439 - 441.

第 8 章

生物药物制剂的研究与开发

本章要点

1. 生物药物研发项目选择原则；
2. 生物药物制剂临床前研发的主要流程；
3. 分期临床试验的目的；
4. 药代动力学研究的主要方法；
5. 分期临床试验研究的内容；
6. 药代动力学研究的特殊性；
7. 生物药物分析方法建立和确证应符合的要求。

8.1 临床前的研究开发

药物研究与开发的首要环节是项目的选择，这是药物研发的关键。在选定具体项目之前需要先确定研究方向，并充分认识到药物研发项目选定的重要性、多样性、复杂性，了解国家关于药物研发的相关政策法规，了解药物研发项目选定内外影响因素，对研发项目进行充分论证，并对整个研发过程实施有效的管理。

8.1.1 研发项目立项

1. 研发项目选题

通过对生命过程和疾病机制的进一步认识，21 世纪新药的研究与设计将呈现基因和分子水平的特点，即利用基因工程、细胞工程、蛋白质工程和发酵工程开发新药将是很多制药企业研究开发新药的方向。生物药物开发立项时，可以从以下几个方面考虑。

1）利用基因工程技术开发创新药物；

2）抗体工程和导向药物；

3）细胞工程和酶工程产品；

4）防治主要传染病、肿瘤和心血管病的新型多肽类药物；

5）严重疾病药物的基础研究；

6）预防严重疾病的新技术疫苗；

7）快速、简便、敏感的诊断试剂；

8）甾体激素和氨基酸；

9）改造抗生素生产工艺技术，开发新型抗生素。

2. 药物来源

生物药物来源广泛，主要有动物、植物、微生物的组织、器官、细胞与代谢产物，如动物脏器、血液、细胞代谢产物、微生物发酵表达产物等。目前研究较多的生物药物主要来源于以下几方面。

(1) 利用生物技术开发与筛选新药

目前，基因工程技术已被广泛地用于研究开发新药，但是研究发现其也可用于新药的筛选。对于新药筛选，主要是先从病理研究中找到致病的关键酶和关键受体，利用基因工程技术大量生产这种关键酶和关键受体，再用此来筛选对病理性改变有对症治疗作用的新药。国外学者将这种新药筛选方法称为细胞系统(cell-base system)。实践结果表明，这种方法使新药筛选达到了分子水平，筛选的命中率很高，大大加快了新药的研发速度。据国外报道，采用细胞系统方法，11 天可以筛选 3 万个化合物。

(2) 利用动物细胞表达基因工程开发新药

利用动物细胞(包括昆虫细胞)表达基因工程开发新药的优点体现在：动物细胞可以生产糖基化蛋白质和分泌产品，其构型与天然产物十分相近。此外，动物细胞没有细胞壁，分离纯化时不需要破壁技术。随着相关设备的设计改进，如发酵设备已开发出搅拌式、空气提升式、液态化式、中空陶瓷管式等数种式样，有利于实现中试放大生产。

(3) 利用整体动物开发基因工程新药

利用整体动物开发基因工程新药是直接将有关基因输入动物体内，然后从动物的分泌物中得到相应基因工程产品。目前，美国等不仅能用整体动物大量生产基因工程药物，还能利用基因工程技术给整体动物造成某种疾病，然后用这种带病动物模型来研究治疗该疾病的新药。

3. 研发项目选择原则

生物药物制剂产品研发项目的选择原则应参考以下因素。

(1) 安全性

在研发过程中，药物的安全性是应放在首位考虑的问题。良好的安全性是一个生物活性物质研究开发成为药物的基础，通过一系列安全性研究，要提供药物的安全剂量范围、引起毒性反应的剂量、主要的毒性靶器官及其损害的可逆程度、该药剂型和给药途径相关的一些特殊毒性评价等信息。另外，在进行药物研发的试验设计时，安全性研究应尽早进行，以防止过多的盲目投入。

(2) 有效性

药物有效性评价是决定药物最终能否上市的关键因素之一。药物有效性研究包括动物试验中的药效学研究和人体临床试验中的有效性研究。对于药物研发来说，动物药效学试验是人体试验的基础，人们需要根据动物试验的结果为临床试验推荐适应证、计算进入人体试验的安全剂量。而药物只有在通过人体临床试验证明安全有效后，才能最终上市，得到应用。

(3) 可行性

研发项目选择时要体现技术先进性，但技术的先进性还必须同可行性相结合。因此，药物研发时企业必须从现有的技术条件、资源条件、科技力量与研发能力出发，进行合适的战略定位。药物研发具有很大的风险性，项目的确定要建立在对技术可行性的反复充分论证的基础之上。

(4) 经济性

药品虽然具有一些特殊性，但仍属于商品的范畴，具有商品的一般特征。目前，许多国家申报新药时都必须提交药物经济学评价报告，以药物经济学研究结果作为审批决策依据之一。我国新药审批也逐步将药物经济学评价作为考核指标。

(5) 抵御风险的能力

由于新药研发具有高风险性，因此项目选择时要评估该项目是否有抵御风险的能力。首先，要有抵御技术风险的能力，即技术上的成熟度、技术路线的合理性及开发难度等。其次，要有抵御人员风险的能力，包括主要技术负责人的变动情况、项目成员的经验和能力等。最后，要有能抵御市场风险的能力，不能只看眼前市场，要分析在将来市场变化的情况下，该项目对市场风险的抵御能力。

此外，还应当考虑创新性，医药企业的巨大经济效益必须以药物的创新性为依托。世界大型制药企业都会有自己原创的产品。我国在创新药物研发方面与西方大型制药企业有着很大的差距，并且这种差距不可能在短期内消失，因此在一定阶段内仍然要适当开展药物仿制的研发工作，实行创仿结合，在不侵犯国外专利的情况下以“仿”促“创”，走一条适合中国国情的创新药物研发道路，逐步增强我国药物源头研发创新的能力。

总之，在进行生物药物制剂产品研发项目的选择与评价时，不能忽略项目在经济上的合理性。对项目进行全面的评价与论证，既要重视技术因素、经济因素，又要周密考虑非技术、非经济方面的因素，既要全面考核与项目有关的各方面信息，如市场需求、生产供给、技术信息、政策信息、自然资源与经济社会基础条件等信息，也要考虑相关项目情况，如在市场上的竞争能力和发展潜力等，这是研发项目选择与评价的重要原则。

8.1.2　临床前研发流程

1. 制剂学研究

关于生物药物的制剂学研究，应根据具体剂型特点，参考本书相应章节的内容，按照国家相关指导原则的要求进行。

2. 临床前的药学研究

生物药物制剂临床前的药学研究主要包含以下几方面工作。

(1) 工艺和处方

工艺和处方的研究包括药物来源与制剂两个方面，对整个生产工艺必须进行系统的质量标准研究。① 药物来源的工艺与处方的研究：来源于动物组织、器官提取物的生物制品，对提取用的动物组织、器官应该有相应的质量标准研究，包括动物种属和来源、年龄、采集部位及方法，检疫要求（含人畜共患疾病的病原体）、质控方法和指标，同时还应提供在不同的提取和纯化条件下，活性组分得率与纯度的有关数据，对各步中间体应有质控指标；微生物发酵提取的生物制品，应对菌种进行检定，确认其对人的安全性并应有相应的质控标准；由人体代谢物提取的生物制品，工艺中应有可靠的灭活病毒的方法，必要时对其进行验证。② 制剂的处方和工艺研究：按照药物剂型与生化药品的有关特性而制定。

(2) 结构和组分的验证

生物制品中有效成分、结构和组分基本上可归纳为以下三种情况。

1）单类别、单组分：有效成分的分子结构清楚且成分单一。如：小分子单体和氨基酸、单核苷和核苷酸及其衍生物、辅酶和脂类，可按化学药品（单体）的要求，提供相应的试验数据及有关文献资料；大分子单体为多肽、蛋白或酶类，需提供分子结构的氨基酸序列，如天然序列。已有文献报道，按惯例只需测 N-末端 15 个氨基酸，其序列与文献一致即可。分子量测定需用质谱分析或毛细管电泳等方法，必要时应提供其生物活性的试验报告。如为多聚核苷酸类，则需提供相应的核苷酸序列、分子量和生物活性试验报告，要求同上。

2）单类别、多组分：有效成分的类别清楚，但组分呈不均一性或多相性成分，或有同功作用但呈不同分子形式，或相对分子质量相接近，目前尚无其他有效的分离技术，如多肽、多相性蛋白、多相性酶、聚多糖、聚核苷酸等。除用化学方法外，尚需用 HPLC 或 SDS-PAGE 等测定组分的相对百分含量、分子量分布及组成恒定的比例，并证明多相性成分中各主成分与生物活性的关系。

3）多类别、多组分的混合物：该混合物整体有一定的生物活性，有效成分为多类别，各类别中呈现多组分。该类混合物应确证每一类别的总量及恒定的类别总含量比，应提供各类别及整体生物活性的试验报告。

(3) 理化常数、纯度、含量或效价等质量标准的研究

1）理化常数：除一般化学药品理化常数（熔点、晶型、溶解度、p*K*a、油/水分配系数、吸湿性、粉体学性质）外，尚有黏度（蛋白质、聚多糖）、相对分子质量（多肽、蛋白、酶、核苷酸等，一般可用 SDS-PAGE、HPLC 凝胶法、渗透压法、沉降系数法等测定）、等电点（生化法或等电点聚焦法）等。通过理化常数的测定可鉴别或检查药物的纯度。

2）纯度检查：除用常规的无机杂质含量来确定纯度外，生化药物的纯度尚需进行具有自身特点的纯度检查。如除 HPLC、电泳、毛细管电泳等外，酶类药尚需提供比活来表示纯度，一般指效价单位/毫克蛋白；核苷酸类药物需提供光谱比值；多糖类需提供相对分子质量分布、含量数据等与纯度相关的数据。大分子生物制品的有关物质检查，一般应选用 HPLC 或 SDS-PAGE。除 RP-HPLC 外，还可以用高效凝胶色谱法（HPSEC）或高效离子交换色谱法（HPIEC）。根据相对分子质量或分子电荷的不同，可以检测聚合体、大分子杂质或氧化产物和降解物等有关物质。

3）含量或效价：测定方法应具有专属、灵敏、准确和简便的特点。有些生化药物无合适的理化测定法来测定其有效活性组分，则可用体外或体内生物活性测定法，并提供有关生物活性测定方法学的验证数据和资料。活性测定方法的活力单位应尽量与国际上惯用单位一致。

(4) 稳定性研究

为了确证在储存期内制品的质量稳定性，需提供相应的稳定性试验数据。应将至少三批试制品存放于不同条件下进行稳定性考察，一般存放的温度条件包括2～8℃、室温、37℃等，同时尚应考虑光照、反复冻融等条件。稳定性试验的观察项目应考虑到所有成品检定中的可变因素，如外观、溶解性、澄明度、水分、pH、活性、菌检等，其中最重要的检测指标为活性。如成品中未加入白蛋白等保护剂，还应尽可能进行纯度、降解产物等方面的分析。对于不同规格的样品，尤其是不同浓度的样品，应分别进行稳定性考察，并提供相应的试验数据。生物制品一般稳定性较差，结构和性质复杂，产品内在质量的变化也不易检测到，所以稳定性研究有一定的难度。国际协调会(ICH)已制定了生物技术产品稳定性研究的技术要求，其中对于批数和样品的选择、反映稳定性的指标、考察条件、测试次数等均有明确的规定。对比该技术要求，目前国内生物技术产品稳定性研究中的问题还较多，如考察批数少、考察条件单一(仅设温度条件，而不考虑光照、反复冻融、冻干制品溶解后的稳定情况)、检测指标少(缺少含量、纯度和降解产物等方面的分析)、对不同规格不同内包装的样品不分别考虑等。由于稳定性研究的欠缺很难在后续的工作中弥补，所以这项工作需做在前面，严格设计，并要在很长时间里坚持按计划进行。

(5) 质量标准与起草说明

除有特殊规定外，应进行如下通用的制剂质量标准检查。

1) 性状：应描述样品的外形和颜色。注射液一般应为澄明液体，但也有混悬液或黏稠性溶液，需作特别描述。片剂应对颜色、形状、是否包衣、片芯的颜色等作描述。储藏过程中如有性状变化，应予以说明。

2) 鉴别：制剂的鉴别试验应与原料药采用相同的鉴别方法。

3) 检查：根据制剂剂型不同进行各项检查。

4) 含量测定：一般采用与原料药相同的含量测定方法。

5) 其他：在质量标准中规定类别、规格、储藏等项目。

在质量标准起草说明方面，质量标准的起草说明是对质量标准的注释，应该详细叙述质量标准中各个项目的设置以及限度确定的依据，另外还应该叙述部分研究项目不定入质量标准的理由。质量标准的起草说明是以后执行和修订质量标准的重要参考依据。

3. 临床前的药理毒理及药代动力学研究

在药理毒理研究方面，生物药物与小分子药物有所不同，前者有种属特异性、多效性、免疫原性及特殊的量-效关系，常规用于小分子药物研究的方法不一定适用于生物药物。生物药物的药效受多种因素的影响，如制剂质量、动物种属的选择、动物的生理与病理状态、给药方案、剂量水平及给药途径等。参照生物制品的相关指导原则阐述生物药物制剂临床前的药理毒理学研究要求。

(1) 药理毒理的研究目标及一般原则

生物制品药理毒理研究的主要目标：① 确定人体使用的安全起始剂量以及随后剂量递

增的方案；② 确定潜在毒性靶器官并研究这种毒性是否可逆；③ 确定临床监测的安全性参数。

药物毒性试验的常规方法不一定适合于生物药物，这是由生物药物在结构和生物学性质上的专一性和多样性（包括种属特异性、免疫原性和无法预料的多种组织亲和性等）决定的。试验安排时应考虑：① 相关动物种属的选择；② 动物年龄与数量；③ 给药方式，包括剂量、给药途径和给药方案；④ 免疫原性与免疫活性；⑤ 在使用过程中受试药物的稳定性和量的恒定性。而结构和药理作用上与已大量临床使用的产品相类似的生物药物，可酌情减少毒性试验。

(2) 对受试药物的要求

在质量方面，要求在受试药物药效学试验开始之前完成临床前的药学研究，并且能达到制备工艺成熟、质量可控、稳定性有保证的水平。

在特殊情况下，药品生产工艺进行改动时，应证明改动前后产品的可比性。可比性评价可基于生化和生物学特征（如鉴别、纯度、稳定性和效价），某些情况下可能需要增加其他试验（如药物代谢动力学、药效学和安全性试验），并对最后提供所用方法的科学性进行阐述。

在数量方面，药效学试验用药量较大，若受试药物产量不足，试验中期更换不同批号的样品，会极大地影响药效学试验的可重复性。因而，所有受试药物样品应一批制足。一般来说，在药效学试验开始时，样品制备能力应达到中试水平。

(3) 相关动物种属和模型的选择

许多生物药物的生物活性具有种属或组织特异性。进行安全性评价时不能完全采用常规试验设计方案，应选择相关种属的动物进行试验，即药理作用与人体反应一致的动物。研究周期超过四周的试验，应选择对该药不会产生抗体的动物模型，因为产生的抗体会中和血液中的药品或发生变态反应，干扰药物生物学效应的观察。用于单克隆抗体试验的相关动物，应有与人体组织具有类似的组织交叉反应性，这有利于评价由抗原决定簇结合和未预料的组织交叉反应引起的毒性作用。如能证明未预料的组织交叉反应性与人体中的类似，即使是不表达所预期抗原决定簇的动物，对评价毒性仍有一定意义。

药效学研究需要与人类疾病相似的疾病模型，近年来有关与人类疾病类似的动物模型的研究进展很快，包括诱发的和自发的疾病模型、基因剔除和转基因动物。这些模型为产品的药理作用、药物代谢动力学和剂量确定等提供了巨大的帮助。试验时应根据临床适应证选择动物模型，以体内动物模型为主，配合体外模型阐明药物的作用特点和作用机制。如抗肿瘤药，体外试验可以说明药物的抗肿瘤谱及作用机制。但体外有活性的药物在体内不一定有效，只有经体内抗肿瘤试验才能确证药物的作用。因此，必须进行体内抗肿瘤试验，并预测临床用人拟用剂量。缺乏体内模型时，体外模型成为一种不得已的选择。如抗病毒药的研究，往往由于病毒感染的宿主限制性，无法找到相关动物模型，可利用体外细胞培养法，观察药物对病毒引起的细胞病变的影响。毒理研究一般选择健康动物作为研究对象。评价方案一般包括两种相关种属的动物，在某些情况下，如只能确定一种相关种属的动物或对该生物药物的生物学活性已十分了解，则可以只使用一种相关种属动物。针对某些特定的问题可相应采用不同动物，例如用大鼠评价神经系统作用，用狗或猴评价心血管作用。在某些情况下，用疾病模型动物代替正常动物进行毒性试验有助于确定药物毒性。此外，即使短期毒性试验也必须用两种动物确定毒性，如当两种动物的短期毒性试验结果类似而随后的长期毒性试验可以使用一种动物。

(4) 动物数量和性别的选择

试验用动物数量应尽可能地大，试验动物数量受限制时，可以适当增加观察次数和延长观察时间。一般应该用两种性别的动物，比例为 1∶1。仅用单一性别的动物，应证明其合理性。

(5) 给药途径和剂量的选择

试验应尽可能模拟推荐临床应用的给药途径和次数，特殊情况下(受生物利用度、给药途径或动物大小、生理状态等限制)可改变给药途径。剂量设计应反映剂量反应关系，包括一个中毒剂量和一个未观察到不良反应的剂量。对某些毒性很小或无毒的产品，不可能规定一个特定的最大剂量。在此情况下，应提供剂量选择以及拟人用剂量倍数的合理性。证明高剂量选择的合理性时，应考虑预期的药理、生理作用，足够的受试药物以及临床使用意图。

(6) 免疫原性的研究和评价

很多拟用于人的生物药物对动物具有免疫原性。在进行重复给药的毒性试验时，应对药品相关的抗体进行测量，对抗体反应的特点(如滴度、出现抗体的动物数)需详细描述。应将抗体的出现与所有药理和毒理变化联系起来。除非大部分动物的免疫反应中和了试验药物的药理和毒理作用，否则检出抗体不能作为早期终止临床前安全试验或改变试验设定的观察时间的唯一标准。

在动物中形成抗体并不能预示在人体内也能形成抗体。人体可能产生抗人源蛋白的血清抗体，但其在出现抗体后往往仍有治疗作用。人体很少发生对重组蛋白的严重过敏反应，动物的过敏试验结果不能预测人体反应，在评价中几乎没有价值。但对那些针对试验动物和人体均为异体蛋白的生物技术产品，动物过敏试验结果对预测人体临床的过敏反应可能仍有一定价值。有学者指出，多肽在动物试验中若未表现出过敏反应，则可预示其在人体是可耐受的。

在试验设计方面，创新性生物制品与仿制性生物制品存在很大的不同，对前者必须进行系统全面的药理毒理研究，而对后者的试验可酌情减少。

(7) 创新性生物制品临床前药理毒理研究试验

创新性生物制品临床前药理毒理研究试验包括以下内容。

1) 生物活性测定/药效学试验：生物活性可用体外测定法予以评价，以确定产品的何种作用与临床药效相关。

2) 一般药理试验：检测功能指标的潜在毒性，这些功能指标可以通过单独的试验或结合在毒性试验中观察，应揭示对主要生理系统功能的影响(如心血管、呼吸、肾脏和中枢神经系统)。

3) 急性毒性试验：单剂量给药试验可得到剂量与全身和局部毒性之间关系的有用数据，这些数据可用于选择重复给药毒性试验的剂量。

4) 重复给药毒性试验：给药途径和方案(如每天给药或间断给药)应反映拟进行的临床使用或接受剂量。如有可能，还应包括毒代动力学试验。

5) 生殖毒性试验：根据产品、临床适应证和拟用的患者群体，决定是否需要进行生殖、发育毒性试验。

6) 致突变和致癌性试验：对药物常规进行的致突变试验不适用于生物药物，需采用替代的体内或体外模型进行研究和评价。

7) 内源性多肽、蛋白质及其类似物在与天然物质比较时，如果结构或者生物活性发生明显改变以及药物的暴露量超过了血液或组织中的正常水平，通常需要进行长期致癌性评价。

8）局部耐受性试验。

9）药物动力学试验。

10）免疫毒性：是生物制品安全性的主要问题。免疫毒理学评价包括对潜在免疫原性评价。

(8) 仿制性生物制品的药理毒理评价

1）基本要求

a. 质量控制：原则上应借助已有信息，充分评估并全面比较研究仿制性生物制品与被仿制品在主要生产过程和产品质量方面的一致性。质量控制一般按现有的生物制品质量控制的技术要求来执行，必要时也应增加其他要求。此外，开发与已上市品相同的生物制品时，虽然生产厂家拥有其自身产品生产过程的所有必需信息，但通常并不能获得已上市品的全部所需信息，所以质量控制应评估可能存在的不一致问题以及产品的质量、安全性和有效性的潜在问题。

b. 临床前药理毒理：仿制性生物制品需进行药理毒理研究，其程度和范围要根据该生物制品原料药和制剂的性质特点（包括安全性范围大小、临床疗效）、相对分子质量大小和结构的复杂性（其化学性质、结构可确认的程度）、与已上市品比较可能存在的差异（包括活性部位、杂质、稳定性和处方等）、适应证性质、拟进行的药理毒理研究的价值和可行性等多方面因素来综合考虑。临床前药理毒理一般应包括以下几方面。① 一般药理：可结合在毒理研究中进行。② 重复给药毒理：考虑到药学方面的已有要求、出现严重安全性问题的可能性和较短期重复给药毒理研究的价值，一般可考虑选用一种相关动物进行重复给药一个月的毒理研究；若需研究的问题主要与杂质有关，也可不选择相关动物来进行该试验。主要药效学研究：一般仅要求进行1～2项主要动物药效学试验，也可结合质量标准中的活性检测结果来全面考虑。上述试验研究最好与被仿制的已上市生物制品进行比较，即将已上市品作为对照组。

2）特殊要求

a. 其他药理毒理内容，如药物动力学、生殖毒性、致癌性等，要根据上述综合考虑的结果（尤其是药学比较研究结果）来具体要求。

b. 对多肽和较易通过药学手段进行全面质量控制的基因工程产品（如小分子蛋白），可根据其具体质量控制情况适当地减少安全性和有效性方面的研究要求。

c. 某些情况下（如可能带来明显的安全性担忧）可能要求提供更多或全套临床前药理毒理研究资料。

d. 与已上市品制备方法不同的制品，若经比较研究发现制备工艺的改变并不明显影响产品质量，可按上述基本要求来进行药理毒理评价；若制备工艺的改变可能影响产品质量，则可根据影响的具体情况来具体增加要求。

(9) 安全性综合评价

生物技术产品的安全性研究内容分成三个层次：① 产品质量、纯度、药理、一般药理的实验；② 在第一层的基础上增加详细的药理活性（人体、动物）、血浆浓度与抗体滴度（人体、动物和体外）、耐受性及选择进行的毒理试验；③ 在上述两层的基础上再增加按适应证和给药疗程长短要求而增加的试验。其观点的实质是综合药学质量控制、药效学、临床和毒理的信息来全面把握生物技术产品的安全性。

鉴于生物技术产品的化学特性，其保证临床安全性的质量控制是从目的基因的确立、表达载体的构建、细胞库的建立、原材料和生产全过程的控制以及按质量标准进行的。非临床安全性研究是在此基础上针对可能存在的安全性问题而进行进入临床研究前的安全性“质量控制”。临床安全性研究与非临床安全性研究密切关联、相互影响。上述药学质量控制因素的改变都有可能影响已有的安全性评价的结论，并可能因此而提出新的临床前安全性及相关研究的要求。

8.2　新药注册申请

目前尚未有完全针对生物药物制剂的注册申请方法，鉴于生物制品中包含了大部分生物药物，本书参照生物制品注册申请方法介绍有关生物药物新药的注册申请。

8.2.1　注册申请人的要求和注册申请范围

药品注册申请人（简称申请人），是指提出药品注册申请，承担相应法律责任，并在该申请获得批准后持有药品批准证明文件的机构，分境内申请人和境外申请人。境内申请人是指在中国境内合法登记并能独立承担民事责任的机构；境外申请人是指境外合法制药厂商。境外申请人办理进口药品注册应当由其驻中国境内代理机构办理。

药品注册申请范围包括新药、已有国家标准的药品、进口药品和补充申请。境内申请人申请药品时注册按照新药申请、已有国家标准药品申请的程序和要求办理。境外申请人申请药品注册时按照进口药品申请程序和要求办理。新药申请，是指未曾在中国境内上市销售药品的注册申请。已上市药品改变剂型、改变给药途径、增加新适应证的，按照新药申请管理。

8.2.2　注册申请的分类

目前尚未有专门针对生物药物的注册申请分类方法，鉴于生物制品中涵盖了部分生物药物，因此可以参照生物制品注册申请分类方法。《药品注册管理办法》(2007.10.1)附件 3 中对生物制品的注册进行了如下分类。

1. 治疗用生物制品

1）未在国内外上市销售的生物制品。

2）单克隆抗体。

3）基因治疗、体细胞治疗及其制品。

4）变态反应原制品。

5）由人的、动物的组织或者体液提取的，或者通过发酵制备的具有生物活性的多组分制品。

6）由已上市销售生物制品组成新的复方制品。

7）已在国外上市销售但尚未在国内上市销售的生物制品。

8）含未经批准菌种制备的微生物制品。

9）与已上市销售制品结构不完全相同且国内外均未上市销售的制品（包括氨基酸位点突变、缺失，因表达系统不同而产生、消除或者改变翻译后修饰，对产物进行化学修饰等）。

10）与已上市销售制品制备方法不同的制品（如采用不同的表达体系、宿主细胞等）。

11）首次采用DNA重组技术制备的制品（如以重组技术代替合成技术、生物组织提取或者发酵技术等）。

12）国内外尚未上市销售的由非注射途径改为注射途径给药，或者由局部用药改为全身给药的制品。

13）改变上市销售制品的剂型但不改变给药途径的生物制品。

14）改变给药途径的生物制品（不包括上述12项）。

15）已有国家药品标准的生物制品。

2. 预防用生物制品

1）未在国内上市销售的疫苗。

2）DNA疫苗。

3）已上市销售疫苗变更新的佐剂。

4）由非纯化或全细胞（细菌、病毒等）疫苗改为纯化或者组分疫苗。

5）采用未经国内批准的菌、毒种生产的疫苗（流感疫苗、钩端螺旋体疫苗等除外）。

6）已在国外上市销售但未在国内上市销售的疫苗。

7）采用国内已上市销售的疫苗制备的结合疫苗或者联合疫苗。

8）与已上市销售疫苗保护性抗原谱不同的重组疫苗。

9）更换其他已批准表达体系或者已批准细胞基质生产的疫苗。

10）改变灭活剂（方法）或者脱毒剂（方法）的疫苗。

11）改变给药途径的疫苗。

12）改变国内已上市销售疫苗的剂型，但不改变给药途径的疫苗。

13）改变免疫剂量或者免疫程序的疫苗。

14）扩大使用人群（使用年龄组）的疫苗。

15）已有国家药品标准的疫苗。

在新药保护期、过渡期或监测期内的同品种不能按照新药提出注册申请。对采用进口原料药制成的制剂，在同品种保护期、过渡期或监测期内，也不能再使用进口原料药申请药品注册。在制剂的保护期、过渡期或监测期内，若采用国产原料药制成相同品种的制剂，仍按新药申请，但其注册类别应与已上市的同品种类别一致。对他人已获得中国专利权的药品，可以在该药品专利保护期到期前的两年内提出注册申请，专利到期后国家食品药品监督管理局对于符合规定的药品可予以批准。

8.2.3 新药申报与审批

1. 新药的申报

生物药物制剂完成临床前研究后，根据国家药品监督管理部门的规定及有关的技术指导原则，将研究的原始记录按要求整理成申报资料，然后将申报资料呈交到申请人所在地辖区的药品监督管理部门进行申报。药品监督管理部门收到有关的注册申请后进行形式审查，给符合要求的组织研制现场核查、审查原始记录及抽取供检验的样品，并指定药品检验机构对药品进行质量标准复核及药品检验。生物药物制剂申报资料可以参照生物制品申报要求。治疗用生物制品申报资料项目见表 8-1，预防用生物制品申报资料项目见表 8-2。

表 8-1　治疗用生物制品申报资料项目

资料名称	详细项目
1. 综述资料	（1）药品名称 （2）证明性文件 （3）立题目的与依据 （4）研究结果总结及评价 （5）药品说明书样稿、起草说明及参考文献 （6）包装、标签设计样稿
2. 药学研究资料	（7）药学研究资料综述 （8）生产用原材料研究资料：① 生产用动物、生物组织或细胞、原料血浆的来源、收集及质量控制等研究资料；② 生产用细胞的来源、构建（或筛选）过程及鉴定等研究资料；③ 种子库的建立、检定、保存及传代稳定性资料；④ 生产用其他原材料的来源及质量标准 （9）原液或原料生产工艺的研究资料，确定的理论和试验依据及验证资料 （10）制剂处方及工艺的研究资料，辅料的来源和质量标准，及有关文献资料 （11）质量研究资料及有关文献，包括参考品或者对照品的制备及标定，以及与国内外已上市销售的同类产品比较的资料 （12）临床试验申请用样品的制造和检定记录 （13）制造和检定规程草案，附起草说明及检定方法验证资料 （14）初步稳定性研究资料 （15）直接接触制品的包装材料和容器的选择依据及质量标准
3. 药理毒理研究资料	（16）药理毒理研究资料综述 （17）主要药效学试验资料及文献资料 （18）一般药理研究的试验资料及文献资料 （19）急性毒性试验资料及文献资料 （20）长期毒性试验资料及文献资料 （21）动物药代动力学试验资料及文献资料 （22）遗传毒性试验资料及文献资料 （23）生殖毒性试验资料及文献资料 （24）致癌试验资料及文献资料 （25）免疫毒性和/或免疫原性研究资料及文献资料 （26）溶血性和局部刺激性研究资料及文献资料 （27）复方制剂中多种组分药效、毒性、药代动力学相互影响的试验资料及文献资料 （28）依赖性试验资料及文献资料

续 表

资料名称	详细项目
4. 临床试验资料	(29) 国内外相关的临床试验资料综述 (30) 临床试验计划及研究方案草案 (31) 临床研究者手册 (32) 知情同意书样稿及伦理委员会批准件 (33) 临床试验报告
5. 其他	(34) 临床前研究工作简要总结 (35) 临床试验期间进行的有关改进工艺、完善质量标准和药理毒理研究等方面的工作总结及试验研究资料 (36) 对审定的制造和检定规程的修改内容及修改依据，以及修改后的制造及检定规程 (37) 稳定性试验研究资料 (38) 连续 3 批试产品制造及检定记录

注：对具体分类新药的申报资料的要求参见《药品注册管理办法》(2007.10.1)附件 3。

表 8-2　预防用生物制品申报资料项目

资料名称	详细项目
1. 综述资料	(1) 新制品名称 (2) 证明性文件 (3) 选题目的和依据 (4) 药品说明书样稿、起草说明及参考文献 (5) 包装、标签设计样稿
2. 研究结果总结及评价资料	
3. 生产用菌(毒)种研究资料	(1) 菌(毒)种的来源、特性和检定资料 (2) 种子批的建立和检定资料 (3) 菌(毒)种传代稳定性研究资料 (4) 中国药品生物制品检定所对生产用工作种子批的检定报告
4. 生产用细胞基质研究资料	(1) 细胞基质的来源、特性和检定资料 (2) 细胞库的建立和检定资料 (3) 细胞的传代稳定性研究资料 (4) 中国药品生物制品检定所对生产用细胞基质工作细胞库的检定报告 (5) 培养液及添加成分的来源、质量标准等。

续　表

资料名称	详细项目
5. 生产工艺研究资料	(1) 疫苗原液生产工艺的研究资料，确定的理论和试验依据及验证资料 (2) 制剂的处方和工艺及其确定依据，辅料的来源及质量标准
6. 质量研究资料，临床前有效性及安全性研究资料	(1) 质量研究及注册标准研究资料 (2) 检定方法的研究以及验证资料 (3) 与同类制品比较研究资料 (4) 产品抗原性、免疫原性和动物试验保护性的分析资料 (5) 动物过敏试验研究资料 (6) 动物安全性评价资料
7. 制造及检定规程草案，附起草说明和相关文献	
8. 临床试验申请用样品的制造检定记录	
9. 初步稳定性试验资料	
10. 生产、研究和检定用试验动物合格证明	
11. 临床试验计划、研究方案及知情同意书草案	
12. 临床前研究工作总结	
13. 国内外相关的临床试验综述资料	
14. 临床试验总结报告，包括临床试验方案、知情同意书样稿、伦理委员会批准件等	
15. 临床试验期间进行的有关改进工艺、完善质量标准等方面的工作总结及试验研究资料	
16. 确定疫苗保存条件和有效期的稳定性研究资料	
17. 对审定的制造和检定规程的修改内容及其修改依据，以及修改后的制造及检定规程	
18. 连续 3 批试产品的制造及检定记录	

注：对具体分类新药的申报资料的要求参见《药品注册管理办法》(2007.10.1)附件 3。

2. 新药的审批

完成药物临床试验后，申请人可按规定到有关的药品监督管理部门报送临床试验资料及其他变更和补充的资料，并详细说明依据和理由。同时向中国药品生物制品检定所报送制备标准品的原材料。申请生产所需的连续 3 个批号的样品，应当在取得国家药品 GMP 认证证书的车间生产，新开办药品生产企业、药品生产企业新建药品生产车间或者新增剂型的，其样品的生产过程必须符合 GMP 的要求。申请药品注册生产的，经审查符合规定的，国家药品监督管理部门发给药物注册批件和新药证书；申请人已持有《药品生产许可证》并具备该药品生产条件的，可以同时发给药品批准文号。认为不符合规定的，发给《审批意见通知件》，并说明理由。

3. 新药监测期

国家药品监督管理部门根据保护公众健康的要求，可以对批准生产的新药设立监测期，对该药的安全性进行监测。监测期内的新药，国家药品监督管理部门不批准其他企业生产和进口。对监测期内的新药，生产企业应对其工艺、质量、稳定性、疗效以及不良反应等情况进行考察，并每年向所在省、直辖市、自治区的药品监督管理部门报告。新药监测期的长短由新药现有的安全性研究资料和境内外的研究状况决定，最长不超过 5 年(自批准生产之日起)。

4. 新药试行标准的转正

新药获准生产后，其药品标准一般为试行标准，试行期 2 年。其他药品获准生产后，需要进一步考察生产工艺及产品质量稳定性，其药品标准也可批准为试行标准。生产试行标准的药品，药品生产企业应当在试行期届满前 3 个月，向所在地省、自治区、直辖市药品监督管理部门提出转正申请，填写《药品补充申请表》，报送该药品在试行期内的质量考察资料及对试行标准的修订意见。

8.2.4 已有国家标准的药品注册申请

已有国家标准的药品申请，是指生产国家药品监督管理部门已颁布正式标准的药品注册申请。

1. 申请资格

申请生产已有国家标准的药品，应当是持有《药品生产许可证》、《药品生产质量管理规范》认证证书的药品生产企业。申请人申请生产的药品应当与《药品生产许可证》和《药品生产质量管理规范》认证书中载明的生产范围和认证范围一致。新开办药品生产企业、药品生产企业新建药品生产车间或者新增生产剂型，在取得载明相应生产范围的《药品生产许可证》后，可以提出此类药品注册申请。

2. 申报和审批的程序

申请人按照有关技术要求完成研究工作后，按规定到所在地省、自治区、直辖市药品监督管理部门报送有关资料和药物实样。药品注册管理部门对生产情况和条件进行现场核查，抽取 3 个生产批号的样品后，到指定的药品检验所办理检验手续。经检验合格，申报资料符合要求的，国家药品监督管理部门如认为需要进行临床试验的，发给《药物临床试验批件》。申请人完成临床试验后，应当向国家药品监督管理部门报送临床试验资料。经审查认为符合规定的，发给《药品注册批件》和药品批准文号；认为不符合规定的，发给《审批意见通知件》，并说明理由。

新开办药品生产企业、药品生产企业新建药品生产车间或者新增生产剂型，未取得载明相应认证范围的《药品生产质量管理规范》认证书的，其生产的药品不得上市销售。

3. 限制申请情况

国家药品监督管理部门不受理依据试行标准提出的已有国家标准的药品注册申请。对需要进一步评价药品疗效和安全性的已有国家标准的药品注册申请，国家药品监督管理部门可以作出暂停受理或者审批的决定。

8.2.5　药品标准

为了确实保障人民用药的安全与有效，制定法定的药品标准，作为控制药品质量的技术规定。药品标准的国家标准体系包括《中国药典》以及国家药品监督管理局局颁标准。所有的上市药品都必须符合国家药品标准。新药研制单位在申报新药注册时，必须申报注册药品标准，该标准经国家药品监督管理部门批复后，即为注册标准。有时为了特殊需要，注册标准可能高于新药标准。已颁布的国家药品标准是根据现有的 GMP 生产工艺及相应的储存条件下药品制定的。

1. 药品的注册标准

药品的注册标准是申报单位申报注册，并经国家药品监督管理部门审查批准的药品标准。一般情况下，凡属新药都是以新药标准批复的。其他单位在申报同品种时，只需要符合新药标准即可。如果生产工艺有重大改变时或者仿制生产工艺与已批复注册标准不同时，应该重新申报注册标准。

2. 新药的注册标准

新药注册标准一定要以《中国药典》现行版为基础，检验方法应符合《中国药典》附录的要求，方法学研究应按照《中国药典》中"药品质量标准分析方法验证指导原则"，并参考《国家药品标准工作手册》进行，标准格式按《中国药典》规范。

标准应包括：名称、结构式、分子式、分子量、含量限度、制剂处方、制剂制法、性状、鉴别、检查、含量测定、质量标准及其起草说明等。

8.2.6　现场核查

根据国家药品监督管理部门的要求，目前有关现场核查及抽样的程序与要求大致如下。

1. 现场核查的注册申请

新药注册申请、已有国家药品标准的药品注册申请、进口药品的注册申请、生物制品的注册申请、部分补充项目药品的注册申请，均需要进行现场核查。

2. 注册药品进行现场核查的准备

申报单位在申请药品注册时，应提供完整的注册申报资料 3 套，1 套综述资料（1～6 号资料）、注册申请表 5 套及注册申请表的电子版 1 套。省级药品监督管理部门在受理注册申请时，应对申请注册的资料进行形式审查、核对注册申请表的电子版；符合要求的予以受理，出具药品注册申请受理通知书，同时出具现场核查通知单。省级药品监督管理部门应自申请受理之日起 5 日内组织对药物研制情况和条件进行现场核查，抽取 1～3 个生产批号的检验用样品，并向药品检验所发出注册检验通知。

3. 现场核查一般要求

申报单位应提供相关文件包括企业法人的营业执照、药品生产企业许可证、药品生产企业通过国家 GMP 认证的证书、委托试验单位的合同、试制生产该品的设备一览表、检验仪器一览表、参加新药研制的技术人员名单、企业更名报告等相关文件。

申报单位还需要说明样品的试制地点、承担委托试验的单位及有关的证明文件等。另外，申报单位接到省药品监督管理部门进行现场考核的通知后，应积极配合完成研制现场的考核工作：① 应提供工艺、结构确证、质量研究、稳定性、药效、一般毒理、长期毒性、特殊毒理等全套申报材料；② 申报生产的单位应提供临床研究资料，包括临床研究试验资料或生物等效性资料；③ 提供以上试验资料的原始记录、图谱、照片、图表及送检 3 批样品的检验原始记录；④ 委托其他单位进行试验的，应提供合同(协议)及原始试验记录等。

4. 现场核查内容

1）原始记录审查：除对原始记录与申报资料的匹配性、试验方法与仪器设备的相关性进行重点审查外，还需对试验现场的规模、布局、物品摆放、检验仪器配置、计量认可、操作规程及相应管理制度进行考核。

2）研制现场的考核：需对研制现场的规模、布局、生产设备是否与制备该品相适应、工艺流程是否合理、能否满足中试放大样品的要求进行考核。

3）现场抽取供检验用的样品：一般情况临床前的试制样品的产值要求至少应为 1000 个制剂单位，申请生产注册或申请已有国家标准药品注册的样品生产值应为 10000 个制剂单位，或根据企业的生产设备能力、或根据稳定性研究对样品量的需求而定。

4）现场考核结束后，将研制现场考核及原始试验记录存在的问题一并向申报单位汇报并提出整改意见，填写药品注册检验抽样记录单和现场考核结果。

原始记录应真实、及时、完整、准确，防止漏记，仪器读数、观察现象等直接影响结果的数据不得涂改；其他的修改应有修改人盖章，并能观察到修改前的情况。不得伪造和编造原始记录。记录内容包括：试验名称、试验方案、试验时间、试验材料、试验设备、试验环境、试验方法及过程、试验人签名等。

8.3 生物药物制剂的临床试验

8.3.1 生物药物制剂临床试验原则

生物药物制剂进行临床试验必须符合以下原则。

1）进行药物人体临床试验必须有充分的科学依据，经权衡利弊确证有临床研究的价值与意义；

2）进行药物人体临床试验必须符合《赫尔辛基宣言》和《人体生物医学研究国际道德指南》的规定；

3) 进行药物人体临床试验必须经国家食品药品监督管理局批准,并在被国家认定的药物临床研究机构中进行临床试验,进行临床试验的单位应具有符合临床试验资格的医药人员和进行临床试验的经验及必要的试验设备;

4) 制订科学详细的临床试验方案,经医学专家论证可行后报请医学伦理委员会批准,并要求做到一经批准,严格遵守临床试验方案;

5) 受试者自愿参加,并签署知情同意书,充分保护受试者的权益、利益及个人隐私;

6) 试验用药在符合 GMP 条件的车间制备,并经检验符合质量标准;

7) 临床试验具有科学性、有效性、安全性,全程质量可控,数据完整、准确、真实、可靠。

8.3.2 分期临床试验的目的

1) Ⅰ期临床试验的目的:初步的临床药理学以及人体安全性的评价试验,观察人体对新药的耐受程度和药代动力学特征,为制订给药方案提供依据。

2) Ⅱ期临床试验的目的:治疗作用的初步评价阶段,其目的是初步评价药物对目标适应证患者的治疗作用及其安全性,也包括为Ⅲ期临床试验研究设计和确定临床应用给药剂量、治疗方案提供依据。此阶段的研究设计可以根据具体的研究目的,采用多种形式,常见的有随机、盲法、对照试验。

3) Ⅲ期临床试验的目的:治疗作用的确证阶段,其目的是进一步验证药物对目标适应证患者的治疗作用及其安全性,评价利益与风险关系,最终为药物注册申请获得批准提供充分的依据。试验一般应为具有足够样本量的随机、盲法、对照试验。

4) Ⅳ期临床试验的目的:新药上市后由申请人自主进行的应用研究阶段,其目的是考察在广泛使用的条件下药物的疗效和不良反应。评价新药在普通或特殊人群中使用的利益或风险关系,改进给药剂量。

8.3.3 分期临床试验研究的内容

1. Ⅰ期临床试验研究的内容

根据临床前试验的一系列研究结果首次在人体进行的人体安全性试验,受试者为健康成年人,受试者数量少,要求在试验设备和抢救设备齐全的Ⅰ期临床研究病房进行,并需要有相关专科的临床专家的参与和配合。

Ⅰ期临床试验研究中主要包括两部分内容:药物在人体的耐受性试验和人体的药代动力学试验。前者的试验主要是为确定新药的安全使用剂量和使用方法,后者是为确定新药在人体内的吸收、分布、代谢和排泄的动态变化规律。对药物上述过程的研究,是全面认识人体与药物间相互作用不可或缺的重要组成部分,也是临床制订合理用药方案的依据。志愿者年龄一般以 18～50 岁为宜。一般男女性别比例 1∶1,受试例数 20～30 例。

2. Ⅱ期和Ⅲ期临床试验研究的内容

Ⅱ期临床试验是以新药预期应用的患者群样本为对象,初步评价的阶段。通常应该与标准疗法进行比较,使用安慰剂必须以不损害受试对象健康为前提。试验组不低于 100 例

(对照组100例),参照临床前试验和Ⅰ期临床试验的实际情况制订药物的剂量研究方案。该期的试验设计和实施必须结合现实条件,符合临床和统计学要求,保证样本的代表性、设计的合理性和结果的可重复性,为大规模临床试验提供最佳基础。

Ⅲ期临床试验研究与Ⅱ期临床试验相同,只是扩大样本量,受试者人数不少于300例,对照组100例。

Ⅲ期临床试验为扩大的多中心临床试验,是治疗作用的确证阶段。试验的设计是采用多中心开放随机对照试验。通过增加样本量(试验组病例不少于300例和对照组100例)并根据试验目的调整选择受试者标准,适当扩大特殊受试人群,和更为丰富的观察项目或指标等。进一步考察不同对象所需剂量及依从性。Ⅲ期临床试验的条件应尽可能接近该药的正常使用条件,试验药要经过中国药品生物制品检定所检定合格。供药时,标明药物系专供临床试验用。

3. Ⅳ期临床试验研究的内容

Ⅳ期临床试验是新药上市后由申请人自主进行的应用研究阶段,是新药临床试验的一个重要组成部分,是上市前新药Ⅰ、Ⅱ、Ⅲ期试验的补充和延续。它可以验证上市前的结果,还可以对上市前临床试验的偏差进行纠正,更重要的是可以弥补上市前临床试验缺乏的资料和信息,为临床合理用药提供依据。Ⅳ期临床试验的主要内容:① 已在临床广泛应用的新药进行社会性考察和评价,包括试生产药品的疗效、不良反应、适应证和剂量,尤其考察新药在长期使用中的效果,是发现新的用途及大面积推广后出现的不良反应发生最频繁的时期,因而也是药品不良反应观察的最佳时期。随着药品上市时间的推移,一些迟发的或罕见的不良反应也会逐渐暴露出来。所以,药品上市后不良反应的监测,除利用专门的监测体系和方法外,Ⅳ期临床试验也是一种重要的监测手段和技术方法。② Ⅳ期临床试验更贴近临床或现实的设计,一般可以不设对照组,但应在多家医院进行,通过扩大受试人数和人群(一般要求的病例数为上市前临床试验病例数的5~8倍,通常不少于2000例),延长试验期限或新拟观察指标等方式,在较为现实的临床背景下,对新药进行再评价。③ Ⅳ期临床试验注重对特殊人群(如老人、儿童、孕妇、肝肾功能不全者等)及临床药物的相互作用进行评价。

8.4 生物药物制剂的药代动力学研究

8.4.1 药代动力学研究的特殊性

药物代谢动力学(pharmacokinetics),简称药代动力学,是新药开发过程中一个十分重要的组成部分,考察生物药物制剂吸收、分布、代谢和排泄的特征,药物在体内积蓄的部位和积蓄的程度,阐明药物在体内的运转规律,从而评价药物的药效、毒性和药物浓度的关系,得出有关药代动力学参数,为制订临床用药方案和安全、合理的用药提供科学依据。

生物药物制剂的药代动力学研究分为临床前药代动力学研究和临床药代动力学研究。临床前药代动力学研究选择相关动物进行试验,观察药物在动物体内的药代动力学。临床药代动力学研究是以受试者作为研究对象,研究药物在人体内的药代动力学。

由于大多数生物药物不同于小分子化合物，生物药物的药代动力学有其特殊性，包括：① 生物药物创新性高，需要得到药代动力学各阶段（如吸收、分布、代谢）的证据；② 蛋白、多肽的种属间差异性大，动物对人蛋白的反应不同于人体，并且人蛋白对动物可能存在免疫原性，因此临床前药代动力学研究必须注意选择相关动物；③ 生物药物具有活性高、用量低、药物与内源蛋白结构相似、难以鉴别等特点，测定方法困难，因此临床药代动力学研究比一般化学药物有更高的难度和特殊性。如何建立特异性高、灵敏度高、重现性好、回收率高、线性范围宽等高灵敏度的测定方法已经成为生物药物制剂的药代动力学研究的重要内容。

8.4.2　药物分析方法的建立和试验设计要求

1. 药物分析方法的建立和确证

生物药物制剂药代动力学研究方法学的建立关键在于制剂中的生物药物分析方法的建立和确证。生物药物制剂可遵循化学药物制剂分析方法的建立和确证的模式，建立的药物分析方法应具备特异性强、灵敏度高、重现性好、回收率高和线性范围宽的特点。但是生物药物多与体内内源性物质具有高度的相似性，测定时常受到大量内源性物质的干扰，免疫介导的清除机制也可引起药代动力学行为的改变，某些产品可能还存在固有的、明显的与药代动力学相关的药效作用的延迟表达，或可能存在于血浆浓度相关的药效作用的延迟表达。生物药物的生物活性多是很强的，给药剂量也很低，因此对分析检测方法灵敏度的要求很高，限制了生物药物药代动力学的发展。

在以动物为对象的临床前药代动力学研究中最好选用与临床药代动力学一致的分析方法，这样有利于比较动物与人体药代动力学的差异。国外有用同位素标记药物进行临床药代动力学研究的报道，但在国内，同位素标记示踪法结合物理化学的分析测定法还不能被普遍接受，因此免疫学分析法及生物检定分析法成为临床药代动力学的主要研究手段。

临床前药代动力学研究中最好考察多种分析方法，并按具体情况选用一种或两种分析方法，并提供在方法学上可靠性验证的科学依据。临床药代动力学最好选用临床前药代动力学研究期间已经建立的分析方法，这样有利于顺利进行临床药代动力学、预测药代动力学的行为和比较动物与人在药代动力学上的差异。

生物药物临床药代动力学的前提和关键是目标药物测定方法的建立，必须在研究前进行可行性、可靠性的验证，并且在研究过程中通过监测质量控制样品的手段，不断检验方法的有效性。参照我国相关的指导原则，生物药物分析方法的建立和确证应符合以下几方面要求。

(1) 特异性

必须证明被分析物与分析（药盒）参比标准的生物药物相同，比较被分析物和参比标准品的理化性质、电泳行为或色谱行为、免疫学特性和生物学活性等的一致性。免疫反应的浓度效应曲线应该呈现平行性。定量测定样品中大分子或小分子杂质，准确测定样品纯度。建立方法时必须测定生物药物中加入血液或体液基质中的原形药物的状态。方法必须能识别原形药物、内源性蛋白多肽和药物降解代谢物，保证内源性物质和相应的代谢物不干扰样品的测定。

(2) 标准曲线与线性范围

测定物质的响应时间和浓度的相关性可以用回归分析方法（如加权最小二乘法）所得的回

归方程来评价。标准曲线的高低浓度范围为线性范围(或经过坐标或方程转换后呈线性),达到试验要求的精密度和准确度的浓度测定结果应在线性范围内。必须建立至少含5个浓度的标准曲线,应使用与待测样品相同的生物介质,全部待测样品浓度要在线性范围内,而且标准曲线不包括零点。不允许将标准曲线范围外的数据推算未知样品的浓度,对于不在校正曲线浓度以内的被测样品,必须稀释至标准曲线范围,而且必须在相同的测定条件下平行标准曲线计算未知样品的浓度。

(3) 精密度与准确度

选择三种浓度的质量控制样品进行方法学精密度考察,低浓度选择在最低定量限(LOQ)附近,高浓度在标准曲线上限附近。两者中间选一个浓度,在进行方法学确证时,每种浓度至少测定5个样品。精密度用质量控制样品的日内和日间相对标准差(RSD)表示,在一般情况下相对标准差应小于15%,而在LOQ附近的相对标准差RSD应小于20%。准确度用加入生物药物的理论浓度和实测浓度均值的偏差表示,在一般情况下相对标准差应小于15%,而在LOQ附近的相对标准差应小于20%。

(4) 最低定量限

最低定量限是在标准曲线上的最低浓度点,表示测定样品中符合准确度和精密度要求的药物浓度的最低点,要求LOQ至少能满足测定3~5个半衰期时样品中的药物浓度或测定Cmax的1/20~1/10时的药物浓度的条件。

(5) 样品保存的条件和稳定性

对含生物药物的生物样品分别在室温、冰冻和冻融保存条件下进行不同存放时间的稳定性考察,以确定适宜的存放条件和时间。许多蛋白药物保存时需要加蛋白水解酶抑制剂以防止药物在采样后的变化。

(6) 质量控制样品

质量控制样品是将已知量的标准生物药物加入到生物介质中配制的样品,用于衡量分析方法的可靠性。高、中、低三个质控样品应在测定每批未知样品的时候同时进行。

2. 试验设计中的基本技术要求

1) 受试药物:生产工艺稳定,符合质量标准要求。

2) 试验动物:一般要求选用一种啮齿类动物(小鼠或大鼠)和一种非啮齿类动物(狗或猴),应尽量与主要药效或长期毒性研究所用动物一致,以便于试验结果的相互印证。分布试验通常在小鼠或大鼠体内进行,药代动力学研究应尽早在清醒动物体内进行,以免麻醉动物对药物代谢的影响。

3) 给药途径:应选择临床拟用药途径,如有特殊情况或要求,未能采用临床拟用药途径,则应说明理由。

4) 剂量设计:一般要求选设高、中和低三个剂量组,剂量范围应在药效学的有效剂量和毒性试验的低毒剂量范围之间,剂量间距应有一定的比例,其中剂量需位于最佳药效剂量范围。

5) 受试物检测方法:要对测定受试物浓度的方法学进行研究,说明方法的特异性、灵敏度、精密度、回收率、线性范围和稳定性。

6) 样本采集:一般要求要收集血、尿、粪便和胆汁样本,此外,还要收集靶器官和组织。

收集样本的时间间隔取决于吸收和消除速率。采样终点一般要求不少于 3 个半衰期，通常为 5 个消除半衰期。

7）药代动力学参数：选择国际或国内公认的计算机程序。

8）药物分布：一般用大鼠或小鼠进行药物分布试验，要求选用 3 个以上时间点进行研究，每个时间点要有 5 只动物的数据。除测定主要组织器官药物浓度外，还应测定靶器官的药物浓度变化。尽量确定药物作用的特异性是否和药物分布的器官特异性相关。

9）药物排泄：蛋白、多肽类药物主要经过尿、粪和胆汁排泄，大部分经泌尿系统，少部分经粪便排泄，尿和粪便样品的收集采用代谢笼法，收集给药后不同时间的样品。在胆汁排泄试验中胆汁样品的收集在国内通常采用在乙醚麻醉下作胆管插管，引流并收集胆汁。

3．试验研究报告的内容

药物动力学研究报告应包括：摘要、试验目的、试验设计、测定方法及其确证、生物样品测定的原始数据（均数和标准差）、浓度-时间曲线、药代动力学参数、统计分析方法、结论、参考文献、试验负责人和参加人员等内容。

8.4.3　药代动力学研究的方法学

1．放射性核素标记示踪法

放射性核素标记示踪法是目前蛋白、多肽类生物药物制剂药代动力学研究中广泛采用的方法之一，具有灵敏度高、简便快速的优点，可得到较为广泛的药物动力学数据，并且可提供药物分布与药物排泄的资料，但由于不能识别是原形药物还是降解产物，影响了动力学数据的准确性。因此，在应用放射性核素标记示踪法时，必须结合层析或电泳等其他分离分析方法。对于蛋白质和多肽的放射性核素标记，选择放射性核素时，首先考虑蛋白质和多肽中原有元素的同位素来标记。蛋白质和多肽中含有碳、氢、硫、磷原子，用它们相应的放射性同位素 ^{13}C、^{3}H、^{35}S 或 ^{32}P 取代其原子是比较理想的标记方法。所得标记蛋白质或多肽的物理、化学性质可与原蛋白质或多肽基本相同，对氨基酸结构原子的标记对其生物活性的影响也较小。

2．色谱分析方法

随着液相色谱-质谱技术（LC/MS）的快速发展，尤其是液相色谱与质谱接口技术的改进和电喷雾电离（EST）、大气压化学电离（APCI）等新的电离技术的产生，使得 LC/MS 技术可以用于分析多肽和蛋白质等极性物质。LC/MS 分析技术方法具有灵敏度高、特异性强、定量范围宽和省时快速等特点，主要用于小分子多肽的药代动力学研究。在生物药物制剂的注册申报材料中，有关药物的动力学研究要求开展两种动物（大动物：猴、犬，小动物：啮齿类）、两种检测方法的动力学研究。在进行动力学研究时，人们选择动物及方法的一般原则是：啮齿类动物选择用放射性核素示踪法进行动力学研究，大动物（猴、犬等）选用特异的非放射性方法（免疫法、生物检测法）。大动物的动力学研究尽量不选用同位素示踪法，这种选择过程除了考虑到大动物的资源、试验费用外，更多的原因是考虑所建立的临床前研究的检测方法，以后可以应用于人体的临床药代动力学研究。

3. 免疫分析方法

免疫分析方法目前被认为是生物药物药代动力学研究的首选方法，其原理是利用针对被分析蛋白质和多肽上的不同抗原决定簇部位的单克隆抗体或多克隆抗体，特异性地识别被检测的目标蛋白质。临床药代动力学的最主要免疫分析方法包括：酶联免疫吸附分析(ELISA)、酶免疫分析（EIA)、放射免疫分析（RIA）和化学发光酶联免疫吸附分析(CELISA)等。免疫分析方法的缺点是不能区分活性蛋白质与无活性蛋白质，不能给出确切的生化组成和序列，不能同时完成对代谢产物的测定，另外可能受到内源性物质的干扰。

临床药代动力学方法往往可通过改进临床前药代动力学研究中已经建立的方法而实现。通常同一种蛋白或多肽类生物药物有多个不同免疫学测定方法可供应用，也有多种商品试剂盒可供选择，实践表明测定方法和试剂盒选择的正确与否有时是临床药代动力学成败的关键。应根据研究目的尽可能选择特异性高、灵敏度高、线性范围宽、精密度和准确度好的方法。以下是几种常见的免疫学测定方法。

(1) 酶免疫分析

酶免疫分析(EIA)由于只涉及一个多抗血清，是相对最简单的免疫学分析方法。传统的放射免疫分析(RIA)在同位素测定的设备、放射性污物处理和放射性防护等环节上存在不足，近年来已被酶学颜色底物生成的光谱测定方法逐渐替代，如重组内皮抑制素临床药代动力学的研究，将俘获内皮抑制素的羊抗兔抗体预先包被在微孔板各孔内，接着加入样品/标准品的内皮抑制素和生物素化内皮抑制素组成特异性内皮抑制素复合物。样品中的生物素化内皮抑制素(竞争性配基)和内皮抑制素竞争抗体的结合位点相同，当样品中内皮抑制素浓度增加时，被抗体俘获的生物素化内皮抑制素则相应降低。随后加入与链亲和霉素结合的碱性磷酸酶(它只和生物素化内皮抑制素结合)，接着加入显色试剂溶液，生物素化内皮抑制素量被检测到造成吸光度(OD)和浓度之间的负相关，OD 值越高样品中内皮抑制素浓度越低。

EIA 是最容易建立的免疫学方法，它只需要一个多抗(或单抗)，但是其特异性和灵敏度(ng/mL)都不如其他免疫学测定方法。EIA 的相对特异性差，不能区别内源性物质，排除干扰；灵敏度低；在蛋白类生物药物分析发展后期，常常被酶联免疫吸附分析(ELISA)方法取代。

(2) 酶联免疫吸附分析

酶联免疫吸附分析是当前最常用的免疫分析方法，主要优点是特异性好、灵敏度高、非同位素标记，它利用两个被测定蛋白多肽(抗原)的特异性抗体组成"定量夹心饼干免疫技术"而实现。例如将一个抗原特异的单克隆抗体(如对干细胞因子、碱性成纤维母细胞因子、尿激酶原或白介素 12 等)预先包被在微孔板上，当(含被测定抗原的)标准或样品加入至孔内时，其中的抗原将与被固化第一抗体结合。各种未结合物质经过彻底洗涤后，再将第二个与显色反应的酶系偶联的特异性单克隆抗体加至孔内。洗掉未结合的第二抗体-酶试剂后，每孔内加入对显色酶专一性的底物溶液，反应产生的颜色与最初一步结合的抗原量成比例。最后在终止液的作用下中止颜色反应，在酶标仪上显示颜色强度，然后用同一板上的标准曲线计算未知样品内被检测的抗原浓度。

(3) 高灵敏酶联免疫吸附分析

高灵敏酶联免疫吸附分析和普通酶联免疫吸附分析不同，它不仅包括酶联免疫吸附分析，还在这基础上添加了一个增色的放大系统。例如检测肿瘤坏死因子 α(TNF-α)的高灵敏度免疫药盒的放大系统采用了对碱性磷酸酶反应系统提供的辅助因子激活氧化还原循环形成颜色产物。在系统中底物还原型烟酰胺腺嘌呤二核苷酸磷酸(NADP)在中碱性磷酸酶的催化下,通过脱磷酸作用形成还原型烟酰胺腺嘌呤二核苷酸(NADH)。随后 NADH 作为特异性辅助因子,与激活醇脱氢酶(alcoholdehydrogenase)和放大因子硫辛酰胺脱氢酶(lipoamide dehydrogenase)一起组成第二个酶系统。在硫辛酰胺脱氢酶的催化反应中,NADH 还原一种四唑盐(iodonitrotetrazolium vjolet)产生具有很强颜色的 fomazan 染料和烟酰胺腺嘌呤二核苷酸(NAD^+),生成的烟酰胺腺嘌呤二核苷酸又继续被系统内的醇脱氢酶-催化反应中的乙醇还原,从而又变回到 NADH,再次进入氧化还原循环当中。四唑盐的还原速率和因此生成的颜色产物的量与最初步骤中结合的肿瘤坏死因子 α 的量成正比。这种方法具有极高的灵敏度,所以操作时必须注意以下事项：① 无机磷酸盐是碱性磷酸酶的强竞争性抑制剂,避免采用基于磷酸缓冲液和其他无机磷酸盐污染;② 使用独立的吸管和玻璃器皿避免交叉污染;③ 小心洗涤微孔板,减低结合物的非特异性结合,这点极为重要。

(4) 化学发光酶联免疫吸附分析

化学发光酶联免疫吸附分析是引入荧光技术发展的免疫分析方法,可提高灵敏度和检测范围,特别适合于浓度相差非常大的样品的测定。

不同免疫分析方法的灵敏度和测定范围有很大的差异,有研究报道比较了 3 种分析法对同种药物测定的灵敏度和线性范围(见表 8-3)。

表 8-3 3 种分析法测定灵敏度和线性范围的比较

被测定抗原	参　数	酶联免疫吸附分析法 (pg/mL)	高灵敏度酶联免疫吸附分析法 (pg/mL)	化学发光酶联免疫吸附分析法 (pg/mL)
肿瘤坏死因子-α (TNF-α)	灵敏度 测定范围	4.4 15.6～1000	0.18 0.5～32	0.5 0.7～7000
白介素 12 (IL-12)	灵敏度 测定范围	5 7.8～500	0.5 0.781～50	0.6 0.7～7000

4. 生物检定方法

生物检定方法的原理是利用体内、体外组织或细胞对被测定活性蛋白质和多肽的某种特异反应,通过剂量(或浓度)效应曲线对目标蛋白质进行定量分析。例如,利用特异性依赖细胞株的增殖曲线、特异性酶学反应曲线,甚至整体动物某种特异和灵敏的量效反应曲线等,测定给药后血浆(清)蛋白多肽浓度-时间曲线和相应的药代动力学参数。生物检定方法能直接、客观地反映体内药物的生物活性的变化,因此在蛋白质或多肽类生物药物制剂研发中有着特殊的地位。生物检定方法直接以药物内在活性检测方法为基础,其优点是直接反映药物的生物学作用。但是生物检定方法也存在缺点,即试验误差大、周期长、费时费事,而且生物检定的量一般不等同于物理学上的质量,常用活性单位(U)或等效量表示。

【思考题】

1. 生物药物研发项目选择原则有哪些？
2. 简述分期临床试验的目的和研究内容。
3. 新药监测期指的是什么？
4. 简述药代动力学研究的目的和特殊性。
5. 药物动力学研究报告包括哪些内容？
6. 药代动力学研究的主要方法有哪些？
7. 免疫分析方法又分为哪几种方法？各自的特点是什么？

【参考文献】

[1] 王军志. 生物技术药物研究开发和质量控制. 第2版. 北京：科学出版社,2007.
[2] 郭涛. 药物研究与开发. 北京：人民卫生出版社,2007.
[3] 凌沛学，王凤山. 生物药物研究进展. 北京：人民卫生出版社,2004.
[4] 汤仲明，刘秀文，宋海峰. 生物技术药物药代动力学. 北京：化学工业出版社,2004.

附 录

常用的药物辅料（按中文拼音顺序排序）

名称	英文名	性质
阿拉伯胶	Acacia	别名：Gum Acacia；Gum Arabic。薄片状，球滴状，粉末或颗粒状；白色或黄白色，无臭，无刺激味。该品为天然多糖，具有乳化、增稠、助悬、黏合等作用。在药剂中用作乳化剂、助悬剂、黏合剂、缓释材料和微囊囊膜材料。用于乳剂、混悬剂、片剂、丸剂、颗粒剂、胶囊剂、微囊剂等的制造。作乳化剂和助悬剂使用时的浓度一般为5%～10%，作黏合剂使用时的浓度一般为1%～5%，作其他使用时根据配方和制剂的使用目的酌情而定。
巴西棕榈蜡	Canauba Wax	别名：Brazil Wax。该品为淡棕色至灰色，具有特殊温和气味的粉末或薄片，相对密度约为0.997，不溶于水，微溶于沸腾酒精(96%)，溶于氯仿、乙醚、甲苯，易溶于热苯和碱液。该品在药剂中用作片剂、丸剂包衣的抛光剂、缓释剂以及软膏基质、栓剂基质等。
丙二醇	Propylene Glycol	$C_3H_8O_2$，该品为澄明、无色、黏稠、几乎无臭、具吸湿性的液体，有似甘油样甜、微辛的味道，几乎无毒，具有可燃性，与水、丙酮、乙醇、甘油、氯仿能混溶。该品在药剂中常用作溶剂、潜溶剂、润湿剂、保湿剂、防腐剂。作口服液溶剂使用浓度为10%～15%，作注射液溶剂使用浓度为10%～60%，外用制剂浓度为5%～8%，作气雾剂溶液使用浓度为10%～30%，作保温剂使用浓度在15%以下，作溶液、半固体制剂使用浓度为15%～30%。制剂中常用的丙二醇为1,2-丙二醇。
丙烯酸	Acrylic Acid	$C_3H_4O_2$，别名：败脂酸。该品为无色液体，具有辛辣臭味，可与水、乙醇、乙醚混溶。该品在药剂学中主要用作压敏胶，也是聚合法制备缓释制剂的辅料。
丙烯酸丁酯	Butyl Acrglate	$C_7H_{12}O_2$，别名：丙烯酸正丁酯。该品为无色液体，凝固点－64.6℃，沸点146～148℃，闪点49℃，相对密度0.8898，折光率1.4185，溶于乙醇、乙醚等有机溶剂，几乎不溶于水。该品在药剂制造中用作丙烯酸树脂溶剂、丙烯酸树脂单体，用于制备缓释制剂。

续 表

名　称	英 文 名	性　质
丙烯酸甲酯	Methyl Acrylate	$C_4H_6O_2$，别名：败脂酸甲酯。该品为无色液体，具辛辣气味，有催泪性。溶于乙醇和乙醚，微溶于水。该品在低于10℃时不易聚合，在常温下易聚合，通常加入4-甲氧基酚或对苯二酚作阻聚剂，光热和过氧化物能加速其聚合作用。该品在药剂中主要用作黏合剂和溶剂。作黏合剂时，常添加适量过氧化物使其聚合。此外该品也用于制备丙烯酸树脂以及其他聚合物的单体。
丙烯酸树脂 E30	Eudragit E30	别名：胃崩丙烯酸树脂乳胶液。该品为乳白色、低黏度、无毒的混悬均匀的水分散体系，可与水任意比例混合。乳浊液中的颗粒直径在0.2μm以下，pH值约为3。因结构中不含酸碱性基团，所以形成的膜在水中不溶解，防潮性能好。该品主要用作片剂、丸剂、颗粒剂的包衣材料，但由于单独使用不能在胃肠道中崩解，因此在处方中常加入膨胀和溶解的辅料，如糖粉、淀粉、PVA、PVP、PEG等亲水性物质，使薄膜形成孔隙，控制渗透性，让体液进入片心以达到崩解的目的。该品与其他亲水高分子化合物合并使用，是良好的缓释材料。
丙烯酸树脂Ⅱ号	Eudragit Ⅱ	别名：肠溶丙烯酸树脂Ⅱ；Polyoxylate Ⅱ。该品为白色流动性80目以上的细粉末，无臭无味，溶解度与pH值有关，pH值在6.0以上。其溶于乙醇，不溶于水、乙醚，在丙酮中膨胀，酸值270～330。本片主要用作片剂、丸剂、颗粒剂的包衣材料和黏合剂，也可用作胶囊剂、膜剂等的制造，调节药物的释放部位和速度，常用85%～95%乙醇作溶剂，配成5%～8%溶液作包衣用。
丙烯酸树脂Ⅲ号	Eudragit Ⅲ	别名：肠溶丙烯酸树脂Ⅲ；Polyoxylate Ⅲ。该品为白色流动性80目以上的细粉末，无臭无味。溶解度与pH值有关，pH值在7.0以上。其溶于乙醇，不溶于水、乙醚，在丙酮中膨胀，酸值200～260。该品主要用作片剂、丸剂、颗粒剂的包衣材料及黏合剂，也用作胶囊剂、膜剂、微囊的制备，以调节药物的释放速度。该品主要优点是成膜性好，膜致密、有韧性，能抗潮，包衣时间短，操作简便，无粉尘，不炸不爆，卫生安全，在胃中2h制剂完整，在肠中30min内可崩解完全，常用85%～95%乙醇作溶剂，配成5%～8%的浓度作为包衣溶液。
丙烯酸树脂Ⅳ号	Eudragit Ⅳ	别名：胃溶丙烯酸树脂Ⅳ；Polyoxylate Ⅳ。该品为微黄色粒状或薄膜状固体，略带氨臭味，能溶于乙醇、丙酮和二氯甲烷。其为阴离子型化合物，分子中的叔胺遇酸成盐，故溶于胃液。该品能形成透明、光滑、平整的膜，在药剂制造中是片剂、丸剂、颗粒剂良好的包衣材料，而且还可用作胶囊剂、膜剂等的成膜材料。常用异丙醇和丙酮混合溶剂配成12.5%溶液使用，可不加增塑剂。用于片剂、丸剂、颗粒剂的薄膜包衣，在胃液中迅速溶解。膜的溶解速度随pH值的上升而减小，一般在pH值为1.2～5.0时溶解，pH值为5～8时溶胀，是良好的胃溶膜材料。该品与HPMC以(3～12)∶1合用可进一步改进外观，降低成本，与玉米朊(6～12)∶1合用可提高抗湿性。
丙烯酸树脂Ⅰ号	Eudragit Ⅰ	别名：肠溶丙烯酸树脂乳胶液；Polyoxylate Ⅰ。该品为乳白色、低黏度、混悬均匀的水分散体系乳浊液。颗粒直径在1μm以下。结构中含有羧基，在pH值为6.5以上的介质中可成盐溶解。该品主要用作片剂、丸剂、颗粒剂包肠溶衣，也可与其他高分子化合物合并用作缓释材料。

续　表

名　称	英　文　名	性　质
泊洛沙姆	Poloxamer	别名：普流罗尼克。泊洛沙姆型号包括：124、188、237、338、407，平均相对分子质量约为 1000～16000。它是一大类非离子表面活性剂，是一类优良的药物制剂新辅料，其作用与用途如下：① 作乳化剂和稳定剂，用于制备乳剂；② 作增溶剂；③ 作吸收促进剂；④ 作固体分散体载体；⑤ 作乳膏剂、栓剂基质；⑥ 作缓释材料等。
醋酸纤维素	Cellulose Acetate	该品大致为微黄色非结晶性块状物或粉末。在药剂制造中主要用作成膜材料和缓释材料，用于制备涂膜剂、膜剂、微囊剂、黏贴片剂和其他缓控释制剂。
淀粉	Starch	别名：Amylum。该品为白色粉末，无臭、无味。在冷水或乙醇中均不溶解。该品在药剂中主要用作稀释剂、填充剂、黏合剂等。广泛用于片剂、丸剂、胶囊、散剂、糊剂等的制备。淀粉有玉米淀粉、马铃薯淀粉、小麦淀粉，其中常用的是玉米淀粉。淀粉的性质稳定，可与大多数药物配伍，吸湿性小，外观色泽好，价格便宜，但可压性较差，因此常与可压性较好的糖粉、糊精、乳糖等混合使用。
二甲基硅油	Dimethicone	$(CH_3)Si[OSi(CH_3)_2]_nCH_3$ (n=180～350)，随相对分子质量的增加从无色透明液体至稠厚的半固体，其黏度也随之增加。无色无味。凝固点－50～65℃，相对密度 0.930～0.975，黏湿系数小，表面张力小，耐光耐热。不溶于水、甲醇、植物油和石蜡油，微溶于乙醇、丁醇和甘油，溶于苯、甲苯、二甲苯、乙醚和氯化烷烃。由于聚合度不同，按黏度(st)大小，常分为以下 7 种型号的产品：20、100、200、350、500、1000、12500。该品在药剂制造中作抗水剂、抗黏结剂、润滑剂、脱模(膜)剂、消泡剂、乳剂和乳膏剂基质，广泛用于制备固体制剂、半固体制剂、液体制剂。
二甲基亚砜	Dimethyl Sulfoxide	C_2H_6OS，该品为无色、几乎无味或微有苦味的透明液体。吸湿性强，在 20℃时可吸收相当于本身重量 70%的水分，在 18.5℃时易结晶。能与水、乙醇、丙酮、醚、苯和氯仿任意比例混溶，也能溶解石蜡等碳氢化合物。2.16%水溶液与血液等渗。相对密度(20℃) 1.100，折光率 1.4795，熔点 18.45℃，闪点(开杯)95℃，沸点 189℃，黏度(27℃)0.0011 Pa·s。作经皮吸收促进剂时，常用浓度 30%～50%。作为溶剂，该品既能溶解水溶性药物，又能溶解脂溶性药物，故有“万能溶媒”之称。60%水溶液能降低冰点到－80℃，故又是良好的防冻剂。
二氧化硅	Silicon Dioxide	$SiO_2 \cdot xH_2O$，该品为白色、无臭、吸湿性细微的无定型粉末。质粒平均直径为 20～40nm，相对密度 2.2～2.6。不溶于水、乙醇和其他有机溶剂，也不溶于酸(氢氟酸例外)，溶于热氢氧化碱液。5%水混悬液 pH 值为 4～8。在药剂制造中，主要用作崩解剂、抗黏剂、助流剂。该品可大大改善颗粒流动性，提高松密度，使制得的片剂硬度增加，缩短崩解时限，提高药物溶出速度。在颗粒剂制造中用作内干燥剂，以增强药物的稳定性。该品也是微囊材料之一，在囊中加入该品，能增加微囊的密度和比表面积，增强流动性。该品还可以作助滤剂、澄清剂和消泡剂，以及液体制剂的助悬剂、增稠剂。

续 表

名　称	英文名	性　质
二氧化钛	Titanium Dioxide	TiO_2，该品为白色无定型的粉末，无臭、无味。不溶于水、盐酸、硝酸及稀硫酸，溶于热的浓硫酸及氢氟酸。可与亚硫酸钾、氢氧化碱或碳酸盐熔融而使之溶解。1%水混悬液对石蕊显中性。在药物制剂中用作包衣剂、着色剂和紫外线吸收剂，用于制备包衣片、丸剂、颗粒剂、胶囊剂和外用制剂。
二氧化碳	Carbon Dioxide	CO_2，该品为无色、无臭，微带酸味的不助燃的惰性气体。化学性质稳定，25℃时密度（液态）为713.8kg/m^3，比空气重1.5倍。溶解度：在25℃水溶液中为1∶1，在金属容器内加压，不超过31℃即液化。在药剂制造中作空气取代剂、pH调节剂和气雾剂的抛射剂。
二乙醇胺	Diethanolamine	$C_4H_{11}NO_2$，该品在室温时为白色固体，高于室温时为澄明、无色、略带氨臭的黏稠液体。其能与水、甲醇和丙酮混溶，25℃时在苯中溶解度为4.2%，在乙醚中为0.8%，在四氯化碳中<0.1%，在正庚烷中<0.1%，极易吸湿。熔点28℃，沸点268.80℃（101.08kPa），20℃水中溶解度96.4%（W/W），相对密度1.0881（30℃），pH值11.0（0.1mol溶液）。该品在药剂中用作碱化剂、助溶剂、稳定剂，生成胺皂后作乳化剂，用于乳膏剂、注射剂等的制造。
粉状纤维素	Powdered Cellulose	该品为白色、无臭、无味的不同细度的粉末。其范围从自由流动的致密性粉末到粗糙、疏松、无流动性的物质。不溶于水、稀酸及多数有机溶剂，微溶于氢氧化钠溶液（200mL中含1g），水分散液（8mL中含1g）pH值为5.5～7.0。该品在药剂制造中用作黏合剂（5%～20%）、崩解剂（5%～15%）、填充剂。
干酪素	Casein	别名：酪酪朊；酪素；酪蛋白；乳酪素。该品为白色至黄色无臭无味，或有微香气和滋味的粉末、颗粒或片状。几乎不溶于水，溶于稀碱和浓酸。等电点为pL 4.6。干燥时稳定，有吸潮性，吸潮后迅速变质。该品在药剂中，主要用作乳化剂、稳定剂、增稠剂和缓释材料，也可用作包衣材料和微型胶囊pH的成膜材料。常用量0.5%～5%。
甘氨酸	Glycine	$C_2H_5NO_2$，别名：氨基乙酸、氨基醋酸。该品是白色结晶性粉末，味甜，无臭，熔程232～236℃，易溶于水（1∶4），难溶于乙醇与乙醚。5%水溶液pH值为5.9～6.3，不溶于丙酮、乙醚。该品除有多种治疗用途外，在药剂制造中还可用作助溶剂，制备前体药物，增加药物溶解度，减少药物的副作用；该品具有络合金属离子的作用，可用作抗氧增效剂。
甘油	Glycerol	$C_3H_8O_3$，别名：1,2,3-丙三醇；Glycerin。该品为无色、无臭、澄明的糖浆状液体，味甜随后有温热的感觉，能与水或乙醇任意混溶，不溶于苯、氯仿、乙醚、矿物油等，过热会分解并放出有毒的丙烯醛。该品与水、乙醇和丙二醇的混合物化学性质稳定。该品在药剂中作润滑剂、湿润剂，浓度≤30%；作薄膜包衣增塑剂，视情况而定；作液体药物制剂的防腐剂，浓度在20%以上；作注射剂或肠胃道用药的溶剂，浓度≤50%；在高浓度乙醇制剂中作甜味剂，浓度≤20%。

续　表

名　称	英 文 名	性　质
甘油单硬脂酸酯	Glyceryl Monostearate	$C_{21}H_{42}O_4$，别名：单硬脂酸甘油酯；GMS。该品为白色或几乎白色，无臭、无味或轻微脂肪臭味的蜡状硬团块、粉末或片状。不溶于水，可溶于热乙醇、乙醚、氯仿、异丙醇、苯、甲醉、热丙酮、矿物油和不挥发油中。借助于少量肥皂或其他表面活性剂，可以分散于热水中，HLB=3.8。自乳化甘油单硬脂酸酯的 HLB=5.5。该品为非离子表面活性剂，在药剂中用作乳化剂、稳定剂、润滑剂、抗黏剂、增塑剂、分散剂、消泡剂等，用于油膏、乳膏、栓剂、洗剂、贴布剂、片剂等的制造。
枸橼酸	Citric Acid	$C_6H_8O_7$，别名：柠檬酸。该品为无色、半透明结晶，或白色颗粒到细微结晶性粉末，无臭，味极酸，在干燥空气中微有风化性。极易溶于水，易溶于乙醇，略溶于乙醚。该品在药剂中主要用作矫味剂、缓冲剂、抗氧增效剂、酸性泡腾剂。作矫味剂时，常用量为 0.3%～2.0%；制备缓冲溶液，常用量大于 lmol/L；作多价金属螯合剂和抗氧增效剂时，常用量为 0.3%～2.0%。
枸橼酸钠	Sodium Citrate	别名：柠檬酸钠。该品为无色结晶或白色结晶性粉末。无臭，味咸，在湿空气中微有潮解性，在热空气中有风化性，相对密度 1.19，熔点 150℃(在此温度失去结晶水)，溶液 pH 值约为 8。易溶于水，不溶于乙醇。该品在药剂中用作缓冲剂、螯合剂和抗氧增效剂。
谷氨酸	L－Glutamic Acid	$C_5H_9NO_4$，别名：L－谷氨酸。该品为白色或结晶性粉末，具酸性。在 200℃升华，熔程 185～205℃，并分解。溶于水，易溶于沸水，微溶于乙醇，不溶于丙酮、氯仿、乙醚和冰醋酸。饱和水溶液呈弱酸性，pH 值约 3.2，具旋光性。该品在药剂中作助溶剂、前体药物制剂载体剂和矫味剂。
硅酸	Silicic Acid	H_2SiO_3，别名：偏硅酸。该品为白色无定形粉末或透明发亮玻璃状固体，相对密度 2.1～2.3，加热到 150℃分解为二氧化硅。不溶于水或无机酸，但易溶于氢氟酸，同时被分解，溶于氢氧化钠或钾溶液。该品具有吸附色素、蒸汽和其他气体等作用，在药剂制造中用作吸附剂、润滑剂。
硅藻土	Diatomaceous Earth	该品为白色至浅灰色或浅黄色粉末，多孔，柔软，易磨成粉末。溶于强碱和氢氟酸(不溶于其他酸或稀碱)，不溶于水和有机溶剂，有强吸水性，对其他机械性杂质有很强的吸附性。在药剂制造中，作助滤剂、吸附剂。在油类、动物胶、血清、微生物发酵液等多种液体的过滤过程中起助滤和吸附作用。
海藻酸钠	Sodium Alginate	别名：藻酸钠；藻朊酸钠；褐藻胶。该品为白色或淡黄色粉末，几乎无臭无味，有吸湿性。溶于水形成黏稠胶体溶液，不溶于乙醇和其他有机溶剂。该品在药剂中主要用作助悬剂、增稠剂、乳化剂、微囊囊材、崩解剂、黏合剂，包衣材料及膜剂、涂膜剂等的成膜材料，用于制备液体、半固体、固体等多种剂型的制剂。

续 表

名称	英文名	性质
糊精	Dextrin	该品是淀粉水解的中间产物，在冷水中溶解较慢，较易溶于热水，不溶于乙醇。具有较强的黏结性，使用不当会使片面出现麻点、水印及造成片剂崩解或溶出迟缓；如果在含量测定时粉碎与提取不充分，将会影响测定结果的准确性和重现性，所以，很少单独使用糊精，常与糖粉、淀粉配合使用。
滑石粉	Talc	别名：精制滑石粉。该品为白色或类白色、微细、无砂性的粉末。手摸有滑腻感，无臭、无味。在水、稀矿酸或稀氢氧化碱溶液中均不溶解。具有润滑、抗黏、助流、吸收等作用。在药剂中用作片剂、胶囊剂的润滑剂、助流剂、抗黏着剂，在散剂中用作稀释剂、吸收剂，在制备液体制剂时用作吸附剂，一般使用量为3%～6%。
环糊精	Cyclodextrin	别名：环状糊精；CD；CyD。该品为白色结晶性粉末。鉴于CD及其衍生物的独特的分子结构和性质，能包合许多药物，在药剂中作药物的载体材料和缓释材料。该品在制剂中有以下作用：① 增加药物的稳定性。② 提高药物的生物利用度。③ 减少药物的毒副作用。④ 用于矫味、防潮和使液体药物固体化。⑤ 适用于乳剂、乳膏剂、微囊剂、栓剂、胶囊剂、片剂和颗粒剂等多种剂型和制剂的制备。⑥ CD可衍生化。⑦ 水溶性环糊精及其衍生物，将药物包合后，改善水溶性，增强稳定性，促进药物吸收，而且还可制成注射剂。
活性炭	Activated Charcoal	别名：药用炭；脱色碳。该品为黑色、无臭、无味、无砂的粉末，粉末状粒径在200目以下的粒状，粒径一般为1～4mm，不溶于水和有机溶剂。在药剂工作中作脱色剂、去味去臭剂和吸附剂。由于该品颗粒小，孔穴多，表面积大，所以吸附力强，可用于液体药剂的脱粒、脱色、除臭和用于药物成分的提取、提纯等。
甲基丙烯酸共聚物	Methacrylic Acid Copolymers	别名：聚甲基丙烯酸酯；丙烯酸树脂。该品在药剂制造中用作制粒黏合剂和薄膜包衣剂，也用作缓释制剂的载体材料，用于制备颗粒剂、胶囊剂、片剂、丸剂、膜剂、微囊剂等，可根据其性质选用。选用不同的型号可制得胃溶制剂、肠溶制剂。E型可用作胃溶制剂，L型和S型可用作肠溶制剂，RL和RS型常用于制备缓释制剂。就形成的膜衣而言，RL型较RS型具有更大的可渗透性。
甲基丙烯酸甲酯	Methyl Methacrylate	$C_5H_8O_2$，该品为无色透明液体。熔点－48.2℃，沸点100.3℃，可与乙醇、乙醚混溶，微溶于水。在光、热、电离辐射和催化作用下易聚合。该品在药剂中主要用作缓释材料，制备缓释片、丸剂、颗粒剂时用作黏合剂，制备缓释贴布剂时用作药物缓释载体材料和压敏胶，也用于配制药物塑料包装商标的黏贴剂。此外，该品是制备丙烯酸树脂塑料的单体。加入过氧化物作引发剂可制得矫形外科手术压克力骨水泥(acrylicbone cements)。

续 表

名 称	英 文 名	性 质
甲基纤维素	Methyl Cellulose	别名：纤维素甲醚；Cellulose Methylether；MC；Cellulose Methyl Ether。该品为白色或近白色，基本无臭、无味的粉末或颗粒。具吸湿性，在冷水中膨胀生成澄明至乳白色的黏稠的胶体悬浮液。不溶于热水、醇、醚、氯仿和饱和的盐溶液，溶于冰乙酸及等量混合的醇和氯仿溶液中。该品溶液可被盐、多元酸、酚及鞣质凝聚，加乙醇或乙二醇的二醋酸酯，可防止其凝聚。该品用作：① 黏合剂：低或中等黏度级较好，可用其溶液或作为粉末加入均可。用于改进崩解/溶出速率，一般浓度为1%～20%。② 凝胶剂：增稠凝胶及霜剂宜选高黏度级。③ 悬浮剂及增稠剂：常用以延迟悬浮液沉降及增加药物接触时间，如胃中的制酸剂，其溶液用以替代糖浆及作即时悬浮基质。低黏度级用于低浓度，增黏用浓度可达5%。④ 片剂包衣：可应用高置换低黏度级作薄膜包衣，亦用于包糖衣前包于核外作隔离层。⑤ 崩解剂：高黏度级的可利用其与崩解介质接触后的膨胀作用，作为崩解剂，一般浓度为2%～10%。⑥ 乳化剂：因溶液的表面张力很低，宜选低黏度级的，一般浓度为1%～5%。⑦ 滴眼剂：宜选高黏度的，亦可作无形镜片的润湿剂及浸渍液。
交联聚维酮	Crospovidone	$(C_6H_9NO)_n$，别名：交联聚乙烯吡咯烷酮；不溶聚维酮；交联 PVP；CPVP；PVPP。该品为白色或近白色具吸湿性易流动的粉末，无臭或微臭。因不溶于水、乙醇、乙醚等所有常用溶剂，故相对分子质量范围无法测定。具有聚乙烯吡咯烷酮相同的络合能力，能络合多种物质，如酚类、碘等。该品主要用作片剂的崩解剂，也可用作丸剂、颗粒剂、硬胶囊剂的崩解剂和填充剂。
交联羧甲基纤维素钠	Croscarmellose Sodium	别名：交联 CMC - Na；交联 SCMC；Ac - Di～Sod。该品为白色、细颗粒状粉末，无臭无味。具有吸湿性，吸水膨胀力大，并能形成混悬液，稍具黏性。在乙醇、乙醚和大多有机溶剂中不溶解。该品在药剂中主要用作崩解剂，其特点是可压性好，崩解力强。
焦亚硫酸钠	Sodium Metabisulfite	$Na_2S_2O_5$，别名：偏重亚硫酸钠。该品为无色棱柱状结晶或白色粉末。有二氧化硫臭，味酸、咸，久贮色渐变黄，缓慢氧化，相对密度1.48，熔点150℃，高于150℃时熔融分解。易溶于水，溶于甘油，极微溶于乙醇。该品具有强还原性，在药剂中主要作抗氧剂，用于注射剂、滴眼剂以及其他液体、半固体制剂。
精氨酸	Arginine	$C_6H_{12}N_4O_2$，别名：L-胍基戊氨酸。该品为白色斜方晶系晶体(二水物)或白色结晶性粉末，几乎无臭，熔点244℃，并分解。易溶于水，微溶于乙醇，不溶于乙醚。在盐酸溶液中右旋化，水溶液显强碱性，可从空气中吸收二氧化碳。该品除作营养剂和治疗肝脏疾病的治疗药物外，在药剂制造中还可用作助溶剂，与一些酸性药物制成盐。提高药物溶解度，增强药物的药理作用或减少副作用。
酒石酸	L(+)- Tartaric Acid	$C_4H_6O_6$，别名：L(+)-酒石酸；右葡萄酸；二羧基琥珀酸。该品为无色或半透明的结晶或白色细微至颗粒状的结晶性粉末，无臭，味极酸，水溶液显酸性反应。该品在水中极易溶解，在乙醇、甲醇、丙二醇、甘油中易溶，在乙醚中微溶，不溶于氯仿，熔点168～170℃，旋光度+12°(20℃，20%水溶液)，相对密度1.7598。该品在药剂中用作酸化剂、矫味剂、络合剂、抗氧增效剂和泡腾剂，在生药浸提时用作辅助浸出剂。

续 表

名 称	英 文 名	性 质
酒石酸氢钾	Potassium D-Bitartrate	$C_4H_5KO_6$，别名：D-酒石酸氢钾；D-重酒石酸钾；酒石；精酒石；酸性酒石酸钾。该品为白色结晶性粉末。具有使人愉快的酸味，无臭。微溶于水，易溶于热水，难溶于乙醇，水溶液呈酸性。该品在药剂中用作缓冲剂、泡腾剂、络合剂。作泡腾剂时常与碳酸氢盐合并使用。
聚丙二醇	Polypropylene Glycol	别名：PPG，相对分子质量400～2000。该品为无色透明、不挥发的黏稠液体。易溶于冷水，在热水中易产生沉淀。是聚乙烯基甲醚的异构体。该品具有较广泛的溶解范围、兼容性、易溶性和增塑性。在药剂中用作溶剂、助溶剂、增塑剂和稳定剂。常和聚乙二醇合并使用，也可与液体聚乙二醇互代使用。
聚醋酸乙烯酯	Polyvinyl Acetate	别名：聚乙酸乙烯酯；PVA。该品为无色黏稠液体或无色至微淡黄色透明玻璃样颗粒。无臭，有韧性和塑性，不因日光和热而着色或老化。溶于乙醇、乙酸乙酯和丙酮，不溶于水和脂肪。平均相对分子质量22000。该品在药剂中用作缓释片的骨架材料，薄膜包衣材料以及膜剂、涂膜剂等的成膜材料。
聚氯乙烯	Polyvinyl Chloride	别名：氯乙烯均聚物；氯乙烯共聚物；PVC。相对分子质量60000～150000。该品为白色粉末或无定型粉末，无臭无味。低相对分子质量的可溶于酮类、氯烃、芳烃、乙醚、邻苯二甲酸二辛酯等溶剂中，高相对分子质量的则难溶解，但能溶胀，可溶于环己酮、甲基环己酮、二甲基甲酰胺、四氢呋喃等，不溶于水、乙醇、汽油。该品在药剂制造中用作缓释材料，主要用作微囊的囊材、骨架片的骨架材料、包衣片的包衣材料，此外也用作药品的包装材料。该品可与聚乙烯合并应用，作骨架材料一般用量为配方总量的40%。
聚乳酸	Polylactic Acid	别名：乳酸低聚物；聚丙交酯；PLA。相对分子质量10000～150000。该品为白色粉末，无臭或几乎无臭，味微酸。可以成盐，成盐品不改变该品的缓释作用。溶于二氯甲烷、三氯甲烷、二氯乙烯、丙酮，不溶于乙醇、水。丙酮溶液对酚酞显酸性反应。该品在药剂中用作缓释骨架材料、微囊囊膜材料。作缓释骨架材料时，可用熔融法制成珠粒、弹丸剂或作为直接压片赋形剂制得缓释制剂，是国外新开发的优良缓释材料之一。
聚乳酸-羟基乙酸共聚物	Polylactie-co-glycolic Acid	别名：PLGA；外消旋聚乳酸/乙醇酸共聚物。该品是由乳酸(PLA)和羟基乙酸(PGA，又称乙醇酸)共聚而成的无定型聚合物，其中乳酸和羟基乙酸的比例可以是：90∶10、80∶20、75∶25、60∶40、50∶50。玻璃化转变温度为45～55℃，黏度IV(dl/g)范围为0.10～1.5，相对分子质量5000～300000。该品具有良好的生理相容性，在20～40℃温度范围内，pH值为7～9，容易降解，在人体内可降解成小分子化合物，随体液排出。该品用作注射用微胶囊、微球及埋植剂等缓释制剂的辅料，同时可用作组织工程细胞培养的多孔支架或医用手术防黏连膜。

续　表

名　称	英 文 名	性　质
聚山梨醇酯-20	Polysorbate-20	$C_{58}H_{114}O_{26}$，别名：聚氧乙烯失水山梨醇单月桂酸酯；吐温 20；Tween20。该品为黄色或琥珀色澄明的油状液体，具有特殊的臭气和微弱苦味。分子中含有较多的亲水性基团，可与水、乙醇、甲醇和乙酸乙酯混溶，不溶于液状石蜡、不挥发油和轻石油，HLB 值为 16.7。聚山梨醇酯类是一大类非离子表面活性剂，具有乳化、扩散、增溶、稳定等作用。在制药、日化、食品、纺织等工业中，广泛用作乳化剂、分散剂、增溶剂、稳定剂等，一般使用量 0.1%～2.0%。
聚山梨醇酯-40	Polysorbate-40	$C_{62}H_{122}O_{26}$，别名：聚氧乙烯失水山梨醇单棕榈酸酯；吐温 40；Tween40。该品为黄色黏性的油状液体，具有特殊的臭气，味微苦。溶于水、乙醇、甲醇、丙酮、乙酸乙酯和棉籽油，不溶于液状石蜡。HLB 值为 15.6。该品在药剂、食品、日化制造中用作增溶剂、乳化剂、稳定剂、分散剂、润滑剂等。
聚山梨醇酯-60	Polysorbate-60	$C_{64}H_{126}O_{26}$，别名：聚氧乙烯失水山梨醇单硬脂酸酯；吐温 60；Tween60。该品为黄色或琥珀色不透明的半胶态流体，高于 24℃时为澄明的油状液体，初尝具有微甜的油臭味，其后有微弱苦味。与水、甲醇、乙醇、丙酮和乙酸乙酯混溶，实际上不溶于液体石蜡和不挥发油。5%水溶液 pH 值为 5～8，HLB 值为 14.9，主要作为乳化剂、分散剂、稳定剂，用于药剂食品、化妆品的制造。
聚山梨醇酯-65	Polysorbate-65	$C_{100}H_{194}O_{28}$，别名：聚氧乙烯失水山梨醇三硬脂酸酯；吐温 65；Tween65。该品为琥珀色，具特殊臭气，是味微苦的半胶态或蜡状固体。凝固温度范围为 29～33℃，相对密度 1.05。可分散在水和四氯化碳中，可溶于乙醇、甲醇、丙酮、二噁烷、乙醚、石油醚、液体石蜡和不挥发油。该品可作乳化剂、稳定剂、分散剂等。广泛用于医药、食品、化妆品、纺织、石油等工业。
聚山梨醇酯-80	Polysorbate-80	$C_{64}H_{124}O_{26}$，别名：聚氧乙烯失水山梨醇单油酸酯；吐温 80；Tween80。该品为澄明的淡黄色或琥珀色黏稠的油状液体，低温时呈凝胶状，受热时复原。具有特殊的脂肪臭，味微苦涩。与水、乙醇、甲醇、氯仿、乙醚和乙酸乙酯混溶，实际上不溶于液状石蜡和不挥发油，不溶于石油醚。5%（W/V）水溶液 pH 值为 6～8，HLB 值为 15。作乳化剂、分散剂、稳定剂、增溶剂等，广泛用于医药、化妆品、食品等工业。
聚山梨醇酯-85	Polysorbate-85	$C_{100}H_{188}O_{28}$，别名：聚氧乙烯失水山梨醇三油酸酯；吐温 85；Tween85。该品为柠檬色至琥珀色黏稠的油状液体，具有特殊的脂肪臭，味微苦，相对密度 1.00～1.05。可分散在水中，可溶于乙醇、甲醇、乙酸乙酯和大多数植物油，溶于液状石蜡形成混浊液，不溶于丙酮和聚乙二醇。HLB 值为 11.0。该品作为乳化剂、增溶剂、分散剂等，广泛用于医药、食品、日化等工业中。
聚维酮	Polyvidone	别名：聚乙烯吡咯烷酮；聚-N-乙烯基丁内酰胺；PVP 相对分子质量 5000～70000(平均)。该品为白色或乳白色、无臭或几乎无臭、易流动的无定形粉末，有吸湿性。溶于水、乙醇和氯仿，不溶于乙醚和丙酮。5%溶液的 pH 值为 3.0～7.0。该品的水溶液具有一定的黏度，其黏度用 K 值表示。该品具有黏合、增稠、助悬、分散、助溶、络合、成膜等特性和作用，在药剂中用作增稠剂、助悬剂、分散剂、助溶剂、络合剂、前体药物制剂载体剂、黏合剂、成膜材料、包衣材料、缓释材料等。

续 表

名 称	英文名	性 质
聚氧乙烯(40)硬脂酸酯	Polyoxyl(40) Stearate	$C_{98}H_{196}O_{42}$,别名:聚乙二醇单硬脂酸酯(2000);卖泽 52。该品为白色至微黄色,无臭或稍具脂肪臭味的蜡状固体。凝结温度范围为 39~45℃。可溶于水、乙醇、丙二醇、四氯化碳、乙醚和甲醇,不溶于液体石蜡和不挥发油。水溶液的 pH 值为 5~7,HLB 为 16.9。该品在药物制剂中主要用作乳化剂和增溶剂、软膏基质,用于制备乳剂、霜剂、栓剂等多种剂型和制剂。
聚乙二醇	Polyethylene Glycol	别名:聚氧乙烯二醇;碳蜡;PEG。平均相对分子质量为 200~8000。PEG200、PEG300、PEG400 和 PEG600,在室温下为无色或近乎无色、澄明的黏性液体;而 PEG900、PEG1000、PEG1450、PEG1500、PEG3350,PEG4000、PEG4500、PEG6000 和 PEG8000 为白色蜡状固体。在通常的环境下,不会水解和变质。随着相对分子质量的增加,在有机溶剂里的溶解度、水中溶解度、蒸汽压、吸湿性均降低,同时,凝固点、熔融范围、相对密度、闪光点和黏度却增加。这类化合物都能溶解于水中形成澄明的溶液,也溶于许多有机溶剂中,但不溶于乙醚。该品有广泛的溶解范围、兼溶性、成膜性、增塑性、分散性等,在药剂中应用广泛。
聚乙烯	Polyethylene	别名:PE。低密度聚乙烯为乳白色无臭、无味、无毒的蜡状颗粒或粉末。高密度者为白色粉末或白色半透明颗粒。该品耐水、酸、碱,能溶于环己烷、苯和二甲苯,不溶于脂肪烷、醇和酯类。该品除了用于制备药物包装外,在药剂中作为制造微囊和磁性微球的囊膜材料、固体制剂的黏合剂、稀释剂和缓释材料。
聚乙烯醇	Polyvinyl Alcohol	别名:PVA。相对分子质量(平均)高黏度为 200000,中黏度为 130000,低黏度为 30000。该品为白色至奶油色无臭的粉末或颗粒。易溶于水,在较高的温度下溶解更快,4%水溶液 pH 值为 5~8,具有极强的亲水性和极好的成膜性。该品是一个十分满意的助悬剂、油/水乳化剂和乳化稳定剂。在各种眼用制剂中如抗充血滴眼剂、人工泪液以及视镜产品中用作增稠剂、润滑剂和保护剂。该品也是凝胶剂、透皮制剂、涂膜剂、膜剂的优良胶凝剂和成膜材料,同时还可作为缓释材料用于制备缓释骨架片剂等。
抗坏血酸	Ascorbic Acid	$C_6H_8O_6$,别名:维生素 C (Vitamin C);L-Ascorbic Acid。该品为白色至微黄色结晶性粉末或无色结晶,有强酸味、无臭、不潮解、久置变微黄。暴露于光下,光泽逐渐变深。该品在药剂制造中,主要作抗氧剂,通常使用浓度为 0.01%~0.1%。此外,还用作助溶剂。与一些难溶性药物生成盐(酯),提高药物的溶解度。在食品工业中用作抗氧剂和营养增补剂。在日化工业中用作化妆品的抗氧剂。
赖氨酸	L-Lysine	$C_6H_{14}N_2O_2$,别名:L-赖氨酸。该品可化学合成或从蛋白水解或生物发酵而制得。该品为无色、无臭的针状结晶。熔点为 224℃,并会分解。易溶于水,不溶于乙醇。水溶液呈弱碱性,属碱性氨基酸。该品除作营养成分用于制备复方氨基酸输液等外,在药剂制造中用作助溶剂和前体药物制剂载体,用于制备前体药物,提高药物溶解度或减少药物的副作用等。

续 表

名 称	英 文 名	性 质
邻苯二甲酸醋纤维素	Cellulose Acetate Phthalate	别名：邻苯二甲酸二醋酸纤维醋；CAP。该品为白色的易流动粉末，无味、有轻微的醋臭。不溶于水、乙醇、碳氢化物，溶于一定数量的酮类、酯类、醚醇类、环状乙醚类及某些混合溶剂，可溶于pH值低于6.0的缓冲溶液和碱液中。长时间处于高温和高湿条件下将发生缓慢水解，并导致酸度、黏度的增加，并使醋酸臭味增加。该品在药剂中用作肠溶包衣材料、微囊囊膜材料和缓释材料。
磷酸淀粉钠	Sodium Starch Phosphate	该品为白色至类白色无味、无臭的淀粉状粉末。Ⅰ型遇水在常温下糊化，糊化温度随磷酸结合量的增大而降低，低温状态下稳定性增大，而黏度降低。Ⅱ型与水一起加热则糊化，通常在同一分子内Ⅰ型和Ⅱ型同时存在，糊化温度(约60℃)比一般的淀粉(约80℃)低。该品具有增稠、助悬、络合等作用，在药剂中用作增稠剂、稳定剂、黏合剂等，可用于液体制剂，也可用于固体制剂，在液体制剂(如混悬剂、合剂等)中起增稠、助悬和稳定作用，在固体制剂中起黏合、稀释、赋形等作用。作增稠剂等一般用量为0.1%～2%。
磷脂酰乙醇胺	Phosphatidyletha Nolamine	别名：脑磷脂。该品为白色至微黄色的无定形粉末或颗粒。易吸湿，微溶于苯、四氧化碳，不溶于水。在空气中易氧化，颜色由白变黄至棕色。在药剂中主要用作乳化剂和脂质体载体材料，用于制造乳剂和脂质体。该品也具有抗氧作用，但由于价格较贵，很少用作抗氧剂。
硫代硫酸钠	Sodium Thiosulfate	$Na_2S_2O_3 \cdot 5H_2O$，别名：次亚硫酸钠；大苏打；海波。该品为无色透明结晶或结晶性细粒，无臭、味咸。在33℃以上的干燥空气中有风化性，在潮湿空气中有潮解性。水溶液显弱碱性pH值为6.5～8.0，具有强烈的还原性。该品用作药物制剂的抗氧剂、洗涤剂等。因其水溶液呈中性或微碱性，遇酸可产生沉淀，故适用于偏碱性药物作抗氧剂。
明胶	Gelatia	别名：白明胶；药用明胶。该品为浅黄色或琥珀色半透明微带光泽的易碎固体。形状呈薄片、条状、碎片或粗细不等的粉末。在冷水中不溶，浸没于水中则膨胀，变软，可吸收于本身重量5～10倍的水。能溶于热水形成澄明溶液，冷后则成为凝胶，还溶于醋酸、甘油和水的热混合液，不溶于乙醇、氯仿、乙醚、不挥发油和挥发油。用途：① 用于硬胶囊、软胶囊和微囊材料。② 片剂、丸剂的包衣材料。③ 栓剂基质。
木糖醇	Xylitol	$C_5H_{12}O_5$，别名：木戊五醇。该品为白色，无臭，味甜而清凉的粉末或结晶性粉末。熔点范围在93～94.5℃。相对密度(20℃)1.52，易溶于水，10%水溶液pH值为5.0～7.0，(1.6∶1)水溶液在pH值为5.0～8.0稳定。略溶于乙醇。有引湿性，无旋光性。与氨基酸或蛋白质不易发生美拉德福变反应。不受酵母菌和细菌作用，有防龋齿作用。体内代谢与胰岛素无关，糖尿病患者应用该品不增加血糖值。该品甜度为蔗糖的65%～100%(视浓度而定)，与金属离子有螯合作用，可增加抗氧剂的效果。该品在药剂中主要用作甜味剂、增塑剂、保湿剂、固体制剂的稀释剂及抗氧剂、增效剂等。作营养甜味剂，主要用于糖尿病患者。

续 表

名 称	英文名	性 质
尿素	Urea	CH_2N_2O,别名：脲;碳酰胺。该品为无色棱柱状结晶或白色结晶性粉末,几乎无臭。味咸凉,放置较久后,渐发生微弱的氨臭。熔点132～135℃,水溶液显中性反应。在水、乙醇中易溶,在乙醚或氯仿中不溶,1.63%水溶液为等渗液。该品除在临床上用作脱水药和利尿药外,由于其具有抗菌,使蛋白质溶解、变性的特性,能增加蛋白质水合作用,增加皮肤通透性,在药剂中主要用作经皮吸收促进剂,也用作助溶剂,以增加一些药物在水中的溶解度。
葡聚糖	Dextran	别名：右旋糖酐。相对分子质量为10000～2000000。该品为白色、无臭、无味的无定形粉末。在热水中易溶,在乙醇中不溶。水溶液为胶体溶液,具微黏性、旋光性。平均相对分子质量和特性黏度随聚合度的增加而增加。在药剂中常用作稳定剂、保护剂、不良臭味的掩盖剂、黏合剂、缓释材料、前体药物制剂载体材料等。同时也是生产代血浆的原料。根据使用目的和具体处方确定使用型号和浓度。
葡萄糖	Dextrose	$C_6H_{12}O_6$。该品为无色结晶或白色、乳白色结晶或颗粒状粉末,无臭、味甜。溶解度：易溶于水(1g/mL),极易溶于沸水,略溶于沸乙醇,微溶于乙醇(1∶200),溶于甘油,不溶于乙醚、丙酮和氯仿。5.51%水溶液与血清等渗。该品在药剂中用作甜味剂、矫味剂、包衣材料、黏合剂、稀释剂、填充剂、增塑剂、渗透压调节剂等。
羟丙基甲基纤维素	Hydroxypropyl Methylcellulose	该品为白色至乳白色、无臭无味、纤维状或颗粒状易流动的粉末。在水中溶解形成澄明至乳白色具有黏性的胶体溶液,一定浓度的溶液可因温度变化出现溶胶-凝胶互变现象。不溶于乙醇、氯仿和乙醚,可溶于甲醇和氯甲烷的混合溶剂中,有部分型号的产品可溶于70%乙醇、丙酮、氯甲烷和异丙醇的混合溶剂以及其他有机溶剂。该品具有乳化、增稠、助悬、增黏、黏合、胶凝和成膜等特性和作用,在药剂中具有以下广泛用途：① 作薄膜包衣材料和成膜材料,使用浓度为2%～10%。② 作黏合剂和崩解剂,使用浓度一般为2%～5%。③ 作增稠剂和胶体的保护胶,作增稠剂常用浓度为0.45%～1.0%。用于增加疏水胶的稳定性,防止粒子聚结、沉淀,常用浓度为0.5%～1.5%。④ 作阻滞剂、控释剂和致孔剂。⑤ 作助悬剂,其常用量为0.5 %～1.5%。
羟丙基甲基纤维素邻苯二甲酸酯	Hydroxypropyl Methylcellulose Phathalate	别名：HPMCP。相对分子质量、商品级相对分子质量为2000～100000。该品为白色至类白色、无臭、无味的颗粒。溶解度：易溶于丙酮/甲醇、丙酮/乙醇、甲醇/二氯甲烷、乙酸乙酯/甲醇、乙醇/二氯甲烷(1∶1wt)和碱性水溶液,不溶于己烷、水和酸溶液,具成膜性,HPMCP的化学和物理性能稳定。该品在药剂中用作缓释材料、控释材料等,可单独或与其他可溶性或不溶性黏合剂共用,制备缓释颗粒剂、片剂、胶囊剂、微囊剂和其他缓释、控释制剂,其释放速度决定于pH值。在薄膜包衣中是一种完全不溶于胃液的良好肠溶包衣材料。用量大约是片重的5%～10%,形成的衣膜能在肠的上端迅速溶解。该品用于片剂、丸剂或颗粒的包衣,可不需用增塑剂。将该品分散于甘油三醋酸酯和含有湿润剂的水溶液中,也可以用作胃溶包衣。

续　表

名　称	英 文 名	性　质
羟丙基纤维素	Hydroxpropyl Cellulose	别名：羟丙纤维素；纤维素羟丙基醚；HPC。该品为白色或类白色无臭、无味的粉末。有强烈的亲水性，在冷水中膨胀度大，微溶于冷水。该品是一种不同取代基的非离子型纤维素醚，低取代基者主要作片剂崩解剂和黏合剂，高取代基者主要用作包衣材料、成膜材料、缓释材料、增稠剂、助悬剂、凝胶剂等。可作片剂黏合剂。湿法制粒时一般加5%～20%，用在原料本身有一定黏性的品种；粉末直接压片时用量5%～20%，用于小剂量西药或中草药片剂；作片剂崩解剂，用量2%～10%，一般为5%，内加和外加均可，视具体处方和选用的品种型号而定。
羟乙基甲基纤维素	Hydroxyethyl Methycellulose	别名：HEMC。该品性状相似于甲基纤维素。但由于有羟乙基的存在，更易溶于水。其水溶液更耐盐，并且有较高的凝集温度。该品的作用相似于甲基纤维素，在药剂中用作黏合剂、胶凝剂、乳化剂、助悬剂、崩解剂、包衣材料等，用于片剂、颗粒剂、乳膏剂、乳剂、合剂、糖浆剂、滴眼剂等多种剂型的生产。型号的选择和使用浓度参见甲基纤维素。
羟乙基纤维素	Hydroxyethyl Cellulose	该品为白色至黄色或褐色无臭、无味易流动的粉末。溶于冷水和热水，成为均一的澄清液，一般情况下，在大多数有机溶媒中不溶，在少数极性溶媒如乙二醇中或者部分溶解或者膨胀。该品具有增稠、助悬、分散、胶凝等作用，在药剂中作增稠剂、黏合剂、稳定剂、分散剂、助悬剂、胶体保护剂以及缓释材料等，用于制备液体、固体等多种剂型的制剂。
氢化蓖麻油	Hydrogenated Castor Oil	$C_{57}H_9O_{110}$，别名：蓖麻蜡。该品为白色至淡黄色结晶性硬质蜡状片块或薄片或滴珠或粉末。不溶于水和大多数普通溶剂，溶于丙酮、四氯化碳和氯仿。酸值小于5，含水量低于0.1%，相对密度1.023。在空气中可慢慢氧化变质。与大多数植物蜡和动物蜡具有相溶性。该品在药剂中起增稠、增硬和缓释等作用，故用作增稠剂、增硬剂和缓释剂，用于制备半固体制剂和固体制剂，如软膏剂、栓剂、丸剂、片剂等。一般使用浓度，作包衣剂5%～20%，作缓释骨架5%～10%，作冲模润滑剂0.1%～2%，其他1%～10%。
琼脂	Agar	别名：琼胶；洋菜。线形琼脂呈细长条状，类白色或淡黄色，半透明，表面皱缩，有光泽，质轻软而韧，不易折断，完全干燥后，则脆而易碎，无臭，味淡。粉末型为类白色。在冷水中吸水膨胀20倍。溶于热水后，即使浓度很低(0.5%)也能形成坚实的凝胶，浓度0.1%以下，则成为黏稠液体。1%的琼脂溶液于32～42℃凝固，其凝胶具有弹性，熔点为80～96℃。水溶液显中性反应。该品具有胶凝、增稠、助悬、稳定、成膜、乳化等作用。在药剂中用作胶凝剂、增稠剂、助悬剂、乳化剂和乳化稳定剂等。用作制备乳剂、合剂、冻胶剂等，也用于制备细菌培养基。
乳酸	Lactic Acid	$C_3H_6O_3$，别名：2-羟基丙酸。该品为无色澄清或微黄色的黏性液体，几乎无臭，味微酸，有吸湿性，水溶性呈酸性反应。能与水、醇、乙醚和甘油任意混溶，在氯仿、石油醚、二硫化碳中几乎不溶，能随过热水蒸气挥发。浓缩至50%时，部分转变为乳酸酐。所以，一般85%～90%乳酸中常含有10%～15%乳酸酐。相对密度1.206～1.216，熔点16.8℃。该品在药剂中用作防腐剂、消毒剂、pH调节剂、助溶剂和前体药物制剂载体剂。

续 表

名　称	英文名	性　质
乳糖	α-Lactose	$C_{12}H_{22}O_{11}\cdot H_2O$。别名：α-乳糖。该品为白色结晶性颗粒或粉末，无臭、味微甜；该品在水中易溶，在乙醇、氯仿或乙醚中不溶。在药剂中用作稀释剂、填充剂和矫味剂。因无引湿性，且与多数药物不起作用，是片剂常用的优良填充剂和浸膏剂的稀释剂，也可作直接压片的填充剂。
三氯叔丁醇	Trichlorobutanol	$C_4H_7Cl_3O\cdot 1/2H_2O$。该品为无色或白色结晶，有微似樟脑的特臭，室温下可挥发，在乙醇、氯仿、乙醚或挥发油中易溶，在水中微溶。2%水混悬液对石蕊显中性，熔点≥77℃（无水物为97℃），沸程165～168℃（部分分解），pH值为3时稳定性好，pH> 3时稳定性逐渐降低。具有抑制细菌和霉菌的作用，且较苯甲醇为强，在高温和碱性溶液中易分解而降低抑菌效能，故一般用于偏酸性的注射剂和滴眼剂作抑菌剂，通常使用浓度为0.5%。
山梨醇	Sorbitol	$C_6H_{14}O_6$。该品为无色或白色结晶性颗粒，或结晶性粉末。无臭、味甜而清凉，甜度约为蔗糖的60%，具吸湿性。相对密度约1.19，熔点88～102℃（97.5℃）。易溶于水，溶于热的乙醇和甘油。渗透压为蔗糖的1.88倍。在制药工业中用作填充剂、稀释剂、甜味剂、保湿剂、增塑剂、渗透压调节剂、稳定剂、缓释固体制剂的致孔剂以及固体分散物载体、软膏基质等。
山梨酸	Sorbic Acid	$C_6H_8O_2$，该品为白色至黄白色结晶性粉末，无味，具有微弱特殊气味。熔点132～135℃，pK_a值：4.76，挥发度：超过80℃升华。抑菌活性：对细菌的最低抑菌浓度为2000～4000μg/mL，pH值小于6.0时，对酵母菌/霉菌其最低抑菌浓度为800～1200μg/mL。该品不稳定，易被氧化，在水溶液中尤其敏感，遇光时固态也会被氧化。主要用于药品和化妆品作抑菌防腐剂，用量为0.05%～0.2%。由于该品稳定性较差，常与其他抑菌防腐剂或乙二醇类联合使用，相互能产生协同作用。
十二烷基硫酸钠	Sodium Dodecyl Sulphate	$C_{12}H_{25}O\cdot SO_2ONa$，别名：月桂（醇）硫酸钠。该品为白色或微黄色的结晶薄片或粉末，具有轻微的特臭，类似脂肪，味苦。易溶于水，1g溶于10mL水中形成乳白色溶液，部分溶于乙醇，不溶于氯仿、乙醚和石油醚。酸值为零；临界胶粒浓度（20℃）为8.2×10^{-3} mol/L；HLB值约为40；界面强力为11.8mN/m；熔点为204～207℃。含水量不得大于5%，不吸湿；1%水溶液pH值为7～9.5；展开系数（0.05%溶液，30℃）为－7.0；表面张力（0.05%溶液，30℃）为25.2mN/m；湿润时间（Draizei法，0.05%溶液，30℃）为11.8s，对革兰氏阳性菌有抑制作用，对许多革兰氏阴性菌无效，但可加强某些药物（如碘、乙醇等）的杀菌作用。该品为阴离子表面活性剂，具有乳化、去垢、分散、湿润、起泡等作用，在酸、碱性溶液和硬水中均有效，故广泛用于医药、日化、纺织等工业。在药剂制造中广泛用作乳化剂、去污剂、分散剂、润湿剂和起泡剂。

续 表

名 称	英 文 名	性 质
十六醇	Cetyl Alcohol	$C_{16}H_{34}O$,别名：鲸蜡醇。该品为白色腻滑的片状或颗粒,微具有特殊的臭气,平淡无味,无刺激性,对光和空气均稳定,不腐败。不溶于水,1g该品可溶于10g乙醇、3g氯仿和3g乙醚,可溶于二硫化碳和石油醚,溶化后可与不挥发油、脂肪、液体石蜡、固体石蜡混溶。熔点45～50℃。① 用该品配制的软膏剂、霜剂和乳剂,能改进产品的质地,增加黏度、润滑感和乳剂的稳定性,特别适宜用于需要加入水或水溶液的软膏剂和霜剂,19g半固体石蜡和1g该品的混合物,可吸收其本身重量40%～50%的水。如果加入10%的羊毛脂,吸收的不会更多。② 1g十六醇和15g花生油的混合物,可作栓剂基质。
石蜡	Paraffin	别名：固体石蜡;硬石蜡。该品为无色或白色半透明的块状物,常显结晶状的构造。无臭、无味、有滑腻感。在水、乙醇中几乎不溶,在氯仿、乙醚中溶解。溶程50～65℃。该品在药剂中主要用作软膏基质增硬成分和缓释材料。
水杨酸	Salicylic Acid	$C_7H_6O_3$,别名：柳酸;撒酸;沙利西酸;邻羟基苯甲酸;α-羟基苯甲酸。该品为白色细微的针状结晶或白色结晶状粉末;无臭或几乎无臭,味微甜(后转不适);水溶液呈酸性反应。该品在水中微溶,在沸水中溶解,在乙醇或乙醚中易溶,在氯仿中略溶。遇光渐变色,76℃升华,急剧加热时分散为酚及二氧化碳,相对密度1.44,熔点158～161℃。该品在药剂中作助溶剂及杀菌消毒剂。能溶解角质,具有一定的透皮促进作用,可作经皮吸收促进剂。
羧甲基纤维素钠	Carboxymethyl Cellulose Sodium	别名：羧甲基纤维素;纤维胶;CMC;CMC-Na;CMCS。该品为白色至乳白色纤维状粉末或颗粒,几乎无臭无味,具吸湿性,易于分散在水中形成澄明的胶状液。在乙醇、乙醚和大多数有机溶剂中不溶,1%水溶液pH值6.5～8.5。聚合度200～500,分子量90000～700000。该品分为低黏度、中黏度、高黏度、特高黏度四个级别。具有黏合、助悬、增稠、乳化、缓释等作用。在药剂中用作液体制剂的助悬剂、增稠剂、乳化剂;在半固体制剂中用作凝胶基质,在片剂等固体制剂中用作黏合剂、崩解剂、缓释材料。
糖粉	Sugar	指结晶性蔗糖经低温干燥、粉碎而成的白色粉末。优点是黏合力强,可用来增加片剂的硬度,使片剂的表面光滑美观,缺点是吸湿性较强,长期储存会使片剂的硬度过大,崩解或溶出困难。除口含片或可溶性片剂外,一般不单独使用,常与糊精、淀粉配合使用。
天冬氨酸	L-Aspartic Acid	$C_4H_7NO_4$,别名：L-天冬氨酸;L-氨基琥珀酸;L-Aminosuccinic Acid。该品为白色斜方叶片状或棒状结晶或结晶性粉末,无臭。熔程270～271℃,相对密度1.661,旋光度$[a]_D^{20}$为+24.5°～+26°。溶于热水和稀酸,难溶于水(0.42g/100mL,20℃),不溶于乙醇和乙醚。在烃类存在下,与无机酸水溶液加热亦稳定。该品为两性氨基酸,既可与碱成盐,亦可与酸成盐。除在临床上作氨中毒的解毒剂外,在药剂中用作pH调节剂、缓冲剂、前体药物载体剂。

续 表

名 称	英 文 名	性 质
天门冬酰苯丙氨酸甲酯	Aspartame	$C_{14}H_{18}N_2O_5$，别名：L－天门冬酰苯丙氨酸甲酯；甜味素；天冬甜素；APM。该品为白色结晶性粉末，无臭，有强烈的甜味，其甜度为蔗糖的170倍。稍溶于水，难溶于乙醇，其甜味与砂糖相似，并具清凉感，无苦味和金属味。0.8％水溶液的pH值为4～6.5，在水溶液中不稳定，易分解失去甜味，生成天门氨酞苯胺和二酮哌嗪。在干燥状态下较稳定，宜在pH值为2～5范围内使用。该品为甜味剂，在药剂中用于内服液体制剂、冲剂、咀嚼片剂的调味，根据需要与蔗糖或其他甜味剂合用。该品也是食品添加剂，在食品工业中用于制造饮料、糖果，尤其适用于配制糖尿病、高血压、肥胖症、心血管患者的低糖类、低热量保健药品和食品。用量视需要而定，一般用量为0.1％～1.0％。
天然橡胶	Natural Rubber	$(C_5H_8)_n$，别名：橡胶；生橡胶；生橡皮；胶料。纯天然橡胶为无色半透明物质，具有良好的耐碱性，也耐稀酸，但不耐浓硫酸、光、热，多价金属离子可促进老化。不溶于水、乙醇、甘油，可溶于丙酮、己烷、汽油、甲苯及一些酯类等溶剂或混合溶剂。该品的有机溶液具有极强的黏合性。在药剂中，主要用作压敏胶和缓释材料，用于制造硬膏剂、贴布剂以及其他透皮制剂和缓释制剂。
萜烯树脂	Terpene Resin	别名：合成萜烯树脂。天然品为淡黄色透明固体，合成品为黄色黏性液体至脆性固体，视聚合度而定。化学性能稳定，遇光和热不变色，具热塑性。不溶于水、甲醇、乙醇和丙酮，溶于植物油，与橡胶、其他树脂有良好相容性。具有良好的黏性和增黏性，对高分子聚合物有良好的防老性。该品在药剂中主要用作缓释材料、黏合剂和压敏胶，用于制造缓释制剂、硬膏剂、贴布剂等。
微晶纤维素	Microcrystalline Cellulose	该品为白色或类白色、无臭、无味、细微的晶状易流动的粉末。不溶于水、稀酸和一般有机溶剂，在稀碱中部分溶解并膨胀，露置空气中仅吸收少量水分而无其他变化。药剂中常用的四种型号商品如下：AvicelPH－101、AvicelPH－102、AvicelPH－103、AvicelPH－105。该品具有赋型、黏合、吸水膨胀等作用，在药剂中主要用作直接压片的黏合剂、崩解剂和填充剂，主要用于片剂的制造。通常用量在21.5％～45％。
无水羊毛脂	Adeps Lanae	别名：羊毛脂。该品为淡黄色或棕黄色，黏滞性强且具有滑腻性的油性半固体，微具特臭。熔点36～42℃。酸值不得大于1.5。10g吸水不得少于20mL。实际上不溶于水，微溶于冷乙醇，1份可溶于75份沸乙醇，可溶于氯仿、乙醚、丙酮和二硫化碳。在药剂制造中，该品为优良的半固体制剂基质，常用于制备油膏、乳膏、栓剂，眼膏等制剂，特别适合于制备含有水的软膏。该品也是一种经皮吸收促进剂，能促进药物的吸收。大多数气候条件下能使软膏保持均匀状态且不易腐败。可吸收大约30％的水，对制备水/油乳膏很有价值。少量该品与半固体或液体石蜡、植物蜡、油等形成含水的乳剂，具有良好的润滑作用。此外，在食品工业中用于制造胶姆糖，在日化工业中广泛用于制造各种冷霜、唇膏等日化产品。

续　表

名　称	英文名	性　质
乙醇	Alcohol	C_2HO_6。该品为无色澄明易流动的液体。微具特臭，味灼烈，易挥发，易燃烧。加热至约78℃即沸腾。沸点78.3℃，乙醇/水共沸液的最低沸点为78.15℃。与水、甘油、丙酮、氯仿、乙醚能完全混溶。与水混合时，体积缩小，同时温度升高。相对密度不大于0.8129，相当于含C_2H_5OH不少于95.0%。在药剂制造中用作溶剂、防腐剂和消毒杀菌剂。使用时应根据需要选择合适的浓度。
乙二胺四乙酸	Ethylen Ediamineteraacetic Acid	$C_{10}H_{18}N_2O_8$。该品为白色结晶性粉末。能溶于氢氧化钠、碳酸钠及氨溶液中，不溶于醇及一般有机溶剂。熔点大于220℃，同时分解。该品具络合作用，在药剂中用作络合剂、抗氧增效剂和稳定剂。利用该品与钙镁离子的络合作用，可用作水的软化剂。用作抗氧增效和稳定剂时，常与其他抗氧剂、络合剂合并使用。使用浓度一般为0.005%～0.02%。
乙基纤维素	Ethyl Cellulose	$C_{12}H_{23}O_6(C_{12}H_{22}O_5)_{n-2}C_{12}H_{23}O_5$，该品为白色至浅灰色的流动性粉末。具热塑性，但在240℃时失去原有理化性质，相对密度1.07～1.18，有成膜性，生成的膜在低温时仍能保持挠曲性。5%水混悬液对石蕊呈中性，该品为两型，媒体型(含乙氧基为44%～46.5%，黏度等级为0.05、0.07和0.1Pa・s)，易溶于氯仿、环己烷、醋酸甲酯及含醇的芳香族碳水化合物；标准型(含乙氧基为46.5%～51%，黏度等级为0.007、0.01、0.02、0.045和0.1Pa・s)易溶于乙醇、氯仿、醋酸乙酯、甲醇和甲苯。两型都不溶于水、甘油和丙二醇，可与树脂、蜡、油等混溶。在阳光下或紫外光下易发生氧化降解，具有黏合、填充、稀释、成膜等作用。在药剂中用作黏合剂、包衣材料、缓释材料、微囊成囊材料等，广泛用于片剂、丸剂、微囊等的制造。
硬脂醇	Stearyl Alcohol	$C_{18}H_{37}OH$，别名：十八醇。该品为白色、滑腻的蜡质块状或颗粒，有微弱的特殊臭气，味平淡。不溶于水，可溶于乙醇、氯仿、乙醚和植物油。熔点55～60℃，具有醇的通性。在制药、日化工业中具有与鲸蜡醇相似的性质和相同的使用目的及用途。在药剂制造中，主要用作乳膏基质，用该品制得的乳膏比用鲸蜡醇制得较硬。
硬脂酸钙	Calcium Stearate	$C_{36}H_{70}O_4Ca$，别名：十八酸钙。该品为白色细微粉末，是硬脂酸钙和棕榈酸钙的混合物。相对密度1.08，不溶于水，溶于热的乙醇和乙醚。该品在药剂中主要用作润滑剂。一般用量为1%，具体用量应酌情而定。
硬脂酸铝	Aluminium Stearate	$C_{54}H_{105}O_6Al$，别名：十八酸铝。该品为白色至淡黄白色、无定形松散的粉末，具有微弱的特臭。相对密度1.070，熔点115℃。不溶于水、乙醇、乙醚和丙酮，能溶于松节油、不挥发油、矿物油，加热遇酸会分解。该品与矿物油、不挥发油一起加热至60℃左右即形成凝胶，这种凝胶具有缓释作用，用作油质注射剂的助悬剂和其他缓释制剂的缓释材料，也可用作栓剂的增稠剂以及软膏的乳膏基质。
硬脂酸镁	Magnesium Stearate	$C_{36}H_{70}O_4Mg$。该品为白色疏松无砂性细粉，微有特臭，与皮肤接触有滑腻感，并易黏皮肤，熔点88.5℃。不溶于水、醇、醚，微溶于热醇及苯。性质稳定，不自身聚合。该品具有润滑、抗黏、助流等作用。在药剂中主要用作片剂、胶囊剂等润滑剂、助流剂或抗黏剂。使用浓度为0.25%～2.0%。

续 表

名　称	英 文 名	性　质
硬脂酸钠	Sodium Stearate	$C_{18}H_{35}O_2Na$,别名：十八酸钠。该品为白色的细微粉末,具有肥皂味,并具有牛脂臭气。可缓慢溶解于水和乙醇,易溶于热水和热醇,水溶液对酚酞显碱性。该品具有乳化、增稠、润滑等作用。在药物制剂中,用作乳化剂、增稠剂、润滑剂,主要用于制备片剂、乳膏剂、洗剂、搽剂,甘油栓剂等。
月桂醇	Lanuryl Alcohol	$C_{12}H_{26}O$,别名：十二醇；n-Dodecanol;Dodecyl Alcohol。该品在高于21℃时为无色或浅黄色液体,在低于20℃时为无色或白色结晶体,有月桂油香气。溶于乙醇(1∶3,70%乙醇)、丙二醇、多数挥发性油和矿物油,不溶于水和甘油。该品在药剂中用作软膏基质和着香剂,用于制备乳膏剂、油膏剂、搽剂等。
月桂氮䓬酮	Laurocapram	$C_8H_{35}NO$,别名：阿佐恩；氮酮；Azone；1-十二烷基-氮杂䓬-2-酮；1-十二烷基-氮杂环庚-2-酮。该品为无臭,几乎无味,无色或微黄色的澄清油状液体；凝固点−7℃,沸点160℃(6.65Pa),黏度0.045Pa·s,折光率$[n]_D^{25}$1.4701,相对密度0.912；能与醇、酮、烃类等多数有机溶媒混溶,不溶于水。该品比较稳定,在室温可储存7年以上无变化。遇强酸易破坏分解。该品可用于配制喷雾剂(驱虫、杀虫)、气雾剂、溶液剂、洗剂、搽剂、乳剂、霜剂、软膏剂、栓剂、涂膜剂、膜剂、贴布剂等剂型中外用制剂的经皮吸收促进剂,使用浓度为0.1%～10%,常用浓度为0.5%～2%。
月桂酸	Lauric Acid	$C_{12}H_{24}O_2$,别名：十二烷酸。该品为白色针状结晶或白色粉末,具有月桂油特殊的香气。几乎不溶于水,溶于乙醇、氯仿和丙酮,易溶于乙醚、苯和矿物油。该品在药剂中主要用作软膏基质和经皮吸收促进剂,用于制造软膏、油膏、洗剂、贴布剂等。
樟脑	Camphor	$C_{10}H_{16}O$。该品为白色结晶、颗粒或易碎物质,有特殊气味,味苦并有阴凉感,在空气中逐渐挥发。能溶于乙醇、乙醚、氯仿、苯甲醇、丙酮、乙酸和二硫化碳,也溶于浓矿酸、酚、浓氨和亚硫酸,微溶于水。该品具有透皮促进作用,用作软膏等制剂的经皮吸收促进剂、发红剂和局部止痛剂,能增加局部应用药物的穿透性,有直接透过皮肤屏障的效力,常用于制备油膏剂、乳膏剂、搽剂等外用制剂。
重铬酸钾	Potassium Dichromate	$K_2Cr_2O_7$,别名：红矾钾。该品为橙红色三斜或单斜状结晶。溶于水,不溶于乙醇,水溶液显酸性。该品在药剂制造中用作玻璃容器的杀菌、消毒和清洁剂。常与硫酸配制成洗液。用于灭菌制剂玻璃容器和盛装注射用原料、辅料玻璃容器的洗涤、消毒和除热原。浓洗液还用于糜烂宫颈的灼烧、消毒、灭菌。
棕榈酸钠	Sodium Palmitate	$C_{16}H_{31}NaO_2$,别名：十六酸钠；软脂酸钠。该品为白色粉末,微具脂肪臭,熔点270℃,并分解。微溶于水,可分散于热水中呈乳浊液,溶于丙二醇、甘油、不挥发油和矿物油。该品属于皂类阴离子表面活性剂,在药剂中主要用作乳化剂、润滑剂、去污剂和润湿剂,用于制造乳剂、乳膏剂、油膏剂、洗剂等。

图书在版编目(CIP)数据

生物药物制剂学/赵应征主编. —杭州：浙江大学出版社，2011.6(2025.1 重印)
ISBN 978-7-308-07900-6

Ⅰ.①生… Ⅱ.①赵… Ⅲ.①生物制品：药物—制剂学—高等学校—教材 Ⅳ.①TQ464

中国版本图书馆 CIP 数据核字（2010）第 157829 号

生物药物制剂学

赵应征　主编

丛书策划　阮海潮　樊晓燕
责任编辑　徐　霞
封面设计　联合视务
出版发行　浙江大学出版社
（杭州市天目山路 148 号　邮政编码 310007）
（网址：http://www.zjupress.com）
排　　版　杭州大漠照排印刷有限公司
印　　刷　广东虎彩云印刷有限公司绍兴分公司
开　　本　787mm×1092mm　1/16
印　　张　23
字　　数　559 千
版 印 次　2011 年 6 月第 1 版　2025 年 1 月第 4 次印刷
书　　号　ISBN 978-7-308-07900-6
定　　价　59.00 元
